EVA-MARIA DREYER

Essbare Wildpflanzen
Europas

EVA-MARIA DREYER

Essbare Wildpflanzen
Europas

1500 ARTEN

NIKOL
VERLAG

Inhalt

Altes neu endeckt: die Wildpflanzenküche

Seit Menschengedenken sind Wildpflanzen unsere Lebensgrundlage. Ohne Wildpflanzen wären unsere Vorfahren ohne vitamin- noch eiweißreiche Nahrung gewesen, ohne Wildpflanzenblüten und die Hilfe der Bienen hätten sie keine Zuckerquelle besessen und ohne das Wissen um die Inhaltsstoffe hätten ihnen hilfreiche Arzneien gefehlt. Doch viel von diesem wertvollen Wissen ging mit der Kultivierung von Getreide und Kartoffeln und dem großflächigen Anbau vieler Obst- und Gemüsesorten nach und nach verloren.

Die heutige Ernährungsforschung zeigt uns, wie wichtig es ist, Wildkräuter für unsere Küche wieder neu zu entdecken. Viele ihrer Inhaltsstoffe, allen voran Vitamine, Mineralstoffe und Spurenelemente, sind für unsere Gesundheit unverzichtbar. Besonders aber kann uns ihre reiche Palette an längst vergessenen Geschmacksnuancen helfen, die industriell geprägte Einheitsküche gegen einen kulinarisch kreativen Umgang mit natürlichen Lebensmitteln auszutauschen. Wildkräuter gehören zu unseren größten Kulturgütern. Sie wieder in die Wildpflanzenküche zu integrieren, ist für jeden Hobbykoch ein spannendes, interessantes und genussvolles Experiment.

ZU DIESEM BUCH

Dieses Buch ist ein Nachschlagewerk für alle, die draußen in der Natur auf die Suche nach neuen kulinarischen Genüssen gehen möchten. Es beschreibt ca. 1500 Wildpflanzen, die in der Literatur als essbar überliefert sind, und nennt deren giftige oder ungenießbare Doppelgänger. Der Schwerpunkt der Artenauswahl liegt bei den mitteleuropäischen Pflanzen. Doch der Vollständigkeit halber wurden auch aus der weiteren europäischen Flora Arten aufgenommen, deren kulinarische Verwendung in der Fachliteratur beschrieben ist. Da eine Reihe von Kulturpflanzen, die in Gärten oder auf Feldern angebaut werden, häufig in siedlungsnahen Bereichen verwildert vorkommen, sind auch diese im Buch vertreten.

Das vorliegende Buch besteht aus drei Teilen. Im ersten Teil des Buchs lade ich Sie zum Auftakt zu einer Entdeckungsreise in die Wildkräuterküche ein. Hier habe ich in den fünf Gruppen »Salate, Suppen und Gemüsegerichte«, »Gewürze und Aromastoffe: Öle, Essig und mehr«, »Getränke aus Wildpflanzen«, »Gebäck – mild und herzhaft« sowie »Wildfrüchte – süß und pikant« traditionelle und neue Rezepte zusammengestellt. Wir genießen Blätter, Blüten und Wurzeln von Wildkräutern in vitaminreichen Salaten, wir nutzen sie als Gemüsegerichte mit überraschenden Geschmackserlebnissen, als Kräuterwürze für Fisch, Fleisch und vieles mehr oder zum Aromatisieren von ungewöhnlichem Gebäck. Aus ihren Früchten bereiten wir Marmeladen, Gelees, Chutneys und Kompott. Selbst leckere Getränke lassen sich aus Wildkräutern und Wildfrüchten herstellen.

Der zweite Teil und das Kernstück des Buchs »Essbare Wildpflanzen von A–Z« ist alphabetisch nach den deutschen Pflanzennamen (nach Zander, Handwörterbuch der Pflanzennamen) geordnet. Die Artenporträts der essbaren Pflanzen sind immer nach dem gleichen Schema aufgebaut. Neben dem deutschen und wissenschaftlichen Namen sowie der Pflanzenfamilie finden Sie im Porträtkopf Symbole, die Ihnen auf einen Blick zeigen, wie Sie die jeweilige Pflanze nutzen können.

- Das Symbol »Wurzel« kennzeichnet Pflanzen, die roh als Salat oder gekocht in Form von Gemüsegerichten und Suppen schmecken.
- Das Symbol »Gewürzmühle« verweist auf besonders geschmacksintensive Pflanzen, die zum Aromatisieren und Würzen von Speisen und Getränken geeignet sind.
- Das Symbol »Tasse« weist auf die mögliche Verarbeitung zu Getränken wie Saft, Limonade, Kaffee, Tee, Wein, Likör und andere Genussmittel hin.
- Das Symbol »Brezel« sagt aus, dass Sie aus diesen Pflanzen Mehl für Brote, Brötchen, Kuchen und anderes mehr gewinnen können.
- Das Symbol »Erdbeere« kennzeichnet essbare Früchte, Nüsse, Beeren und anderes Obst, die entweder roh gegessen oder zu Kompott, Marmelade, als Kuchenbelag und mehr verarbeitet werden können.

In der Rubrik »Sammeln und Zubereiten« finden Sie Angaben zu Ernte und Verwertung sowie Hinweise, welche Teile einer Pflanze geerntet werden, wann sie am besten geerntet werden und wie sie in der Küche

Natives Olivenöl ergibt mit Johanniskraut ein würziges Kräuteröl, das wegen seiner Farbe auch Rotöl genannt wird.

Jede Pflanze, jedes Blatt und jede Blüte hat eigene Geschmacksnuancen. Im Wildkräutersalat verbinden sie sich perfekt.

genutzt werden können. Weil viele essbare und wohlschmeckende Pflanzen mit ähnlichen Arten, die ungenießbar oder giftig sind, verwechselt werden können, finden Sie am Ende dieser Rubrik auch Hinweise auf ungenießbare oder giftige Doppelgänger.

Unter der Rubrik »Merkmale« finden Sie wichtige differenzierte Merkmale von Stängel, Blättern, Blüten, Früchten und Wurzel, anhand derer eine Bestimmung möglich ist. Außerdem gibt es hier Informationen zur Wuchshöhe sowie Angaben zur Wuchsform. Sie bekommen also Auskunft darüber, ob eine Pflanze einjährig, zweijährig oder ausdauernd als Staude, Strauch oder Baum wächst. Weiter werden in dieser Rubrik Eckdaten zur Blütezeit der jeweiligen Art genannt, die sich je nach Klima und Höhenlage etwas verschieben können.

Schließlich folgen unter der Rubrik »Standort und Verbreitung« Erklärungen zum Fundort und zur Verbreitung in Europa.

Bei einigen Porträts finden Sie außerdem in einem farbig unterlegten Kasten besondere Verarbeitungs- und Rezeptempfehlungen.

Der dritte Teil des Buchs beschreibt »Giftige Wildpflanzen von A–Z«. Er ist wie der Artenteil »Essbare Wildpflanzen von A–Z« alphabetisch nach den deutschen Pflanzennamen geordnet. Hier werden nach deutschem Namen, wissenschaftlichem Namen und Pflanzenfamilie zunächst unter dem Stichwort »Merkmale« Angaben zu Wuchsform, Wuchshöhe, Blütezeit und auffälligen Kennzeichen der Art gemacht.

Unter der Rubrik »Standort und Verbreitung« finden sich die Fundorte, an denen die genannte Pflanze überwiegend vorkommt, außerdem Angaben zur Verbreitung in Europa.

In der Rubrik »Wissenswertes« finden Sie schließlich wichtige Informationen über die einzelnen giftigen und ungenießbaren Arten. Damit sind vor allem Informationen über die wichtigsten Inhaltsstoffe, die Wirkung der Gifte sowie erste Symptome einer Vergiftung verfügbar, aber auch Hinweise auf ähnlich aussehende genießbare Arten. Zum Teil werden unter »Wissenswertes« auch frühere Nutzungsmöglichkeiten vorgestellt, von denen mit heutigem Wissen über Inhaltsstoffe und Giftwirkung abzuraten ist.

BOTANISCHE GRUNDBEGRIFFE

Jede Pflanze besteht aus Stängel, Blättern, Blüten, Früchten und Wurzel. Für das Bestimmen der Arten nutzt man besondere Merkmale dieser Pflanzenteile, beispielsweise die Wuchsform der Stängel, die Ausgestaltung und Anordnung von Blättern oder die Farbe und Form von Blüten, Blütenständen und Früchten. Dafür sind eine Reihe botanischer Fachausdrücke unverzichtbar.

DER STÄNGEL

Die oberirdische Sprossachse, der Stängel, ist das Gerüst der Pflanze. Er kann krautig und kurzlebig wie bei Kräutern und Gräsern gestaltet sein oder holzig und langlebig wie bei Bäumen und Sträuchern. Je nach Lebensform wächst er aufrecht, kriecht über den Boden, rankt er an anderen Pflanzen in die Höhe, ist er verzweigt oder unverzweigt, stielrund, kantig, gefurcht oder geflügelt.

DIE BLÄTTER

Blätter treten in den verschiedensten Formen auf. Sie können sich beispielsweise rund, herzförmig, eiförmig, linealisch oder lanzettlich, pfeil- oder spießförmig entfalten, einfach oder gefiedert sein. Die Blätter sind entweder über den gesamten Stängel verteilt oder bilden eine Rosette dicht über dem Boden. Auch die Ausgestaltung des Blattrands – gesägt, gezähnt, gekerbt, gebuchtet, gelappt oder ganzrandig – und die Stellung der Blätter am Stängel sind für die Bestimmung wichtig. Stehen sich Blätter paarweise am Stängel gegenüber, spricht der Botaniker von gegenständigen Blättern, wachsen sie abwechselnd am Stängel, von wechselständigen Blättern. Quirlständige Blätter haben an jedem Blattansatzpunkt drei oder mehr Blätter. Auch die Blattanheftung am Stängel kann die Bestimmung erleichtern. Manche Blätter haben einen deutlichen Blattstiel ausgebildet, manche sitzen dem Stängel direkt an, andere sind stängelumfassend und wieder andere laufen am Stängel herab.

DIE BLÜTE

Die auffälligsten Teile der Blütenpflanzen sind die Blüten. Bei den Insektenblütlern sind sie meist groß und bunt, bei den Windblütlern zahlreich, klein und dicht gedrängt. Doch trotz der vielfältigen Abwandlungen lässt sich auch hier ein Grundbauplan beschreiben. Danach bestehen Blüten aus Kelchblättern, Blüten- oder Kronblättern, Staubblättern, Fruchtknoten, Griffel und Narbe. Sie können einzeln am Stängel stehen oder auf verschiedenste Weise zu Blütenständen wie Ähren, Dolden, Scheindolden, Knäueln, Köpfchen, Kolben, Rispen oder Trauben angeordnet sein.

DIE FRÜCHTE

Auch die Vielfalt der Früchte bietet Bestimmungsmerkmale. Es gibt Pflanzen, die Beeren, Sammelfrüchte, Nussfrüchte oder Steinfrüchte entwickeln. Und es gibt Hülsen, Schoten und Schötchen, die sich bei Reife öffnen und die Samen freigeben.

DIE WURZEL

Wurzeln befestigen die Pflanzen im Boden, versorgen sie mit Wasser und Nährsalzen und speichern Reservestoffe. Sie können als Pfahlwurzeln tief in den Boden vordringen oder als Knollen, Rüben und Rhizome ausgebildet sein.

Grundbauplan einer Blütenpflanze

WILDPFLANZEN SAMMELN

Mit dem Ernten und Sammeln von essbaren Wildpflanzen kann man im Vorfrühling beginnen und im Spätherbst enden. Nur in südlich milden Klimalagen stehen der Wildkräuterküche auch im Winter frische Wildkräuter wie Vogelmiere oder Barbarakraut und Wildfrüchte wie Schlehen oder Berberitzen zur Verfügung. Doch solange der Boden nicht gefroren ist, können im Winter auch Wurzeln geerntet werden.

Im Lauf der Jahreszeiten verändern sich auch die Sammelschwerpunkte. Vorfrühling und Frühling sind Erntezeit für Säfte von Baumstämmen und innere Rindenschichten, für Keimlinge, Blätter und junge Sprosse. Von Februar bis April bietet die Natur eine Fülle an Möglichkeiten für die Zubereitung ungewöhnlicher Getränke, würziger Salate und vitaminreicher Gemüse.

Vom Frühsommer bis in den Hochsommer haben Würzkräuter Hochsaison. Dann ist das Angebot an Blütenknospen, Blüten und Samen riesengroß. Blütenknospen werden am besten kurz vor der Blütezeit gesammelt, die Blüten unmittelbar nach dem Aufblühen. Dann besitzen sie die besten Aromastoffe, denn Nektar und Pollen wurden noch nicht vom Regen ausgewaschen oder von Insekten abgeerntet. Bereits kurz nach der Blütezeit können junge, unreife Samen gesammelt werden. Reife Samen stehen erst einige Wochen nach Ende der Blütezeit zur Verfügung.

Vom Hochsommer bis in den Spätherbst hält die Natur eine reiche Auswahl an Früchten und Wurzeln bereit. Die beste Sammelzeit für Wildfrüchte sind die Monate August bis Oktober. Da die meisten nach dem Pflücken nicht nachreifen, sollte man sie wirklich nur bei Vollreife ernten. Einige Früchte wie beispielsweise Schlehen oder Ebereschen schmecken erst nach ein paar Frostnächten. Der Spätherbst ist auch die beste Erntezeit für Wurzeln. Mehrjährige Pflanzen lagern im Spätsommer und Herbst wertvolle Inhaltsstoffe für das Wachstum der kommenden Vegetationsperiode in ihren Wurzeln ein. Deshalb schmecken Wurzelgemüse nun besonders herzhaft.

WO SAMMELN?

Essbare Wildpflanzen wachsen in nahezu allen Lebensräumen: Sie besiedeln Fettwiesen, Magerrasen, Wälder und Hecken, Weg-, Wald- und Gebüschränder, Bach- und Seeufer, Schutthalden und Brachland. Sie leben im Meer, blühen im salzigen Dünensand, besiedeln Steppen und Sumpfgebiete. Selbst in den Gebirgen treiben sie ihre Wurzeln in Felsgestein. Wer mit offenen Augen durch die Natur geht, findet überall ein vielfältiges Angebot und wird schnell seine Stammplätze für Bär-Lauch, Löwenzahn, Beinwell und andere Köstlichkeiten kennen. Meiden sollten Sie lediglich die Nähe zu viel befahrenen Straßen, gespritzten Feldern, überdüngten Wiesen und belasteten Gewässern. Und meiden sollten Sie auch Naturschutzgebiete. Dort ist das Sammeln von Wildpflanzen grundsätzlich verboten.

Natürlich und luftdurchlässig: das geflochtene Weidenkörbchen eignet sich noch immer am besten zum Früchtesammeln.

WIE SAMMELN?

Wer ungetrübte Genüsse in der Wildkräuterküche erleben will, sollte beim Sammeln einige Grundsätze beherzigen. Der wichtigste: Nehmen Sie nur Kräuter und Früchte mit, die Sie eindeutig und sicher bestimmen können. Schon beim geringsten Zweifel sollten Sie auf das Sammeln verzichten. Nur so sind Verwechslungen mit ungenießbaren oder giftigen Arten, deren Genuss unangenehme, manchmal sogar lebensbedrohliche Folgen haben kann, auszuschließen. Dies gilt besonders für das Sammeln im Vorfrühling. Voll entwickelte, blühende Pflanzen zu bestimmen, gelingt auch dem Ungeübten meist problemlos. Schwieriger wird es bei Rosettenblättern, Sprossen und Keimlingen junger Pflanzen. Möchte man in solch schwierigen Fällen ganz sichergehen, sollte man sein Wildkräuterwissen vertiefen und an geführten Exkursionen teilnehmen oder umfassende Bestimmungsliteratur nutzen.

Ein weiterer Grundsatz: Sammeln Sie nur frische, gesunde Kräuter oder Früchte und nehmen Sie nur so viel mit, wie Sie verbrauchen möchten. Wichtig ist es auch, nie ganze Bestände abzuernten. Nur wenn genügend Pflanzen stehen bleiben und den Fortbestand der Art sichern, kann man Jahr für Jahr zu seinem Fundort zurückkehren und erfolgreich sammeln.

Zum Schluss noch ein Tipp: Tragen Sie Wildkräuter und Wildfrüchte in luftigen Körben nach Hause. In Plastiktüten werden sie in kürzester Zeit unbrauchbar.

GIFTIGE WILDPFLANZEN

Warum gibt es Giftpflanzen? Pflanzen haben sich in einer langen gemeinsamen Evolution mit Tieren entwickelt. 75 % aller Tierarten auf der Erde sind Pflanzenfresser und ernähren sich ausschließlich von Blättern, Wurzeln, Samen und Früchten. Zoologen schätzen die Bedeutung dieser »Phytophagen« als Motor für die Entwicklung der Pflanzen als sehr groß ein. Wären die Pflanzen ohne jede Gegenwehr den pflanzenfressenden Tieren ausgeliefert, gäbe es bereits ab Mitte Juni kein Grün mehr in unserer Landschaft, rechnet der Ökologe Professor Hubert Pschorn-Walcher vor. Giftige Inhaltsstoffe sind also Selbstschutzmaßnahmen der Pflanzen.

Daneben gibt es viele weitere Gründe für die Giftigkeit einer Pflanze. Manche der als Gifte eingelagerten Stoffe hemmen das Wachstum von Bakterien und Pilzen und können damit als Schutz vor Krankheiten und Fäulnisprozessen dienen. Wieder andere sind Abfall- oder Zwischenprodukte des pflanzlichen Stoffwechsels, die vorübergehend eingelagert werden. Damit wird verständlich, dass die Konzentration mancher Gifte sowohl innerhalb einer Pflanze als auch in einer jahreszeitlichen Rhythmik schwanken kann.

Giftpflanze ist also nicht gleich Giftpflanze. Hier bedarf es der Differenzierung:

- Eine Giftpflanze kann in allen Pflanzenteilen Giftstoffe enthalten wie beispielsweise der Gefleckte Aronstab, der Giftige Wasserschierling oder der Bittersüße Nachtschatten. »Giftpflanze« kann aber auch bedeuten, dass nur einzelne Teile als giftig bewertet werden, andere dagegen essbar sind. Bestes Beispiel hierfür ist die Kartoffel. Alle oberirdischen grünen Pflanzenteile sind giftig, die unterirdischen Knollen seit Langem Volksnahrungsmittel.
- Die Bezeichnung Giftpflanze bedeutet weiter, dass der Verzehr ganz unterschiedliche Reaktionen hervorrufen kann. Manche Pflanzen wie Eisenhut, Maiglöckchen oder Gefleckter Schierling wirken stark giftig – schon wenige Gramm können nach Genuss zum Tode führen. Andere wie das Einjährige Bingelkraut oder der Fieberklee wirken dagegen wenig giftig oder nur unbekömmlich. Hier besteht keine Lebensgefahr. Nach dem Genuss in üblichen Mengen kann es aber zu Magen-Darm-Beschwerden kommen.
- Wieder andere Pflanzen werden unter dem Begriff Giftpflanze geführt, weil einzelne Teile erst nach einer bestimmten Verarbeitung, wie Kochen oder Trocknen, genießbar sind. So sollte man Vogelbeeren roh nicht verzehren, aber gekocht als Marmelade, Gelee oder Kompott kann man sie bedenkenlos essen.
- Der Begriff Giftpflanze wird auch für Pflanzen verwendet, die bei Berührung die Haut reizen können. Prominentes Beispiel hierfür ist der aus dem Kaukasus eingewanderte Riesen-Bärenklau, dessen Saft auf der Haut schwere, nur langsam heilende Blasen verursacht. Besonders stark ist diese Giftwirkung unter Einwirkung von Sonnenlicht.

Ihn sollten Wildkräutersammler kennen: Der Blaue Eisenhut wird oft als Europas giftigste Pflanze beschrieben.

• Schließlich wirken manche Pflanzen erst nach dauerhaftem Genuss gesundheitsschädigend und werden deshalb unter der Rubrik Giftpflanzen aufgeführt. Hier sind in erster Linie die Greiskrautarten zu nennen. Alle enthalten Pyrrolizidinalkaloide, die bei dauerhaftem Gebrauch Lebertumore verursachen können.

»Dosis sola facit venenum« – »Allein die Dosis macht das Gift«: Diese im Jahr 1538 von dem deutschen Arzt und Philosophen Paracelsus getroffene Feststellung besagt, dass Pflanzeninhaltsstoffe je nach Dosierung heilsam oder giftig wirken können. In Maßen verwendet würzt beispielsweise Rosmarin mediterrane Gerichte, er fördert die Verdauung, regt den Kreislauf an und stärkt das Nervensystem. Doch hoch dosiert gegessen kann die Pflanze auch schaden. Gleiches gilt für die Minzen. Als Tee getrunken wirken sie heilsam, aber hoch konzentriertes Minzöl kann schwerste Verätzungen an Augen oder Speiseröhre verursachen.

WAS TUN BEI VERGIFTUNGEN?

Das Bestimmen und Sammeln essbarer Wildpflanzen sollte immer mit größter Sorgfalt geschehen, vor allem bei solchen Kräutern, die mit Giftpflanzen verwechselt werden können. Stellen sich nach Genuss eines Wildpflanzengerichts dennoch Vergiftungssymptome wie Brennen in Hals und Rachen, Schwindel, Magenkrämpfe, Übelkeit, Erbrechen, Durchfall, in manchen Fällen auch erweiterte Pupillen ein, gilt es, Ruhe zu bewahren und umgehend medizinische Hilfe zu holen. Damit eine hilfreiche Diagnose gelingen kann, ist es gut, Pflanzenreste zum Identifizieren des Giftes aufzubewahren und festzustellen, in welcher Menge die giftige Pflanze gegessen wurde.

Wichtige Informationen bei Vergiftungsfällen liefern auch die Giftnotrufzentralen der Länder, deren Adressen im Anhang aufgelistet sind (siehe S. 392).

GESCHÜTZTE PFLANZEN SCHONEN

Von den etwa 28 000 in Deutschland wild wachsenden Pflanzen darf etwa die Hälfte in Handstraußgröße für den eigenen Gebrauch gesammelt werden. Die andere Hälfte, genau 13 907 Arten, ist in der Roten Liste bedrohter Pflanzen aufgeführt. Dazu gehören neben regional seltenen Pflanzen auch solche, die nach der Bundesartenschutzverordnung besonderen oder strengen gesetzlichen Schutz genießen. Von diesen

Viele Wildpflanzen gibt es schon im Gartenhandel. Damit lassen sich essbare »Landschaften« vor der eigenen Haustüre anpflanzen.

Pflanzen darf man keine Blätter, Blüten oder Früchte ernten, man darf sie nicht abschneiden oder ausgraben. Deshalb findet sich in diesem Buch unter der Rubrik »Standort und Verbreitung« bei den betreffenden Pflanzen der Vermerk »geschützt«. Da für die einzelnen Länder Europas unterschiedliche Schutzbestimmungen gelten, sollte man sich vor dem Ernten und Sammeln bei den jeweiligen Behörden informieren. In allen Ländern geben auch Rote Listen Auskunft, welche Pflanzen regional oder überregional selten, gefährdet oder geschützt sind.

WILDPFLANZEN AUS DEM GARTEN

Wer gerne Wildpflanzen ernten möchte, ohne sich um Naturschutz oder Sammelbestimmungen kümmern zu müssen, dem sei die Anlage eines Wildgartens empfohlen. Für viele besonders geschützte Arten bietet der Gartenhandel Pflanzen zur Kultur an. Von nicht geschützten Arten kann man Samen draußen in der Natur holen und sich damit seine »essbaren Landschaften« selbst schaffen. Viele schmackhafte Wildkräuter wie Brennnessel, Franzosenkraut, Giersch,

Rund ums Mittelmeer bilden trockenheitsresistente Pflanzen die Macchie, eine Quelle schönster mediterraner Aromen.

Bunte Magerwiese: Je ärmer der Boden, desto reicher die Blütenfülle und die Verwendung in der Wildkräuterküche.

Schafgarbe oder Spitz-Wegerich wachsen ohnehin als sogenannte »Unkräuter« im Garten. Ist der eigene Garten groß genug, kann man anstelle der üblichen Thujahecke eine bunte Hecke aus Weißdorn, Schlehe, Haselnuss, Heckenrose, Vogelbeere und Holunder anlegen. Das erspart nicht nur die mühsame Suche nach geeigneten, unbelasteten Sammelstellen, sondern ist auch ein wertvolles Stück praktischer Naturschutz. Wem dieses ein Anliegen ist, der wird nicht nur neue Geschmackseindrücke, sondern auch neue Naturerlebnisse rund ums Haus finden.

LEBENSRÄUME VON WILDPFLANZEN

Von der nordischen Tundra bis zur baumlosen Buschsteppe der Mittelmeerländer reichen die Lebensräume von Wildpflanzen, die man in der Naturküche verwenden kann. Jeder Lebensraum besitzt ein eigenes Pflanzeninventar, denn jede Pflanze ist an einen ganz speziellen Standort angepasst. Bei den Artenporträts sind die bevorzugten Standorte der jeweiligen Art genannt. Diese Hinweise können die Bestimmung wesentlich erleichtern, denn ähnliche Arten unterscheiden sich oft hinsichtlich ihrer Standortwahl. Hier eine Übersicht der wichtigsten Landschaftstypen und deren typische essbare Wildpflanzen zum Sammeln:

DIE SKANDINAVISCHEN NADELWÄLDER

In Schweden garantiert das Allermannsrecht jedem Bürger freien Zutritt zu den Wäldern. Wildbeeren, Pilze und Blumen sind das Eigentum aller und dürfen im rücksichtsvollen Umgang mit der Natur geerntet werden. Die nordischen Nadelwälder sind vor allem für ihren Beerenreichtum bekannt. Blaubeeren, Himbeeren, Preiselbeeren oder Walderdbeeren sind der Reichtum der Wälder. Auf einen Grashalm gefädelte Walderdbeeren gelten in Schweden als schönste Liebesgabe. Und die süßen Moltebeeren liefern ein beliebtes vitaminreiches Mus. Das »Gold der Moore« ist sogar auf der Zwei-Euro-Münze Finnlands verewigt.

DIE MITTELEUROPÄISCHEN LAUBWÄLDER

Bevor im Frühling die Laubbäume ihre Blätter entfalten, werden die mitteleuropäischen Laubwälder zu blühenden Wildkräuteroasen. Die Krautschicht bietet schon in den ersten Märztagen eine reiche Flora. Der beste Vitamin-C-Spender ist das Scharbockskraut, dessen Blätter kurz vor der Blüte zusammen mit dem Wald-Sauerklee Wildkräutersalate würzt. In feuchteren Wäldern bietet der Bär-Lauch würzigen Knoblaucherersatz. Waldmeister und Duft-Veilchen eignen sich für Frühlingsbowlen. Mit dem Laubaustrieb lassen sich die ersten Blätter vieler Laubbaumarten in Salaten verwenden. Haben die Laubwälder erst ihr grünes Blätterdach, bleiben dem Naturkoch nur noch die Samen der Bäume und die typischen Waldrandfrüchte von Brombeer- und Himbeersträuchern.

DIE HECKEN

Lang gezogene Bänder aus Sträuchern nennt man Hecken oder – in Norddeutschland – Knicks. Sie sind nichts anderes als ein Waldrand ohne Wald. Entsprechend vielfältig sind ihre Büsche und Kräutersäume. Typische Heckensträucher sind Schlehe, Weißdorn, Heckenrose und Haselnuss, die Saumkräuter Wiesen-Kerbel, Brennnessel, Gelbdolde und viele Wickenarten. In den Hecken rankt der wilde Hopfen und blüht so mancher Wildapfel. Diese Lebensräume aus Menschenhand waren früher nicht nur als Feldbegrenzung und Windschutz gedacht, sie lieferten auch das ganze Jahr über die wohl größte Vielfalt aller Lebensräume Europas an Wildkräutern und Wildfrüchten.

DIE WIESEN

Heute bestehen viele Wiesen fast nur noch aus Löwenzahn und wenigen Gräsern. Diese artenarmen Fettwiesen sind zur überdüngten Produktionsfläche für die Milcherzeugung geworden. Magerwiesen dagegen weisen eine bunte Blumenfülle auf, dort liegen auch die besten Sammelplätze für essbare Wildkräuter. Auf mageren Wiesen wachsen vor allem würzige Kräuter, die unseren Speisen eine saure, pikante, bittere oder süße Würze geben. Feste Bestandteile der berühmten Grünen Soße sind typische Wiesenpflanzen wie Wiesenknopf, Bibernelle, Sauerampfer oder Spitz-Wegerich. Dost, Arnika, Frauenmantel oder Wilder Thymian sind die duftenden Naturschätze einer ungedüngten Bergwiese.

DIE RUDERALFLUREN

Pflanzengesellschaften auf Brachland, von Schutt- und Kiesplätzen, von Weg- und Straßenrändern, Bahndämmen, Hafenanlagen, Mauern und Zäunen werden unter dem Begriff Ruderalfluren zusammengefasst. So unterschiedlich die genannten Standorte in Bezug auf Bodenbeschaffenheit und Feuchtigkeit auch sein mögen, so werden sie doch immer von Arten besiedelt, die freie Areale brauchen – ohne die Konkurrenz von Wiesen- und Waldbewohnern. Ein großer Teil dieser Pflanzen sind Arten, die als Erstbesiedler auftreten und oft als »Unkräuter« bezeichnet werden. Der Gute Heinrich, dessen Blätter gedünstet einen hervorragenden Spinat ergeben, gehört dazu. Ebenso die Vogelmiere, die als Zutat Frühlingssalate und Brotaufstriche aufwertet, oder die Nachtkerze, deren Wurzel ein im Geschmack schwarzwurzelähnliches Gemüse ergibt.

DIE FEUCHTGEBIETE

Teiche und Seen, Bäche und Flüsse und deren Uferzonen sowie Moore, Sümpfe und Feuchtwiesen fallen unter den Begriff Feuchtgebiete. Jeder dieser Lebensräume hat seine eigenen Pflanzen. Viele Laichkräuter gehören zur Unterwasservegetation, See- und Teichrosen zu den Schwimmblattgesellschaften. Am Teichrand wächst der Wasserpfeffer, der als Gewürz verwendet werden kann. Zu Zeiten, als Schiffe tropischen Pfeffer herbeischaffen mussten und er für viele entsprechend unbezahlbar war, hat man den Wasserpfeffer sicher häufiger eingesetzt als heute. In klaren Bächen wächst die Brunnenkresse, die in Wildkräutersalaten oder als Suppeneinlage gegessen wird. Das Echte Mädesüß aus der Feuchtwiese machte mit seinen Inhaltsstoffen den Met süß und war Lieferant eines der bekanntesten Fiebermittel, der Salicylsäure.

DIE MACCHIE

Wo einst rund um das Mittelmeer große Wälder standen, hat der jahrtausendelange Raubbau des Menschen eine fast baumlose Steppe hinterlassen. Seit der Antike hat sich in dieser Zone eine weltweit einmalige Hartlaubvegetation entwickelt. Die heute Macchie und bei Beweidung Garrigue genannte Vegetation verströmt von März bis Mai betörend aromatische Düfte, vor allem den der Myrte. Als Lieferant kulinarisch wichtiger Lebensmittel tritt sie nicht hervor, wohl aber als unvergleichliches Gewürz. Ihre Blätter und Beeren würzen Liköre oder die berühmte italienische Mortadella. Unverzichtbar in der mediterranen Küche sind auch die kräftigen Aromen von Rosmarin, Thymian oder Lavendel – die typischen Bestandteile der berühmten Kräutermischung »Herbes de Provence«.

Salate, Suppen und Gemüsegerichte

Das Blattgrün vieler Pflanzen schmeckt hervorragend als Salat, Spinat oder Pesto, ihre Wurzeln ergeben ein kräftiges Gemüse und manche Blütenknospen lassen sich wie Kapern eingelegt als Antipasti aus der Natur verwenden. Auch die farbenfrohen Blüten sind nicht nur schöne Dekoration, sondern essbare Schmankerl, die von Sterneköchen gerade wieder entdeckt werden. Sogar aus den gewöhnlichsten Samen von Süß- und Sauergräsern lassen sich vitaminreiche Sprossen für herzhafte Salate und abwechslungsreiche Gemüsepfannen gewinnen.

FRÄNKISCHE SAUERAMPFER-SUPPE

Für 4 Personen

1 Zwiebel
1 EL Butter
500 g Kartoffeln
1 l Gemüsebrühe
150 g Sauerampferblätter
4 EL Crême double
Kräutersalz, Pfeffer und Muskat zum Abschmecken

1. Zwiebel klein würfeln, in heißer Butter andünsten.
2. Kartoffeln schälen, würfeln, etwa 10 Minuten bei den Zwiebeln mitdünsten.
3. Gemüsebrühe angießen, aufkochen und anschließend 20 Minuten köcheln lassen.
4. Sauerampferblätter hinzufügen und 2 Minuten mitköcheln lassen, einige Blätter zurückbehalten.
5. Die Suppe mit dem Pürierstab passieren.
6. Crême double unterrühren, mit Salz, Pfeffer und Muskat abschmecken.
7. Die übrigen Sauerampferblätter in feine Streifen schneiden, die Suppe damit garnieren und heiß servieren.

BEINWELL-KARTOFFEL-SUPPE

Für 4 Personen

1 Stange Lauch
30 g Butter
10 mittelgroße, frische Beinwellblätter
¾ l Gemüsebrühe
4 Kartoffeln
Salz, Pfeffer zum Abschmecken

1. Lauchstange in Ringe schneiden und in der Butter andünsten.
2. Beinwellblätter in schmale Streifen schneiden und zusammen mit dem Lauch andünsten.
3. Mit Gemüsebrühe aufgießen und zum Kochen bringen.
4. Kartoffeln in Würfel schneiden, zum Sud geben und etwa 20 Minuten köcheln lassen.
5. Mit Salz und Pfeffer abschmecken.

SPITZ-WEGERICH-KÄSE-SALAT

Für 4 Personen

2 Handvoll junge Spitz-Wegerich-Blätter
2 Schalotten
400 g junger Gouda oder Emmentaler
Für die Marinade: Weinessig, Zitronensaft, Mineralwasser, Olivenöl, Salz, Pfeffer und etwas Zucker oder Honig

1. Spitz-Wegerich-Blätter waschen und in schmale Streifen schneiden.
2. Schalotten in Ringe schneiden, Käse würfeln, beides zu den Spitz-Wegerich-Blättern geben.
3. Mit der Marinade locker vermischen.

Dazu passt ein kräftiges Bauernbrot.

BUNTER SALAT MIT WILDKRÄUTERN

Für 4 Personen

1 Fleischtomate
½ Gurke
1 rote Paprikaschote

1 Schalotte
2 Handvoll gemischte Wildkräuter, z. B. junge Gierschblätter, junge Gundermannblätter, wenige Wasser-Minze-Blättchen, Vogelmiere-triebspitzen, junge Löwenzahnblättchen, einige Leimkrautblättchen
eine Handvoll schwarze Oliven
Für die Vinaigrette: Olivenöl, Zitronensaft, Kräutersalz und Pfeffer
Fetakäse

1. Tomate achteln, Gurke schälen, entkernen und in Scheiben schneiden, Paprika in feine Streifen schneiden, Schalotte in dünne Ringe schneiden, Wildkräuter je nach Größe klein zupfen.
2. Sämtliche Zutaten mischen, mit der Vinaigrette übergießen und mit Fetawürfelchen bestreuen.

PASTINAKEN-PÜREE

Für 4 Personen
1 kg Pastinaken
¼ l Milch
1 EL Butter
Meersalz, Muskatnuss

1. Pastinaken schälen, in Stücke schneiden und etwa 20 Minuten weich dünsten.
2. Milch erwärmen, Butter darin schmelzen lassen, mit 1 Prise frisch geriebener Muskatnuss würzen.
3. Die weich gedünsteten Pastinaken durch ein Passiersieb (Flotte Lotte) in die Milch pürieren, mit einem Holzlöffel umrühren und zum Schluss eventuell nachwürzen.

Dieses Püree kann man als Beilage wie Kartoffelpüree servieren.

WILDKRÄUTER-BRATLINGE

Für 4 Personen
4 Kartoffeln
2 Handvoll gemischte Wildkräuter, z. B. junge Brennnessel, Giersch, Vogelmiere, Taubnessel, Bär-Lauch und Wiesen-Schaumkraut
3 Eier
etwas geriebener Parmesan
Olivenöl, Salz, Pfeffer

1. Kartoffeln weich kochen und zerstampfen.
2. Wildkräuter waschen, blanchieren, schneiden.
3. Blanchierte Wildkräuter, Eier und Käse unter die Kartoffelmasse rühren, mit Salz und Pfeffer würzen.
4. Bratlinge formen und in heißem Olivenöl auf beiden Seiten braten.
5. Nach Belieben mit knusprig gebratenen Wildpflanzenblüten und -knospen anrichten.

WILDKRÄUTER-BRATKARTOFFELN

Für 4 Personen
1 kg gekochte Kartoffeln
2 Handvoll gemischte Wildkräuter, z. B. junge Gierschblättchen, Bär-Lauch, junge Knoblauchsraukenblättchen, Brennnesseltriebspitzen, junge Melde
Olivenöl, Kräutersalz, Pfeffer

1. Kartoffeln in Scheiben schneiden, Wildkräuter in Streifen schneiden.
2. Kartoffelscheiben in heißem Olivenöl knusprig braten, gegen Ende der Bratzeit die Wildkräuter kurz mitbraten.
3. Mit Salz und Pfeffer abschmecken.

HOPFENSPROSSEN MIT SPIEGELEI

Für 4 Personen
500 g Hopfensprossen
125 g süße Sahne
2 EL Mehl
3 Eier, 1 Eigelb
Öl, Salz, Zitronensaft

1. Hopfensprossen etwa 20 Minuten in Salzwasser kochen, abtropfen lassen.
2. Sahne erhitzen, Mehl mit etwas Wasser und Zitronensaft verrühren. Zur Sahne geben und kurz aufkochen.
3. Topf vom Herd nehmen, Eigelb verquirlen und zur Sahnesoße geben.
4. Spiegeleier braten.
5. Hopfensprossen mit Spiegelei und Sahnesoße servieren.

Hopfensprossen passen auch sehr gut zu Lammfleisch.

EIEROMELETT MIT SENFBLÜTEN

Für 2 Personen

1 Tasse Senfblüten
3–4 Eier
Olivenöl, Salz, Pfeffer
etwas geriebener Käse

1. Eier verquirlen.
2. Senfblüten und Käse vermischen, zur Eimasse geben und mit Salz und Pfeffer abschmecken.
3. Die Mischung in heißem Olivenöl auf beiden Seiten goldgelb backen.

Dieses Rezept kann mit Kamillenblüten, Zwiebelblüten oder auch mit ausgezupften Löwenzahnblüten variiert werden.

Gewürze und Aromastoffe: Öle, Essig und mehr

Wenn Wildpflanzen mit Duftstoffen Bienen anlocken können, so eignen sich ihre Aromen auch für die feine Wildkräuterküche. Wildblüten liefern zarte Geschmacksnoten für Süßspeisen, sie aromatisieren Zucker, Essig und Öl. Blätter, Samen und Wurzeln mit ihren oft würzigen Inhaltsstoffen lassen sich als Naturgewürz mit überraschenden Geschmacksnuancen verwenden. Gewürz- und Aromapflanzen haben ihren Ursprung in ganz unterschiedlichen Klimazonen. Rosmarin, Thymian, Myrte oder Heiligenkraut bevorzugen die felsigen Mittelmeerküsten. Beifuß, Dost, Gundermann, Wiesenknopf und viele andere warten in Mitteleuropa an jedem sonnigen Wegrand auf den Wildkräutersammler.

AROMATISCHES KRÄUTERÖL

Kühl und dunkel, aber nicht im Kühlschrank aufbewahren. Hält sich 3 bis 6 Monate.

¾ l neutrales Rapsöl
4 Blütenstängel Dost
1 Blütenstand Beifuß

1. Kräuter vorsichtig waschen und mit Küchenpapier gut abtrocknen.
2. Die trockenen Stängel in eine Glasflasche geben, das Öl dazugeben, sodass die Kräuter vollständig von dem Öl bedeckt sind.
3. Nach etwa 2 Wochen das Öl umfüllen und die Pflanzen entfernen.

Dieses Kräuteröl eignet sich als Würzöl für Nudel- und Kartoffelsalate.

ROSENBLÜTEN-HOLUNDER-ESSIG

In dunklen Flaschen kühl gelagert hält dieser Würzessig einige Monate.

2 Handvoll Rosenblüten
3 Holunderblütendolden
5–10 Wald-Erdbeeren
¾ l guter Weinessig

1. Rosenblütenblätter und Holunderdolden – ungewaschen – in eine weithalsige Flasche geben.
2. Walderdbeeren und Weinessig hinzufügen.
3. Den Ansatz nach 5 Wochen abseihen und in dunkle Flaschen füllen.

Ein wunderbar duftender Essig, der sich hervorragend für Blattsalate aller Art eignet und ihnen eine ganz besondere Note gibt.

KNOBLAUCHSRAUKEN-SENF

Für 4 Personen

50 g Samen der Knoblauchsrauke
50 g Dinkelmehl
1 EL Honig
50 ml Apfelessig
1 TL Salz

1. Reife Samen der Knoblauchsrauke ernten. Dazu die Pflanze am besten über einer Tüte ausklopfen.
2. Die Samen im Mörser zu Mehl zerstoßen.
3. Dinkelmehl und Samenmehl in der Pfanne ohne Fett kurz anrösten.
4. Honig im Wasserbad verflüssigen und in die Mehlmischung einrühren.
5. Den Essig unterrühren und mit Salz abschmecken.

Ein leicht bitterer, scharfer Senf, der am besten zu kräftigem Fleisch gegessen wird und je nach Bedarf frisch zubereitet wird.

WÜRZSALZ

Gut verschlossen, kühl und trocken aufbewahrt halten sich Kräutersalze bis zu 6 Monate.

Getrocknete würzstarke Kräuter wie z. B. Dost, Feld-Thymian, Schafgarbe oder Beifuß
100 g grobes Meersalz

1. Blätter und Blüten von den Stielen rebeln.
2. Die Kräuter zusammen mit dem Meersalz in der Moulinette mahlen.
3. Die Mischung in aromadichte Gläser füllen und trocken aufbewahren.

WILDKRÄUTERBUTTER

Hält sich im Kühlschrank nur wenige Tage.

100 g Wildkräuter, z. B. Gundermann-Blättchen, Feld-Thymian-Blättchen, Bär-Lauch-Blätter, Brunnenkresse, junge Schafgarben-Blättchen, Wiesen-Kerbel-Blätter
Salbeiblüten
250 g zimmerwarme Butter
Salz

1. Kräuter waschen, gründlich trocken schleudern und fein wiegen.
2. Salbeiblüten fein wiegen.
3. Kräuter und Blüten unter die weiche Butter rühren und nach Geschmack salzen.
4. Im Kühlschrank durchziehen lassen.

Schmeckt wunderbar auf kräftigem Bauernbrot, passt aber auch zu Grillfleisch und Pellkartoffeln.

BLÜTENZUCKER

In einem aromadicht verschlossenen Glas behält Blütenzucker mehrere Monate seinen blumigen Duft.

250 g Puderzucker
6–12 EL Blütenblätter, ganz oder klein geschnitten; je nach gewünschter Geschmacksrichtung nimmt man Blütenblätter von Minze, Lavendel, Rose, Veilchen, Nelke oder Holunder

1. Den Zucker und die Blütenblätter in der Moulinette gründlich vermischen.
2. In ein Schraubdeckelglas füllen und 1 Woche durchziehen lassen.
3. Die Zuckermischung durchsieben und umfüllen. Lichtgeschützt lagern.

SALBEI-HONIG

Hält sich aromadicht und dunkel aufbewahrt mehrere Monate

10 frische Salbeiblätter
500 g Honig
50 ml Orangenlikör
je 1 unbehandelte Orange und Zitrone
1 Zimtstange, 5 Gewürznelken

1. Zitrone und Orange auspressen, Schale abreiben.
2. Salbeiblätter fein wiegen.
3. Honig im Wasserbad leicht erwärmen und alle Zutaten unterrühren.
4. In ein Schraubglas füllen, mindestens 4 Wochen durchziehen lassen und dann vor Gebrauch gründlich umrühren.

Dieser Honig ist eine appetitanregende, süßwürzige Komponente für vielerlei Salatsoßen. Schmeckt auch im Tee.

Getränke aus Wildpflanzen

Mit Waldmeister-Bowle eröffnen wir den Mai, Lavendel-Limonade erfrischt uns im Sommer, Kräuteraperitifs trinken wir vor ausgiebigen Herbstmenüs und mit einem Tee aus getrockneten Wildfrüchten holen wir uns an dunklen Wintertagen den Duft der warmen Jahreszeit zurück. Seit alters bereitete man je nach Jahreszeit aus Blättern, Blüten, Früchten und Wurzeln von Wildpflanzen duftende Säfte, fruchtige Tees, aromatische Weine, süße Liköre und kräftige Schnäpse. Für manche Gegenden sind diese Naturgetränke sogar typisches Kennzeichen: Im Bayerischen Wald gibt es den Bärwurz, auf Kreta den Myrtenlikör und den Iva-Bitter in der Schweiz.

LAVENDEL-LIMONADE

Für 6 Personen

1 l Wasser
300 g Zucker
3 EL grob geschnittene Lavendelblätter
1/8 l Zitronensaft frisch gepresst
Eiswürfel
6 Stängel frischer Lavendel zum Garnieren

1. ½ Liter Wasser mit 300 g Zucker zum Kochen bringen. Umrühren, bis sich der Zucker aufgelöst hat.
2. Lavendelblätter dazugeben und vom Herd nehmen. Die Mischung zugedeckt bei Zimmertemperatur abkühlen lassen.
3. Abseihen und in einen Glaskrug gießen.
4. Mit dem Rest Wasser und dem Zitronensaft auffüllen und gut umrühren. Nach Geschmack nachsüßen, kühlen.
5. Fertige Limonade mit Eiswürfeln und einem Stängel Lavendel garniert servieren.

SANDDORN-PFIRSICH-MILCH

Für 4 Personen

2–3 reife Pfirsiche
1 l Milch
5 EL Sanddornsaft
Honig

1. Pfirsiche schälen und achteln.
2. Pfirsichachtel, Milch und Sanddornsaft im Mixer pürieren.
3. Mit Honig abschmecken und sehr kalt servieren.

THYMIAN-SIRUP

Für 4 Personen

400 g Zucker
250 ml Wasser
200 g blühender Feld-Thymian
1 unbehandelte Zitrone, in Scheiben

1. Zucker und Wasser aufkochen, über den Thymian gießen, Zitronenscheiben zugeben.
2. Etwa 1 Woche abgedeckt ziehen lassen. Dann abseihen.
3. Den Sud noch einmal erhitzen, in Flaschen füllen, kühl und dunkel lagern.

MYRTEN-LIKÖR

70 g Myrtenbeeren
1 l Raki
je 1 Tasse Zucker und Wasser

1. Myrtenbeeren in eine Glaskaraffe geben und mit Raki auffüllen. 1 Monat dunkel lagern.
2. Wasser und Zucker etwa 5 Minuten köcheln und anschließend abkühlen lassen.
3. Früchte-Raki-Ansatz abseihen.
4. Zuckersirup zu dem Liköransatz geben.
5. Den fertigen Likör in eine saubere Flasche umfüllen, kühl und dunkel aufbewahren.

KRÄUTERAPERITIF

0,7 l Weißwein
2 EL Beifuß
1 EL Minze

Honig nach Geschmack
wenige EL Wasser
⅛l Cognac

1. Weißwein in eine Glaskaraffe geben.
2. Kräuter entweder frisch und fein gehackt oder getrocknet und gut zerrieben dazugeben.
3. Diesen Ansatz etwa 1 Woche ziehen lassen.
4. Anschließend abfiltern.
5. Honig in heißem Wasser auflösen, mit dem Cognac zum Ansatz geben.
6. Den Kräuteraperitif umfüllen und anschließend kühl aufbewahren.

GIERSCH-LIMONADE

Für 4 Personen
20 Stängel Giersch
je 1 Stängel Gundermann und Minze
1 l Apfelsaft
½ l Mineralwasser
Saft einer Zitrone

1. Aus Giersch, Gundermann und Minze einen Kräuterstrauß binden und in den Apfelsaft hängen. Kühl stellen. Mindestens 4 Stunden durchziehen lassen.
2. Den Kräuterstrauß herausnehmen und mit Mineralwasser und Zitronensaft auffüllen.

Gebäck – mild und herzhaft

Das erste Brot war ein Gebäck aus wilden Getreidearten wie Einkorn und Emmer. Römische Soldaten trugen stets ein Säckchen Mehl bei sich, um aus einem einfachen Wasserteig, gewürzt mit Kümmel und anderen Samen ihrer Umgebung, ein würziges Fladenbrot zu backen. Wo das Getreide fehlte, gewann man aus Baumfrüchten wie Eicheln und Bucheckern die zum Backen notwendige Stärke. Backen mit Naturstoffen war schon immer eine sehr einfallsreiche Kombination von Stärke und würzigen Aromaträgern. Schöne Beispiele für ungewöhnliche Entdeckungen in der Naturbäckerei sind ein Holunderblüten-Kuchen, ein Weißdorn-Früchtebrot oder ein unvergesslicher Almkuchen.

WEISSDORN-FRÜCHTEBROT

Für 6 Personen
1 kg Weißdornfrüchte
1 kg Mehl
Salz
40 g Hefe
¼ l Wasser

1. Früchte in Wasser weich dünsten und anschließend durchpassieren.
2. Fruchtmus mit Mehl und Salz verrühren. Hefe in etwas lauwarmem Wasser auflösen, unter die Mehl-Fruchtmus-Masse rühren. Den Teig kräftig durchkneten.
3. Den Teig etwa 2 Stunden gehen lassen, nochmals durchkneten und in eine gebutterte Kastenform füllen.
4. Nochmals 1 Stunde gehen lassen. Anschließend im vorgeheizten Backofen (200 °C) etwa 50–60 Minuten backen.

HOLUNDER-KUCHEN

Für 6 Personen
6 große Blütendolden vom Holunder
500 g Mehl
¼ l Milch
20 g Hefe
50 g Butter
100 g Zucker
Salz, Zitronenschale, Puderzucker, Vanillezucker

1. Holunderblüten auszupfen, alles Grün entfernen.
2. Aus allen Zutaten einen Hefeteig herstellen. Blüten einkneten, 1 Stunde gehen lassen.
3. Den Teig nochmals durchkneten, in eine gefettete Kastenform füllen. Weitere 30 Minuten gehen lassen.
4. Im vorgeheizten Backofen (180 °C) 35–40 Minuten backen.
5. Auskühlen lassen, aus der Form stürzen und mit einer Mischung aus Puder- und Vanillezucker bestreuen.

BÄR-LAUCH-WAFFELN

Für 6 Personen

50 g Butter
4 Eier
250 g Mehl
1 TL Backpulver
Salz, Pfeffer
⅛ l Gemüsebrühe
2 Handvoll Bär-Lauch-Blätter, sehr fein geschnitten
1 rote Paprikaschote, fein gehackt

1. Butter mit den Eiern schaumig schlagen, Mehl mit Backpulver und einer Prise Salz mischen, abwechselnd mit der Brühe unter die Butter-Ei-Masse rühren.
2. Bär-Lauch und Paprika zum Teig geben, alles ½ Stunde ruhen lassen.
3. Waffeleisen aufheizen und die Waffeln ausbacken.

HAGEBUTTEN-ZWIEBELKUCHEN

Für 6 Personen

1,5 kg Zwiebeln
125 g Zucker
50 ml Hagebutten- oder Apfelessig
Butter
100 g Hagebutten, halbiert und entkernt
Salz, Pfeffer, Bohnenkraut
500 g Blätterteig
1 Eigelb

1. Zwiebeln schälen und grob würfeln.
2. Zucker karamellisieren, mit Hagebuttenessig ablöschen, etwas Butter unterrühren.
3. Hagebutten, Zwiebeln und Bohnenkraut zugeben und dünsten, bis alle Flüssigkeit verbraucht ist. Mit Salz und Pfeffer würzen und auskühlen lassen.
4. 2 Blätterteigplatten dünn ausrollen.
5. Eine Teigplatte in die gebutterte Pieform legen, Rand überlappen lassen.
6. Hagebutten-Zwiebel-Masse darauf verteilen, zweite Teigplatte darüberlegen, Ränder festdrücken.
7. Eigelb mit etwas Wasser verquirlen, Teigdeckel damit bestreichen.
8. Im vorgeheizten Backofen bei 200 °C 15 Minuten backen. Auf 180 °C zurückstellen und noch 10 Minuten backen.

Schmeckt am besten lauwarm mit Federweißer.

FELSENBIRNEN-TORTE

Für 6 Personen

½ kg Felsenbirnen
je 1 Prise Zimt und Muskat
Biskuitteig aus 200 g Mehl, 170 g Zucker, 4 Eiern, 30 g Kakao, Backpulver
500 g Schlagsahne
2 TL Zucker
Raspelschokolade

1. Früchte entstielen, mit Zimt und Muskat einstäuben.
2. Biskuitteig vorbacken, auskühlen lassen, zweimal waagrecht durchschneiden.
3. Sahne mit Zucker steif schlagen. Untere Teigscheibe mit Schlagsahne bestreichen, Früchte darauf verteilen.
4. Den 2. Teil des Tortenbodens aufsetzen, ebenso mit Sahne und Früchten bestücken.
5. Den 3. Teil des Tortenbodens aufsetzen und mit Sahne bestreichen. Mit Früchten und Raspelschokolade verzieren. Kalt stellen.

Diese Torte schmeckt auch sehr gut mit Brombeeren, Himbeeren, Heidelbeeren oder Wald-Erdbeeren.

MOHN-AUFLAUF

Für 6 Personen

250 g Sahne
½ l Milch
1 Vanilleschote
200 g Mohnsamen, gemahlen
4 EL Zucker, etwas Salz, etwas Zitronenschale
500 g Weißbrot
200 g in Rum eingelegte Rosinen
100 g Mandelblättchen

1. Sahne, Milch, ausgekratztes Vanillemark und Vanilleschote aufkochen lassen, danach Schote entfernen.
2. Mohn, Zucker, Zitronenschale und 1 Prise Salz dazugeben und unter ständigem Rühren aufkochen lassen.
3. Weißbrot entrinden, in Scheiben schneiden und in eine gebutterte Auflaufform legen.
4. Milch-Mohn-Gemisch und Rosinen über dem Brot verteilen, glatt streichen, mit Mandelblättchen bestreuen.
5. Den Auflauf bei 200 °C etwa 20 Minuten backen.

ALMKUCHEN

Für 6 Personen

Für den Teig:
200 g Haferflocken
100 g Mehl
50 g Zucker, Salz
150 ml Öl
50 ml Wasser

Für den Belag:
200 g Alpen-Ampfer-Blattstängel
gemahlene Haselnüsse
300 g Joghurt, verrührt mit etwas Honig

1. Haferflocken, Mehl, Zucker und Salz mischen, nacheinander Öl und Wasser einrühren. Teig 30 Minunten ruhen lassen.
2. Teig in eine gefettete Springform drücken, Ränder hochziehen. Etwas Teig übrig lassen.
3. Ampferstängel schälen, in Stücke schneiden.
4. Teigboden mit Haselnüssen bestreuen, Ampferstängel darauf verteilen.
5. Joghurt auf dem Kuchen verteilen.
6. Aus dem restlichen Teig schmale Streifen schneiden und rautenförmig auf dem Kuchen anordnen.
7. Bei 230 °C etwa 40 Minuten backen.
8. Den fertigen Kuchen während des Auskühlens mit etwas Thymian-Sirup beträufeln.

Wildfrüchte – süß und pikant

Herbstzeit ist Früchtezeit. Rot, gelb, braun oder dunkelblau leuchten sie von Bäumen und Sträuchern, saftige Kornelkirschen, vitaminreiche Sanddornbeeren, nussige Bucheckern und herbsäuerliche Schlehen. Wildfrüchtesammler können nun Gesundes mit Genuss verbinden, denn alle diese Früchte besitzen nicht nur wertvolle Inhaltsstoffe, sie schmecken auch köstlich. Zu welchen Geschmacksnuancen eine frische Brombeersoße, süßsauer eingelegte Kornelkirschen oder Mispeln in Rotwein fähig sind, kann nur die Wildfrüchteküche zeigen. Zum Kennenlernen braucht man nicht viel: eine Hecke, einen Wald, einen Feldrand – und offene Augen.

WEISSDORN-BIRNEN-DESSERT

Für 6 Personen

800 g Birnen
200 g Weißdornbeeren
50 ml Birnensaft
5 EL Honig
1 Päckchen Vanillezucker
200 g Buttermilchquark
etwas Milch
50 g süße Sahne

1. Birnen schälen, achteln, zusammen mit den Weißdornbeeren im Birnensaft aufkochen und anschließend 5–10 Minuten ziehen lassen.
2. Die Fruchtmasse durch ein feines Sieb passieren.
3. Honig und Vanillezucker einrühren, kalt stellen.
4. Vor dem Servieren den Quark mit etwas Milch glatt rühren, Sahne steif schlagen, beides unter das Weißdorn-Birnen-Mus heben.

Gut gekühlt serviert wirklich ein Genuss.

MISPELN IN ROTWEIN

Für 6 Personen

250 g gut abgelagerte Mispeln
Butter, Zucker, Zimt
¼ l Rotwein

1. Mispeln von den Blütenkronen befreien, in Butter dünsten.
2. 1 Esslöffel Zucker und 1 Prise Zimt dazugeben.
3. Nach und nach den Rotwein angießen und die Soße sirupartig reduzieren lassen.

Mispeln in Rotwein passen hervorragend zu Wild.

PIKANTE BROMBEER-SOSSE

Für 6 Personen

250 g Brombeeren
40 g Zucker
¼ l Rotwein
3 EL Cognac
je 1 Messerspitze Nelkenpulver und Zimt
1 TL scharfer Senf

1. Brombeeren durch ein Sieb streichen.
2. Das Fruchtmus mit den übrigen Zutaten zu einer sämigen Soße verkochen.
3. Pikant abschmecken.

Diese Soße passt ausgezeichnet zu Wild und kaltem Rindfleisch.

SÜSS-SAUER EINGELEGTE KORNELKIRSCHEN

Für 6 Personen

1 kg reife Kornelkirschen
½ l Rotweinessig
15 Gewürznelken
1 Zimtstange
je 1 TL Wacholderbeeren, Koriandersamen, Salz
10 EL Honig

1. Aus allen Zutaten mit Ausnahme der Kornelkirschen einen Gewürzsud herstellen, diesen etwa 30 Minuten ziehen lassen.
2. In den kochend heißen Sud die Kornelkirschen einlegen und 10 Minuten ohne Aufkochen ziehen lassen.
3. Die Früchte aus dem Sud nehmen, in Gläser füllen.
4. Den Sud erneut aufkochen, dann über die Früchte gießen.
5. Gläser verschließen.
6. Die eingelegten Früchte etwa 2 Monate kühl und dunkel reifen lassen, dann als Antipasti servieren.

BUCHECKERN-LACHS-HÄPPCHEN

Für 6 Personen

250 g Lachs
1 rote Paprikaschote
2 Zwiebeln
Olivenöl, Eigelb, Salz und Pfeffer
40 g Bucheckern, geschält und geröstet
600 g Blätterteig

1. Lachs, Paprika und Zwiebeln klein würfeln und in Öl kurz andünsten.
2. Bucheckern grob hacken, einrühren, die Masse mit Salz und Pfeffer würzen.
3. Blätterteig dünn ausrollen, Quadrate von 10 cm Länge ausschneiden.
4. Eine Hälfte der Quadrate mit der Masse belegen, die Ränder mit Eigelb bestreichen, zu Dreiecken zusammenklappen.
5. Die fertigen Dreiecke mit Eigelb bestreichen, im vorgeheizten Backofen (220 °C) etwa 20 Minuten backen.

Zu diesen Häppchen passt ein Kräuterquark, aber auch süßsauer Eingelegtes.

MARONEN-KONFITÜRE

Für 6 Personen

1,6 kg Maronen
1 kg Zucker, 1 l Wasser
Mark einer Vanilleschote

1. Maronen mit einem Messer kreuzweise einritzen, 10 Minuten in Wasser kochen, schälen.
2. Die geschälten Maronen mit frischem Wasser auf kleiner Flamme in etwa 40 Minuten weich kochen.
3. Das Wasser abgießen, die Maronen durch ein Sieb streichen.
4. Zucker in einem Topf leicht karamellisieren lassen, mit 1 Liter Wasser ablöschen und so lange kochen, bis sich der Zucker vollständig aufgelöst hat.

5. Die pürierten Maronen und das Vanillemark dazugeben und alles bei niedriger Temperatur etwa 15 Minuten um ein Viertel einkochen lassen.
6. Die heiße Masse in vorgewärmte Gläser füllen und fest verschließen.
7. Auf dem Deckel stehend auskühlen lassen.

WILDKIRSCH-MARMELADE MIT STEINKLEEBLÜTEN

Für 6 Personen

600 g Wildkirschen
Pektin für 1 kg Früchte
200 g Honig
1 Handvoll Steinkleeblüten

1. Wildkirschen entkernen.
2. Entkernte Wildkirschen mit wenig Wasser und Pektin mischen, Honig unterrühren und unter ständigem Rühren erhitzen, etwa 15 Minuten kochen lassen.
3. Steinkleeblüten in ein Tee-Ei füllen und während der letzten 3 Minuten mitkochen lassen.
4. Fertige Marmelade heiß in Gläser füllen und verschließen.

Diese fruchtig süße Marmelade schmeckt wunderbar auf einem knusprigen Croissant.

WILDKONFEKT

Für 6 Personen

5 kg reife Speierlingsfrüchte
200 g Rohrzucker
etwas Zimt, Schokoladenglasur

1. Aus den Früchten mit wenig Wasser, Rohrzucker und Zimt ein dickflüssiges Mus kochen.
2. Das dickflüssige Mus auf einem Backblech etwa fingerdick ausstreichen.
3. Etwa 3–4 Tage an einem kühlen Ort trocknen lassen. Alternative: Im Backofen bei ca. 60 °C und leicht geöffneter Backofentüre trocknen lassen.
4. Die getrocknete Masse in Würfel oder Rauten schneiden und mit Schokoladenglasur überziehen.

Für diese Zubereitungsart eignen sich auch andere Früchte, beispielsweise Quitten, Hagebutten oder Kornelkirschen.

AMARANTH-KUGELN

Für 6 Personen/hält sich nur 1 Woche

10 Dörrpflaumen
6 EL Rosinen
1 Handvoll Haselnüsse
2 EL Mehl
3 EL gestoßene Fuchsschwanzsamen
Zitronenschale und -saft
Vanillezucker, Zimt, Ingwerpulver

1. Dörrpflaumen entsteinen, fein hacken, Rosinen und Haselnüsse ebenfalls fein hacken.
2. Früchte mit Mehl und Fuchsschwanzsamen vermengen, mit Zitrone und Gewürzen abschmecken.
3. Mit feuchten Händen kleine Kugeln formen und diese bei Zimmertemperatur etwas antrocknen lassen.

ÜBERBACKENE FEIGEN

Für 4 Personen

4 Feigen, in Scheiben geschnitten
Basilikumblätter, in Streifen geschnitten
Büffelmozzarella, in dünne Scheiben geschnitten
etwas Olivenöl
8 geröstete Baguettescheiben

1. Feigenscheiben auf einem mit Backpapier ausgelegten Backblech verteilen.
2. Basilikum und Mozzarella darauf verteilen.
3. Mit ein wenig Olivenöl beträufeln.
4. Bei 200 °C etwa 5 Minuten überbacken.
5. Auf gerösteten Baguettescheiben anrichten.

WÜRZIGE HOLUNDERBEEREN

Hält sich nur wenige Tage

½ l Essig, Pfefferkörner, Pimentkörner, Gewürznelken, Zimtstange, Muskatblüte, etwas geriebener Meerrettich, etwas Ingwer
1 kg Früchte des Schwarzen Holunder
400 g Kandiszucker

1. Essig mit dem Kandiszucker und den Gewürzen 10 Minuten leicht kochen lassen, abseihen.
2. Holunderbeeren in diesem Sud 5 Minuten köcheln lassen und heiß in Gläser füllen.

Passt sehr gut zu Sülze oder kaltem Rindfleisch.

Essbare Wildpflanzen von A–Z

ACKERFRAUENMANTEL, GEWÖHNLICHER

Aphanes arvensis Rosengewächse

SAMMELN UND ZUBEREITEN Diese Pflanze findet man an kalkarmen, aber nährstoffreichen Feldern, meist am Rand von Getreidefeldern. Wildkräuterköche nutzen ihre jungen Blätter für Salate und Kräutersuppen. Gesammelt werden sie von April bis Juni.
MERKMALE 3–20 cm hoch, einjährig. Stängelblätter kurz gestielt, fächerförmig, tief 3-teilig. Blüten klein, grün, sitzen in kleinen Büscheln entlang des Stängels, keine Kronblätter. Blütezeit Mai–September.
STANDORT UND VERBREITUNG Getreidefelder. Mittel- und Südeuropa.

Gewöhnlicher Ackerfrauenmantel

ACKERKOHL, WEISSER

Conringia orientalis Kreuzblütengewächse

SAMMELN UND ZUBEREITEN Dieses selten gewordene Wildkraut produziert eine große Zahl nutzbarer Samen. Sie werden im September geerntet, das würzige Öl erhält man durch Auspressen, am besten mit einer Handölmühle.
MERKMALE 10–50 cm hoch, einjährig. Stängel bläulich bereift. Stängelblätter blaugrün, wechselständig, eiförmig, ganzrandig, stängelumfassend. Blüten cremeweiß, 4 Kronblätter. Blütezeit Mai–Juli. Frucht eine 4-kantige Schote, aufrecht, 6–10 cm lang, dunkelbraune Samen.
STANDORT UND VERBREITUNG Licht- und wärmeliebende Art auf kalkreichen Standorten. Besiedelt Felder und Brachland. Mittel- und Südosteuropa.

Adlerfarn

ADLERFARN

Pteridium aquilinum Adlerfarngewächse

SAMMELN UND ZUBEREITEN Nur die sehr jungen, zarten Triebe, die sich leicht mit den Fingern abbrechen lassen, sind bekömmlich. Gesammelt werden sie am besten in den Monaten April und Mai. Man kann sie in Wasser dünsten, als spargelähnliches Gemüse essen oder sauer einlegen. Die süßen, stärkereichen Wurzelstöcke werden im Herbst geerntet. Getrocknet und gemahlen nimmt man sie zum Backen oder Kochen von Brei und Grütze. In Scheiben geschnitten und in der Pfanne geröstet sind sie ebenfalls essbar. In einigen Regionen der USA, Japans und Neuseelands wird Adlerfarn häufig verwendet. Dennoch ist im Umgang mit der Pflanze eine gewisse Vorsicht geboten. Sie enthält karzinogene Stoffe, die bei dauerhafter Verwendung für das Auftreten von Tumoren verantwortlich sein könnten.
MERKMALE 50–200 cm hoch, Staude. Wedel mit langen, überhängenden gelblichen Sporangien an der Unterseite der Fiederblättchen. Sporenreife Juli–August.
STANDORT UND VERBREITUNG Häufig in artenarmen Laubmisch- und Kiefernwäldern, an Waldrändern, auf Kahlschlägen. Europaweit verbreitet.

Adlerfarn-Lebkuchen sind ein ungewöhnlicher Genuss zur winterlichen Teestunde. Diese traditionelle Weihnachtsspezialität wird aus Adlerfarnmehl, Milch, Rohrzucker, Honig und Lebkuchengewürzen wie Piment, Kardamom, Zimt und Gewürznelken zubereitet.

AFFODIL, ÄSTIGER

Asphodelus ramosus Liliengewächse

SAMMELN UND ZUBEREITEN Eine seit dem Altertum in der Heilkunde wie in der Küche hoch geschätzte Pflanze. Man grub deren Wurzelknollen im Herbst aus und verwendete sie nach Entbittern durch Wässern und Kochen anstelle von Kartoffeln. In Notzeiten verarbeitete man sie auch zu Stärke und nahm sie, versetzt mit Weizen- oder Gerstenmehl, zum Brotbacken. Auch geröstet wurden sie gegessen, meist zusammen mit Feigen. Früher wickelte man Burrata, einen italienischen Käse aus Apulien, in Affodilblätter und hatte damit gleichzeitig einen Frischeindikator: je grüner die Blätter, desto frischer der Käse. Heute wird Burrata jedoch meist in Plastikblätter eingeschlagen. Die Blüten sind eine wunderschöne essbare Dekoration. In ähnlicher Weise werden zwei weitere Affodilarten verwendet: Das ist zum einen der Weiße Affodil *(Asphodelus albus)*, der in alter Zeit wegen seines Wohlgeschmacks sehr geschätzt war, zum anderen der Kleinfrüchtige Affodil *(Asphodelus aestivus)*, der im Gegensatz zu seinen beiden Verwandten eher fade schmeckt.

Ästiger Affodil

MERKMALE 50–150 cm hoch, Staude. Blätter grundständig, schmal, zugespitzt, bis 40 cm lang und 3 cm breit. Blüten weiß oder rosa. Blütezeit März–Juni. Frucht eiförmig. Rübenförmige, fleischig verdickte Wurzel.

STANDORT UND VERBREITUNG Sonnige, steinige Hänge, offene Wälder, Bergheiden. Südeuropa.

AGAVE, AMERIKANISCHE

Agave americana Agavengewächse

SAMMELN UND ZUBEREITEN Der Schaft des Blütenstandes enthält einen Saft, der reich an Fruchtzucker, Vitaminen und Mineralien ist. Dieser Saft wurde bereits in vorkolumbianischer Zeit medizinisch zur Stärkung des Immunsystems eingesetzt. Heute wird er durch Eindampfen zu einem, auch für Diabetiker geeigneten, Sirup konzentriert oder zu einem bitteren, milchigen Getränk vergoren, das geschmacklich an Weizenbier erinnert.

Amerikanische Agave

MERKMALE Mehrjährige Pflanze mit gestauchter Sprossachse. Blätter in grundständiger Rosette, graugrün, dickfleischig, 1–2 m lang, 15–25 cm breit, am Rand und an der Spitze dornig bestachelt. Blüten gelbgrün, duftend, 6-zählig, stehen zahlreich in einem bis zu 8 m hohen rispigen Blütenstand. Blütezeit Juni–August. Die Pflanze blüht nur einmal, etwa im Alter von 10–20 Jahren. Nach der Fruchtreife stirbt sie ab, vermehrt sich meist vegetativ durch Ausläufer.

STANDORT UND VERBREITUNG Felsige Standorte in Küstennähe. Heimat Mexiko, im Mittelmeergebiet seit dem 16. Jahrhundert kultiviert und häufig verwildert anzutreffen.

AHORN

SAMMELN UND ZUBEREITEN Von März bis April werden die jungen, zarten Blätter zusammen mit den noch weichen Blattstielen geerntet. Sie sind frisch oder getrocknet eine angenehm säuerliche Zutat für Salate, Suppen sowie für Gemüsegerichte. Ebenfalls in den Monaten März und April kann man den wässrig süßen Saft von angeritzten Stämmen nutzen, entweder frisch als Getränk oder weiterverarbeitet zu einem leckeren Sirup. Dieses Anritzen sollte allerdings sehr maßvoll geschehen, da der Baum sonst Schaden nimmt. Die Blütenbüschel können roh gegessen oder in Salaten verarbeitet werden. Von Juli bis September kann man die Samen aus den reifen Flügelfrüchten lösen und in Gewürzessig sauer einlegen. Auch in gekochten Gemüsen sind sie nutzbar. In Notzeiten hat man im Frühling die innere weiche Rinde getrocknet, zu Mehl vermahlen und dieses zum Strecken von Getreidemehl verwendet.

AHORN, BERG-

Acer pseudoplatanus — Ahorngewächse

Berg-Ahorn

SAMMELN UND ZUBEREITEN Angaben dazu bei der Gattung Ahorn (siehe S. 27).
MERKMALE 30–40 m hoch, sommergrüner Laubbaum. Stammborke silbrig bis graubraun, löst sich in Schuppen ab. Blätter gegenständig, gestielt, 5-lappig, derb. Blüten gelbgrün, hängen in langen Trauben. Blütezeit April–Mai. Früchte kahl, breit geflügelt, äußere Flügelränder der beiden Teilfrüchte bilden einen etwa rechten Winkel.
STANDORT UND VERBREITUNG Buchenmischwälder der Mittelgebirge und Gebirge. Europa.

AHORN, BURGEN-

Acer monspessulanum — Ahorngewächse

SAMMELN UND ZUBEREITEN Angaben dazu bei der Gattung Ahorn (siehe S. 27).
MERKMALE 2–10 m hoch, sommergrüner Laubbaum. Stammborke grau, rissig. Blätter gegenständig, gestielt, 3-lappig, ledrig derb. Blüten gelbgrün, in doldenartigen hängenden Blütenständen. Blütezeit April–Mai. Frucht eine 2-teilige Flügelnuss, Fruchtflügel stehen spitzwinklig bis parallel zueinander.
STANDORT UND VERBREITUNG Submediterrane Laubwälder, sonnige Felshänge, Trockengebüsche. Verbreitungsschwerpunkt in Süd- und Südosteuropa.

AHORN, ESCHEN-

Acer negundo — Ahorngewächse

SAMMELN UND ZUBEREITEN Angaben dazu bei der Gattung Ahorn (siehe S. 27).
MERKMALE 15–20 m hoch, sommergrüner Laubbaum. Stammborke grauschwarz, fein längsrissig. Blätter gegenständig, unpaarig gefiedert, meist 5 Teilblättchen, diese kurz gestielt, länglich-oval, unregelmäßig grob gezähnt. Blüten zweihäusig, weibliche in langen hängenden Trauben, männliche in Büscheln. Blütezeit April. Flügelfrüchte schmal, spitzwinklig angeordnet.
STANDORT UND VERBREITUNG Als Parkbaum gepflanzt, gelegentlich verwildert. Südeuropa.

AHORN, FELD-

Acer campestre — Ahorngewächse

Feld-Ahorn

SAMMELN UND ZUBEREITEN Angaben dazu bei der Gattung Ahorn (siehe S. 27).
MERKMALE 10–15 m hoch, sommergrüner Laubbaum, Borke am Stamm graubraun, durch Längs- und Querrisse annähernd rechteckig gefeldert. Blätter gegenständig, gestielt, 3- bis 5-lappig. Blüten gelbgrün, in zunächst aufrechten, später überhängenden Blütenständen. Blütezeit April–Mai. Früchte mit waagrecht ausgebreiteten Flügeln.
STANDORT UND VERBREITUNG Laubmischwälder, Wald- und Feldränder. Europa.

AHORN, ITALIENISCHER

Acer opalus — Ahorngewächse

SAMMELN UND ZUBEREITEN Angaben dazu bei der Gattung Ahorn (siehe S. 27).
MERKMALE 9–19 m hoch, sommergrüner Laubbaum. Stammborke rötlich grau, Schuppen aufgebogen. Blätter gegenständig, gestielt, 5-lappig, einzelne Blattabschnitte gekerbt oder schwach gelappt. Blüten gelb, doldenartige Blütenstände. Blütezeit April. Flügelfrüchte, Flügel stehen spitzwinklig bis parallel zueinander.
STANDORT UND VERBREITUNG Laubmischwälder, Gebüsche. Mitteleuropa, Gebirge Südeuropas.

AHORN, SPITZ-

Acer platanoides — Ahorngewächse

SAMMELN UND ZUBEREITEN Angaben dazu bei der Gattung Ahorn (siehe S. 27).

Spitz-Ahorn

MERKMALE 20–30 m hoch, sommergrüner Laubbaum. Borke dunkelbraun bis schwarz, längsrissig. Blätter gegenständig, gestielt, 5-lappig, einzelne Lappen scharf zugespitzt. Blüten gelbgrün, in doldenartigen, weitgehend aufrechten Blütenständen. Blütezeit April–Mai. Früchte mit fast waagrecht abstehenden Flügeln.
STANDORT UND VERBREITUNG In Laub- sowie Laubmischwäldern. Europa.

ÄHRENHAFER, ZERBRECHLICHER

Gaudinia fragilis Süßgräser

SAMMELN UND ZUBEREITEN Grundsätzlich sind die Samen aller mitteleuropäischen Gräser in der Küche nutzbar. Sie werden im Spätsommer geerntet und können anschließend geröstet und gemahlen als eine Art Kaffee-Ersatz genutzt werden. Lässt man sie in feuchter Atmosphäre keimen, erhält man nach kurzer Zeit Sprossen für einen frischen Wildsalat.
MERKMALE 20–50 cm hoch, einjähriges Gras. Stängel glatt, steigen knickig auf. Blattscheiden der unteren Blätter dicht behaart, der oberen kahl, Blätter schmal, zugespitzt. Ähre 2-zeilig, bis 20 cm lang, Ährchen begrannt. Blütezeit Mai–Juni.
STANDORT UND VERBREITUNG Wegränder, Brachland. Heimat Mittelmeergebiet. Nördlich der Alpen nur eingeschleppt und unbeständig.

AKERBEERE

Rubus arcticus Rosengewächse

SAMMELN UND ZUBEREITEN Die brombeerähnlichen Früchte schmecken angenehm säuerlich und aromatisch. Man kann sie frisch essen, als Kuchen- und Tortenbelag nehmen oder zu Marmelade und Gelee, Tee, Saft, Likör und Schnaps verarbeiten. Aus den getrockneten Blättern kann man einen Tee aufbrühen.
MERKMALE 10–20 cm hoch, Staude. Stängel dünn, dornenlos. Blätter wechselständig, gestielt, 3-lappig, einzelne Lappen eiförmig, unregelmäßig gesägt. Blüten rosa bis rot, lang gestielt, 5–7 Kronblätter. Blütezeit Juni–Juli. Dunkelrote, brombeerähnliche Sammelfrüchte. Fruchtreife Juli.
STANDORT UND VERBREITUNG Heiden, Moore, nordische Tundren. Nordeuropa.

ALANT, ECHTER

Inula helenium Korbblütengewächse

Echter Alant

SAMMELN UND ZUBEREITEN Die noch weichen, hellgrünen Blätter des Alants lassen sich von April bis Juli als bitter-würzige Note in Suppen und Gemüsegerichten nutzen. Mit Beginn der Blütezeit werden sie nicht mehr in der Küche verwendet, weil sie dann zu bitter sind. Von Juli bis August nimmt man die gelben Zungenblüten in kleinen Mengen als essbare Dekoration. In kleinen Mengen ist auch die Wurzel von September bis ins Frühjahr als Koch-, Back- oder Pfannengemüse verwendbar. Wem ihre Bitterstoffe zu dominant sind, wässert sie vor der Zubereitung für ein bis zwei Stunden. Eine verwandte Art, der Salz-Alant *(Inula crithmoides)* wächst an der Mittelmeerküste. Seine jungen Blätter können roh und gekocht gegessen werden. Sie schmecken ähnlich aromatisch wie Meerfenchel und sind vor allem roh eine Bereicherung für jeden Salat.
MERKMALE 70–200 cm hoch, Staude. Stängel rund, behaart, längs gerillt. Blätter wechselständig, oval, gesägt, untere in einen langen Stiel verschmälert, obere sitzend. Blüten gelb, einzeln am Stängelende, bis 7 cm breit, mit vielen, schmalen Zungenblüten. Blütezeit Juli–August.
STANDORT UND VERBREITUNG Wiesen, Wälder, Hecken. Herkunft Südosteuropa. In Mittel- und Westeuropa stellenweise eingebürgert.

ALLERMANNSHARNISCH

Allium victorialis — Lauchgewächse

SAMMELN UND ZUBEREITEN Die Pflanze hat einen sehr ausgeprägten Knoblauchduft und -geschmack und wird deshalb auch Knoblauchwurz genannt. Man verwendet sie ähnlich wie Bär-Lauch. Ihre Blätter, die man am besten vor der Blüte sammelt, sind roh nur als würzende Beigabe für Salate geeignet. Gekocht schmecken sie deutlich milder. Im Herbst kann man die Zwiebeln ausgraben. Sie sind ebenfalls als knoblauchartige, würzende Beigabe in Salaten und Gemüsegerichten nutzbar.

Allermannsharnisch

MERKMALE 30–70 cm hoch, Staude. Stängelblätter lanzettlich, spitz zulaufend, bis zu 20 cm lang. Blüten grünlich weiß. Blütezeit Juli–August. Zwiebeln von einem dichten Fasernetz umhüllt.

STANDORT UND VERBREITUNG Bergwiesen, grasige und felsige Hänge. Gebirge Mittel- und Südeuropas. Geschützt.

AMPFER, ALPEN-

Rumex alpinus — Knöterichgewächse

SAMMELN UND ZUBEREITEN Noch vor 100 Jahren war diese Ampferart ein wichtiges Gemüse im Alpenraum. Blätter und Stiele vergor man mit Milchsäure zu einer Art Sauerkraut, die Blätter verwertete man als Spinat, die Blattstiele als Suppeneinlage. Weil die Blätter einen Bitterstoff mit konservierender Wirkung enthalten, nahm man sie auch zum Einwickeln und Frischhalten von Butter. Heute wird der Alpen-Ampfer immer noch genutzt. Aus seinen Blättern kocht man ein vorzügliches Gemüse. Im zeitigen Frühjahr gibt man sie frisch in Salate. Aus den Blattstielen bereitet man wunderbare Kompotte und Kuchen. Gekocht schmecken sie angenehm säuerlich, erinnern fast an Rhabarber.

MERKMALE 50–200 cm hoch, Staude. Grundständige Blätter rundlich-oval, 30–50 cm lang und fast halb so breit, an der Basis tief herzförmig, Rand oft wellig, lang gestielt. Blattstiele oft rötlich. Blüten grünlich. Blütezeit Juli–August.

STANDORT UND VERBREITUNG Viehweiden der Gebirge, Umgebung von Almhütten. Mittel- und Südosteuropa.

> **Einen Obstkuchen** ganz anderer Art erhält man, wenn man geschälte und in Stücke geschnittene Blattstiele des Alpen-Ampfers auf einem Teigboden verteilt, mit gesüßtem Joghurt übergießt und im vorgeheizten Backofen etwa 30 Minuten bäckt.

AMPFER, BLUT-

Rumex sanguineus — Knöterichgewächse

SAMMELN UND ZUBEREITEN Junge Blätter passen frisch gehackt als würzende Beigabe in Suppen und Gemüsegerichte.

MERKMALE 30–60 cm hoch, Staude. Grundblätter länglich-eiförmig, bis zu 14 cm lang, obere Stängelblätter wechselständig, keilförmig. Blüten in Knäueln, bei manchen Exemplaren blutrot überlaufen. Blütezeit Juli–August.

STANDORT UND VERBREITUNG Auwälder, Ufergebüsch, nasse Wegränder. Europa.

AMPFER, FLUSS-

Rumex hydrolapathum — Knöterichgewächse

SAMMELN UND ZUBEREITEN Verwendet werden nur die ganz jungen Frühlingsblätter, denn nur diese sind nicht bitter. Mit ihrem zitronenartig säuerlichen Aroma eignen sie sich gut als Würze für Salate, Suppen und Gemüse.

MERKMALE 80–200 cm hoch, Staude. Grundständige Blätter sehr groß, länglich-elliptisch, an beiden Enden zugespitzt, am Grund in den Blattstiel verschmälert. Stängelblätter lang gestielt. Blüten rötlich braun. Blütezeit Juli–August.

STANDORT UND VERBREITUNG Sümpfe, Ufer von langsam fließenden Bächen oder Flüssen, seltener von Teichen und Seen, Gräben. Fast ganz Europa.

AMPFER, GARTEN-

Rumex patientia Knöterichgewächse

SAMMELN UND ZUBEREITEN Dieser Ampfer wurde wegen seiner schmackhaften Blätter früher in europäischen Gärten angebaut. Man nennt ihn auch Englischen Spinat. Von März bis Mai geerntet ergeben die Blätter Gemüsegerichte, Suppen und Eintöpfe.
MERKMALE 1–2 m hoch, Staude. Grundständige Blätter länglich-oval, 20–30 cm lang, am Grund gerundet oder herzförmig, am Rand etwas wellig oder flach. Gesamtblütenstand eine endständige Rispe, weitgehend blattlos. Blütezeit Mai–Juli.
STANDORT UND VERBREITUNG Wegränder, Schuttplätze. Alte Gemüsepflanze, aus Gärten verwildert. Heimat Südosteuropa.

AMPFER, GEMÜSE-

Rumex longifolius Knöterichgewächse

SAMMELN UND ZUBEREITEN Die jungen Blätter und Triebe schmecken in Kräutersuppen sowie als spinatähnliches Gemüse. Die Samen werden getrocknet, gemahlen und mit Getreidemehl vermischt zum Backen verwendet.
MERKMALE 60–120 cm hoch, Staude. Grundständige Blätter lang-oval, 20–35 cm lang und 3–6 cm breit, am Grund verschmälert. Stängelblätter am Rand meist wellig, selten glatt. Gesamtblütenstand eine endständige Rispe. Blütezeit Juli–August.
STANDORT UND VERBREITUNG Wegränder, Schuttplätze, Ufer. Hauptsächlich Nordeuropa. In Mitteleuropa vereinzelt eingeschleppt und unbeständig.

AMPFER, KNÄUELBLÜTIGER

Rumex conglomeratus Knöterichgewächse

SAMMELN UND ZUBEREITEN Von April bis Juni geerntete Blätter kann man spinatartig zubereiten.
MERKMALE 30–70 cm hoch, Staude. Grundblätter 10–15 cm lang, am Grund schwach herzförmig, lang gestielt, Stängelblätter sitzend. Blüten in Knäueln. Blütezeit Juli–September.
STANDORT UND VERBREITUNG Ufer, Gräben, Schuttplätze, auch Kahlschläge. In Mittel- und Südeuropa.

AMPFER, KRAUSER

Rumex crispus Knöterichgewächse

SAMMELN UND ZUBEREITEN Auch diese Ampferart schmeckt im zeitigen Frühjahr am besten. Ihre ganz jungen, noch eingerollten, grundständigen Blätter passen gut in Salate. Ältere Blätter reichern Gerbstoffe an und werden bitter. Deshalb empfiehlt es sich, sie gekocht zu verwenden. Sollte der bittere Geschmack auch dann zu intensiv sein, kann man sie vor der eigentlichen Zubereitung ein- bis zweimal in frischem Wasser abkochen, um die Gerbstoffe auszuspülen. Weitere, ebenso als Gemüse- und Salatpflanzen nutzbare Ampferarten sind der Sumpf-Ampfer *(Rumex palustris)*, der Ufer-Ampfer *(Rumex maritimus)* und der Schmalblättrige Ampfer *(Rumex stenophyllus)*.

Krauser Ampfer

MERKMALE 30–120 cm hoch, Staude. Grundständige Blätter büschelig, länglich-eiförmig. Stängelblätter länglich-lanzettlich, 10–30 cm lang. Alle Blätter gestielt, am Rand wellig-kraus. Blüten winzig, erst grünlich, später rötlich gefärbt. Blütezeit Juli–August.
STANDORT UND VERBREITUNG Unkrautfluren, Wegränder, Wiesen, Weiden, Gräben, Ufer. Europa.

AMPFER, SCHILD-

Rumex scutatus Knöterichgewächse

SAMMELN UND ZUBEREITEN Diese auch als Gewürz-Ampfer bezeichnete Pflanze hat Blätter mit zitronenartigem Geschmack. Sie machen sich gut als würzende Beigabe in Suppen und anderen Gerichten.
MERKMALE 10–40 cm hoch, Staude. Blätter 3-eckig spießförmig, 2–5 cm lang, blaugrün, am Grund mit abstehenden, spitzen Zipfeln. Blütenstand eine lockere Rispe. Blütezeit Mai–August.
STANDORT UND VERBREITUNG Felsschutt, Geröll, Weinberge. Mittel- und Westeuropa, Gebirge des Mittelmeerraums.

AMPFER, SCHNEE-

Rumex nivalis — Knöterichgewächse

SAMMELN UND ZUBEREITEN Die Blüten dieser Pflanze eignen sich als essbare Dekoration.
MERKMALE 5–20 cm hoch, Staude. Grundblätter rundlich-nierenförmig, nicht über 3 cm lang, dick, am Grund mit wenig deutlich ausgeprägten Zipfeln. Blütenstand eine endständige Traube, meist unverzweigt, Blüten rot. Blütezeit Juli–August.
STANDORT UND VERBREITUNG Schneetälchen und Moränen der Alpen, in Höhenlagen zwischen 1500 und 2500 m. Selten.

AMPFER, SCHÖNER

Rumex pulcher — Knöterichgewächse

SAMMELN UND ZUBEREITEN Die sehr jungen Blätter und Triebe dieser Ampferart werden im zeitigen Frühjahr gesammelt und roh in Salate gemischt.
MERKMALE 20–60 cm hoch, einjährig. Stängel aufrecht, etwas hin- und hergebogen, meist ab der Mitte sparrig verzweigt. Grundständige Blätter oval, lang gestielt, mit Stiel etwa 10–15 cm lang, am Grund herzförmig, im Umriss länglich-eiförmig. Blattrand deutlich gewellt. Blütenstand eine endständige Rispe, beblättert. Blütezeit Juni–August.
STANDORT UND VERBREITUNG Benötigt nährstoffreiche Böden in sommerwarmer Lage. Erträgt Salz. Besiedelt Wegränder, Weinbergsmauern, Uferstellen, Schutt- und Müllplätze, Gleisanlagen an Güterbahnhöfen. Westeuropa, Mittelmeergebiet. Nach Mitteleuropa gelegentlich eingeschleppt.

Schöner Ampfer

AMPFER, STUMPFBLÄTTRIGER

Rumex obtusifolius — Knöterichgewächse

Stumpfblättriger Ampfer

SAMMELN UND ZUBEREITEN Dieser Ampfer gehört zu Europas häufigsten Pflanzenarten. Seine jungen Blätter, gesammelt von April bis Juni, werden als spinatähnliches Gemüse verwendet. Vom Ampferblattkäfer durchlöcherte Blätter sind unbrauchbar.
MERKMALE 60–120 cm hoch, Staude. Grundständige Blätter länglich, etwa 20 cm lang und 8 cm breit, am Grund herzförmig, gestielt. Obere Stängelblätter sehr schmal lineal, andere schmal-eiförmig. Blütenstand eine endständige Rispe, Blüten in Knäueln, die unteren in der Achsel eines Tragblattes, die oberen ohne Tragblatt. Blütezeit Juli–August.
STANDORT UND VERBREITUNG Wiesen, Obstgärten, Weideland. Europa.

AMPFER, WASSER-

Rumex aquaticus — Knöterichgewächse

SAMMELN UND ZUBEREITEN Die jungen Blätter schmecken gedünstet als Gemüse.
MERKMALE 80–150 cm hoch, Staude. Stängel tief und grob gerillt, braunrot. Grundständige Blätter 25–40 cm lang und 10–20 cm breit, lang gestielt, am Grund herzförmig, am Rand wellig. Gesamtblütenstand eine endständige Rispe. Blütezeit Juni–Juli.
STANDORT UND VERBREITUNG Ufer stehender und fließender Gewässer. Weite Teile Europas.

ANDENBEERE

Physalis peruviana — Nachtschattengewächse

SAMMELN UND ZUBEREITEN Die vitaminreichen, im Geschmack süßlichen Beeren sind vielfältig nutzbar: als Frischobst, in Fruchtsalaten, Marmela-

den, Chutneys, Säften, Bowlen und Longdrinks. Man kann sie auch auf Kuchen und Torten genießen, im Rumtopf einlegen oder als Beilage zu Fischgerichten reichen. Kühl und trocken gelagert sind sie mehrere Monate haltbar.
MERKMALE 1–2 m hohe Pflanze, ein- oder mehrjährig. Stängel strauchartig verzweigt. Blätter wechselständig, herzförmig, bis 15 cm lang und 10 cm breit, weich behaart, buchtig gekerbt. Blüten einzeln in den Blattachseln, gelb mit dunklem Schlundfleck. Blütezeit Juni–Juli. Kugelige Beerenfrucht, bei Reife glänzend orangegelb, glatt, in blasig aufgetriebener, hellbrauner, pergamentartiger Hülle.
STANDORT UND VERBREITUNG Heimat Südamerika. In Südeuropa kultiviert und verwildert.

Andenbeere

ANDORN

Marrubium vulgare — Lippenblütengewächse

SAMMELN UND ZUBEREITEN Sprossspitzen sowie Blätter eignen sich als aromatisches Gewürz für fettes Fleisch und Geflügel. Die Pflanze sollte wegen ihres hohen Bitterstoffgehalts jedoch nur sehr sparsam eingesetzt werden. Blätter und Sprossspitzen können auch zu Magenbitter und Aperitif verarbeitet werden. Getrocknet ergeben sie einen Tee, der in der Volksmedizin vielfältig genutzt wird: zum Beispiel als Appetitanreger, bei Verdauungsstörungen und vor allem bei Husten.
MERKMALE 30–80 cm hoch, Staude. Thymianähnlicher Geruch. Blätter gegenständig, breit-eiförmig, gestielt, auffällig runzelig, behaart, gezähnt. Blüten weiß. Blütezeit Juni–August.

Andorn

STANDORT UND VERBREITUNG Wegränder, Ödland, Schuttplätze. Fast ganz Europa.

ANIS

Pimpinella anisum — Doldengewächse

SAMMELN UND ZUBEREITEN Anis riecht herbwürzig und schmeckt süßlich-aromatisch. Die Verwendung der Samen als Gewürz ist seit alter Zeit bekannt. Heute nimmt man sie zum Würzen von Weihnachtsgebäck, Brot und Kuchen, als verdauungsförderndes Kohlgewürz, für Fleisch, Fisch und Geflügel, zu Käse, Salaten, süßsauer eingelegten Früchten und zu alkoholischen Getränken. So sind etwa der griechische Ouzo, der spanische Anisett und der französische Pastis mit Anis gewürzt. Anis passt auch zu Süßspeisen. Auch junge Blätter und die Blüten der Pflanze eignen sich als vielseitig einsetzbare würzende Beigabe.
MERKMALE 30–50 cm hoch, einjährig. Hohe, fein behaarte Pflanze mit typischem Geruch. Stängel rund, gerillt, oben ästig verzweigt. Grundblätter herzförmig-rundlich, ungeteilt, gezähnt. Stängelblätter 2- bis 3-fach gefiedert, nach oben zunehmend feiner zerteilt. Blüten gelbweiß. Blütezeit Juli–August. Frucht graugrün bis bräunlich, birnenförmig, 3–5 mm lang, grau behaart.
STANDORT UND VERBREITUNG Wild in Teilen Südeuropas. In Mitteleuropa in Kultur, teils verwildert.

> **Anis** ist sehr würzkräftig und sollte deshalb sparsam verwendet werden. Oft genügt schon eine winzige Prise. Werden die Samen kurz vor der Verwendung angemörsert, erhöht dies Würzkraft und Aroma.

APFEL, GARTEN-

Malus domestica Rosengewächse

SAMMELN UND ZUBEREITEN Garten-Äpfel, auch verwilderte, werden frisch, gebraten, gedünstet oder getrocknet gegessen. Man verarbeitet sie in Kuchen oder Gemüsegerichten, Kompott und Süßspeisen, zu Gelee, Saft, Most, Wein, Likör oder Schnaps, Essig und Dörrobst. Die Blüten genießt man als kandierte Süßigkeit, in Süßspeisen, Fruchtsalaten und als Tee. Im Frühling sind auch die Blätter essbar.
MERKMALE 2–5 m hoch, sommergrüner Obstbaum. Äste dornenlos. Blätter wechselständig, breit-eiförmig, gestielt, gesägt. Blüten weiß oder rosa, gelbe Staubblätter. Blütezeit April–Mai. Apfelfrucht. Fruchtreife ab September.
STANDORT UND VERBREITUNG In Gärten, verwildert in Hecken, an Waldrändern. Europa.

APFEL, PARADIES-

Malus pumila Rosengewächse

SAMMELN UND ZUBEREITEN Die Blüten genießt man als kandierte Süßigkeit, in Fruchtsalaten und als Tee, die kleinen Früchte gekocht als Apfelmus, die jungen Blätter in Salaten.
MERKMALE 5–7 m hoch, sommergrüner Obstbaum. Äste in der Regel dornenlos. Blätter eiförmig, gesägt, oben glänzend grün, unten behaart. Blüten weiß. Blütezeit April–Mai. Kugelige Apfelfrucht, reif gelbgrün, nicht holzig. Fruchtreife Juli.
STANDORT UND VERBREITUNG Hecken, Waldränder. Europa.

APFEL, WILDER

Malus sylvatica Rosengewächse

SAMMELN UND ZUBEREITEN Wildapfelblüten aromatisieren Süßspeisen. Sie schmecken als kandierte Süßigkeit und als Beigabe in Fruchtsalaten. Und sie ergeben einen feinen Tee. Wildäpfel schmecken auch vollreif sehr sauer. Roh sind sie kein Genuss, aber kombiniert mit süßeren Früchten können sie zu Marmelade, Gelee, Apfelmus oder Saft verarbeitet werden. Getrocknet schmecken sie als Tee. Essbar sind auch die jungen Frühlingsblätter, beispielsweise in Salaten.

Wilder Apfel

MERKMALE 5–10 m hoch, sommergrüner Obstbaum. Äste mit Dornen. Blätter wechselständig, eiförmig, zugespitzt, gesägt, oben glänzend grün, unten auf den Adern behaart. Blüten weiß bis hellrosa. Blütezeit Mai–Juni. Gründgelbe Apfelfrucht, etwa tischtennisballgroß, holzig. Fruchtreife September–Oktober.
STANDORT UND VERBREITUNG Laubwälder, Gebüsche. Europa.

ARTISCHOCKE, WILDE, KARDONE

Cynara cardunculus Korbblütengewächse

SAMMELN UND ZUBEREITEN Die Blätter pflückt man kurz vor der Blüte, die Blüten je nach Klima etwa ab Mai. Die fleischigen Blattstiele und die Blattrippen schmecken, nachdem sie geschält und von den stacheligen Teilen befreit wurden, gedünstet, überbacken, mit Sahne oder heller Soße. Manchmal werden sie vor der Verwendung gebleicht. Die Blütenköpfe sind zwar kleiner als bei den Gemüse-Artischocken, werden aber wie diese zubereitet und gegessen.

Wilde Artischocke

MERKMALE 1–2 m hoch, mehrjährig. Distelartige Pflanze. Blätter 1- bis 2-fach fiederteilig, die einzelnen Abschnitte mit Dornen. Blüten blauviolett, in kugeligen Köpfen, Hüllblätter länglich-oval, mit einem aufrecht stehenden Dorn. Blütezeit Mai–August.
STANDORT UND VERBREITUNG Wegränder, steinige, trockene Hänge. Mittelmeergebiet.

ASTER

SAMMELN UND ZUBEREITEN Die jungen, zarten Frühlingsblätter machen sich gut in Salaten und Gemüsegerichten. Die Blüten nimmt man unmittelbar nach dem Aufblühen als essbare Dekoration.

ASTER, ALPEN-

Aster alpinus — Korbblütengewächse

SAMMELN UND ZUBEREITEN Angaben dazu bei der Gattung Aster.
MERKMALE 5–20 cm hoch, Staude, behaart. Grundblätter rosettig, spatelförmig, ganzrandig. Stängelblätter wechselständig, lanzettlich, ganzrandig. Blütenköpfe einzeln am Stängelende, gelbe Röhrenblüten und violette Zungenblüten. Blütezeit Juli–August.
STANDORT UND VERBREITUNG Bergwiesen, Felsbänder, kalkreiche Steinrasen. In Höhenlagen von 1500–3000 m. Gebirge Europas. Geschützt.

ASTER, BERG-

Aster amellus — Korbblütengewächse

SAMMELN UND ZUBEREITEN Angaben dazu bei der Gattung Aster.

Berg-Aster

MERKMALE 20–60 cm hoch, Staude, behaart. Blätter wechselständig, lanzettlich, ganzrandig. Blütenköpfe zu mehreren am Stängelende, gelbe Röhrenblüten und blauviolette Zungenblüten. Blütezeit Juli–Oktober.
STANDORT UND VERBREITUNG Kiefernwälder, Waldränder, Gebüsche, Trockenrasen. Mittel- und Südosteuropa. Geschützt.

ASTER, GLATTE

Aster laevis — Korbblütengewächse

SAMMELN UND ZUBEREITEN Angaben dazu bei der Gattung Aster.
MERKMALE 60–120 cm hoch, Staude. Blätter grundständig und am Stängel wechselständig, lanzettlich, kahl, bläulich bereift, ganzrandig. Blütenköpfe aus gelben Röhrenblüten und blauen bis violetten Zungenblüten. Blütezeit September–November.

Glatte Aster

STANDORT UND VERBREITUNG Zierpflanze aus Nordamerika. In Europa verwildert in Ufergebüsch, auf orts- und gartennahen Ruderalflächen.

ASTER, GOLD-

Aster linosyris — Korbblütengewächse

SAMMELN UND ZUBEREITEN Angaben dazu bei der Gattung Aster.
MERKMALE 20–60 cm hoch, Staude. Blätter wechselständig, länglich-schmal, ganzrandig. Blütenköpfe aus gelben Röhrenblüten. Blütezeit Juli–Oktober.
STANDORT UND VERBREITUNG Trockenrasen, Trockengebüsche, Trockenwälder, kalkhaltige Böden. Die Pflanze ist eine extrem an Trockenheit angepasste Art. Mittel- und Südeuropa.

Gold-Aster

ASTER, LANZETTBLÄTTRIGE

Aster lanceolatus Korbblütengewächse

SAMMELN UND ZUBEREITEN Angaben dazu bei der Gattung Aster (siehe S. 35).
MERKMALE 60–150 cm hoch, Staude. Stängel aufrecht, rund, kahl. Blätter wechselständig, lanzettlich, sitzen mit abgerundetem Grund dem Stängel an. Blütenköpfe in einem rispigen Gesamtblütenstand am Stängelende, bestehend aus gelben Röhrenblüten und weiß- bis lilafarbenen Zungenblüten. Blütezeit August–Oktober.
STANDORT UND VERBREITUNG Heimat Nordamerika. In Europa aus Gärten verwildert auf orts- und gartennahen Ruderalflächen.

ASTER, NEUBELGISCHE

Aster novi-belgii agg. Korbblütengewächse

SAMMELN UND ZUBEREITEN Angaben dazu bei der Gattung Aster (siehe S. 35).
MERKMALE 60–120 cm hoch, Staude. Blätter wechselständig, lanzettlich, ganzrandig. Blütenköpfe in einem traubenähnlichen Gesamtblütenstand, Röhrenblüten gelb, Zungenblüten blauviolett, selten rosafarben oder weiß. Blütezeit August–Oktober.
STANDORT UND VERBREITUNG Heimat Nordamerika. In Europa vielerorts beständig verwildert, in Uferstaudengesellschaften der Stromtäler teilweise beständig eingebürgert.

ASTER, NEUENGLISCHE

Aster novae-angliae Korbblütengewächse

SAMMELN UND ZUBEREITEN Angaben dazu bei der Gattung Aster (siehe S. 35).
MERKMALE 50–150 cm hoch, Staude. Stängel aufrecht, oft rot überlaufen, dicht behaart. Blätter wechselständig, lanzettlich, ganzrandig, beidseitig dicht behaart. Blütenköpfe in einem lockeren Gesamtblütenstand am Stängelende, Röhrenblüten gelb, Zungenblüten purpurviolett, besonders zahlreich. Blütezeit September–November.
STANDORT UND VERBREITUNG Ufergebüsch, orts- und gartennahe Ruderalflächen. Heimat Nordamerika. In Europa örtlich beständig verwildert.

Strand-Aster

ASTER, STRAND-

Aster tripolium Korbblütengewächse

SAMMELN UND ZUBEREITEN Angaben dazu bei der Gattung Aster (siehe S. 35).
MERKMALE 20–60 cm hoch, einjährig. Stängel ästig verzweigt. Blätter wechselständig, länglich-lanzettlich, ganzrandig, fleischig. Blütenköpfe zu mehreren bis vielen am Stängelende, gelbe Röhrenblüten und hellblaue bis lilafarbene Zungenblüten. Blütezeit Juni–September.
STANDORT UND VERBREITUNG Salzwiesen, Salzsümpfe. An den Küsten und im Brackwasserbereich der Flüsse häufig. Europa.

ASTER, WEIDENBLÄTTRIGE

Aster × salignus Korbblütengewächse

SAMMELN UND ZUBEREITEN Angaben dazu bei der Gattung Aster (siehe S. 35).
MERKMALE 60–120 cm hoch, Staude. Stängel aufrecht, rundlich, unten kahl, im oberen Drittel mit Haarleisten. Blätter wechselständig, lanzettlich, dünn, kahl, ganzrandig. Blütenköpfe in einem rispigen Gesamtblütenstand am Stängelende, Röhrenblüten gelb, Zungenblüten erst weiß, später blau bis violett. Blütezeit August–Oktober.
STANDORT UND VERBREITUNG In Mitteleuropa seit dem 18. Jahrhundert als Zierpflanze bekannt und vielerorts beständig verwildert. Besiedelt Ufergebüsch sowie orts- und gartennahe Ruderalflächen.

Weidenblättrige Aster

Herkunft Nordamerika, in Europa als Bastard neu entstanden und stellenweise eingebürgert.

AUGENWURZ

Athamanta cretensis Doldengewächse

SAMMELN UND ZUBEREITEN Blätter und Stängel können von April bis Juni zu Gemüsegerichten verarbeitet werden. Die Früchte reifen ab August, sie ergeben in Alkohol eingelegt Likör.

MERKMALE 10–25 cm hoch, Staude. Dicht grauhaarig, mit intensiv würzigem Geruch. Stängel aufsteigend bis aufrecht, rund. Stängelblätter wechselständig, grundständige Blätter in buschiger Rosette, beide 2- bis 3-fach gefiedert, Teilblättchen linealisch, bis 1 cm lang und kaum 1 mm breit. Flache, 6- bis 12-strahlige Blütendolden aus weißen Einzelblüten. Blütezeit Mai–Juli. Frucht länglich-flaschenförmig, 8 mm lang, dicht grau behaart.

Augenwurz

STANDORT UND VERBREITUNG Felsen, Felsschutt, auf Kalk. Alpen und Alpenvorland, Kalkgebirge von Spanien, Norditalien und Jugoslawien.

AURIKEL, ECHTE

Primula auricula Primelgewächse

SAMMELN UND ZUBEREITEN Die jungen Blätter, gesammelt in den Monaten April und Mai, passen als Beigabe in Salate, Suppen und Gemüsegerichte. Die Blüten aromatisieren Süßspeisen, Wein und Likör. Auch als kandierte Nascherei schmecken sie.

MERKMALE 5–25 cm hoch, Staude. Blätter in bodennaher Rosette, löffelförmig, ganzrandig oder gezähnt, dickfleischig, beidseitig graugrün, mehlig bestäubt. Blüten in endständigen Büscheln, gelb, in der Mitte weiß, intensiv duftend. Blütezeit April–Juni.

STANDORT UND VERBREITUNG Diese kalkliebende Pflanze wächst zerstreut in den nördlichen und südlichen Kalkalpen, seltener in den Zentralalpen. Sie kommt im Nordjura, im Schwarzwald, in den Karpaten und auf dem Apennin vor und ist bis in Höhenlagen von 2900 m anzutreffen. Dort besiedelt sie Felsbänder und Steinrasen auf kalkreichem, feuchtem Untergrund. Gebirge Mittel- und Südeuropas. Geschützt.

AUSTERNPFLANZE

Mertensia maritima Raublattgewächse

SAMMELN UND ZUBEREITEN Diese Verwandte des Borretschs hat zarte Blätter mit einem Geschmack nach Austern. Sie werden nach Bedarf geerntet und sofort verbraucht. Fein gehackt passen sie in frische Salate, beispielsweise in den bekannten Tomaten-Mozzarella-Salat, sehr gut auch in Salate mit Meeresfrüchten, in Gemüsegerichte, Soßen und Quarkspeisen oder einfach auf Butterbrot.

MERKMALE Staude, liegend, oft rasenbildend, kahl, blaugrün. Stängel 20–50 cm lang. Blätter oval bis löffelförmig, untere gestielt, obere ungestielt, fleischig. Blüten lang gestielt und glockenförmig, in der Knospe rosa, dann blau. Blütezeit Juni–August.

STANDORT UND VERBREITUNG Verbreitet auf Sand und Kies der Meeresküsten. Nordeuropa.

BACHBUNGE

Veronica beccabunga — Braunwurzgewächse

SAMMELN UND ZUBEREITEN Ein bekanntes Wildgemüse, dessen Blätter und Triebe von März bis Mai roh und fein geschnitten in Salaten, pikanten Quarkspeisen oder auf Butterbrot gegessen werden können. Ältere Blätter verarbeitet man besser gekocht in Gemüsegerichten. Da Bachbungenblätter gekocht aber eine ausgeprägt bittere Note entwickeln, ist es ratsam, sie mit milderen Wildkräutern zu kombinieren. Getrocknet ergeben die Blätter einen blutreinigenden Tee. Die Blüten, die auch getrocknet ihre wunderschöne Farbe behalten, eignen sich ebenfalls als Beigabe in Teemischungen, auch frisch als essbare Dekoration. Beim Sammeln der Bachbunge sollte sehr genau auf den Standort geachtet werden. Diese Pflanze wird grundsätzlich nur an saubersten Gewässern gesammelt, nie am Rand von Viehweiden. Ihre Blätter könnten sonst die Larvenstadien des Großen Leberegels tragen, eines Weideviehparasiten, der für Menschen gefährlich, ja sogar tödlich sein kann.

Bachbunge

MERKMALE Staude. Stängel liegend, richtet sich nur im oberen Teil bogenförmig auf, 10–50 cm lang, rund, kahl. Blätter gegenständig, fast sitzend, rundlich bis eiförmig, ganzrandig oder gekerbt. Blüten blau. Blütezeit Mai–September.

STANDORT UND VERBREITUNG Bäche, Ufer, nasse, nährstoffreiche Wiesen. Europa.

BALDRIAN, ECHTER

Valeriana officinalis — Baldriangewächse

SAMMELN UND ZUBEREITEN Kulinarisch nutzbar sind Blätter, Blüten und Wurzel. Von April bis Mai, noch ehe sich die Blüten entwickeln, eignen sich die Blätter als leicht bittere Würze für Salatsoßen. Blütenknospen und Blüten aromatisieren Kräuterlimonaden, Tees, Obstsalate und Tabak. Auch als essbare Dekoration sind sie nutzbar. Die Wurzel wird von September

Echter Baldrian

bis in den Winter geerntet, getrocknet und gemahlen sparsam als Gemüsegewürz verwendet. Ihr Einsatz sollte aber wirklich nur sehr sparsam erfolgen, denn in höherer Konzentration kann die Baldrianwurzel die Herztätigkeit verlangsamen und eine leichte Betäubung hervorrufen.

MERKMALE 30–150 cm hoch, Staude. Stängel mit grundständiger Blattrosette und 4–12 Blattpaaren. Stängelblätter gegenständig, Teilblättchen lanzettlich, gesägt oder ganzrandig. Schirmförmiger Blütenstand aus vielen rosafarbenen Einzelblüten. Blütezeit Juni–August.

STANDORT UND VERBREITUNG Moorwiesen, Flussufer, Gräben, nasse Wälder. Fast ganz Europa.

BALDRIAN, SUMPF-

Valeriana dioica — Baldriangewächse

SAMMELN UND ZUBEREITEN Von September bis in den Winter kann die Wurzel der Pflanze als bitter-aromatische Zutat in Gemüsegerichten, Suppen und Eintöpfen verarbeitet werden, wegen der intensiven Bitteraromen allerdings nur sparsam.

MERKMALE 10–30 cm hoch, Staude. Grundblätter rundlich-nierenförmig, lang gestielt. Stängelblätter gegenständig, bestehen aus 2–4 Blattpaaren und vergrößertem Endblättchen, Teilblättchen lanzettlich, ganzrandig oder unregelmäßig gezähnt. Schirmförmiger Blütenstand, Einzelblüten weiß oder rosa. Blütezeit Mai–Juni.

STANDORT UND VERBREITUNG Kalkarme Moorwiesen. Fast ganz Europa.

BALSAMKRAUT

Tanacetum balsamita — Korbblütengewächse

SAMMELN UND ZUBEREITEN Die aromatisch bitteren, jungen Blätter würzen Salate, Suppen, Soßen und Geflügel. Aber sie müssen sehr sparsam verwendet werden, sonst übertönen sie den Geschmack der anderen Zutaten. Die frischen Blätter helfen als Teeaufguss bei Verdauungsbeschwerden.

MERKMALE 80–50 cm hoch, Staude. Blätter lederartig, länglich bis eiförmig, gestielt, gesägt oder gekerbt, silbrig grün, unterseits fein behaart, duften intensiv. Blüten erinnern an Rainfarnblüten, Blütenköpfe 4–8 mm im Durchmesser. Blütezeit Juni–August.

STANDORT UND VERBREITUNG In Mitteleuropa Gartenpflanze, verwildert in Schutt-Unkrautfluren. Wild nur in Südeuropa.

BALSAMSTRAUCH

Cedronella canariensis — Lippenblütengewächse

Balsamstrauch

SAMMELN UND ZUBEREITEN Eine aromatische Pflanze, deren Blätter als Tee aufgebrüht bei Schlafproblemen helfen. Sie würzen auch Blattsalate. Die beste Erntezeit ist kurz vor der Blüte.

MERKMALE 50–120 cm hoch, Halbstrauch. Buschiger Wuchs. Stängel an der Basis verholzt. Blätter 3-lappig, Teilblättchen hanfartig, lanzettlich, gezähnt, unten behaart, duften minzig-zitronig. Blüten rosa bis weiß. Blütezeit Juli–August.

STANDORT UND VERBREITUNG Wild nur auf Madeira und den Kanarischen Inseln (Lorbeerwaldzone). In Mitteleuropa nicht winterharte Gartenpflanze.

BARBARAKRAUT, GEWÖHNLICHES

Barbarea vulgaris — Kreuzblütengewächse

SAMMELN UND ZUBEREITEN Das Barbarakraut ist auch als Winterkresse bekannt, denn seine Blätter mit dem kresseartig scharf-würzigen Geschmack stehen selbst an schneefreien Wintertagen zur Verfügung. Deutlich besser und milder als diese Winterblätter schmecken allerdings die jungen, von April bis Mai gesammelten Blätter. Sie ergeben pikante Salate und Spinatgerichte. Man nimmt sie als Beigabe zu milder schmeckenden Wildkräutersalaten sowie zu Wildgemüsegerichten und würzt mit ihnen Kräuterbutter, Fleischsoßen und Bratkartoffeln. Fein gehackte Barbarakrautblätter ergeben zusammen mit Olivenöl und Weinessig, je einer Prise Zucker und Salz, etwas Schafgarbe und frisch gemahlenen Samen eine Soße, die sehr gut zu gekochtem Rindfleisch passt. Die Blätter sollten aber immer frisch verwendet werden, denn getrocknet verliert die Pflanze viel von ihrem Geschmack. Blüten und Blütenknospen kann man wie Brokkoligemüse zubereiten, aber auch anderen Gemüsegerichten beifügen. Die Samen – sie reifen ab Juli – geben neutralen Pflanzenölen eine besondere Note. Viele weitere Arten der Gattung, so beispielsweise das Frühe Barbarakraut *(Barbarea verna)*, das Mittlere Barbarakraut *(Barbarea intermedia)* oder das Steife Barbarakraut *(Barbarea stricta)*, werden in gleicher Weise genutzt.

MERKMALE 20–90 cm hoch, ein- bis mehrjährig. Grundblätter in einer Rosette, bestehen aus 2–10 eiförmigen, seitlichen Teilblättchen sowie einem deutlich vergrößerten Endblättchen. Stängelblätter wechselständig, ungeteilt, mit gekerbtem Rand. Blüten goldgelb. Blütezeit April–Juli. Frucht eine aufrechte Schote.

STANDORT UND VERBREITUNG Ufer von Gräben, Bächen und Flüssen, feuchte Stellen an Weg- und Ackerrändern. Europa.

Gewöhnliches Barbarakraut

BÄRENKLAU, WIESEN-

Heracleum sphondylium — Doldengewächse

SAMMELN UND ZUBEREITEN Vielseitig einsetzbare Wildgemüsepflanze mit mild-würzigem Geschmack. Von April bis Mai geerntete Blätter und Blattstängel passen fein gehackt in Salate, können aber auch zu Koch-, Back- oder Pfannengemüse verarbeitet werden. Die Blütenknospen schmecken über Dampf gegart, roh in Salaten oder als Antipasti eingelegt. Die von August bis Oktober gesammelten unreifen, noch grünen Samen würzen Getreide- und Kartoffelgerichte, geben aber auch Likör eine aparte Note. Die rettichähnlich scharfe Wurzel wird frisch gerieben als Gewürz verwendet oder als Kochgemüse zubereitet. Beim Sammeln ist jedoch Vorsicht geboten, die Pflanze ähnelt giftigen Doldengewächsen, beispielsweise dem Wasser-Schierling (*Cicuta virosa*, S. 382). Außerdem enthält der Pflanzensaft fototoxische Wirkstoffe: Er kann bei sensiblen Personen die UV-Empfindlichkeit der Haut steigern und Hautreizungen verursachen. In wesentlich stärkerem Maße gilt dies für die giftige Herkulesstaude (*Heracleum mantegazzianum*, S. 370).

Wiesen-Bärenklau

MERKMALE 30–150 cm hoch, Staude. Stängel hohl, kantig gefurcht, borstig behaart. Blätter bis zu 50 cm lang, tief gelappt, gezähnt. Blattscheiden blasig aufgetrieben. Weiße Blütendolde. Blütezeit Juni–Oktober. Früchte breit eiförmig, dünn gerippt.

STANDORT UND VERBREITUNG Überdüngte Wiesen und Weiden, Weg- und Straßenränder. Europa.

BÄRENSCHOTE

Astragalus glycyphyllos — Schmetterlingsblütler

SAMMELN UND ZUBEREITEN Die Wildkräuterküche nutzt Blätter und Früchte der Pflanze, die Blätter von April bis Juni in kleinen Mengen in Kräutertees, die Früchte ab August als Kochgemüse.

MERKMALE Staude. Stängel liegend, 50–150 cm lang. Blätter unpaarig gefiedert, 9–13 Teilblättchen, diese eiförmig, ganzrandig, kahl. Blüten gelbgrün. Blütezeit Juni–Juli. Frucht eine etwas aufwärts gebogene Hülse.

STANDORT UND VERBREITUNG Waldränder, Gebüsche, steinige Hänge. Mitteleuropa, Südskandinavien, in Südeuropa selten.

BÄRENTRAUBE, ALPEN-

Arctostaphylos alpinus — Heidekrautgewächse

SAMMELN UND ZUBEREITEN Die Pflanze wird ebenso wie die nachfolgend dargestellte Gewöhnliche Bärentraube verwendet.

MERKMALE 30–80 cm hoch, Strauch. Teppichartig wachsend. Blätter gegenständig oder quirlig, sommergrün, nicht ledrig, verkehrt eiförmig, gezähnt, im Herbst leuchtend rot. Blüten rosa oder grünlich weiß, krugförmig. Blütezeit Mai–Juni. Frucht eine zunächst rote, bei Reife schwarze Beere.

STANDORT UND VERBREITUNG Latschen- und Zwergstrauchbestände. Arktisch-alpin.

BÄRENTRAUBE, GEWÖHNLICHE

Arctostaphylos uva-ursi — Heidekrautgewächse

SAMMELN UND ZUBEREITEN Die Früchte der Bärentrauben, reifen ab Juli. Sie schmecken saurer und herber als Preiselbeeren. Wer es erfrischend sauer mag, kann sie direkt vom Strauch essen oder getrocknet als fruchtige Note im Müsli genießen. Mit einer reichlichen Portion Zucker kann man sie auch zu Marmelade oder Saft verarbeiten. Zusammen mit Thymian und Oregano würzen sie Geflügel und Wild.

MERKMALE 30–100 cm hoch, Strauch. Teppichartig wachsend. Blätter gegenständig oder quirlig, immergrün, ledrig, verkehrt eiförmig, ganzrandig, am Rand nicht umgerollt. Blüten weiß- bis hellrosafarbene, krugförmige Glöck-

Gewöhnliche Bärentraube

chen. Blütezeit März–Juli. Frucht eine leuchtend rote Beere, mehlig, ähnlich der bekannten Preiselbeere.
STANDORT UND VERBREITUNG Kiefernwälder, Heiden, alpine Matten. Fast ganz Europa. Geschützt.

BARTGRAS, GEWÖHNLICHES

Bothriochloa ischaemum Süßgräser

SAMMELN UND ZUBEREITEN Die ab September reifen Samen sind als essbar überliefert. Denkbar ist eine Verwendung als Kaffee-Ersatz oder als Keimsaat.
MERKMALE 15–60 cm hoch, mehrjähriges Gras, mit horstähnlichem Wuchs. Stängel markgefüllt, mit dunkelbraunen, rötlichen bis violetten Knoten. Blätter graugrün, 2–4 mm breit und bis 20 cm lang, am Blattgrund dicht behaart. Ähren schmal, Ährchen linealisch, etwa 15 mm lange Granne. Blütezeit Juli–September.
STANDORT UND VERBREITUNG Kalkhaltige Magerrasen, Wegränder. Mittel- und Südeuropa.

BÄRWURZ

Meum athamanticum Doldengewächse

SAMMELN UND ZUBEREITEN Bärwurzblätter erinnern im Geschmack an Bohnenkraut. Man nutzt sie von April bis Mai als Beigabe in Suppen, Aufläufen und Gemüsegerichten. Zusammen mit Schnittlauch würzen sie Kräuterquark und Kräuterkäse. Getrocknet eignen sie sich zur Herstellung von Kräutersalz. Die Wurzel ergibt ein sellerieähnliches Gemüse.
MERKMALE 20–60 cm hoch, Staude. Intensiv würziger Geruch. Blätter 3- bis 4-fach gefiedert, mit sehr feinen fädigen Abschnitten. Blüten weiß, blassgelb oder rosa. Blütezeit Mai–August.s
STANDORT UND VERBREITUNG Bergwiesen. Gebirge Europas.

Bärwurz

BASILIENKRAUT, BASILIKUM

Ocimum basilicum Lippenblütengewächse

SAMMELN UND ZUBEREITEN Basilikum sollte man stets frisch verwenden, getrocknet und gekocht verliert es sein feines Aroma. Die Pflanze ist ein typisches Würzkraut der Mittelmeerküche. Bekannte Beispiele hierfürsind der »insalata caprese«, ein Salat aus Tomaten, Mozzarella und Basilikum, oder das berühmte »pesto alla Genovese«, ein Pesto aus Basilikum, Olivenöl, Knoblauch, Pinienkernen und frisch geriebenem Parmesan. Darüber hinaus nimmt man Basilikumblätter als Beigabe zu grünen Soßen, als Gewürz für Tomatensoßen, Gemüse, Fleisch, Meeresfrüchte und Brot. Auch zum Aromatisieren von Olivenöl und Essig sind sie geeignet. In Griechenland nutzt man die antibakterielle Wirkung von Basilikumblättern, um Trinkwasser länger frisch zu halten. Basilikumblüten sind köstlich süß mit intensivem Gewürznelkenaroma. Man kann sie für Blütenöle und Salatsoßen nehmen, aber auch zum Bestreuen von gerösteten Auberginen und Tomaten.

Basilikum

MERKMALE 20–40 cm hoch, ein- bis mehrjährig. Aromatischer Duft. Blätter grün bis weinrot, kreuzgegenständig, eiförmig bis lanzettlich, gestielt, ganzrandig oder gezähnt. Blüten weiß, gelbweiß oder rötlich, kurz gestielt. Blütezeit Juni–September.
STANDORT UND VERBREITUNG Magerrasen. Herkunft Indien. Vor allem im Mittelmeergebiet als Gewürzpflanze kultiviert und gelegentlich verwildert.

Eine Spur Nelkenpulver unterstreicht und intensiviert das Aroma und den Geschmack des Basilikum-Pesto.

BAUERNSENF, NACKTSTÄNGELIGER
Teesdalia nudicaulis Kreuzblütengewächse

SAMMELN UND ZUBEREITEN Die Pflanze ist als essbar überliefert. Denkbar ist eine Verarbeitung der Blätter roh oder gekocht zu Salaten und Gemüsegerichten.
MERKMALE 5–20 cm hoch, einjährig. Blätter in grundständiger Rosette, kahl, bis fast zum Mittelnerv fiederteilig. Weiße Blüten, Kronblätter ungleich groß, die äußeren nahezu doppelt so groß wie die inneren. Blütezeit April–Mai.
STANDORT UND VERBREITUNG Dünen, Heiden, Wegränder, Schuttplätze. Fast ganz Europa.

BECHERGLOCKE
Adenophora liliifolia Glockenblumengewächse

Becherglocke

SAMMELN UND ZUBEREITEN Essbar ist die von September bis in den Winter geerntete Wurzel. Sie eignet sich als Kochgemüse und Suppenbeigabe.
MERKMALE 30–100 cm hoch, Staude. Stängelblätter wechselständig, schmal-eiförmig bis lanzettlich, gezähnt. Blüten trichter- bis glockenförmig, kurz gestielt, blassblau bis lila, duftend. Griffel ragen weit aus den Blüten. Blütezeit Juli–September.
STANDORT UND VERBREITUNG Flachmoore, Streuwiesen, Waldränder. In Europa vereinzelt im östlichen Teil.

BEIFUSS, EINJÄHRIGER
Artemisia annua Korbblütengewächse

SAMMELN UND ZUBEREITEN Von April bis Juli gesammelte Blätter und weiche Triebe eignen sich getrocknet und sparsam verwendet als Gewürz.
MERKMALE 50–150 cm hoch, einjährig. Aromatisch. Stängelblätter wechselständig, 3- bis 4-fach regelmäßig fiederteilig, Blattzipfel schmal, spitz, meist kahl. Blütenköpfe grünlich gelb, nickend. Blütezeit Juli–September.
STANDORT UND VERBREITUNG Ödland, Schuttplätze, Bahnareale, Hafenanlagen. Heimat Südosteuropa, in Mitteleuropa eingeschleppt.

BEIFUSS, FELD-
Artemisia campestris Korbblütengewächse

SAMMELN UND ZUBEREITEN Feld-Beifuß schmeckt scharf, aber nicht bitter. Im Spätsommer sammelt man die oberen Triebspitzen mit den Blütenköpfen und trocknet sie. Sie würzen Enten-, Gänse- und Schweinebraten und unterstützen die Fettverdauung.
MERKMALE 20–60 cm hoch, Staude. Fast geruchlos. Stängel oft braunrot, unten oft holzig. Stängelblätter wechselständig, 2- bis 3-fach fiederteilig, Blattzipfel lineal, spitz. Blütenköpfe in lockeren Rispen, gelb oder rötlich, eiförmig bis kugelig, ohne Zungenblüten. Blütezeit Juli–Oktober.
STANDORT UND VERBREITUNG Magerrasen, Dünen, Ackerraine, Felsbänder. Fast ganz Europa.

BEIFUSS, GEWÖHNLICHER
Artemisia vulgaris Korbblütengewächse

SAMMELN UND ZUBEREITEN Der Gewöhnliche Beifuß war früher eine geschätzte Heil- und Gewürzpflanze. Er enthält Bitterstoffe und ätherische Öle und wurde vor allem bei Verdauungsbeschwerden und Appetitlosigkeit eingesetzt. Im Frühling sind seine jungen Blätter wenig bitter. Sie eignen sich als Zutat für Salate, Suppen und Eierspeisen, passen aber auch in Brotaufstriche und in kleinen Mengen in Tees und Ansatzschnäpse. Für Kräuterliköre und Magenbitter ist vor allem diese Beifußart ein typischer Bestandteil. Die Stängel mit den Blütenköpfen werden im Herbst gesammelt und als Trockengewürz für fettes Fleisch verwendet. Vorsicht: Die Blätter verschiedener Eisenhutarten (*Aconitum* sp., S. 362) haben eine gewisse Ähnlichkeit mit Beifußblättern.

Gewöhnlicher Beifuss

MERKMALE 30–150 cm hoch, Staude. Intensiver Duft. Blätter 1-fach fiederteilig, Blattzipfel lanzettlich, spitz, oben dunkelgrün und kahl, unten weißfilzig. Blütenköpfe in dichten Rispen, gelb oder rötlich braun, eiförmig, ohne Zungenblüten. Blütezeit Juli–Oktober.
STANDORT UND VERBREITUNG Wegränder, Ufer, Gebüschsäume, Brachland. Europa.

Ein Kräuterschmalz aus Gänsefett, Sonnenblumenöl, Röstzwiebeln und getrocknetem Beifuß ist ein Geschmackserlebnis.

BEIFUSS, PONTISCHER

Artemisia pontica Korbblütengewächse

SAMMELN UND ZUBEREITEN Von April bis September gesammelte Blätter und weiche Triebe werden für die Herstellung von Aperitifweinen genutzt.
MERKMALE 40–80 cm hoch, Staude. Stängelblätter wechselständig, 3-fach fiederteilig, Blattzipfel lineal-lanzettlich, spitz, beidseitig behaart. Blütenköpfe gelb, nickend. Blütezeit August–Oktober.
STANDORT UND VERBREITUNG Trockenrasen, Ödland. Südosteuropa. In Mitteleuropa unbeständig.

BEIFUSS, SALZ-

Artemisia maritima Korbblütengewächse

SAMMELN UND ZUBEREITEN Der Salz-Beifuß riecht würzig und frisch und wird als Gewürz verwendet. Er schmeckt auch auf Käse- oder Wurstbrot.
MERKMALE 30–60 cm hoch, Staude. Stängelblätter wechselständig, 2- bis 3-fach fiederteilig, Blattzipfel schmallinealisch, stumpf, beiderseits weiß- oder graufilzig. Blütenköpfe gelb. Blütezeit September–Oktober.
STANDORT UND VERBREITUNG Salzwiesen. Küsten Europas.

BEINWELL, GEWÖHNLICHER

Symphytum officinale Raublattgewächse

SAMMELN UND ZUBEREITEN Die Wildkräuterküche nutzt Blätter, Blüten und Wurzel der Pflanze. Die jüngeren Blätter sind eine gute Salatbeigabe und ergeben erfrischende Kräuterlimonaden. Ältere Blätter verwendet man wegen ihrer borstigen Behaarung nur gedünstet. Mit Knoblauch gewürzt ergeben sie ein feines Gemüse. Sehr gut schmecken sie auch in Bierteig getaucht und in heißem Fett ausgebacken. Die Wurzel kann geschält und roh oder als Gemüse gegessen werden. Beinwellarten enthalten, wenn auch in sehr geringer Menge, Pyrrolizidinalkaloide, die als krebserregend und leberschädigend gelten. Nach Untersuchungen besteht aber bei gelegentlichem Verzehr in angemessenen Mengen kein erhöhtes Krankheitsrisiko. Wer Beinwell nicht genau kennt, sollte ihn am besten nur blühend sammeln. Dann ist er unverkennbar. Vor der Blüte besteht die Gefahr, die Blätter des Beinwells mit giftigen Fingerhutarten (*Digitalis* sp., S. 363, 364) zu verwechseln.

Gewöhnlicher Beinwell

MERKMALE 30–90 cm hoch, Staude. Grundblätter in Büscheln, Stängelblätter wechselständig, lang und schmal, beide rau behaart, ganzrandig. Blüten rosaviolett oder gelbweiß, glockenförmig, hängend. Blütezeit Mai–September.
STANDORT UND VERBREITUNG Sumpfwiesen, Seeufer. Fast ganz Europa.

Beinwell-Cordon-bleu schmeckt ausgezeichnet in Kombination mit einer Minz-Beinwell-Soße.

BEINWELL, KNOLLEN-

Symphytum bulbosum Raublattgewächse

SAMMELN UND ZUBEREITEN Junge Triebe, Blätter und geschälte Stängel können von April bis Juni zu Gemüsegerichten verarbeitet werden.
MERKMALE 15–50 cm hoch, Staude. Blätter behaart, eiförmig, untere lang gestielt, obere sitzend. Blüten gelb, glockenförmig, hängend, Schlundschuppen ragen aus der Blütenkrone heraus. Blütezeit April.
STANDORT UND VERBREITUNG Laubmischwälder, Waldränder. Südeuropa.

BEINWELL, KNOTEN-

Symphytum tuberosum Raublattgewächse

SAMMELN UND ZUBEREITEN Das stärkehaltige Rhizom hat man in Notzeiten getrocknet und gemahlen dem Brotteig zugemischt. Geröstet und gemahlen ergibt es ein Pulver, das als Kaffee-Ersatz verwendet werden kann. Die jungen, zarten Blätter passen in Salate und Gemüsegerichte.

MERKMALE 20–30 cm hoch, Staude. Stängelblätter wechselständig, lang gestielt, eiförmig bis länglich, behaart. Blüten blassgelb, glockenförmig, hängend. Blütezeit April–Juni.

STANDORT UND VERBREITUNG Laubwälder, Schluchtwälder, Auwälder. Südeuropa, Süddeutschland.

BEINWELL, RAUER

Symphytum asperum Raublattgewächse

SAMMELN UND ZUBEREITEN Bis zum Beginn der Blütezeit können die Blätter in Gemüsegerichten verarbeitet werden. Die Wurzel ergibt geröstet und gemahlen ein Pulver, das als Kaffee-Ersatz nutzbar ist.

MERKMALE 90–150 cm hoch, Staude. Stängel durch Borstenhaare sehr rau. Stängelblätter wechselständig, eiförmig bis lanzettlich, dicht mit Borstenhaaren besetzt. Blüten erst rosa, später blauviolett, nie gelb. Blütezeit Juni–August.

STANDORT UND VERBREITUNG Straßenränder, Schuttplätze. Heimat Kaukasus. Mittel- und Westeuropa.

BENEDIKTENKRAUT

Cnicus benedictus Korbblütengewächse

SAMMELN UND ZUBEREITEN Das Benediktenkraut enthält ätherische Öle, Gerb- und Bitterstoffe sowie Mineralsalze. Ein Tee aus getrockneten Blättern und Triebspitzen lindert nervöse Magenbeschwerden und Sodbrennen. Die Wurzeln des Benediktenkrauts ergeben ein – allerdings sehr bitter schmeckendes – Gemüse. Die Blütenköpfe können ähnlich wie Artischocken zubereitet werden.

MERKMALE 10–40 cm hoch, einjährig. Distelartige Pflanze. Stängel 5-kantig. Blätter wechselständig, länglich, behaart, buchtig und stachelig gezähnt. Gelbe Blütenköpfe, bestehen nur aus Röhrenblüten, sind von großen, stacheligen, rötlichen Hochblättern umgeben. Blütezeit Juni–Juli.

STANDORT UND VERBREITUNG Ödland. Östliches Mittelmeergebiet. In Mitteleuropa gelegentlich aus Kultur verwildert.

Benediktenkraut

BERBERITZE, GEWÖHNLICHE

Berberis vulgaris Berberitzengewächse

SAMMELN UND ZUBEREITEN Die zitronenartig säuerlich schmeckenden Beeren können roh, gekocht, getrocknet und kandiert gegessen werden. Man pflückt sie von August bis September und verarbeitet sie zu Säften, Marmeladen und Gelees, nimmt sie als Beigabe zu Kompott und Chutneys oder als Aroma und Würze für Suppen, Soßen, Essig, Bonbons, Limonaden und Tee. Die im Geschmack an Sauerampfer erinnernden, sehr jungen Blätter gibt man in kleinen Mengen in Salate und Suppen. Getrocknet kann man sie als Tee aufgießen. Selbst Tabakmischungen werden sie gelegentlich beigefügt. Vorsicht: Der giftige Bittersüße Nachtschatten (*Solanum dulcamara*, S. 377) trägt ähnliche Früchte.

Gewöhnliche Berberitze

MERKMALE 1–3 m hoch, Strauch. Zweige lang, dünn, rutenförmig, mit vielen 3-teiligen Dornen. Blätter wechselständig, eiförmig, gesägt. Blüten gelb, duftend. Blütezeit April–Juni. Glasige rote, längliche Beerenfrüchte.

STANDORT UND VERBREITUNG Hecken, Waldränder, sonnige Hügel. Mittel- und Südeuropa.

Getrocknete Berberitzenfrüchte bringen in Süßspeisen oder Wildsoßen eine eindrucksvolle Fruchtnote, noch ausgewogener als Preiselbeeren.

BERGMINZE, GROSSBLÜTIGE

Calamintha grandiflora Lippenblütengewächse

SAMMELN UND ZUBEREITEN Blätter und Triebspitzen werden vor der Blüte gesammelt. Getrocknet sind sie Bestandteil von Kräutertees. Bergminzen-Tee lindert Blähungen und Magenverstimmungen. Frisch geben die Blätter Salaten einen angenehm minzigen Geschmack. In einigen Mittelmeerländern wird Bergminze zum Einlegen von Oliven verwendet. Die Kleinblütige Bergminze *(Calamintha nepeta)* ist in gleicher Weise verwendbar.

Kleinblütige Bergminze

MERKMALE 20–50 cm hoch, Staude. Stängel 4-kantig. Blätter gegenständig, eiförmig bis rundlich, gestielt, grob gezähnt, beidseitig locker behaart, duften zerrieben nach Zitrone. Blüten rosa. Blütezeit Juli–September.
STANDORT UND VERWENDUNG Besiedelt halbschattige Stellen in Bergwäldern. Südeuropa.

BERGMINZE, WALD-

Calamintha menthifolia Lippenblütengewächse

SAMMELN UND ZUBEREITEN Die jungen Blätter und Triebspitzen der Wald-Bergminze sind kräftiger im Geschmack als die der Großblütigen Bergminze. Mit ihrem Aroma, das ein wenig an ein Gemisch aus Minze und Majoran erinnert, gibt man sie als Würze zu Wildgerichten, auch zu Gemüse. Darüber hinaus wird die Pflanze kulinarisch und volksmedizinisch ebenso wie die Großblütige Bergminze verwendet.

MERKMALE 40–80 cm hoch, Staude. Aromatischer Duft. Blätter gegenständig, eiförmig bis 3-eckig zugespitzt, gestielt, scharf gezähnt, behaart. Blüten rosa bis violett, gestielt. Blütezeit Juli–Oktober.
STANDORT UND VERBREITUNG Hecken, Waldwege. Mittel- und Südeuropa.

BERGTEE, GRIECHISCHER

Sideritis syriaca Lippenblütengewächse

SAMMELN UND ZUBEREITEN Teepflanze. Für den Teeaufguss sammelt und trocknet man Blätter und Blütenstände. Griechischer Bergtee schmeckt mild und zimtartig. Er wirkt entzündungshemmend und antibiotisch und bekämpft Erkältungen. In Griechenland trinkt man ihn gerne als Haus- und Frühstückstee.
MERKMALE 30–50 cm hoch, Halbstrauch. Blätter länglich bis verkehrt eiförmig, gestielt, ganzrandig oder fein gekerbt, dicht filzig behaart. Grüngelbe Blüten. Blütezeit Juni–Juli.
STANDORT UND VERBREITUNG Sandige und felsige Standorte, steinige Bergwiesen. Südeuropa.

BERGTHYMIAN

Micromeria fruticosa Lippenblütengewächse

SAMMELN UND ZUBEREITEN In der mediterranen Küche verwendet man die Pflanze zum Würzen von Fleisch- und Fischgerichten. Auch ist sie Bestandteil vieler Kräutertees. Die Volksheilkunde empfiehlt Tee aus Bergthymian bei Ermüdungserscheinungen.
MERKMALE 40–60 cm hoch, Halbstrauch. Blätter graugrün, schmal-oval, ganzrandig, kräftig. Kleine rosafarbene bis violette Blüten. Blütezeit Juli–Oktober.
STANDORT UND VERBREITUNG Felsige, steinige Standorte. Südeuropa.

Bergthymian

BERUFKRAUT, KANADISCHES

Conyza canadensis Korbblütengewächse

SAMMELN UND ZUBEREITEN Junge Blätter würzen Salate, Brotaufstriche, Kartoffel-, Reis- und Nudelgerichte. Gesammelt werden sie in den Monaten April bis Juli. Ältere Blätter schmecken sehr bitter und eignen sich höchstens als sparsame Zutat zu angesetzten Schnäpsen.

Kanadisches Berufkraut

MERKMALE 10–80 cm hoch, einjährig. Stängel aufrecht, locker behaart, in der oberen Hälfte verzweigt. Blätter wechselständig, untere schmallanzettlich, mittlere und obere nahezu linealisch, ganzrandig oder mit einzelnen spitzen Zähnen. Blütenköpfe in lockeren Rispen, bestehen aus gelben Röhrenblüten und weißen Zungenblüten. Blütezeit Juni–September.

STANDORT UND VERBREITUNG Wegränder, Kiesgruben, Waldschläge, ortsnahes Ödland. Europa.

BESENRAUKE, SOPHIENKRAUT

Descurainia sophia Kreuzblütengewächse

SAMMELN UND ZUBEREITEN Junge, von April bis Mai gesammelte Blättchen passen in Wildkräuterspinat, blühende Triebspitzen sind als Gewürz nutzbar, ebenso die scharfen Samen.

MERKMALE 20–80 cm hoch, einjährig. Stängel aufrecht, behaart, nur im oberen Teil verzweigt. Blätter graugrün, 2- bis 3-fach gefiedert, Teilblättchen schmallineal. Blüten in Trauben am Stängelende, hellgelb. Blütezeit Mai–Juli. Frucht eine Schote, 15–25 mm lang, oft etwas sichelähnlich einwärts gebogen.

STANDORT UND VERBREITUNG Wegränder, Mauern, Schuttplätze, wärmeliebend. Fast ganz Europa.

Eine Birnentarte bekommt durch die scharfen Samen der Besenrauke eine köstlich würzige Note.

BETONIE, ECHTE, HEILZIEST

Betonica officinalis Lippenblütengewächse

SAMMELN UND ZUBEREITEN Die zarten, jungen Blätter und Triebe, gesammelt von April bis Juli, lassen sich nach Entbittern durch Wässern als Beigabe zu Suppen, Spinat und anderen Gemüsegerichten verwenden. Auch die Blütenknospen kann man im Juni als Gemüse zubereiten. Die Blüten eignen sich als essbare Dekoration. Aus Blättern und Blütenständen bereitet man Tee. In manchen europäischen Ländern werden die getrockneten Blätter noch heute in Schnupftabakmischungen verwendet.

Echte Betonie

MERKMALE 20–70 cm hoch, Staude. Stängel aufrecht, 4-kantig, am Grund verholzt. Grundblätter in einer Rosette, lang gestielt, Stängelblätter gegenständig, gestielt, nur unter dem Blütenstand fast sitzend, schmal-eiförmig, schwach gekerbt. Rote Lippenblüten in endständigem, ährenartigem Blütenstand. Blütezeit Juni–August.

STANDORT UND VERBREITUNG Heiden, bodensaure Wälder, Bergwiesen. Hauptsächlich Mittel- und Südeuropa.

BIBERNELLE, DORNIGE

Sarcopoterium spinosum Rosengewächse

SAMMELN UND ZUBEREITEN Die jungen, grünen Blätter werden in der südeuropäischen Küche regional als gedünstetes Gemüse verwendet.

MERKMALE 30–60 cm hoch. Dichter, stark verzweigter, sehr dorniger Kugelbusch. Wirft die Blätter bereits im Frühsommer ab. Blätter gefiedert, aus 8–14 Fiederblättchen, diese klein, eiförmig, mit gesägtem, nach unten gewölbtem Rand. Blüten in bis zu 3 cm großen, endständigen Köpfchen, ohne Kronblätter, männliche Blüten mit langen, gelben Staubblättern, weibliche mit roten federigen Narben. Blütezeit März–Mai.

STANDORT UND VERBREITUNG Trockene Standorte, Garrigue. Östliches Mittelmeergebiet.

BIBERNELLE, GROSSE

Pimpinella major Doldengewächse

SAMMELN UND ZUBEREITEN Wird ebenso verwendet wie die Kleine Bibernelle.
MERKMALE 40–100 cm hoch, Staude. Stängel kantig, gefurcht, bis oben hin beblättert. Blätter unpaarig gefiedert, Teilblättchen breit-eiförmig, gezähnt. Blütendolde aus 10–15 Strahlen, Hülle und Hüllchen fehlen, Einzelblüten weiß oder rosafarben. Blütezeit Juni–September.
STANDORT UND VERBREITUNG Wiesen, Staudenfluren, Waldränder, Gebüsche, felsige Hänge. Große Teile Europas, nördlich bis Südskandinavien, südlich bis Nordspanien.

BIBERNELLE, KLEINE

Pimpinella saxifraga Doldengewächse

SAMMELN UND ZUBEREITEN Die Bibernelle ist in der Wildkräuterküche ein wenig in Vergessenheit geraten. Völlig zu Unrecht, denn sie gehört zu den Kräutern mit dem höchsten Vitamin-C-Gehalt und ist vielseitig verwendbar. Junge Blätter und Sprosse, von April bis Juni gesammelt, verleihen als würzende Zutat Salaten und Gemüsegerichten, Kräutersuppen und Soßen ihren süßlich-scharfen Geschmack. Sie passen auch zu Aalgerichten, zu gekochtem und gebratenem Fisch, zu Marinaden, Eiergerichten, Quark und Butter. Als essbare Dekoration verschönern sie Longdrinks und sommerliche Cocktails. Die Blüten eignen sich zum Aromatisieren von Ölen, Süßspeisen und Gebäck, die Früchte würzen Salze, Essig und Spirituosen.

Kleine Bibernelle

Die Wurzel der noch nicht blühenden Pflanze nimmt man zum Würzen von Suppen und Gemüsegerichten. In der mediterranen Küche isst man sie als Gemüse.
MERKMALE 15–60 cm hoch, Staude. Stängel rund, fein gerillt, unten flaumig behaart, im oberen Teil fast blattlos. Blätter unpaarig gefiedert, Teilblättchen rundlich bis eiförmig, gezähnt. Blütendolde aus 8–15 Strahlen, Hülle und Hüllchen fehlen, Einzelblüten gelblich weiß oder rosafarben. Blütezeit Juni–Oktober.
STANDORT UND VERBREITUNG Weg- und Straßenränder, Gebüsche, Heiden, steinige Hänge. In fast ganz Europa.

> **Einen kräftigen Kräuteressig** bekommt man, wenn man 2–3 Stängel Bibernelle mit Essig übergießt und das Ganze etwa 2 Wochen durchziehen lässt.

BINSE, BLAUGRÜNE

Juncus inflexus Binsengewächse

SAMMELN UND ZUBEREITEN Die ab September reifen Samen sind als essbar überliefert. Denkbar ist eine Verwendung als Kaffee-Ersatz oder als Keimsaat. Weitere Arten der Gattung *Juncus* wie die Flatter-Binse *(Juncus effusus)*, die Knäuel-Binse *(Juncus conglomeratus)*, die Platthalm-Binse *(Juncus compressus)*, die Zarte Binse *(Juncus tenuis)* und die Zwiebel-Binse *(Juncus bulbosus)* können in gleicher Weise genutzt werden.

Blaugrüne Binse

MERKMALE 30–80 cm hoch, mehrjährige Binse. Stängel blaugrün, mit deutlichen Längsstreifen, im Inneren mit fächrig unterbrochenem Mark, mit nur einem, den Blütenstand überragenden Blatt. Blütenstand seitlich am Stängel, reichblütig, Blütenblätter bräunlich, mit grünem Mittelstreifen. Blütezeit Juni–August.
STANDORT UND VERBREITUNG Moore, feuchte Wiesen, Ufer, Waldlichtungen von Auwäldern. Europa.

BIRKE

SAMMELN UND ZUBEREITEN Im April nutzt man die jungen frischen Blätter als Salatzutat, in Gemüsegerichten oder als Beigabe zu Käse und Butterbrot. Ältere, im Mai gesammelte Blätter eignen sich getrocknet zur Teebereitung, als milde Würze und gemahlen zum Strecken von Getreidemehl. Der süße, zuckerhaltige Saft in den Leitungsbahnen der Birken wird in den Monaten März und April durch Anbohren des Stamms gewonnen. Er kann frisch getrunken oder zu Sirup verarbeitet werden. Früher hat man im Frühjahr auch die innere Rinde unter der Borke frisch gefällter Bäume abgeschabt und in feine Streifen geschnitten in Gemüsegerichten und Aufläufen verwendet.

BIRKE, MOOR-

Betula pubescens — Birkengewächse

SAMMELN UND ZUBEREITEN Angaben dazu bei der Gattung Birke.
MERKMALE 10–25 m hoch, sommergrüner Laubbaum. Oft mehrstämmig. Stammrinde schmutzig weiß, geht an der Stammbasis erst an sehr alten Stämmen in schwarze Borke über. Zweige aufrecht, nicht überhängend. Blätter wechselständig, im Umriss eiförmig, kurz zugespitzt, gesägt. Kätzchenblüten, männliche Kätzchen hängend, bis 8 cm lang, weibliche Kätzchen aufrecht, 3 cm lang. Blütezeit April–Mai. Geflügelte Nussfrucht.
STANDORT UND VERBREITUNG In Moor- und Bruchwäldern. Nord- und Mitteleuropa.

BIRKE, STRAUCH-

Betula humilis — Birkengewächse

Strauch-Birke

SAMMELN UND ZUBEREITEN Angaben dazu bei der Gattung Birke.
MERKMALE 50–200 cm hoch, sommergrüner Strauch, stark verzweigt, braune Rinde. Blätter eiförmig, kurz zugespitzt, Blattrand gekerbt bis gezähnt. Kätzchenblüten, männliche Kätzchen aufrecht, walzenförmig, 1–1,5 cm lang, weibliche Kätzchen in Knospenform. Blütezeit April–Mai.
STANDORT UND VERBREITUNG Moorige und sumpfige Wiesen, Erlenbrüche. Torfböden. Norddeutschland, Polen, Alpen und Vorland. Geschützt.

BIRKE, WEISS-

Betula pendula — Birkengewächse

SAMMELN UND ZUBEREITEN Angaben dazu bei der Gattung Birke.
MERKMALE 10–30 m hoch, sommergrüner Laubbaum. Stammrinde weiß, mit dunklen bis schwarzen Querbinden, nach dem ersten Lebensjahrzehnt vor allem an der Stammbasis schwarze, rissige Borke. Zweige überhängend. Blätter wechselständig, im Umriss etwa 3-eckig, mit lang gezogener Spitze, gesägt. Kätzchenblüten, männliche Kätzchen 3–10 cm lang, weibliche Kätzchen 2–4 cm lang. Blütezeit März–Mai. Frucht eine geflügelte Nuss.
STANDORT UND VERBREITUNG Heiden, Moore, Waldränder, Steinbrüche. Europa, in Südeuropa nur in Gebirgslagen.

Weiß-Birke

BIRKE, ZWERG-

Betula nana — Birkengewächse

SAMMELN UND ZUBEREITEN Angaben dazu bei der Gattung Birke.
MERKMALE 20–70 cm hoch, sommergrüner Strauch. Zweige glänzend dunkelbraun. Blätter wechselstän-

dig, fast kreisrund, gekerbt. Männliche und weibliche Kätzchen aufrecht, bis 1 cm lang. Blütezeit April–Juni. Schmal geflügelte Nussfrucht.
STANDORT UND VERBREITUNG Hochmoore. Saure Torfböden. Hauptsächlich Nordeuropa. In Deutschland nur in der Norddeutschen Tiefebene, im Harz und im Alpenvorland. Geschützt.

BIRNE, GEWÖHNLICHE

Pyrus communis Rosengewächse

SAMMELN UND ZUBEREITEN Kulturbirnen und auch Birnen von verwilderten Gartenbäumen werden roh gegessen, zu Marmelade, Gelee, Kompott, Sirup, Fruchtsaft, Wein und Obstbränden verarbeitet oder zum Backen verwendet. Zu weltbekanntem, kulinarischem Ruhm hat es die Birne als »Birne Helene« gebracht, eine Süßspeise, die jedes Mahl abrundet. Getrocknete Birnen gehören in Süddeutschland in ein typisches Weihnachtsgebäck. Und sie ergeben einen fruchtigen Haustee. Die Blüten genießt man als kandierte Nascherei oder als Tee.
MERKMALE 5–20 m hoch, sommergrüner Obstbaum. Stammborke grau, schuppig, Zweige dornenlos. Blätter sommergrün, wechselständig, variabel, eiförmig, spitz, ganzrandig oder schwach gezähnt. Blüten weiß, gestielt, in wenigblütigen Büscheln. Blütezeit April–Mai. Längliche Birnenfrucht. Fruchtreife August–Oktober.
STANDORT UND VERBREITUNG Alter Kulturbaum, auch verwildert auf nährstoffreichen, nicht zu trockenen Lehmböden in Siedlungsnähe. Fast ganz Europa.

BIRNE, HOLZ-

Pyrus pyraster Rosengewächse

SAMMELN UND ZUBEREITEN Wildbirnen enthalten Pektin, Fruchtsäuren und Gerbstoffe. Wegen ihres holzigen Fruchtfleischs und ihres adstringierenden Geschmacks sind sie erst nach Frosteinwirkung genießbar oder wenn sie überreif und teigig sind. In Notzeiten aß man sie früher als Dörr- und Backobst. Zusammen mit Äpfeln und Kulturbirnensorten können Wildbirnen zu Essig oder Branntwein vergoren werden.
MERKMALE 8–20 m hoch, sommergrüner Obstbaum. Borke längsrissig, schwarzgrau, Zweige dornig. Blätter sommergrün, wechselständig, gestielt, eiförmig, oben glänzend dunkelgrün, unten heller, fein gesägt. Blüten weiß, gestielt. Blütezeit April–Mai. Braungelbe Holz-Birnen, 2–3 cm lang. Fruchtreife September–Oktober.
STANDORT UND VERBREITUNG Warme Laubwälder, Auwälder, Felsgebüsche. Gemäßigte Zone Europas.

Holz-Birne

BISCHOFSKRAUT

Ammi visnaga Doldengewächse

SAMMELN UND ZUBEREITEN Die Wurzeln der Pflanze können wie Möhren zubereitet werden. Die scharfen Samen sind sparsam als Gewürz verwendbar. In südlichen Ländern nimmt man die aromatisch schmeckenden Doldenstrahlen gerne als Zahnstocher.

Bischofskraut

MERKMALE 20–100 cm hoch, einjährig. Blätter wechselständig, 1- bis 3-fach gefiedert, Teilblättchen schmallänglich bis nadelförmig, zugespitzt, ganzrandig. Weiße bis gelbweiße Blüten in Doppeldolden aus bis zu 150 Strahlen, deren Ansatzstellen deutlich verdickt und verbreitert sind. Hüllblätter 1- bis 2-fach gefiedert, etwa so lang wie die Strahlen. Hüllchenblätter ungeteilt. Blütezeit Juli–September. Fruchtstand verholzt, zieht sich nestartig zusammen. Frucht oval, 2–2,5 mm groß. Möhrenförmige Wurzel.
STANDORT UND VERBREITUNG Unkrautfluren. Hauptsächlich in Südeuropa. In Mitteleuropa gelegentlich eingeschleppt, jedoch keine beständigen Vorkommen.

BITTERKRAUT, GEWÖHNLICHES

Picris hieracioides Korbblütengewächse

Gewöhnliches Bitterkraut

SAMMELN UND ZUBEREITEN Von April bis Juni werden die jungen Blätter als Kochgemüse genutzt. Es empfiehlt sich jedoch, das Kochwasser einmal zu wechseln, um die Bitterstoffe auszuspülen.
MERKMALE 30–90 cm hoch, ein- bis mehrjährig, führt Milchsaft. Blätter länglich-lanzettlich, ganzrandig oder buchtig gezähnt, borstig behaart. Gelbe Blütenköpfe, einzeln am Stängelende, nur Zungenblüten, Hüllblätter mehrreihig. Blütezeit Juli–Oktober.
STANDORT UND VERBREITUNG Wiesen, Wald- und Wegränder, Steinbrüche. Fast ganz Europa.

BITTERKRAUT, NATTERNKOPF-

Picris echioides Korbblütengewächse

SAMMELN UND ZUBEREITEN Die Pflanze wird wie das oben dargestellte Gewöhnliche Bitterkraut verwendet.
MERKMALE 30–60 cm hoch, einjährig, führt Milchsaft. Stängel in ganzer Länge borstig behaart. Blätter eiförmig bis lanzettlich, ganzrandig oder buchtig gezähnt, borstig behaart. Gelbe Blütenköpfe einzeln am Stängelende, nur Zungenblüten, Hüllblätter mehrreihig, mit steifen Borsten. Blütezeit Juli–August.
STANDORT UND VERBREITUNG Gärten, Felder, Ufer, Weg- und Straßenränder, ortsnahes Ödland. Südeuropa, in Mitteleuropa eingeschleppt.

BLASENKIRSCHE, WILDE

Physalis alkekengi Nachtschattengewächse

SAMMELN UND ZUBEREITEN Die erfrischend saftigen Beeren lassen sich von September bis Oktober ernten. Sie schmecken roh, als Beigabe zu Fruchtmarmeladen, in Kompotten, Soßen und Chutneys,

Wilde Blasenkirsche

auf Kuchen und zu Saft, Likör, Wein oder Schnaps verarbeitet. Hildegard von Bingen empfiehlt im Rauch getrocknete Blasenkirschen als besonderen Genuss. Vorsicht beim Sammeln: Die Früchte der Giftbeere (*Nicandra physalodes*, S. 366) sitzen ebenfalls in einem aufgeblasenen, orangeroten Kelch. Die Früchte der giftigen Tollkirsche (*Atropa belladonna*, S. 388) sind von einem 5-zipfligen Kelch umgeben.
MERKMALE 25–60 cm hoch, Staude. Stängel kantig. Blätter 3-eckig-eiförmig, spitz, am Rand oft buchtig gewellt. Blüten grünlich weiß, nickend. Blütezeit Mai–August. Frucht eine bei Reife rote Beere, von einem aufgeblasenen, orangefarbenen Fruchtkelch umschlossen.
STANDORT UND VERBREITUNG Auwälder, Gebüsche, Weinberghecken. Mittel- und Südeuropa.

Ein milder Apfelessig, der mit Blasenkirschen aromatisiert wurde, ist vielseitig einsetzbar und sehr wohlschmeckend.

BLAUGRAS, GEWÖHNLICHES

Sesleria varia Süßgräser

SAMMELN UND ZUBEREITEN Die ab September reifen Samen sind als essbar überliefert. Denkbar ist eine Verwendung als Kaffee-Ersatz oder als Keimsaat.
MERKMALE 10–50 cm hoch, mehrjähriges Gras. Stängel dünn, glatt. Blätter lang, schmal, flach oder eingerollt, graugrün, teils bereift. Ährenrispe eiförmig bis zylindrisch, zur Blütezeit bläulich. Blütezeit März–Juli.
STANDORT UND VERBREITUNG Kiefern- und Buchenwälder, Halbtrockenrasen. Fast ganz Europa.

BLAUWEIDERICH, LANGBLÄTTRIGER

Pseudolysimachion longifolium

Braunwurzgewächse

SAMMELN UND ZUBEREITEN Die jungen, vor der Blüte gepflückten Blätter schmecken roh in Salaten und gekocht in Gemüsegerichten. An seinen natürlichen Standorten kommt der Langblättrige Blauweiderich nur noch selten vor. Wildkräuterköche sollten daher auf Vorkommen aus dem eigenen Garten zurückgreifen. Eine verwandte Art, der Rispige Blauweiderich *(Pseudolysimachion spurium)*, ist in gleicher Weise verwendbar.

Langblättriger Blauweiderich

MERKMALE 60–100 cm hoch, Staude. Blätter meist gegenständig, kurz gestielt, breit-lanzettlich, gezähnt. Zahlreiche tiefblaue Blüten in dichten, ährenartigen Trauben am Stängelende. Blütezeit Juli–August.

STANDORT UND VERBREITUNG Feuchtwiesen, Uferstaudengesellschaften. Fast ganz Europa.

BLUTAUGE

Potentilla palustris

Rosengewächse

SAMMELN UND ZUBEREITEN Die getrockneten Blätter dieser Pflanze kann man als Tee aufbrühen. Man sammelt sie von April bis Juni und breitet sie zum Trocknen luftig aus. In Russland wird noch heute Tee aus Blutaugenblättern gegen Rheuma eingesetzt.

MERKMALE 15–30 cm hoch, Staude. Stängel bogig aufsteigend. Blätter wechselständig, unpaarig gefiedert, 5–7 Teilblättchen, schmal-eiförmig, gesägt, oben dunkelgrün, unten graugrün. Blüten dunkelpurpur, bilden eine lockere Rispe am Ende der Stängel, 5 Blütenblätter, laufen in eine feine Spitze aus. Blütezeit Juni–Juli.

STANDORT UND VERBREITUNG Ungedüngte Sumpfwiesen, Flach- und Zwischenmoore. Fast ganz Europa.

BLUTWEIDERICH, GEWÖHNLICHER

Lythrum salicaria

Weiderichgewächse

SAMMELN UND ZUBEREITEN Die würzigen, jungen Sprosse und Blätter, gesammelt von April bis Juli, ergeben feine Salate und Gemüsegerichte. Einen Tee aus den getrockneten, blühenden Stängelspitzen hat man früher gegen Durchfallerkrankungen getrunken.

Gewöhnlicher Blutweiderich

MERKMALE 50–200 cm hoch, Staude. Stängel kantig. Blätter sitzend, lanzettlich, in 3-zähligen Quirlen oder gegenständig, die oberen Blätter auch wechselständig. Blüten weinrot, verschieden lange Staubfäden. Blütezeit Juni–September.

STANDORT UND VERBREITUNG Sumpfwiesen, Ufer, Gräben. Fast ganz Europa.

BLUTWURZ, TORMENTILL

Potentilla erecta

Rosengewächse

SAMMELN UND ZUBEREITEN Von April bis Juni nimmt man die herb-würzigen, jungen Blätter als Gewürz für Salate und Gemüsegerichte. Die Blüten sind essbare Dekoration für Salate, Suppen und Desserts. Die Wurzel färbt Speisen und Getränke intensiv rot. Wer sie als Gemüse zubereiten will, sollte das Kochwasser mehrmals wechseln, um den mit 20 % sehr hohen Bitterstoffgehalt zu reduzieren. In Süddeutschland wird aus der Wurzel Schnaps gebrannt.

MERKMALE 15–30 cm hoch, Staude. Grundblätter in einer Rosette, lang gestielt, 3-teilig, gezähnt, zur Blütezeit meist schon abgestorben. Stängelblätter größer als die Grundblätter, kurz gestielt oder sitzend, 5-teilig, gezähnt. Blüten gelb, 4-zählig. Blütezeit Mai–August. Verdickter, innen rot gefärbter Wurzelstock.

STANDORT UND VERBREITUNG Braucht nährstoffarme, saure Böden. Besiedelt Magerrasen, Heiden, Wälder. Fast ganz Europa.

BOCKSBART, GROSSER

Tragopogon dubius Korbblütengewächse

SAMMELN UND ZUBEREITEN Die Pflanze wird wie der nachfolgend dargestellte Wiesen-Bocksbart genutzt.
MERKMALE 20–80 cm hoch, einjährig. Führt Milchsaft. Stängel unter den Blütenköpfen keulig verdickt. Blätter wechselständig, graugrün, schmal-lanzettlich, ganzrandig. Blüten hellgelb, einzeln am Ende des Stängels, nur Zungenblüten. Blütezeit Mai–Juli.
STANDORT UND VERBREITUNG Trockenrasen, sonnige Unkrautgesellschaften. Mittel-, Südeuropa.

BOCKSBART, WIESEN-

Tragopogon pratensis Korbblütengewächse

SAMMELN UND ZUBEREITEN Diese Art war schon immer Gemüsepflanze. Genutzt wurden und werden die jungen Blätter und Stängel, die Blütenblätter und Blütenknospen sowie die Wurzel. Blätter und Stängel sammelt man vom Frühling bis in den Hochsommer. Sie passen roh in Salate, aber auch gekocht in Gemüsegerichte. Die Knospen der Blütenstände kann man als »falsche Kapern« sauer einlegen. Sie sollten aber nicht mit den ähnlichen, jedoch ungenießbaren Fruchtständen verwechselt werden. Die Blüten eignen sich als Dekoration in Salaten. Die Wurzel erinnert im Geschmack an Schwarzwurzel. Die noch junge Wurzel kann im Frühling geschält und klein geschnitten einem Salat beigemengt werden, ältere Wurzeln werden als Wurzelgemüse gekocht.

Wiesen-Bocksbart

MERKMALE 30–70 cm hoch, ein- bis mehrjährig. Führt Milchsaft. Stängel graugrün, glatt, unter den Blütenköpfen nicht oder nur kaum verdickt. Blätter wechselständig, graugrün, grasähnlich schmal, ganzrandig. Je eine gelbe, sternartige Blüte pro Stängel, nur Zungenblüten. Blütezeit Mai–Juli. Lange dicke Pfahlwurzel.
STANDORT UND VERBREITUNG Fettwiesen, Wegränder. Fast ganz Europa.

BOCKSHORNKLEE, GRIECHISCHER

Trigonella foenumgraecum
Schmetterlingsblütengewächse

SAMMELN UND ZUBEREITEN Bockshornklee ist ein uraltes Gewürz und als solches wesentlicher Bestandteil von Currymischungen. Verwendet werden reife Samen und junge Blätter, beides getrocknet als Gewürz, die Samen auch als verdauungsfördernder Tee. In Südtirol werden die Samen des Bockshornklees in geringen Mengen als Brotgewürz verwendet. Auch verschiedenen Hartkäsesorten und Fleischgerichten werden sie als Würze zugesetzt. Die aus den Samen keimenden Sprossen eignen sich ideal für Salate.
MERKMALE 40–50 cm hoch, einjährig. Intensiv duftend. Stängel aufrecht, rund, verzweigt. Blätter kleeartig 3-zählig, länglich-eiförmig, etwas gesägt. Blüten in den Blattachseln, gelblich weiß, aufrecht. Blütezeit April–Juni. Hülsen schmal, hornförmig, enthalten 5–20 harte, rechteckige Samen.

Griechischer Bockshornklee

STANDORT UND VERBREITUNG Offene trockene Standorte. Oft aus Kulturen verwildert. Mittelmeergebiet. Angebaut und verwildert auch in Mitteleuropa.

Bockshornklee sollte immer mitgekocht werden. Nur so entfaltet er seine ganze Würzkraft.

BOHNENKRAUT, SOMMER-

Satureja hortensis Lippenblütengewächse

SAMMELN UND ZUBEREITEN Sommer-Bohnenkraut ist ein altes Gewürzkraut, das bereits die Römer verwendeten. In Mitteleuropa wird es seit dem Mittelalter angebaut. Die Pflanze enthält viele ätherische Öle, dazu Gerb- und Bitterstoffe und kann frisch und getrocknet verwendet werden. Geerntet werden

ihre jungen Blättchen bei Blühbeginn. Sie würzen vor allem Gerichte mit Hülsenfrüchten, können aber auch zu Fleisch und Wurst, Fisch, Eintöpfen und Käse gegeben und sogar als Salzersatz verwendet werden. Aus Byzanz ist eine Suppe als »heiliger Saft der Mönche« überliefert, deren Zutaten Zwiebeln, Olivenöl und Bohnenkraut waren. Auch bei der Likör- und Wermutherstellung findet dieses Kraut Verwendung. Ein Tee aus den Blättern wird zur Förderung der Verdauung, als Appetitanreger und gegen Blähungen eingesetzt.
MERKMALE 10–25 cm hoch, einjährig. Stängel reich verzweigt, 4-kantig, an der Basis etwas holzig. Blätter gegenständig, lanzettlich, stumpf, weich, ganzrandig. Blüten zu 1–3 halbquirlartig in den Achseln der oberen Blätter, weiß, blassrosa oder lila, rot punktierter Schlund, Kronröhre kaum länger als Kelch. Blütezeit Juli–September.
STANDORT UND VERBREITUNG Lockere, steinige Böden, warme Lagen. Herkunft östliches Mittelmeergebiet. In Mitteleuropa in Kultur, häufig verwildert.

BOHNENKRAUT, WINTER-

Satureja montana — Lippenblütengewächse

SAMMELN UND ZUBEREITEN Winter-Bohnenkraut ist kräftiger im Geschmack als Sommer-Bohnenkraut. Seine Blätter finden, frisch oder getrocknet, als Gewürz in Bohnen- und Linsengerichten, Gemüse- und Fleischeintöpfen Verwendung. Allerdings sollten sie immer erst kurz vor Ende der Kochzeit zugefügt werden, sonst verlieren sie an Aroma. Ein Tee aus den frischen oder getrockneten Blättern hilft bei Magenbeschwerden. Die beste Erntezeit für die Blätter ist kurz vor der Blüte. Weitere Arten der Gattung *Satureja* sind auf die gleiche Weise nutzbar. Es sind dies etwa das Thymianblättrige Bohnenkraut *(Satureja thymbra)* aus Südeuropa, das Zitronen-Bohnenkraut *(Satureja montana* ssp. *citriodora)* aus Slowenien, eine nach Zitronen duftende Unterart des Winter-Bohnenkrauts, das als Würzkraut für Fisch und Süßspeisen Einsatz findet.

Winter-Bohnenkraut

MERKMALE 30–50 cm hoch, Zwergstrauch. Duftet aromatisch-streng. Blätter gegenständig, lanzettlich, scharf zugespitzt, ledrig, ganzrandig. Blüten weiß, rosa oder violett, sitzen in Gruppen in den Achseln der oberen Blätter. Blütezeit Juli–Oktober.
STANDORT UND VERBREITUNG Fels- und Grasfluren. Südeuropa. In Mitteleuropa fast nur in Kultur, gelegentlich aus Gärten verwildert.

BORRETSCH

Borago officinalis — Raublattgewächse

SAMMELN UND ZUBEREITEN Borretsch ist als Gurkengewürz bekannt. Aber seine zart säuerlichen Blätter würzen frisch oder getrocknet auch Salate, Gemüsegerichte, Fisch und Brotaufstriche. In Italien verwendet man sie wie Spinat und als Raviolifüllung. In Spanien sind sauer eingelegte Borretschstängel eine würzende Beigabe in Suppen. Die Blüten aromatisieren Öle und Getränke wie Wein, Bowle oder Limonade. Vor allem mit Minze ergeben sie ein erfrischendes Getränk. Vielerorts werden sie als würzige Dekoration in Salate gegeben. Kandiert genießt man sie auf Kuchen und Torten. Auch in Eiswürfeln sehen sie wunderschön aus. Häufig und in größeren Mengen sollte die Pflanze allerdings nicht gegessen werden. Ihr Pyrrolizidingehalt ist zwar niedrig, kann aber leberschädigend wirken.

Borretsch

MERKMALE 20–50 cm hoch, einjährig. Borstig behaart. Blätter wechselständig, länglich, runzelig, mit welligem Rand. Blüten blau, mit weißen Schlundschuppen. Blütezeit Juni–August.
STANDORT UND VERBREITUNG Gewürz- und Heilpflanze, in Gärten angebaut und verwildert. Ursprünglich Südeuropa.

Zarte, junge Borretschblätter ergeben mit Wasser, Zitronensaft und ein wenig Zucker ein erfrischendes Getränk mit einer ungewöhnlichen Gurkennote.

BORSTENHIRSE, GRÜNE

Setaria viridis — Süßgräser

SAMMELN UND ZUBEREITEN Die ab September reifen Samen sind als essbar überliefert. Sie werden geröstet als Kaffee-Ersatz genommen, zu Grütze verarbeitet oder zu Mehl vermahlen. Auch die Samen der Roten Borstenhirse *(Setaria pumila)* sowie der Quirligen Borstenhirse ergeben Grütze oder getrocknet und gemahlen Mehl.

Grüne Borstenhirse

MERKMALE Einjährig. Stängel liegend oder aufsteigend, 5–30 cm lang. Blätter 2–20 cm lang, 4–10 mm breit. Aufrechte Ährenrispe, walzenförmig, borstig, grün bis purpurn. Blütezeit Juli–Oktober.
STANDORT UND VERBREITUNG Schuttstellen, Hackfruchtäcker, Weinberge. Fast ganz Europa.

BORSTGRAS

Nardus stricta — Süßgräser

SAMMELN UND ZUBEREITEN Die ab September reifen Samen sind als essbar überliefert. Denkbar ist eine Verwendung als Kaffee-Ersatz oder als Keimsaat.
MERKMALE 5–40 cm hoch, mehrjähriges Horstgras. Blätter borstenförmig eingerollt, zugespitzt, fühlen sich rau an. Ähre aufrecht, dünn, 2 Reihen von Ährchen an einer Seite der Ährenachse. Blütezeit Mai–Juni.
STANDORT UND VERBREITUNG Sandgebiete und Moore des Tieflands, Magerwiesen des Berglands. Europa.

BRAUNELLE, GROSSBLÜTIGE

Prunella grandiflora — Lippenblütengewächse

SAMMELN UND ZUBEREITEN Die Pflanze verwendet man wie die Kleine Braunelle.
MERKMALE 10–30 cm hoch, Staude. Stängel gerillt. Blätter gegenständig, länglich-eiförmig, gestielt, ganzrandig oder gekerbt. Blüten dunkelviolett, Blütenröhre leicht gekrümmt. Blütezeit Juni–August.
STANDORT UND VERBREITUNG Trockenrasen, Waldränder. Hauptsächlich Mitteleuropa.

BRAUNELLE, KLEINE

Prunella vulgaris — Lippenblütengewächse

SAMMELN UND ZUBEREITEN Die jungen Blätter und Sprosse der Pflanze werden in den Monaten April und Mai gesammelt und frisch oder getrocknet verwendet. Sie eignen sich als herb-würzige Beigabe in Salaten, Suppen und Gemüsegerichten, auch für die Zubereitung von Kräuterbutter und fein geschnitten als Brotbelag. Die Blüten passen in Teemischungen und Bowlen. Aber: Blätter und Blüten sollten sehr sparsam verwendet werden. Ihre vielen Bitterstoffe übertönen sonst andere Geschmackskompositionen.

Kleine Braunelle

MERKMALE Staude. Stängel 10–25 cm lang, liegend bis aufsteigend, 4-kantig. Blätter gegenständig, länglich-eiförmig, gestielt, ganzrandig oder wenig gezähnt. Blauviolette Lippenblüten, Blütenröhre gerade. Blütezeit Mai–Oktober.
STANDORT UND VERBREITUNG Wiesen, Wegränder, Waldlichtungen, Heckensäume. Europa.

Blätter der Kleinen Braunelle ergeben in Kombination mit Löwenzahnblättern und Tomaten einen feinherben Salat.

BRAUNWURZ WASSER-

Scrophularia auriculata — Braunwurzgewächse

SAMMELN UND ZUBEREITEN Die Wurzel der Pflanze kann in kleinen Mengen Gemüsegerichten beigefügt werden. Geerntet wird sie von September bis in den Winter.

Wasser-Braunwurz

MERKMALE 30–70 cm hoch, Staude. Stängel mit 4 schmal geflügelten Kanten. Blätter gegenständig, schmaleiförmig, Blattrand gezähnt bis gekerbt. Blüten rotbraun. Blütezeit Juni–August. STANDORT UND VERBREITUNG Ufer, Nasswiesen. West- sowie Südwesteuropa.

BRENNNESSEL

SAMMELN UND ZUBEREITEN Die Brennnessel hat seit Langem einen festen Platz in der Wildkräuterküche. Am bekanntesten ist die Verarbeitung ihrer Blätter und Sprosse zu Spinat, zu Brennnesselsuppe und grünen Soßen. Aber auch in Reisgerichte, in Knödel-, Gnocchi- und Nudelteig, in Strudelfüllungen, Gemüsesäfte und Quarkmischungen passen sie. Fein geschnitten und mit weicher Butter verrührt ergeben sie einen aromatischen Brotaufstrich. Brennnesselblätter kann man auch roh in Salaten essen, denn die Brennhaare verlieren ihre schmerzhafte Wirkung bereits beim Waschen unter fließendem Wasser. Getrocknet und aromadicht aufbewahrt sind sie lange haltbar und auch im Winter als Würze für Suppen und anderes zu nutzen. Abgekocht und in reichlich Salz eingelegt hat man sie früher als Labersatz bei der Käseherstellung verwendet. Die beste Sammelzeit für Brennnesselblätter sind die Monate März bis Juni. Brennnesselsamen erinnern ein wenig an Sesam und können wie dieser verwendet werden: grüne Samen auf Butterbrot, reife als Gewürz und zum Panieren von Fleisch und Fisch. Gesammelt werden sie von August bis Oktober. Eine weitere, gelegentlich auch in Mitteleuropa im Röhricht von Wasserläufen auftretende Brennnesselart ist die Sumpf-Brennnessel *(Urtica kioviensis)* aus Osteuropa. Sie wird genauso genutzt.

Große Brennnessel

In Bierteig getauchte und in Öl goldgelb ausgebackene Brennnesselblätter eignen sich als Suppen-Croutons oder, zusammen mit diversen Soßen, als kleine Vorspeise.

BRENNNESSEL, GROSSE

Urtica dioica — Brennnesselgewächse

SAMMELN UND ZUBEREITEN Angaben dazu bei der Gattung Brennnessel.
MERKMALE 30–250 cm hoch, Staude. Mit Brennhaaren besetzt. Stängel kantig. Blätter gegenständig, eiförmig, lang zugespitzt, grob gesägt. Blüten grünlich, in dünnen Rispen, männliche Blütenstände aufrecht, weibliche hängend. Blütezeit Juni–Oktober.
STANDORT UND VERBREITUNG Wegränder, Wälder und Gebüsche, Ödland, Ufer. Europa.

BRENNNESSEL, KLEINE

Urtica urens — Brennnesselgewächse

SAMMELN UND ZUBEREITEN Angaben dazu bei der Gattung Brennnessel.
MERKMALE 10–50 cm hoch, einjährig. Mit Brennhaaren besetzt. Stängel kantig. Blätter gegenständig, eiförmig, enden stumpf, nicht in lang gezogener Spitze, gesägt. Blüten grünlich. Blütezeit Juni–Oktober.
STANDORT UND VERBREITUNG Wegränder, Gärten, Ödland. Europa.

BRENNNESSEL, PILLEN-

Urtica pilulifera — Brennnesselgewächse

SAMMELN UND ZUBEREITEN Angaben dazu bei der Gattung Brennnessel.
MERKMALE 50–100 cm hoch, einjährig. Mit Brennhaaren besetzt. Stängel kantig. Blätter gegenständig, länglich-eiförmig, zugespitzt, gestielt, tief eingeschnitten, gezähnt. Weibliche Blüten in kugeligen Köpfchen, männliche in Rispen. Blütezeit Februar–Juni.
STANDORT UND VERBREITUNG Ruderalstandorte in Ortsnähe. Mittelmeergebiet. In Mitteleuropa aus Kräutergärten verwildert.

BRILLENSCHÖTCHEN

Biscutella laevigata Kreuzblütengewächse

SAMMELN UND ZUBEREITEN Die Pflanze gilt als essbar. Denkbar ist eine Verarbeitung ihrer Blätter roh in Salaten oder gegart in Gemüsegerichten.
MERKMALE 15–50 cm hoch, Staude. Formenreich. Grundblätter rosettig, länglich-keilförmig, borstig behaart oder fast kahl, buchtig gezähnt oder ganzrandig, Stängelblätter linealisch. Blüten gelb. Blütezeit Mai–Juli.
STANDORT UND VERBREITUNG Felsbänder, Steinschutt, Flusskies der Alpenflüsse. Mittel- und Südeuropa. Geschützt.

BROMBEERE, ECHTE

Rubus fruticosus agg. Rosengewächse

SAMMELN UND ZUBEREITEN Brombeeren reifen an einem Strauch nacheinander, sodass mehrmals geerntet werden kann. Gesammelt werden jeweils nur die tiefschwarzen und voll ausgereiften Früchte. Reife Brombeeren schmecken am besten frisch, etwa in Joghurt, Quark und Fruchtsalat. Häufig werden sie auch zu Saft, Sirup, Marmelade, Gelee, Essig, Wein und Likör verarbeitet. Die jungen Blattaustriebe im April passen frisch und fein geschnitten in Salatsoßen und Wildgemüsemischungen. Getrocknete Blätter, Blüten und Früchte der Echten Brombeere sind in vielen Haus- und Frühstückstees enthalten. Die Südliche Brombeere *(Rubus sanctus)*, ein in der Macchie des Mittelmeergebiets ziemlich verbreiteter, etwa 2 m hoher Kletterstrauch, wird in gleicher Weise verwendet.
MERKMALE 50–200 cm hoch, Strauch. Formenreiche Sammelart mit zahlreichen Kleinarten. Zweige kräftig bestachelt. Blätter wechselständig, 3- bis 7-teilig, Teilblättchen eiförmig, zugespitzt, gesägt, sitzend bis unterschiedlich lang gestielt. Blüten weiß oder rosa. Blütezeit Mai–August. Kugelige, bei Reife schwarz glänzende Sammelfrucht. Fruchtreife August–Oktober.
STANDORT UND VERBREITUNG Feld-, Weg- und Waldränder, Hecken, Gebüsche. Fast ganz Europa.

Echte Brombeere

BRUNNENKRESSE, ECHTE

Nasturtium officinale Kreuzblütengewächse

SAMMELN UND ZUBEREITEN Schon immer schätzte man den scharf-würzigen Geschmack der Brunnenkresse und ihren hohen Gehalt an Vitamin C. Verwendet werden Blätter, Blüten und Samen. Die Blätter sammelt man von April bis August. Im Frühling geerntete Blätter kommen am besten frisch in Salaten, Pesti oder Eierspeisen zur Geltung. Später gesammelte Blätter eignen sich zum Würzen von Suppen, Soßen, Aufläufen und Gemüsen. Man sollte sie jedoch nie mitkochen, denn beim Kochen und auch beim Trocknen verlieren sie ihre Würzkraft. Die weißen Blüten schmecken in frischen Salaten. Die scharfen Samen stehen ab September zur Verfügung. Sie wurden früher als Pfefferersatz genutzt, zu Senfmehl vermahlen oder beim Brotbacken verwendet. Sensible Personen sollten die frische Pflanze nicht in größeren Mengen essen, denn ihre Senföle wirken oft magenreizend.

Echte Brunnenkresse

MERKMALE Mehrjährige Wasserpflanze mit hohlen, 30–90 cm hohen Stängeln. Blätter wechselständig, gefiedert, 5–7 Teilblättchen, breit-herzförmig, vergrößertes Endblättchen. Weiße Blüten mit gelben Staubgefäßen. Blütezeit April–August. Aufrechte Schotenfrucht.
STANDORT UND VERBREITUNG Quellen, Bäche, Gräben, nasse Wiesen. Europa.

Brunnenkressesalat mit Tomaten, Champignons und Weißbrotcroutons wird mit einigen wenigen Dostblättchen besonders schmackhaft.

Brustbeere

BRUSTBEERE, JUJUBE

Zizyphus jujuba Kreuzdorngewächse

SAMMELN UND ZUBEREITEN Jujubenfrüchte sind vitaminreich und nahrhaft. Die bei Reife dunkel rotbraunen Früchte schmecken süß-aromatisch, vergleichbar mit Datteln oder Birnen. Man isst sie frisch, halb getrocknet oder getrocknet, gedämpft, vergoren oder in Honig eingelegt. In China, wo man die Früchte als Dessert schätzt, ist dieser dornige Baum schon seit Jahrhunderten in Kultur. Deshalb ist er heute auch als Chinesische Dattel bekannt. Ebenfalls essbare, aber mehlige, eher fade schmeckende Früchte bildet eine verwandte Art der Region, der Lotos *(Ziziphus lotus)*. Früher hat man diese Früchte getrocknet, gemahlen und zu einer Art Brot verbacken. Dieses Brot gehörte zu den Grundnahrungsmitteln der Armen, weshalb das Wort »Lotophagen« für »Lotos-Esser« zum Synonym für Armut wurde.
MERKMALE 2–4 m hoch, dorniger Baum. Biegsame, zunächst grüne, später rötlich graubraune Zweige. Blätter wechselständig, oval mit meist 3 parallelen Nerven, oben glänzend grün, unten schwach flaumig behaart, gesägt. Blüten gelbgrün, schwach duftend. Blütezeit April–Mai. Eiförmige Steinfrüchte, etwa 2–3 cm lang. Fruchtreife im Frühherbst.
STANDORT UND VERBREITUNG Laubwälder, Gebüsche, Hecken. Heimat China. In Südeuropa in Kultur, vielerorts verwildert.

BUCHWEIZEN, ECHTER

Fagopyrum esculentum Knöterichgewächse

SAMMELN UND ZUBEREITEN Buchweizen, ein Knöterichgewächs, war früher das »Getreide« der Heide. Die stärke- und eiweißreichen Samen der Pflanze werden in den Monaten August und September gesammelt. Eingeweicht eignen sie sich als Beigabe zu Gemüsebratlingen. Geschält, getrocknet und gemahlen nimmt man sie für die Herstellung von Mehl, Grütze, Grieß und sogar Bier. Aus dem Mehl werden meist Omeletts, Kuchen und Torten, seltener Brot gebacken.
MERKMALE 20–60 cm hoch, einjährig. Stängel zur Fruchtzeit oft rötlich. Blätter wechselständig, herz- bis pfeilförmig, bis 8 cm lang, untere gestielt, obere fast sitzend. Blüten weiß oder rosa. Blütezeit Juli–Oktober. Früchte 3-kantig, braun, 0,5 cm lang, erst glänzend, bei Reife matt.
STANDORT UND VERBREITUNG An Weg- und Ackerrändern, auf Ödland. Meist angebaut und verwildert. Herkunft Zentralasien, heute fast ganz Europa.

Echter Buchweizen

Buchweizenklöße bekommen durch getrocknete Steinpilze und einige Blättchen Zitronenthymian eine ganz besondere Geschmacksnote.

BUCHWEIZEN, FALSCHER

Fagopyrum tataricum Knöterichgewächse

SAMMELN UND ZUBEREITEN Die Pflanze wird ebenso wie der oben dargestellte Echte Buchweizen verwendet.
MERKMALE 30–80 cm hoch, einjährig. Stängel auch zur Fruchtzeit noch grün. Blätter wechselständig, herz- bis pfeilförmig, bis 10 cm lang, untere deutlich gestielt, obere fast sitzend. Blüten weiß oder rosa. Blütezeit Juli–Oktober. Früchte wenig kleiner als die des Echten Buchweizen.
STANDORT UND VERBREITUNG Verwildert an Weg- und Ackerrändern. Heimat Zentralasien, kam vermutlich als Unkraut mit *F. esculentum* nach Europa.

CHRISTUSDORN

Paliurus spina-christi Kreuzdorngewächse

SAMMELN UND ZUBEREITEN Dieser Baum war schon im Altertum als Arzneipflanze bekannt. Ein Tee aus den reifen getrockneten Früchten wirkt entwässernd, senkt den Harnstoff- und Harnsäuregehalt im Blut und ist bei Gicht nützlich. Auch Bluthochdruck und Cholesterinspiegel werden durch diesen diuretischen Effekt gesenkt. Man kocht 1 Esslöffel Früchte pro Tasse 5 Minuten lang und trinkt 2–3 Tassen täglich.
MERKMALE 2–3 m hoch, sommergrüner Strauch, Zweige zickzackförmig gebogen, bedornt. Blätter wechselständig, eiförmig, kurz gestielt, ganzrandig oder gesägt. Grünlich gelbe Blüten. Blütezeit Mai–September. Unverwechselbare scheibenförmige, gelbbraune Früchte, umgeben von einem breiten, häutigen, gewellten Rand, bis 3 cm im Durchmesser.
STANDORT UND VERBREITUNG Gebüsche, steinige Böden, Ödland, als Hecke gepflanzt. Südeuropa.

CLAYTONIE, TELLERKRAUT

Claytonia perfoliata Portulakgewächse

SAMMELN UND ZUBEREITEN Blätter und Stängel der Pflanze erntet man am besten kurz vor Blühbeginn. Sie ergeben einen besonders feinen Salat. Im Geschmack erinnert er ein wenig an Feldsalat. Später gesammelte Blätter schmecken als Spinat hervorragend. Die Wurzel kann im Lauf der gesamten Vegetationsperiode geerntet und zu einem süßlich maronenartig schmeckenden Gemüse verarbeitet werden. Die Blüten machen sich gut als essbare Dekoration in Salaten.
MERKMALE 5–20 cm hoch, einjährig. Ungewöhnliches Erscheinungsbild durch 2 große Hochblätter, die unterhalb des Blütenstands stehen und zu einem kreisförmig-tellerartigen Gebilde verwachsen sind. Blätter der grundständigen Rosette eiförmig, lang gestielt. Weiße Blüten. Blütezeit Mai–Juni.

Claytonie

STANDORT UND VERBREITUNG Wegränder, Felder, Parks. Herkunft Nordamerika. In Mitteleuropa als Salatpflanze (»Kubaspinat«) angebaut und verwildert.

> **Frische Tellerkrautblätter**, in feine Streifen geschnitten, sind eine dekorative und gleichzeitig vitaminreiche Einlage in cremigen Gemüsesuppen.

CURRYSTRAUCH

Helichrysum italicum Korbblütengewächse

SAMMELN UND ZUBEREITEN Diese auch Italienische Strohblume genannte Pflanze verströmt einen curryähnlichen Duft. Sie wird zum Würzen der Speisen mitgekocht und vor dem Servieren entfernt. Dabei verleiht sie Soßen, Marinaden, Eierspeisen, Gemüse-, Reis- und Fleischgerichten ein angenehmes Aroma. Aber die Pflanze hat auch Qualitäten als Heilpflanze. Ein Tee aus den getrockneten Blättern hilft bei Husten und wirkt entzündungshemmend. Die Mittelmeer-Strohblume *(Helichrysum stoechas)* mit ebenfalls deutlich curryartigem Aroma und der Zwerg-Currystrauch (*Helichrysum italicum* ssp. *serotinum*), der etwas kleiner bleibt und etwas herber in Geruch und Geschmack ist, sind genauso verwendbar.

Currystrauch

MERKMALE 20–60 cm hoch, Halbstrauch, Blätter wechselständig, schmal-lineal, ungestielt, silbergrau, mit umgerolltem Rand. Gelbe Blütenköpfchen, umgeben von einer pergamentartigen Hülle. Blütezeit Mai–August.
STANDORT UND VERBREITUNG Sonnige Felsfluren. Typische, häufige Mittelmeerpflanze.

> **Man kann die Blätter** des Currystrauchs auch in Brathähnchenfüllungen geben – eine interessante Alternative zu Estragon oder Thymian.

DACHWURZ

Sempervivum tectorum — Dickblattgewächse

Dachwurz

SAMMELN UND ZUBEREITEN Die jungen, fleischig-saftigen, leicht säuerlich schmeckenden Blätter sind eine ungewöhnliche Zutat für Salate, Suppen und Gemüsegerichte.
MERKMALE 10–60 cm hoch, Staude. Stängel drüsig behaart. Grundblätter in dichter Rosette, fleischig, oval, zugespitzt, grün, rote Spitzen. Stängelblätter ähnlich Grundblättern, spiralig am Stängel stehend. Blüten hellrot. Blütezeit Juli–September.
STANDORT UND VERBREITUNG Felsbänder, Steinbrüche, gelegentlich auf Dächer gepflanzt. Mittel- und Südeuropa.

DARMTANG, MEERESHAAR

Enteromorpha sp. — Grünalgen

SAMMELN UND ZUBEREITEN Die feinen Fäden dieser Algengruppe werden am besten im Frühling geerntet. Mit ihrem feinen Aroma eignen sie sich nach gründlichem Spülen in Süßwasser frisch und klein geschnitten für Salate. Gebraten kann man sie als Beilage reichen. In Japan nimmt man sie fein gehackt zum Garnieren. Getrocknet bereichern sie als Gewürz Reisgerichte, Omeletts, Soßen und Vinaigrettes.
MERKMALE Häufigste Grünalgengruppe, bildet dichte Bewüchse entlang der Wasserlinie. Körper dünn, röhrenförmig, mehrere Zentimeter lang, je nach Art aufgeblasen oder flach, verzweigt oder unverzweigt, korkenzieherartig, mit krausem oder gewelltem Rand.
STANDORT UND VERBREITUNG Spülsaum der Meere, Muschelbänke.

DILL, ACKER-

Anethum graveolens — Doldengewächse

SAMMELN UND ZUBEREITEN Dill wird als Gewürz vor allem frisch verwendet. Getrocknet und gekocht verliert er an Würzkraft. Lediglich gefrorener Dill ist eine Alternative zum frischen Kraut. Dillblättchen schmecken besser, je jünger und zarter sie sind. Sie passen vor allem zu Fisch, Gurken, Möhren und Roter Bete, außerdem zu Weichkäse und Quark und in Sauerkonserven. Dillblüten schmecken ähnlich wie die Blätter und eignen sich für Salate und Fischgerichte. In einer weißen Soße bereichern sie gebackenen Schinken. Man kann sie auch anstelle der Samen für sauer eingelegtes Gemüse verwenden. Dillsamen nimmt man für die Zubereitung von Essig und Marinaden.

Acker-Dill

MERKMALE 50–120 cm hoch, einjährig. Blätter wechselständig, graugrün, mehrfach gefiedert, Teilblättchen fadenförmig. Blüten gelb. Blütezeit Juli–August. Frucht linsenförmig, 4 mm lang.
STANDORT UND VERBREITUNG Unkrautfluren. Kultiviert und verwildert. Fast ganz Europa.

DIPTAM

Dictamnus albus — Rautengewächse

SAMMELN UND ZUBEREITEN Von April bis Juni gesammelte Blätter und Blüten liefern einen leckeren, zitronenartig schmeckenden Tee. Sie aromatisieren Liköre und Schnäpse und würzen schwer verdauliche Speisen. Die Blüten sind eine attraktive essbare Dekoration.

Diptam

MERKMALE 60–120 cm hoch, Staude. Charakteristischer Zitronenduft. Blätter unpaarig gefiedert, Teilblättchen eiförmig bis lanzettlich, gesägt. Blüten weiß oder hellrosa, dunkel geädert. Blütezeit Mai–Juni.
STANDORT UND VERBREITUNG Sonnige, felsige Hänge, Gebüsch- und Waldsäume. Mittel- und Südeuropa.

DISTEL

SAMMELN UND ZUBEREITEN Disteln sind kulinarisch vielseitig nutzbar. Von April bis Juni lassen sich die zarten Blätter und Triebspitzen roh in Salaten und gekocht in Gemüsegerichten, Suppen und Eintöpfen verarbeiten. Vor der eigentlichen Verwendung werden die stacheligen Blattränder mit einer Schere abgeschnitten. Ebenfalls von April bis Juni kann man die oberen Teile der Blütenstängel nach vorsichtigem Schälen roh in Salaten und gekocht in Gemüsegerichten essen. Die Wurzeln lassen sich, solange sie noch nicht verholzt sind, nach Waschen und Schälen roh und fein gerieben in einem Salat genießen. Ebenso gut kann man sie gekocht, gebacken oder frittiert als Gemüse nutzen. Getrocknet ergeben sie Mehl. Aus den Samen wird ein wertvolles Öl gepresst.

DISTEL, ALPEN-

Carduus defloratus — Korbblütengewächse

SAMMELN UND ZUBEREITEN Angaben dazu bei der Gattung Distel.

MERKMALE 10–90 cm hoch, Staude. Stängel dicht behaart. Blätter wechselständig, ungeteilt oder fiederteilig, stachelig gezähnt. Rotes Blütenköpfchen einzeln am Ende des Stängels. Blütezeit Juni–Oktober.

STANDORT UND VERBREITUNG Halbtrockenrasen, Trockenwälder und Gebüsche der Kalkmittelgebirge und Kalkalpen. Mittel- und Südeuropa.

DISTEL, BERG-

Carduus personata — Korbblütengewächse

SAMMELN UND ZUBEREITEN Angaben dazu bei der Gattung Distel.

MERKMALE 60–120 cm hoch, Staude. Stängel mit feinen, fast borstenartigen Stacheln. Blätter wechselständig, weich, oben grün, unten behaart, im oberen Stängelbereich ungeteilt, im unteren Bereich tief fiederteilig, gezähnt. Rote Blütenköpfchen, zu 2–9 knäuelig gehäuft am Ende des Stängels. Blütezeit Juli–August.

STANDORT UND VERBREITUNG Ödland, Bachufer und Weidengebüsche. Gebirge Mittel- und Südeuropas.

DISTEL, KRAUSE

Carduus crispus — Korbblütengewächse

SAMMELN UND ZUBEREITEN Angaben dazu bei der Gattung Distel.

MERKMALE 50–200 cm hoch, Staude. Stängel durchgehend dornig geflügelt, spinnwebig behaart. Blätter wechselständig, fiederteilig, oben grün, unten weißfilzig, Rand weichdornig. Rote Blütenköpfchen zu 3–5 auf kurzen Stielen an der Stängelspitze, selten einzeln. Blütezeit Juli–September.

STANDORT UND VERBREITUNG Ufer, Ödland, Wegränder. Fast ganz Europa.

Krause Distel

DISTEL, NICKENDE

Carduus nutans — Korbblütengewächse

SAMMELN UND ZUBEREITEN Angaben dazu bei der Gattung Distel.

MERKMALE 30–120 cm hoch, zweijährig. Stängel spinnwebig behaart, durch herablaufende Blattränder breit dornig geflügelt, einfach oder verzweigt. Blätter wechselständig, bis zum Mittelnerv tief eingeschnitten, am Rand dornig, in einen starren Dorn ausgezogen. Nur 1 rotes Blütenköpfchen an langem Stiel, nickend. Blütezeit Juli–September.

STANDORT UND VERBREITUNG Die Nickende Distel wächst in offenen Unkrautgesellschaften, auf Ödland, an Wegrändern, Rainen sowie in Steinbrüchen. Sie bevorzugt sommerwarme, nährstoffreiche, meist kalkhaltige Böden. Mittel- und Südeuropa sowie Südskandinavien.

DISTEL, WEG-

Carduus acanthoides — Korbblütengewächse

Weg-Distel

SAMMELN UND ZUBEREITEN Angaben dazu bei der Gattung Distel.
MERKMALE 30–120 cm hoch, einjährig. Stängel dornig geflügelt. Blätter wechselständig, fiederteilig, beiderseits grün, kahl, am Rand dornig. Blüten rot, zu mehreren auf kurzen, dornig geflügelten Stielen am Ende des Stängels. Blütezeit Juni–Oktober.
STANDORT UND VERBREITUNG Ödland, Wegränder. Hauptsächlich Mittel- und Südeuropa.

DOPPELSAME, MAUER-

Diplotaxis muralis — Kreuzblütengewächse

SAMMELN UND ZUBEREITEN Die Pflanze wird ebenso wie der nachfolgend dargestellte Schmalblättrige Doppelsame verwendet.
MERKMALE 10–40 cm hoch, einjährig. Stängel aufgebogen, seltener aufrecht. Blätter in grundständiger Rosette, tief buchtig gespalten. Blüten gelb. Blütezeit Juni–September. Schotenfrucht, aufrecht, 2–4 cm lang.
STANDORT UND VERBREITUNG Weinberge, Böschungen, Ödland, Mauern. Mittel- und Südeuropa.

DOPPELSAME SCHMALBLÄTTRIGER, WILDE RAUKE

Diplotaxis tenuifolia — Kreuzblütengewächse

SAMMELN UND ZUBEREITEN Die Blätter erntet man am besten von April bis Mai. Wegen ihres intensiven, aromatisch scharfen Eigengeschmacks werden sie jedoch nur als würzende Beigabe verwendet. Als solche passen sie in gemischte Blattsalate, auf Pizzen, in Nudelgerichte, Suppen, Risottos, Pesti und vieles mehr. Ältere Blätter sind getrocknet als Bestandteil von Kräutersalz verwendbar. Die Samen waren früher Pfefferersatz.
MERKMALE 30–70 cm hoch, Staude. Keine Grundblattrosette. Stängelblätter tief fiederteilig, leicht blaugrün, untere gestielt, obere sitzend, beim Zerreiben mit scharfem Geruch. Blüten gelb. Blütezeit Mai–August. Schotenfrucht, aufrecht, 2–6 cm lang.
STANDORT UND VERBREITUNG Licht- und wärmeliebende Art, besiedelt vorwiegend Wegränder, Feldraine, Ödland. Mittel- und Südeuropa.

Schmalblättriger Doppelsame

DORNMELDE

Bassia hirsuta — Gänsefußgewächse

Dornmelde

SAMMELN UND ZUBEREITEN Von April bis Juni gesammelte Blätter und Stängel können zu einem spinatartigen Gemüse verarbeitet werden, die Samen von September bis Oktober zu Mehl.
MERKMALE 20–50 cm hoch, einjährig. Stängel meist aufsteigend, seltener aufrecht, rauhaarig, nicht dornig stechend. Blätter linealisch, fleischig. Blüten klein, grünlich, unscheinbar. Blütezeit Juni–August.
STANDORT UND VERBREITUNG In Mitteleuropa an den Küsten von Nord- und Ostsee. Hauptverbreitungsgebiet sind die Küsten des Mittelmeers und des Schwarzen Meers. In Südosteuropa auch in den versalzten Steppen des Binnenlands.

DOST, DIPTAM-

Origanum dictamnus Lippenblütengewächse

SAMMELN UND ZUBEREITEN Diptam-Dost enthält einen hohen Anteil an ätherischen Ölen. Geruch und Geschmack sind intensiv und mit dem mitteleuropäischen Majoran vergleichbar. Die Pflanze ist Tee- und Gewürzkraut. Aus den Blättern kann man einen bekömmlichen, beruhigenden Tee bereiten. Man nimmt sie auch zum Würzen von Kräuterlikören, Weinen und vielen Gerichten der südländischen Küche. Gesammelt werden die Blätter während der Blütezeit.
MERKMALE 15–40 cm hoch, Staude. Intensiver Duft. Blätter der jungen Pflanze rötlich, später grün, weich, silbrig behaart. Blüten rosa, in hopfenähnlichen, überhängenden Blütenständen. Blütezeit Juli–September.
STANDORT UND VERBREITUNG Sonnige, steinige Hänge im Gebirge. Wächst endemisch auf der griechischen Mittelmeerinsel Kreta.

DOST, GEWÖHNLICHER, OREGANO

Origanum vulgare Lippenblütengewächse

SAMMELN UND ZUBEREITEN Dost ist ein typisches Würzkraut. Seine große Bedeutung in Mitteleuropa bekam er erst mit dem Einzug der italienischen Küche. Blätter und Blüten sind vom Frühling bis in den Herbst nutzbar, frisch und getrocknet. Gekocht verliert die Pflanze viel von ihrem Aroma. Seinen größten Bekanntheitsgrad hat Dost als Pizzagewürz. Aber er kann weit mehr. Auch Nudel- und Reisgerichten, Tomatensoßen, Fleisch, Geflügel und gebratenem Fisch, selbst Kaltschalen und Tee verleiht er seinen typischen Geschmack. Früher nahm man ihn zum Aromatisieren von Bier und Spirituosen. Die im Herbst verholzten Stängel sind aromaspendende Rouladenspieße. Giftiger Doppelgänger dieser Art ist der Wasserdost (*Eupatorium cannabinum*, S. 389).

Gewöhnlicher Dost

MERKMALE 20–50 cm hoch, Staude. Würziger Duft. Blätter gegenständig, eiförmig mit kleiner Spitze, kurz gestielt, ganzrandig. Blüten rosa, in flach-halbkugeligem Blütenstand am Stängelende. Blütezeit Juli–Oktober.
STANDORT UND VERBREITUNG Wald- und Heckenränder, trockenes Grasland. Fast ganz Europa.

Ein Wildfruchtessig, angesetzt mit Brombeeren, Heidelbeeren oder Quitten, erhält mit Dost und einigen Rosenblütenblättern ein ganz besonderes Aroma.

DOUGLASIE

Pseudotsuga menziesii Kieferngewächse

SAMMELN UND ZUBEREITEN Die zart duftenden Frühlingstriebe der Douglasie sind Grundlage für einen wunderbar aromatischen Tee. Getrocknet und fein gehackt passen sie in Kräutersalze und Würzöle. Die Blütenpollen nutzte man früher zum Strecken von Getreidemehl. Die männlichen Blütenknospen und die jungen Zapfen sind ein ausgezeichneter Aromaspender für Liköre und Schnäpse. Kocht man sie in Wasser und reduziert den Sud dann mit Zucker, erhält man einen wohlschmeckenden Sirup. Vorsicht vor Verwechslungen mit der giftigen Eibe (*Taxus baccata*, S. 361).

Douglasie

MERKMALE 20–40 m hoch, Nadelbaum. Nadeln weich, biegsam, duften nach Orange. Männliche Blüten gelb, weibliche rötlich grün. Blütezeit April–Mai. Reife Zapfen zimtbraun, hängend, eiförmig, länglich.
STANDORT UND VERBREITUNG Herkunft Nordamerika. In vielen Ländern Europas angepflanzt.

DREIZACK, STRAND-

Triglochin maritima Dreizackgewächse

SAMMELN UND ZUBEREITEN In Norddeutschland ist die Pflanze als Röhrkohl bekannt und ein traditionelles Frühjahrgemüse. Sie wird wie Spargel gestochen, man verarbeitet die unterirdischen Pflan-

Strand-Dreizack

zenteile und das Grün. Der Geruch nach Chlor, den die frische Pflanze verströmt, verschwindet nach dem Kochen. Das Gericht erinnert im Aussehen an Grünkohl, schmeckt aber anders. Die Samen nimmt man von August bis September als Würze und geröstet zu Kaffee. Röhrkohl darf von den Einheimischen im Mai und Juni geerntet werden. Für andere ist das Betreten des Nationalparks Wattenmeer zum Schutz der brütenden Vögel verboten.

MERKMALE 10–60 cm hoch, Staude. Stängel sehr dünn. Blätter grundständig, linealisch. Blütentraube am Stängelende, Einzelblüten grün. Blütezeit Mai–August.

STANDORT UND VERBREITUNG Salzwiesen, Spülsäume. Küsten Europas.

DREIZACK, SUMPF-

Triglochin palustre — Dreizackgewächse

SAMMELN UND ZUBEREITEN Die Pflanze wird ebenso wie der oben dargestellte Strand-Dreizack verwendet.

MERKMALE 10–70 cm hoch, Staude. Stängel fadenartig dünn. Blätter grundständig, grasartig schmal. Blüten hellgrün. Blütezeit Juni–September.

STANDORT UND VERBREITUNG Sumpfwiesen, Gräben, Flachmoore. Europa.

DÜNNSCHWANZ, FÄDIGER

Parapholis strigosa — Süßgräser

SAMMELN UND ZUBEREITEN Die Samen sind als essbar überliefert. Man kann sie rösten und als Ersatzkaffee aufbrühen oder zu Sprossen keimen lassen.

MERKMALE 5–20 cm hoch, einjähriges Gras. Blätter graugrün, kurz, schmal, häufig zusammengefaltet. Endständige Ähre, 3–15 cm lang, oft weinrot überlaufen. Ährchen 1- bis 2-blütig, sitzend, in die Ährenachse eingesenkt. Blütezeit Mai–August.

STANDORT UND VERBREITUNG Auf salzigen Strandwiesen. Küsten Europas.

EBERESCHE, VOGELBEERBAUM

Sorbus aucuparia — Rosengewächse

SAMMELN UND ZUBEREITEN Vogelbeeren sind nur gekocht genießbar, denn sie enthalten neben vielen gesunden Stoffen vor allem in den Samenkernen Parasorbinsäure, die den Magen-Darm-Trakt reizt. Beim Kochen zerfällt diese Substanz. Wer ganz sichergehen will, streicht die gekochten Früchte vorsichtig durch ein Mulltuch und entfernt so die Samenkerne. Außerdem schmecken die Beeren sehr bitter. Um diesen Geschmack bis auf ein feinherbes Aroma zu reduzieren, friert man die Früchte eine Zeit lang ein. So vorbereitet, passen sie kombiniert mit milderen Obstsorten in Marmelade, Gelee, Fruchtmus, Chutney und Sirup. Auch die Verarbeitung zu Essig, Schnäpsen, Likören und Mehl ist beliebt. Die gerösteten Samen nahm man in Notzeiten als eine Art Kaffee-Ersatz. Die Mährische Eberesche (*Sorbus aucuparia* ssp. *moravica*) trägt parasorbin- und bitterstofffreie Beeren, die keine Kältebehandlung brauchen.

Eberesche

MERKMALE 3–15 m hoch, sommergrüner Baum oder Strauch. Blätter wechselständig, unpaarig gefiedert, 9–19 Teilblättchen, oval, schmal, zugespitzt, gesägt. Blüten weiß, duftend. Blütezeit Mai–Juni. Früchte rot, kugelig, erbsengroß.

STANDORT UND VERBREITUNG Laubwälder, Waldränder, Gebüsche. Europa.

Vogelbeer-Soße, zubereitet aus den Früchten der Eberesche, Apfelmus, Salz und Zucker oder Honig ist eine fruchtig feine Delikatesse zu dunklem Fleisch.

EBERRAUTE

Artemisia abrotanum Korbblütengewächse

Eberraute

SAMMELN UND ZUBEREITEN Seit alter Zeit ist die Eberraute, ähnlich dem Beifuß, ein Gewürz für schwer verdauliches, fettes Fleisch wie Ente, Gans oder Schweinebraten. Ihre Inhaltsstoffe wirken gleichzeitig appetitanregend und verdauungsfördernd. Man nutzte und nutzt ihren bitter-aromatischen Zitronengeschmack für Soßen, Gemüsegerichte, Wild, Aperitifweine und Magenbitter. Wer gerne helles Fleisch mit Salbei würzt, findet in der Eberraute eine interessante Alternative. Aber bei der Dosierung ist Fingerspitzengefühl gefragt.

MERKMALE 40–120 cm hoch, Staude mit Zitronenduft. Blätter wechselständig, gefiedert, Teilblättchen sehr schmal-lanzettlich, oben meist kahl, unten behaart. Blüten klein, gelblich. Blütezeit Juli–September.

STANDORT UND VERBREITUNG Trockene, sonnige Standorte wie Schutthalden, Bahndämme, Böschungen. Herkunft Mittelmeergebiet, in Mitteleuropa als Gewürzpflanze kultiviert, unbeständig verwildert.

EDELRAUTE, ECHTE

Artemisia umbelliformis Korbblütengewächse

SAMMELN UND ZUBEREITEN Wie fast alle Arten der Gattung *Artemisia* ist auch die Echte Edelraute reich an Bitterstoffen und ätherischen Ölen und wird als Gewürz- und Heilpflanze geschätzt. Mit ihren Blättern werden Kräuterliköre gewürzt und magenstärkende Tees zubereitet. Auch die sehr ähnliche Schwarze Edelraute *(Artemisia genipi)*, die oft in unmittelbarer Nachbarschaft der Echten Edelraute wächst, wird für die Likörbereitung verwendet.

MERKMALE 10–30 cm hoch, Staude. Duftet intensiv aromatisch. Stängel seidig behaart. Grundblätter 3- bis 5-teilig, die einzelnen Abschnitte nochmals tief gezähnt oder geteilt, nur 0,5–1 mm breit. Stängelblätter wechselständig, den Grundblättern ähnlich, aber kleiner. Blütenköpfchen gelb, eiförmig, unregelmäßig am Stängel verteilt, untere gestielt, obere sitzend und meist gehäuft. Blütezeit Juli–September.

STANDORT UND VERBREITUNG Felsschutt, Felsen, steinige Rasen. Mittel- und Südwesteuropa. Geschützt.

EHRENPREIS, ACKER-

Veronica agrestis Braunwurzgewächse

Acker-Ehrenpreis

SAMMELN UND ZUBEREITEN Die Blätter nutzt man von März bis Mai roh in Salaten und gedünstet in Gemüsegerichten, die Blüten als Dekoration. Die ganze Pflanze liefert von März bis August leckere Kräutertees.

MERKMALE 5–25 cm hoch, einjährig. Stängel behaart. Blätter eiförmig, kurz gestielt. Blüten einzeln in den Achseln der mittleren und oberen Blätter, weiß bis weißblau, gestielt. Blütezeit April–September.

STANDORT UND VERBREITUNG Felder, Ödland, Gärten. Fast ganz Europa.

EHRENPREIS, BERG-

Veronica montana Braunwurzgewächse

SAMMELN UND ZUBEREITEN Die Blüten verwendet man als essbare Dekoration, die ganze Pflanze

Berg-Ehrenpreis

wird von März bis August für aromatische Kräutertees genutzt.
MERKMALE Staude. Stängel dünn, wächst meist kriechend, 10–25 cm lang, locker behaart. Blätter gegenständig, rundlich bis breit-oval, gestielt, gezähnt. Blüten zu mehreren in den Achseln der Blätter, blasslila, dunkel geädert, gestielt. Blütezeit Mai–Juni.
STANDORT UND VERBREITUNG Typische Pflanze der Auen- und Buchenwälder. Gemäßigte Regionen Europas.

EHRENPREIS, BLATTLOSER

Veronica aphylla — Braunwurzgewächse

SAMMELN UND ZUBEREITEN Die schönen Blüten eignen sich als essbare Dekoration, die ganze Pflanze von März bis August für Kräutertees.
MERKMALE 2–6 cm hoch, Staude. Stängel sehr kurz, mit rosettig gehäuften Blättern, diese breit-eiförmig. Blüten lila bis blauviolett, dunkler geädert. Blütezeit Juni–August.
STANDORT UND VERBREITUNG Steinrasen, Felsspalten. Gebirge Mittel- und Südeuropas.

EHRENPREIS, DREIBLÄTTRIGER

Veronica triphyllos — Braunwurzgewächse

SAMMELN UND ZUBEREITEN Die tiefblauen Blüten sind eine ansprechende essbare Dekoration, die ganze Pflanze ergibt frisch oder getrocknet Kräutertee. Gesammelt wird sie dafür von März bis Juli. Sorgfältig im Schatten getrocknet und in aromadichten Gläsern kühl und dunkel gelagert, kann die Pflanze lange verwendet werden.
MERKMALE 5–20 cm hoch, einjährig. Stängel drüsig behaart, fühlt sich manchmal klebrig an. Blätter im Umriss rundlich, etwas fleischig, die unteren kerbig eingeschnitten, die oberen tief 3- bis 5-teilig, kurz gestielt oder sitzend. Blüten tiefblau, mit gelbem Schlund, einzeln in den Achseln der oberen Blätter, gestielt. Blütezeit März–Mai.
STANDORT UND VERBREITUNG Unkrautgesellschaften der Getreidefelder, Wegränder, Brachland. Hauptsächlich Mittel- und Südeuropa.

EHRENPREIS, DRÜSIGER

Veronica acinifolia — Braunwurzgewächse

SAMMELN UND ZUBEREITEN Blätter und Blüten ergeben aromatische Kräutertees, die Blüten streut man als wunderschöne essbare Dekoration über Salate, Pasteten, Quarkspeisen und vieles mehr.
MERKMALE 5–15 cm hoch, einjährig. Stängel aufrecht oder aufsteigend, mit abstehenden Drüsenhaaren besetzt. Blätter eiförmig, kurz gestielt, ganzrandig oder schwach gezähnt. Blüte violettblau, dunkel geadert, mit gelbem Schlund, gestielt. Blütezeit Mai–Juni.
STANDORT UND VERBREITUNG Feuchte Felder. Süd-, Südost- und Westeuropa.

EHRENPREIS, ECHTER

Veronica officinalis — Braunwurzgewächse

SAMMELN UND ZUBEREITEN Der etwas herbe Geschmack ihrer Blätter macht diese Pflanze zur idealen Ergänzung für milde Salate und Gemüsemischungen. Getrocknet ergeben sie ein aromatisches Kräutersalz. Blätter und Blüten sind eine ansprechende essbare Dekoration für Suppen, kalte Platten, Brotaufstriche und Desserts. Auf Sahnetorten gestreut erfreuen sie das Auge. Frisch oder getrocknet ergeben sie einen schmackhaften Tee. Geerntet werden die Blätter von April bis August, die Blüten während der gesamten Blütezeit.

Echter Ehrenpreis

MERKMALE 10–20 cm hoch. Staude. Stängel dicht mit rauen Haaren besetzt. Blätter gegenständig, breit-eiförmig, ebenfalls dicht und rau behaart, fein gezähnt. Blüten hellviolett, dunkel geädert, sitzen in lockeren Trauben an den Triebspitzen, nicht in den Achseln der Blätter. Blütezeit Mai–Juli.
STANDORT UND VERBREITUNG Wächst bevorzugt auf sauren, steinigen und trockenen Böden, zu finden in Magerrasen, Heiden, Wäldern. Europa.

EHRENPREIS, EFEUBLÄTTRIGER

Veronica hederifolia Braunwurzgewächse

SAMMELN UND ZUBEREITEN Die Blüten eignen sich als essbare Dekoration, die Pflanze, von März bis August gesammelt und getrocknet, für aromatische Kräutertees.
MERKMALE Einjährig. Stängel 5–30 cm lang, liegend, nur vereinzelt aufsteigend, im oberen Teil locker behaart. Blätter breit-oval, efeuähnlich 3- bis 7-lappig, unten gegenständig, im oberen Bereich wechselständig, alle kurz gestielt. Blüten hellblau, dunkel geädert, lang gestielt. Blütezeit März–Mai.
STANDORT UND VERBREITUNG Felder, Wege, Ödland in warmen Lagen. Mittel- und Südeuropa.

EHRENPREIS, FADEN-

Veronica filiformis Braunwurzgewächse

SAMMELN UND ZUBEREITEN Die Blüten nimmt man als essbare Dekoration, Blätter und Blüten für Kräutertees. Die Blätter können von März bis August gesammelt werden, die Blüten in der ganzen Blütezeit.
MERKMALE Staude. Stängel 5–30 cm lang, fadenartig dünn (namensgebend), liegend. Blätter rundlich-nierenförmig, gestielt, schwach gekerbt, an nicht blühenden Stängeln gegenständig, an blühenden wechselständig. Blüten gestielt, blauviolett, dunkler geädert. Blütezeit April–Mai.
STANDORT UND VERBREITUNG Oft in größeren, flächendeckenden Beständen in Wiesen, Viehweiden und Parkrasen, aber auch an Wegrändern. Herkunft Gebirge Vorderasiens, heute europaweit verbreitet.

EHRENPREIS, FELD-

Veronica arvensis Braunwurzgewächse

SAMMELN UND ZUBEREITEN Aus der ganzen Pflanze lassen sich von März bis August aromatische Kräutertees zubereiten.
MERKMALE Einjährig. Stängel 2–25 cm lang, liegend bis aufsteigend, überwiegend 2-zeilig behaart. Blätter eiförmig, kurz gestielt, gezähnt. Blüten hellblau, dunkler geädert. Blütezeit März–September.

Feld-Ehrenpreis

STANDORT UND VERBREITUNG Felder, trockene Wiesen, Ödland, Waldlichtungen. Herkunft Südeuropa, heute europaweit verbreitet.

EHRENPREIS, FELSEN-

Veronica fruticans Braunwurzgewächse

SAMMELN UND ZUBEREITEN Die Pflanze, von März bis August gesammelt, liefert gute Kräutertees.
MERKMALE 5–20 cm hoch, Staude. Stängel aufsteigend oder aufrecht, sehr kurz behaart. Blätter gegenständig, kurz gestielt, länglich-elliptisch, schwach gekerbt, fast kahl. Blüten azurblau, dunkel geädert, mit auffallend rotem Schlundring. Blütezeit Mai–August.
STANDORT UND VERBREITUNG Steinige Matten, Felsspalten. Nordeuropa, Gebirge Mittel- und Südeuropas.

EHRENPREIS, FREMDER

Veronica peregrina Braunwurzgewächse

SAMMELN UND ZUBEREITEN Blüten, Blätter sowie Stängel können in Kräutertees verwendet werden. Gesammelt werden sie von März bis August.
MERKMALE 10–20 cm hoch, einjährig. Stängel aufrecht, kahl. Blätter gegenständig, länglich-spatelförmig, schwach gekerbt. Blüten wasserblau, meist nicht dunkel geädert. Blütezeit April–Juni.

Fremder Ehrenpreis

STANDORT UND VERBREITUNG Felder, Wegränder, Gärten. Herkunft Amerika, nach Europa eingeschleppt und örtlich beständig verwildert.

EHRENPREIS, FRÜHER

Veronica praecox Braunwurzgewächse

Früher Ehrenpreis

SAMMELN UND ZUBEREITEN Sämtliche Pflanzenteile eignen sich für Kräuterteemischungen.
MERKMALE 5–15 cm hoch, einjährig. Stängel aufrecht, oft rot überlaufen, behaart. Blätter eiförmig, kurz gestielt, gekerbt bis gesägt, gegenständig (außer im Blütenbereich). Blüten tiefblau, dunkel geädert. Blütezeit März–Mai.
STANDORT UND VERBREITUNG Brachland auf sandig-felsigem Untergrund. Mittel- und Südeuropa.

EHRENPREIS, FRÜHLINGS-

Veronica verna Braunwurzgewächse

SAMMELN UND ZUBEREITEN Die Blüten nimmt man als essbare Dekoration, die ganze Pflanze von März bis Juni für aromatische Kräutertees.
MERKMALE 5–15 cm hoch, einjährig. Stängel aufgebogen oder aufrecht, oft rot überlaufen, behaart. Blätter gegenständig, am Blütenstand auch wechselständig, untere Blätter eiförmig, gekerbt bis gezähnt, obere fingerartig geteilt mit 3–5 länglich-eiförmigen Abschnitten. Blüten hellblau. Blütezeit April–Juni.
STANDORT UND VERBREITUNG Magerrasen, Felsen, Böschungen, Wege mit sandig-kiesigem Untergrund. Hauptsächlich Mittel- und Südeuropa.

EHRENPREIS, GAMANDER-

Veronica chamaedrys Braunwurzgewächse

SAMMELN UND ZUBEREITEN Alle mitteleuropäischen Ehrenpreisarten sind kulinarisch wie medizinisch verwendbar, wenn auch nicht alle gleich heilkräftig sind. Der Gamander-Ehrenpreis, auch Katzenäuglein genannt, wird volksmedizinisch als nervenstärkender Tee genutzt.
MERKMALE 10–30 cm hoch, Staude. Stängel aufsteigend bis aufrecht, 2-zeilig behaart. Blätter gegenständig, eiförmig, kurz gestielt oder sitzend, gekerbt. Bildet nur an sonnigen Standorten Blüten. Blüten azurblau, dunkel geädert, mit weißem Schlund, gestielt. Blütezeit März–Juni.
STANDORT UND VERBREITUNG Nährstoffreiche Wiesen, trockene Wälder und Gebüsche, Weg- und Waldränder. Europa.

Gamander-Ehrenpreis

EHRENPREIS, GELBER

Veronica lutea Braunwurzgewächse

Gelber Ehrenpreis

SAMMELN UND ZUBEREITEN In den Alpenregionen verwendet man die Blätter getrocknet in Kräuterteemischungen.
MERKMALE 10–25 cm hoch, Staude. Stängel aufrecht oder bogig überhängend. Blätter gegenständig, hellgrün, eiförmig-spitz, fast sitzend, am Rand tief gesägt. Blüten zitronengelb, in endständigen, meist hängenden Trauben. Blütezeit Juni–Juli.
STANDORT UND VERBREITUNG Felsspalten der alpinen und subalpinen Stufe. Wächst endemisch in den Südostalpen.

EHRENPREIS, GLÄNZENDER

Veronica polita Braunwurzgewächse

SAMMELN UND ZUBEREITEN Die himmelblauen Blüten eignen sich als Dekor für schön angerichtete Salate, zusammen mit den Blättern auch als Bestandteile von Kräutertees.
MERKMALE 5–25 cm hoch, einjährig. Stängel liegend bis aufsteigend, abstehend behaart. Blätter im unteren Stängelbereich gegenständig, obere Blätter wechselständig, rundlich bis breit-eiförmig, gestielt, oben etwas glänzend, am Rand gekerbt bis gezähnt. Blüten einzeln in den Achseln der mittleren und oberen Blätter, tief himmelblau, dunkel geädert. Blütezeit März–September.
STANDORT UND VERBREITUNG Felder, Gärten, Weinberge, Ödland. Südskandinavien, Mittel- und Südeuropa.

EHRENPREIS, GLANZLOSER

Veronica opaca Braunwurzgewächse

SAMMELN UND ZUBEREITEN Die dunkelblauen Blüten sind eine schöne essbare Speisendekoration, alle übrigen Pflanzenteile nimmt man von März bis Oktober für Kräutertees.
MERKMALE 5–25 cm hoch, einjährig. Stängel liegend bis aufsteigend, abstehend behaart. Blätter rundlich bis rundlich-eiförmig, matt, mäßig behaart, gekerbt. Blüten dunkelblau. Blütezeit April–Oktober.
STANDORT UND VERBREITUNG Nährstoffreiche, frische Hackfruchtäcker. Gartenunkrautgesellschaften. Hauptsächlich Mitteleuropa.

EHRENPREIS, MASSLIEB-

Veronica bellidioides Braunwurzgewächse

SAMMELN UND ZUBEREITEN Die Blüten dieser Bergblume kann man von Juli bis August als essbare Dekoration verwenden, die gesamte Pflanze von März bis August für aromatische Kräutertees.
MERKMALE 5–20 cm hoch, Staude. Stängel aufrecht, unverzweigt, mäßig behaart. Blätter schmal-eiförmig, ganzrandig bis fein gezähnt, Grundblätter rosettig, Stängelblätter gegenständig, kleiner als die Grundblätter. Blüten tiefblau. Blütezeit Juli–August.
STANDORT UND VERBREITUNG Benötigt sauer-humose, steinige Lehmböden. Besiedelt Zwergstrauchbestände sowie alpine Matten. In Mittel- und Südeuropa.

Maßlieb-Ehrenpreis

EHRENPREIS, NESSELBLÄTTRIGER

Veronica urticifolia Braunwurzgewächse

SAMMELN UND ZUBEREITEN Die Blüten nimmt man als essbare Dekoration, Blüten und Blätter werden häufig für Kräutertees gesammelt.
MERKMALE 20–50 cm hoch, Staude. Stängel aufrecht, rundum gleichmäßig behaart. Blätter gegenständig, breit-lanzettlich, zugespitzt, grob gezähnt. Blüten in den oberen Blattachseln, lilafarben oder rötlich, dunkel geädert, bilden eine gestielte, vielblütige Traube. Blütezeit Mai–Juli.
STANDORT UND VERBREITUNG Typische Pflanze der Bergwälder. Gedeiht nur in Lagen mit hoher Luftfeuchtigkeit. Mittel- und Südeuropa.

Nesselblättriger Ehrenpreis

EHRENPREIS, ÖSTERREICHISCHER

Veronica austriaca Braunwurzgewächse

SAMMELN UND ZUBEREITEN Die aromatisch schmeckenden Blätter und Blüten eignen sich für Kräutertees. Von Mai bis Juli gesammelte Blüten nimmt man als essbare Dekoration.

MERKMALE 10–50 cm hoch, Staude. Stängel aufsteigend oder aufrecht, ringsum behaart. Blätter gegenständig, lanzettlich, sitzend, ganzrandig bis entfernt gezähnt. Blüten blau, dunkel geädert, in vielblütigen, lang gestielten Trauben am Ende des Stängels. Blütezeit Mai–Juli.
STANDORT UND VERBREITUNG Steinige Hänge, Trockenrasen, Trockengebüsche. Mittel- und Osteuropa.

EHRENPREIS, PERSISCHER

Veronica persica Braunwurzgewächse

SAMMELN UND ZUBEREITEN Obwohl diese *Veronica*-Art ursprünglich in Vorderasien heimisch war und erst zu Anfang des 19. Jahrhunderts in Europa eingebürgert wurde, gehört sie heute an vielen Orten zu den häufigsten Vertretern der Gattung *Veronica*. Sie enthält ätherische Öle, Gerb- und Bitterstoffe. Ihren Blättern sprach man in der Volksmedizin schon immer eine gewisse Heilwirkung zu. Man nahm sie frisch oder getrocknet für die Zubereitung eines mildbitteren, verdauungsfördernden und blutreinigenden Tees. Sie machen sich aber auch gut als Beigabe in Salaten, Gemüsegerichten, Brotaufstrichen und Eierspeisen. Die blauen Blüten passen als Farbtupfer auf Salate, Suppen und Gemüsegerichte. Getrocknet sind auch sie Bestandteil von Teemischungen.
MERKMALE 10–40 cm hoch, einjährig. Stängel liegend bis aufsteigend, gleichmäßig oder 2-zeilig behaart. Blätter eiförmig, kurz gestielt, am Rand grob gekerbt bis gesägt. Blüten einzeln in den Achseln der mittleren und oberen Blätter, lang gestielt, blau, dunkel geädert, weißlich gelber Schlund. Blütezeit März–Oktober.
STANDORT UND VERBREITUNG Äcker, Gärten, Weinberge. Herkunft Vorderasien. Heute in fast ganz Europa.

Persischer Ehrenpreis

Quendel-Ehrenpreis

EHRENPREIS, QUENDEL-

Veronica serpyllifolia Braunwurzgewächse

SAMMELN UND ZUBEREITEN Die Blüten streut man als essbare Dekoration über Salate, kalte Platten und mehr. Von April bis September gesammelte Blätter und Blüten kann man als gesunden Kräutertee aufbrühen, dem eine appetitanregende, blutreinigende, magenstärkende und wundheilende Wirkung nachgesagt wird. Die Konzentration der gesunden Inhaltsstoffe schwankt jedoch mit dem Sonnenreichtum des Standorts.
MERKMALE 5–20 cm hoch, Staude. Stängel aufrecht, etwas behaart. Untere Blätter gegenständig, mittlere und obere wechselständig, eiförmig, meist ganzrandig, erinnern an die Blätter des Quendels, der heute auch Thymian genannt wird. Blüten wasserblau, mit dunklen Adern, selten auch blauviolett, stehen einzeln in den Achseln der oberen Blätter, bilden insgesamt einen lockeren, traubenähnlichen Gesamtblütenstand. Blütezeit April–September.
STANDORT UND VERBREITUNG Fettwiesen, Weiden, Ufer, Wegränder, Garten- und Parkrasen, gelegentlich auch in Acker-Unkraut-Gesellschaften. Weitverbreitet. Europa.

EHRENPREIS, SCHILD-

Veronica scutellata Braunwurzgewächse

SAMMELN UND ZUBEREITEN Die leicht bitteren jungen Blättchen passen gut in frische Salate, ältere Blätter gegart in Gemüsegerichte. Die Blüten passen als Dekoration in Wildkräutersalate, Quarkspeisen und Gemüsesuppen. Die ganze Pflanze eignet sich getrocknet als Beigabe in Kräuterteemischungen.
MERKMALE 5–30 cm hoch, Staude. Blätter gegenständig, schmal-lanzettlich, sitzend, ganzrandig bis fein gezähnt, oft rot überlaufen. Blüten lilafarben oder blassrosa, rötlich oder bläulich geädert, gestielt. Blütezeit Juni–September.
STANDORT UND VERBREITUNG Verlandungszonen von Gewässern. Europa.

EHRENPREIS, STRAUCHIGER

Veronica fruticulosa Braunwurzgewächse

SAMMELN UND ZUBEREITEN Die Blüten streut man als essbare Dekoration über Salate. Die von März bis August gesammelten Blätter passen zusammen mit den Blüten in Kräuterteemischungen.
MERKMALE 10–25 cm hoch, Staude. Blätter gegenständig, kurz gestielt, eiförmig bis elliptisch, schwach gekerbt. Blüten blassrosa, dunkler geädert. Blütezeit Juni–August.
STANDORT UND VERBREITUNG Steinige Matten, Felsspalten, alpine Zwergstrauchbestände. Mittel- und Südeuropa.

EHRENPREIS, WASSER-

Veronica anagallis-aquatica Braunwurzgewächse

SAMMELN UND ZUBEREITEN Die von März bis Mai gesammelten Blätter machen sich gut in Salaten, Gemüsegerichten, Brotaufstrichen und Eierspeisen. Die blauen Blüten passen als essbare Farbtupfer auf Salate, Suppen und Gemüsegerichte. Getrocknet ist die ganze Pflanze Bestandteil von Teemischungen.
MERKMALE 30–60 cm hoch, Staude. Stängel undeutlich 4-kantig, hohl. Blätter gegenständig, breitlanzettlich, ganzrandig oder unregelmäßig buchtig gezähnt. Blüten blasslila bis hellviolett, dunkel geädert. Blütezeit Mai–September.
STANDORT UND VERBREITUNG Gräben, Bäche, Ufer, Quellen. Fast ganz Europa.

EIBISCH, ECHTER

Althaea officinalis Malvengewächse

SAMMELN UND ZUBEREITEN Die jungen Blättchen sind eine angenehm milde Zutat für Salate, Gemüse und Suppen, die Blüten eine farbige, essbare Dekoration für Salate und Süßspeisen. Die geschälten Wurzeln – sie erinnern an Pastinaken – schmecken als Kochgemüse, ein Sirup daraus aromatisiert Süßspeisen. Außerdem sind Eibischwurzeln mit ihrem hohen Gehalt an schleimbildenden Stoffen ein exzellentes Mittel gegen Husten und Bronchitis. Am besten gräbt man die Wurzel im Herbst und Winter aus, auf jeden Fall noch vor Frühlingsbeginn, ehe die Pflanze wieder austreibt. Dann hat sie die meisten Inhaltsstoffe.
MERKMALE 60–150 cm hoch, Staude. Stängel dicht und weich behaart. Blätter wechselständig, länglichoval, 3- bis 5-lappig, unregelmäßig grob gezähnt, samtig behaart. Blüten hellrosa oder weiß, Staubblätter zu einer Röhre verwachsen. Blütezeit Juli–September.
STANDORT UND VERBREITUNG Gräben, Nasswiesen, Küsten. Wird auch als Heilpflanze kultiviert. Mittel- und Südosteuropa. Geschützt.

Echter Eibisch

EIBISCH, RAUER

Althaea hirsuta Malvengewächse

SAMMELN UND ZUBEREITEN Von April bis Juli gesammelte Blätter und die im Herbst geernteten

Wurzeln der Pflanze eignen sich für vielerlei Gemüsegerichte.
MERKMALE 20–50 cm hoch, einjährig. Stängel borstig behaart. Blätter wechselständig, im unteren Stängelbereich rundlich-herzförmig, mittlere und obere 3- bis 5-teilig, alle stumpf gezähnt, oberseits fast kahl, unten borstig behaart. Blüten verwaschen hellblau, Staubblätter zu Röhre verwachsen. Blütezeit Mai–August.
STANDORT UND VERBREITUNG Hackfruchtäcker, Ödland in warmen Lagen. Herkunft Mittelmeergebiet, in Mitteleuropa eingeschleppt, meist unbeständig.

EICHE

SAMMELN UND ZUBEREITEN Eicheln schmecken wegen ihres hohen Gerbstoffgehaltes sehr bitter. Kocht man sie aber und wechselt mehrmals das Kochwasser, werden die Bitterstoffe ausgespült und sie können zu Püree oder Mehl weiterverarbeitet werden. In schwierigen Zeiten streckte man mit Eichelmehl Getreidemehl. Getrocknete, pulverisierte Fruchtschalen streckten das Mehl zusätzlich. Eichelpüree eignet sich zum Verfeinern von Desserts, Soßen und Gebäck. Geschälte Eicheln ergeben geschrotet und geröstet eine Art Kaffee-Ersatz und werden auch heute noch als »Eichelkaffee« genutzt. Legt man die Früchte mit der Schale für einige Tage in Wasser, erhält man ein bierähnlich bitteres Getränk. Ganz junge Blätter eignen sich als Zutat für Salatsoßen, getrocknet und pulverisiert ebenfalls zum Strecken von Getreidemehl.

Eichelpüree, das mit Joghurt, Honig, Rosinen, Milch, Eischnee und Zimt zu einem Mus gerührt wurde, ergibt als Belag eines Mürbteigbodens leckeren Eichelkuchen.

EICHE, FLAUM-

Quercus pubescens — Buchengewächse

SAMMELN UND ZUBEREITEN Angaben dazu bei der Gattung Eiche.
MERKMALE 5–20 m hoch, sommergrüner Laubbaum. Junge Triebe stark flaumig behaart. Blätter wechselständig, tief buchtig gelappt, unterseits flaumig behaart. Männliche Blüten grüne hängende Kätzchen, weibliche unscheinbar, in den Blattachseln der Jungtriebe. Blütezeit April–Mai. Fruchtbecher halbkugelig, mit behaarten Schuppen.
STANDORT UND VERBREITUNG Laubmischwälder, sonnige Hänge. Süd- und Südosteuropa, sommerwarme Klimalagen Mitteleuropas.

EICHE, STEIN-

Quercus ilex ssp. *rotundifolia* — Buchengewächse

SAMMELN UND ZUBEREITEN Die reifen, geschälten Eicheln dieser Unterart schmecken süß. Sie können roh oder wie Maronen geröstet gegessen werden, als eine Art Kaffee-Ersatz genutzt, zu Mehl oder Speiseöl verarbeitet werden. Die Eicheln der Unterart *Quercus ilex* ssp. *ilex* dagegen schmecken bitter.
MERKMALE 5–20 m hoch, immergrüner Laubbaum. Blätter wechselständig, ledrig, breit-eiförmig, ganzrandig, oberseits dunkelgrün, unterseits graufilzig. Männliche Blüten in langen Kätzchen, weibliche zu 1–2 an langen Stielen. Blütezeit April–Mai. Fruchtbecher mit anliegenden, stumpfen, weichhaarigen Schuppen.
STANDORT UND VERBREITUNG Trockene, felsige Hänge. Mittelmeergebiet.

EICHE, STIEL-

Quercus robur — Buchengewächse

SAMMELN UND ZUBEREITEN Angaben dazu bei der Gattung Eiche.
MERKMALE 20–40 m hoch, sommergrüner Laubbaum. Blätter wechselständig, sehr kurz gestielt, gebuchtet, beiderseits mit 3–6 runden Lappen. Männliche Blüten gelbgrüne Kätzchen, weibliche Blüten knopfförmig, rot. Blütezeit April–Mai. Eicheln zu einem Drittel in einem flachen Fruchtbecher, auf 3–8 cm langem Stiel (namensgebendes Merkmal).
STANDORT UND VERBREITUNG Laubmischwälder. Fast ganz Europa.

Stiel-Eiche

EICHE, TRAUBEN-

Quercus petraea — Buchengewächse

Trauben-Eiche

SAMMELN UND ZUBEREITEN Angaben dazu bei der Gattung Eiche (siehe S. 71).
MERKMALE 15–40 m hoch, sommergrüner Laubbaum. Blätter wechselständig, regelmäßig und stumpf gebuchtet, lang gestielt. Männliche Blüten grüne hängende Kätzchen, weibliche knopfförmig, rot. Blütezeit April–Mai. Eicheln in einem vielschuppigen Fruchtbecher, traubig gehäuft (Name). Fruchtreife ab September.
STANDORT UND VERBREITUNG Waldbaum des Hügellands und der Mittelgebirge. Hauptsächlich Mittel- und Südeuropa.

EICHE, ZERR-

Quercus cerris — Buchengewächse

SAMMELN UND ZUBEREITEN Angaben dazu bei der Gattung Eiche (siehe S. 71).
MERKMALE 20–35 m hoch, sommergrüner Laubbaum. Blätter wechselständig, buchtig gelappt, Lappen kurz zugespitzt, rau. Männliche Blüten hängende Kätzchen, weibliche zu 2–4 in den Blattachseln. Blütezeit April. Eicheln in stachelig beschupptem Fruchtbecher. Fruchtreife ab September des Folgejahres.
STANDORT UND VERBREITUNG Parkbaum. Südliches Mittel-, Süd- und Südosteuropa.

EINKORN

Triticum monococcum — Süßgräser

SAMMELN UND ZUBEREITEN Einkorn ist ein ziemlich ertragsarmes Getreide, dessen großflächiger Anbau lange als nicht lohnenswert galt. Doch seit etwa 20 Jahren erfreut sich die Pflanze wieder wachsender Beliebtheit. Einkorn gehört wie Emmer zu den Spelzgetreiden. Sein gelbliches Mehl eignet sich dank eines hohen Kleberanteils für Rühr- und Biskuitteige, für Grütze und Mehlspeisen. Mit Weizenmehl wird Einkornmehl auch für Brot- und Nudelteige verwendet. Über Nacht eingeweicht passt er als nussige Zutat ins Müsli. Eingeweicht und gedünstet ergibt er mit Karotten, Lauch und Käse eine herzhafte Einkornpfanne.
MERKMALE 60–120 cm hoch, einjähriges Gras. Blätter bis 10 mm breit. Ähren aufrecht, 5–6 cm lang. Ährchen einkörnig, decken sich dachziegelartig. Deckspelzen bis 10 cm lang begrannt. Blütezeit Juni–Juli.
STANDORT UND VERBREITUNG Angebaut in sommerwarmen und winterkalten Klimagebieten, selten verwildert.

EISENKRAUT, ECHTES

Verbena officinalis — Eisenkrautgewächse

Echtes Eisenkraut

SAMMELN UND ZUBEREITEN Im Mittelalter war das Eisenkraut in England eine beliebte Gemüsepflanze. Man fügte kleine Mengen der bitter schmeckenden Blätter Salaten, Vorspeisen und Soßen bei. Heute sammelt man die jungen Blätter vor der Blüte, legt sie für etwa 1 Stunde in lauwarmes Wasser oder blanchiert sie kurz, um die Bitterstoffe zu reduzieren, und verarbeitet sie dann in Salaten, Suppen und Gemüsezubereitungen. Die Blüten eignen sich als herbwürzige essbare Dekoration.
MERKMALE 30–70 cm hoch, Staude. Stängel kantig. Blätter gegenständig, lanzettlich, untere grob fiederartig gezähnt, mittlere tief 3-teilig, obere grob gezähnt. Blüten blasslila. Blütezeit Juli–September.
STANDORT UND VERBREITUNG Wege, Ödland, Mauern. Europa.

Eisenkraut harmoniert sehr gut mit kräftigem Schafskäse. Eine Handvoll junge Eisenkrauttriebe, mit Schafskäse verrührt und mit Salz und Pfeffer gewürzt, ergibt eine nicht alltägliche Füllung für Ravioli oder Maultaschen.

ELSBEERE

Sorbus torminalis

Rosengewächse

Elsbeere

SAMMELN UND ZUBEREITEN Elsbeeren erntet man am besten nach dem ersten Frost. Dann hat sich ihr zunächst adstringierender Geschmack in ein süßes Birnenaroma gewandelt. Die bei Reife weichen Früchte isst man roh, sie schmecken aber vor allem als Zusatz in Marmeladen und Kompott. Getrocknete Früchte sind eine beliebte Beigabe in Teemischungen. Auch die Blätter nutzt man getrocknet als Beigabe in Tees. Frische, sehr junge, zarte Blätter verleihen Süßspeisen ein feines Bittermandelaroma.
MERKMALE 10–20 m hoch, sommergrüner Laubbaum. Blätter beiderseits mit 3–4 spitzen, tief eingeschnittenen Lappen. Weiße Blüten. Blütezeit Mai–Juni. Früchte eiförmig, braun, hell punktiert. Fruchtreife ab September.
STANDORT UND VERBREITUNG Sonnige Hänge, Laubwälder und Gebüsche. Mittel- und Südeuropa.

EMMER

Triticum dicoccum

Süßgräser

SAMMELN UND ZUBEREITEN Emmer war lange die wichtigste Getreideart Mitteleuropas. Dann geriet er in Vergessenheit. Heute erlebt die Pflanze eine Renaissance. In der Schweiz wird Emmer regional wieder angebaut und zum Brotbacken, für die Produktion von Pasta und zum Brauen von Schwarzbier verwendet. Emmer ist wie Dinkel, Einkorn und Gerste ein Spelzgetreide, seine Körner müssen in einem zusätzlichen Arbeitsgang aus den Spelzen geschält werden. Emmermehl ist grießähnlich und eignet sich prima für Mürbteig, Nudelteige und Grießspeisen. In Verbindung mit Weizenmehl ergibt es lockere, schmackhafte Brote und Brötchen. Ganze oder geschrotete Körner können auch in vegetarischen Frikadellen verarbeitet werden. Selbst wie Reis gekocht schmeckt Emmer.
MERKMALE 80–120 cm hoch, einjähriges Gras. Blätter bis 2 cm breit, auf der Oberseite meist samtig behaart. Ähren zur Blütezeit aufrecht, zur Reife leicht überhängend. Ährchen 2-körnig, nicht dachziegelartig, mit 2 bis zu 15 cm langen Grannen. Blütezeit Juni–Juli.
STANDORT UND VERBREITUNG Wird als Sommergetreide angebaut, gelegentlich verwildert.

ENGELWURZ, ECHTE

Angelica archangelica

Doldengewächse

SAMMELN UND ZUBEREITEN Von dieser vielseitig nutzbaren Art erntet man von April bis Mai die jungen Blätter und Blattstängel, die Blüten während der gesamten Blütezeit, Samen und Wurzeln von September bis Oktober. Die jungen Blattstängel verleihen roh, geschält und in Scheiben geschnitten Salaten, Fischsuppen, Soßen, Gemüsegerichten und Rhabarberkompott eine besondere Note.

Wilde Engelwurz

Sie können aber auch wie Spargel geschält und gekocht zubereitet werden. Die aromatisch, scharf-würzig schmeckenden Blätter sind roh und fein gehackt ein herbes Gewürz für Salate, Suppen und Gemüse. Man kann sie auch fein geschnitten und getrocknet als Gewürz für den Winter aufbewahren. Blütenknospen und Blüten nimmt man zum Würzen von Desserts und Getränken. Samen und Wurzel sind Grundlage vieler Kräuterliköre, die Samen nimmt man auch als Brot- und Fleischgewürz, die Wurzel als Gemüse und Teegetränk bei Verdauungsstörungen und Appetitlosigkeit. Die Wilde Engelwurz *(Angelica sylvestris)* wird in gleicher Weise verwendet.
MERKMALE 1–2,5 m hoch, einjährig. Stängel hohl, fein gerillt. Blätter 2- bis 3-fach gefiedert, aufgeblasene Blattscheide. Blütendolden grünlich bis grünlich weiß. Blütezeit Juni–August. Frucht um 7 mm lang, gerippt.
STANDORT UND VERBREITUNG Besiedelt nasse, nährstoffreiche Standorte. Wächst an Flussufern, Gräben, in Weidengebüsch. Nord- und Osteuropa, in Mitteleuropa kultiviert und verwildert. Breitet sich an einigen Flüssen aus, etwa an Main, Naab und unterer Donau.

ENZIAN, FELD-

Gentianella campestris — Enziangewächse

SAMMELN UND ZUBEREITEN In Notzeiten hat man früher die bitter schmeckenden Blätter in kleinen Mengen milderen Wildgemüsegerichten beigemischt. Man nahm sie auch als Bierwürze und für die Zubereitung eines bitteren Likörs.
MERKMALE 5–30 cm hoch, einjährig. Stängel 4-kantig. Grundblätter rosettig, zur Blütezeit meist schon abgestorben. Stängelblätter gegenständig, spatelförmig. Blüten rotviolett, selten weiß, Blütenkrone 4-teilig, im Schlund bärtig. Blütezeit Juli–Oktober.
STANDORT UND VERBREITUNG Magerrasen, Wegränder, Waldlichtungen. Nordeuropa, mitteleuropäische Mittelgebirge, Alpen. Geschützt.

ENZIAN, GELBER

Gentiana lutea — Enziangewächse

SAMMELN UND ZUBEREITEN Die Blätter und Triebe eignen sich zum Ansetzen eines bitteren Kräuterlikörs. Die fleischig verdickte Wurzel ist reich an Zucker und wertvollen Bitterstoffen. Volksmedizinisch wird sie in einem appetitanregenden und verdauungsfördernden Magenbitter verwendet. Zur Herstellung des Enzianschnapses wird vor allem der Gelbe Enzian verwendet und gezielt angebaut, er hat von allen Enzianarten den höchsten Gehalt an Bitterstoffen. Ein Extrakt schmeckt noch in einer Verdünnung von 1 : 200 000 deutlich bitter. Vorsicht, nicht blühende Pflanzen können mit dem giftigen Weißen Germer (*Veratrum album*, S. 366) verwechselt werden. Der eindeutige Unterschied liegt in der Blattstellung: Der Gelbe Enzian hat gegenständige Blätter, der Weiße Germer wechselständige.

Gelber Enzian

MERKMALE 5–20 cm hoch, Staude. Stängel rund. Blätter gegenständig, bis über 25 cm lang und 5–15 cm breit, unterseits mit fast parallelen Blattnerven. Blüten goldgelb. Blütezeit Juni–August.
STANDORT UND VERBREITUNG Alpine Matten, Geröllfluren, Latschengebüsch. Gebirge Mittel- und Südeuropas. Geschützt.

ENZIAN, TÜPFEL-

Gentiana punctata — Enziangewächse

SAMMELN UND ZUBEREITEN Der Tüpfel-Enzian besitzt wie andere hochwüchsige Enzianarten dicke, bis zu 1 m lange Wurzeln, aus denen früher der Enzianschnaps destilliert wurde. Heute ist die Pflanze geschützt und darf als Wildpflanze nicht mehr gesammelt werden. Der berühmte »Enzian« wird aus dem Gelben Enzian gebrannt, der leicht zu kultivieren ist.
MERKMALE 20–60 cm hoch, Staude. Stängel undeutlich kantig. Blätter gegenständig, eiförmig, zugespitzt, untere gestielt, obere sitzend, meist 5-nervig. Blüten hellgelb, innen dunkel punktiert, glockenförmig. Blütezeit Juli–September.
STANDORT UND VERBREITUNG Steinige Matten, Schuttfluren. Gebirge Mittel- und Südeuropas. Geschützt.

ENZIAN, UNGARISCHER

Gentiana pannonica — Enziangewächse

SAMMELN UND ZUBEREITEN Auch aus der Wurzel dieses Enzians wurde früher Schnaps destilliert.
MERKMALE 15–60 cm hoch, Staude. Stängel rund, oben purpurn überlaufen. Blätter gegenständig, elliptisch, 5- bis 7-nervig, die unteren gestielt, die oberen sitzend. Blüten weinrot bis violett, schwarzrot punktiert, glockenförmig. Blütezeit August–September.
STANDORT UND VERBREITUNG Alpine Rasen, extensive Weiden. Ostalpen, Böhmerwald. Geschützt.

ERDBEERBAUM

Arbutus unedo — Heidekrautgewächse

SAMMELN UND ZUBEREITEN Die zart säuerlichen Früchte ergeben Marmelade, Bowle und Likör. In Portugal nimmt man sie zum Aromatisieren eines Schnapses, auf Korsika vergärt man sie zu einer Art Wein.
MERKMALE 1,5–5 m hoch, immergrüner Strauch oder Baum. Blätter ledrig, lanzettlich, scharf gesägt.

Blüten weiß bis hellrosa, krugförmig. Blütezeit Oktober–Dezember. Erdbeerähnliche, warzige Beeren. Fruchtreife September–Oktober des Folgejahrs.
STANDORT UND VERBREITUNG Macchien und immergrüne Wälder. Mittelmeerküsten.

Erdbeerbaum

Marmelade aus den Früchten des Erdbeerbaums wird mit Rohrzucker, dem Saft von ½ Zitrone, etwas Zimt und 1 Handvoll Rosenblätter zu einer Kostbarkeit.

ERDBEERE, HÜGEL-

Fragaria viridis — Rosengewächse

SAMMELN UND ZUBEREITEN Wird wie die nachfolgend beschriebene Wald-Erdbeere verwendet.
MERKMALE 5–20 cm hoch, Staude. Mit Ausläufern. Blätter 3-teilig, unterseits silbrig glänzend behaart, am Rand grob gezähnt, Blüten cremeweiß. Blütezeit Mai–Juni. Kugelige Erdbeerfrüchte, meist gelblich, seltener rot, Kelchblätter liegen der Frucht an.
STANDORT UND VERBREITUNG Trockenrasen, Trockengebüsche, Wegraine. Mittel- und Südeuropa.

ERDBEERE, WALD-

Fragaria vesca — Rosengewächse

SAMMELN UND ERKENNEN Wald-Erdbeeren werden seit alters als Wildfrüchte geschätzt. Sie entfalten aber nur voll ausgereift ihr unverwechselbares Aroma und lassen sich auch nur dann leicht pflücken. Die zucker- und vitaminreichen Früchte kann man frisch genießen oder zu Marmelade, Eis, Quarkspeisen und in Obstsalaten verarbeiten. Auch Saft, Bowle, Obstwein und Likör machen sie zum Erlebnis. Besonders gut harmoniert ihr zartes Aroma mit Minze, Zitronenmelisse, Lavendel und Vanille. Aus Blüten und Blättern lässt sich ein Tee zubereiten, der erfrischend und blutreinigend wirkt. Die jungen, noch weichen Blätter passen auch in Wildsalate, Kräuterbutter und Soßen, sie verfeinern Maibowlen und eignen sich zum Einlegen von Gurken. Fermentiert sind sie ein Ersatz für Schwarztee. Die Blüten eignen sich als essbare Dekoration. Erdbeeren sind aber auch als Allergen bekannt. Sie enthalten den chininähnlichen Stoff Fragarianum, der bei manchen Personen eine Reizung der Magennerven auslöst. Die Blätter jedoch sind problemlos zu verwenden. Das ungenießbare Erdbeer-Fingerkraut (*Potentilla sterilis*, S. 364) am gleichen Standort ist täuschend ähnlich, trägt aber keine essbaren Früchte.

Wald-Erdbeere

MERKMALE 5–20 cm hoch, Staude. Treibt lange Ausläufer. Blätter wechselständig, 3-lappig, Teilblättchen auf beiden Seiten dunkelgrün, grob gezähnt, duften zerrieben nach Rosen. Weiße Blüten, 5 Blütenblätter, die sich berühren. Blütezeit Mai–Juni. Rote Erdbeerfrüchte. Fruchtreife Juli–September.
STANDORT UND VERBREITUNG Helle Lichtungen, Waldränder, Kahlschläge, helle Laubwälder. Europa.

ERDBEERE, ZIMT-

Fragaria moschata — Rosengewächse

SAMMELN UND ZUBEREITEN Wird ebenso wie die oben beschriebene Wald-Erdbeere verwendet.
MERKMALE 20–40 cm hoch, Staude. Wenige oder keine Ausläufer. Blätter 3-teilig, unterseits silbrig behaart, am Rand grob gezähnt, sehr langstielig, Blattstiele wie Stängel behaart. Weiße Blüten. Blütezeit Mai–Juni. Rote Erdbeerfrüchte, größer als Wald-Erdbeeren.
STANDORT UND VERBREITUNG Auwälder, feuchte Gebüsche. Vor allem Mittel- und Südeuropa.

ERDBEERSPINAT, ECHTER

Chenopodium foliosum — Gänsefußgewächse

SAMMELN UND ZUBEREITEN Der Echte Erdbeerspinat ist ein in Vergessenheit geratenes Gemüse. Seine jungen Blätter, vor der Blüte geerntet, schmecken roh in Salaten und gekocht als Spinat. Die Früchte kann man naschen oder als Dekoration verwenden. Aber sie versprechen optisch etwas mehr, als sie geschmacklich bieten. Der Ährige Erdbeerspinat *(Chenopodium capitatum)* ist ähnlich zu verwenden.

Echter Erdbeerspinat

MERKMALE 20–90 cm hoch, einjährig. Blätter 3-eckig, zugespitzt, mit mehreren unregelmäßigen Zähnen. Blüten in Knäueln in den Blattachseln. Blütezeit Juni–September.

STANDORT UND VERBREITUNG Unkrautgesellschaften auf nitratreichen Böden. Mittelgebirge, Alpen, Gebirge Spaniens, Südosteuropa.

ERDKASTANIE, FRANZÖSISCHE

Conopodium majus — Doldengewächse

SAMMELN UND ZUBEREITEN Die Knollen der Erdkastanie sind klein, in der Größe ähneln sie Kastanienfrüchten, und auch ihr süß-aromatischer Geschmack erinnert an Maronen. Sie werden von September bis in den Winter geerntet, geschält und roh in Salaten oder geröstet, gekocht und gebacken gegessen.

MERKMALE 10–60 cm hoch, Staude. Blätter 2- bis 3-fach gefiedert, Teilblättchen schmal-lineal bis haarförmig. Weiße Blüten. Blütezeit Mai–Juli.

STANDORT UND VERBREITUNG Schattige, nährstoffreiche Wiesen. West- und Nordeuropa.

ERDMANDELGRAS

Cyperus esculentus — Sauergräser

SAMMELN UND ZUBEREITEN Die Erdmandel hat ihre Schätze unter der Erde versteckt: braune Wurzelknöllchen, die unter ihrer dünnen Haut einen weißen, köstlich nach Vanille und Haselnuss schmeckenden Kern haben. In Frankreich sind sie als »amandes de terre« bekannt, in Spanien als »chufa«. Sie schmecken roh oder geröstet zum Aperitif oder als Kochgemüse oder Mus. Verdünnt man das Mus mit Wasser, erhält man ein milchartiges Erfrischungsgetränk. Die Knollen liefern auch ein wertvolles Speiseöl. Sie werden im Herbst aus dem Boden geholt, gewaschen und zwei bis drei Tage in der Sonne zum Trocknen ausgebreitet. Danach lagert man sie lichtgeschützt.

MERKMALE 20–80 cm hoch, mehrjähriges Gras. Lange, unterirdische Ausläufer mit eichelgroßen Verdickungen. Stängel 3-kantig. Blätter parallelnervig. Blütenstand mit 4–10 Ästen, an der Spitze bräunliche oder gelbliche Ährchen. Blütenstand von 2–9 Hochblättern teilweise überragt. Ähren eiförmig, mit vielen Ährchen, erst gelbgrün, später braun. Blütezeit Juli–September.

STANDORT UND VERBREITUNG Hackfruchtfelder. Herkunft Mittelmeerländer, in Mitteleuropa stellenweise eingebürgert.

ERLE, SCHWARZ-

Alnus glutinosa — Birkengewächse

SAMMELN UND ZUBEREITEN Die Knospen und sehr jungen Blätter passen als herbe Würze in Salate und Gemüse. Genauso nutzt man die Knospen und zarten Blätter der Grau-Erle *(Alnus incana)* und der Grün-Erle *(Alnus viridis)*.

Schwarz-Erle

MERKMALE 10–25 m hoch, sommergrüner Laubbaum, Blätter verkehrt eiförmig, lang gestielt, gesägt, oben dunkelgrün, unten mit rostgelben Haarbüscheln. Männliche Blüten hängende Kätzchen, weibliche zapfenartig, rotbraun. Blütezeit März–April.

STANDORT UND VERBREITUNG Bach- und Flussauen, Schluchtwälder. Fast ganz Europa.

Erlenknospen, die man zum Bespiel auf Erbsengemüse streut, geben dem Gericht eine ganz besondere Note.

ESCHE, GEWÖHNLICHE

Fraxinus excelsior Ölbaumgewächse

SAMMELN UND ZUBEREITEN Die sehr jungen Triebe und die zarten Blätter sind eine feine Zutat für Salate, Vorspeisen und Gemüsegerichte. Ältere, ausgereifte Blätter nimmt man zur Teebereitung. Die unreifen Früchte eignen sich in den Monaten Juni und Juli als bitteres Gewürz, man kann sie zu Kochgemüse verarbeiten oder als Kapernersatz verwenden. Um die Bitterstoffe zu reduzieren, sollte man das Kochwasser mehrfach wechseln. Die reifen Samen nimmt man getrocknet und gemahlen in kleinen Mengen als Gewürz zum Backen. In Notzeiten hat man früher aus den Samen ein recht brauchbares, aber leicht verderbliches Öl gepresst. Die Wurzelknollen eignen sich als Beigabe zu Mischgemüsen.

Gewöhnliche Esche

MERKMALE 25–40 m hoch, sommergrüner Laubbaum. Blätter unpaarig gefiedert, Teilblättchen schmaleiförmig, zugespitzt, fein gezähnt. Blüten in dichten Büscheln, violett. Blütezeit Mai. Früchte in überhängenden Büscheln, hellbraun. Fruchtreife ab Oktober.
STANDORT UND VERBREITUNG Schlucht- und Auwälder. Europa.

ESCHE, MANNA-, BLUMEN-ESCHE

Fraxinus ornus Ölbaumgewächse

SAMMELN UND ZUBEREITEN Aus dieser Esche stellt man in Südeuropa Eschen-Manna her. Dazu ritzt man die 8–10 cm dicken Äste des Baums bis zur Wachstumsschicht ein. Der austretende Saft wird erhärtet als Manna gesammelt. Manna ist ein Mittel gegen Husten und wird zum Süßen von Heilmitteln eingesetzt. Auch die unreifen Früchte sind nutzbar. Man erntet sie kurz nach der Blüte und legt sie, nach Kochen mit mehrmaligem Wechsel des Kochwassers, pikant ein.
MERKMALE Sommergrüner Laubbaum, bis 20 m hoch. Blätter gefiedert, 5–9 Teilblättchen, diese länglich, lang zugespitzt, gesägt. Cremefarbene, duftende Blüten. Blütezeit April–Juni. Frucht dunkelbraun, hängend, bis 4 cm lang.
STANDORT UND VERBREITUNG Wälder in trockener Lage. Südeuropa, südliches Mitteleuropa.

ESELSDISTEL

Onopordum acanthium Korbblütengewächse

SAMMELN UND ZUBEREITEN Die jungen Sprosse und Blätter, noch vor der Blüte gesammelt, eignen sich nach Entfernen der Stacheln als Beigabe zu Salaten und Gemüse. Die getrockneten Röhrenblüten sind ein ausgezeichnetes Gewürz. Die Blütenböden bereitet man ähnlich zu wie die der Artischocken. Aus den Samen wurde früher ein Speiseöl gepresst. Die zartbittere Wurzel ergibt ein schmackhaftes Kochgemüse. Wer den Bitterton nicht mag, wässert die Wurzel vor der Zubereitung in lauwarmem Wasser. Getrocknet und gemahlen nimmt man sie als Mehlzusatz.

Eselsdistel

MERKMALE 50–150 cm hoch, einjährig. Stängel breit stachelig geflügelt. Blätter wechselständig, länglich-elliptisch, grob buchtig gezähnt oder gelappt, Blattlappen dornig gezähnt, laufen in einem kräftigen Stachel aus. Blüten hell purpurrot, in kugeligen, endständigen Köpfen, Hüllblätter mit kräftigen Stacheln. Blütezeit Juli–September. Früchte grauschwarz marmoriert, 4-kantig. Kräftige, rübenförmige Wurzel.
STANDORT UND VERBREITUNG Müllplätze sowie Schuttplätze, Steinbrüche, Wegränder. Europa.

Eselsdistelböden mit Senfsoße, Cocktailtomaten und einer Scheibe Weißbrot sind eine absolut ungewöhnliche, aber feine Vorspeise.

ESSIGBAUM

Rhus typhina Sumachgewächse

SAMMELN UND ZUBEREITEN »Die Haut der Beeren hat einen sehr sauren Geschmack.« So beschrieb Carl von Linné die kleinen Früchte des Essigbaums. Die Indianer Nordamerikas nahmen sie roh und stellten daraus ein erfrischendes, Vitamin-C-reiches Getränk her. In der Umgebung von Baden legte man früher ganze Fruchtbüschel in Essig, um dessen Säurewirkung zu verstärken. Essigzapfen nannte man die Fruchtstände dort. Darüber hinaus kann man die Früchte getrocknet, gemahlen und gesiebt zum Strecken von Getreidemehl verwenden.
MERKMALE 3–6 m hoch, sommergrüner Laubbaum. Blätter unpaarig gefiedert, Teilblättchen lanzettlich, zugespitzt, grob gesägt. Blüten in aufrechten Kolben, zunächst grüngelb, später rotbraun. Blütezeit Juni–Juli. Früchte kugelig, etwa 5 mm dick, rot, in kolbenartigen Fruchtständen.
STANDORT UND VERBREITUNG Stammt ursprünglich aus Nordamerika. In Mitteleuropa häufig gepflanzt und ortsnah verwildert.

ESTRAGON

Artemisia dracunculus Korbblütengewächse

SAMMELN UND ZUBEREITEN Der Estragon ist eine großartige Gewürzpflanze für Ei, Fisch, Huhn, Mayonnaise, helle Soßen, Suppen, Pilzgerichte, Essiggurken, Cornichons und Senf. Zusammen mit Zitronenmelisse aromatisiert er einen wohlschmeckenden Essig. Sehr junge Blätter und Triebspitzen passen in Salate. Die Pflanze sollte vor allem frisch verwendet werden. Getrocknet verliert Estragon viel von seiner Würzkraft. Einfrieren oder auch Einlegen in Essig oder Öl erhält das Aroma viel besser.
MERKMALE 60–120 cm hoch, Staude. Blätter lineal-lanzettlich, ganzrandig oder schwach gesägt. Blütenköpfchen aus gelbgrünen Röhrenblüten, kugelig, gestielt, waagrecht abstehend bis hängend. Blütezeit August–Oktober.
STANDORT UND VERBREITUNG Gewürzpflanze aus Asien und Nordamerika. In Europa kultiviert und aus Kultur verwildert.

Estragon

FÄRBERDISTEL, FALSCHER SAFRAN

Carthamus tinctorius Korbblütengewächse

SAMMELN UND ZUBEREITEN Die Pflanze wird wegen ihrer orangegelben Blüten und wegen ihrer Samen geschätzt. Aus den Samen wird Öl gepresst, das wegen seines hohen Gehalts an mehrfach ungesättigten Fettsäuren und Vitamin E bekannte Distelöl. Dieses Öl sollte nur kalt für Salate verwendet werden, Erhitzen verträgt es nicht. Die Blüten enthalten einen Farbstoff, der anstelle von Safran verwendet, nicht selten auch als Fälschung für dieses Gewürz angeboten wird. Die jungen Knospen und Blätter geben Salaten eine zartbittere Note.
MERKMALE 60–130 cm hoch, einjährig. Blätter länglich, stachelig gezähnt, laufen am Stängel herab. Blütenköpfe umgeben von zahlreichen, dornigen Hüllblättern, enthalten gelborangefarbene Röhrenblüten. Blütezeit Juli–September.
STANDORT UND VERBREITUNG Als Färbe- und Ölpflanze kultiviert und verwildert. Mittel- und Südeuropa.

FÄRBERKAMILLE

Anthemis tinctoria Korbblütengewächse

SAMMELN UND ZUBEREITEN Die Blüten sind eine ansprechende essbare Dekoration, können in kleinen Mengen auch in Öl oder Honig eingelegt gegessen werden. Die Blätter sind Würzmittel für Brotaufstriche wie Kräuterbutter, Kräuterquark oder Frischkäse.
MERKMALE 20–60 cm hoch, Staude. Blätter gefiedert, Teilblättchen kammförmig gesägt, behaart. Gelbe Blütenköpfchen, Köpfchenboden halbkugelig, mit lanzettlichen, spitzen Spreublättern. Blütezeit Juli–September.
STANDORT UND VERBREITUNG Braucht sommerwarme, trockene Steinböden. Wächst in Trockenrasen, an sonnigen Hängen, Felsen, Mauern. Europa.

Färberkamille

FÄRBERWAID
Isatis tinctoria Kreuzblütengewächse

Färberwaid

SAMMELN UND ZUBEREITEN Die Samen ergeben Speiseöl. Gesammelt werden sie von August bis September.
MERKMALE 30–150 cm hoch, einjährig. Blätter blaugrün, pfeilförmig, ganzrandig. Blüten gelb. Blütezeit Mai–Juli. Frucht hängend, flach, keulenförmig, schwarzviolett.
STANDORT UND VERBREITUNG Trockenrasen, trockene Gebüsche, Steinschutthalden. Europa, im Süden in Kalkgebirgen.

FEDERSCHWINGEL, MÄUSESCHWANZ-
Vulpia myuros Süßgräser

SAMMELN UND ZUBEREITEN Grundsätzlich sind alle Grassamen Mitteleuropas essbar. Sie werden meist im Spätsommer geerntet und entweder geröstet und gemahlen zu Kaffee verarbeitet oder zum Keimen verwendet. Auch die Samen des ebenfalls europaweit verbreiteten Trespen-Federschwingel *(Vulpia bromoides)* sind in dieser Weise nutzbar.
MERKMALE 20–60 cm hoch, einjähriges Gras. Blätter nur 1–2 mm breit. Blütenstand rispig, oft nickend. Ährchen rundlich, Deckspelze in eine Granne auslaufend. Blütezeit Mai–Juli.
STANDORT UND VERBREITUNG Brachflächen, Bahnschotter, Kieswege. Europa.

FEIGE
Ficus carica Maulbeergewächse

SAMMELN UND ZUBEREITEN Feigen isst man frisch, getrocknet, gedünstet oder in Alkohol eingelegt. Man nimmt sie auch für die Zubereitung von süßer Marmelade und Kompott. In knusprigem Ausbackteig sind sie ein delikates Dessert, das mit Himbeersoße besonders gut schmeckt. Mit luftgetrocknetem Schinken genießt man sie als ebenso schmackhafte wie elegante Vorspeise. Geröstet und gemahlen ergeben sie Feigenkaffee, eine Art Kaffee-Ersatz. Unter Zusatz von Nüssen, Mandeln, Pistazien und Gewürzen stellt man in Spanien den sogenannten Feigenkäse her. Aus dem Saft reifer Feigen wird ein Dessertwein gemacht.
MERKMALE 2–10 m hoch, sommergrüner Baum oder Strauch. Führt Milchsaft. Blätter oben dunkelgrün und rau, unten heller und weich behaart, Spreite vielgestaltig, meist gelappt, einzelne Lappen abgerundet. Blüten sehr klein, im Inneren eines krugförmigen, grünlichen Blütenstands mit schmaler Öffnung. Blütezeit Juni–September. Früchte gelblich, rosa oder violett gefärbt.
STANDORT UND VERBREITUNG Wird im gesamten Mittelmeerraum kultiviert, ist dort vielfach verwildert. Gedeiht in wintermilden Gegenden auch nördlich der Alpen.

Feige

Echter Feigenkaktus

FEIGENKAKTUS, ECHTER

Opuntia ficus-barbarica Kakteengewächse

SAMMELN UND ZUBEREITEN Kaktusfeigen werden im September geerntet. Die Früchte sind etwa hühnereigroß und haben einen erfrischend süßlichen Geschmack, der an Melone erinnert. Leider sind sie nur wenige Tage lagerfähig. Sie werden gerne als Frischobst oder gekocht gegessen. Vor dem Verzehr muss die Fruchtschale mitsamt der Dornen und Borstenpolster entfernt werden. Zum Schälen ebenso wie zum Ernten sollte man Handschuhe tragen, denn die Borstenhaare sind sehr spröde, dringen in die Haut ein und verursachen neben Juckreiz unangenehme Entzündungen. Neben diesem wohl häufigsten Vertreter der Kakteen im Mittelmeergebiet gibt es eine Reihe weiterer recht ähnlich aussehender Opuntien, die eingeführt wurden und inzwischen verwildert sind, so z. B. *Opuntia maxima* mit ebenfalls essbaren, aber weniger wohlschmeckenden Früchten.

MERKMALE 2–5 m hoch. Häufigster Vertreter der Kakteen im Mittelmeergebiet. Stark verzweigter Strauch mit abgeflachten, ovalen, 20–50 x 10–20 cm großen Stängelgliedern. Blätter fehlen oder sind nur kurzzeitig als kleine schuppenförmige Gebilde vorhanden, in deren Achseln kleine Polster gelber Borsten und manchmal 1–2 blassgelbe Dornen stehen. Blüten gelb oder orangerot, sitzen gehäuft an den Enden der Stängelglieder. Blütezeit April–Juli. Früchte (Kaktusfeigen) gelb oder rot, mit eingesenktem Nabel, oft kräftig bedornt und mit Borstenpolstern besetzt, enthalten zahlreiche schwarze Samen.

STANDORT UND VERBREITUNG Im Mittelmeergebiet kultiviert, auf sonnigen Stein- und Felsfluren oder ruderalisiertem Kulturland auch verwildert anzutreffen. Herkunft tropisches Amerika.

Kaktusfeigen-Mus mit Vanilleeis ist ein herrlich exotisches Dessert für heiße Sommertage.

FELDSALAT, GEKIELTER

Valerianella carinata Baldriangewächse

SAMMELN UND ZUBEREITEN Die Pflanze wird ebenso wie der nachfolgend dargestellte Gewöhnliche Feldsalat verwendet.

MERKMALE 5–20 cm hoch, einjährig. Stängel 6-kantig, dicht abwärts gekrümmt behaart. Blätter gegenständig, spatelförmig. Blüten bläulich weiß, Blütenstand gabelig verzweigt. Blütezeit April–Mai. Frucht 4-kantig.

STANDORT UND VERBREITUNG Getreidefelder, Weinberge, Wegränder. Mittel- und Südeuropa.

FELDSALAT, GEWÖHNLICHER, RAPUNZEL

Valerianella locusta Baldriangewächse

SAMMELN UND ZUBEREITEN Die zart nussig schmeckenden jungen Blätter des Gewöhnlichen Feldsalats kommen vor allem in Salaten und Vorspeisen zum Einsatz. Ältere Blätter werden gelegentlich in Gemüsemischungen, Suppen, Soßen, Aufläufen oder auch Strudelfüllungen verarbeitet. Die kleinen, weißen Blüten schmücken als essbare Dekoration Salate und kalte Platten. Lässt man die im Juli und August gesammelten Samen in einem feuchten Tontopf keimen, erhält man nach kurzer Zeit Sprossen für einen herrlichen Wildsalat. Weitere Feldsalatarten

Gewöhnlicher Feldsalat

wie der Gefurchte Feldsalat *(Valerianella rimosa)*, der Gezähnte Feldsalat *(Valerianella dentata)* und der Wollfrüchtige Feldsalat *(Valerianella eriocarpa)* sind in gleicher Weise nutzbar.

MERKMALE 10–25 cm hoch, einjährig. Stängel kantig, mehrfach gabelig verzweigt. Blätter gegenständig, länglich bis spatelig, spitz. Blüten bläulich weiß, in einem endständigen, gabelig verzweigten, gestielten Gesamtblütenstand. Blütezeit April–Mai. Früchte rundlich bis eiförmig, abgeflacht, kurz zugespitzt.

STANDORT UND VERBREITUNG Felder, Wege, magere Wiesen. Wird als Salat angebaut. Europa.

FELSENBIRNE

SAMMELN UND ZUBEREITEN Die Früchte der Felsenbirnen sind reich an Vitamin C und sehr saftig. Sie schmecken leicht süßlich mit einem kleinen Bittermandelaroma. Man kann sie roh essen, alleine oder mit anderen Früchten zu Kompott, Marmeladen, Konfitüren, Saft und Sirup verarbeiten oder als Belag für Kuchen und Torten nehmen. Selbst für den Ansatz eines magenfreundlichen Schnapses sind sie geeignet. Getrocknet sind sie ein guter Rosinenersatz. Vorsicht: Der giftige Faulbaum (*Frangula alnus*, S. 363) hat ebenfalls kugelige, erbsengroße, bei Reife schwarze Früchte. Bei der Unterscheidung beider Pflanzen hilft ein Blick auf die Blätter: Die des Faulbaums sind ganzrandig, die der Felsenbirnen am Rand gezähnt.

In Kombination mit Wald-Erdbeeren, Preiselbeeren und Waldstachelbeeren, einigen Gewürznelken und einer kleinen Stange Zimt ergeben Felsenbirnen eine erlesene Wildfruchtkonfitüre.

FELSENBIRNE, ÄHRIGE

Amelanchier spicata — Rosengewächse

SAMMELN UND ZUBEREITEN Angaben dazu bei der Gattung Felsenbirne.

MERKMALE 0,5–2 m hoch, sommergrüner Strauch. Typisch ist der leichte Fischgeruch. Stamm graubraun. Blätter eiförmig, kurz nach dem Entfalten unten weißfilzig, später kahl, Blattrand fein gezähnt. Weiße Blüten in dichten Trauben, blühen auf, nachdem sich die Blätter entfaltet haben, manchmal auch zur Zeit der Blattentfaltung. Blütezeit April–Mai. Frucht rundlich, schwarz, oft mit dunklem Rotton, 1–3 cm langer Stiel.

STANDORT UND VERBREITUNG Laubwälder und Gebüsche. Herkunft Nordamerika, in Europa gepflanzt und verwildert, stellenweise eingebürgert.

FELSENBIRNE, GEWÖHNLICHE

Amelanchier ovalis — Rosengewächse

SAMMELN UND ZUBEREITEN Angaben dazu bei der Gattung Felsenbirne.

Gewöhnliche Felsenbirne

MERKMALE 1–3 m hoch, sommergrüner Strauch. Stamm schwarz, Zweige rotbraun. Blätter wechselständig, oval, oben dunkelgrün und kahl, unten filzig behaart, Blattrand gezähnt. Weiße Blüten in endständigen Trauben, erscheinen vor dem Laubaustrieb. Blütezeit April–Juni. Frucht erbsengroße, schwarze Beere, blau bereift, an der Spitze lange Kelchzipfel. Fruchtreife August–Oktober.

STANDORT UND VERBREITUNG Felsbänder, steinige Hänge, auch am Rand wärmeliebender Wälder und Gebüsche. Gebirge Mittel- und Südeuropas.

FELSENBIRNE, KUPFER-

Amelanchier lamarckii — Rosengewächse

SAMMELN UND ZUBEREITEN Angaben dazu bei der Gattung Felsenbirne.

MERKMALE 2–10 m hoch, sommergrüner Strauch oder Baum. Stamm graubraun, junge Triebe seidig behaart. Blätter zur Blütezeit kupferrot, flaumig behaart, noch nicht ausgebreitet, ältere Blätter eiförmig, mit kurzer Spitze, fein gesägt. Weiße Blüten in lockeren, oft überhängenden Trauben. Blütezeit April–Mai. Frucht erbsengroß, schwarzrot, mit aufrechten Kelchzipfeln.

STANDORT UND VERBREITUNG Eichen- und Eichenmischwälder. Herkunft Nordamerika, in Europa gepflanzt und verwildert.

FELSENBLÜMCHEN

SAMMELN UND ZUBEREITEN Felsenblümchen sind wenig bekannte Küchenkräuter mit einem angenehmen, kresse- bis waldmeisterartigen Aroma. Denkbar ist eine Verarbeitung als Beigabe in Salaten und Gemüsegerichten. Viele Arten dieser Gattung sind in ihrem Bestand gefährdet und genießen regional gesetzlichen Schutz. Aber gut sortierte Staudengärtnereien bieten Ersatz für den Garten. Weitere, nachfolgend nicht ausführlich dargestellte Felsenblümchenarten wie Eis-Felsenblümchen *(Draba dubia)*, Hoppes Felsenblümchen *(Draba hoppeana)* und Sauters Felsenblümchen *(Draba sauteri)* sind genauso verwendbar.

FELSENBLÜMCHEN, FILZIGES

Draba tomentosa Kreuzblütengewächse

SAMMELN UND ZUBEREITEN Angaben dazu bei der Gattung Felsenblümchen.
MERKMALE 3–10 cm hoch, Staude. Stängel aufrecht, unverzweigt, dicht mit Sternhaaren bedeckt. Rosettenblätter eiförmig, ganzrandig, vorn stumpf. Stängelblätter breit-eiförmig, alle dicht mit Sternhaaren besetzt und dadurch graugrün oder grau. Blüten weiß, stehen in einer lockeren, endständigen Traube. Blütezeit Juni–August.
STANDORT UND VERBREITUNG Kalk- und Dolomitfelsen. Gebirge Mittel- und Südeuropas. Geschützt.

FELSENBLÜMCHEN, FLADNITZER

Draba fladnizensis Kreuzblütengewächse

SAMMELN UND ZUBEREITEN Angaben dazu bei der Gattung Felsenblümchen.
MERKMALE 3–8 cm hoch, Staude. Stängel unverzweigt, kahl, meist blattlos oder nur mit 1–2 Stängelblättern. Grundständige Blätter in dichten Rosetten, lanzettlich, ganzrandig, am Rand bewimpert. Blüten weiß, stehen in einer lockeren, endständigen Traube. Blütezeit Juni–August.
STANDORT UND VERBREITUNG Felswände, Felsbänder, Gesteinsschutt. Gebirge Mittel- und Südeuropas. Geschützt.

FELSENBLÜMCHEN, HAIN-

Draba nemorosa Kreuzblütengewächse

SAMMELN UND ZUBEREITEN Angaben dazu bei der Gattung Felsenblümchen.
MERKMALE 10–40 cm hoch, einjährig. Stängel im unteren Bereich behaart. Blätter breit-eiförmig, stumpf gezähnt, sitzend, weich, mit Sternhaaren besetzt. Blüten hellgelb, in endständiger Traube. Blütezeit Mai–Juni.
STANDORT UND VERBREITUNG Trockene Wiesen, Böschungen, Ruderalflächen. Osteuropa. In Mitteleuropa stellenweise eingeschleppt bis eingebürgert.

FELSENBLÜMCHEN, IMMERGRÜNES

Draba aizoides Kreuzblütengewächse

SAMMELN UND ZUBEREITEN Angaben dazu bei der Gattung Felsenblümchen.
MERKMALE 5–10 cm hoch, Staude. Stängel unverzweigt, kahl und blattlos. Grundblätter schmal-lanzettlich, ledrig, am Rand auffällig lang bewimpert, ohne Sternhaare. Blüten gelb, stehen in einer endständigen Traube. Blütezeit März–August.
STANDORT UND VERBREITUNG Felsspalten, Felsbänder. Gebirge Mittel- und Südeuropas. Geschützt.

Immergrünes Felsenblümchen

FELSENBLÜMCHEN, KÄRTNER

Draba siliquosa Kreuzblütengewächse

SAMMELN UND ZUBEREITEN Angaben dazu bei der Gattung Felsenblümchen.

MERKMALE 3–12 cm hoch, Staude. Stängel oben kahl, unten oft mit Sternhaaren bedeckt. Grundblätter in dichten Rosetten, lanzettlich, meist ganzrandig, mit Sternhaaren. Stängelblätter kleiner als die Grundblätter, ganzrandig. Blüten weiß, stehen in einer dichten, endständigen Traube. Blütezeit Juni–August.
STANDORT UND VERBREITUNG Felsbänder, Felsspalten, steinige Matten. Gebirge Mittel- und Südeuropas. Geschützt.

FELSENBLÜMCHEN, MAUER-

Draba muralis — Kreuzblütengewächse

SAMMELN UND ZUBEREITEN Angaben dazu bei der Gattung Felsenblümchen.
MERKMALE 10–30 cm hoch, einjährig. Stängel aufrecht, wenig verzweigt. Grundblätter rosettig, oval, kurz gestielt, gezähnt, mit Sternhaaren bedeckt. Stängelblätter sitzend, kleiner. Blüten weiß, stehen in einer dichten, endständigen Traube. Blütezeit Mai–Juli.
STANDORT UND VERBREITUNG Trockenrasen, Mauerritzen, Gebüschränder. Süd- und Westeuropa.

FELSENNELKE, SPROSSENDE

Petrorhagia prolifera — Nelkengewächse

Sprossende Felsennelke

SAMMELN UND ZUBEREITEN Die Blüten sind Grundlage für einen milden Tee. Weil diese Art an vielen ihrer natürlichen Standorte selten geworden ist, aber dennoch keinen gesetzlichen Schutz genießt, sollte sie nur sehr sparsam gesammelt werden.
MERKMALE 10–40 cm hoch, einjährig. Stängel aufrecht, kahl. Blätter gegenständig, lineal, bis zu 4 cm lang. Blüten meist einzeln, manchmal auch zu wenigen in einem Köpfchen stehend, das von 6–8 häutigen, schuppenartigen Hochblättern umgeben ist, Kronblätter hellrosa bis lila. Blütezeit Juni–Oktober.
STANDORT UND VERBREITUNG Sandrasen, Heiden, Wegränder, Bahnschotter. Fast ganz Europa.

FENCHEL, WILDER

Foeniculum vulgare — Doldengewächse

SAMMELN UND ZUBEREITEN Diese Pflanze war schon im Altertum als Gewürz- und Heilpflanze geschätzt. Ihre Blüten aromatisieren Salate, Gemüse, Fisch, Essig und Öl mit Anisgeschmack. Stängel und Blätter würzen Kalb- und Schweinefleisch. Darüber hinaus ergeben sie feine Salate und Gemüsegerichte. Auch die Wurzel kann als Salat oder Gemüse zubereitet werden. Die Früchte sind bekannt als klassisches Gewürz für schwere Speisen wie Kraut, fettes Fleisch oder kräftiges Brot, sie aromatisieren aber auch Fisch, Kräutersalze, Liköre und Bonbons. Und sie ergeben einen heilsamen Tee gegen Verdauungsbeschwerden. Auch Fenchelöl gilt als heilsam. In Italien schätzt man eine Fenchelsalami. Fenchelaroma harmoniert sehr gut mit Safran, Estragon und Petersilie.

Wilder Fenchel

MERKMALE 80–150 cm hoch, zweijährig bis ausdauernd. Stängel aufrecht, markig, gerillt, im oberen Teil bläulich bereift. Blätter grund- und stängelständig. Grundblätter bilden mit der Basis ihrer Blattscheiden eine Zwiebel. Stängelblätter wechselständig, wie die Grundblätter 2- bis 3-fach gefiedert, Teilblättchen fadenförmig dünn. Blüten gelb, 5 Blütenblätter, bilden einen Blütenstand aus Dolden 1. und 2. Ordnung, Hüllblätter sowie Hüllchenblätter fehlen. Blütezeit Juli–August. Früchte etwa 1 cm lang und um 2 mm im Durchmesser, etwas abgeflacht, mit gräulichen Rippen.
STANDORT UND VERBREITUNG Unkrautfluren. Als Gewürzpflanze kultiviert und gartennah verwildert. Braucht trockenen, nährstoffreichen Lehmboden in sommerwarmen Klimalagen. Herkunft Mittelmeergebiet.

Erst ein paar Fenchelsamen machen das würzige Aroma der typischen Herbes-de-Provence-Kräutermischung perfekt.

FERKELKRAUT

SAMMELN UND ZUBEREITEN Die jungen, salatartig mild schmeckenden Frühlingsblätter können als Beigabe in Salaten, Suppen und Gemüsegerichten verwendet werden. Genauso gut passen die Blütenknospen in Salate und Gemüsegerichte, werden aber auch wie Kapern eingelegt gegessen. Die einzelnen Zungenblüten sind eine sehr ansprechende essbare Dekoration, die man auf Salate und Desserts, Suppen und Gemüsegerichte streut. Die Wurzel nutzt man in den Monaten März und April als Koch- oder Backgemüse, auch getrocknet, geröstet und gemahlen als Kaffee-Ersatz.

FERKELKRAUT, EINKÖPFIGES

Hypochaeris uniflora Korbblütengewächse

SAMMELN UND ZUBEREITEN Angaben dazu bei der Gattung Ferkelkraut.

MERKMALE 15–50 cm hoch, Staude. Stängel unter dem Blütenkopf keulig verdickt, dicht behaart. Grundblätter rosettig, schmal-eiförmig, mit starkem Mittelnerv, beiderseits behaart. Gelbe Blütenköpfe einzeln an der Stängelspitze, nur Zungenblüten. Blütezeit Juli–September. Früchte geschnäbelt, mit Haarkrone aus gelblich weißen fedrigen Borsten.

STANDORT UND VERBREITUNG Alpine Wiesen, steinige Matten. Alpen.

FERKELKRAUT, GEFLECKTES

Hypochaeris maculata Korbblütengewächse

SAMMELN UND ZUBEREITEN Angaben dazu bei der Gattung Ferkelkraut.

MERKMALE 20–70 cm hoch, Staude. Stängel unter dem Blütenkopf nicht verdickt, steif behaart. Grundblätter rosettig, breit-oval, buchtig gezähnt, oft braun gefleckt. Gelbe Blütenköpfe, einzeln an der Stängelspitze, nur Zungenblüten. Blütezeit Mai–August. Früchte geschnäbelt, mit Haarkrone aus blassbraunen, fedrigen Borsten.

STANDORT UND VERBREITUNG Magerrasen, Wald- und Gebüschsäume. Fast ganz Europa, Hauptverbreitungsgebiet ist das südöstliche Europa.

FERKELKRAUT, GEWÖHNLICHES

Hypochaeris radicata Korbblütengewächse

SAMMELN UND ZUBEREITEN Angaben dazu bei der Gattung Ferkelkraut.

MERKMALE 20–60 cm hoch, Staude. Stängel blaugrün, unter dem Blütenkopf wenig verdickt, blattlos oder mit wenigen schuppenförmigen Blättern. Grundblätter rosettig, eiförmig bis lanzettlich, tief buchtig gezähnt, kahl oder behaart. Blütenköpfe gelb, einzeln an der Stängelspitze, nur Zungenblüten. Blütezeit Juni–Oktober. Früchte geschnäbelt, mit 2-reihiger gelblichweißer Haarkrone, nur die inneren fedrig.

STANDORT UND VERBREITUNG Magerrasen, magere Weiden, Heiden. Fast ganz Europa.

Gewöhnliches Ferkelkraut

FERKELKRAUT, KAHLES

Hypochaeris glabra Korbblütengewächse

SAMMELN UND ZUBEREITEN Angaben dazu bei der Gattung Ferkelkraut.

MERKMALE 10–40 cm hoch, einjährig. Stängel aufrecht oder aufsteigend, kahl, unter dem Blütenkopf etwas verdickt. Grundblätter rosettig, eiförmig bis lanzettlich, nie gefleckt, buchtig gezähnt, kahl. Blütenköpfe gelb, einzeln an der Stängelspitze, nur Zungenblüten. Blütezeit Juni–Oktober. Früchte unterschiedlich: randständige ungeschnäbelt, innere geschnäbelt, Haarkranz gelblich-weiß, 2-reihig, nur die inneren fedrig.

STANDORT UND VERBREITUNG Sandmagerrasen, Wegränder. Mittel- und Südeuropa.

FETTHENNE, ALPEN-

Sedum alpestre Dickblattgewächse

Alpen-Fetthenne

SAMMELN UND ZUBEREITEN Die junge Pflanze wird von April bis Juni, noch ehe sie blüht, in kleinen Mengen als mildsäuerliches Gewürz verwendet.
MERKMALE 5–10 cm hoch, Staude. Stängel liegend oder bogig aufsteigend, kahl. Nicht blühende Triebe dicht beblättert, blühende Triebe locker beblättert. Blätter wechselständig, zylindrisch, manchmal rötlich überlaufen. Blüten gelb. Blütezeit Juni–August.
STANDORT UND VERBREITUNG Braucht steinigen, frischen bis nassen Boden. Besiedelt steinige Rasen, Felsschutt, ist auch siedlungsnah um Berghütten anzutreffen. Mittel- und Südeuropa.

FETTHENNE, DICKBLÄTTRIGE

Sedum dasyphyllum Dickblattgewächse

SAMMELN UND ZUBEREITEN Die junge Pflanze wird von April bis Juni in kleinen Mengen als feinsäuerliches Gewürz verwendet.
MERKMALE 5–15 cm hoch, Staude. Stängel liegend oder bogig aufsteigend, blaugrün, oft rötlich überlaufen, oben drüsig behaart. Blühende Triebe locker beblättert, nicht blühende Triebe dicht beblättert. Blätter eiförmig, dickfleischig, blaugrün bereift, oft rötlich überlaufen. Blüten weiß oder rosa, Kronblätter außen mit einem roten Mittelstreifen. Blütezeit Juni–August.
STANDORT UND VERBREITUNG Mauern, Felsen. Hauptsächlich Süd- und Westeuropa.

FETTHENNE, EINJÄHRIGE

Sedum annuum Dickblattgewächse

SAMMELN UND ZUBEREITEN Die würzigen Blätter sind in kleinen Mengen gute Beigaben zu Salaten und anderen Vorspeisen, passen auch zu vielerlei Brotaufstrichen.
MERKMALE 5–15 cm hoch, einjährig. Stängel aufrecht oder aufgebogen, verzweigt, kahl. Blätter wechselständig, linealisch, halbstielrund, sehr dicht am Stängel. Blüten gelb. Blütezeit Juni–August.
STANDORT UND VERBREITUNG Felsen, Mauerkronen, Steinschutt. Hauptsächlich Gebirge Europas.

Einjährige Fetthenne

FETTHENNE, FELSEN-, TRIPMADAM

Sedum reflexum Dickblattgewächse

SAMMELN UND ZUBEREITEN Blätter, Stängel und Sprossspitzen der noch nicht blühenden Pflanze sind frisch oder getrocknet eine feinsäuerliche Würze. Man nimmt sie als aromatische Beigaben zu Salaten, Wildkräutersuppen, Gemüsegerichten, Soßen und Dressings. Sie passen auch gut zu Brotaufstrichen oder in Kräuterbutter. Fein gehackt und mit Butter vermischt eignen sie sich zum Ausschwenken von Kartoffeln. Mit Thymian und Estragon wird Tripmadam zu Kräuteressig verarbeitet. Die Pflanze kann auch süßsauer eingelegt werden. Die Milde Fetthenne *(Sedum sexangulare)* und die Nizza-Fetthenne *(Sedum sediforme)* können genauso verwendet werden.

Felsen-Fetthenne

MERKMALE 10–30 cm hoch, Staude. Stängel kriechend oder bogig aufsteigend, verzweigt, blühende Triebe locker beblättert, nicht blühende Triebe dicht beblättert. Blätter stielrund, stachelspitz. Zitronengelbe Blüten. Blütezeit Juni–August.
STANDORT UND VERBREITUNG Sandige Rasen, Felsspalten, Mauern. Fast ganz Europa.

Süßsauer eingelegte Tripmadamsprosse sind eine reizvolle Beigabe zu gebratenem Fisch oder Fleisch.

FETTHENNE, KAUKASUS-

Sedum spurium Dickblattgewächse

SAMMELN UND ZUBEREITEN Die jungen Triebe, vor der Blütezeit gesammelt, eignen sich roh als Beigabe zu Salaten, gekocht zu Gemüsezubereitungen. Auch als feinsäuerliches Gewürz von Quarkspeisen finden sie Verwendung.
MERKMALE 10–20 cm hoch, Staude mit nicht blühenden, rosettenartigen Trieben und aufsteigenden Blütentrieben. Blätter quirl- oder gegenständig, flach, fleischig, oval, am Rand gekerbt und bewimpert. Blüten rot, rosa oder weiß, Kronblätter schmal-lanzettlich, sehr spitz. Blütezeit Juli–August.
STANDORT UND VERBREITUNG Mauern, Felsen, Wegränder, stillgelegte Bahnlinien, Kiesgruben. Herkunft Kaukasusgebiet. In Mitteleuropa eine der häufigsten Zierpflanzen. Aus Gärten beständig verwildert.

FETTHENNE, PURPUR-

Sedum telephium agg. Dickblattgewächse

SAMMELN UND ZUBEREITEN Triebspitzen und Blätter sind eine würzende Beigabe zu Salaten, Vorspeisen, Suppen und Eintöpfen, Gemüsegerichten und Brotaufstrichen, ja selbst zu erfrischenden Säften. Manchmal werden sie auch zu Sauerkraut vergoren. Wer den entfernt an grüne Paprika erinnernden Geschmack der Blätter verbessern will, sollte vor der eigentlichen Verarbeitung die dünne Blatthaut abziehen. Die scharf schmeckenden Wurzelknöllchen können in kleinen Mengen als Gewürz, aber auch als Zusatz zu Koch- und Backgemüse verwendet werden. Gleiches gilt für die Große Fetthenne *(Sedum maximum)*.

Purpur-Fetthenne

MERKMALE 20–80 cm hoch, Staude. Stängel aufrecht. Blätter wechselständig, länglich-eiförmig, ganzrandig oder schwach gezähnt, fleischig. Blüten rot, in doldenartigen Blütenständen am Ende der Stängel. Blütezeit Juli–Oktober.
STANDORT UND VERBREITUNG Felsen sowie Felsschutt, Weg- und Ackerränder, Gebüschsäume. Hauptsächlich Mittel- und Nordeuropa.

FETTHENNE, RISPEN-

Sedum cepacea Dickblattgewächse

SAMMELN UND ZUBEREITEN Die junge Pflanze wird vor der Blütezeit gesammelt und in kleinen Mengen als feinsäuerliches Gewürz von Quark und Marinaden verwendet.
MERKMALE 10–30 cm hoch, einjährig. Ohne liegende nicht blühende Triebe. Stängel meist aufrecht, rötlich überlaufen. Blätter flach, fleischig, ganzrandig, untere gegen- oder quirlständig und oval, obere wechselständig und lanzettlich. Blüten hellrosa, Kronblätter mit rotem Mittelstreifen und grannenartiger Spitze. Blütezeit Juni–Juli.
STANDORT UND VERBREITUNG Schattige Gebüschsäume, Mauern, Ödland. Südeuropa. In Mitteleuropa örtlich aus Kulturen verwildert.

FETTHENNE, RÖTLICHE

Sedum rubens Dickblattgewächse

SAMMELN UND ZUBEREITEN Auch die Rötliche Fetthenne wird, ebenso wie andere Arten der Gattung Fetthenne, als junge Pflanze in kleinen Mengen als säuerlich-aromatisches Gewürz verwendet.
MERKMALE 5–15 cm hoch, einjährig. Stängel in ganzer Länge mit 4 flügelartigen Längsleisten, rötlich überlaufen. Blätter wechselständig, halbzylindrisch, stumpf, blaugrün bis rötlich, fleischig. Blüten weiß

Rötliche Fetthenne

oder rosa, Kronblätter mit dunklem Mittelstreifen, zugespitzt. Blütezeit Mai–Juni.
STANDORT UND VERBREITUNG Weinberge, Brachen, lockere Sand- und Felsrasen. Hauptverbreitung im Mittelmeergebiet.

FETTHENNE, SCHWARZE

Sedum atratum Dickblattgewächse

Schwarze Fetthenne

SAMMELN UND ZUBEREITEN Die junge Pflanze wird von April bis Juni gesammelt und als Gewürz von Quarkspeisen sowie für verschiedene Marinaden verwendet.
MERKMALE 3–8 cm hoch, einjährig. Stängel aufgebogen oder aufrecht. Nur blühende Triebe, keine nicht blühenden. Blätter wechselständig, keulenförmig, dickfleischig. Blüten weiß bis gelbgrün oder rötlich braun. Blütezeit Juni–August.
STANDORT UND VERBREITUNG Felsspalten, alpine Matten, Gesteinsschutt. Gebirge Mittel- und Südeuropas.

FETTHENNE, SPANISCHE

Sedum hispanicum Dickblattgewächse

SAMMELN UND ZUBEREITEN Die junge Pflanze wird vorsichtig dosiert als ein feinsaures Gewürz verwendet.
MERKMALE 5–15 cm hoch, einjährig. Stängel meist aufrecht, nur im Blütenstandsbereich etwas drüsig. Nicht blühende Triebe fehlen. Blätter wechselständig, länglich-keulenförmig, mit stumpfer Spitze, blaugrün bereift, fleischig. Blüten in einem doldenartigen Blütenstand, Kronblätter weiß oder rosa, mit grannenartiger Spitze. Blütezeit Juni–Juli.
STANDORT UND VERBREITUNG Mauern, feuchte Felsen, Felsschutt. Südosteuropa, darüber hinaus in vielen Ländern Europas verwildert und stellenweise eingebürgert.

FETTHENNE, SUMPF-

Sedum villosum Dickblattgewächse

SAMMELN UND ZUBEREITEN Die junge Pflanze kann von April bis Juni als mildsäuerliche Beigabe in Salaten und Quarkspeisen verarbeitet werden.
MERKMALE 5–20 cm hoch, einjährig. Stängel und Blätter dicht mit Drüsen besetzt. Stängel meist aufrecht. Nicht blühende Triebe fehlen. Blätter wechselständig, länglich, stumpf, fleischig, blaugrün oder rotbraun bereift. Blüten in einem doldenartigen Blütenstand, Kronblätter rosa, mit dunklem Mittelstreifen. Blütezeit Juni–Juli.
STANDORT UND VERBREITUNG Nasse Wiesen, Moore, feuchte Felsen. Meidet Kalk. Europa.

FETTHENNE, WEISSE

Sedum album Dickblattgewächse

SAMMELN UND ZUBEREITEN Die rundlichen Blätter der nicht blühenden Triebe schmecken auch roh. Man kann sie in Salate wie beispielsweise Gurkensalate oder Obstsalate schneiden. Zusammen mit Knoblauch, gehobelter Gurke und Quark passen sie auch in ein Zaziki. Gekocht werden sie gerne in Gemüsegerichten verarbeitet.
MERKMALE 5–20 cm hoch, Staude. Blühende Stängel aufgebogen oder aufrecht, nicht blühende Stängel kriechend. Blätter wechselständig, zylindrisch, fleischig, grün oder rötlich. Blüten in einem rispigen Blütenstand an der Stängelspitze, weiß oder rosa. Blütezeit Juni–Oktober.
STANDORT UND VERBREITUNG Benötigt trockenen, steinigen Boden in sonniger Lage. Besiedelt Felsen, Mauern, trockene und felsige Rasen. Wird zur Dachbegrünung gepflanzt. Mittel- und Südeuropa.

Weiße Fetthenne

FETTKRAUT, GEWÖHNLICHES

Pinguicula vulgaris Wasserschlauchgewächse

SAMMELN UND ZUBEREITEN In Nordskandinavien hat man diese fleischfressende Moorpflanze für die Herstellung von Sauermilchprodukten verwendet. Dazu sammelte man in den Monaten April und Mai Blätter und weiche Triebe und legte sie als Gerinnungsmittel in Milch ein.

MERKMALE 5–20 cm hoch, Staude. Blätter grundständig, breit-eiförmig, ganzrandig, Ränder aufgestellt oder nach innen gekrümmt, oberseits mit Klebdrüsen zum Fangen von Insekten. Blüten einzeln auf blattlosen Stängeln, blauviolett, Krone 2-lippig, mit schlankem Sporn. Blütezeit Mai–Juli.

STANDORT UND VERBREITUNG Flachmoore, Quellmoore. Nordeuropa, Gebirge Mitteleuropas. Geschützt.

FICHTE, GEWÖHNLICHE

Picea abies Kieferngewächse

SAMMELN UND ZUBEREITEN Die jungen, hellgrünen Frühlingstriebe der Fichte schmecken zart und angenehm säuerlich nach Zitrone. Man erntet sie in den Monaten April und Mai, wenn sie noch weich sind. Fein gehackt nimmt man sie als erfrischendes Gewürz zu Salaten, Gemüsegerichten, Wildsoßen, Kräuterdips und Fisch. Selbst Desserts geben sie ein höchst reizvolles Aroma. Und man kann sie als Tee aufgießen. Die jungen männlichen Blütenknospen sind als Gewürz verwendbar, beispielsweise für Gemüse und Wild. Die Blütenpollen nahm man früher zum Strecken von Getreidemehl. Die kleinen, noch weichen, weiblichen Zapfen nimmt man zum Aromatisieren von Spirituosen. Die Samen – ohne Flügel – sind eine feine Knabberei mit nussigem Geschmack. Beim Sammeln ist eine gewisse Vorsicht geboten. Die hochgiftige Europäische Eibe (*Taxus baccata*, S. 361) sieht ähnlich aus.

Gewöhnliche Fichte

MERKMALE 25–50 m hoch, immergrüner Nadelbaum, kegelförmiger Wuchs. Nadeln dunkelgrün, spitz, 4-kantig, sitzen auf kleinen rotbraunen Kissen. Blüten im Wipfelbereich, weibliche Blütenstände hellgrün bis rot, männliche Blüten gelblich. Blütezeit Mai–Juni. Braune, hängende Zapfen, Samen geflügelt.

STANDORT UND VERBREITUNG Natürliche Standorte in Mittelgebirgs- und Gebirgslagen. In tieferen Lagen aufgeforstet. Hauptsächlich Mittel-, Nord- und Osteuropa.

Einen aromatischen Fichten-Sirup als Basis für Getränke und Sorbets erhält man, indem man ein hohes Glas abwechselnd mit Schichten junger Triebe und Zucker füllt, etwa 3 Wochen in der Sonne ziehen lässt und dann durch ein Tuch abfiltriert.

FICHTENSPARGEL, GEWÖHNLICHER

Monotropa hypopitys Fichtenspargelgewächse

SAMMELN UND ZUBEREITEN Junge, von April bis Mai gesammelte Triebe sind gekocht als essbares Gemüse überliefert.

MERKMALE 10–20 cm hoch, Staude. Chlorophyllfrei, deshalb bleichgelb. Stängel unten etwas verdickt. Blätter schuppenartig. Blüten in erst nickender, dann aufgerichteter Traube, Krone glockenförmig. Blütezeit Juni–Juli.

STANDORT UND VERBREITUNG Nadel- und Nadelmischwälder. Fast in ganz Europa.

Gewöhnlicher Fichtenspargel

FINGERHIRSE, BLUT-

Digitaria sanguinalis Süßgräser

SAMMELN UND ZUBEREITEN In Osteuropa wurde die Pflanze früher angebaut. Ihre Samenkörner lieferten eine Art Mehl, das zu Grütze verarbeitet und als Bierwürze genutzt wurde.

MERKMALE 10–60 cm hoch, einjähriges Gras. Meist rot überlaufen. Blätter und Blattscheiden behaart. Ähren schmal-lineal, zu 4–8 fingerförmig gebüschelt an

den Halmenden, Ährchen lanzettlich, spitz. Blütezeit Juli–Oktober.
STANDORT UND VERBREITUNG Sandige Felder, Wegränder, Weinberge, Bahngelände. Europa.

FINGERKRAUT, FELSEN-

Potentilla rupestris Rosengewächse

SAMMELN UND ZUBEREITEN Die Blätter, von März bis April geerntet, passen in Teemischungen.
MERKMALE 30–50 cm hoch, Staude. Grundständige Blätter unpaarig gefiedert, Teilblättchen oval, gezähnt. Nur wenige 3-zählige Stängelblätter. Weiße Blüten. Blütezeit Mai–Juli.
STANDORT UND VERBREITUNG Wald- und Gebüschsäume, sonnige, helle Trockenwälder, auch Felsbänder. Mittel- und Südeuropa.

FINGERKRAUT, GÄNSE-

Potentilla anserina Rosengewächse

SAMMELN UND ZUBEREITEN Die herbsäuerlichen Blätter eignen sich als Beigabe in Wildkräutersalaten, Gemüsegerichten, Frischkäsemischungen und Quarkspeisen. Gut machen sie sich auch als gehacktes Grün über Suppen, Eintöpfe und Pürees. Und sie sind Bestandteil magenstärkender Tees. Die gelben Blütenblätter sind bunte Dekoration für Salate und kalte Platten. Die stärkereichen Wurzeln sind roh und gegart genießbar. Roh schmecken sie leicht nussig, gegart erinnern sie an Möhren. Getrocknet und gemahlen nahm man die Wurzeln früher als Mehlersatz. Vorsicht: Gefährlich ist die Verwechslung mit dem am gleichen Standort vorkommenden, ebenfalls gelb blühenden Kriechenden Hahnenfuß (*Ranunculus repens,* S. 368).
MERKMALE Teppichartig wachsende Staude. Stängel 5–15 cm lang, oft rötlich überlaufen, kriechend. Blätter in bodennaher Rosette, unterbrochen gefiedert, Teilblättchen oben dunkelgrün, unten silbrig behaart, am Rand gezähnt. Goldgelbe Blüten. Blütezeit Mai–August.
STANDORT UND VERBREITUNG An Weg- und Straßenrändern, Bahndämmen, auf Schuttplätzen und Brachland. Fast ganz Europa.

Gänse-Fingerkraut

Gänse-Fingerkraut-Kartoffelnudeln mit Gundermannbutter sind zusammen mit einem frühlingsfrischen Wildkräutersalat ein köstliches »wildes« Essen.

FINGERKRAUT, HOHES

Potentilla recta Rosengewächse

SAMMELN UND ZUBEREITEN Die reifen und unreifen Samen der Pflanze sind roh essbar. Gesammelt werden sie von Juli bis September.
MERKMALE 20–70 cm hoch, Staude. Grundblätter 5- bis 7-teilig, gestielt, Teilblättchen oval, beiderseits grün, gesägt. Stängelblätter sitzend, kleiner als die Grundblätter. Blüten blassgelb. Blütezeit Juni–Juli.
STANDORT UND VERBREITUNG Wegränder, Bahndämme, Böschungen. Mittel- und Südosteuropa.

FINGERKRAUT, KRIECHENDES, FÜNFFINGERKRAUT

Potentilla reptans Rosengewächse

SAMMELN UND ZUBEREITEN Die Pflanze hat einen milden und salatartigen Geschmack. Die jungen, zarten Blätter eignen sich gut als Beimischung zu Salaten, Suppen, Eintöpfen und Gemüseaufläufen. Fein gehackt passen sie in Kräuterkäse, Quark und Kräuterpüree. Die gelben Blüten sind ansprechende Dekoration für Salate, kalte Platten und Sülzen.
MERKMALE Staude. Stängel 10–20 cm lang, liegend. Blätter lang gestielt, 5-teilig, Teilblättchen oval, grob gesägt. Blüten gelb. Blütezeit Juni–August.
STANDORT UND VERBREITUNG Feuchte Wiesen, Wegränder, Straßenböschungen, Ufer. Europa.

Kriechendes Fingerkraut

FINGERKRAUT, NIEDRIGES

Potentilla supina — Rosengewächse

SAMMELN UND ZUBEREITEN Ein seltenes Fingerkraut, dessen Blätter von April bis Juni in kleinen Mengen als Gemüsebeigabe genutzt werden können.
MERKMALE 20–50 cm hoch, ein- bis mehrjährig. Blätter gefiedert, 2–6 Teilblättchenpaare und ein Endblättchen. Teilblättchen länglich, grob gekerbt bis fiederteilig. Blüten gelb. Blütezeit Juni–September.
STANDORT UND VERBREITUNG Gewässerufer, Dorfwege, Hafen- und Bahnanlagen. Gemäßigte und wärmere Zonen Europas.

FINGERKRAUT, SILBER-

Potentilla argentea — Rosengewächse

Silber-Fingerkraut

SAMMELN UND ZUBEREITEN Die Blätter sind von April bis Juni als Beigaben in Salaten und Gemüsezubereitungen nutzbar, die Blüten als essbare Dekoration, beispielsweise in Salaten und auf kalten Platten.
MERKMALE 20–30 cm hoch, Staude. Blätter 5- bis 7-teilig, Teilblättchen oval, fiederteilig oder grob gezähnt, unterseits dicht filzig behaart. Blüten gelb. Blütezeit Juni–August.
STANDORT UND VERBREITUNG Trockenrasen, Wegränder. Fast ganz Europa.

FINGERTANG

Laminaria digitata — Braunalgen

SAMMELN UND ZUBEREITEN Der Fingertang ist reich an Vitaminen, Mineralien und Jod. Er enthält 500 Mal so viel Jod und etwa 10 Mal so viel Magnesium wie andere Gemüse. Bemerkenswert ist auch sein hoher Anteil an Eisen, Kalzium, Phosphor, Chlor und den Vitaminen A, B und C. Die blattartigen Hauptteile dieses Tangs können in Streifen geschnitten wie Gemüse zubereitet werden, bereichern aber auch Suppen, Eintöpfe oder Aufläufe geschmacklich. Außerdem kann mit Fingertang Fleisch oder Fisch umwickelt und in Wasserdampf gedünstet werden. Ein Streifen Fingertang, mit Bohnen gekocht, verbessert ihr Aroma, macht sie schneller weich und leichter verdaulich. Getrocknete Fingertangstreifen werden 10 Minuten in Wasser eingeweicht und dann wie Frischmaterial verwendet.
MERKMALE Mehrjährige Braunalge mit dunkel- bis olivgrüner Färbung. Wurzelartige Haftkralle. Stiel meist 10 cm lang, glatt, biegsam, im Querschnitt oval. Blatt bis zu 50 cm breit und 2 m lang, fingerförmig in Längsrichtung geschlitzt, fleischig, ledrig.
STANDORT UND VERBREITUNG Atlantische Felsenpflanze, wächst an Felsen knapp unterhalb der Gezeitenzone. Westliche Ostsee, Nordsee, Atlantik.

Fingertang-Chips, das sind in Pflanzenöl frittierte und anschließend mit Paprika bestreute Streifen dieser Braunalge, sind ein perfekter Wildlife-Partysnack.

FINKENSAME, ACKERNÜSSCHEN

Neslia paniculata — Kreuzblütengewächse

Finkensame

SAMMELN UND ZUBEREITEN Die Pflanze gilt generell als essbar. Sie könnte beispielsweise als Beigabe in Salaten sowie in verschiedenen Gemüsegerichten verarbeitet werden.
MERKMALE 15–80 cm hoch, einjährig. Untere Stängelblätter lanzettlich, gestielt, obere Stängelblätter sitzend, mit pfeilförmiger Basis, stängelumfassend. Blüten goldgelb. Blütezeit Mai–Juli.
STANDORT UND VERBREITUNG Getreidefelder, Ödland. Fast ganz Europa.

FLOCKENBLUME, RIESEN-, ALPENSCHARTE

Centaurea rhapontica — Korbblütengewächse

SAMMELN UND ZUBEREITEN Mit ihren faustgroßen, roten Blütenköpfen ist diese Pflanze sicher

eine der auffälligsten der alpinen Flora. Ihre Wurzel wurde früher für stärkende, die Verdauung anregende Tees genutzt. Schon Hieronymus Bock würdigt die Pflanze 1551 in seinem Kräuterbuch als eine »köstlich wurtzel« und empfiehlt sie bei Bauchschmerzen.
MERKMALE 40–120 cm hoch, Staude. Stängel unter dem Blütenkopf verdickt. Grundblätter kurz gestielt, oval. Stängelblätter wechselständig, kurz gestielt, lanzettlich, werden zur Spitze hin kleiner. Alle Blätter oben grün und kahl, unten graufilzig, gezähnt. Blüten rosa bis purpurrot. Blütezeit Juli–September.
STANDORT UND VERBREITUNG Alpine Ufergebüsche, extensiv genutzte, feuchte Bergwiesen. Alpen.

FLOCKENBLUME, STERN-

Centaurea calcitrapa Korbblütengewächse

SAMMELN UND ZUBEREITEN Die jungen Triebe lassen sich von April bis Juni zu Gemüsegerichten verarbeiten. Die zarten Blütenhüllblätter ergeben feine Salate. Besonders gut passt ihr artischockenähnlicher Geschmack zu Garnelen. Die süßliche Wurzel schmeckt in Suppen und Gemüsen.
MERKMALE 20–50 cm hoch, zweijährig. Blätter wechselständig, fiederteilig, stachelspitz gezähnt. Blütenköpfe lilafarben. Hüllblätter grünlich, laufen mit Ausnahme der innersten in einen kräftigen gelblichen Stachel aus. Blütezeit August–September.
STANDORT UND VERBREITUNG Wegränder, trockene Hänge, Ödland. Süd-, Südost- und Westeuropa.

FLOCKENBLUME, WIESEN-

Centaurea jacea Korbblütengewächse

SAMMELN UND ZUBEREITEN Die bitteren Blätter nahm man früher als Hopfenersatz zum Bierbrauen. Die Blüten, die kaum Eigengeschmack haben, eignen sich als ungewöhnliche essbare Dekoration für Salate, Süßspeisen und Suppen. Auch als farbenfrohe Zutat in Trockenteemischungen finden sie Verwendung. Als Blütenbutter machen sie sich gut auf kalten Platten.
MERKMALE 30–70 cm hoch, Staude. Stängel kantig, rau, unterhalb der Blütenköpfe ein wenig verdickt. Blätter wechselständig, untere schmal-eiförmig, obere lanzettlich, ganzrandig oder gezähnt. Blütenköpfe rotviolett, Randblüten vergrößert. Blütezeit Juni–Oktober.

Wiesen-Flockenblume

STANDORT UND VERBREITUNG Halbtrockenrasen, Wiesen, Weiden, Wegränder. Europa.

FLÜGELKNÖTERICH, JAPANISCHER

Fallopia japonica Knöterichgewächse

SAMMELN UND ZUBEREITEN Die jungen Sprosse des Japanischen Flügelknöterichs können von März bis April in der Küche als rhabarberähnlich süß-säuerliches Pfannengemüse zubereitet werden. Sie eignen sich aber auch als Belag auf Kuchen oder für die Bereitung von Kompott und anderen Süßspeisen, selbst als Bestandteil eines fruchtig-würzigen Chutneys. Von August bis September geerntete, weiche, nicht holzige Wurzelteile können geschält Kochgemüsegerichten beigefügt werden. Etwas seltener findet man in der europäischen Flora verwildert auch den Sachalin-Flügelknöterich (*Fallopia sachalinensis*), der ähnlich verwendet wird.
MERKMALE Bis zu 3 m hoch, Staude. Stängel oft dunkelrot. Blätter breit-eiförmig, gestielt, am Grund gerundet oder gestutzt. Grünlich weiße Blüten. Blütezeit Juli–September.

Japanischer Flügelknöterich

STANDORT UND VERBREITUNG An Fluss- und Bachufern und sonnigen, grundwasserfeuchten Gebüschsäumen. Herkunft Ostasien, in Europa vielfach kultiviert und verwildert.

FRAUENFARN

Athyrium filix-femina Frauenfarngewächse

SAMMELN UND ZUBEREITEN Die sehr jungen, noch eingerollten Wedel können wie Spinat gekocht oder im Stück wie Spargel zubereitet werden. Die beste Sammelzeit sind die Monate April und Mai. Die bitteren Blättchen waren früher hopfenartige Bierwürze.
MERKMALE 30–100 cm hoch, mehrjährige Farnpflanze. Blätter im Umriss breit-lanzettlich, 2- bis 3-fach gefiedert. Sporenhäufchen in 2 Reihen auf der Blattunterseite. Sporenreife Juli–September.
STANDORT UND VERBREITUNG Auwälder, Waldbäche und -quellen. Fast ganz Europa.

Frauenfarn

FRAUENMANTEL

SAMMELN UND ZUBEREITEN Die Pflanze hat einen unverwechselbaren, mild kohlrabiartigen Geschmack. Ihre kleinen, weichen, noch vor der Blütezeit gesammelten Blätter werden frisch, gekocht oder getrocknet in der Küche eingesetzt. Frisch und in feine Streifen geschnitten genießt man sie in Salaten, gekocht in Gemüsegerichten, Eintöpfen und Aufläufen. Im Schatten getrocknet und aromadicht aufbewahrt stehen sie auch in der kalten Jahreszeit als Vitaminspender und Würze zur Verfügung. Auch volksmedizinisch ist der Frauenmantel hoch geschätzt. Als Tee getrunken wirken seine Blätter Beschwerden der Wechseljahre entgegen, mildern Kopfschmerzen und Schlaflosigkeit. Die kleinen gelbgrünen Blüten schmücken als Dekoration Salate, Suppen und kalte Platten.

FRAUENMANTEL, ALPEN-

Alchemilla alpina Rosengewächse

SAMMELN UND ZUBEREITEN Angaben dazu bei der Gattung Frauenmantel.
MERKMALE 5–30 cm hoch, Staude. Blätter fast bis zum Grund 5- bis 7-teilig, einzelne Blattabschnitte vorne gezähnt, oben dunkelgrün und kahl, unten silbrig behaart. Blüten hellgrün, ohne Kronblätter, in dichten knäueligen Blütenständen stehend. Blütezeit Juni–August.
STANDORT UND VERBREITUNG Grasige, felsige Standorte. Gebirge Mittel- und Nordeuropas.

FRAUENMANTEL, BASTARD-

Alchemilla hybrida agg. Rosengewächse

SAMMELN UND ZUBEREITEN Angaben dazu bei der Gattung Frauenmantel.
MERKMALE Staude, leicht kenntlich an dichter Behaarung und wenig gezähnten Lappen der meist kleinen Blätter. Stängel 10–20 cm hoch. Blätter 7- bis 9-teilig, Blattabschnitte halbkreisförmig, vorne gezähnt. Blüten gelbgrün, je 4 äußere und innere Kelchblätter, Kelch bleibt nach der Blüte innen gelbgrün. Blütezeit Juli.
STANDORT UND VERBREITUNG Magerwiesen, Zwergstrauchheiden. Fast ganz Europa, im Süden in den Gebirgen.

FRAUENMANTEL, GEWÖHNLICHER

Alchemilla vulgaris agg. Rosengewächse

SAMMELN UND ZUBEREITEN Angaben dazu bei der Gattung Frauenmantel.
MERKMALE 15–50 cm hoch, Staude. Blätter gestielt, gelappt, 5–11 halbkreisförmige, rautenförmige oder 3-eckige Lappen, am Rand gezähnt, kahl, behaart. Blüten gelbgrün, bestehen aus je 4 äußeren und inneren Kelchblättern, Kronblätter fehlen. Blütezeit Mai–September.

Gewöhnlicher Frauenmantel

STANDORT UND VERBREITUNG Formenreiche Sammelart mit zahlreichen Kleinarten, die sich in ihren Standortansprüchen unterscheiden. Feuchte Wiesen, Weiden, Waldlichtungen, Wald- und Wegränder, Bachufer. Fast ganz Europa.

FRAUENMANTEL, GLANZ-

Alchemilla splendens agg. Rosengewächse

SAMMELN UND ZUBEREITEN Angaben dazu bei der Gattung Frauenmantel.
MERKMALE 10–20 cm hoch, Staude. Blätter 9- bis 11-lappig, Blattabschnitte breit gerundet, vorne gezähnt, unten seidig behaart. Blüten gelbgrün, Blütenstiel und Blütenkelch behaart, innere Kelchblätter länger als die äußeren. Blütezeit Juli.
STANDORT UND VERBREITUNG Alpine Rasen, Steinfluren. Alpen.

Glanz-Frauenmantel

FRAUENMANTEL, VERWACHSENER

Alchemilla conjuncta agg. Rosengewächse

SAMMELN UND ZUBEREITEN Angaben dazu bei der Gattung Frauenmantel.
MERKMALE 10–30 cm hoch, Staude. Blätter 7- bis 9-teilig, Blattabschnitte zu einem Fünftel verwachsen, oben kahl, unten seidig behaart, vorne gezähnt. Lockere Blütenknäuel aus gelben Einzelblüten. Blütezeit Juni–September.

STANDORT UND VERBREITUNG Feuchte, felsige Standorte, alpine Rasen. Gebirge Mittel- und Südeuropas.

FRAUENMANTEL, ZERSCHLITZTER

Alchemilla fissa agg. Rosengewächse

SAMMELN UND ZUBEREITEN Angaben dazu bei der Gattung Frauenmantel.
MERKMALE 10–30 cm hoch, Staude. Blätter 7- bis 9-teilig, Blattabschnitte etwa zur Hälfte eingeschnitten, vorne gezähnt, an den Seiten ganzrandig. Blüten gelb, innere und äußere Kelchblätter gleich lang, keine Kronblätter. Blütezeit Juni–August.
STANDORT UND VERBREITUNG Schneetälchen, alpine Rasen. Gebirge Mittel- und Südeuropas.

FRAUENSPIEGEL, ECHTER

Legousia speculum-veneris
Glockenblumengewächse

SAMMELN UND ZUBEREITEN Dieses Ackerunkraut ist häufig Zierpflanze, eignet sich aber auch als Gemüsepflanze. Seine jungen Blätter und Triebe werden von April bis Juni geerntet und als Beigabe in Salaten und Gemüsegerichten verarbeitet.
MERKMALE 10–30 cm hoch, einjährig. Stängel kantig, verzweigt. Blätter wechselständig, länglich, Rand schwach gewellt. Blüten blauviolett, flach ausgebreitet. Blütezeit Juni–August.
STANDORT UND VERBREITUNG Getreidefelder, aufgelassene Weinberge. Mittel- und Südeuropa.

Echter Frauenspiegel

FUCHSSCHWANZ

SAMMELN UND ZUBEREITEN In der Wildkräuterküche werden Blätter, Blütenstände und Samen der Fuchsschwanzarten genutzt. Die eiweißreichen, im Geschmack sehr milden Blätter werden von März bis Juni als eine ideale Grundlage für Gemüsegerichte, Suppen und Aufläufe gesammelt. Als Beigabe passen sie auch in Salate. Die Blütenstände können unmittelbar nach dem Aufblühen in Gemüsegerichten verarbeitet werden. Die von August bis Oktober geernteten, zart nussig schmeckenden Samen findet man unter der Bezeichnung »Amaranth« in vielen Müslimischungen. Man kann sie roh oder geröstet als Fuchsschwanz-Popcorn essen. Getrocknet und geschrotet ergeben die Samen der Fuchsschwanzarten Grütze, getrocknet und zu Mehl vermahlen delikate Pfannkuchen. Mit Roggenmehl gemischt eignet sich Fuchsschwanzmehl auch zum Brotbacken. Fuchsschwanzarten enthalten viele essenzielle Aminosäuren, ungesättigte Fettsäuren, die Vitamine C und B, außerdem Calcium, Magnesium, Eisen und Zink. Heilkundlich werden sie gegen Blutarmut und zur allgemeinen Stärkung eingesetzt.

FUCHSSCHWANZ AUFSTEIGENDER

Amaranthus lividus Fuchsschwanzgewächse

Aufsteigender Fuchsschwanz

SAMMELN UND ZUBEREITEN Angaben dazu bei der Gattung Fuchsschwanz.
MERKMALE 20–70 cm hoch, einjährig. Stängel meistens aufrecht, stets kahl, grünlich, weißlich oder rötlich. Blätter auffallend lang gestielt, breit-eiförmig, an der Spitze stumpf oder ausgerandet. Blütenknäuel überwiegend in den Blattachseln, aber auch in endständigen Ähren. Einzelblüten klein, hellgrün. Blütezeit Juni–Oktober.
STANDORT UND VERBREITUNG Gärten, Weinberge, Felder. Nur in Regionen mit überdurchschnittlich warmen, trockenen Sommern. Herkunft östliches Mittelmeergebiet.

FUCHSSCHWANZ, GRIECHISCHER

Amaranthus graecizans *Fuchsschwanzgewächse*

SAMMELN UND ZUBEREITEN Angaben dazu bei der Gattung Fuchsschwanz.
MERKMALE 10–60 cm hoch, einjährig. Blätter breit-eiförmig oder rautenförmig, gestielt, laufen in einer stumpfen Spitze aus. Blütenknäuel nur in den Blattachseln, keine endständige Ähre. Einzelblüten klein, hellgrün. Blütezeit Juni–Oktober.
STANDORT UND VERBREITUNG Gärten, Weinberge. Tritt nur in Regionen mit sommerwarmem Klima auf. Herkunft unklar, möglicherweise stammt die Pflanze aus dem Mittelmeergebiet und wurde von dort verschleppt.

FUCHSSCHWANZ, GRÜNÄHRIGER

Amaranthus hybridus *Fuchsschwanzgewächse*

SAMMELN UND ZUBEREITEN Angaben dazu bei der Gattung Fuchsschwanz.
MERKMALE 20–80 cm hoch, einjährig. Blätter wechselständig, eiförmig, lang gestielt. Blütenknäuel in den Achseln der oberen Blätter und endständig, olivgrün, seltener leicht rötlich überlaufen. Blütezeit Juli–September.
STANDORT UND VERBREITUNG Ödland, Wege, Schuttplätze in sommerwarmen Lagen. Herkunft Nordamerika.

FUCHSSCHWANZ, WEISSER

Amaranthus albus Fuchsschwanzgewächse

SAMMELN UND ZUBEREITEN Angaben dazu bei der Gattung Fuchsschwanz.
MERKMALE 10–50 cm hoch, einjährig. Blätter länglich-oval, mit knorpelig-welligem Rand. Blütenknäuel nur in den Blattachseln stehend, niemals endständig. Einzelblüten klein, hellgrün. Blütezeit Juli–Oktober.

Weißer Fuchsschwanz

STANDORT UND VERBREITUNG Felder, Bahn- und Hafenareale. Heimat Nordamerika, wahrscheinlich mit Getreidelieferungen nach Europa eingeschleppt.

FUCHSSCHWANZ, WESTAMERIKANISCHER

Amaranthus blitoides Fuchsschwanzgewächse

SAMMELN UND ZUBEREITEN Angaben dazu bei der Gattung Fuchsschwanz.
MERKMALE 15–50 cm hoch, einjährig. Stängel liegend, stark verästelt. Blätter wechselständig, eiförmig bis spatelig, gestielt, vorne stumpf, oft mit schmalem, weißlichem Knorpelrand. Blütenknäuel nur in den Blattachseln, nie endständig, grünlich oder leicht rötlich. Blütezeit Juli–Oktober.
STANDORT UND VERBREITUNG Herkunft Nordamerika. In Europa eingeschleppt und vor allem im Mittelmeergebiet auf sandigem Ödland eingebürgert.

FUCHSSCHWANZ, ZURÜCKGEKRÜMMTER

Amaranthus retroflexus Fuchsschwanzgewächse

SAMMELN UND ZUBEREITEN Angaben dazu bei der Gattung Fuchsschwanz.
MERKMALE 20–150 cm hoch, einjährig. Stängel gefurcht, flaumig behaart. Blätter lang gestielt, oval bis rautenförmig, mit glattem oder welligem Rand. Fuchsschwanzähnlicher Gesamtblütenstand aus ährenartigen Teilblütenständen, Einzelblüten klein, hellgrün. Blütezeit Juli–September. Samen klein, abgeflacht, schwarz glänzend.

Zurückgekrümmter Fuchsschwanz

STANDORT UND VERBREITUNG Felder, Müllplätze, Kompostlager, Wege. Europa.

Mit Dörrpflaumen, Sultaninen, Haselnüssen, einer Prise Zimt, etwas Mehl und ein wenig Zitronensaft kann man aus den gemahlenen Samen süße Amaranthkugeln herstellen.

FUCHSSCHWANZGRAS, WIESEN-

Alopecurus pratensis Süßgräser

Wiesen-Fuchsschwanzgras

SAMMELN UND ZUBEREITEN Die im Spätsommer reifen Samen kann man nach dem Trocknen und Rösten als Ersatzkaffee aufbrühen oder als Keimsaat nutzen.
MERKMALE 30–100 cm hoch, mehrjähriges Gras. Stängel meist aufrecht. Blätter 6–10 mm breit, oberseits rau. Blattscheiden glatt. Dichte, walzenförmige, nur 6–10 cm lange Ährenrispe trübgrün oder leicht purpurn überlaufen. Ährchen eiförmig, kurz gestielt, weich begrannt. Blütezeit Mai–Juni.
STANDORT UND VERBREITUNG Feuchte Wiesen, Wege, Ufer. Fast ganz Europa.

FUTTER-ESPARSETTE

Onobrychis viciifolia Schmetterlingsblütler

SAMMELN UND ZUBEREITEN Die Blätter ergeben einen milden Haustee. Gesammelt werden sie dafür vor der Blütezeit.
MERKMALE 30–60 cm hoch, Staude. Blätter unpaarig gefiedert, 13–27 Teilblättchen, diese ei-länglich. Rosafarbene, dunkelpurpurn geäderte Blüten. Blütezeit Mai–Juli.
STANDORT UND VERBREITUNG Trockenrasen, Trockengebüsche, Wegränder. Wird auch zur Rekultivierung und Bodenverbesserung angesät. Herkunft Südosteuropa, heute fast ganz Europa.

GAGELSTRAUCH

Myrica gale Gagelstrauchgewächse

SAMMELN UND ZUBEREITEN Der Gagelstrauch spielt in der heutigen Küche kaum noch eine Rolle. In der Vergangenheit jedoch, als sich nur wenige teure und importierte Gewürze leisten konnten, boten seine duftenden Blätter der ärmeren Bevölkerung die Möglichkeit, ihre Speisen geschmacklich zu verbessern. Der Geruch der Gagelblätter ist aromatisch und angenehm und er verstärkt sich beim Trocknen, der Geschmack ist herbbitter. Man ließ Gagelblätter ähnlich wie Lorbeerblätter in Suppen, Soßen, Gemüseeintöpfen und Hülsenfruchtgerichten mitziehen. Auch die getrockneten Früchte nahm man als Gewürz. Man fügte sie wie Wacholderbeeren kräftig gewürzten Fleischspeisen wie beispielsweise Wild bei. Die größere historische Bedeutung hatte der Gagelstrauch aber nicht in der Küche, sondern beim Bierbrauen. Man nahm seine Blätter anstelle von Hopfen zum Würzen und Konservieren des Biers. Im englischen Yorkshire braute man daraus »gale beer«.
MERKMALE 50–150 cm hoch, sommergrüner, würzig duftender, Ausläufer treibender Strauch mit rotbraunen Zweigen. Blätter wechselständig, lang gestielt, spatelförmig, mit Harzdrüsen besetzt, beidseitig behaart, am vorderen Rand gekerbt. Kätzchenblüten. Blütezeit April–Mai, noch vor dem Laubaustrieb. 3-zipfelige Steinfrucht, mit gelben Harzpünktchen besetzt.
STANDORT UND VERBREITUNG Braucht dauerhaft nassen Untergrund und Lagen mit hoher Luftfeuchte. Besiedelt küstennahe Moore, Ränder von Bruchwäldern, ungenutzte Streuwiesen und feuchte Heiden. Nördliches Mitteleuropa, Nord- und Westeuropa.

Gagelstrauch

GAMANDER, EDEL-

Teucrium chamaedrys Lippenblütengewächse

SAMMELN UND ZUBEREITEN Der aromatisch-bittere Duft des Edel-Gamander wird seit alters her zum Aromatisieren von Likören genutzt. Die Pflanze gilt seit dem Altertum auch als Heilkraut. Dioskurides empfahl sie bei Husten und Asthma. Karl V. (1500–1558) wurde mit diesem Gamander angeblich von seiner Gicht geheilt. Aber: Große Mengen über einen längeren Zeitraum eingenommen können die Leber schädigen. Deshalb wird die Pflanze heute kaum noch angewendet.
MERKMALE 10–30 cm hoch, Halbstrauch. Aromatischer Duft. Stängel an der Basis etwas verholzt, kantig. Blätter gegenständig, gestielt, eiförmig, grob gezähnt. Blüten tiefrosa. Blütezeit Juli–August.
STANDORT UND VERBREITUNG Trockengebüsche, helle Trockenwälder und deren Säume. Mittel- und Südeuropa.

GAMANDER, KNOBLAUCH-

Teucrium scordium Lippenblütengewächse

SAMMELN UND ZUBEREITEN Die leicht herben Blätter werden ausschließlich frisch zum Würzen von Salaten, Suppen, Soßen und Vorspeisen verwendet, denn beim Trocknen geht ihr feiner Knoblauchduft verloren.
MERKMALE 15–40 cm hoch, Staude, Stängel nicht verholzt, kantig, behaart. Blätter gegenständig, nicht gestielt, eiförmig, gekerbt, behaart, riechen zerrieben nach Knoblauch. Blüten hell purpurrot. Blütezeit Juli–August.

Knoblauch-Gamander

STANDORT UND VERBREITUNG Sumpfwiesen, Ufer. Fast ganz Europa.

Kleine, mit Knoblauch-Gamander gewürzte Nockerln aus gewürfelten Brötchen, Butter, Eiern und einer Prise Muskat machen sich gut als Suppeneinlage.

GAMANDER, SALBEI-

Teucrium scorodonia Lippenblütengewächse

SAMMELN UND ZUBEREITEN Die Blätter dieser auch als Wald-Gamander bekannten Pflanze schmecken sehr bitter. Vor Einführung des Reinheitsgebots von 1516, das für die Bierherstellung allein Hopfen, Malz und Wasser erlaubt, nahm man sie zum Würzen von Bier.

MERKMALE 30–70 cm hoch, Staude. Stängel kantig, behaart. Blätter gegenständig, gestielt, eiförmig, unregelmäßig gezähnt, behaart. Gelbe Blüten. Blütezeit Juni–September.

STANDORT UND VERBREITUNG Helle Eichen- und Kiefernwälder, Waldränder. Hauptsächlich Mitteleuropa.

GÄMSKRESSE, ALPEN-

Pritzelago alpina Kreuzblütengewächse

SAMMELN UND ZUBEREITEN Die Blätter der Alpen-Gämskresse besitzen einen ausgeprägt scharfen Geschmack. Von April bis Mai gesammelt passen sie in kleinen Mengen als kresseähnliches Würzmittel in Gerichte aller Art.

MERKMALE 5–15 cm hoch, Staude. Stängel meist blattlos. Blätter in grundständiger Rosette, gestielt, fiederteilig, 5–9 eiförmige Blattabschnitte. Blüten klein, weiß, bilden eine dichte, endständige Traube. Blütezeit Mai–August.

STANDORT UND VERBREITUNG Felsschutt, Geröllhalden, vorwiegend in kalkreichen Schuttfluren. Gebirge Mittel- und Südeuropas.

Alpen-Gämskresse

GÄMSWURZ, GROSSBLÜTIGE

Doronicum grandiflorum Korbblütengewächse

SAMMELN UND ZUBEREITEN Almbauern verwenden die Blätter zum Würzen von Kräuterkäse. Getrocknet eignen sie sich auch als Tabak.

MERKMALE 10–50 cm hoch, Staude. Stängel hohl, behaart, unten dicht beblättert. Grundständige Blätter lang gestielt, breit-eiförmig, grob buchtig gezähnt. Stängelblätter wechselständig, den Grundblättern ähnlich, aber herzförmig stängelumfassend. Gelbe Blütenköpfe, meist einzeln am Ende des Stängels. Blütezeit Juni–August.

STANDORT UND VERBREITUNG Felsbänder, steinige Matten, Kalkschutt. Gebirge Mittel- und Südeuropas.

Großblütige Gämswurz

GÄMSWURZ, ÖSTERREICHISCHE

Doronicum austriacum Korbblütengewächse

SAMMELN UND ZUBEREITEN Die getrockneten Blätter kann man als Tabak nutzen. Auch die Blätter zweier weiterer Gämswurzarten hat man gelegentlich als Tabak verwendet. Es sind dies Gletscher-Gämswurz *(Doronicum glaciale)* und Herzblättrige Gämswurz *(Doronicum columnae)*.

MERKMALE 30–150 cm hoch, Staude. Stängel reich beblättert. Stängelblätter wechselständig, untere Blätter spatelig, gezähnt, mittlere Blätter herzförmig, stängelumfassend, obere Blätter länglich, stängelumfassend. Gelbe Blütenköpfe. Blütezeit Juli–August.

STANDORT UND VERBREITUNG Hochstaudenfluren, helle Wälder, Ufer. Mitteleuropa.

GÄNSEBLÜMCHEN

Bellis perennis — Korbblütengewächse

SAMMELN UND ZUBEREITEN Blütenknospen, Blüten und Blätter dieser wohl häufigsten Wiesenpflanze können ganzjährig gesammelt werden, schmecken aber im Frühling am besten. Junge zarte Frühlingsblätter passen gut in Salate und Gemüsemischungen, fein geschnitten auf Butterbrot oder in Quark- und Frischkäsemischungen. Blütenknospen und halb geöffnete Blüten eignen sich als wohlschmeckende essbare Dekoration für Salate, Suppen und Süßspeisen. Sie aromatisieren Bowlen und sie ergeben wunderbare Gelees. Voll entwickelte Blüten haben einen leichten Bitterton und sollen sparsam verwendet werden. Die Blütenknospen kann man als Kapernersatz einlegen, Blätter und Blüten nimmt man frisch oder getrocknet als Tee. In ländlichen Gegenden Italiens und Spaniens aß man früher auch die Wurzel.
MERKMALE 5–15 cm hoch, Staude. Blütentragender Stängel blattlos. Blätter in bodennaher Rosette, länglich bis spatelförmig. Blütenköpfchen aus weißen Randblüten und gelben mittigen Blüten. Blütezeit Februar–Dezember.
STANDORT UND VERBREITUNG Wiesen, Weiden. Fast ganz Europa.

Aus Gänseblümchenblüten, abgeriebener Zitronen- oder Orangenschale, Apfelsaft und Gelierzucker lässt sich ein feines Frühstücksgelee zaubern.

GÄNSEDISTEL, ACKER-

Sonchus arvensis — Korbblütengewächse

SAMMELN UND ZUBEREITEN Die Blätter dieser Gänsedistel werden vor der eigentlichen Zubereitung etwa 1 Stunde gewässert, um enthaltene Bitterstoffe auszuspülen. Nach dieser Vorbehandlung und nach Entfernen des stacheligen Randes eignen sie sich zusammen mit anderen essbaren Wildpflanzen durchaus für Salate und Gemüsegerichte.
MERKMALE 50–150 cm hoch, Staude. Führt Milchsaft. Stängel im Blütenstandsbereich verzweigt und gelb behaart. Blätter wechselständig, lanzettlich, buchtig, stachelig gezähnt. Gelbe Blütenköpfe, bestehen nur aus Zungenblüten, bilden einen lockeren, traubigen Gesamtblütenstand. Blütezeit Juli–Oktober.
STANDORT UND VERBREITUNG Wegränder, Felder, Ufer. Europa.

GÄNSEDISTEL, KOHL-

Sonchus oleraceus — Korbblütengewächse

SAMMELN UND ZUBEREITEN Eines unserer besten Wildgemüse und eine nahrhafte Gemüsepflanze, deren junge Blätter und Triebe angenehm zart und süß schmecken und bestens für Salate geeignet sind. Ältere Blätter werden gedünstet und in Suppen, Gemüsegerichten, Aufläufen und vielem mehr verwendet. Die jungen Stängel verarbeitet man zu Spargelgemüse. Den Blütenboden genießt man roh in Salaten.
MERKMALE 30–90 cm hoch, einjährig. Führt Milchsaft. Stängel kantig, hohl, verzweigt. Blätter wechselständig, weich, mit rötlich gefärbtem Mittelnerv und spitzem, aber nicht stechend stachelig gezähntem Rand. Gelbe Blütenköpfe. Blütezeit Juni–Oktober.
STANDORT UND VERBREITUNG Brachland, Wegränder, Felder. Ursprünglich Südeuropa, heute fast ganz Europa.

Kohl-Gänsedistel

GÄNSEDISTEL, RAUE

Sonchus asper — Korbblütengewächse

SAMMELN UND ZUBEREITEN Die jungen Blätter werden von ihren Stacheln befreit und in feine Streifen geschnitten als Salat zubereitet. Sie eignen sich auch für Suppen, Eintöpfe, Soßen und Gemüsegerichte. Wer sich an ihren Bitterstoffen stört, spült vor der eigentlichen Verwendung den Milchsaft mit Wasser aus. Auch die Stängel sind befreit von ihrem Milchsaft eine knackige Salatzutat oder ergeben ein gutes Pfannengemüse. Die Blütenböden passen roh in Salate.

Raue Gänsedistel

MERKMALE 30–120 cm hoch, einjährig. Führt Milchsaft. Stängel kantig, hohl, verzweigt. Blätter wechselständig, glänzend dunkelgrün, derb, mit nahezu stechend stachelig gezähntem Rand. Gelbe Blütenköpfe. Blütezeit Juni–Oktober.
STANDORT UND VERBREITUNG Brachland, Felder, Wegränder. Europa.

GÄNSEDISTEL, SUMPF-

Sonchus palustris Korbblütengewächse

SAMMELN UND ZUBEREITEN Junge Blätter und Stängel eignen sich als Zutat in Salaten und Gemüsegerichten.
MERKMALE 1–2 m hoch, Staude. Führt Milchsaft. Stängel kantig, hohl, im Blütenstandsbereich verzweigt und schwarz behaart. Blätter wechselständig, lanzettlich, bläulich grün, am Rand weichstachelig gezähnt. Gelbe Blütenköpfe. Blütezeit Juli–September.
STANDORT UND VERBREITUNG Sumpfwiesen, Auwälder, Ufer. Mitteleuropa, Südskandinavien.

GÄNSEFUSS, FEIGENBLÄTTRIGER

Chenopodium ficifolium Gänsefußgewächse

SAMMELN UND ZUBEREITEN Die jungen Blätter und Stängel ergeben Spinat, die Samen gemahlen Mehl für Brei und Backwaren.
MERKMALE 20–100 cm hoch, einjährig. Ganze Pflanze graugrün. Blätter im Umriss 3-teilig, lang gestielt, länglich eiförmig, wellig gesägt. Blüten gelbgrün. Blütezeit August–Oktober.
STANDORT UND VERBREITUNG Felder, Wegränder. Europa, hauptsächlich Mittel- und Südosteuropa.

GÄNSEFUSS, GRAUGRÜNER

Chenopodium glaucum Gänsefußgewächse

Graugrüner Gänsefuß

SAMMELN UND ZUBEREITEN Die jungen Blätter und Stängel ergeben Spinat, die Samen Mehl für Brei und Kleingebäck.
MERKMALE 10–100 cm hoch, einjährig. Stängel gefurcht. Blätter schmal-oval, gestielt, ganzrandig oder wenig gezähnt, unten mehlig bestäubt. Blüten grün, unscheinbar, in Knäueln, Blütenstände teils in den Blattachseln, teils endständig. Blütezeit Juli–September.
STANDORT UND VERBREITUNG Feuchte, nährstoffreiche, oft überdüngte Standorte. Zu finden an Dunglegen und Gräben. Fast ganz Europa, meidet die nördlichen und südlichen Gebiete.

GÄNSEFUSS, GRÜNER

Chenopodium suecicum Gänsefußgewächse

SAMMELN UND ZUBEREITEN Die jungen Blätter und Stängel ergeben Spinat, die Samen stärkehaltiges Mehl für verschiedene Backwaren.
MERKMALE 10–100 cm hoch, einjährig. Blätter graugrün, rhombisch-eiförmig, manchmal 3-lappig, mit mehreren Zähnen, kaum mehlig bestäubt. Blüten in kleinen Knäueln. Blütezeit Juli–Oktober.
STANDORT UND VERBREITUNG Schuttplätze, Felder. Mittel- und Nordeuropa.

Windbeutel füllt man für gewöhnlich mit Schlagsahne oder Vanillecreme. Aber sie schmecken auch mit einem pikanten Innenleben, beispielsweise einer sämigen Gemüsesoße aus Gänsefußblättern, Butter, Mehl, Milch und geriebenem Käse.

GÄNSEFUSS, ROTER

Chenopodium rubrum Gänsefußgewächse

Roter Gänsefuß

SAMMELN UND ZUBEREITEN Die jungen Blätter und Stängel ergeben Spinat, die Samen Mehlzusatz für salzige Teige.

MERKMALE 10–100 cm hoch, einjährig. Blätter gestielt, eiförmig-rhombisch, unregelmäßig gezähnt, beiderseits grün, unten nicht mehlig bestäubt, wie die Stängel häufig rötlich überlaufen. Grüne unscheinbare Blüten. Blütezeit Juli–Oktober.

STANDORT UND VERBREITUNG Nährstoffreiche Standorte, Schuttplätze, Ufer. Europa, im Süden und Norden seltener.

GÄNSEFUSS, STRASSEN-

Chenopodium urbicum Gänsefußgewächse

SAMMELN UND ZUBEREITEN Von April bis Juli gesammelte Blätter können zu Gemüsegerichten verarbeitet werden.

MERKMALE 50–100 cm hoch, einjährig. Stängel steif aufrecht. Blätter rhombisch oder 3-eckig, unregelmäßig und grob gezähnt, unten nicht mehlig bestäubt. Grüne unscheinbare Blüten. Blütezeit Juli–September.

STANDORT UND VERBREITUNG Schuttplätze, Ruderalflächen, Wege. Europa, in Mitteleuropa nur zerstreute Vorkommen.

GÄNSEFUSS, VIELSAMIGER

Chenopodium polyspermum Gänsefußgewächse

SAMMELN UND ZUBEREITEN Aus den Blättern und Stängeln hat man früher in Notzeiten Spinat zubereitet, aus den Samen Mehl für Grütze oder Backwaren.

MERKMALE 10–50 cm hoch, einjährig. Stängel 4-kantig. Blätter länglich bis eiförmig, gestielt, ganzrandig. Hellgrüne Blüten. Blütezeit Juli–September. Samen schwarz, glänzend, 1 mm dick.

STANDORT UND VERBREITUNG Bevorzugt feuchten, nicht zu nährstoffarmen Lehmboden und warme Standorte. Besiedelt Ufer, Felder, Gemüsebeete, Schuttplätze, gelegentlich auch Weinberge, wurzelt hier aber sehr tief. Geht in den Gebirgen kaum bis 1000 m. Fast ganz Europa.

Vielsamiger Gänsefuß

GÄNSEFUSS, WEISSER

Chenopodium album Gänsefußgewächse

SAMMELN UND ZUBEREITEN Der Weiße Gänsefuß enthält pflanzliches Eiweiß, Eisen, Kalzium und die Vitamine A und C. Seine Blätter schmecken spinatartig mild. Roh sind sie eine feine Zutat zu Salaten. Gekocht verarbeitet man sie wie Kulturspinat zu Gemüse und Suppen, in Aufläufen und auf Pizzen. In Russland und Nordamerika genießt man traditionell milchsauer eingelegte Gänsefußblätter.

Weißer Gänsefuß

In England nimmt man sie zum Einwickeln von Butter. Aus den Samen kocht man Grütze oder nimmt sie mit Roggenmehl vermischt zum Brotbacken. Noch zu Beginn des 20. Jahrhunderts hat man daraus ein sogenanntes Hungerbrot gebacken. Aber im Übermaß sollte man die Pflanze dennoch nicht essen. Sie enthält neben vielen gesunden Inhaltsstoffen auch Oxalsäure und Saponine. Weitere in Europa vorkommende Gänsefußarten wie der Australische Gänsefuß *(Chenopodium pumilo)*, der Klebrige Gänsefuß *(Chenopodium botrys)* oder der Mauer-Gänsefuß *(Chenopodium murale)* werden ähnlich verwendet.

MERKMALE 10–100 cm hoch, einjährig. Die Pflanze sieht aus wie mit Mehl bestäubt. Stängel leicht gefurcht. Blätter wechselständig, oval, meist gezähnt. Winzige grüne Blüten. Blütezeit Juli–September. Schwarze, glänzende Samen, etwa 1 mm dick.

STANDORT UND VERBREITUNG Felder, Wegränder. Europa.

GÄNSEFUSS, WOHLRIECHENDER

Chenopodium ambrosioides Gänsefußgewächse

SAMMELN UND ZUBEREITEN Dieser Gänsefuß wurde als »Mexikanisches Teekraut« oder »Jesuiten-Tee« wohl schon im 17. Jahrhundert nach Europa gebracht. Obwohl ein Gewürz, wird er in vielen Sprachen als Tee bezeichnet: katalanisch als »te fals«, französisch als »thé du Mexique« oder spanisch als »te de los jesuitas«. Mit dem Wohlriechenden Gänsefuß würzt man Salate, Suppen, Fleisch- und Hülsenfruchtgerichte. Die Pflanze wird hauptsächlich frisch verwendet. Getrocknet ist sie nur von mäßiger Würzkraft. Blätter, Blüten und unreife Früchte haben den intensivsten Geschmack.
MERKMALE 20–60 cm hoch, einjährig. Intensiv aromatischer Geruch. Stängel reich verzweigt. Blätter länglich bis schmal-eiförmig, 2–10 cm lang, ganzrandig oder gezähnt bis buchtig gelappt. Blüten sehr klein, in rispigen Blütenständen stehend. Blütezeit Juni–September.
STANDORT UND VERBREITUNG Schuttflächen. Herkunft Mexiko. Heute in ganz Europa vertreten.

GÄNSEKRESSE

SAMMELN UND ZUBEREITEN Gänsekressearten gelten prinzipiell als essbar. Ihre von April bis Mai gesammelten Triebe und Blätter könnten beispielsweise als Vitamin-C-reiche Beigabe zu Salaten oder in Gemüsegerichten verarbeitet werden. Neben den nachfolgend ausführlich dargestellten Arten gibt es in Europa eine Reihe weiterer essbarer Gänsekressearten, die früher als Salat- oder Gemüsepflanzen genutzt wurden. Es sind dies die Alpen-Gänsekresse *(Arabis alpina)*, die Armblütige Gänsekresse *(Arabis pauciflora)*, die Doldige Gänsekresse *(Arabis ciliata)*, die Glänzende Gänsekresse *(Arabis soyeri)*, die Öhrchen-Gänsekresse *(Arabis auriculata)* und die Zwerg-Gänsekresse *(Arabis pumila)*.

GÄNSEKRESSE, BEHAARTE

Arabis hirsuta Kreuzblütengewächse

SAMMELN UND ZUBEREITEN Angaben dazu bei der Gattung Gänsekresse.
MERKMALE 15–60 cm hoch, ein- bis mehrjährige Pflanze. Stängel meist unverzweigt, im unteren Teil rau behaart. Blätter eiförmig bis lanzettlich, am Rand gekerbt bis gezähnt, lang behaart, mit pfeilförmigem Grund stängelumfassend. Blüten weiß. Blütezeit Mai–Juli.
STANDORT UND VERBREITUNG Trockengebüsche, Trockenwälder. Fast ganz Europa.

GÄNSEKRESSE, BLAUE

Arabis caerulea Kreuzblütengewächse

SAMMELN UND ZUBEREITEN Angaben dazu bei der Gattung Gänsekresse.
MERKMALE 3–15 cm hoch, Staude. Stängel unverzweigt, behaart. Blätter spatelförmig, ungleichmäßig gezähnt. Blüten bläulich lila, 4-zählig. Blütezeit Juli–August.
STANDORT UND VERBREITUNG Schneetälchen, Steinschutt. Alpen.

GÄNSEKRESSE, KAHLE

Arabis glabra Kreuzblütengewächse

SAMMELN UND ZUBEREITEN Angaben dazu bei der Gattung Gänsekresse.
MERKMALE 60–150 cm hoch, zweijährig. Stängel meist unverzweigt, reich beblättert. Blätter bläulich bereift, lanzettlich, meist ganzrandig, kahl, umfassen den Stängel herz- bis pfeilförmig. Blüten gelblich weiß. Blütezeit Mai–Juli.
STANDORT UND VERBREITUNG Wald- und Gebüschränder, Wegraine. Europa.

GÄNSEKRESSE, TURM-

Arabis turrita Kreuzblütengewächse

SAMMELN UND ZUBEREITEN Angaben dazu bei der Gattung Gänsekresse.
MERKMALE 10–70 cm hoch, Staude. Stängel behaart. Stängelblätter lanzettlich, unregelmäßig gezähnt, umfassen den Stängel herz- bis pfeilförmig. Blüten blassgelb. Blütezeit April–Mai.
STANDORT UND VERBREITUNG Wälder, Gebüsche, Felshänge. Südliches Mitteleuropa, Südeuropa.

GAUKLERBLUME

Mimulus guttatus — Braunwurzgewächse

SAMMELN UND ZUBEREITEN In Kombination mit anderen Wildkräutern können die jungen Blätter in Salaten verarbeitet werden.
MERKMALE 30–60 cm hoch, Staude. Stängel stumpf 4-kantig, hohl, im Blütenstandsbereich drüsig behaart. Blätter gegenständig, untere gestielt, obere sitzend, eiförmig, unregelmäßig gezähnt. Blüten gestielt, 5 gelbe Kronblätter, die zu einer Kronröhre verwachsen sind. Blütezeit Juli–August.
STANDORT UND VERBREITUNG An Bach- und Flussufern. Herkunft Nordamerika, wurde als Zierpflanze in Europa eingeführt und verwilderte.

GEISSBART, WALD-

Aruncus dioicus — Rosengewächse

Wald-Geissbart

SAMMELN UND ZUBEREITEN Diese Pflanze wird regional Wildspargel genannt. Nicht zu Unrecht, denn ihre jungen Sprosse sind fein im Geschmack, aromatisch und nur ganz leicht bitter. Sie werden wie Spargel zubereitet, als Gemüse, Suppe oder Salat. Ältere Pflanzen werden nicht verwendet. Sie schmecken intensiv bitter.
MERKMALE 1–2 m hoch, Staude. Blätter 2- bis 3-fach gefiedert, doppelt gezähnt. Kleine, gelblich weiße oder reinweiße Blüten. Blütezeit Mai–Juli.
STANDORT UND VERBREITUNG Schluchtwälder, Bergwälder, Ufergebüsch. Gebirge Mitteleuropas.

GELBDOLDE, GESPENST-

Smyrnium olusatrum — Doldengewächse

SAMMELN UND ZUBEREITEN Das Aroma der Pflanze erinnert an Sellerie oder Liebstöckel. Ihre jungen Triebe und die zarten Blattstiele werden roh als Salat oder gekocht als Gemüse gegessen. Die Blätter sind ein vielseitiges Gewürz für Salate, Suppen und Eintöpfe, Fischgerichte, Soßen und Brotaufstriche. Die Blütendolden sind als essbare Dekoration nutzbar, aber auch in Bierteig ausgebacken schmecken sie. Die Samen aromatisieren Brote und Käsegebäck. Die Wurzeln schmecken roh oder gedünstet, auch kandiert. Eine verwandte Art, die Rundblättrige Gelbdolde (*Smyrnium perfoliatum* ssp. *rotundifolium*), ist ebenfalls als Gemüsepflanze nutzbar.
MERKMALE 50–150 cm hoch, zweijährig. Aromatische Pflanze, Stängel gerillt. Blätter wechselständig, groß, glänzend, die unteren gestielt, 2- bis 4-fach geteilt, obere Blätter 3-teilig. Gelblich grüne Blüten. Blütezeit Februar–Juni.
STANDORT UND VERBREITUNG Gebüsche, Wegränder in Ortsnähe. Südeuropa, in Mitteleuropa Gartenpflanze.

Gespenst-Gelbdolde

GERSTE, MÄUSE-

Hordeum murinum — Süßgräser

SAMMELN UND ZUBEREITEN Die Mäuse-Gerste wurde von altslawischen Volksstämmen als Brotgetreide angebaut. Die Samenkörner sind aber sehr klein und nur wenig ergiebig, was bereits der lateinische Name *Hordeum murinum*, Gerste für Mäuse, andeutet. Für ihren kulinarischen Einsatz müsste man also sehr viele solcher Körner sammeln. Wer diese Mühe nicht scheut, kann die kleinen Samen auch heute nutzen. Denkbar ist eine Verwendung als Kaffee-Ersatz, als Mehlzusatz oder als Keimsaat.

MERKMALE 15–40 cm hoch, einjähriges, in Büscheln wachsendes Gras. Stängel dünn, steigt meist knickig auf. Oberste Blattscheide aufgeblasen, umschließt oft die Basis der Ähre, Blätter grasgrün, 4–6 mm breit. Ähre 6–8 cm lang, dicht mit Ährchen besetzt. Ährchen schmal-lanzettlich, 10–15 mm lang, stehen zu dritt an jedem Ansatz der Ährenspindel. Hüll- und Deckspelzen begrannt. Blütezeit Juni–September.
STANDORT UND VERBREITUNG Schuttstellen, Müllhalden, Brachland, Wegränder. Mittel- und Südeuropa, Mittelmeergebiet.

GEWÜRZ-SUMACH

Rhus coriaria Sumachgewächse

SAMMELN UND ZUBEREITEN Der Gewürz-Sumach ist bis heute in der türkischen und iranischen Küche eine beliebte Gewürzpflanze. Man schabt das Fruchtfleisch der Steinfrüchte ab und streut es getrocknet und gemahlen großzügig über Reis und Reiseintöpfe, Salate und Fleischgerichte. Mitunter soll auch die türkische Fastfood-Spezialität Döner Kebap dieses säuerlich-frische Gewürz enthalten. Im südöstlichen Mittelmeerraum werden die Früchte des Gewürz-Sumach noch auf andere Weise genutzt: Man kocht sie mit wenig Wasser und fügt diesen intensiv sauren Sud Fleisch- und Gemüsegerichten bei.
MERKMALE 1–3 m hoch, Strauch. Führt Milchsaft. Blätter wechselständig, gestielt, weichhaarig, unpaarig gefiedert, Fiederblätter breit-lanzettlich. Blüten grünlich weiß. Blütezeit Mai–Juni. Braunrote, kugelige Steinfrüchte.
STANDORT UND VERBREITUNG Trockene, steinige Hänge, Kiefern- und Eichenwälder. Südeuropa.

GIERSCH

Aegopodium podagraria

Doldengewächse

SAMMELN UND ZUBEREITEN Eine der besten Wildgemüsepflanzen, die neben Provitamin A auch Vitamin C, Mineralsalze, ätherisches Öl und pflanzliches Eiweiß enthält. Ihre jungen, zarten, mildwürzigen Blätter eignen sich bestens als Salatbeigabe, für Brotaufstriche, Suppen und Kräutersoßen, auch als Aroma für Getränke, Essig und Öl. Ältere, voll entwickelte Blätter

Giersch

sind ein wenig hart. Gekocht und ohne die Blattstiele schmecken sie in Suppen und Gemüsegerichten. Getrocknet können sie wie Petersilie verwendet werden. Früher waren Gierschblätter der Hauptbestandteil einer Neunkräutersuppe, die an Gründonnerstag gegessen wurde. Die Blüten sind eine hübsche, auch roh essbare Dekoration. Die Früchte sind frisch oder getrocknet ein sehr aromatisches Gewürz. Beim Sammeln der Pflanze ist eine gewisse Gründlichkeit geboten. Wegen der möglichen Verwechslung mit giftigen Doldenblütlern, beispielsweise dem Hecken-Kälberkropf (*Chaerophyllum temulum*, S. 371), dem Gefleckten Schierling (*Conium maculatum*, S. 382) oder der Hundspetersilie (*Aethusa cynapium*, S. 371), sollte sie nur nach sorgfältiger Bestimmung verwendet werden. Sicheres Erkennungsmerkmal für den Giersch sind der petersilienartige Geruch und der 3-eckige Querschnitt durch den Blattstiel.
MERKMALE 30–100 cm hoch, Staude. Bildet zahlreiche, weit kriechende Ausläufer und tritt deshalb meist in größeren Gruppen auf. Stängel aufrecht, hohl, kräftig, kantig gefurcht. Blätter 3-teilig gefiedert, Teilblättchen oval, mit gezähntem Rand, Blattstiel 3-kantig, markig. Große, halbkugelförmige Blütendolden, Einzelblüten klein, weiß oder rosafarben. Blütezeit Mai–Juli. Früchte länglich eiförmig, kümmelähnlich.
STANDORT UND VERBREITUNG Wald- und Wegränder, Heckensäume, Ufer, Gärten. Europa.

Stampfkartoffeln bekommen erst durch junge Gierschblättchen einen aromatisch würzigen Pfiff.

Gewöhnlicher Gilbweiderich

GILBWEIDERICH, GEWÖHNLICHER

Lysimachia vulgaris Primelgewächse

SAMMELN UND ZUBEREITEN Kulinarisch nutzbar sind Blätter und Blüten der Pflanze. Die Blätter werden im April gesammelt, die Blüten während der gesamten Blütezeit. Mit ihrem feinsäuerlichen, erfrischenden Geschmack bereichern die Blätter fein gehackt Frühjahrskräutersuppen und Gemüsegerichte, passen aber auch als Beigabe zu Gemüsefüllungen aller Art und kurz blanchiert in Quark- und Frischkäsemischungen. Die Blüten streut man in kleinen Mengen über Brotaufstriche und kalte Platten. Volksmedizinisch kann der Gewöhnliche Gilbweiderich zur Behandlung von Magen- und Darmbeschwerden eingesetzt werden, auch als Salbe zur Unterstützung der Wundheilung und als Spülung bei Zahnfleischproblemen. Obwohl die Pflanze derart heilsame Inhaltsstoffe besitzt, ist sie in der Kräutermedizin kaum noch in Gebrauch.
MERKMALE 60–120 cm hoch, Staude. Stängel aufrecht, behaart, im oberen Drittel verzweigt. Blätter gegenständig oder zu 3–4 quirlständig, lanzettlich, ganzrandig, unterseits behaart. Blüten in kurz gestielten Trauben oder Rispen in den Achseln der oberen Blätter und am Stängelende, Blütenkrone gelb, glockenförmig, 5-zählig. Blütezeit Juni–August.
STANDORT UND VERBREITUNG Braucht feuchten Boden. Besiedelt Bruch- und Auwälder, Sumpfwiesen, uferbegleitende Gebüsche, Gräben. Eignet sich ideal für feuchtere Partien von Naturgärten. Europa.

GILBWEIDERICH, HAIN-

Lysimachia nemorum Primelgewächse

SAMMELN UND ZUBEREITEN Die Pflanze wird wie der Gewöhnliche Gilbweiderich verwendet.
MERKMALE 10–20 cm hoch, Staude. Stängel liegend bis aufsteigend, 4-kantig, kahl. Blätter gegenständig, eiförmig, kurz gestielt, ganzrandig, durchscheinend punktiert. Blüten einzeln in den Achseln der oberen Blätter, Blütenkrone gelb, tellerartig aufgebogen. Blütezeit Mai–Juni, in höheren Lagen auch erst im Juli.
STANDORT UND VERBREITUNG Wächst in lockeren Herden an schwach beschatteten, feuchten, kalkarmen, oft schuttreichen Böden. Zu finden in feuchten Laubmischwäldern, an Waldwegen. Weitverbreitet und regional häufig. Fast ganz Europa.

GLANZGRAS, ROHR-

Phalaris arundinacea Süßgräser

SAMMELN UND ZUBEREITEN Die ab September reifen Samen sind essbar. Denkbar ist eine Verwendung als Kaffee-Ersatz oder als Keimsaat. Eine verwandte, in Mitteleuropa nur unbeständig in Schuttgesellschaften auftretende Art, das Kanariengras (*Phalaris canariensis*), ist in gleicher Weise verwendbar.
MERKMALE 1–2,5 m hoch, Staude. Wächst in ausgedehnten Rasen. Dicke kriechende Grundachse und unterirdische Ausläufer. Stängel aufrecht, rohrartig derb, am Grund mit bräunlichen Blattscheiden. Blätter graugrün, 8–15 mm breit, flach, Blatthäutchen 3–6 mm lang. Rispe zur Blütezeit ausgebreitet, 10–20 cm lang, hellgrün, manchmal rötlich überlaufen. Ährchen 4–5 mm lang, lanzettlich, glänzend. Blütezeit Juni–Juli.
STANDORT UND VERBREITUNG Uferröhricht, Erlenbrüche, Auwälder. Oft zur Uferbefestigung gepflanzt. Europa.

Rohr-Glanzgras

GLASKRAUT, AUFRECHTES

Parietaria officinalis Brennnesselgewächse

SAMMELN UND ZUBEREITEN Der wissenschaftliche Gattungsname *Parietaria* leitet sich ab vom lateinischen »paries« für Wand und deutet schon auf den Standort der Pflanze hin: Das Glaskraut wächst gerne an Mauern und Felsen. Der deutsche Name der Pflanze nimmt Bezug auf die Brüchigkeit seiner Stängel, vielleicht auch auf die frühere Verwendung zum Reinigen von Glas. Die zarten, leicht salzig schmeckenden Sprosse und Blätter des Frühlings kann man frisch als Beigabe zu Salaten verwenden oder kurz blanchiert in Gemüsegerichten verarbeiten. Wegen des relativ hohen Nitratgehalts sollten kleine Kinder nur geringe Mengen der rohen Pflanze verzehren. Das Glaskraut war bereits in der Antike als Heilpflanze in Gebrauch und wurde vielerorts bereits damals angebaut. Heilkundige früherer Zeiten empfahlen einen Tee aus den Blättern der Pflanze zur Behandlung von Nieren-, Leber- und Gallenerkrankungen. Volksheilkundlich nutzte man sie auch gegen Rheumatismus und Husten, die frischen Blätter zur Wundbehandlung.
MERKMALE 30–80 cm hoch, Staude. Stängel rund, aufrecht, zart behaart. Blätter wechselständig, eiförmig bis lanzettlich, spitz, gestielt, ganzrandig, durchscheinend punktiert, glänzen glasartig. Blüten in kugeligen Büscheln im oberen Teil des Stängels, unscheinbar, grünlich, 4-zählig. Blütezeit Juni–September.
STANDORT UND VERBREITUNG Braucht halbschattige Standorte in warmen Lagen. Besiedelt Felsen, Mauerritzen, Ruderalstandorte, Gebüschsäume. Hauptverbreitung im Mittelmeergebiet. In Mitteleuropa im Mittelalter als Heilpflanze angebaut, verwildert und an geeigneten Standorten eingebürgert.

Leicht salzige Glaskrautblätter würzen zusammen mit den Samen der Knoblauchsrauke, etwas Olivenöl und Balsamico-Essig ein Rinder-Carpaccio ganz ausgezeichnet.

GLASKRAUT, MAUER-

Parietaria judaica Brennnesselgewächse

SAMMELN UND ZUBEREITEN Die Pflanze wird ebenso wie das Aufrechte Glaskraut verwendet.

Mauer-Glaskraut

MERKMALE 10–40 cm hoch, Staude. Stängel rund, liegend oder in der oberen Hälfte aufsteigend. Blätter wechselständig, eiförmig, gestielt, ganzrandig, nicht durchscheinend punktiert, nicht glasartig. Blüten klein und unscheinbar, grünlich, 4-zählig, in Knäueln in der oberen Stängelhälfte. Blütezeit Mai–Oktober.
STANDORT UND VERBREITUNG Gedeiht nur in warmen Lagen mit hoher Luftfeuchtigkeit. Besiedelt Auwälder, Mauerspalten, Ödland. Mittelmeergebiet, Westeuropa, südliches Mitteleuropa.

GLATTHAFER, FRANZÖSISCHES RAYGRAS

Arrhenatherum elatius Süßgräser

SAMMELN UND ZUBEREITEN Die ab September reifen Samen sind essbar. Denkbar ist eine Verwendung als Kaffee-Ersatz oder als Keimsaat.
MERKMALE 40–150 cm hoch, mehrjähriges Gras. In lockeren Horsten wachsend. Stängel meist aufrecht, glatt oder nur an den Knoten leicht behaart. Blätter flach, 7–9 mm breit, rau, grau bis gelbgrün, Blattscheiden kahl. Rispe zur Blütezeit locker ausgebreitet, bis 25 cm lang, Äste wenig verzweigt. Ährchen etwa 1 cm lang, oval, weißlich grün, manchmal violett überlaufen, Hüllspelze so lang wie das Ährchen, Deckspelze begrannt. Blütezeit Juni–Juli.
STANDORT UND VERBREITUNG Weitverbreitet bis häufig in nährstoffreichen Wiesen, an Böschungen und Wegrändern, von der Ebene bis in mittlere Gebirgslagen. Bevorzugt mäßig trockenen bis frischen und nährstoffreichen Untergrund. Fast ganz Europa.

GLOCKENBLUME

SAMMELN UND ZUBEREITEN Die feinaromatischen Blätter der Glockenblumen schmecken ähnlich wie Feldsalat. Man nutzt sie im Frühjahr als Beigabe zu Salaten, auch in feine Streifen geschnitten über Suppen gestreut. Im April und Mai können auch die zarten Sprosse zu Salat oder Gemüse verarbeitet werden. Die im Geschmack leicht süßliche Wurzel wird vom Spätsommer bis in den Herbst geerntet. Auch sie eignet sich frisch als Salatzutat oder gekocht als Beigabe zu Suppen und Gemüsegerichten. Am besten schmeckt sie in Kombination mit den Glockenblumenblättern oder zusammen mit anderen Wurzelgemüsearten wie beispielsweise Sellerie, Nachtkerze oder Roter Rübe. Auch süßsauer eingelegt wird die Glockenblumenwurzel gelegentlich verwendet. Die Blüten der Glockenblumen sind eine ansprechende essbare Dekoration und können auch unter Salate gemischt werden.

GLOCKENBLUME, ACKER-

Campanula rapunculoides Glockenblumengewächse

SAMMELN UND ZUBEREITEN Angaben dazu bei der Gattung Glockenblume.
MERKMALE 30–80 cm hoch, Staude. Stängel aufrecht. Stängelblätter wechselständig, untere schmal herzförmig, gestielt, gezähnt, obere lanzettlich, sitzend. Blüten in langer Traube, Krone blauviolett, glockenförmig, am Rand locker behaart. Blütezeit Juni–September. Wurzel rübenförmig, unterirdische Ausläufer.

Acker-Glockenblume

STANDORT UND VERBREITUNG Wald- und Wegränder, Trockengebüsche. Fast ganz Europa.

GLOCKENBLUME, ALPEN-

Campanula alpina Glockenblumengewächse

SAMMELN UND ZUBEREITEN Angaben dazu bei der Gattung Glockenblume.
MERKMALE 5–15 cm hoch, ein- bis mehrjährig. Stängel aufrecht, locker behaart. Blätter schmal-lanzettlich bis lineal, ganzrandig, wollig behaart. Blüten in einer lockeren, manchmal bis zum Stängelgrund reichenden Traube, lang gestielt, nickend, Blütenkrone glockenförmig, hell blaulila, innen bewimpert. Kelch wollig behaart, Anhängsel in den Kelchbuchten zurückgeschlagen. Blütezeit Juni–Juli.
STANDORT UND VERBREITUNG Felsdurchsetzte Matten, steinige Weiden. Mitteleuropäische Gebirge.

GLOCKENBLUME, BÄRTIGE

Campanula barbata Glockenblumengewächse

SAMMELN UND ZUBEREITEN Angaben dazu bei der Gattung Glockenblume.
MERKMALE 10–30 cm hoch, Staude. Stängel aufrecht, rauhaarig. Grundblätter rosettig, schmal-eiförmig, ganzrandig oder undeutlich stumpf gezähnt, rauhaarig. Nur wenige wechselständige, schmal-eiförmige Stängelblätter. Blüten in einer lockeren Traube, kurz gestielt, nickend, Blütenkrone glockenförmig, an der Basis bauchig erweitert, hellblau, selten weiß, Kronenmündung behaart. Blütezeit Juni–August.
STANDORT UND VERBREITUNG Zwergstrauchgebüsche. Alpen, Karpaten, südliches Norwegen.

GLOCKENBLUME, BOLOGNESER

Campanula bononiensis Glockenblumengewächse

SAMMELN UND ZUBEREITEN Angaben dazu bei der Gattung Glockenblume.
MERKMALE 30–100 cm hoch, Staude. Stängel aufrecht, rund, sehr kurz behaart. Grundständige Blätter zur Blütezeit meist verwelkt. Stängelblätter wechselständig, untere lang gestielt und herzförmig, obere sit-

zend und lanzettlich, am Rand unregelmäßig gezähnt, alle beiderseits behaart. Blütenkrone weitglockig, hell blauviolett. Blütezeit Juli–Oktober. Wurzel nicht rübenförmig verdickt, keine unterirdischen Ausläufer. STANDORT UND VERBREITUNG Trockengebüsche, Waldränder. Fast ganz Europa, Verbreitungsschwerpunkt Osteuropa. Geschützt.

GLOCKENBLUME, BORSTIGE

Campanula cervicaria Glockenblumengewächse

Borstige Glockenblume

SAMMELN UND ZUBEREITEN Angaben dazu bei der Gattung Glockenblume.
MERKMALE 40–80 cm hoch, einjährig. Stängel aufrecht, borstig behaart. Blätter grundständig oder am Stängel wechselständig stehend. Grundblätter sowie die unteren Stängelblätter gestielt, schmal-lanzettlich, unregelmäßig stumpf gezähnt, obere Stängelblätter sitzend, länglich-zungenförmig, alle Blätter borstig behaart. Blüten büschelig gehäuft am Stängelende, Blütenkrone trichterförmig, blassblau, Griffel länger als die Krone. Blütezeit Juni–August.
STANDORT UND VERBREITUNG Feuchte bis nasse Wiesen, Wald- und Gebüschsäume. Fast ganz Europa. Geschützt.

GLOCKENBLUME, BREITBLÄTTRIGE

Campanula latifolia Glockenblumengewächse

SAMMELN UND ZUBEREITEN Angaben dazu bei der Gattung Glockenblume.
MERKMALE 50–150 cm hoch, Staude, Stängel aufrecht, rund, gerillt, fast kahl oder weichhaarig. Grundständige Blätter zur Blütezeit meist noch vorhanden, breit eiförmig, kurz gestielt. Stängelblätter wechselständig, lanzettlich, sitzend, alle Blätter am Rand unregelmäßig gezähnt, beiderseits fein behaart. Blüten blauviolett, Blütenkrone engglockig, bis auf drei Viertel ihrer Länge in 5 Zipfel geteilt, diese am Rand etwas behaart. Blütezeit Juni–August.
STANDORT UND VERBREITUNG Halbschattenpflanze, die auf sickerfrischen, lockeren, meist steinigen Lehmböden in humider Klimalage zu finden ist. Besiedelt krautreiche, feuchte Laubmischwälder, Schluchtwälder, Bachufer. Gelegentlich als Zierpflanze in Gärten. Die Art wird durch das Mähen von Wegrändern im Schluchtwald stark beeinträchtigt. Sie ist nach der Bundesartenschutzverordnung seit 1986 gesetzlich geschützt. Fast ganz Europa.

Breitblättrige Glockenblume

GLOCKENBLUME, KNÄUEL-

Campanula glomerata Glockenblumengewächse

SAMMELN UND ZUBEREITEN Angaben dazu bei der Gattung Glockenblume.
MERKMALE 15–60 cm hoch, Staude, kurz behaart. In Form und Behaarung der Blätter sehr vielgestaltige Art. Stängel aufrecht, einfach. Blätter grundständig oder am Stängel wechselständig. Grundblätter und untere Stängelblätter gestielt, schmal-eiförmig, stumpf gezähnt, obere Blätter sitzend. Blüten am Ende des Stängels und in den Achseln der oberen Blätter, büschelig gehäuft, Blütenkrone trichter- bis glockenförmig, blauviolett. Blütezeit Juni–September.
STANDORT UND VERBREITUNG Licht- bis Halbschattenpflanze, die meist kalkhaltige Lehmböden bevorzugt. Besiedelt Trocken- und Halbtrockenrasen, Wald- und Wegränder trockenwarmer Standorte. Fast ganz Europa.

GLOCKENBLUME, MARIEN-

Campanula medium Glockenblumengewächse

SAMMELN UND ZUBEREITEN Angaben dazu bei der Gattung Glockenblume (siehe S. 106).
MERKMALE 60–80 cm hoch, Staude. Kräftig, rauhaarig. Grundblätter und wechselständige Stängelblätter. Grundblätter und untere Stängelblätter gestielt, schmal-eiförmig, stumpf gekerbt, obere Stängelblätter lanzettlich, sitzend. Zahlreiche Blüten in lockeren Rispen am Stängelende, Blütenkrone breit röhrenförmig, blauviolett, Blütenkelch borstig behaart. Blütezeit Juni–September.
STANDORT UND VERBREITUNG Braucht lockersteinigen Boden in warmen Klimalagen. Besiedelt Felsen, steinige Plätze, Wälder. Herkunft westliches Mittelmeergebiet, in Mitteleuropa Zierpflanze und verwildert.

Marien-Glockenblume

GLOCKENBLUME, MONT-CENIS-

Campanula cenisia Glockenblumengewächse

SAMMELN UND ZUBEREITEN Angaben dazu bei der Gattung Glockenblume (siehe S. 106).
MERKMALE 1–5 cm hoch, rasenbildende Staude. Stängel zunächst liegend, dann bogig aufsteigend, zart, fast kahl, bis knapp unter die Blüte beblättert. Rosettenblätter breit spatelförmig, ganzrandig. Stängelblätter wechselständig, breit-lanzettlich, fleischig, bläulich grün, sitzend. Blüten einzeln, endständig, Krone hellblau bis lila, weit ausgebreitet, bis über die Hälfte geteilt. Blütezeit Juli–September.
STANDORT UND VERBREITUNG Felsbänder, Felsschuttfluren. Alpen.

GLOCKENBLUME, NESSEL-

Campanula trachelium Glockenblumengewächse

Nessel-Glockenblume

SAMMELN UND ZUBEREITEN Angaben dazu bei der Gattung Glockenblume (siehe S. 106).
MERKMALE 30–80 cm hoch, Staude. Stängel aufrecht, 4-kantig, steifborstig behaart. Blätter 3-eckig bis eiförmig, nesselblattartig grob doppelt gezähnt, behaart, die unteren gestielt, die oberen sitzend. Blüten violettblau, eng glockenförmig. Blütezeit Juli–August.
STANDORT UND VERBREITUNG Laubwälder, Gebüsche. Fast ganz Europa.

GLOCKENBLUME, PFIRSICHBLÄTTRIGE

Campanula persicifolia Glockenblumengewächse

Pfirsichblättrige Glockenblume

SAMMELN UND ZUBEREITEN Angaben dazu bei der Gattung Glockenblume (siehe S. 106).
MERKMALE 30–80 cm hoch, Staude. Grundblätter und wechselständige Stängelblätter. Grundblätter und untere Blätter ei-länglich, in den Stiel verschmälert, mittlere und obere Blätter lanzettlich, sitzend, alle fein gesägt. Blüten in lockeren Trauben am Stängelende, Krone weitglockig, blassblau. Blütezeit Juni–August.
STANDORT UND VERBREITUNG Sonnige Stellen in Laub- und Nadelwäldern, Wald- und Wegränder. Zierstaude in Gärten. Europa.

GLOCKENBLUME, RAPUNZEL-

Campanula rapunculus Glockenblumengewächse

SAMMELN UND ZUBEREITEN Angaben dazu bei der Gattung Glockenblume (siehe S. 106).
MERKMALE 30–80 cm hoch, zweijährig. Stängel aufrecht, kantig, meist kahl. Blätter wechselständig, lanzettlich bis lineal. Blüten in Rispe oder Traube, Krone schmal trichterförmig, hell blauviolett, fast bis zur Mitte geteilt. Blütezeit Juni–August. Wurzel rübenförmig verdickt.
STANDORT UND VERBREITUNG Halbtrockenrasen, Waldränder. Früher in England und Frankreich als Gemüsepflanze kultiviert. Fast ganz Europa.

Rundblättrige Glockenblume

GLOCKENBLUME, RAUTENBLÄTTRIGE

Campanula rhomboidalis Glockenblumengewächse

SAMMELN UND ZUBEREITEN Angaben dazu bei der Gattung Glockenblume (siehe S. 106).
MERKMALE 20–60 cm hoch, Staude. Stängel aufrecht, undeutlich kantig. Grundständige Blätter gestielt, rundlich, am Grund herzförmig, am Rand gekerbt, zur Blütezeit verwelkt. Stängelblätter wechselständig, ei- bis rautenförmig, spitz zulaufend, kurz gestielt oder sitzend, am Rand grob gezähnt. Blüten lang gestielt, Blütenkrone glockig, blauviolett. Blütezeit Juni–August.
STANDORT UND VERBREITUNG Bergwiesen. Hauptverbreitung Westalpen, Pyrenäen.

GLOCKENBLUME, RUNDBLÄTTRIGE

Campanula rotundifolia Glockenblumengewächse

SAMMELN UND ZUBEREITEN Angaben dazu bei der Gattung Glockenblume (siehe S. 106).
MERKMALE 10–30 cm hoch, Staude. Stängel an der Basis sehr kurz behaart, sonst kahl. Grundblätter rundlich-nierenförmig, zur Blütezeit meist verwelkt. Stängelblätter wechselständig, schmal-lanzettlich, ganzrandig. Blüten in lockeren Trauben oder Rispen, Krone glockenförmig, hell blauviolett. Blütezeit Juni–September.
STANDORT UND VERBREITUNG Braucht sandig-steinigen Boden. Besiedelt Magerrasen, Heiden, Felsen, Mauern, Wald- und Wegränder. Europa, im Süden in den Gebirgen.

GLOCKENBLUME, SIBIRISCHE

Campanula sibirica Glockenblumengewächse

SAMMELN UND ZUBEREITEN Angaben dazu bei der Gattung Glockenblume (siehe S. 106).
MERKMALE 15–60 cm hoch, einjährig. Stängel aufrecht, kurzhaarig. Blätter in grundständiger Rosette und am Stängel wechselständig. Grundblätter schmal eiförmig, am Rand unregelmäßig gezähnt. Stängelblätter länglich bis lineal, am Rand etwas wellig, halb stängelumfassend, beidseitig behaart. Blüten in einer lockeren Traube, Blütenkrone glockenförmig, dunkel blaulila, Anhängsel zwischen den Kelchzipfeln schmaleiförmig. Blütezeit Juni–August.
STANDORT UND VERBREITUNG Auf kalkhaltigen, trockenen, sandig-steinigen Böden. Halbtrockenrasen, Wegränder. Vor allem Süd- und Osteuropa.

GLOCKENBLUME, STRAUSS-

Campanula thyrsoides Glockenblumengewächse

SAMMELN UND ZUBEREITEN Angaben dazu bei der Gattung Glockenblume (siehe S. 106).
MERKMALE 10–40 cm hoch, einjährig. Blätter in grundständiger Rosette und wechselständig am Stängel, lanzettlich, meist ganzrandig, selten undeutlich gezähnt. Blüten trichter- bis glockenförmig, gelb, behaart. Blütezeit Juli–September.
STANDORT UND VERBREITUNG Bergwiesen, felsdurchsetzte Matten. Mittel- und Südeuropa. Geschützt.

GLOCKENBLUME, WIESEN-

Campanula patula Glockenblumengewächse

SAMMELN UND ZUBEREITEN Angaben dazu bei der Gattung Glockenblume (siehe S. 106).
MERKMALE 20–60 cm hoch, zweijährig. Grundblätter schmal eiförmig, kurz gestielt, am Rand undeutlich gekerbt. Stängelblätter wechselständig, lanzettlich, sitzend. Blüten weit glockenförmig, hellblau oder blauviolett, Blütenkrone bis zur Hälfte gespalten. Blütezeit Mai–Juli.
STANDORT UND VERBREITUNG Wiesen, Wegränder, Wald- und Gebüschsäume. Fast ganz Europa.

Wiesen-Glockenblume

GLOCKENBLUME, ZWERG-

Campanula cochleariifolia Glockenblumengewächse

Zwerg-Glockenblume

SAMMELN UND ZUBEREITEN Angaben dazu bei der Gattung Glockenblume (siehe S. 106).
MERKMALE 5–15 cm hoch, Staude. Stängel liegend bis aufsteigend, wächst rasig. Grundblätter zur Blütezeit oft noch vorhanden, gestielt, rundlich-herzförmig, am Rand gekerbt bis gezähnt. Stängelblätter wechselständig, schmal-lanzettlich. Blüten kurz glockenförmig, blauviolett. Blütezeit Juni–August.
STANDORT UND VERBREITUNG Felsbänder, -spalten. Kalkschutt. Gebirge Mittel- und Südeuropas.

GOLDDISTEL, GEWÖHNLICHE

Carlina vulgaris Korbblütengewächse

SAMMELN UND ZUBEREITEN Die frischen, jungen Blätter der Golddistel sind Grundlage für viele Gemüsegerichte. Gesammelt werden sie am besten in den Monaten April bis Juni. Die Blütenböden verzehrt man roh, beispielsweise in Salaten, aber auch gekocht wie Artischockenböden zubereitet. Die gekochten Wurzeln, ab September geerntet, ergeben ein deftiges Wintergemüse.

Gewöhnliche Golddistel

MERKMALE 10–50 cm hoch, zweijährig. Blätter wechselständig, länglich-lanzettlich, buchtig, dornig gezähnt. Gelbe Blütenköpfe am Ende des Stängels und seiner Seitenäste. Äußere Hüllblätter ähnlich den Stängelblättern dornig gezähnt, innere Hüllblätter ganzrandig, strohgelb. Blütezeit Juli–September.
STANDORT UND VERBREITUNG Magerrasen, Trockengebüsche, -wälder, Wald-, Wegränder. Europa.

GOLDDISTEL, SPANISCHE, GOLDWURZEL

Scolymus hispanicus Korbblütengewächse

SAMMELN UND ZUBEREITEN Die Goldwurzel oder Spanische Golddistel gehört zu den Wildpflanzen, die immer wieder versuchsweise angebaut, aber dennoch nie zur echten Kulturpflanze wurden. Ihre Wurzeln erinnern im Geschmack an Schwarzwurzeln und werden ähnlich wie diese zubereitet: gekocht, gebraten oder frittiert.
MERKMALE 30–100 cm hoch, Staude. Blätter wechselständig, fiederteilig mit dornig gezähnten Abschnitten, laufen am Stängel nur so weit herab, dass dieser unterbrochen geflügelt erscheint. Blütenköpfe aus gelben Zungenblüten, end- und blattachselständig, werden überragt von drei dornig gezähnten Hochblättern. Blütezeit Mai–September.
STANDORT UND VERBREITUNG Wegränder, Schuttflächen, Küstensand. Süd- und Westeuropa.

GOLDHAFER, GEWÖHNLICHER

Trisetum flavescens Süßgräser

SAMMELN UND ZUBEREITEN Die ab September reifen Samen sind essbar. Denkbar ist eine Verwendung als Kaffee-Ersatz oder als Keimsaat.
MERKMALE 30–70 cm hoch, mehrjähriges Gras. Blätter flach, 2–5 mm breit, am Rand bewimpert. Rispe nur zur Blütezeit locker ausgebreitet, bis 20 cm lang, glänzend gelbgrün bis gelblich, Rispenäste zart, reich verzweigt. Ährchen 5–8 mm lang, oval, glänzend goldgelb (Name). Blütezeit Juni–Juli.
STANDORT UND VERBREITUNG Fettwiesen, Gebirgswiesen. Fast ganz Europa.

GOLDMELISSE, INDIANERNESSEL

Monarda didyma Lippenblütengewächse

SAMMELN UND ZUBEREITEN Die Blätter werden am besten kurz vor der Blüte gesammelt, die Blüten während der gesamten Blütezeit. Blätter und Blüten aromatisieren frisch und fein geschnitten Salate, Rohkost, Gemüse, Auflauffüllungen und Fleisch, auch Marmeladen, Tee und Erfrischungsgetränke mit einem Duft, der an Zitrone und Bergamotte erinnert. Earl-Grey-Tee bekommt ein herrliches Aroma, wenn man ihm einige wenige Goldmelisseblätter zufügt. Die farbenfrohen Blütenblätter eignen sich, sparsam verwendet, auch zum Verfeinern von Pasta- und Reisgerichten. Die Indianer Nordamerikas bereiteten aus den frischen oder getrockneten Blättern und Blütenständen einen Tee, der bei Erkältungen und Bronchialerkrankungen hilft. Nach dem großen Teesturm von Boston im Jahre 1773, der »Boston Tea Party«, war dieser indianische Kräutertee für die europäischen Siedler ein beliebter Ersatz für Schwarztee.
MERKMALE 50–90 cm hoch, Staude. Aromatisch. Stängel aufrecht, 4-kantig, etwas behaart. Blätter gegenständig, gestielt, eiförmig bis lanzettlich, Blattrand gekerbt bis gezähnt. Blüten rot. Blütezeit Juli–September.
STANDORT UND VERBREITUNG Herkunft Nordamerika. In Europa Zierpflanze, siedlungs- und gartennah verwildert.

Goldmelisse

GOLDNESSEL

Lamium galeobdolon agg. Lippenblütengewächse

SAMMELN UND ZUBEREITEN Sprosse, Blätter und Wurzel werden für Salate, Suppen und Gemüsegerichte genutzt, die Blätter alleine als Grundlage für aromatische Teemischungen, die Blüten für süße Dessertspeisen, als essbare Dekoration und zusammen mit den Blättern für die Zubereitung von Kräuterbutter. Die Samen sind als Keimsaat verwendbar. Getrocknet kann man sie lange aufbewahren und auch im Winter als Keimsaat nutzen. Die Goldnessel *(Lamium galeobdolon)* wird mit der Berg-Goldnessel (*Lamium galeobdolon* ssp. *montanum*), der Blassgelben Goldnessel (*Lamium galeobdolon* ssp. *flavidum*), der Echten Goldnessel (*Lamium galeobdolon* ssp. *galeobdolon*) und der Silberblatt-Goldnessel (*Lamium galeobdolon* ssp. *argentatum*) zur Sammelart *Lamium galeobdolon* agg. zusammengefasst. Alle diese Unterarten werden wie oben dargestellt verwendet.
MERKMALE Staude, 15–45 cm hoch. Stängel aufrecht, kantig. Blätter gegenständig, eiförmig bis lanzettlich, gezähnt. Blüten sitzen zu mehreren in quirlartigen Blütenständen in den Achseln der oberen Blätter stockwerkartig übereinander, goldgelb. Blütezeit Mai–Juli.
STANDORT UND VERBREITUNG Laub- und Nadelwälder. Fast ganz Europa.

Goldnessel

GOLDRUTE, ECHTE

Solidago virgaurea — Korbblütengewächse

Echte Goldrute

SAMMELN UND ZUBEREITEN Blühende Sprossspitzen dieser Pflanze sind eine herb-aromatische Beigabe zu milden Wildkräutern. Sie bereichern in kleinen Mengen Salate, Brotaufstriche und Pasteten. Volksmedizinisch nutzt man die entzündungshemmenden, wundheilenden und entwässernden Eigenschaften der Echten Goldrute. Ein Tee aus ihren getrockneten Blüten und Blättern hilft bei Harnwegserkrankungen sowie Magen- und Darminfekten.
MERKMALE 20–120 cm hoch, Staude. Stängel aufrecht, unten oft rötlich braun bis violett überlaufen, kurz behaart. Blätter wechselständig, untere Stängelblätter schmal-eiförmig, gezähnt und mit geflügeltem Stiel, die oberen schmaler. Zahlreiche gelbe Blütenköpfe. Blütezeit Juli–Oktober.
STANDORT UND VERBREITUNG Magerrasen, helle Wälder. Fast ganz Europa.

GOLDRUTE, GRASBLÄTTRIGE

Solidago graminifolia — Korbblütengewächse

SAMMELN UND ZUBEREITEN Die Blätter ergeben frisch oder getrocknet einen aromatischen Tee.
MERKMALE 30–120 cm hoch, Staude. Stängel kahl. Blätter wechselständig, lanzettlich bis lineal, ganzrandig. Blüten goldgelb, Blütenköpfe zu 2–5 knäuelig gehäuft. Blütezeit Juli–September.
STANDORT UND VERBREITUNG Ufergebüsch, Kiesgruben, Schuttplätze. Herkunft Nordamerika, in Mitteleuropa aus Gärten verwildert und eingebürgert.

GOLDRUTE, KANADISCHE

Solidago canadensis — Korbblütengewächse

SAMMELN UND ZUBEREITEN Die jungen Sprossspitzen schmecken mild, fast bohnenähnlich. Von April bis Juni geerntet, eignen sie sich geschält als Salatbeigabe, als Zutat zu gedünstetem oder in Butter gebratenem Gemüse. Auch in Gemüsefüllungen können sie verarbeitet werden. Die gelben Blüten ergeben einen aromatischen Tee. Nur bei ganz jungen Pflanzen kann man auch die Blätter als Tee aufgießen.
MERKMALE 50–200 cm hoch, Staude. Stängel fein behaart. Blätter wechselständig, länglich, zugespitzt, am Rand fein gezähnt. Blüten goldgelb. Blütezeit August–September.
STANDORT UND VERBREITUNG Waldlichtungen, Ufergebüsch, Ödland. Herkunft Nordamerika, in fast ganz Europa eingebürgert.

GOLDSTERN, WALD-

Gagea lutea — Liliengewächse

Wald-Goldstern

SAMMELN UND ZUBEREITEN Der Wald-Goldstern gehört zu den Frühblühern artenreicher Laubwälder. Seine Blätter können im April roh in Salaten oder gegart in Gemüsegerichten verarbeitet werden. Seine Zwiebel wird vom September bis in den Winter roh oder gekocht gegessen.
MERKMALE 10–25 cm hoch, Zwiebelpflanze. Nur 1 grundständiges Laubblatt, ca. 1 cm breit. Sternförmige Blüten, einzeln oder zu mehreren am Ende des Stängels, lang gestielt, 6 Kronblätter, innen gelb, außen grünstreifig. Blütezeit März–Mai.
STANDORT UND VERBREITUNG Auwälder, Gebüsche, Bachufer. Fast ganz Europa.

GRANATAPFEL

Punica granatum — Granatapfelgewächse

SAMMELN UND ZUBEREITEN Granatäpfel werden überwiegend frisch gegessen, aber auch in Salaten, Soßen, Chutneys, süßen Desserts, Quarkspeisen und zur Eisherstellung verwendet. Sie sind auch eine würzende Beilage zu Eierspeisen, Fleisch- und Fischge-

Granatapfel

richten oder essbare Dekoration auf kalten Platten, in Obstsalaten und auf Kuchen. Zur Verwendung schneidet man die apfelähnliche Frucht auf und löffelt die glasig roten Samenkerne aus. Der geleeartige Samenmantel, der die Kerne umgibt, schmeckt erfrischend süßsäuerlich, erinnert ein wenig an den Geschmack von Johannisbeeren. Die Kerne von frischen Früchten können mitgegessen werden. Die Kerne alter Granatäpfel und die weißen Trennhäute sind dagegen ungenießbar, da sie sehr bitter sind. Um nur an den Saft des Granatapfels zu gelangen, drückt man die halbierte Frucht mit der Zitronenpresse vorsichtig aus und siebt die entstandene Flüssigkeit durch. Granatapfelsaft wird in Cocktails gemischt oder verleiht als Sirup (Grenadine) eingedickt Mixgetränken Aroma und Farbe. Auch einfach pur getrunken schmeckt er köstlich.
MERKMALE 2–6 m hoch, sommergrüner, reich verzweigter, manchmal dorniger Baum mit kantigen, graubraunen Zweigen. Blätter gegenständig, nicht selten auch büschelig gehäuft, 2–8 cm lang, oval oder lanzettlich, kurz gestielt, ganzrandig, derb und glänzend, mit kräftigem Mittelnerv. Blüten zu 1–3 an den Zweigenden, fleischiger Kelch und Außenbecher leuchtend rot, 5–8 ebenso gefärbte, glockige, etwas zerknittert wirkende Kronblätter, zahlreiche Staubblätter. Blütezeit Mai–September. Frucht apfelähnlich, bis 9 cm im Durchmesser, mit derber, ledriger, rötlich brauner, etwa 5 mm dicker Schale, gekammert, an der Spitze mit harten Kelchblättern.
STANDORT UND VERBREITUNG In Hecken, Gebüschen, Macchien. Im Mittelmeergebiet in Kultur und oft aus Kultur verwildert. Verwilderte Exemplare auch in Südtirol und der Südschweiz.

GRANNENHAFER

Ventenata dubia — Süßgräser

SAMMELN UND ZUBEREITEN Die ab September reifen Samen sind als essbar beschrieben. Denkbar ist eine Verwendung als Kaffee-Ersatz oder als Keimsaat.
MERKMALE 20–60 cm hoch, einjähriges Gras. Blätter bis 8 cm lang und 1–3 mm breit. Rispe bis zu 20 cm lang, Ährchen um 10 mm lang, grün. Granne im unteren Teil gedreht, sonst gerade. Blütezeit Juni.
STANDORT UND VERBREITUNG Trockenrasen, helle Wälder. Mittel-, Süd- und Westeuropa.

GRANNENREIS

Piptatherum paradoxum — Süßgräser

SAMMELN UND ZUBEREITEN Die ab September reifen Samen sind essbar. Denkbar ist eine Verwendung als Kaffee-Ersatz oder als Keimsaat.
MERKMALE 80–120 cm hoch, mehrjähriges Gras. Blätter 15–25 cm lang, 8 mm breit, flach, beiderseits glatt und unbehaart. Rispen bis 20 cm lang, Rispenäste abstehend oder aufgerichtet, Ährchen 7–8 mm lang. Granne 10–12 mm lang. Blütezeit April–Juni.
STANDORT UND VERBREITUNG Wegränder, Hecken, Mauern, Ödland. Südwesteuropa.

GRASNELKE, GEWÖHNLICHE

Armeria maritima — Bleiwurzgewächse

SAMMELN UND ZUBEREITEN Von April bis Juli gesammelte Blätter kann man in Salaten und Kochgemüsen verarbeiten. Die Blüten sind als essbare Dekoration geeignet.
MERKMALE 5–30 cm hoch, Staude. Blätter in bodennaher Rosette, linealisch, fleischig, meist 1-nervig, bleichgrün. Blüten rosa, in dichten, kugeligen Köpfen am Stängelende. Blütezeit Mai–September.

Gewöhnliche Grasnelke

STANDORT UND VERBREITUNG Salzwiesen, Dünen, Strandfelsen. Mittel-, Nord- und Westeuropa. Geschützt.

GRAUKRESSE, ECHTE

Berteroa incana Kreuzblütengewächse

Echte Graukresse

SAMMELN UND ZUBEREITEN Die ganze Pflanze gilt prinzipiell als essbar. Ihre Blätter und Triebe, von April bis Mai gesammelt, könnten beispielsweise roh in Salaten oder gegart in Gemüsegerichten verarbeitet werden. Die im Spätherbst geerntete Wurzel könnte man in Kochgemüsegerichten verwenden.

MERKMALE 30–60 cm hoch, einjährig, durch Sternhaare graugrün. Stängel aufrecht. Blätter lanzettlich, bis 5 cm lang, aber kaum 1 cm breit, meist ganzrandig. Blüten weiß, selten schwach lila oder gelblich, 4 Kronblätter, diese tief 2-spaltig. Blütezeit Juni–Oktober.

STANDORT UND VERBREITUNG Ödland, Kiesgruben, Bahngelände und Wegränder. Mittel- und Südeuropa.

GRAUSENF

Hirschfeldia incana Kreuzblütengewächse

SAMMELN UND ZUBEREITEN Diese auch Mittelmeer-Senf genannte Pflanze wird in Südeuropa als Salatpflanze genutzt. Mit ihrer leichten Schärfe machen sich die jungen Blätter aber auch gut in Gemüsegerichten. Die Blütenknospen ergeben gedünstet ein brokkoliähnliches Gemüse. Die Senfkörner, die man von August bis September sammeln kann, werden gemahlen zu Speisesenf verarbeitet. Als Ganzes passen sie zu Eingelegtem oder in Marinaden.

Grausenf

MERKMALE 30–100 cm hoch, einjährig. Stängel aufrecht, verzweigt, behaart. Untere Blätter gestielt, fiederteilig, beiderseits mit 2–5 rundlichen Abschnitten und einem deutlich größeren Endabschnitt. Obere Blätter klein, oft sitzend, schmal-eiförmig bis lanzettlich, alle beidseitig dicht behaart und dadurch graugrün. Blüten blassgelb, 4 Kronblätter, diese eiförmig, oft dunkel geadert. Blütezeit Juni–September. Schotenfrucht, 8–15 mm lang, liegt dem Stängel an, Samen kugelig bis eiförmig, rotbraun.

STANDORT UND VERBREITUNG Wegränder, Schuttplätze, Ödland, auch als Unkraut in Gärten und Kleefeldern. Südeuropa, vereinzelt und unbeständig in warmen Klimalagen Mitteleuropas.

GUNDERMANN

Glechoma hedercea Lippenblütengewächse

SAMMELN UND ZUBEREITEN Gundermann ist ein herb-aromatisches Kraut, dessen Blätter am schmackhaftesten vor der Blüte sind. Sie würzen fein geschnitten und sparsam dosiert Suppen, Salate, Fleisch, Kartoffelgerichte, Eierspeisen, Kräuterkäse und Kräuterbutter, aber auch Tee, Likör und Wein. Mit den zartsüßen Blüten kann man Bowlen, Gemüse und Speiseöle aromatisieren. Sie eignen sich auch als Dekoration auf Kuchen und Torten. Bis ins 17. Jahrhundert hat man Gundermann als Bierwürze verwendet.

MERKMALE 5–20 cm hoch, Staude. Würzig duftend. Stängel 4-kantig, liegt dem Boden an, richtet sich nur im blütentragenden Teil auf. Blätter gegenständig, gestielt, rundlich-nierenförmig, am Rand gekerbt. Blüten hellblau bis violett, zu 2–3 in den Achseln der oberen Blätter. Blütezeit April–Juni.

STANDORT UND VERBREITUNG Wächst bevorzugt an feuchten, schattigen Standorten. Besiedelt Wiesen und Weiden, Wald-, Weg- und Heckenränder, Gewässerufer. Europa.

Gundermann

GÜNSEL, GENFER, HEIDE-GÜNSEL

Ajuga genevensis Lippenblütengewächse

SAMMELN UND ZUBEREITEN Die Pflanze kann ebenso wie der nachfolgend dargestellte Kriechende Günsel verwendet werden.
MERKMALE 10–30 cm hoch, Staude, treibt keine Ausläufer. Stängel aufrecht, 4-kantig, ringsum ziemlich gleichmäßig behaart. Bodennahe Blätter zu einer Rosette verdichtet, gestielt, gekerbt bis gezähnt. Stängelblätter gegenständig, meist sitzend, kleiner als die Grundblätter. Dunkelblaue Blüten in Gruppen zu 2–6 in den Achseln der oberen Stängelblätter und ährenähnlich gehäuft am Stängelende, Oberlippe sehr kurz, 2teilig, Unterlippe groß, 3-teilig. Blütezeit April–Juni.
STANDORT UND VERBREITUNG Kalkmagerrasen, Trockengebüsche, sonnige Hänge. Hauptsächlich Mittel- und Südeuropa.

GÜNSEL, KRIECHENDER

Ajuga reptans Lippenblütengewächse

SAMMELN UND ZUBEREITEN Der Kriechende Günsel sollte wegen seines chicoreeartig bitteren Geschmacks nicht alleine verarbeitet werden. Zusammen mit milderen Wildkräutern ergeben seine jungen Sprosse und Blätter jedoch einen guten Salat. Fein dosiert als herbe Würze passen sie auch zu Kräuterkartoffeln, Gemüsesuppen, Frischkäse- sowie Quarkmischungen, Kräuterbutter, aber auch zu Eierspeisen wie Omelett oder Rührei, ja sogar zu Bowlen. Die im Unterschied zu den Blättern nur mildbitteren Blüten sind gut als essbare Dekoration zu verwenden. Wegen ihres Gerbstoffgehalts war die Pflanze früher ein häufig verwendetes Heilkraut bei Halsentzündungen.

Kriechender Günsel

MERKMALE 10–30 cm hoch, Staude, kriecht mit beblätterten, oberirdischen Ausläufern am Boden. Stängel aufrecht, 4-kantig, auf 2 gegenüberliegenden Seiten stärker behaart. Bodennahe Blätter zu einer Rosette verdichtet, gestielt, spatelförmig, ganzrandig oder stumpf gezähnt. Stängelblätter gegenständig, nur undeutlich gestielt oder sitzend, kleiner als Grundblätter, oft rötlich angelaufen. Blaue Blüten in Gruppen zu 2–6 in den Achseln der oberen Stängelblätter und ährenähnlich gehäuft am Stängelende, Oberlippe sehr kurz, 2-teilig, Unterlippe groß, 3-teilig. Blütezeit April–Juli.
STANDORT UND VERBREITUNG Artenreiche Wiesen, Wegränder, Waldlichtungen. Fast ganz Europa.

GUTER HEINRICH

Chenopodium bonus-henricus Gänsefußgewächse

SAMMELN UND ZUBEREITEN »Gut« wird diese Pflanze genannt, weil sie seit Langem ein wertvolles Blattgemüse liefert. Früher wurde sie als Spinatpflanze angebaut. Die Blätter des Guten Heinrichs kann man über die ganze Vegetationsperiode sammeln. Jung ergeben sie leckere Salate, ältere Blätter schmecken gekocht in Gemüsesuppen, Aufläufen, Strudelfüllungen und als spinatähnliches Gemüse. Ihre knospigen Blütenstände schmecken über Dampf gegart und mit flüssiger Butter angerichtet. Die Samen werden getrocknet und im Winter als Keimsaat verwendet. Gekocht ergeben sie eine Art Brei, den man gesüßt oder pikant gewürzt isst. Aber: Guter Heinrich enthält Saponine und kann auch Oxalsäure anreichern. Menschen mit Gicht oder Nierenerkrankungen sollten ihn besser meiden.

Guter Heinrich

MERKMALE 10–50 m hoch, Staude. Die ganze Pflanze wirkt leicht mehlig bestäubt. Stängel aufrecht, unverzweigt, hohl, gerillt. Blätter wechselständig, bis zu 10 cm lang, 3-eckig-pfeilförmig, lang gestielt, ganzrandig, unterseits mit derber Äderung. Ährenförmiger Blütenstand am Stängelende, kleine gelbgrüne Einzelblüten. Blütezeit Mai–August.
STANDORT UND VERBREITUNG Nährstoffreiche Böden. Viehweiden, Wegränder, Felder, Schutthalden, Kompost. Europa.

HAARGERSTE, WALD-

Hordelymus europaeus Süßgräser

SAMMELN UND ZUBEREITEN Die ab September reifen Samen sind essbar. Denkbar ist eine Verwendung als Kaffee-Ersatz oder als Keimsaat.
MERKMALE 60–120 cm hoch, mehrjähriges Gras, wächst in Horsten. Stängel steif aufrecht, an oder unter den Knoten zottig behaart. Blätter bis 1 cm breit, oben anliegend behaart, unten mit hervortretendem Mittelnerv. Ähre dicht und aufrecht, 4–8 cm lang. Ährchen jeweils zu 2–3 gebündelt. Hüll- und Deckspelzen begrannt. Blütezeit Juni–August.
STANDORT UND VERBREITUNG Laubmischwälder, Buchenwälder. Mittel- und Südeuropa.

HAARSTRANG, SUMPF-

Peucedanum palustre Doldengewächse

SAMMELN UND ZUBEREITEN Die Wurzel, von September bis in den Winter geerntet, ist als ingwerähnlich scharfes Trockengewürz nutzbar. Vorsicht beim Ernten: Die Pflanze ähnelt gefährlich giftigen Pflanzen wie Hundspetersilie (*Aethusa cynapium*, S. 371) und Geflecktem Schierling (*Conium maculatum*, S. 382).
MERKMALE 80–150 cm hoch, zweijährig. Stängel aufrecht, hohl, kantig gefurcht. Blätter wechselständig, 2- bis 3-fach fiederteilig, Blattzipfel schmal-lanzettlich. Blüten weiß, Blütenstand eine 15- bis 30-strahlige Dolde. Blütezeit Juli–August. Frucht eiförmig, etwa 5 mm lang, gerippt.
STANDORT UND VERBREITUNG Sumpfiges Gelände, Feuchtwiesen, Moore, Ufer. Mitteleuropa, südlich bis Norditalien, Südfrankreich, Nordeuropa mit Ausnahme des hohen Nordens.

HABICHTSKRAUT, GEWÖHNLICHES

Hieracium lachenalii Korbblütengewächse

SAMMELN UND ZUBEREITEN In der Wildkräuterküche werden Blätter, Blütenknospen und Blüten der Habichtskräuter verwendet. Die herb salatartig schmeckenden Blätter nutzt man von April bis Mai. Sie passen fein geschnitten als Beigabe zu Salaten, in Gemüsegerichte, Kräuterquark, Kräuterbrote oder Gemüsebratlinge. Und sie aromatisieren Fisch und Fleisch. Ihr Saft schmeckt gemischt mit süßeren Gemüsesäften sowie als herbe Beigabe in Suppen und Soßen. Die feine Behaarung der Blätter empfindet man bei den genannten Verwendungsarten kaum als störend. Die Blüten, die deutlich milder als die Blätter schmecken, streut man als essbare Dekoration über Salate, Suppen, Gemüsegerichte oder auch belegte Brote. Auch die Blütenknospen, die ab April gesammelt werden können, isst man roh oder gekocht in Salaten oder verschiedenen Gemüsezubereitungen.

Gewöhnliches Habichtskraut

MERKMALE 30–100 cm hoch, Staude. Führt Milchsaft. Stängel mit 3–5 Stängelblättern, diese wechselständig, eiförmig und grob gezähnt. Grundblätter schmal-eiförmig bis lanzettlich, am Rand grob gezähnt, unterseits oft weinrot überlaufen. Gelbe Blütenköpfe, bestehen nur aus Zungenblüten. Blütezeit Juni–August.
STANDORT UND VERBREITUNG Helle Laub- und Nadelwälder, Heiden, Felsbänder. Europa.

Das feinherbe Aroma junger Habichtskrautblätter ergänzt hervorragend in Weinsud pochierten Fisch.

HABICHTSKRAUT, KLEINES

Hieracium pilosella Korbblütenwächse

SAMMELN UND ZUBEREITEN Die Pflanze wird ebenso wie das oben dargestellte Gewöhnliche Habichtskraut verwendet.
MERKMALE 5–30 cm hoch, Staude. Führt Milchsaft. Stängel behaart, blattlos. Blätter in bodennaher Rosette, schmal-eiförmig, behaart. Ein gelber Blütenkopf am Stängelende, besteht nur aus Zungenblüten. Blütezeit Mai–Oktober.

STANDORT UND VERBREITUNG Besiedelt trockene und sonnige Standorte, ist in Heiden, an Feldrainen, in Trockengebüschen und lichten Wäldern zu finden. Fast ganz Europa.

Kleines Habichtskraut

HABICHTSKRAUT, WALD-

Hieracium sylvaticum Korbblütengewächse

SAMMELN UND ZUBEREITEN Die Pflanze wird ebenso wie das oben dargestellte Gewöhnliche Habichtskraut verwendet.
MERKMALE 20–50 cm hoch, Staude. Führt Milchsaft. Stängel meist mit nur einem, tief am Stängel stehenden Blatt. Grundblätter rosettig, breit-eiförmig, weich und dunkelgrün, am Rand grob gezähnt. Gelbe Blütenköpfe, bestehen nur aus Zungenblüten. Blütezeit Mai–Juni.
STANDORT UND VERBREITUNG Krautreiche Laub- und Nadelwälder, Gebüsche, schattige Felsen, Mauern. Europa.

HAFER, FLUG-

Avena fatua Süßgräser

SAMMELN UND ZUBEREITEN Die im Spätsommer reifen Samenkörner werden als Kaffee-Ersatz und Keimsaat genutzt. Eine weitere, mit dem Saat-Hafer eng verwandte Wildart ist der Taube Hafer *(Avena sterilis)*, der im Mittelmeerraum natürlich vorkommt. Zwei frühere Kulturarten, der Sandhafer *(Avena strigosa)* und der Fahnenhafer *(Avena orientalis)*, sind heute meist nur noch seltene Unkräuter. Alle sind wie der Flug-Hafer verwendbar.
MERKMALE 60–120 cm hoch, einjähriges Gras. Blätter blaugrün, 10–45 cm lang, 10 mm breit, lang zugespitzt, rau. Blütenrispe locker, 10–40 cm lang. Ährchen hängend, 2- bis 3-blütig. Blütezeit Juni–August.
STANDORT UND VERBREITUNG Stammform des Hafers, wächst als Unkraut in Hafer- und Weizenfeldern aber auch an Wegrändern, und auf Schuttplätzen. Ursprünglich Mittelmeergebiet, heute weltweit verschleppt.

Flug-Hafer

HAFER, SAAT-

Avena sativa Süßgräser

SAMMELN UND ZUBEREITEN Hafer ist eine ernährungsphysiologisch hochwertige Getreideart. Seine Körner enthalten Stärke, Eiweiß, Fette, Ballaststoffe, Mineralien und Vitamine. Für die menschliche Ernährung nutzt man Haferflocken – mit Dampf behandelte, gequetschte Körner – für Breie, Müslis, Suppen und Gebäck. Haferbrei, in England »porridge«, war vor der Kartoffel Volksnahrungsmittel. In der Volksmedizin gilt Haferschleim als Schon- und Diätkost mit heilender Wirkung auf Magen und Darm. Geröstete Haferkörner lieferten in kargen Zeiten eine Art Kaffee-Ersatz. Hafermehl eignet sich nicht gut zum Brotbacken, da ihm Kleberproteine fehlen. Nur in Nordeuropa stellte man früher Haferbrot her. Bis ins 16. Jahrhundert hat man Haferbier gebraut.
MERKMALE 60–120 cm hoch, einjähriges Gras. Blätter rau, graugrün, etwa 30 cm lang und bis 16 mm breit, schmal zugespitzt. Blattscheiden glatt, kahl. Lockere, ausgebreitete Rispe, bis 30 cm lang. Rispenäste ungleich lang, andeutungsweise aufwärts gerichtet. Ährchen 2–3 cm lang, hängend, meist 2-blütig. Blütezeit Juni–August.
STANDORT UND VERBREITUNG Kulturpflanze mediterraner Herkunft. Soweit nicht angebaut, auf brachliegenden Feldern mit ehemaligem Getreideanbau.

Haferwurzel

HAFERWURZEL, ROTER BOCKSBART

Tragopogon porrifolius Korbblütengewächse

SAMMELN UND ZUBEREITEN In Mitteleuropa wurde die Haferwurzel bereits im 16. Jahrhundert als Gemüse angebaut, nach und nach aber von der im Geschmack sehr ähnlichen Schwarzwurzel verdrängt. Einen Anbau in nennenswertem Umfang gibt es heute nur noch in England, wo man die Pflanze wegen ihres an Austern erinnernden Geschmacks »vegetable oyster« nennt. Die Haferwurzel wird vorwiegend als Wurzelgemüse verwendet, gekocht als Gemüsebeigabe zu Fleischgerichten, als Einlage in Gemüsesuppen oder püriert als Cremesuppe, kann aber auch roh in Salaten gegessen werden. Bis ins 19. Jahrhundert war die Wurzel geröstet auch Kaffee-Ersatz. Nicht selten blüht die an sich zweijährige Haferwurzel schon im ersten Jahr. Das hat zur Folge, dass ihre Wurzel hart, holzig und ungenießbar wird. Blätter und Blüten der Pflanze sind ebenfalls essbar. Die jungen Blätter nimmt man roh als Würze für Salate oder gekocht für Suppen und Gemüsegerichte, die farbschönen Blüten als Dekoration in Salaten.

MERKMALE 20–120 cm hoch, zweijährig. Stängel unter dem Blütenköpfchen keulenförmig verdickt. Blätter lineal, lang zugespitzt, am Grund verbreitert und halb stängelumfassend. Blütenköpfe aus rötlich purpurfarbenen Zungenblüten, umgeben von schmalen Hüllblättern. Blütezeit April–Juli. Lange, zylindrische Wurzel.

STANDORT UND VERBREITUNG Grasfluren, Brachland, Weg- und Straßenränder. Gesamte Mittelmeerregion, oft kultiviert.

Haferwurzel-Bananen-Salat, angemacht mit einer Zitronen-Sahne-Soße und gewürzt mit einer Spur Curry, ist eine ungewöhnliche Vorspeise.

HAHNENFUSS, FLUTENDER

Ranunculus fluitans Hahnenfußgewächse

SAMMELN UND ZUBEREITEN Die Pflanze kann man vor der Blüte Gemüsegerichten beigefügen. Mit Beginn der Blütezeit lagert sie verstärkt Protoanemonin ein und sollte dann nicht mehr genutzt werden. Efeublättriger Hahnenfuß *(Ranunculus hederaceus)*, Blüte von Mai bis Oktober, Spreizender Hahnenfuß *(Ranunculus circinatus)*, Blüte von Mai bis August, und Wasser-Hahnenfuß *(Ranunculus aquatilis)*, Blüte von Mai bis September, sind ähnlich verwendbar.

MERKMALE Staude. Untergetauchte Pflanze der Fließgewässer. Stängel meist im Wasser flutend, 1–6 m lang. Blätter untergetaucht, fein zerteilt in bis zu 10 cm lange, fadenförmige Zipfel. Weiße Blüten, Blütenblätter am Grund mit einem gelben Fleck. Blütezeit Juni–August.

STANDORT UND VERBREITUNG Bäche, Flüsse. Mittel- und Westeuropa.

Flutender Hahnenfuß

HAINBUCHE

Carpinus betulus Haselgewächse

SAMMELN UND ZUBEREITEN Die eher bitteren Blätter sind in kleinen Mengen eine Bereicherung

Hainbuche

intensiver Gewürzmischungen, geeignet für Kräuterbutter, Kräuterquark und auch Frischkäse. Gesammelt werden sie im April, wenn sie sich gerade entfaltet haben. Auch die Samen schmecken sehr bitter. Wer sie dennoch in Marinaden, kräftigen Gemüsegerichten und Salaten nutzen will, sollte sie vor der eigentlichen Verarbeitung zum Entbittern in Salzwasser einlegen.

MERKMALE 5–25 m hoch, sommergrüner Laubbaum. Blätter stehen in Reihen wechselständig an den Zweigen, oval, faltig, zugespitzt, doppelt gesägt. Blüten kätzchenartig, erscheinen mit der Belaubung. Blütezeit April–Mai. Nussfrucht mit 3-lappigem »Flugblatt«. Fruchtreife September–Oktober.

STANDORT UND VERBREITUNG Laubwälder, Hecken. Hauptsächlich Mittel- und Südosteuropa.

HAINLATTICH, HAINSALAT

Aposeris foetida — Korbblütengewächse

SAMMELN UND ZUBEREITEN Wegen seines Geschmacks und Geruchs nennt man den Hainsalat auch Kartoffelkraut. Seine jungen Blätter, die man am besten von März bis Mai sammelt, eignen sich als kräftige Salatbeigabe. Die Wurzel kann, solange sie noch weich und unverholzt ist, in Suppen und Gemüsegerichte geschnitten werden. Getrocknet, geschrotet und in der Pfanne geröstet ist sie als Kaffee-Ersatz nutzbar.

MERKMALE 5–25 cm hoch, Staude. Führt Milchsaft. Blätter in grundständiger Rosette, lanzettlich, löwenzahnartig fiederteilig. Gelbe Blütenköpfe. Blütezeit Juni–August.

STANDORT UND VERBREITUNG Bergmischwälder bis in 2000 m Höhe. Mittel- und Südeuropa.

HAINSIMSE, FELD-

Luzula campestris — Binsengewächse

SAMMELN UND ZUBEREITEN Die leicht süßlich schmeckenden Blütenstände und Samen sind unter dem Namen »Hasenbrot« bekannt. Die ab September reifen Samen kann man auch als Kaffee-Ersatz oder Keimsaat nutzen.

Feld-Hainsimse

MERKMALE 5–40 cm hoch, mehrjährig. Grundständige Blätter grasartig schmal, nur 0,5–4 mm breit, weiß bewimpert. Blütenstand aus 2–5 Ährchen, diese erst aufrecht, später hängend, braun bis schwärzlich. Blütezeit März–Mai.

STANDORT UND VERBREITUNG Magerrasen, Heiden. Meidet Kalkböden. Häufig. Europa.

HARTRIEGEL, ROTER

Cornus sanguinea — Hartriegelgewächse

SAMMELN UND ZUBEREITEN Roh sind die bitter-sauren Früchte des Roten Hartriegel ungenießbar. Aber gekocht und in Kombination mit anderen Früchten kann man sie zu Marmeladen, Chutneys, Fruchtsäften und Bitterlikören verarbeiten. Aus den Fruchtkernen kann man nach Schroten und Rösten eine Art Ersatzkaffee herstellen.

MERKMALE 1–4 m hoch, sommergrüner Strauch. Blätter gegenständig, eiförmig, zugespitzt, ganzrandig, Herbstfärbung intensiv rot. Weiße Blüten in schirmartigen Dolden am Ende der Zweige. Blütezeit Mai–Juni. Erbsengroße, schwarze Steinfrüchte. Fruchtreife Juli–Oktober.

STANDORT UND VERBREITUNG Waldränder, Hecken, Gebüsche. Fast ganz Europa.

Roter Hartriegel

HARTRIEGEL, SCHWEDISCHER

Cornus suecica Hartriegelgewächse

SAMMELN UND ZUBEREITEN Die Früchte des Schwedischen Hartriegels gelten roh, gekocht und getrocknet als essbar.
MERKMALE 5–25 cm hoch, Staude. Stängel 4-kantig. Blätter gegenständig, länglich-eiförmig, sitzend, 3- bis 5-nervig. Blüten rotbraun bis schwarzrot, in doldenartigen Blütenständen an den Enden der Zweige, die Blütenstände sind von je 4 weißen oder cremefarbenen, eiförmigen, etwa 1 cm langen Hüllblättern umgeben. Blütezeit Mai. Eiförmige, scharlachrote Steinfrucht.
STANDORT UND VERBREITUNG Zwergstrauchheiden, Moorwälder. Hauptsächlich Nordeuropa.

HASEL, BAUM-, TÜRKISCHE HASEL

Corylus colurna Haselgewächse

SAMMELN UND ZUBEREITEN Die Baum-Hasel liefert im Herbst wohlschmeckende Haselnüsse in großer Zahl. Sie werden ähnlich verwendet wie die der Gewöhnlichen Hasel.
MERKMALE 8–25 m hoch, Laubbaum mit geradem Stamm und grauweißer, korkiger Rinde. Blätter breiteiförmig, 8–12 cm lang, doppelt gesägt, oben dunkelgrün, unten heller und behaart. Männliche Kätzchen bis 12 cm lang, weibliche Blüten kleine Knospen. Blütezeit März–April. Nüsse in Büscheln. Fruchthülle bis über die Mitte in viele längliche, die Nuss überragende Zipfel zerschlitzt.
STANDORT UND VERBREITUNG Bergwälder Südosteuropas. In Mitteleuropa Park- und Straßenbaum.

HASEL, GEWÖHNLICHE

Corylus avellana Haselgewächse

SAMMELN UND ZUBEREITEN Haselnüsse enthalten neben den Vitaminen B und C viele Mineralien und Spurenelemente, etwa 17% Eiweißstoffe und 60% Fett. Man isst sie roh oder nimmt sie geröstet, gehackt oder gemahlen für die Zubereitung von Brot, Kuchen, Teigwaren, Pudding, süßen Aufstrichen, Schokolade und vielem mehr. So liefern sie beispielsweise auch delikate Soßen zu Fisch, Geflügel und dunklem Fleisch. Das aus gestoßenen Haselnusskernen gepresste Öl ist ein hochwertiges Speiseöl, das aber selbst bei kühler Lagerung höchstens drei Monate haltbar ist. Die männlichen Blütenkätzchen verwendet man getrocknet und gemahlen zum Strecken von Getreidemehl. Aus den ersten, zarten, gerade entfalteten Blättern kann man im März und April zusammen mit anderen Wildpflanzen ein leckeres spinatähnliches Gemüse zubereiten. Getrocknet eignen sich die Blätter zum Strecken von Rauchtabak. Vorsicht: In seltenen Fällen können nach dem Genuss von Haselnüssen Allergien mit Atemnot auftreten.
MERKMALE 2–5 m hoch, sommergrüner, vielstämmiger Strauch mit rutenförmigen Zweigen. Rinde graubraun, glänzend, mit hellen Korkwarzen besetzt. Blätter wechselständig, rundlich bis eiförmig, mit gesägtem Rand, beidseitig behaart. Blüten erscheinen lange vor dem Laub, männliche Blüten in gelben hängenden Kätzchen, weibliche Blüten in knospenförmigen aufrechten Blütenständen, aus denen tiefrote Narben büschelig herausragen. Blütezeit Februar–April. Nussfrüchte mit harter Schale, in einer grünen, becherförmigen Hülle. Fruchtreife September–Oktober.
STANDORT UND VERBREITUNG Laubwälder, Waldränder, Hecken bis in Höhenlagen von 1800 m. Europa.

Gewöhnliche Hasel

Selbst gemachte Haselnuss-Nudeln aus Mehl, Eiern und fein gemahlenen, gerösteten Haselnüssen harmonieren ausgezeichnet mit Pilzsoßen.

HASEL, LAMBERTS-

Corylus maxima — Haselgewächse

SAMMELN UND ZUBEREITEN Drei Viertel der weltweit erzeugten Haselnüsse stammen von dieser Art. Entlang der türkischen Schwarzmeerküste wird der Strauch in großen Plantagen angebaut. Seine Nüsse werden ähnlich verwendet wie die der Gewöhnlichen Hasel. Die Bluthasel (*Corylus maxima* var. *purpurea*), eine rotlaubige Form der Lamberts-Hasel, wird in Mitteleuropa oft in Gärten angepflanzt. Ihre Früchte sind essbar, aber meist kleiner als die der Stammform.
MERKMALE 5–10 m hoch, Strauch. Blütezeit Februar–April. Ähnlich der Gewöhnlichen Hasel, aber Fruchthülle oben stark verengt, tief zerschlitzt, viel länger als die Nuss.
STANDORT UND VERBREITUNG Herkunft Südosteuropa, in Mitteleuropa oft in Gärten gepflanzt.

HASENKÜMMEL, WILDER KREUZKÜMMEL

Lagoecia cuminoides — Doldengewächse

SAMMELN UND ZUBEREITEN Der Hasenkümmel ist eine Gewürzpflanze, deren Samenkörner getrocknet als Ersatz für Kreuzkümmel *(Cuminum cyminum)* zum Würzen von Fleisch, Käse, Chutneys, Brot, Kuchen und Kleingebäck verwendet werden können. Sie sind auch wichtiger Bestandteil von Currymischungen. Als Tee aufgebrüht unterstützen sie die Verdauung und wirken Blähungen entgegen.
MERKMALE 6–30 cm hoch, einjährig. Aromatischer Duft. Stängel aufrecht, dünn, verzweigt. Blätter klein und fein gefiedert. Kleine weiße Blüten in kugelförmigen Blütenständen. Blütezeit April–Mai. Frucht kurz behaart.
STANDORT UND VERBREITUNG Steiniges Brachland. Gesamte Mittelmeerregion.

Hasenkümmel

HASENOHR, RUNDBLÄTTRIGES

Bupleurum rotundifolium — Doldengewächse

SAMMELN UND ZUBEREITEN Die Pflanze gilt prinzipiell als essbar. Ihre jungen, von April bis Juni gesammelten Blätter und Triebe könnten beispielsweise roh in Salaten oder gekocht in Suppen und Gemüsegerichten verarbeitet werden.
MERKMALE 15–50 cm hoch, einjährig. Stängel aufrecht, im oberen Teil ästig verzweigt, oft weinrot überlaufen. Blätter wechselständig, rundlich bis eiförmig, bis 7 cm lang und 3 cm breit, untere stängelumfassend, mittlere und obere vom Stängel durchwachsen. Gelbe Blütendolden. Blütezeit Juni–August.
STANDORT UND VERBREITUNG Felder, Feldränder, Ödland. Mittel- und Südeuropa.

HASENOHR, SICHELBLÄTTRIGES

Bupleurum falcatum — Doldengewächse

SAMMELN UND ZUBEREITEN Die bitter schmeckende Pflanze gilt prinzipiell als essbar. Ihre jungen, von April bis Juni gesammelten Blätter und Triebe könnten beispielsweise in Salaten, Suppen und Gemüsegerichten verarbeitet werden. Dieses Hasenohr wurde in chinesischen Medizinschriften bereits um 200 n. Chr. erstmalig erwähnt. Man nutzte die Pflanze in Kombination mit Süßholz zur Aktivierung von Kreislauf und Leberfunktion.
MERKMALE 20–100 cm hoch, Staude. Stängel aufrecht, zickzackförmig hin- und hergebogen. Blätter wechselständig, untere länglich-spatelförmig, obere lanzettlich, 5- bis 7-nervig, oft sichelförmig gekrümmt. 6- bis 15-strahlige Blütendolden, Einzelblüten gelb. Blütezeit Juni–September.
STANDORT UND VERBREITUNG Benötigt sonnige, trockene, kalkhaltige, aber nährstoffarme Standorte. Besiedelt Trockenwälder und Trockengebüsche, Wald- sowie Gebüschränder. In Mittel- und Südeuropa.

HAUHECHEL, DORNIGE

Ononis spinosa Schmetterlingsblütengewächse

SAMMELN UND ZUBEREITEN Die jungen, von April bis Juni gesammelten Sprosse sind fein geschnitten eine scharf würzende Beigabe zu Salaten, Suppen, Soßen und Gemüsegerichten. Die Blüten sind essbare Dekoration, beispielsweise in Salaten oder auf kalten Platten. Die süß riechende Wurzel wird zum Aromatisieren von Kräuterlikören verwendet. Gegraben wird sie ab September.

Dornige Hauhechel

MERKMALE 20–60 cm hoch, dorniger Halbstrauch. Stängel am Grund holzig, behaart. Blätter wechselständig, kurz gestielt, 3-teilig, Teilblättchen eiförmig, gezähnt. Blüten zu 1–3 in den Achseln der oberen Stängelblätter, Blütenblätter rosa bis rotviolett, dunkel geädert. Blütezeit Juni–August. Wenigsamige Hülsenfrucht.

STANDORT UND VERBREITUNG Halbtrockenrasen, Moorwiesen. Fast ganz Europa.

HAUTTANG, NABEL-

Porphyra umbilicalis Hauttanggewächse

SAMMELN UND ZUBEREITEN *Porphyra*-Rotalgen sind eine hochwertige, aber kalorienarme Naturkost, die man entweder geröstet, frittiert oder gedünstet als Gemüse essen kann. Diese auf den ersten Blick unscheinbaren Meeresalgen zeichnen sich durch einen beachtlichen Gehalt an Vitaminen und Spurenelementen aus. Nicht nur in der ostasiatischen Küche, auch in Europa hat ihre kulinarische Verwendung Tradition. Die verschiedenen Hauttangarten werden zwischen Oktober und April in kalten Meeren geerntet. Unter der Bezeichnung »Nori« sind sie auch im Handel erhältlich. In schmale Streifen von *Porphyra*-Blättern werden traditionell Sushirollen gehüllt. Frisch oder getrocknet werden die Blätter in Sojasoße gekocht und dann mit Reis gegessen. Gegrillt und zerstoßen bereichern sie Soßen und Eiergerichte. Fein geschnitten sind sie ein ungewöhnliches Gewürz für Fisch- und andere Meeresfruchtgerichte. In Wales und Irland wird *Porphyra* »laver« genannt und zu sogenannter »schwarzer Butter« oder in Kombination mit Haferflocken zu einem Brotfladen, »laver bread«, verarbeitet. Dem Nabel-Hauttang sehr ähnlich und ebenso verwendbar ist der verwandte Purpur-Hauttang *(Porphyra purpurea)*.

MERKMALE Rotalge mit hauchdünnen (nur eine einzige Zellschicht), olivbraunen bis schwarz glänzenden, bis zu 20 cm langen Blättern, im Umriss rundlich oder von unbestimmter Form, oft wellig, faltig oder gekräuselt. Sitzt mit einer nabelartigen Haftscheibe an den Steinen des Littorals fest.

STANDORT UND VERBREITUNG Felsküsten der Meere, obere Gezeitenzone.

HEDERICH, ACKER-

Raphanus raphanistrum Kreuzblütengewächse

SAMMELN UND ZUBEREITEN Junge Sprosse und Blätter, vor der Blütezeit gesammelt, würzen roh und fein geschnitten oder kurz blanchiert Salate, Gemüsesuppen und Eintopfgerichte, Soßen und Brotaufstriche. Auch die Blütenknospen sind als knackige Salatzutat nutzbar, die Blüten selbst als würzende, essbare Dekoration. Unreife Samenschoten sind roh eine aromatische Zutat für Salate und Sandwiches. Aus den Samen kann man auf der Fensterbank Keimlinge ziehen, Senf oder Speiseöl bereiten.

Acker-Hederich

MERKMALE 20–60 cm hoch, einjährig. Stängel aufrecht, verzweigt, an der Basis bläulich bereift und borstig behaart. Blätter im unteren Bereich des Stängels 4- bis 5-lappig, obere ungeteilt, gezähnt, beide gestielt. Blüten in lockeren Trauben am Ende des Stängels, 4 Blütenblätter, weiß oder blassgelb, dunkel geadert, 4 aufrechte Kelchblätter. Blütezeit Juni–September. 2–9 cm lange Früchte,

perlschnurartig gegliedert, 2–10 Samenfächer, mit langem, schnabelförmigem Endstück.
STANDORT UND VERBREITUNG Ödland, Äcker, Feldraine. Europa.

Eine Handvoll Hederichsprossen im Teig macht aus normalen Kartoffelpuffern kresseähnlich scharf schmeckende Hederich-Puffer.

Besen-Heide

HEIDE, BESEN-

Calluna vulgaris Heidekrautgewächse

SAMMELN UND ZUBEREITEN Mit den blühenden Trieben der Besen-Heide kann man Kräuterlikör und Kräuterwein würzen. Ein Aufguss der Blüten, mit Honig gesüßt, ist eine wirksame Hilfe bei Schlafstörungen. Die nektarreichen Blüten sind auch Grundlage für den Heidehonig, der vor allem Gewürzbrot süßt. Die getrockneten Wurzeln werden zu Backmehl, etwa für Kleingebäck wie Löffelbiskuits, vermahlen.
MERKMALE 10–50 cm hoch, reich verzweigter Zwergstrauch mit liegenden Stämmchen und aufrechten »besenartigen« Zweigen. Blätter lineal-lanzettlich, immergrün, 4-zeilig, überdecken sich dachziegelartig. Blüten sitzen in lockeren einseitigen Trauben endständig an den Zweigen, Blütenkrone blassviolett, 4-zählig, glockenförmig. Blütezeit Juli–September.
STANDORT UND VERBREITUNG Heiden, Magerrasen, helle Kiefernwälder. Europa, Verbreitungsschwerpunkt Mittel- und Nordeuropa.

HEIDE, GLOCKEN-

Erica tetralix Heidekrautgewächse

SAMMELN UND ZUBEREITEN Mit den Frühjahrstrieben kann man Kräuterlikör und Kräuterwein würzen. Aus den Blüten wird ein blutreinigender Tee zubereitet.
MERKMALE 10–50 cm hoch, reich verzweigter Zwergstrauch mit dünnen behaarten Zweigen. Blätter nadelförmig, immergrün, behaart, am Rand bewimpert, meist zu 4 quirlständig. Kopfiger Blütenstand am Ende der Zweige, Blüten rot, krugförmig, 6–8 mm lang, Staubbeutel von der Krone umschlossen. Blütezeit Juni–August.
STANDORT UND VERBREITUNG Feuchtheiden, Heidemoore, Moorwälder. Selten. Westeuropa, Norddeutschland.

HEIDE, GRAU-

Erica cinerea Heidekrautgewächse

SAMMELN UND ZUBEREITEN Mit den Frühjahrstrieben würzt man Kräuterlikör und Kräuterwein. Aus den Blüten wird ein blutreinigender Tee zubereitet.
MERKMALE 10–60 cm hoch, Zwergstrauch. Blätter nadelförmig, immergrün, kahl, glänzend, meist zu 3 quirlständig. Blüten violettrot, glocken- bis eiförmig, 5–7 mm lang (inkl. Staubbeutel). Blütezeit Juni–Juli.
SAMMELN UND ZUBEREITEN Moore und Heiden, helle Wälder. Nord- und Westeuropa, Nordwestdeutschland.

HEIDE, SCHNEE-

Erica carnea Heidekrautgewächse

SAMMELN UND ZUBEREITEN Wird ebenso wie die oben beschriebene Grau-Heide verwendet.
MERKMALE 10–30 cm hoch, Zwergstrauch. Zweige dünn, bogig aufsteigend, graubraun. Blätter nadelförmig, spitz, immergrün, zu 4 quirlständig. Blüten in endständigen, traubigen Blütenständen, rosa, selten weiß, hängend, Staubbeutel dunkelpurpur, ragen aus der Blütenkrone hervor. Blütezeit März–Juni.
STANDORT UND VERBREITUNG Kiefernwälder, Zwergstrauchheiden, Latschengebüsch. Gebirge Mittel- und Südeuropas.

HEIDELBEERE, BLAUBEERE

Vaccinium myrtillus Heidekrautgewächse

SAMMELN UND ZUBEREITEN Heidelbeeren sammelt man, wenn sie vollreif und blauschwarz gefärbt sind, denn dann können sie nicht mehr mit den bei Reife roten Preiselbeeren verwechselt werden. Diese Beerenköstlichkeiten sind reich an Provitamin A und Vitamin C und enthalten nur 65 Kalorien pro 100 Gramm. Am besten schmecken sie frisch vom Strauch. Darüber hinaus verarbeitet man sie zu Marmelade, in roter Grütze, auf Kuchen, in Eis, Desserts, Fruchtsuppen und Fruchtsoßen. Auch als Saft, Fruchtwein und Likör genießt man sie. Getrocknet ergeben sie einen aromatischen Frühstückstee, passen aber auch in Müslis und Studentenfuttermischungen. Heidelbeeren kann man ohne Geschmacksverluste einfrieren und später verwenden. Die herbsäuerlichen Blätter sammelt man am besten im Frühsommer und gibt sie frisch oder getrocknet in kleinen Mengen als würzende Beigabe zu Salaten oder Teemischungen. Ebenfalls in Tees nutzt man die Blüten der Heidelbeersträucher. Vorsicht beim Sammeln: Die giftige Einbeere (*Paris quadrifolia*, S. 362) und die giftige Rauschbeere (*Vaccinium uliginosum*, S. 379) haben ähnliche Früchte.

MERKMALE 10–50 cm hoch, sommergrüner Zwergstrauch. Stängel aufrecht, kantig, grün. Blätter wechselständig, oval, zugespitzt, beiderseits grün, am Rand fein gesägt. Blüten erst grün, später weinrot, 5-zählig, kugelig bis glockig, meist einzeln in den Achseln der oberen Blätter. Blütezeit Mai–Juni. Bei Reife blauschwarze Beerenfrüchte, hellblau bereift, Fruchtfleisch und Saft dunkelrot. Fruchtreife Juli–August.

STANDORT UND VERBREITUNG Bodensaure Nadelwälder, Heiden, Gebüsche. Verbreitet und häufig, nur in ausgesprochenen Kalkgebieten seltener. V.a. Mittel- und Nordeuropa, in Südeuropa nur in Gebirgen.

Heidelbeer-Gelee bekommt durch Rosenblütenblätter, Lavendelblüten oder Zitronenmelisse eine ganz spezielle Geschmacksnote.

Heidelbeere

HEILIGENKRAUT

Santolina chamaecyparissus Korbblütengewächse

SAMMELN UND ZUBEREITEN Wenig bekannte Gewürzpflanze, deren bitteraromatische Blättchen frisch und fein gehackt oder getrocknet dunkles Fleisch, Fisch, Soßen, Soufflés und deftige Pasteten, Wildkräuterbrotaufstriche, kräftigen Käse und Magenbitterliköre bereichern. Die nach Kamille duftenden Blüten passen in Süßspeisen und Bowlen. Die Volksmedizin nutzt einen Tee aus Blättern und Blüten bei Magenbeschwerden und Verdauungsproblemen. Die Blätter sammelt man vor der Blüte, blühende Sprossspitzen im Juli, die Blüten während der gesamten Blütezeit.

Heiligenkraut

MERKMALE 10–50 cm hoch, immergrüner Halbstrauch. Stängel dick, aufrecht, an der Basis verholzt. Blätter wechselständig, gestielt, schmal-linealisch, silberweißfilzig, kammartig gezähnt. Gelbe, knopfförmige Blütenköpfe, ca. 20 mm groß, nur Röhrenblüten, stehen einzeln an der Stängelspitze. Blütezeit Juni–August.

STANDORT UND VERBREITUNG Trockene Böschungen, steinige, kalkhaltige Böden. Herkunft westliches Mittelmeergebiet. In Mitteleuropa Zierpflanze.

HEILWURZ

Seseli libanotis Doldengewächse

SAMMELN UND ZUBEREITEN Die jungen Blätter, gesammelt vor der Blütezeit, können gegart in Gemüsegerichten verarbeitet werden.

MERKMALE 20–120 cm hoch, zweijährig. Stängel aufrecht, kantig gefurcht. Blätter wechselständig, graugrün, 2- bis 3-fach fiederteilig, Blattabschnitte schmal-eiförmig bis lanzettlich. Blütenstand aus Dolden 1. und 2. Ordnung, zahlreiche Hüll- und Hüllchenblätter, Blüten weiß, gelblich oder rötlich. Blütezeit Juni–August. **STANDORT UND VERBREITUNG** Steinige Hänge, Felsbänder, Trockengebüsche, Waldsäume. Kalkliebend. Hauptsächlich Südeuropa, nordwärts bis südliches Norwegen, Ostseegebiet.

HELLERKRAUT, ACKER-

Thlaspi arvense Kreuzblütengewächse

SAMMELN UND ZUBEREITEN Die Blätter nimmt man von März bis Mai frisch gehackt als mild senfartig schmeckende Beigabe zu grünem und anderem Salat, zu Mischgemüsegerichten und Suppen. Auch zu frischen Pellkartoffeln, in Quark oder auf Butterbrot schmecken sie. Die Blüten eignen sich als essbare Dekoration. Die Wurzel der noch nicht blühenden Pflanze kann geschält in Suppen und Eintöpfen, Aufläufen, Gemüse- und anderen Pürees verarbeitet werden. Aus den Samen kann man ein würziges Speiseöl pressen.

Acker-Hellerkraut

MERKMALE 10–30 cm hoch, einjährig. Lauchähnlicher Geruch. Stängel kantig, gefurcht. Blätter bis 6 cm lang, schmal, pfeilförmig, ganzrandig oder etwas gezähnt. Blüten in einer lockeren, endständigen Traube, 4 weiße Blütenblätter, 4 Kelchblätter. Blütezeit April–Juli. Frucht ein rundlich bis eiförmig geformtes, flaches, gestieltes, oben eingeschnittenes Schötchen mit breiten Flügeln.
STANDORT UND VERBREITUNG Felder, Weinberge, Ödland. Europa.

HELLERKRAUT, BERG-

Thlaspi montanum Kreuzblütengewächse

Berg-Hellerkraut

SAMMELN UND ZUBEREITEN Die jungen zarten Blätter werden roh als Beigabe in Salaten, gegart in Suppen und Gemüsegerichten genutzt, die Samen zu Senf verarbeitet. Die gekeimten Samen ergeben Sprossen für einen Wildsalat. Ähnlich verwendbar ist das Rundblättrige Hellerkraut *(Thlaspi rotundifolium)* mit kresseähnlichem Geschmack und süßem Duft.
MERKMALE 10–20 cm hoch, Staude. Stängel aufrecht, unverzweigt, locker beblättert. Grundblätter in bodennaher Rosette, oval, gestielt, ganzrandig oder schwach gezähnt. Stängelblätter schmal-eiförmig, sitzend, meist stängelumfassend, oft bläulich bereift. Blüten weiß, 4 Kelchblätter, 4 Kronblätter. Blütezeit April–Mai. Frucht ein geflügeltes, flaches Schötchen.
STANDORT UND VERBREITUNG Helle Kiefernwälder in frühjahrswarmer Lage. Teile Mittel-, Ost- und Westeuropas.

HELLERKRAUT, GEBIRGS-

Thlaspi caerulescens Kreuzblütengewächse

SAMMELN UND ZUBEREITEN Die Pflanze gilt als essbar. Ihre jungen, von April bis Mai gesammelten Blätter und Triebe könnten roh in Salaten, gegart in Suppen und Gemüsegerichten verarbeitet werden. Gleiches gilt für das Stängelumfassende Hellerkraut *(Thlaspi perfoliatum)*.
MERKMALE 15–30 cm hoch, einjährig. Stängel aufrecht, unverzweigt, locker beblättert. Grundblätter rosettig, spatelförmig, gestielt, meist ganzrandig. Stängelblätter schmal-eiförmig, sitzend, mit herz- bis pfeilförmigem Grund, stängelumfassend, ganzrandig. Blüten weiß, 4 Kelchblätter, 4 Blütenblätter. Blütezeit April–Juni. Flache, geflügelte Schötchenfrucht.
STANDORT UND VERBREITUNG Wiesen und Weiden in Höhenlagen von 1500–2500 m. Gebirge Mittel-, Ost- und Südeuropas.

HELLERKRAUT, LAUCH-

Thlaspi alliaceum — Kreuzblütengewächse

SAMMELN UND ZUBEREITEN Die Blätter ergeben eine feine, knoblauchartige Würze für Salate und Gemüse. Die Samen werden als Keimsaat genutzt.
MERKMALE 20–60 cm hoch, einjährig. Blätter verkehrt eiförmig, untere gestielt, obere sitzend, ganzrandig. Blüten weiß. Blütezeit Mai–Juni. Schötchenfrucht verkehrt eiförmig, Samen mit netzartigen Vertiefungen.
STANDORT UND VERBREITUNG Getreidefelder, Hackfruchtkulturen. Hauptverbreitung im nördlichen Mittelmeergebiet, einige Vorkommen in Mitteleuropa.

HERZGESPANN, ECHTES

Leonurus cardiaca — Lippenblütengewächse

Echtes Herzgespann

SAMMELN UND ZUBEREITEN Bauerngartenpflanze, die Gerbstoffe, Bitterstoffe und ätherisches Öl enthält. Sie ist zwar kein typisches Gewürzkraut, dennoch nutzt man ihre frischen oder getrockneten Blätter zum Würzen von Linsen- und Erbsengerichten. Früher nahm man sie als Bierwürze.
MERKMALE 30–100 cm hoch, Staude. Blätter gegenständig, gestielt, die unteren ahornblattähnlich 3- bis 7-teilig, obere Blätter kleiner, oft 3-teilig. Blüten rosa, behaart. Blütezeit Juni–September.
STANDORT UND VERBREITUNG Siedlungsnahes Ödland, Mauern und Gebüsche. Fast ganz Europa.

HIMBEERE

Rubus idaeus — Rosengewächse

SAMMELN UND ZUBEREITEN Himbeeren werden gepflückt, wenn sich die roten Früchte leicht vom Blütenboden lösen. Erst dann sind sie vollreif. Die vitaminreichen Früchte kann man roh essen oder zu Marmelade, Gelee, Eis, Fruchtmus, Sirup, Likör, Wein und Essig verarbeiten. Getrocknet schmecken sie in Müslimischungen, auch als Tee aufgebrüht. Sehr junge Blätter passen in Salate und Gemüsegerichte. Langsam und im Schatten getrocknet ergeben sie zusammen mit Erdbeer- und Brombeerblättern einen Haus- und Frühstückstee. Die Blüten sind ansprechende essbare Dekoration, können aber auch in Teemischungen verarbeitet werden. Die zarten, einjährigen Sprosse verwendet man kurz nach dem Austreiben wie Spargel.
MERKMALE 80–150 cm hoch, Strauch, niedrig, stachelig. Blätter wechselständig, 3- bis 5-zählig, Teilblättchen oval, oben dunkelgrün, unten dicht weißhaarig, Blattrand gezähnt. Weiße, duftende Blüten. Blütezeit Mai–Juni. Rote, samtige Sammelfrucht. Fruchtreife Juli–September.
STANDORT UND VERBREITUNG Waldränder, Waldlichtungen, Hecken, Gebüsche. Europa.

> **Eine kalte Karotten-Himbeer-Suppe** wird mit Goldnesselblüten und Minze erfrischend aromatisiert.

Himbeere

HIRSE, RISPEN-

Panicum miliaceum — Süßgräser

SAMMELN UND ZUBEREITEN Die Hirse gehört zu den ältesten Getreidearten. Ihre Körner ergaben den, uns aus Märchen und Sagen bekannten, nahrhaften Hirsebrei. Auch zu Fladenbroten oder Hirsebier wurden sie früher verarbeitet. Im 19. Jahrhundert geriet das als »Arme-Leute-Essen« geschmähte Korn in Vergessenheit. Doch heute erlebt die Hirse eine Renaissance. Hirse enthält bis zu 20% Eiweiß, viele Vitamine, Mineralien und Spurenelemente, beispielsweise Magnesium, Kalium, Eisen und Fluor.

> **Ein Hirse-Müsli** aus Hirsebrei, Joghurt, frischen Früchten und etwas Honig ist ein perfekter Tagesbeginn.

MERKMALE 50–100 cm hoch, einjähriges Gras. Blätter 1–2 cm breit und 15–40 cm lang, dicht behaart. Überhängende, reich verzweigte Rispe, Ährchen deutlich gestielt, grün oder seltener schwarzviolett. Blütezeit Juli–September.
STANDORT UND VERBREITUNG Alte Kulturpflanze, vielfach verwildert.

HIRTENTÄSCHEL, GEWÖHNLICHES

Capsella bursa-pastoris Kreuzblütengewächse

SAMMELN UND ZUBEREITEN Das Hirtentäschel kann man erstaunlich vielseitig verwenden. Wurzel, Blätter, Blüten und Samen sind essbar und stehen fast ganzjährig zur Verfügung. Am bekanntesten ist die Verwendung der kresseähnlich leicht scharf schmeckenden Rosettenblätter. Sie passen in Salate, Quark- und Frischkäsemischungen, Eierspeisen und Aufläufe. Auch einfach über Dampf gegart sind sie vorzüglich. Getrocknet ergeben sie einen Tee, den die Volksmedizin bei Leber- und Gallenleiden einsetzt. Geerntet werden die Rosettenblätter vor der Blütezeit. Mit der Entwicklung des Blütenstängels welken sie. Die noch knospigen Blütenstände sind mitsamt dem oberen Stängelteil eine würzige Salatbeigabe. Blüten und Samentaschen sind eine dezent würzige, essbare Dekoration. Die Samen nutzt man wie Senfkörner oder verwendet sie als Pfefferersatz. Die Wurzel gräbt man aus, ehe sich der Blütenstängel entwickelt. Dann ist sie zart und auch roh essbar. Frisch und fein gehackt oder getrocknet ergibt sie ein Gewürz, das an Ingwer erinnert.

Gewöhnliches Hirtentäschelkraut

MERKMALE 5–50 cm hoch, ein- bis zweijährig. Löwenzahnähnlich tief geschlitzte Grundblätter in bodennaher Rosette. Wenige ungeteilte Stängelblätter. Blüten klein, weiß, 4-zählig. Blütezeit Februar–November. Früchte 3-eckig, herzförmig, sitzen mit der Herzspitze am Stängel. Samen klein, gelb. Dünne, oft sehr tief in den Boden reichende Wurzel.
STANDORT UND VERBREITUNG An Weg- und Feldrändern, auf nahezu alle brachliegenden Flächen. Europa.

> **Die Rosettenblätter** des Hirtentäschels ergeben zusammen mit den Blattrosetten des Klatsch-Mohns, etwas Feldsalat und gerösteten Sonnenblumenkernen einen vorzüglichen Frühlingssalat.

HOHLDOTTER

Myagrum perfoliatum Kreuzblütengewächse

SAMMELN UND ZUBEREITEN Die Pflanze gilt als essbar. Vorstellbar ist eine Verarbeitung ihrer, von April bis Mai gesammelten, jungen Blätter und Triebe roh in Salaten oder gegart in Gemüsegerichten.
MERKMALE 20–60 cm hoch, einjährig. Stängelblätter graugrün, zungenförmig, ganzrandig oder undeutlich gezähnt, umfassen den Stängel herz- bis pfeilförmig. Blüten hellgelb, 4-zählig. Blütezeit Juni–Juli.
STANDORT UND VERBREITUNG Getreide- und Rapsfelder. Hauptverbreitung Südosteuropa.

HOHLSAME, STRAHLEN-

Bifora radians Doldengewächse

SAMMELN UND ZUBEREITEN Die jungen, von April bis Mai gesammelten Blätter sind als würzende Beigabe in Salaten nutzbar, frisch oder getrocknet. Die Wurzel kann man während der gesamten Vegetationsperiode ernten und als Trockengewürz verwenden.
MERKMALE 15–30 cm hoch, einjährig. Stängel kantig, gefurcht. Blätter wechselständig, mittlere und obere 2- bis 3-fach, untere oft nur 1-fach fiederteilig. Blattabschnitte zumindest der oberen Blätter haarfein und spitz. Blüten weiß, Randblüten vergrößert. Blütezeit Mai–August.
STANDORT UND VERBREITUNG Getreidefelder, Brachäcker, Ödland, vorübergehend auch auf Schutthalden. Mittel- und Südeuropa.

HOHLZAHN

SAMMELN UND ZUBEREITEN Hohlzahnarten schmecken mild und sind deshalb für viele Gerichte nutzbar. Die von Mai bis Oktober gesammelten Blätter passen roh in Salate und gegart als Beigabe in Suppen, Gemüsegerichte, Kräuterpürees, Eierspeisen, Kräuterquark und Gemüsebratlinge. Die Blüten sind eine essbare Dekoration. Aus den geschroteten Samen gewinnt man ein würziges, leicht bitteres Speiseöl, die getrockneten Samen kann man als Keimsaat nutzen.

Neben den nachfolgend ausführlich beschriebenen Hohlzahnarten gibt es zwei weitere, deren Blätter, Blüten und Samen kulinarisch nutzbar sind: Der Weiche Hohlzahn *(Galeopsis pubescens)* mit nur wenig verdickten weichhaarigen Blattansatzstellen und unterseits weich behaarten Blättern und der Kleinblütige Hohlzahn *(Galeopsis bifida)* mit einer rechteckigen, vorne deutlich ausgerandeten Blütenunterlippe.

HOHLZAHN, BUNTER

Galeopsis speciosa Lippenblütengewächse

SAMMELN UND ZUBEREITEN Angaben dazu bei der Gattung Hohlzahn.

MERKMALE 30–80 cm hoch, einjährig, behaart. Stängel 4-kantig, unter den Blattansatzstellen verdickt. Blätter gegenständig, gestielt, breit-lanzettlich, gekerbt bis gezähnt. Blütenkrone gelb, in quirlartigen Blütenständen stockwerkartig übereinander, Oberlippe aufrecht, helmförmig, Unterlippe 3-teilig, mit einem größeren Mittellappen, mit violetter Zeichnung, violettem Fleck oder fast ganz violett. Blütezeit Juli–September.

STANDORT UND VERBREITUNG Wald- und Wegränder, helle Wälder. Europa.

Bunter Hohlzahn

HOHLZAHN, GELBER

Galeopsis segetum Lippenblütengewächse

SAMMELN UND ZUBEREITEN Angaben dazu bei der Gattung Hohlzahn.

MERKMALE 10–40 cm hoch, einjährig, behaart. Stängel deutlich 4-kantig, unter den Blattansatzstellen nicht verdickt. Blätter gegenständig, gestielt, oval, stumpf gezähnt. Blüten gelblich weiß, in quirlartigen Blütenständen, Oberlippe aufrecht, helmförmig, Unterlippe 3-teilig, rotviolett gezeichnet. Blütezeit Juni–September.

STANDORT UND VERBREITUNG Felsbänder, Geröll, sandige Plätze. Hauptsächlich westliches Mittel- und Westeuropa.

HOHLZAHN, GEWÖHNLICHER

Galeopsis tetrahit Lippenblütengewächse

SAMMELN UND ZUBEREITEN Angaben dazu bei der Gattung Hohlzahn.

MERKMALE 10–50 cm hoch, einjährig. Stängel 4-kantig, unter den Blattansatzstellen verdickt und borstig behaart. Blätter gegenständig, gestielt, oval, grob gezähnt. Blüten hell purpurrot, in quirlartigen Blütenständen etagenartig übereinander, Oberlippe aufrecht, flach helmförmig, Unterlippe 3-teilig, mit gelbvioletter Zeichnung. Blütezeit Juni–Oktober.

Gewöhnlicher Hohlzahn

STANDORT UND VERBREITUNG Wald- und Wegränder, Schuttplätze, Ödland. Europa.

HOHLZAHN, KALKSCHUTT-

Galeopsis ladanum Lippenblütengewächse

SAMMELN UND ZUBEREITEN Angaben dazu bei der Gattung Hohlzahn.

MERKMALE 10–40 cm hoch, einjährig. Stängel unter den Blattansatzstellen nicht verdickt, anliegend behaart. Blätter gegenständig, kurz gestielt, breit-eiförmig, grob gezähnt, etwas behaart. Blüten hellpurpur, in quirlartigen Blütenständen, Oberlippe aufrecht, helmförmig, Unterlippe 3-teilig, gelb und dunkel gezeichnet, vergrößerter Mittellappen. Blütezeit Juni–Oktober. **STANDORT UND VERBREITUNG** Ödland, Bahnschotter, Geröll- und Schutthalden. Europa.

HOLUNDER, SCHWARZER

Sambucus nigra — Holundergewächse

SAMMELN UND ZUBEREITEN Dieser Strauch ist unendlich vielseitig nutzbar. Seine Blüten und Früchte bieten sich als bewährtes Hausmittel an, aber auch für die Zubereitung kulinarischer Köstlichkeiten. Die Blüten aromatisieren Essig, Getränke wie Wasser, Limonade, Milch, Bowle, Sekt und Likör, außerdem Brot, Kuchen und andere Süßspeisen. In Pfannkuchenteig knusprig ausgebacken sind sie als Hollerküchle allgemein bekannt. Ein Tee aus den getrockneten Blüten wirkt schweißtreibend. Er gilt wie Lindenblütentee als bewährtes Hausmittel bei fiebrigen Erkältungen und wird als unterstützendes Hausmittel gegen Rheuma eingesetzt. Die vitaminreichen Früchte des Schwarzen Holunders verarbeitet man zu Saft, Wein, Gelee und Marmelade. Sehr fein schmecken sie als Holundersoße zu Wild. Außerdem nimmt man sie zum Färben von Weinen und Fruchtzubereitungen. Als Holunderbeerensuppe sind sie ein Genuss für heiße Spätsommertage. Vollreif und gekocht sind die Beeren des Schwarzen Holunders unbedenklich. Unreife und rohe reife Früchte sollten man aber nicht essen. Sie enthalten wie Blätter und Blütenstiele Blausäureverbindungen, die sich erst beim Kochen zersetzen. Vorsicht: Der Schwarze Holunder ähnelt in Blüte, Blatt und Fruchtstand dem giftigen Zwergholunder (*Sambucus ebulus*, S. 370), der aber durch seinen unangenehmen Geruch auffällt. Kugelige, bei Reife schwarze Früchte haben auch der giftige Efeu (*Hedera helix*, S. 361) und der giftige Wollige Schneeball (*Viburnum lantana*, S. 383).
MERKMALE 2–10 m hoch, sommergrüner Strauch oder kleiner Baum. Blätter gegenständig, zusammengesetzt aus 5–7 Teilblättchen, 5–10 cm lang, eiförmig, am Rand gesägt. Cremeweiße duftende Blüten in flachen doldenartigen Blütenständen an den Enden der Zweige. Blütezeit Juni. Hängender Fruchtstand aus zahlreichen kugeligen, bei Reife glänzend schwarzen Steinfrüchten. Fruchtreife und Ernte August–September.

Schwarzer Holunder

STANDORT UND VERBREITUNG Feuchte Laub- und Mischwälder, Wald- und Wegränder, Hecken, Gebüsche. Fast ganz Europa.

Holunderbeersuppe kann heiß mit Grießklößchen oder als Kaltschale mit einem Sahnetupfer serviert werden. Beide Varianten schmecken mit Nockerln aus Eischnee besonders gut.

HOLUNDER, TRAUBEN-, ROTER HOLUNDER

Sambucus racemosa — Holundergewächse

SAMMELN UND ZUBEREITEN Die Früchte dieser Holunderart verarbeitet man ähnlich wie die des Schwarzen Holunders zu Saft, Fruchtmus, Marmelade und Gelee, am besten in Kombination mit anderen Früchten. Essbar ist aber nur ihr vitaminreiches Fruchtfleisch, die giftigen Samenkerne müssen vor der Verarbeitung entfernt werden, ebenso der leichte Ölfilm, der sich beim Kochen auf der Fruchtmasse absetzt. Dieses Öl kann Erbrechen und Durchfall auslösen.
MERKMALE 1–4 m hoch, sommergrüner Strauch. Blätter gegenständig, zusammengesetzt aus meist 5 Fiederblättchen, lang zugespitzt, oben dunkelgrün, unten heller und flaumig behaart, am Rand gesägt. Blüten grüngelb. Blütezeit April–Mai. Leuchtend rote, kugelige Steinfrüchte, 4–5 mm dick. Fruchtreife Juli–August.
STANDORT UND VERBREITUNG Laubmischwälder, Waldlichtungen, Waldränder und Kahlschläge der Mittelgebirgsregion. Mitteleuropa, nördliches Südeuropa.

HONIGGRAS, WOLLIGES

Holcus lanatus — Süßgräser

SAMMELN UND ZUBEREITEN Die ab September reifen Samen sind essbar. Denkbar ist eine Verwendung als Kaffee-Ersatz oder als Keimsaat. Eine verwandte Art, das Weiche Honiggras *(Holcus mollis)*, kann man in gleicher Weise nutzen.

Wolliges Honiggras

MERKMALE 30–100 cm hoch, mehrjähriges Gras. In dichten Horsten oder lockeren Rasen wachsend. Stängel aufrecht, samtig behaart. Blätter dicht behaart, daher graugrün oder weißlich grün, in eine schmale Spitze verlängert. Rispe nur zur Blütezeit ausgebreitet, sonst zusammengezogen, Ährchen meist 2-blütig, etwas seitlich zusammengedrückt. Blütezeit Juni–Juli.

STANDORT UND VERBREITUNG Feuchte Wiesen und Weiden. Europa.

HOPFEN, WILDER

Humulus lupulus — Hanfgewächse

SAMMELN UND ZUBEREITEN Die Frühjahrstriebe des Hopfens erinnern an Spargel (Hopfenspargel) und werden auch ähnlich zubereitet. Um ihnen den leicht bitteren Geschmack zu nehmen, sollte man dem Kochwasser etwas Milch, Butter und Zucker beifügen. Die großen weiblichen Blütenzapfen stehen in den Monaten Juli und August zur Verfügung. Sie würzen nicht nur Bier, sondern auch Likör, und ergeben einen heilkräftigen Tee gegen Schlaflosigkeit. Die kleineren männlichen Blüten dünstet man als Gemüse. Die zarten Frühlingsblätter kann man an Salate, Gemüsegerichte und Eierspeisen geben. Die Wurzel des Hopfens, ab September gegraben, ergibt gedünstet, gebraten oder gebacken mildwürzige Gemüsegerichte.

Wilder Hopfen

MERKMALE Kletterpflanze. Der Stängel windet sich im Uhrzeigersinn um Bäume und Sträucher. Stängel 4-kantig, rau, bis zu 6 m lang. Blätter gegenständig, 3- bis 5-fach gelappt, gezähnt und borstig behaart. Männliche Blüten in Rispen in den Achseln der Blätter, weibliche in dicht beblätterter, 2–3 cm langer Ähre. Blütezeit Juli–August. Fruchtstände kleine grüngelbe Zapfen.

STANDORT UND VERBREITUNG Auwälder, feuchte Gebüsche, Flussufer. Europa.

HOPFENKLEE, GELBKLEE

Medicago lupulina — Schmetterlingsblütengewächse

SAMMELN UND ZUBEREITEN Der etwas streng schmeckende Hopfenklee hat essbare Blätter, Blüten und Samen. Zarte Blätter verwendet man von April bis Mai als Beigabe in Salaten, Suppen und Gemüsegerichten. Die Blüten würzen frisch und fein geschnitten Brotaufstriche, getrocknet und gemahlen nimmt man sie zum Strecken von Getreidemehl. Die Samen stehen von September bis Oktober zur Verfügung. Man isst sie roh oder geröstet in Salaten und Aufläufen.

MERKMALE 10–40 cm hoch, einjährig. Blätter kleeartig 3-teilig, Teilblättchen ei- bis herzförmig, unten anliegend behaart, vorne abgestumpft und oft mit einem Spitzchen versehen, ganzrandig. Kugelige Blütenstände aus 10–50 gelben Einzelblüten am Ende der Stängel. Blütezeit Mai–September. Frucht eine nieren- oder sichelförmige Hülse, ohne Stacheln, 2–3 mm lang.

STANDORT UND VERBREITUNG Magerrasen, trockene Wiesen, Wegränder. Europa.

HORNKLEE, GEWÖHNLICHER

Lotus corniculatus — Schmetterlingsblütengewächse

SAMMELN UND ZUBEREITEN Die zarten Frühlingsblätter des Gewöhnlichen Hornklees sammelt man am besten vor der Blütezeit. Man sollte sie nur in kleinen Mengen Salaten beigefügen, denn die Pflanze ist im Geschmack etwas streng. Gemüsegerichte, die diese Blätter enthalten, sollte man intensiv würzen, um so ihrem strengen Geschmack zu begegnen. Die Blüten nimmt man frisch und fein geschnitten als würzende Dekoration für Brotaufstriche und kalte Platten oder getrocknet und pulverisiert zum Strecken von Getreidemehl. Die im Juli noch jungen Samenhülsen kann man wie Bohnen zubereiten. Der Sumpf-Hornklee *(Lotus uliginosus)*, eine Pflanze in Nasswiesen, an Ufern und Gräben, ist ähnlich verwendbar.

MERKMALE 5–30 cm hoch, Staude. Blätter 5-teilig gefiedert, das untere Blattpaar sitzt ungestielt dicht am Stängel, die übrigen 3 Teilblättchen sitzen gemeinsam an einem Stiel. Blüten gelb. Blütezeit Mai–August. Hülse gerade, bis 3 cm lang.

STANDORT UND VERBREITUNG Wiesen, Weiden, Magerrasen, Steinbrüche. Europa.

HORNKRAUT, GEWÖHNLICHES

Cerastium holosteoides Nelkengewächse

SAMMELN UND ZUBEREITEN Die frischen, jungen Blätter verarbeitet man in Gemüsegerichten, die Blüten würzen Kräuterliköre. Über die Verwendung des verwandten Sand-Hornkrauts *(Cerastium semidecandrum)*, eine Pflanze trockener, warmer Standorte, ist wenig bekannt. Die junge Pflanze ist als essbar beschrieben. Vermutlich wurde auch sie im Frühling Gemüsegerichten beigefügt.

Gewöhnliches Hornkraut

MERKMALE 5–40 cm hoch, einjährig. Dicht behaart. Blätter gegenständig, länglich-eiförmig, 1–3 cm lang. Weiße Blüten, Blütenblätter vorne um ein Drittel ihrer Länge eingekerbt. Blütezeit April–Oktober.

STANDORT UND VERBREITUNG Wiesen, Weiden, Wegränder. Europa.

HORNMOHN, GELBER

Glaucium flavum Mohngewächse

SAMMELN UND ZUBEREITEN Aus den Samen kann ein Speiseöl hergestellt werden. Dafür sammelt man sie in den Monaten August und September.

Gelber Hornmohn

MERKMALE 30–80 cm hoch, einjährig. Führt Milchsaft. Blätter im unteren Stängelbereich fiederteilig, oben fast herzförmig und grob buchtig gezähnt. Gelbe, 4-zählige Blüten am Stängelende. Blütezeit Juni–August. Frucht eine 2–3 cm lange Schote, an der Spitze hakig gekrümmt.

STANDORT UND VERBREITUNG Sandige und steinige Küsten, Schuttplätze, Wegränder. Mittelmeer-, Schwarzmeer-, Atlantikküste, seltener Nordseeküste.

HUFEISENKLEE, GEWÖHNLICHER

Hippocrepis comosa Schmetterlingsblütengewächse

SAMMELN UND ZUBEREITEN Die frischen Blätter, geerntet vor der Blütezeit der Pflanze, würzen Salate und Brotaufstriche. Die getrockneten Blüten werden zu Streckmehl pulverisiert.

Gewöhnlicher Hufeisenklee

MERKMALE 10–40 cm hoch, Staude. Stängel am Grund verholzend. Blätter lang gestielt, unpaarig gefiedert, 5–15 Teilblättchen, diese oval bis schmallanzettlich. Blüten gelb, kurz gestielt. Blütezeit Mai–Juli. Hülsenfrucht, 15–35 mm lang, aus hufeisenförmig gebogenen Segmenten zusammengesetzt.

STANDORT UND VERBREITUNG Sonnige Magerrasen, Steinbrüche, Schutthalden. Mittel- und Südeuropa.

Huflattich

HUFLATTICH

Tussilago farfara Korbblütengewächse

SAMMELN UND ZUBEREITEN Blätter, Blütenknospen, Blüten und Wurzel der Pflanze sind kulinarisch nutzbar. Die Blätter werden von Mai bis Juli gesammelt, die Blütenknospen von Februar bis April, die Blüten während der gesamten Blütezeit und die Wurzel wird von September bis in den Winter geerntet. Huflattichblätter haben einen ausgeprägt süßharzigen Eigengeschmack. Ganz jung und fein geschnitten runden sie Salate ab, passen aber zusammen mit den Blütenknospen auch in Gemüsegerichte und selbst auf Butterbrot. Ältere Blätter sind etwas hart und sollten dann nur noch gekocht verarbeitet werden. So eignen sie sich beispielsweise für Blattrouladen mit Gemüse- oder Fleischfüllung. Getrocknet ergeben sie einen heilkräftigen Tee, der bei Reizhusten getrunken wird. Die Pflanzenasche, die man nach sehr heißem Trocknen im Backofen erhält, ist als salzartiges Gewürz nutzbar. Huflattichblüten ergeben zarte Gemüsegerichte und einen feinen Sirup, mit dem man süße Desserts aromatisiert. Auch als Aromamittel für Tee und Spirituosen und als essbare Dekoration sind sie geeignet. Die Wurzel des Huflattichs wird klein geschnitten vielen Gemüsezubereitungen beigefügt, macht sich auch gut in Gemüsebratlingen. Weil Huflattich Pyrrolizidinalkaloide enthält, die krebserregend sein können, sollte man die Pflanze nur in geringen Mengen nutzen. Es gibt heute jedoch bereits alkaloidfreie Züchtungen für den eigenen Garten.

MERKMALE 5–15 cm hoch, Staude. Stängel zur Blütezeit nur mit rotbraunen Schuppen bedeckt. Blätter erscheinen erst nach der Blüte, sind lang gestielt, herzförmig, 10–30 cm breit, unten mit einem weißen Haarfilz überzogen, entfernt gezähnt. Goldgelbe Blütenköpfchen. Blütezeit Februar–Mai.

STANDORT UND VERBREITUNG Weg- und Straßenränder, Ödland. Europa.

Huflattich-Rouladen gelingen besser, wenn die Blätter vor dem Füllen kurz in Salzwasser blanchiert werden. Dann sind sie geschmeidig und lassen sich leicht aufrollen.

HÜHNERHIRSE, GEWÖHNLICHE

Echinogloa crus-galli Süßgräser

SAMMELN UND ZUBEREITEN In einigen Regionen Asiens wird die Gewöhnliche Hühnerhirse vereinzelt noch als Getreide angebaut, denn die Pflanze produziert Samen in großer Zahl. Unreif sind sie roh essbar, reif trocknet man sie und mahlt sie zu Mehl.

MERKMALE 30–100 cm hoch, einjähriges Gras. Stängel aufrecht, an den Knoten Haarbüschel. Blätter dunkel graugrün, schmal, zugespitzt, flach, unbehaart. Gesamtblütenstand eine zusammengesetzte Rispe, ährenähnliche Teilblütenstände. Ährchen 1-blütig, an den Rispenästen geknäuelt, grünlich oder purpurn überlaufen. Blütezeit August–Oktober.

STANDORT UND VERBREITUNG Hackfruchtäcker, Gärten, Weinberge, Ufer nährstoffreicher Gewässer. Heimat Mittelmeergebiet, heute weltweit.

HUNDSRAUKE, FRANZÖSISCHE

Erucastrum gallicum Kreuzblütengewächse

SAMMELN UND ZUBEREITEN Die gesamte Pflanze ist als essbar überliefert. Denkbar ist beispielsweise eine Verarbeitung ihrer von März bis Mai gesammelten zarten Frühlingsblätter roh in Salaten oder gegart in Gemüsezubereitungen. Die Samen enthalten Senfölglykoside und können wie Senfkörner genutzt werden. Gleiches gilt für die verwandte Stumpfkantige Hundsrauke *(Erucastrum nasturtiifolium)*.

MERKMALE 20–50 cm hoch, einjährig. Blätter tief fiederteilig, gestielt. Blüten blassgelb. Blütezeit Mai–

Oktober. Schotenfrucht, 2–4 cm lang, mit kegelförmigem Schnabel.
STANDORT UND VERBREITUNG Nährstoffreiche Acker- und Gartenunkrautgesellschaften. Mitteleuropa.

HUNDSWURZ, PYRAMIDEN-

Anacamptis pyramidalis Orchideengewächse

SAMMELN UND ZUBEREITEN Früher hat man die Wurzelknollen dieser Hundswurz von September bis in den Winter ausgegraben, getrocknet und zu Mehl vermahlen. Heute ist die Pflanze in vielen Regionen Europas selten geworden und genießt dort gesetzlichen Schutz.
MERKMALE 25–50 cm hoch, Staude. Stängel unter dem Blütenstand undeutlich kantig. Blätter schmal-lanzettlich, werden nach oben kleiner. Blüten leuchtend rot, äußere Blütenblätter abstehend, innere zusammenneigend, Sporn fadenförmig. Blütezeit Juni–Juli.
STANDORT UND VERBREITUNG Trockenrasen, helle Gebüsche. Mittel-, Süd- und Westeuropa. Geschützt.

HUNDSZAHNGRAS, GEWÖHNLICHES

Cynodon dactylon Süßgräser

SAMMELN UND ZUBEREITEN Die ab September reifen Samen sind essbar. Denkbar ist eine Verwendung als Kaffee-Ersatz oder als Keimsaat.
MERKMALE 5–30 cm hoch, mehrjähriges Gras. Stängel sehr dünn, glatt, graugrün. Blätter 3–6 cm lang, 2–4 mm breit, mit stumpfer Spitze. Blatthäutchen fehlt, stattdessen ein Kranz kurzer Haare. Ähren in Büscheln zu 3–6 an der Halmspitze, Ährchen in 2 Reihen. Blütezeit Mai–Juli.
STANDORT UND VERBREITUNG Dünensand, Wegränder, Schuttplätze, lückige Parkrasen. Europa

HUNDSZUNGE, ECHTE

Cynoglossum officinale Raublattgewächse

SAMMELN UND ZUBEREITEN Die jungen Frühlingsblätter hat man früher fein geschnitten als Salatbeigabe genutzt. Aus den Samen bereitete man Speiseöl. Aber: Die in allen Pflanzenteilen enthaltenen Pyrrolizidinalkaloide können krebserregend wirken, sofern die Pflanze über einen längeren Zeitraum und in großen Mengen gegessen wird. Der gelegentliche Verzehr kleiner Mengen gilt als unbedenklich.
MERKMALE 30–60 cm hoch, einjährig, dicht grauhaarig. Blätter wechselständig, lanzettlich, bis zu 20 cm lang. Trichterförmige Blüten mit kurzer Röhre, während des Aufblühens violett, später braunrot. Blütezeit Mai–Juli. Früchte 4-teilig, mit widerhakigen Stacheln, am Rand wulstig verdickt.
STANDORT UND VERBREITUNG Sonnige Unkrautfluren an Wegrändern, auf Ödland. Fast ganz Europa.

Echte Hundszunge

HUNGERBLÜMCHEN

Erophila verna Kreuzblütengewächse

SAMMELN UND ZUBEREITEN Die gesamte Pflanze ist als essbar überliefert. Denkbar ist beispielsweise eine Verarbeitung ihrer von März bis Mai gesammelten Blätter und Triebe roh in Salaten oder gegart in Gemüsezubereitungen. Auch die Wurzel könnte von September bis in den Winter in Kochgemüsegerichten Verwendung finden.
MERKMALE 2–15 cm hoch, einjährig. Blätter in bodennaher Rosette, schmal-eiförmig, locker behaart, ganzrandig. Blüten weiß, gelegentlich rosa überhaucht, 4-zählig, Blütenblätter tief 2-spaltig. Blütezeit Februar–Mai.
STANDORT UND VERBREITUNG Lichtliebende Pflanze, die magere, trockene Standorte bevorzugt. Magerrasen, sandige Äcker, Wegränder. Europa.

IGELKOLBEN

SAMMELN UND ZUBEREITEN Die unteren Stängelabschnitte sind vielseitig nutzbar. Man erntet sie am besten im März und April. Geschält und von den äußeren Blättern befreit kann man sie als Gemüse zubereiten oder klein geschnitten in Pesti, Kräutermischungen oder Aufläufen nutzen. Auch zu einem wässrig süßen Saft gepresst schmecken sie. Die vom Herbst bis in den Winter geernteten jungen Wurzeln werden getrocknet und zu einem sehr stärkehaltigen Mehl vermahlen.

IGELKOLBEN, ÄSTIGER

Sparganium erectum Igelkolbengewächse

Ästiger Igelkolben

SAMMELN UND ZUBEREITEN Angaben dazu bei der Gattung Igelkolben.
MERKMALE 30–120 cm hoch, mehrjährige Sumpf- und Wasserpflanze. Blätter steif aufrecht, hart, schmal-lanzettlich, an der Spitze stumpf. Runde Blütenstände, männliche über den weiblichen. Männliche Blüten vor dem Aufblühen mit dunklen Blütenblattspitzen. Blütezeit Juni–September.
STANDORT UND VERBREITUNG Uferröhricht stehender und langsam fließender, nährstoffreicher Gewässer. Europa.

IGELKOLBEN, EINFACHER

Sparganium emersum Igelkolbengewächse

SAMMELN UND ZUBEREITEN Angaben dazu bei der Gattung Igelkolben.
MERKMALE 50–100 cm hoch, Staude, flutet selten im Wasser. Stängel aufrecht. Blätter hellgrün, derb, am Grund 3-kantig. Am Stängelende 4–8 männliche kugelige Blütenstände, darunter 2–5 weibliche Blütenstände. Blütezeit Juni–Juli.
STANDORT UND VERBREITUNG Stehende oder langsam fließende Gewässer. Europa.

IGELKOLBEN, SCHMALBLÄTTRIGER

Sparganium angustifolium Igelkolbengewächse

Schmalblättriger Igelkolben

SAMMELN UND ZUBEREITEN Angaben dazu bei der Gattung Igelkolben.
MERKMALE 20–120 cm lang, Staude. Stängel flutet meist im Wasser. Blätter schlaff, schwimmen auf dem Wasser. Am Stängelende 1–3 männliche Blütenstände, darunter 2–4 weibliche Blütenstände. Blütezeit Juli–August.
STANDORT UND VERBREITUNG Flache Ufer sauberer Gewässer, Moortümpel. Europa.

IGELKOLBEN, ZWERG-

Sparganium minimum Igelkolbengewächse

SAMMELN UND ZUBEREITEN Angaben dazu bei der Gattung Igelkolben.
MERKMALE 60–100 cm hoch, Staude. Blätter hellgrün, fast durchscheinend dünn, schwimmen meist auf dem Wasser. Meist nur 1 bräunlich gelber, männlicher Blütenstand an der Stängelspitze, darunter meist 2 weibliche Blütenstände. Blütezeit Juni–August.
STANDORT UND VERBREITUNG Entwässerungsgräben, Moortümpel, Torfstiche. Europa.

IMMENBLATT, WALDMELISSE

Melittis melissophyllum Lippenblütengewächse

Immenblatt

SAMMELN UND ZUBEREITEN Das Immenblatt ist als Aromapflanze und Küchenkraut nutzbar. Die kumarinhaltigen Blätter sammelt man im April und Mai und nimmt sie zum Aromatisieren von Wein und Likör. Sie können auch, wegen des bitteren Geschmacks aber nur in geringen Mengen, Salaten beigefügt werden.

MERKMALE 20–60 cm hoch, Staude. Dicht weichhaarig. Stängel 4-kantig. Blätter gegenständig, eiförmig, gestielt, am Rand gekerbt bis gezähnt. Blüten rotviolett, rosa oder weiß. Blütezeit Mai–Juli.
STANDORT UND VERBREITUNG Helle Laubwälder und Gebüsche. Mittel-, Süd- und Westeuropa.

ISLÄNDISCHES MOOS

Cetraria islandica Moosflechten

SAMMELN UND ZUBEREITEN Das Isländische Moos enthält neben Vitaminen, Spurenelementen und Schleimstoffen auch den Bitterstoff Cetrarin. Wer es als Nahrungsmittel verwenden will, sollte die Pflanze auf jeden Fall entbittern, denn Cetrarin beeinträchtigt nicht nur den Geschmack, es kann auch Verdauungsstörungen verursachen. Zum Entfernen des Bitterstoffes eignet sich eine Lösung aus etwa 1 Liter Kochwasser und 1 Esslöffel kohlensaurem Kali (Apotheke). In dieser Lösung weicht man das Moos bei Zimmertemperatur 24 Stunden locker schwimmend ein, wäscht es anschließend gründlich mit frischem Wasser und trocknet es. Danach muss die Flechte absolut geschmacksneutral sein. Ist sie das nicht, muss man das Verfahren wiederholen. Die getrocknete, entbitterte Flechte wird in einer Schrotmühle zu mittelfeinem Pulver gemahlen, mit dem man unter Zusatz von Roggen- oder Weizenmehl Flechtenbrot backen kann. Das Flechtenmehl eignet sich auch zum Kochen von sämigen Suppen und Obstgrützen oder für die Bereitung von Klößchen. Die unzerkleinerten Flechtenblätter sind nach ein- bis zweistündigem Kochen in Suppen und Gemüsegerichten verwendbar. Mit Essig, Öl, Senf, Zucker und Kräutern angemacht schmecken sie als Salat. Sie erinnern in der Konsistenz etwas an Morcheln. Die vom Abkochen zurückbleibende gallertartige Flüssigkeit kann man zum Eindicken von Soßen nehmen oder unter Zusatz von Kakao zu Flechtenpudding weiterverarbeiten. Isländisches Moos kann das ganze Jahr gesammelt werden. Sinnvoll ist es aber, nicht in erster Linie die frischen grünen Flechten zu nehmen, sondern eher die braunen aus dem Vorjahr. Diese sind von Sonne und Regen meist so ausgelaugt, dass sie nur noch wenig Bitterstoff enthalten und direkt verwendet werden können. Gründlich unter fließendem Wasser gewaschen und gut getrocknet kann man sie über 1 Jahr aufbewahren.

Isländisches Moos

MERKMALE Polsterförmig wachsende Strauchflechte mit aufrechtem, gabelig verzweigtem Körper von 2–8 cm Höhe. Äste etwa 1 cm breit, oben graugrün bis braun, unten heller, am Rand gezähnt.
STANDORT UND VERBREITUNG Heiden, Moore, Nadelwälder. Europa, im Süden nur in höheren Lagen.

JOHANNISBEERE, BERG-

Ribes alpinum Stachelbeerengewächse

SAMMELN UND ZUBEREITEN Blätter, Blütenknospen, Blüten und Früchte sind vielfältig kulinarisch nutzbar. Blätter, Blütenknospen und Blüten sammelt man von März bis April, die Früchte ab Juli. Die jungen, zarten Blätter, die Blütenknospen und die gerade sich öffnenden Blüten nutzt man als Beigabe in Salaten, fein geschnitten passen sie mit ihrem champignonartigen Aroma auch in Suppen, Aufläufe, Strudelfüllungen und vieles mehr. Einen Tee aus den Blättern nutzt die Volksmedizin zur Blutreinigung. Aus den mildsäuerlichen Früchten bereitet man Limonaden, Säfte, Marmeladen, Chutneys und Kompotte. Getrocknet passen sie in Tee- und Trockenobstmischungen.
MERKMALE 0,5–2 m hoch, sommergrüner Strauch. Äste ohne Stacheln. Blätter 3- bis 5-lappig, grob gezähnt, beiderseits locker behaart. Blüten grünlich gelb. Blütezeit April–Mai. Früchte kleine rote Beeren.
STANDORT UND VERBREITUNG Bergmischwälder, Gebüsche. Nord-, Mitteleuropa, Gebirge Südeuropas.

Berg-Johannisbeere

JOHANNISBEERE, FELSEN-

Ribes petraeum Stachelbeerengewächse

SAMMELN UND ZUBEREITEN Felsen-Johannisbeeren schmecken ausgesprochen sauer. Wer das mag, kann sie pur essen, meist verarbeitet man sie jedoch zu Marmelade oder mischt sie getrocknet in Früchtetees.
MERKMALE 1–2,5 m hoch, sommergrüner Strauch. Blätter gestielt, 3- bis 5-lappig, Blattrand gezähnt. Blüten grün, in hängenden Trauben. Blütezeit Mai–Juni. Dunkelrote kugelige Beeren. Fruchtreife Juli–August.
STANDORT UND VERBREITUNG Hochstaudenreiche Bergmischwälder, Bergschluchten, steinige Hänge. Gebirge Mitteleuropas.

JOHANNISBEERE, ROTE

Ribes rubrum Stachelbeerengewächse

SAMMELN UND ZUBEREITEN Rote Johannisbeeren schmecken saueraromatisch. Sie lassen sich in Obstkuchen, zu Marmeladen und Säften sowie getrocknet zu Früchtetees verarbeiten.
MERKMALE 1–2 m hoch, sommergrüner Strauch. Blätter wechselständig, lang gestielt, 3- bis 5-lappig, Blattrand gezähnt. Blüten grüngelb, in hängenden Trauben. Blütezeit April–Mai. Rote Beeren. Fruchtreife ab Juli.
STANDORT UND VERBREITUNG Wild in Auwäldern, feuchten Gebüschen und an Bächen. Oft in Gärten als Beerenstrauch gepflanzt. Vor allem in Mittel- und Westeuropa.

JOHANNISBEERE, SCHWARZE

Ribes nigrum Stachelbeerengewächse

SAMMELN UND ZUBEREITEN Schwarze Johannisbeeren isst man wegen ihres etwas strengen Geschmacks selten frisch, sondern meist zu Fruchtsäften, Wein, Likör und Marmelade verarbeitet, getrocknet auch zu Tee. Die frischen Blätter verarbeitet man von April bis Mai fein geschnitten in Salaten und Suppen.
MERKMALE 1–2 m hoch, sommergrüner Strauch. Blätter wechselständig, lang gestielt, 3- bis 5-lappig, auf der Blattunterseite mit gelben Drüsen, Blattrand gezähnt. Blüten grüngelb. Blütezeit April–Mai. Beeren schwarz, drüsig punktiert. Fruchtreife Juli–August.
STANDORT UND VERBREITUNG Auwälder, Ufergebüsche. Häufig als Beerenstrauch gepflanzt und verwildert. Fast ganz Europa, Hauptverbreitung Mittel- und Nordeuropa.

Tee aus den Blättern der Schwarzen Johannisbeere schmeckt besonders gut, wenn er nach dem Abseihen mit Holundersaft, Honig und einigen frischen Schwarzen Johannisbeeren verfeinert wird.

JOHANNISBROTBAUM

Ceratonia siliqua Johannisbrotgewächse

SAMMELN UND ZUBEREITEN Die Hülsenfrüchte sind als »Johannisbrot« bekannt. Sie enthalten ein süßes Fruchtmark, das mit der Hülse frisch und getrocknet gegessen wird oder zu zuckerreichem Fruchtsaft (»Kaftan«) gepresst wird. Dieser kann zu Sirup eingedickt oder zu alkoholischen Getränken weitervergoren werden. Getrocknet, geröstet und gemahlen liefern die Hülsen das Carobpulver, ein Kakao-Ersatzpulver, das aber nicht so bitter schmeckt wie Kakao. Die gerösteten Samen liefern einen Ersatzkaffee, den Karobenkaffee. Johannisbrotkernmehl aus den Samen verwendet man zur Herstellung von kleberfreiem Brot. Es kommt wegen seiner hohen Quellfähigkeit auch in Süßwaren, Puddings, Soßen und Speiseeis zum Einsatz.
MERKMALE 1–10 m hoch, immergrüner Strauch oder Baum. Blätter wechselständig, paarig gefiedert, 4–10 Teilblättchen, diese verkehrt eiförmig, kurz gestielt, ledrig, leicht gewellt. Blüten unscheinbar, grünlich, ohne Kronblätter, sitzen in abstehenden Trauben direkt an Stamm und Ästen. Blütezeit August–November. Frucht eine Hülse (Karobe), bis 20 cm lang, bei

Johannisbrotbaum

Reife braunviolett, ledrig, sichelförmig gekrümmt, enthält 1–5 linsenförmige, harte, braun glänzende Samen. **STANDORT UND VERBREITUNG** Hartlaubwälder und -gebüsche, Felsen in Küstennähe. Mittelmeerraum.

JOHANNISKRAUT, ECHTES

Hypericum perforatum Johanniskrautgewächse

Echtes Johanniskraut

SAMMELN UND ZUBEREITEN Die zarten Blätter und Triebspitzen nutzt man von März bis Mai für Salate, Suppen, Eintöpfe und Eierspeisen. Blätter, die man bis in den Juli erntet, eignen sich zum Aromatisieren von Ölen, Bitterlikören und Kräuterweinen. Die Blüten sind eine zart süßliche Dekoration und ein Aromastoff für Speiseöl.
MERKMALE 30–80 cm hoch, Staude. Stängel mit zwei Längskanten. Blätter gegenständig, länglich bis eiförmig, durchscheinend getüpfelt, sitzend. Blüten goldgelb, 5-zählig. Blütezeit Juni–August.
STANDORT UND VERBREITUNG Magerrasen, sonnige Waldlichtungen, Wegränder, Heiden. Europa.

JOHANNISKRAUT, ZITRONEN-

Hypericum hircinum Johanniskrautgewächse

SAMMELN UND ZUBEREITEN Die Blätter sind frisch oder getrocknet Grundlage für Kräutertees.
MERKMALE 50–100 cm hoch, immergrüner Strauch. Erfrischender Duft nach Zitrus und Kampfer. Stängel 4-kantig. Blätter eiförmig bis lanzettlich, sitzend, nicht drüsig punktiert. Blüten gelb. Blütezeit Juni–August.
STANDORT UND VERBREITUNG In Wäldern und Gebüschen. Süd- und Westeuropa.

JOVIBARBA

Jovibarba globifera ssp. *globifera*
Dickblattgewächse

SAMMELN UND ZUBEREITEN Die jungen Triebe und Blätter der Pflanze, gesammelt von April bis Juni, können als würzende Beigabe in Salaten verarbeitet werden.
MERKMALE 10–40 cm hoch, Staude. Grundständige Blätter in dichten Rosetten, schmal-eiförmig, spitz, an der Spitze rot, am Rand drüsig bewimpert, auf den Flächen kahl. Stängelblätter länger und schmaler als Rosettenblätter. Blüten blassgelb. Blütezeit Juli–August.
STANDORT UND VERBREITUNG Felsen, Felsschutt, steinige Rasen. Mittel-, Ost- und Nordosteuropa. Hauptverbreitung in Osteuropa.

JUNGFERNREBE, GEWÖHNLICHE, WILDER WEIN

Parthenocissus inserta Weinrebengewächse

SAMMELN UND ZUBEREITEN Die weichen Blätter und Triebspitzen des Frühlings nutzt man roh und in kleinen Mengen als Salatbeigabe. Mit ihrem säuerlichen Aroma bereichern sie gegart auch Kartoffelsuppen, Gemüsegerichte, Kräutersoßen, Aufläufe und fleischige oder vegetarische Rouladenfüllungen. Die Früchte lassen sich in kleinen Mengen zum Einlegen von Gurken verwenden, ebenso als saure Würze für Soßen. Vorsicht: Die Pflanze enthält Oxalsäure. In vernünftigen Mengen gegessen wirkt sie erfrischend, in zu hoher Dosierung kann sie die Nieren schädigen.
MERKMALE 3–10 m hoch, Kletterstrauch. Blätter 5-teilig, Teilblättchen lanzettlich, gezähnt, glänzend. Ranken 3- bis 5-teilig, Rankenende oft keulig angeschwollen, Haftscheiben fehlen. Blüten gelbgrün. Blütezeit Juni–August. Früchte blaue Beeren, 5–7 mm Durchmesser. Fruchtreife September–Oktober.
STANDORT UND VERBREITUNG Mauern, Waldränder, Gebüsche. In Europa oft kultiviert und verwildert.

Jungfernrebe

KÄLBERKROPF, KNOLLIGER, KERBELRÜBE

Chaerophyllum bulbosum Doldengewächse

SAMMELN UND ZUBEREITEN Der Kälberkropf gehört zu den wohlschmeckendsten wild wachsenden Gemüsearten. Bereits im Mittelalter wurde die Pflanze wegen ihrer knolligen Wurzelverdickungen, die in der Form an ein übergroßes Radieschen erinnern, gesammelt und auch kultiviert. In Frankreich gelten die kleinen Rüben noch heute als Gourmet-Gemüse. Als echtes Wintergemüse erreicht die Kerbelrübe ihren vollen Geschmack im Dezember. Geerntet wird sie im September, sollte dann aber noch einige Wochen lagern, am besten in einer Sandkiste im Keller. Kerbelrüben sind roh und gekocht essbar. Roh haben sie einen würzig-pikanten Geschmack, der an Pastinake erinnert. Gekocht gleichen sie in ihrer Konsistenz einer Kartoffel, im Geschmack Karotte, Sellerie und Marone. Vorsicht beim Ernten wild wachsender Kerbelrüben. Einige giftige Doldengewächse sehen ähnlich aus, beispielsweise der sehr giftige Wasser-Schierling (*Cicuta virosa*, S. 382). Diese Pflanze besitzt ebenfalls einen länglich-knollenartigen, aber gekammerten Wurzelstock. Der Gefleckte Schierling (*Conium maculatum*, S. 382) riecht nach Mäuseharn.

Knolliger Kälberkropf

MERKMALE 80–180 cm hoch, zweijährig. Stängel behaart, bläulich bereift, im unteren Teil rot gefleckt. Blätter 2- bis 4-fach gefiedert, Fiederblättchen schmallanzettlich. 5- bis 12-strahlige, weiße Blütendolde. Blütezeit Juni–August. Rübenartig verdickte Wurzel.

STANDORT UND VERBREITUNG An Spülsäumen der Flüsse, in Auwäldern. Mittel-, Ost- und Südosteuropa.

Kerbelrüben passen besonders gut zu Lammfleisch. Ein Eintopf aus Lamm, Kerbelrüben, Pastinaken und Karotten ist ein ganz besonderes kulinarisches Erlebnis.

KAMILLE, ECHTE

Matricaria recutita Korbblütengewächse

SAMMELN UND ZUBEREITEN Kamillenblüten aromatisieren Haus- und Heiltees, Wein, Kräuterbowlen und Limonade und eignen sich auch als Zutat für Salate und Süßspeisen. Verarbeitet zu Sirup süßen sie Tee. Besonders aromatisch sind die gelben Röhrenblüten. Junge Blätter und Blütenknospen passen fein gewiegt als Gewürz zu vielen Speisen. Die Acker-Hundskamille (*Anthemis arvensis*, S. 372) und die Geruchlose Kamille (*Tripleurospermum perforatum*, S. 372) sehen ähnlich aus. Beide verströmen jedoch nicht den typischen Kamillenduft und haben im Unterschied zur Echten Kamille einen gefüllten Blütenboden.

MERKMALE 15–20 cm hoch, einjährig, duftet aromatisch. Stängel kahl. Blätter wechselständig, tief in viele schmale Abschnitte geteilt. Blütenköpfe aus weißen Zungen- und gelben Röhrenblüten, Zungenblüten gegen Ende der Blütezeit nach unten umgeklappt, Blütenboden kegelförmig und hohl. Blütezeit Mai–September.

STANDORT UND VERBREITUNG Feld-, Weg- und Straßenränder. Europa.

Echte Kamille

KAMILLE, RÖMER-

Chamaemelum nobile Korbblütengewächse

SAMMELN UND ZUBEREITEN Die Blütenköpfchen nimmt man frisch oder getrocknet für die Zubereitung von Tee. Da sie recht bitter sein können, empfiehlt es sich, nur wenige Blütenköpfe zu nehmen und den Tee mit Honig zu süßen.

MERKMALE 10–30 cm hoch, Staude. Duftet intensiv aromatisch. Stängel behaart. Blätter wechselständig, tief in viele schmale Zipfel unterteilt, ähneln im Aussehen denen der Echten Kamille, duften nach Apfel, wenn man sie zerreibt. Blütenköpfe einzeln und endständig, bestehen aus gelben Röhren- und weißen Zungenblüten, Blütenboden kegelförmig, gefüllt. Blütezeit Juni–September.
STANDORT UND VERBREITUNG Getreidefelder, Grasplätze, Schutt. West- und Südwesteuropa, in Mitteleuropa aus Kulturen verwildert.

KAMILLE, STRAHLENLOSE

Matricaria discoidea Korbblütengewächse

SAMMELN UND ZUBEREITEN Die Blätter dieser Art schmecken deutlich weniger aromatisch als die der Echten Kamille, können aber dennoch kulinarisch verwendet werden. Sie bereichern Kräutermischungen und eignen sich als essbare Dekoration. Die Blüten verfeinern Vorspeisen, Salate, süße Desserts und Getränke mit ihrem Aroma.
MERKMALE 5–30 cm hoch, einjährig. Duftet aromatisch. Blätter wechselständig, tief in viele schmale Zipfel unterteilt. Blütenköpfe grünlich gelb, ohne Randblüten, Blütenboden halbkugelig und hohl. Blütezeit Mai–August.
STANDORT UND VERBREITUNG Stickstoffreiche Unkrautfluren, Schuttplätze. Fast ganz Europa.

KAMMGRAS, WIESEN-

Cynosorus cristatus Süßgräser

Wiesen-Kammgras

SAMMELN UND ZUBEREITEN Die ab September reifen Samen sind essbar. Sie lassen sich als Keimsprossen in Salaten verwenden, geröstet als Ersatzkaffee aufbrühen.
MERKMALE 20–60 cm hoch, mehrjähriges Gras. Blätter fein gerieft, oben glänzend, unten mattgrün, bis 15 cm lang und 2–3 mm breit. Rispen ährenförmig, Ährchen stehen sehr dicht, an jedem Seitenast der Ährenrispe jeweils ein fruchtbares und ein unfruchtbares Ährchen miteinander verbunden. Blütezeit Juni–Juli.
STANDORT UND VERBREITUNG Wiesen, Weiden, Wegränder. Fast ganz Europa.

KAPERNSTRAUCH, DORNIGER

Capparis spinosa ssp. spinosa

Kapernstrauchgewächse

SAMMELN UND ZUBEREITEN Seit dem klassischen Altertum sind die noch nicht geöffneten, olivgrünen, etwa erbsengroßen Blütenknospen als »Kapern« bekannt. Sie würzen Fleisch und Fisch, sind auch Aromastoff für Soßen. Nach dem Pflücken lässt man die Blütenknospen einige Tage welken. Erst dabei entwickelt sich ihr charakteristischer Geschmack. Anschließend werden sie gesalzen in Essig oder Olivenöl eingelegt. Getrocknet aufbewahrt verlieren Kapern rasch an Aroma. Der Felsen-Kapernstrauch (*Capparis spinosa* ssp. *rupestris*), der an Felsen und Mauern in Küstennähe wächst, wird ebenso verwendet.

Dorniger Kapernstrauch

MERKMALE 30–100 cm hoch, sommergrüner Strauch mit rutenförmigen, überhängenden Ästen. Blätter wechselständig, gestielt, rundlich bis breit-oval, etwas fleischig, graugrün. Blüten lang gestielt in den Blattachseln, 4 Kelchblätter und 4 weiße Kronblätter, zahlreiche hellviolette oder weiße Staubblätter, herausragender Fruchtknoten. Blütezeit April–September.
STANDORT UND VERBREITUNG Aufgelassene Felder, Straßenränder, Ödland. Südeuropa.
Häufig auch kultiviert, Hauptanbaugebiete in Südfrankreich und Spanien.

Große Kapuzinerkresse

KAPUZINERKRESSE, GROSSE

Tropaeolum majus Kapuzinerkressegewächse

SAMMELN UND ZUBEREITEN Vielseitig verwendbare Speise- und Gewürzpflanze. Die Blütenknospen (Sammelzeit Mai–August) und die unreifen Früchte (Sammelzeit August–Oktober) lassen sich wie Kapern einlegen. Sie sind als »Deutsche Kapern« bekannt. Fein geschnittene Blätter eignen sich als Würze für Frischkäse, Quark und andere Aufstriche. Man streut sie auch über Kräuterkartoffeln, Eierspeisen, Suppen und Soßen oder nutzt sie als essbare Dekoration. Die essbaren Blüten würzen Essig und schmücken Salate und Desserts. Aus Blättern, Blütenknospen, Blüten und unreifen Früchten kann man einen erfrischenden Wildsalat bereiten. Die Samen verwendet man in kleinen Mengen wie Senfkörner. Manche Personen reagieren allerdings auf Blätter und Samen der Kapuzinerkresse mit Reizungen in Magen, Darm und Nieren.

MERKMALE 50–300 cm hoch, einjährige Kletterpflanze. Blatt- und Blütenstiele dienen als »Ranken«, mit denen die Pflanze nach oben wachsen kann. Stängel liegend, fleischig, kahl. Blätter wechselständig, lang gestielt, Blattspreiten schildförmig, beinahe kreisrund, Blattstiel setzt in der Mitte der Blattunterseite an. Blüten gelborange bis rotorange. Blütezeit Juni–Oktober. Spaltfrüchte, die in je 3 Teilfrüchte mit jeweils 2 Samen zerfallen.

STANDORT UND VERBREITUNG Herkunft Südamerika. Im klimatisch gemäßigten Europa als Zierpflanze in Gärten, verwildert in orts- und gartennahen Unkrautfluren.

Knospen und halbreife Samen der Kapuzinerkresse schmecken roh sehr pfeffrig. Gegart haben sie eine weniger pikante Note.

KARDE, WILDE

Dipsacus fullonum Kardengewächse

SAMMELN UND ZUBEREITEN Die jungen Blätter, im Frühling geerntet, passen nach Entfernen der Stacheln in feinherbe Salate, Suppen und Gemüsegerichte. Das Mark nicht zu alter Stängel wird wie Hopfensprossen zubereitet und gegessen. Die Wurzel ergibt ein feines Gemüse. Geernet wird sie vom Spätsommer bis in den Herbst.

MERKMALE 50–180 cm hoch, zweijährig. Stängel aufrecht, verzweigt, stachelig. Stängelblätter gegenständig, an der Basis verwachsen, lanzettlich, unten auf den Blattadern mit Stacheln besetzt, Blattränder kahl oder stachelig. Kegelförmiger Blütenstand, mit langen stechenden Hüllblättern, diese bogig nach oben gekrümmt. Einzelblüten lila, erscheinen zuerst in einer ringförmigen Zone auf halber Höhe des Blütenstands. Blütezeit Juli–August.

STANDORT UND VERBREITUNG Brachland, Weg- und Waldränder. Mittel- und Südeuropa.

KATZENMINZE, GEWÖHNLICHE

Nepeta cataria Lippenblütengewächse

SAMMELN UND ZUBEREITEN Die Katzenminze enthält ätherische Öle und einen Bitterstoff. Sie wurde lange Zeit als Heil- und Küchenkraut angebaut. Bei Erkältungen hilft ein Tee aus den Blättern. Kulinarisch nimmt man frisch gepflückte junge Triebe und Blätter als Beigabe zu Salaten und als Würze für Fleisch. Mit den

Gewöhnliche Katzenminze

Blüten aromatisiert man Kräuterkartoffeln und süßes Gebäck. In gleicher Weise wird auch eine verwandte Art, die Kahle Katzenminze *(Nepeta nuda)*, verwendet.
MERKMALE 50–120 cm hoch, Staude. Duftet herb-aromatisch. Stängel aufrecht, behaart. Stängelblätter gegenständig, 3-eckig, gestielt, unten graufilzig, am Rand grob gezähnt. Blüten weiß, purpurn gefleckt, behaart, Oberlippe flach, Unterlippe 3-teilig, Mittelteil vergrößert. Blütezeit Juli–September.
STANDORT UND VERBREITUNG Ortsnahes Ödland, Wegränder, Gebüsche. Südeuropa, in Mitteleuropa angebaut und verwildert.

KERBEL, GARTEN-

Anthriscus cerefolium Doldengewächse

SAMMELN UND ZUBEREITEN Die würzig-süßlich schmeckenden und im Geruch anisähnlichen Blätter passen als Gewürz in Suppen, Soßen und Salate, zu Kräuterkäse und Kräuterbutter. Man sammelt sie am besten vor der Blüte und verwendet sie frisch. Getrocknet verlieren sie viel von ihrem Aroma. Kerbel ist Bestandteil berühmter Kräutermischungen wie den Fines Herbes oder der Frankfurter Grünen Soße. Vorsicht: Die giftige Hunds-Petersilie (*Aethusa cynapium*, S. 371) sieht ähnlich aus.
MERKMALE 30–60 cm hoch, einjährig. Stängel rund, schwach behaart. Blätter wechselständig, mehrfach gefiedert. Weiße Blüten, die in Döldchen zu 2–5 zu einer größeren Dolde zusammengefasst sind. Blütezeit Mai–Juni.
STANDORT UND VERBREITUNG Als Gewürzkraut angebaut, auf nährstoffreichen Böden örtlich verwildert. Fast ganz Europa.

KERBEL, GLÄNZENDER

Anthriscus nitida Doldengewächse

SAMMELN UND ZUBEREITEN Die Blüten sind als würzende Beigabe vielfältig nutzbar.
MERKMALE Ähnlich wie der nachfolgend beschriebende Wiesen-Kerbel, aber Blätter unterseits stark glänzend.
STANDORT UND VERBREITUNG In Buchen- und Bergahornwäldern, feuchten Schluchten. Mittel- und Südosteuropa.

KERBEL, WIESEN-

Anthriscus sylvestris Doldengewächse

SAMMELN UND ZUBEREITEN Gesunde Inhaltsstoffe wie Vitamin C, Eisen, Magnesium und Carotin machen den Wiesen-Kerbel zu einem hochwertigen Wildkraut. Im Mittelalter wurde er als magen- und leberstärkende Heilpflanze geschätzt. Die gesamte Pflanze ist in der Wildkräuterküche verwendbar. Im Frühling werden die aromatischen Blätter gesammelt. Man nimmt sie als Würze für Salate, Suppen, Gemüsegerichte, Eierspeisen, Fleisch und Fisch. Auch Quark, Joghurt, Frischkäse und Kräuterbutter werden gerne mit Kerbel abgeschmeckt. Wer die Blättchen langsam im Schatten trocknet und aromadicht aufbewahrt, kann sie auch im Winter als Gewürz nutzen. Die Blütenknospen isst man roh in Salaten oder würzig eingelegt als Antipasti. Die Samen, die von Juli bis August zur Verfügung stehen, würzen wie die Blätter viele Gerichte mit ihrem fein süßlichen, an Anis erinnernden Aroma. Die im Geschmack leicht scharfe Wurzel wird fein geschnitten Salaten beigemengt oder zu Kochgemüse verarbeitet. Wer ihre Schärfe als zu dominant empfindet, kocht sie vor der Weiterverarbeitung einmal in Salzwasser ab. Vorsicht: Die Pflanze hat gefährlich giftige Doppelgänger wie den Gefleckten Schierling (*Conium maculatum*, S. 382), den Hecken-Kälberkropf (*Chaerophyllum temulum*, S. 371) und die Hunds-Petersilie (*Aethusa cynapium*, S. 371). Wer diese Pflanzen und den Wiesen-Kerbel nicht eindeutig bestimmen kann, sollte sie auf keinen Fall verwenden.

Wiesen-Kerbel

MERKMALE 60–150 cm hoch, Staude. Stängel hohl, kantig, gefurcht, nicht rotfleckig. Blätter wechselständig, 2- bis 3-fach gefiedert. Kleine, weiße Einzelblüten in einer 4- bis 15-strahligen Blütendolde. Blütezeit April–Juli. Frucht schmal-eiförmig, etwa 1 cm lang, dunkel, sehr kurz geschnäbelt.
STANDORT UND VERBREITUNG Nährstoffreiche, feuchte Wiesen, Gebüsch-, Weg- und Straßenränder. Europa.

KERMESBEERE, ASIATISCHE

Phytolacca esculenta Kermesbeerengewächse

SAMMELN UND ZUBEREITEN In den asiatischen Ursprungsländern der Pflanze verwendet man junge Triebe und Blätter als Kochgemüse.

MERKMALE 1,5–2 m hoch, Staude. Blätter wechselständig, eiförmig bis elliptisch, bis 25 cm lang und 10 cm breit, ganzrandig. Blüten in aufrechten Trauben, grünweiß. Blütezeit Juli–August. Beerenartige Sammelfrüchte in aufrechten Fruchttrauben, zunächst grün, verfärben sich mit zunehmender Reife über rot nach fast schwarz. Fruchtreife August–Oktober.

STANDORT UND VERBREITUNG Herkunft Ostasien. In Europa aus Gärten verwildert auf Schutt- und Ödflächen, in Weinbergen.

Asiatische Kermesbeere

KIEFER

SAMMELN UND ZUBEREITEN Die von April bis Mai gesammelten Triebspitzen werden vorwiegend zum Aromatisieren von Schnäpsen genutzt. Daneben können sie auch zu Sirup verarbeitet werden, der dann als Honigersatz verwendbar ist. Die Nadeln ergeben getrocknet und gemahlen ein Gewürz für dunkles Fleisch, auch als Rouladenspieße finden sie Verwendung. Die männlichen Blütenknospen lassen sich kandieren oder zu Sirup verarbeiten. Die kleinen, noch weichen, weiblichen Blütenzapfen aromatisieren Schnaps. Die junge innere Rinde ergibt in feine Streifen geschnitten und gekocht ein Gemüse, getrocknet und gemahlen ist sie als Mehlzusatz verwendbar. Auch die männlichen Blütenpollen werden als Mehlzusatz genutzt. Die herb-aromatischen Samen können als kleine Knabberei genascht werden, sie passen in Pesto, geröstet in Bratlinge, auf Gebäck und Kartoffelspeisen. Damit sich die Samen leicht aus den Zapfen schütteln lassen, werden die Zapfen kurz im Backofen erhitzt. Die Gattung Kiefer umfasst neben den bekanntesten, hier beschriebenen Arten viele weitere Arten, die alle in ähnlicher Weise verwendbar sind.

KIEFER, BERG-

Pinus mugo Kieferngewächse

SAMMELN UND ZUBEREITEN Angaben dazu bei der Gattung Kiefer.

MERKMALE 1–4 m hoch, immergrüner Großstrauch. Nadeln in Paaren, frischgrün, 3–8 cm lang und 1,5–2 mm breit, steif. Männliche Blüten gelb, weibliche Blüten purpurrot. Blütezeit Juni–Juli. Zapfen 2–5 cm lang, fast sitzend, hellbraun glänzend, sitzen zu 1–3 zusammen. Samenreife im 2. Jahr nach der Blüte, dann Oktober–November.

STANDORT UND VERBREITUNG Bergwälder, Hochmoore. Gebirge Mittel- und Südeuropas.

KIEFER, SCHWARZ-

Pinus nigra Kieferngewächse

SAMMELN UND ZUBEREITEN Angaben dazu bei der Gattung Kiefer.

MERKMALE 30–40 m hoch, immergrüner Nadelbaum. Nadeln 8–15 cm lang 1–2 mm breit, dunkelgrün, steif, zugespitzt, stehen paarweise in einer Scheide. Männliche Blüten goldgelb, weibliche Blüten rot. Blütezeit Juni. Reife Zapfen glänzend hellbraun, sehr kurz gestielt. Samenreife im 2. Jahr nach der Blüte, dann September–November.

Schwarz-Kiefer

STANDORT UND VERBREITUNG Kalk-Kiefernwälder, trockene, nährstoffarme Standorte. Natürliches Areal Süd- und Südosteuropa. Vielfach forstlich genutzt.

KIEFER, WALD-, FÖHRE

Pinus sylvestris Kieferngewächse

SAMMELN UND ZUBEREITEN Angaben dazu bei der Gattung Kiefer.
MERKMALE 20–40 m hoch, immergrüner Nadelbaum. Stamm in der unteren Hälfte dunkelbraun, in der oberen Hälfte rostrot, rissig. Nadeln 3–7 cm lang, 1–2 mm breit, meist gedreht, blaugrün, zugespitzt, paarweise. Männliche Blüten gelb, weibliche Blüten rot. Blütezeit Mai–Juni. Zapfen kugel- bis eiförmig, gelbbraun, deutlich gestielt, hängend. Samenreife erst im 2. Jahr nach der Blüte, dann September–Oktober.
STANDORT UND VERBREITUNG Wälder, Dünen, Moore, Felsschutthänge. Vielfach forstlich kultiviert. Europa.

KIEFER, ZIRBEL-, ARVE

Pinus cembra Kieferngewächse

SAMMELN UND ZUBEREITEN Angaben dazu bei der Gattung Kiefer.
MERKMALE 15–25 m hoch, immergrüner Nadelbaum. Nadeln dunkelgrün, gerade, zu 5 in Büscheln, 5–8 cm lang, etwa 1,5 mm breit, zugespitzt, aber nicht stechend, am Rand fein gesägt. Männliche Blüten gelb, weibliche Blüten blauviolett. Blütezeit Juni–Juli. Zapfen eiförmig, jung violett, bei Reife zimtbraun, reifen im Herbst des 2. Jahrs, öffnen sich bei Reife nicht, sondern fallen im Frühling des 3. Jahrs geschlossen als Ganzes ab. Samen (Zirbelnüsse) ungeflügelt, dickschalig.
STANDORT UND VERBREITUNG Nadelwälder der Alpen und Karpaten, etwa zwischen 1200 und 2500 m Höhe.

KIES-SCHWINGEL

Micropyrum tenellum Süßgräser

SAMMELN UND ZUBEREITEN Die Samen sind essbar. Denkbar ist eine Verwendung als Keimsaat.
MERKMALE Bis zu 60 cm hoch, einjährig. Stängel aufrecht oder geknickt aufsteigend. Blätter nur 1 mm breit. Blütenstand eine ährenartige Traube oder schmale Rispe, 1–20 cm lang, 2-zeilig. Ährchen mit 3–4 Blüten, ohne Grannen 5–10 mm lang. Blütezeit Juni–Juli.
STANDORT UND VERBREITUNG Wächst auf Ödland, an Wegrändern sowie in Gleisanlagen. Süd- und Westeuropa.

KIRSCHE, SAUER-

Prunus cerasus Rosengewächse

SAMMELN UND ZUBEREITEN Sauerkirschen schmecken, wie sie heißen – ziemlich sauer. Man kann sie roh essen, zu Saft und Sirup, Kompott, Marmelade und Gelee verarbeiten oder als Kuchenbelag nutzen. Selbst als kräftige Sauer-Kirschen-Suppe werden sie gegessen. Wird diese Suppe mit einigen ausgezupften Blüten des Mädesüß oder des Schwarzen Holunders aromatisiert, schmeckt sie besonders gut. Aus getrockneten Sauer-Kirschen, sogenannten Kirschrosinen, wird Likör bereitet. In der Naturheilkunde nimmt man Sauer-Kirsch-Sirup zum Aromatisieren verschiedenster pharmazeutischer Präparate. Die Blüten schmecken kandiert oder auch als Teegetränk. Die jungen Blätter sind von April bis Mai ebenfalls in Teemischungen nutzbar.
MERKMALE Bis zu 10 m hoch, sommergrüner Strauch oder Baum. Blätter wechselständig, einfach, eiförmig bis elliptisch, gestielt, fein gesägt. Blüten zu 2–6 in Büscheln, erscheinen kurz vor dem Laub, 5 weiße, fast kreisrunde Blütenblätter. Blütezeit April–Mai. Kugelige, rote, glatte Steinfrucht. Fruchtreife Juli–August.
STANDORT UND VERBREITUNG In vielen Kulturformen angepflanzt. Verwildert in Gebüschen, an Waldrändern, Weinbergrändern und Feldrainen. Herkunft Südosteuropa.

Sauer-Kirsche

KIRSCHE, SPÄTE TRAUBEN-

Prunus serotina Rosengewächse

SAMMELN UND ZUBEREITEN Die bittersüßen Früchte der Späten Trauben-Kirsche verarbeitet man zu Saft oder in Kombination mit anderen Früchten zu Marmelade und Gelee. In den USA aromatisiert man mit ihnen Rum und Brandy. Die Blüten schmecken kandiert als Süßigkeit und getrocknet als Tee. Auch die jungen Blätter eignen sich für Hausteemischungen.
MERKMALE Bis zu 35 m hoch, sommergrüner Laubbaum. Blätter wechselständig, länglich bis lanzettlich, zugespitzt, oben dunkelgrün und glänzend, unten heller und entlang der Mittelrippe rostbraun behaart, fein gesägt. Weiße Blüten in schmalen, zunächst aufrechten, später überhängenden Trauben. Blütezeit Juni. Bei Reife schwarzrote Steinfrucht, erbsengroß, wenig Fruchtfleisch. Fruchtreife Juli–August.
STANDORT UND VERBREITUNG Herkunft Nordamerika. In Europa Zier- und Forstbaum. Verwildert an Waldrändern.

KIRSCHE, TRAUBEN-

Prunus padus Rosengewächse

SAMMELN UND ZUBEREITEN Die säuerlichen, schwarzen Trauben-Kirschen haben wenig Fruchtfleisch und bieten roh wenig Genuss. Aber mit anderen Früchten ergeben sie vorzügliche Marmeladen und Gelees. Auch zu Saft, Mus, Wein und Essig kann man sie verarbeiten. Die Blüten aromatisieren Zucker, werden kandiert gegessen oder zusammen mit den Blättern als Tee aufgegossen. Die Blätter würzen Soßen und Aufläufe. Der Gewöhnliche Liguster (*Ligustrum vulgare*, S. 374), der Kirschlorbeer (*Prunus laurocerasus*, S. 373) und der Echte Kreuzdorn (*Rhamnus cathartica*, S. 373) tragen ebenfalls kugelige, erbsengroße, glänzend schwarze Früchte, sind aber giftig – daher unbedingt nur nach genauer Bestimmung verwenden.
MERKMALE Bis zu 15 m hoch, sommergrüner Laubbaum. Blätter wechselständig, elliptisch, fein gesägt, oben dunkelgrün, unten blaugrün. Blüten weiß, duftend, in hängenden Trauben. Blütezeit Mai–Juni. Früchte erbsengroß, kugelig, bei Reife schwarz. Fruchtreife Juli–August.
STANDORT UND VERBREITUNG Flussauen, Auwälder, feuchte Waldränder. Europa.

KIRSCHE, VOGEL-

Prunus avium Rosengewächse

SAMMELN UND ZUBEREITEN Die Vogel-Kirsche ist eine Stammart der in vielen Sorten kultivierten Süßkirschen. Die Früchte werden wie Kulturkirschen zu Saft, Mus und Kompott, Marmelade und Gelee, Wein, Likör, Schnaps und Essig verarbeitet. Als herbsüße Soße ergänzen sie dunkles Fleisch. Getrocknet ergeben sie ebenso wie Blätter und Blüten Tee. Die Kirschkerne kann man trocknen, schroten und als Kaffee-Ersatz rösten. Die sehr jungen Blätter sind als feine Zutat zu Salaten, Brotaufstrichen und verschiedensten Soßen zu verwenden, die Blüten als kandierte Süßigkeit sowie als Aromastoff für Zucker, Sirup, Essig und Likör. Vorsicht beim Sammeln: Ähnliche, aber giftige Früchte trägt die Alpen-Heckenkirsche (*Lonicera alpigena*, S. 369).
MERKMALE Bis zu 30 m hoch, sommergrüner Laubbaum. Stamm glatt, mit quer verlaufenden Korkbändern. Blätter wechselständig, oval, gestielt, grob und unregelmäßig gesägt. Weiße Blüten. Blütezeit April–Mai. Ab Juli kugelige, bei Reife fast schwarze Steinfrüchte.
STANDORT UND VERBREITUNG Wälder, Waldränder, Gebüsche, Bachufer. Europa.

Vogel-Kirsche

KIRSCHE, WEICHSEL-, STEINWEICHSEL

Prunus mahaleb Rosengewächse

SAMMELN UND ZUBEREITEN Weichsel-Kirschen wurden bereits in der Steinzeit gegessen. Getrocknet hat man sie damals als Vorrat für den Winter aufgehoben. Auch heute werden die recht herb schmeckenden Früchte roh, gekocht oder getrocknet verwendet und zu Marmelade, Gelee, Kompott und süßen Soßen verarbeitet. Getrocknet ergeben sie einen feinen Früchtetee. Kandiert oder mit Schokolade überzogen sind sie eine unvergleichliche Nascherei. Aus Blättern und Blüten bereitet man Tee, die Blüten nimmt man außerdem zum Aromatisieren von Zucker.

MERKMALE 5–7 m hoch, reich verzweigter Strauch oder Baum. Blätter wechselständig, lang gestielt, rundlich-oval, fein gesägt, oben glänzend, unten matt und auf der Mittelrippe behaart. Blüten weiß, duftend. Blütezeit April–Mai. Ab August erbsengroße Steinfrüchte, zunächst rot, reif schwarz.

STANDORT UND VERBREITUNG Gebüsche, felsige Hänge, sonnige Waldsäume. Südeuropa, in Mitteleuropa vor allem im Donau-, Rhein- und Nahegebiet.

Weichsel-Kirsche

Weichsel-Kirschen harmonieren besonders gut mit Aprikosen. Beide Früchte ergeben zusammen eine wunderbare Marmelade oder eine fruchtige Soße für leckere süße Desserts.

KIRSCHE, ZWERG-

Prunus fruticosa — Rosengewächse

SAMMELN UND ZUBEREITEN Die Zwerg-Kirsche ist die »Kirsche der Steppe«. Ihre Früchte schmecken ziemlich sauer. Wegen ihres Vitamingehalts werden sie dennoch roh, gekocht und getrocknet gegessen. Die Blüten des Strauchs werden wie die anderer *Prunus*-Arten kandiert und als Tee genutzt, die Blätter als Beigabe in Teemischungen.

MERKMALE 30–100 cm hoch, Strauch. Blätter wechselständig, derb, 2–4 cm lang und halb so breit, beiderseits dunkelgrün, Blattrand gesägt. Kleine, weiße Blüten. Blütezeit April–Mai. Früchte kugelig, kaum erbsengroß, bei Reife rot bis dunkelrot. Fruchtreife Juli–August.

STANDORT UND VERBREITUNG Helle Bergwälder, Gebüsche, sonnige Hänge. Mittel- und Osteuropa.

KIRSCHPFLAUME

Prunus cerasifera — Rosengewächse

SAMMELN UND ZUBEREITEN Reife Kirschpflaumen sind sehr saftig und aromatisch. Sie schmecken roh und können zu Kompotten, Marmeladen und auf Kuchen verarbeitet werden. Süßsauer eingelegt passen sie ausgezeichnet zu Pasteten, kaltem Fleisch und Käsegerichten wie Raclette oder Fondue, auch zu Schinken- und Käsebroten. Kirschpflaumen haben eine sehr kurze Garzeit von nur wenigen Minuten. Kocht man sie zu lang, zerfallen sie. Aus diesem Grund ist es sinnvoll, sie zum Einlegen und Einkochen kurz vor der Vollreife zu ernten. Zum Trocknen eignen sich die saftreichen Kirschpflaumen nicht.

MERKMALE Bis zu 8 m hoch, Strauch oder Baum. Oft etwas dornig. Blätter elliptisch bis eiförmig, stehen in Büscheln an den Zweigen, Blattrand gekerbt bis gesägt. Weiße, duftende Blüten. Blütezeit März–April. Früchte kugelig, in der Größe etwa mit Mirabellen vergleichbar, meist gelb, seltener rot. Fruchtreife Juli–August.

STANDORT UND VERBREITUNG Herkunft Zentralasien, als Zier- und Obstbaum gepflanzt. Verwildert in Hecken, aufgelassenen Obstgärten, an Straßenrändern. Mittel- und Südeuropa.

Kirschpflaume

KLEE, ALPEN-

Trifolium alpinum Schmetterlingsblütengewächse

SAMMELN UND ZUBEREITEN Vor der Blüte geerntete Blätter sind fein geschnitten eine Beigabe zu Salaten und Gemüsegerichten. Die getrockneten Blüten werden zu Mehl zerstoßen, das vermischt mit Getreidemehl Backwaren sehr aromatisch macht.
MERKMALE 5–20 cm hoch, Staude. Stängel fehlen, alle Blätter und Blütenstiele grundständig am Rhizom. Blätter 3-teilig, Teilblätter lineal bis lanzettlich, bis 7 cm lang, ganzrandig. Blütenköpfe halbkugelig bis kugelig, gestielt, Blüten purpurrot, intensiv duftend. Blütezeit Juni–August. Hülse 1- bis 2-samig.
STANDORT UND VERBREITUNG Rasen, Weiden, Zwergstrauchbestände in Höhenlagen zwischen 1700 und 2700 m. Mittel- und Südwesteuropa.

KLEE, BERG-

Trifolium montanum

Schmetterlingsblütengewächse

Berg-Klee

SAMMELN UND ZUBEREITEN Junge Blätter, von April bis Mai gesammelt, nimmt man als Beigabe zu spinatähnlichen Gemüsegerichten. Die Blüten nutzt man in Teemischungen, getrocknet werden sie zu aromatischem Mehl pulverisiert. Die von Juni bis August gesammelten Samen kann man schroten und ebenfalls als Mehl verwenden oder auskeimen lassen und im Winter als Vitaminquelle nutzen.
MERKMALE 10–40 cm hoch, Staude. Stängel aufrecht oder aufsteigend, dicht behaart. Blätter 3-teilig, Teilblätter oval, fein gezähnt, unten dicht behaart. Blütenköpfe kugelig bis eiförmig, Blüten weiß bis gelbweiß, verblüht rötlich braun, nach der Blüte nicht zurückgeschlagen. Blütezeit Mai–Juli. Hülse 1- bis 2-samig.
STANDORT UND VERBREITUNG Kalkmagerrasen, auch auf anderen Magerwiesen, an Wald- und Gebüschrändern und an Waldwegen auf Kalk. Europa, nördlich bis Südskandinavien, im Süden in den Gebirgen.

KLEE, BLASSGELBER

Trifolium ochroleucon

Schmetterlingsblütengewächse

SAMMELN UND ZUBEREITEN Junge, von April bis Juni gesammelte Blätter passen in spinatähnliche Gemüsegerichte. Die Blüten nutzt man in Teemischungen, getrocknet und pulverisiert eignen sie sich als Mehlzusatz. Die von August bis September gesammelten Samen kann man schroten und gleichfalls als Streckmehl verwenden.
MERKMALE 20–40 cm hoch, Staude. Stängel aufrecht, behaart. Blätter 3-teilig, Teilblätter länglich-oval, meist ganzrandig, beiderseits behaart. Blütenköpfe breit-eiförmig, endständig, einzeln, Blüten blassgelb, verblüht braunrot. Blütezeit Juni–Juli. Hülse 1- bis 2-samig.
STANDORT UND VERBREITUNG Wechseltrockene Magerrasen, Moorwiesen, Waldlichtungen. Mittel- und Südeuropa.

KLEE, BRAUN-

Trifolium badium Schmetterlingsblütengewächse

Braun-Klee

SAMMELN UND ZUBEREITEN Die vor der Blüte gesammelten Blätter sind Beigabe zu Salaten und Gemüsegerichten. Die getrockneten Blüten werden zu Mehl zerstoßen, das gemischt mit Getreidemehl zum aromatischen Backen verwendet wird. Aus den im August reifen Samen kann man feine Salatsprossen ziehen.
MERKMALE 10–20 cm hoch, Staude. Stängel aufrecht, meist unverzweigt. Blätter 3-teilig, Teilblätter fast sitzend, fein gezähnt. Blütenköpfe kugelig bis eiförmig, Blüten goldgelb, verblüht dunkelbraun. Blütezeit Juli–August. Frucht eine kleine eiförmige Hülse, um 2 mm lang.
STANDORT UND VERBREITUNG Alpine Fettwiesen, Weiden, Viehlager, in Höhenlagen zwischen 1200 und 2200 m. Mittel- und Südeuropa.

KLEE, ERDBEER-

Trifolium fragiferum Schmetterlingsblütengewächse

SAMMELN UND ZUBEREITEN Vor der Blüte gesammelte Blätter und junge Triebe verwendet man frisch und fein geschnitten als Beigabe zu Salaten und Gemüsegerichten. Die getrockneten Blüten werden zu Mehl pulverisiert und Getreidemehl zum Backen beigegeben. Aus den im September gesammelten Samen lassen sich gesunde und schmackhafte Keimlinge ziehen. Auch roh sind sie essbar.
MERKMALE Bis zu 30 cm lang, Staude. Stängel kriechend. Blätter 3-zählig, Teilblätter eiförmig, blaugrün, fein gezähnt. Blütenköpfe kugelig, einzeln auf langen Stielen, Blüten rosa, verblüht nicht nach unten umgeschlagen. Kelch zur Fruchtzeit blasig aufgetrieben, weshalb der Fruchtstand entfernt an eine Erdbeere erinnert (namensgebend). Blütezeit Mai–September. Hülse 1- bis 2-samig.
STANDORT UND VERBREITUNG Typische Art der Küstensalzwiesen, wächst beispielsweise an der Nordsee. Regelmäßige Vorkommen auch an der Ostseeküste. Im Binnenland besiedelt die Art Salzstellen, Gräben und Wegränder mit entsprechenden Standortbedingungen.

KLEE, FADEN-, KLEINER KLEE

Trifolium dubium Schmetterlingsblütengewächse

SAMMELN UND ZUBEREITEN Die vor der Blüte gesammelten Blätter sind Beigabe zu Salaten und Gemüsegerichten. Die getrockneten Blüten werden zu Mehl zerrieben, das Getreidemehl streckt. Die aus den Samen gezogenen Sprossen schmecken nicht nur im Salat. Auch auf einem Butterbrot machen sie sich gut.
MERKMALE 5–15 cm lang, ein- oder zweijährig. Stängel liegend oder aufsteigend, schlaff, rund. Blätter 3-teilig, bläulich grün, das mittlere Teilblättchen etwas länger gestielt. Blütenköpfe 10- bis 20-blütig, Blüten hellgelb, verblüht dunkelbraun. Blütezeit Mai–September. Frucht eine kleine eiförmige Hülse, kaum 2 mm lang.
STANDORT UND VERBREITUNG Fettwiesen, Weiden, Gartenrasen. Fast ganz Europa.

Faden-Klee

Feld-Klee

KLEE, FELD-

Trifolium campestre Schmetterlingsblütengewächse

SAMMELN UND ZUBEREITEN Die vor der Blüte gesammelten Blätter sind Beigabe zu Salaten und Gemüsegerichten. Die getrockneten Blüten strecken pulverisiert Getreidemehl zum Backen. Die Samen kann man als Keimsaat nutzen.
MERKMALE 10–20 cm hoch, ein- oder zweijährig. Stängel liegend bis aufrecht. Blätter 3-teilig, das mittlere deutlich gestielt. Blüten goldgelb, verblüht hellbraun, Blütenstände 20- bis 30-blütig. Blütezeit Juni–September. Frucht kleine eiförmige Hülse, um 3 mm lang.
STANDORT UND VERBREITUNG Charakterart lockerer Sand- und Felsrasen, die warmen, eher trockenen Boden bevorzugt. Besiedelt Bahnschotter, Steinbrüche, sandige Rasen, Weg- und Waldränder, magere Wiesen. Wird auch angepflanzt als Futterpflanze und wichtiger Bodenverbesserer, der magere Böden mit Stickstoffverbindungen anreichert. Europa.

KLEE, GESTREIFTER

Trifolium striatum Schmetterlingsblütengewächse

SAMMELN UND ZUBEREITEN Die jungen Blätter schmecken in Salaten und Gemüsegerichten. Getrocknete Blüten lassen sich pulverisiert Getreidemehl beifügen. Lässt man die im Spätsommer reifen Samen in einem feuchten Tontopf keimen, erhält man mildwürzige Sprossen.
MERKMALE 5–20 cm hoch, einjährig. Abstehend behaart. Blätter 3-teilig, Teilblätter fein gezähnt, Seitennerven gerade. Blütenköpfe kugelig bis eiförmig, endständig und einzeln in den Blattachseln, Blüten hellrosa, Kelchröhre kugelig. Blütezeit Juni–Juli. Frucht eine 1-samige Hülse. Samen eiförmig, glatt rötlich.
STANDORT UND VERBREITUNG Trockenwiesen, Wegränder, brachliegende Felder. V.a. mediterran-atlantische Art, in Mitteleuropa nur zerstreut vertreten.

KLEE, GOLD-

Trifolium aureum Schmetterlingsblütengewächse

Gold-Klee

SAMMELN UND ZUBEREITEN Die vor der Blüte gesammelten Blätter genießt man in Salaten und Gemüsegerichten. Getrocknete Blüten werden zu Mehl vermahlen. Aus den kleinen Samen erhält man nach kurzer Keimzeit vitaminreiche Sprossen.
MERKMALE 15–35 cm hoch, ein- oder zweijährig. Blätter 3-teilig, alle fast sitzend, undeutlich gesägt. Blütenköpfe kugelig bis eiförmig, Blüten goldgelb, im verblühten Zustand hellbraun. Blütezeit Juni–Juli. Frucht eine kleine eiförmige Hülse.
STANDORT UND VERBREITUNG Magere Rasen, Feldraine, Wald- und Wegränder. Fast ganz Europa.

KLEE, HASEN-

Trifolium arvense Schmetterlingsblütengewächse

SAMMELN UND ZUBEREITEN Junge Blätter passen als feinsäuerliche Zutat in Salate und Gemüsegerichte. Die getrockneten Blüten nimmt man pulverisiert als Backmehl.

Hasen-Klee

MERKMALE 10–40 cm hoch, einjährig. Behaart. Blätter 3-teilig, Teilblätter schmal-oval, ganzrandig oder fein gezähnt. Blütenköpfe eiförmig bis zylindrisch, Blüten beim Aufblühen weiß, später rosa, Kelch dicht und lang behaart. Blütezeit Juni–September. Frucht eine 1-samige Hülse.
STANDORT UND VERBREITUNG Magerrasen, Sandfelder, Brachland. Herkunft Südeuropa, heute fast ganz Europa.

KLEE, HÜGEL-, WALD-KLEE

Trifolium alpestre Schmetterlingsblütengewächse

SAMMELN UND ZUBEREITEN Die vor der Blüte gesammelten Blätter genießt man in Salaten und Gemüsegerichten. Die getrockneten Blüten kann man in Kuchenteige kneten, die von August bis September gesammelten Samen als Keimsaat nutzen.
MERKMALE 10–40 cm hoch, Staude. Stängel dicht behaart. Blätter 3-teilig, Teilblätter schmal-lanzettlich, fein gezähnt bis ganzrandig. Blütenköpfe kugelig bis eiförmig, einzeln oder zu zweit, Blüten rot. Blütezeit Juni–Juli. Hülse 1-samig.
STANDORT UND VERBREITUNG Lichte, trockene Wälder, Waldsäume. Mittel- und Südeuropa.

KLEE, INKARNAT-, BLUT-KLEE

Trifolium incarnatum
Schmetterlingsblütengewächse

SAMMELN UND ZUBEREITEN Die jungen Blätter sind eine Zutat für Salate und Gemüse. Die getrockneten Blüten schmücken als essbare Dekoration viele Gerichte. Die von August bis September gesammelten Samen keimen zu schmackhaften Sprossen aus.
MERKMALE 10–60 cm hoch, einjährig. Blätter 3-teilig, Teilblätter rundlich, bis 3 cm lang und fast genauso

breit, vorne fein gezähnt. Blütenköpfe kegel- bis eiförmig, Blüten leuchtend dunkelrot, Kelch langhaarig. Blütezeit Mai–Juli. Hülse 1-samig.
STANDORT UND VERBREITUNG An Weg- und Straßenrändern, auf Brachen. Heimat Südosteuropa, durch den Einsatz als Futterpflanze viele weitere Vorkommen.

KLEE, KLEINBLÜTIGER

Trifolium retusum Schmetterlingsblütengewächse

SAMMELN UND ZUBEREITEN Die vor der Blüte gesammelten Blätter als Beigabe zu Salaten und Gemüsegerichten geeignet. Die getrockneten Blüten kann man pulverisieren und das Mehl zum Backen verwenden. Im August gesammelte Samen liefern Keimlinge.
MERKMALE 10–40 cm lang, einjährig. Stängel liegend bis aufsteigend. Blätter 3-teilig, Teilblätter oval, ringsum fein gezähnt. Blütenköpfe kugelig, klein, nur etwa 1 cm im Durchmesser. Blüten rosa oder weißlich. Blütezeit Juli–August. Hülse 2-samig.
STANDORT UND VERBREITUNG Sandrasen, Weiden, Wegränder. Verbreitungsschwerpunkt in den Steppen Südosteuropas.

KLEE, KRIECHENDER, WEISS-KLEE

Trifolium repens Schmetterlingsblütengewächse

SAMMELN UND ZUBEREITEN Die jungen Blätter lassen sich in Salaten, spinatähnlichen Gemüsegerichten und Gemüsesuppen verwenden. Aus den Blüten kann Tee, Sirup und Gelee hergestellt werden, der Sirup lässt sich anschließend mit Hefe zu Wein vergären. Blüten und Samen werden getrocknet und zu Mehl zerstoßen. Die von August bis September geernteten Samen ergeben wohlschmeckende, vitaminreiche Keimlinge.
MERKMALE 15–50 cm lang, Staude. Stängel kriechend. Blätter 3-teilig, Teilblätter oval, ganzrandig oder fein gezähnt. Kugelige Blütenköpfe, Blüten weiß, duftend, verblüht hellbraun und hängend. Blütezeit Mai–September. Hülse 3- bis 4-samig.
STANDORT UND VERBREITUNG Fettwiesen, Weiden, Parkrasen, Wegränder. Europa.

KLEE, MITTLERER, ZICKZACK-KLEE

Trifolium medium

Schmetterlingsblütengewächse

SAMMELN UND ZUBEREITEN Die jungen Blätter passen als Beigabe in Gemüsegerichte. Getrocknete Blüten kann man als Tee aufbrühen. Aus den Samen kann man Mehl schroten oder Keimlinge anziehen.
MERKMALE 20–45 cm hoch, Staude. Stängel zickzackförmig gebogen. Blätter 3-teilig, Teilblätter oft mit hellerer oder dunklerer Querbinde, ganzrandig oder gezähnt. Blütenköpfe kugelförmig bis eiförmig, Blüten karminrot. Blütezeit Mai–August. Hülse 1-samig.
STANDORT UND VERBREITUNG Helle Wälder, Waldränder, Gebüsche. Fast ganz Europa.

Mittlerer Klee

KLEE, MOOR-

Trifolium spadiceum

Schmetterlingsblütengewächse

SAMMELN UND ZUBEREITEN Vor der Blüte gesammelte Blätter bereichern Salate und Gemüsegerichte. Getrocknete Blüten ergeben Mehl, von August bis September gesammelte Samen Keimlinge.
MERKMALE 10–40 cm hoch, einjährig. Stängel aufrecht, wenig verzweigt. Obere Stängelblätter fast gegenständig. Blätter 3-teilig, Teilblätter sitzend, schmalelliptisch, fein gezähnt. Blütenköpfe eiförmig bis zylindrisch, nur etwa 1 cm dick und über 2 cm lang, Blüten goldgelb, verblüht dunkelbraun bis schwarz. Blütezeit Juni–August. Hülse 1-samig.
STANDORT UND VERBREITUNG Moorwiesen, magere Bergwiesen, Wald- und Wegränder. Mittel- und südeuropäische Gebirge, Nordeuropa.

KLEE, PURPUR-, FUCHSSCHWANZ-KLEE

Trifolium rubens Schmetterlingsblütengewächse

Purpur-Klee

SAMMELN UND ZUBEREITEN Die jungen Blätter schmecken in Salaten und Gemüsegerichten, ebenso die aus den Samen gekeimten Sprossen. Die getrockneten Blüten lassen sich pulverisiert als mildwürziges Mehl verwenden.

MERKMALE 30–60 cm hoch, Staude. Stängel aufrecht, meist unverzweigt, kahl. Blätter 3-teilig, Teilblätter bis 9 cm lang, schmal-oval, fein gezähnt. Blütenstände einzeln oder paarweise, kurz gestielt, 4–8 cm lang und 2–3 cm breit, endständig, Blüten leuchtend purpurrot. Blütezeit Juni–Juli. Hülse 1-samig.

STANDORT UND VERBREITUNG Sonnige Wald- und Gebüschsäume. Mitteleuropa.

KLEE, RASIGER, ALM-KLEE

Trifolium thalii Schmetterlingsblütengewächse

Rasiger Klee

SAMMELN UND ZUBEREITEN Die zarten Blätter eignen sich für Salate und Gemüsegerichte. Die frischen Blüten schmücken als essbare Dekoration viele Gerichte, getrocknet und zerstoßen strecken sie Mehl. Die von August bis September gesammelten Samen ergeben vitaminreiche Keimlinge für Salate und mehr.

MERKMALE 5–15 cm hoch, Staude. Bildet dichte Rasen. Blätter 3-teilig, Teilblätter verkehrt eiförmig, undeutlich gezähnt. Kugelige Blütenköpfe, Blüten erst weiß, dann rötlich, verblüht bräunlich, sind nach dem Verblühen nicht abwärts gekrümmt. Blütezeit Mai–Juli.

STANDORT UND VERBREITUNG Benötigt feuchte, nährstoffreiche sowie kalkhaltige Böden. Besiedelt Fettweiden und Viehlager in höheren Lagen zwischen 1400 und 2400 m Höhe. Mittel- und Südwesteuropa.

KLEE, RAUER

Trifolium scabrum Schmetterlingsblütengewächse

SAMMELN UND ZUBEREITEN Nur vor der Blüte gesammelte Blätter sind zart genug für Salate und Gemüsegerichte. Getrocknete Blüten eignen sich zerrieben als Mehl. Die im August gesammelten Samen ergeben vitaminreiche Keimlinge für Salate aller Art.

MERKMALE 5–15 cm hoch, einjährig. Blätter 3-teilig, Teilblätter eiförmig, beiderseits behaart, fein gezähnt, auffallend gekrümmt verlaufende Seitennerven. Blütenköpfe kugelig bis eiförmig, Blüten weiß. Blütezeit Mai–Juli. Hülse 1-samig.

STANDORT UND VERBREITUNG Magerrasen, warme Lagen. Vor allem im Mittelmeergebiet, daneben einige Vorkommen im atlantischen Mitteleuropa.

KLEE, SCHWEDEN-, BASTARD-KLEE

Trifolium hybridum Schmetterlingsblütengewächse

SAMMELN UND ZUBEREITEN Von April bis Juni verarbeitet man die Blätter in spinatähnlichen Gemüsegerichten. Die Blüten ergeben feinen Tee. Blüten und Samen werden getrocknet und gemahlen als Mehl genutzt, die Samen auch als Keimsaat. Der rasig wachsende Geröll-Klee *(Trifolium pallescens)*, eine seltene Pflanze der Zentralalpen, ist ebenso verwendbar.

MERKMALE 20–40 cm hoch, Staude. Blätter 3-teilig, Teilblätter rundlich-eiförmig, fein gezähnt. Blütenköpfe kugelig oder eiförmig, Blüten zuerst weiß, dann rosa, verblüht bräunlich. Blütezeit Mai–September. Hülse 2- bis 4-samig.

Schweden-Klee

STANDORT UND VERBREITUNG In Fettwiesen der Flussauen, an Wegrändern, Uferböschungen. Fast ganz Europa.

KLEE, SPREIZ-

Trifolium patens Schmetterlingsblütengewächse

SAMMELN UND ZUBEREITEN Junge Kleeblätter passen mit ihrem leicht säuerlichen Geschmack gut in Salate und Gemüsegerichte. Die getrockneten Blüten sind zerstoßen süßliche Mehlzutat. Die von August bis Oktober gesammelten Samen ergeben vitaminreiche Keimlinge.
MERKMALE 10–50 cm hoch, einjährig. Blätter 3-teilig, Teilblätter länglich-elliptisch, meist spitz, in der oberen Hälfte fein gesägt. Blütenköpfe kugelig, Blüten goldgelb, verblüht hellbraun. Blütezeit Juni–September. Hülse 1-samig.
STANDORT UND VERBREITUNG Feuchte Fettwiesen. Hauptsächlich Süd- und Südosteuropa, in Mitteleuropa nur eingeschleppt und unbeständig.

KLEE, VOGELFUSS-

Trifolium ornithopodioides
Schmetterlingsblütengewächse

SAMMELN UND ZUBEREITEN Vor der Blüte gesammelte Blätter sind in Salaten und Gemüsegerichten verwertbar, die getrockneten Blüten als Streckmehl. Aus den von August bis Oktober gesammelten Samen lassen sich vitaminreiche Sprossen ziehen.
MERKMALE 5–20 cm lang, einjährig. Stängel kriechend. Blätter 3-teilig, Teilblätter oval, gezähnt. Blüten weiß oder rosa, zu 1–5 in kleinen Köpfen. Blütezeit Mai–Oktober. Hülse 5- bis 9-samig. Samen braun, glatt.
STANDORT UND VERBREITUNG Auf sandigen Standorten, an Küstenhängen, Straßenrändern. Südeuropa.

KLEE, WIESEN-, ROT-KLEE

Trifolium pratense Schmetterlingsblütengewächse

SAMMELN UND ZUBEREITEN Die jungen, vor der Blütezeit geernteten Blätter sind Bestandteil von Suppen, Salaten und Gemüsegerichten, von Brotaufstrichen und Eierspeisen. Geschmacklich erinnern sie an Feldsalat. Die Blüten dagegen schmecken süßlich-nussig. Werden sie frühmorgens gepflückt, ist ihr Geschmack besonders intensiv. Sie werden aus den Köpfchen gezupft und als essbare Dekoration in Salate gestreut, in Brot- und Kuchenteig geknetet oder als Aroma für Liköre und Teemischungen verwendet. Getrocknet und pulverisiert ergeben sie Mehl. In Irland und Schottland zerstampft man die getrockneten Blüten und backt daraus ein traditionelles Brot, »Thambrak«. Auch für die Zubereitung von Sirup und Gelee eignen sich die Blüten. Wer möchte, kann den Sirup anschließend mit Hefe zu Wein vergären. Aus den ganzen Blütenköpfen kann auch ein schmackhafter Tee zubereitet werden, dem man eine schlaffördernde Wirkung nachsagt. Hildegard von Bingen empfiehlt Klee zur Blutreinigung und gegen Husten. Die Volksmedizin rät, frische, zerstoßene Blütenköpfe auf Insektenstiche zu legen. Die Samen ergeben wie die aller anderen Klee-Arten schmackhafte Keimlinge.
MERKMALE 15–50 cm hoch, Staude. Blätter 3-teilig, Teilblätter breit-eiförmig, ganzrandig, oft mit einem hellen V-förmigen Band. Blütenköpfe kugelig bis eiförmig, Blüten duftend, rot. Blütezeit Juni–September. Hülse 1-samig.
STANDORT UND VERBREITUNG Nährstoffreiche Wiesen, Weiden, Wegränder, Straßenböschungen. Europa.

Wiesen-Klee

Kleeblüten und Honig aromatisieren Wodka und machen ihn angenehm und schmackhaft.

KLETTE, FILZIGE

Arctium tomentosum Korbblütengewächse

SAMMELN UND ZUBEREITEN Die Pflanze ist ebenso wie die Große Klette verwendbar.
MERKMALE 60–120 cm hoch, zweijährig. Stängel aufrecht, gefurcht, verzweigt, behaart. Blätter grundständig und am Stängel wechselständig, alle gestielt, breit-herzförmig, ganzrandig oder undeutlich gezähnt, unten dicht grauweiß behaart. Blattstiele markig. Blüten rot, in kugeligen Köpfen, äußere grüne Hüllblätter mit hakig gebogener Spitze, innere rote Hüllblätter mit gerader kurzer Spitze. Hüllblätter mit dichten Haaren durchzogen und verwoben. Blütezeit Juli–September.
STANDORT UND VERBREITUNG Ödland, Steinbrüche, Wege, Ufer. Fast ganz Europa.

KLETTE, GROSSE

Arctium lappa Korbblütengewächse

Große Klette

SAMMELN UND ZUBEREITEN Die großen, voll entwickelten Blätter der Pflanze sind für eine Verwendung in der Küche zu bitter. Die ganz jungen Blätter und frisch ausgetriebenen Stängel dagegen schmecken zart aromatisch. Gedünstet, gebraten oder in Bierteig gebacken ergeben sie feine Vorspeisen, Suppen, Salate und Gemüsegerichte. Das Mark der Stängel schmeckt ein wenig nussig und ergibt zarte Gemüsegerichte. Die fleischige Wurzel wird im Herbst ausgegraben. Sie schmeckt leicht süßlich, erinnert ein wenig an Bocksbart oder Schwarzwurzel und kann wie diese roh, gekocht und gebraten verwendet werden. Aus den Samen kann im August und September Speiseöl gewonnen werden. Vorsicht, bei der Ernte junger Pflanzen könnte es zu Verwechslungen mit der Gewöhnlichen Pestwurz (*Petasites hybridus*, S. 377) kommen. Zwischen den beiden Pflanzen gibt es jedoch einen deutlichen Unterschied: Die Pestwurz hat am Rand grob gezähnte Blätter.
MERKMALE 80–150 cm hoch, zweijährig. Stängel aufrecht, kräftig, gefurcht, verzweigt, markig, oft rötlich überlaufen. Blätter grundständig und am Stängel wechselständig, alle gestielt, ei- bis herzförmig, unten dünn grauweiß behaart, ganzrandig. Grundblätter bis 50 cm lang, Stängelblätter kleiner. Blattstiele markig. Blüten rot, in bis zu 7 cm lang gestielten Köpfen. Hüllblätter mehrreihig, grün, vorne hakig gekrümmt. Blütezeit Juli–September. Kräftige Pfahlwurzel, die bis zu 70 cm in den Boden reicht.
STANDORT UND VERBREITUNG Verbreitet und häufig an Flussufern, Weg- und Straßenrändern, Zäunen, Bahnanlagen sowie in Steinbrüchen. Fast ganz Europa.

KLETTE, HAIN-

Arctium nemorosum Korbblütengewächse

SAMMELN UND ZUBEREITEN Die Pflanze ist ebenso wie die Große Klette verwendbar.
MERKMALE Bis zu 2,5 m hoch, zweijährig. Stängel aufrecht, etwas gefurcht, oft purpurrot überlaufen. Blätter grundständig und am Stängel wechselständig, alle gestielt, breit-eiförmig, oben kahl, unten graufilzig. Blattstiele hohl. Blüten rot, in bis zu 2 cm lang gestielten Köpfen. Hüllblätter mehrreihig, hakig gekrümmt, meist kahl, gelegentlich spinnwebig behaart. Blütezeit Juli–September.
STANDORT UND VERBREITUNG Waldränder, Waldschläge, Gebüsche. Europa.

KLETTE, KLEINE

Arctium minus Korbblütengewächse

SAMMELN UND ZUBEREITEN Die Pflanze ist ebenso wie die Große Klette verwendbar.
MERKMALE 50–100 cm hoch, zweijährig. Stängel aufrecht, oft purpurn überlaufen. Blätter grundständig und am Stängel wechselständig, alle gestielt, breit-eiförmig, unten dünn graufilzig, Blüten rot bis blauviolett, in gestielten Köpfen. Hülle schwach spinnwebig oder kahl, Hüllblätter mit hakig gekrümmter Spitze. Blütezeit Juli–September.
STANDORT UND VERBREITUNG Wegränder, Feldraine, Ödland. Meidet Hochlagen, ist nur ganz vereinzelt über 1000 m anzutreffen Fast ganz Europa.

KLETTENGRAS

Tragus racemosus Süßgräser

SAMMELN UND ZUBEREITEN Die Samen sind essbar. Man kann sie rösten und als Kaffee-Ersatz verwenden oder zu Sprossen auskeimen lassen.
MERKMALE 10–30 cm hoch, einjähriges Gras. Stängel liegend oder aufsteigend, an den unteren Knoten wurzelnd und verzweigt. Blätter 1–7 cm lang und 2–5 mm breit, ledrig, flach, an den Rändern mit steifen Haaren. Blattscheiden aufgeblasen. Ährchen in kurzer ährenartiger Rispe, Rispenäste und Hauptachse der Rispe mit hakig gekrümmten Borsten, alle Spelzen grannenlos. Blütezeit Juni–Juli.
STANDORT UND VERBREITUNG In Unkrautbeständen auf Bahnhöfen und Hafenanlagen, Wegränder. Subtropische Pflanze, in Mittel-, Ost-, Südost- und Südwesteuropa eingeschleppt und stellenweise eingebürgert.

KLETTENKERBEL, ACKER-

Torilis arvensis Doldengewächse

SAMMELN UND ZUBEREITEN Die Pflanze wird ebenso wie der Gewöhnliche Klettenkerbel verwendet.
MERKMALE 30–80 cm hoch, einjährig. Stängel aufsteigend bis aufrecht und dann einfach bis wenig verzweigt oder liegend bis aufsteigend und dann mehrfach verzweigt, oft rötlich angelaufen. Blätter wechselständig, graugrün, die unteren und mittleren 2- bis 3-fach fiederteilig, die oberen oft nur 1-fach fiederteilig. Blüten weiß oder rötlich, in gestielten 2- bis 12-strahligen Dolden. Blütezeit Juli–August. Frucht 3–5 mm lang, dicht mit widerhakigen Stacheln besetzt.
STANDORT UND VERBREITUNG Braucht kalkhaltigen, trockenen, sommerwarmen Lehmboden. Besiedelt Felder, Ackerbrachen, Weg- und Feldränder, auch an Weinbergsmauern und in Ruderalgesellschaften. Mittelmeergebiet, Mitteleuropa. In Deutschland vor allem in den Weinbaugebieten Süddeutschlands.

KLETTENKERBEL, GEWÖHNLICHER

Torilis japonica Doldengewächse

SAMMELN UND ZUBEREITEN Vor der Blütezeit gesammelte Blätter bereichern Salate. Auch die Wurzel schmeckt roh in Salaten. Sie kann in der gesamten Vegetationsperiode geerntet werden. Beim Ernten von Blättern und Wurzel ist Vorsicht geboten, die Pflanze ähnelt gefährlich giftigen Arten wie Hundspetersilie (*Aethusa cynapium*, S. 371) und Geflecktem Schierling (*Conium maculatum*, S. 382).

Gewöhnlicher Klettenkerbel

MERKMALE 30–120 cm hoch, ein- bis zweijährig. Stängel aufrecht, locker verzweigt, mit anliegenden Borstenhaaren besetzt. Blätter 2-fach gefiedert, Blattabschnitte länglich bis oval, Endfieder charakteristisch verlängert. Blüten weiß oder rosa, in lang gestielten, 4- bis 12-strahligen Dolden. Blütezeit Juni–August. Frucht 3–4 mm lang, von aufwärtsgekrümmten, aber nicht widerhakig zugespitzten Borstenhaaren bedeckt.
STANDORT UND VERBREITUNG Braucht nährstoffreichen, etwas feuchten Lehmboden. Besiedelt halbschattige Standorte in Laubwäldern, Waldwege, Kahlschläge, Heckensäume. Fast ganz Europa.

KLETTENKERBEL, KNOTIGER

Torilis nodosa Doldengewächse

SAMMELN UND ZUBEREITEN Die Pflanze wird ebenso wie der oben dargestellte Gewöhnliche Klettenkerbel verwendet.
MERKMALE 15–40 cm hoch, einjährig. Stängel liegend oder aufsteigend, selten aufrecht, rund, kurz borstig behaart. Blätter wechselständig, 1- bis 2-fach gefiedert oder fiederteilig, Blattzipfel fein zugespitzt. Blüten weiß, 5-zählig, in kurz gestielten, geknäuelten Dolden. Blütezeit Mai–Juni. Frucht bis zu 3,5 mm lang, mit geraden kräftigen Stacheln mit Widerhaken an der Spitze.
STANDORT UND VERBREITUNG Braucht trockenen, lockeren, stickstoffsalzhaltigen Boden, der lehmig, sandig oder steinig sein kann. Besiedelt Dünen an der Nordsee und steiniges Ödland am Südalpenfuß. Hauptverbreitung im Mittelmeergebiet. Vorkommen auch in Mitteleuropa.

KNABENKRAUT

SAMMELN UND ZUBEREITEN Man verwendet die Wurzelknollen nach der Blüte. Roh gegessen schmecken sie bitter. Sie können aber zu Gemüse oder Mehl verarbeitet werden. Gereinigt, kurz überbrüht, mit kaltem Wasser abgeschreckt, getrocknet und pulverisiert ergeben sie Salepmehl, das als Verdickungsmittel genutzt wird. Im türkisch-arabischen Raum wird es zur Stabilisierung von Speiseeis und Pudding verwendet. Mit Milch ergibt es ein beliebtes Heißgetränk, das mit Zimt bestreut genossen wird. Alle wild wachsenden europäischen Orchideen sind als besonders geschützte oder streng geschützte Arten eingestuft und dürfen nicht gesammelt werden. Zu Küchenzwecken verwendet man nur kultivierte Knabenkräuter.

KNABENKRAUT, BRAND-

Orchis ustulata Orchideengewächse

SAMMELN UND ZUBEREITEN Angaben dazu bei der Gattung Knabenkraut.
MERKMALE 10–30 cm hoch, Staude. Blätter lanzettlich, spitz, hellgrün. Blüten in walzenförmiger Ähre, an der Spitze bräunlich schwarz (namensgebend), klein, duften nach Honig, Lippe 3-lappig, dunkelrot gepunktet. Blütezeit Mai–Juni. Ei- bis kugelförmige Knollen.
STANDORT UND VERBREITUNG Magerrasen, Streuwiesen, Gebüschsäume. Kalkhaltige Böden. Fast ganz Europa. Geschützt.

KNABENKRAUT, GEFLECKTES

Dactylorhiza maculata Orchideengewächse

Geflecktes Knabenkraut

SAMMELN UND ZUBEREITEN Angaben dazu bei der Gattung Knabenkraut.
MERKMALE 20–60 cm hoch, Staude. Blätter lanzettlich, 5–10 cm lang und 2–4 cm breit, spitz auslaufend, deutlich gefleckt. Blüten in einer zunächst kegelförmigen, später zylindrischen Ähre, hellpurpur bis hellviolett, mit 3-lappiger Lippe, purpurne Zeichnung strichartig oder fleckig. Blütezeit Mai–August. Knolle 3- bis 4-spaltig.
STANDORT UND VERBREITUNG Feuchte Wiesen, helle Wälder, Heiden. Fast ganz Europa. Geschützt.

KNABENKRAUT, GROSSES

Orchis mascula Orchideengewächse

SAMMELN UND ZUBEREITEN Angaben dazu bei der Gattung Knabenkraut.
MERKMALE 20–40 cm hoch, Staude. Blätter schmaleiförmig bis lanzettlich, fast immer gefleckt. Schmaler, lockerer, zylindrischer Blütenstand, Blütengrundfarbe rosa bis purpur. Lippe 3-lappig, dunkel gefleckt. Blütezeit April–Juni. Knollen ziemlich groß, länglicheiförmig.
STANDORT UND VERBREITUNG Bergwiesen, helle Laubwälder, Magerrasen. Europa. Geschützt.

KNABENKRAUT, HELM-

Orchis militaris Orchideengewächse

Helm-Knabenkraut

SAMMELN UND ZUBEREITEN Angaben dazu bei der Gattung Knabenkraut.
MERKMALE 20–50 cm hoch, Staude. Stängel oben schwach purpurn überlaufen. Blätter schmal-oval, 5–15 cm lang, ungefleckt. Die oberen 5 Blütenblätter neigen sich zu einem helmförmigen Gebilde, das außen blassrosa, innen rosaviolett gefärbt ist, Lippe 3-lappig, Mittellappen 2-teilig, dazwischen ein Zahn. Dichter, pyramidenförmiger Blütenstand. Blütezeit Mai–Juni. Diese Art blüht im Mittelmeergebiet bereits im Februar, an wärmebegünstigten mitteleuropäischen Standorten oft schon Ende April, im Regelfall Anfang Mai. Wurzelknollen eiförmig.
STANDORT UND VERBREITUNG Magerrasen, Gebüschsäume, geht auch in ungedüngte Sumpfwiesen und helle Wälder. Fast ganz Europa. Geschützt.

KNABENKRAUT, KLEINES

Orchis morio Orchideengewächse

Kleines Knabenkraut

SAMMELN UND ZUBEREITEN Angaben dazu bei der Gattung Knabenkraut.
MERKMALE 10–30 cm hoch, Staude. Stängel kantig. Blätter schmal-oval, 3–8 cm lang, ungefleckt. Blüten violett, purpurrot oder rosa, die oberen und seitlichen Blütenblätter neigen sich helmförmig zusammen, die Lippe ist 3-lappig, der Mittellappen oft ausgerandet, der Blütenstand eine lockere Ähre. Blütezeit April–Juni. 2–3 ungeteilte eiförmige Knollen.
STANDORT UND VERBREITUNG Magerrasen, ungedüngte Wiesen. Fast ganz Europa. Geschützt.

KNABENKRAUT, WANZEN-

Orchis coriophora Orchideengewächse

SAMMELN UND ZUBEREITEN Angaben dazu bei der Gattung Knabenkraut.
MERKMALE 15–40 cm hoch, Staude. Blätter lanzettlich, 5–15 cm lang, blaugrün, ungefleckt. Blüten braunrot, Lippe 3-lappig, dunkel punktiert, der Mittellappen zurückgeschlagen, alle übrigen Blütenblätter neigen sich helmartig zusammen. Blütenstand dichtblütig, walzenförmig. Blütezeit Mai–Juni. Ungeteilte, kugelige Knollen.
STANDORT UND VERBREITUNG Magerrasen, Moorwiesen. Mittel- und Südeuropa. Geschützt.

KNÄUELGRAS, GEWÖHNLICHES

Dactylis glomerata Süßgräser

SAMMELN UND ZUBEREITEN Aus den Samen dieses Grases lassen sich leckere, vitaminreiche Keimsprossen ziehen. Getrocknet und geröstet sind sie als Kaffee-Ersatz nutzbar. Das ähnliche Wald-Knäuelgras (*Dactylis polygama*) wird ebenso verwendet.
MERKMALE 50–120 cm hoch, mehrjähriges Gras. Blätter graugrün, 3–10 mm breit. Rispe aufrecht, 15–20 cm lang, Ährchen jeweils an den Enden der Rispenäste büschelig gehäuft, 3- bis 5-blütig, grün, oft violett überlaufen. Blütezeit Mai–Juni.
STANDORT UND VERBREITUNG Nährstoffreiche Wiesen, Wald- und Wegränder, Kahlschläge. Europa.

Gewöhnliches Knäuelgras

KNOBLAUCH

Allium sativum Lauchgewächse

SAMMELN UND ZUBEREITEN Der Knoblauch ist weltweit eines der bekanntesten Gewürze. Er wird roh, gekocht, gebraten, getrocknet oder eingelegt gegessen. Beim Erhitzen verliert er viel von seinem intensiven Geruch, sein Aroma wird feiner und weniger dominant. Kulinarisch werden Knoblauchzehen zum Würzen von Fleisch, Fisch, Salaten, Dressings, Käse, Quark, Butter und vielem mehr genutzt. Manche Küchen verwenden auch die frischen Blätter des Knoblauchs als Gewürz. In der mittel- und nordeuropäischen Küche wird Knoblauch häufig zusammen mit Honig, Zitronensaft, Fenchel, Petersilie oder Ingwer verwendet, denn alle mildern sein intensives Aroma.
MERKMALE 30–80 cm hoch, Staude. Stängel aufrecht, wächst aus einer Zwiebel, die aus vielen Nebenzwiebeln (»Zehen«) besteht. Blätter lang und schmal. Blüten weiß, in einem doldenartigen Blütenstand, der zwischen den Blüten kleine Brutzwiebeln enthält. Blütezeit Juni–August.
STANDORT UND VERBREITUNG Herkunft Zentralasien. In Europa im Anbau, auch verwildert anzutreffen.

Ein Zaziki aus Magerquark, Naturjoghurt und geraspelter Gurke, gewürzt mit Olivenöl, Kräuteressig, Knoblauch, Salz und Pfeffer, schmeckt ungewöhnlich gut, wenn man in die Quark-Joghurt-Masse 2 cl Ouzo einrührt.

KNOBLAUCHSRAUKE, LAUCHHEDERICH

Alliaria petiolata Kreuzblütengewächse

SAMMELN UND ZUBEREITEN Die Knoblauchsrauke sollte ausschließlich frisch verwendet werden, denn beim Kochen und auch beim Trocknen verliert sie ihren feinen Knoblauchduft und -geschmack. Junge, vor der Blüte gesammelte Blätter würzen Salate, Kräuter- und Gemüsesuppen, Quark und Eierspeisen. In England gibt man die würzigen Blättchen in Sandwichfüllungen. Die büscheligen Blütenstände sind eine ansprechende essbare Dekoration. Die scharf-bitteren Samen werden wie Senfkörner verarbeitet, die noch jungen, zarten Samenhülsen nimmt man frisch als Würzmittel für Frischkäsezubereitungen, Salate und Gemüsegerichte, Pesto, Kräuterbutter und vieles mehr. Die Wurzel der einjährigen Pflanze verwendet man als scharfes Gewürz ähnlich wie Meerrettich. Auch volksmedizinisch wird die Knoblauchsrauke genutzt. Umschläge aus den zerstoßenen Blättern fördern den Heilungsprozess bei Verletzungen und Insektenstichen.

Knoblauchsrauke

MERKMALE 20–100 cm hoch, zweijährig. Stängel aufrecht, kantig, unverzweigt. Grundblätter nierenförmig, lang gestielt, buchtig gekerbt. Stängelblätter 3-eckig, kurz gestielt, zugespitzt, unregelmäßig gezähnt. Blüten in Büscheln an der Stängelspitze, sitzend, klein, weiß, 4-zählig. Blütezeit April–Juni. Frucht eine 2–7 cm lange 4-kantige Schote, Samen klein, schwarz.

STANDORT UND VERBREITUNG Schattige Wald- und Wegränder, Heckensäume. Fast ganz Europa.

Die Blättchen der Knoblauchsrauke passen sogar in ein Zitronensorbet. Eine Kugel davon, mit Sekt oder Prosecco aufgegossen, ist ein erfrischender Zwischengang bei aufwendigen Menüs.

KNOLLENKÜMMEL

Bunium bulbocastanum Doldengewächse

SAMMELN UND ZUBEREITEN Ehe die Kartoffel nach Europa kam, wurde bei uns der Knollenkümmel als Gemüse angebaut. Seine Knollen schmecken roh, gekocht und gebraten. Geerntet werden sie von September bis in den Winter. Die Blätter verwendet man vor der Blütezeit der Pflanze ähnlich wie Petersilie als aromatisch duftendes Gewürzkraut. Die Früchte erntet man von August bis September und nimmt sie als kümmelartige Würze für vielerlei Gerichte.

Knollenkümmel

MERKMALE 30–60 cm hoch, Staude. Blätter wechselständig, 2- bis 3-fach fiedrig eingeschnitten, Blattzipfel schmal-lanzettlich. 10- bis 20-strahlige Blütendolde, Einzelblüten weiß. Blütezeit Juni–Juli. Frucht 3–4 mm lang, mit stumpf hervortretenden Rippen. Kugelige Wurzelknolle, 3–4 cm im Durchmesser.

STANDORT UND VERBREITUNG Aufgelassene Felder, Weinberge, Wegränder. Fast ganz Europa.

KNOPFKRAUT, BEHAARTES, FRANZOSENKRAUT

Galinsoga ciliata Korbblütengewächse

SAMMELN UND ZUBEREITEN Franzosenkraut schmeckt mild-aromatisch und bietet sich deshalb für eine Verwendung in Kombination mit herb-bitteren, kräftigeren Wildkräutern an. Seine jungen Blätter, Sprosse, Blütenknospen und Blüten eignen sich als Grundlage für Salate und vielerlei Gemüsegerichte, Suppen und

Behaartes Knopfkraut

Kräutersoßen. Aus den Samen kann man Speiseöl pressen. Getrocknet sind sie im Winter als Keimsaat zu verwenden.
MERKMALE 20–70 cm hoch, einjährig. Stängel lang abstehend behaart. Blätter gegenständig, eiförmig, zugespitzt, oben sehr locker behaart, unten deutlich behaart, grob gezähnt. Blütenköpfchen aus weißen Zungenblüten und gelben Röhrenblüten. Köpfchenboden mit ungeteilten Spreublättern. Blütezeit Juni–Oktober. Früchte schwarz, knapp 2 mm lang. Samenreife Juli–Oktober.
STANDORT UND VERBREITUNG Wege, Gärten, Weinberge, Ödland. Europa.

KNOPFKRAUT, KLEINBLÜTIGES FRANZOSENKRAUT

Galinsoga parviflora Korbblütengewächse

SAMMELN UND ZUBEREITEN Die Pflanze wird ebenso wie das Behaarte Knopfkraut verwendet.
MERKMALE 20–60 cm hoch, einjährig. Stängel aufrecht, rund, verzweigt, kahl. Blätter gegenständig, eiförmig, zugespitzt, gezähnt. Blütenköpfchen aus 4–5 weißen Zungenblüten und vielen gelben Röhrenblüten. Köpfchenboden mit meist 3-spaltigen Spreublättchen. Blütezeit Juni–Oktober. Früchte schwarz, knapp 2 mm lang. Samenreife Juli–Oktober.
STANDORT UND VERBREITUNG In Feldern, Ödland, Gärten und Weinbergen. Europa.

KNORPELKRAUT, GROSSES

Polycnemum majus Gänsefußgewächse

SAMMELN UND ZUBEREITEN Vom Frühling bis zum Beginn der Blütezeit können die Blätter in spinatähnlichen Gemüsegerichten verarbeitet werden. Die im Herbst geernteten Samen ergeben Mehl. Das Acker-Knorpelkraut *(Polycnemum arvense)* und das Warzige Knorpelkraut *(Polycnemum verrucosum)*, die beide ebenfalls als Unkräuter in Getreidefeldern wachsen, sind ähnlich nutzbar.
MERKMALE 10–30 cm hoch, einjährig. Blätter nadelförmig, 3-kantig, etwa 1 cm lang, mit feiner stacheliger gelber Spitze. Blüten einzeln in den Blattachseln sitzend, winzig, grünlich oder rötlich. Blütezeit Juli–September.
STANDORT UND VERBREITUNG Getreidefelder, Weinberge, Ödland, Bahnareale. Hauptsächlich Süd- und Südosteuropa.

Großes Knorpelkraut

KNORPELLATTICH, ALPEN-

Chondrilla chondrilloides Korbblütengewächse

SAMMELN UND ZUBEREITEN Vor der Blütezeit gesammelte Blätter verarbeitet man in Salaten.
MERKMALE 10–30 cm hoch, Staude. Führt Milchsaft. Stängel aufrecht, mehrfach gabelig verzweigt. Grundblätter länglich-lanzettlich, ganzrandig oder mit einzelnen Zähnen, zur Blütezeit noch vorhanden. Stängelblätter wechselständig, schmal-lanzettlich, ganzrandig, kleiner als die Grundblätter. Gelbe Blütenköpfe. Blütezeit Juli–August.
STANDORT UND VERBREITUNG Typischer Bewohner der Sand- und Schotterbänke von Alpenflüssen. Südostalpen.

KNORPELLATTICH, BINSEN-

Chondrilla juncea Korbblütengewächse

SAMMELN UND ZUBEREITEN Junge Blätter werden als Beigabe zu Salaten verwendet.
MERKMALE 30–100 cm hoch, Staude. Führt Milchsaft. Stängel aufrecht, kantig. Grundständige Blätter grob buchtig gezähnt, zur Blütezeit vertrocknet. Stängelblätter wechselständig, die untersten ähneln den Grundblättern, alle übrigen schmal-lanzettlich. Gelbe Blütenköpfe. Blütezeit Juli–September.
STANDORT UND VERBREITUNG Trockene Rasen, Brachen, Ödland. Süd- und Mitteleuropa.

KNORPELMÖHRE, GROSSE

Ammi majus Doldengewächse

SAMMELN UND ZUBEREITEN Die Wurzeln der Pflanze lassen sich wie Möhren zubereiten. Die scharf-aromatischen Samen sind sparsam als Gewürz verwendbar.

MERKMALE 30–100 cm hoch, einjährig. Stängel blaugrün, kahl gerillt. Blätter wechselständig, 1- bis 3-fach gefiedert, mit schmalen, gezähnten Abschnitten, sehr veränderlich. Weiße Blütendolde, zieht sich bei Fruchtreife nestartig zusammen. Blütezeit Juli–September. Frucht eiförmig, 2 mm lang, gerippt.

STANDORT UND VERBREITUNG Ortsnahes Ödland, Hackfruchtäcker. Hauptverbreitung im Mittelmeergebiet, in Mitteleuropa gelegentlich eingeschleppt, aber keine beständigen Vorkommen.

KNORPELTANG

Chondrus crispus Knorpeltanggewächse

SAMMELN UND ZUBEREITEN Der Knorpeltang ist auch als »Carrageen« bekannt. Diese Bezeichnung leitet sich von den gälischen Wörtern »carraig« für Fels und »gheen« für rote Haare ab. Carrageen wird im Spätsommer gesammelt, gewaschen und getrocknet. Vor dem Kochen weicht man die getrockneten Tangstücke etwa eine halbe Stunde in Wasser vor. Im keltisch geprägten Nordwesteuropa stellt diese Rotalge einen wesentlichen Bestandteil der traditionellen Küche dar. So isst man in Irland eine Suppe, die aus Knorpeltang, Möhren und Sellerie zubereitet und mit Salz, Pfeffer und etwas Thymian gewürzt wird. Aus getrocknetem Knorpeltang, Thymian und weiteren schleimlösenden Heilpflanzen bereitete man früher Hustentee. In der Nahrungsmittelindustrie wird Knorpeltang gemahlen vielfach als Geliermittel verwendet.

Knorpeltang

MERKMALE Bis 20 cm lang, purpur- bis braunrote Meeresrotalge. Ist mit einer kleinen Haftscheibe am Untergrund befestigt. Stielabschnitt an der Basis fast drehrund. Algenkörper knorpelig, mehrfach gabelig verzweigt, an den Enden häufig kraus.

STANDORT UND VERBREITUNG Überzieht teppichartig Felsen und große Steine in der unteren Gezeitenzone. Atlantikküsten Nordwesteuropas.

Eine Carrageen-Soße, mit Zimt und Zitronenschale gewürzt, schmeckt ungewöhnlich gut zu Bratäpfeln.

KNOTENFUSS

Streptopus amplexifolius Maiglöckchengewächse

SAMMELN UND ZUBEREITEN Frühe Siedler Nordamerikas bezeichneten die Pflanze als »wilde Gurke«. Nicht zu Unrecht, denn sie zeichnet sich durch einen süß-gurkenähnlichen Geschmack aus. Ihre jungen Triebe, die Wurzel und die reifen Früchte sind gekocht essbar. Die jungen Triebe sammelt man von April bis Juni, die Früchte erntet man im September, die Wurzel gräbt man im Spätherbst aus.

Knotenfuß

MERKMALE 20–90 cm hoch, Staude. Stängel aufsteigend bis aufrecht, in der oberen Hälfte geknickt geschlängelt. Blätter wechselständig, stängelumfassend, breit-lanzettlich, bis 10 cm lang, oben dunkel-, unten graugrün. Blüten grünlichweiß, hängen an dünnen Stielen, Blütenblätter am Grund zu einer Glocke verwachsen, an der Spitze nach außen umgeschlagen. Blütezeit Juni–Juli. Frucht eine rote Beere, 6–8 mm Durchmesser. Fruchtreife September. Wurzelstock kurz, knotig.

STANDORT UND VERBREITUNG Nadel- und Nadelmischwälder. Bergland und Gebirge Europas.

KNÖTERICH, AMPFER-

Polygonum lapathifolium Knöterichgewächse

SAMMELN UND ZUBEREITEN Die jungen Blätter, vor der Blütezeit gesammelt, schmecken roh in Salaten und gekocht als Gemüse. Die winzigen Samen eignen sich getrocknet und gemahlen als würziger Mehlzusatz.

Ampfer-Knöterich

MERKMALE 20–90 cm lang, einjährig. Hat große Ähnlichkeit mit dem nachfolgend dargestellten Floh-Knöterich, ist aber in allen Teilen kräftiger. Stängel liegend, aufsteigend oder aufrecht. Blätter eiförmig bis lanzettlich, 5–15 cm lang und bis 5 cm breit. Blattscheiden auf der Fläche kahl, am Rand niemals mit langen Wimpern, allenfalls mit wenigen kurzen, feinen Härchen. Blüten rosa oder weiß, selten grünlich, in dichten blattachsel- und endständigen Ähren. Blütezeit Juli–Oktober.

STANDORT UND VERBREITUNG Ufer, Gräben, Äcker, Gärten. Europa.

KNÖTERICH, FLOH-

Polygonum persicaria Knöterichgewächse

SAMMELN UND ZUBEREITEN Die pfeffrig scharfen Blätter eignen sich roh als sparsam verwendete Beigabe zu Salaten. Gekocht und in spinatähnlichen Gemüsegerichten verarbeitet schmecken sie milder. Die ab September reifen Samen werden gemahlen und gemischt mit anderem Mehl zum Backen verwendet.

MERKMALE 10–70 cm lang, einjährig. Stängel liegend bis aufsteigend, auch aufrecht. Blätter 5–12 cm lang, lanzettlich, oben und unten grün, verschmälern sich nach beiden Enden. Blattscheiden auf der Fläche kurz behaart, am Rand mit langen Wimpern. Blüten meist rosa oder weiß, selten grünlich, sitzen in dichten blattachsel- und endständigen Ähren. Blütezeit Juli–Oktober.

STANDORT UND VERBREITUNG Unkrautbestände in Gärten, auf Äckern, an Gräben und Ufern. Europa.

KNÖTERICH, KLEINER

Polygonum minus Knöterichgewächse

SAMMELN UND ZUBEREITEN Die mildwürzigen Blätter werden vor der Blütezeit gesammelt und roh in Salaten oder gedünstet in Gemüsegerichten verarbeitet.

Kleiner Knöterich

MERKMALE 15–30 cm lang, einjährig. Stängel dünn, schlaff, liegt meist dem Boden an. Blätter lineal bis lanzettlich, 3–8 cm lang, am Grund oft abgerundet, sitzen dem Stängel an. Blattscheiden auf der Fläche behaart. Blüten rosa oder tiefrosa, in lockeren blattachsel- und endständigen Ähren. Blütezeit Juli–Oktober.

STANDORT UND VERBREITUNG Ufer, feuchte Waldwege. Fast ganz Europa.

KNÖTERICH, KNÖLLCHEN-

Polygonum viviparum Knöterichgewächse

SAMMELN UND ZUBEREITEN Die zarten Grundblätter eignen sich im Frühling für die Zubereitung von Spinat und anderen Gemüsegerichten.

MERKMALE 5–25 cm hoch, Staude. Stängel aufrecht, unverzweigt. Grundblätter schmal-oval, 2–10 cm lang, oben dunkelgrün, unten blaugrün, Blattrand nach unten umgebogen. Stängelblätter kleiner. Blüten weiß bis rosa, bilden zu vielen einen lockeren, endständigen Blütenstand. Direkt unter dem Blütenstand sitzen rotbraune bis purpurfarbene Brutknospen. Das sind mit Stärke gefüllte Knöllchen, die nach dem Abfallen vom Wind verfrachtet werden und an anderer Stelle einwurzeln. Blütezeit Juni–August.

STANDORT UND VERBREITUNG Bergwiesen, alpine Weiden und Gehölze. Gebirge Mittel- und Südeuropas, Nordeuropa.

KNÖTERICH, MILDER

Polygonum mite — Knöterichgewächse

SAMMELN UND ZUBEREITEN Von April bis Juni gesammelte Blätter schmecken vor allem roh in Salaten, passen aber auch in Gemüsegerichte.

MERKMALE 30–50 cm hoch, einjährig. Blätter lanzettlich, 3–8 cm lang, verschmälern sich nach beiden Enden. Blattscheiden locker behaart. Blüten rosa oder grünlich, in lockeren blattachsel- und endständigen Blütenständen. Blütezeit Juli–September.

STANDORT UND VERBREITUNG Ufer, Gräben, feuchte Waldwege. Europa.

KNÖTERICH, VOGEL-

Polygonum aviculare — Knöterichgewächse

SAMMELN UND ZUBEREITEN Die bitter-würzigen jungen Blätter sind roh als Beigabe zu Salaten, gegart zu Gemüsegerichten, Kräutersuppen, Kräuterpürees und Dips geeignet. Im weiteren Verlauf der Vegetationsperiode gesammelte Blätter werden getrocknet und als Tee aufgebrüht. Die enthaltenen Gerb- und Bitterstoffe fördern den Genesungsprozess bei Erkrankungen der oberen Luftwege und des Magens. Die Samen sind als Gewürz nutzbar.

Vogel-Knöterich

MERKMALE 10–50 cm hoch, einjährig. Stängel liegend oder aufgerichtet, reich verzweigt, gerillt. Blätter wechselständig, schmal oval, kurz gestielt oder sitzend, bis zu 3 cm lang. Blüten rosafarben, grünlich oder weiß, in lockeren Blütenständen in den Blattachseln. Blütezeit Juni–Oktober.

STANDORT UND VERBREITUNG An Feld- und Wegrändern, in Gärten, auf Brachland. Europa.

Créme fraîche, gewürzt mit Vogel-Knöterich, Schalotten und einer Prise Muskat, ist ein ungewöhnlicher Dip zu Ofenkartoffeln.

KNÖTERICH, WASSER-

Polygonum amphibium — Knöterichgewächse

SAMMELN UND ZUBEREITEN Von April bis Juni gesammelte Blätter eignen sich roh für Salate und gedünstet für Gemüsegerichte.

MERKMALE Staude. Wächst aufrecht als Landform (Stängel 30–80 cm hoch) und flutend als Wasserform (Stängel bis 3 m lang). Blätter der Landform länglich-lanzettlich, behaart, kurz gestielt, Blätter der Wasserform länglich-eiförmig, kahl, bis 10 cm lang gestielt. Blüten rosa, in einer dichten, endständigen Ähre. Blütezeit Juni–September.

STANDORT UND VERBREITUNG In Teichen, Gräben, Nasswiesen, feuchte Felder. Europa.

KNÖTERICH, WIESEN-, SCHLANGEN-KNÖTERICH

Polygonum bistorta — Knöterichgewächse

SAMMELN UND ZUBEREITEN Im Frühling und Frühsommer gesammelte junge Blätter und Triebspitzen ergeben ein Wildgemüse von herb-süßlichem, spinatartigem Geschmack. Auch in gemischten Blattsalaten, Aufläufen und Soufflés oder fein gehackt auf Kartoffeln, Nudeln und Reis schmecken sie köstlich. Die Samen, geerntet von August bis September, können über Salate und Müsli gestreut werden. Der stärke- und leider auch gerbstoffreiche Wurzelstock ist wegen seiner adstringierenden Wirkung eigentlich ungeeignet für eine Nutzung in der Küche. In Norddeutschland wurde er früher dennoch nach langem Wässern ähnlich wie Folienkartoffeln zubereitet oder in Kombination mit anderen Gemüsearten in Aufläufen verarbeitet. Beide Zubereitungsarten bringen aber kulinarisch keinen nennenswerten Genuss.

MERKMALE 30–120 cm hoch, Staude. Grundblätter oval, bis 20 cm lang, gestielt. Stängelblätter wechselständig, länglich-eiförmig, mit welligem Rand. Blüten rosa, sitzen in einer dichten wal-

Wiesen-Knöterich

zenförmigen Ähre. Blütezeit Mai–Juli. Schlangenartig gewundener Wurzelstock.
STANDORT UND VERBREITUNG Feuchte Wiesen, Bach- und Grabenufer, Auwälder. Hauptsächlich Mitteleuropa.

Die herb-süßen Blätter des Wiesen-Knöterichs lassen sich zusammen mit Frischkäse, Knoblauch, Pfeffer und Muskat zu einem überraschenden Belag einer Käsetorte verwenden.

KOHL, RÜBEN-, STOPPELRÜBE

Brassica rapa Kreuzblütengewächse

SAMMELN UND ZUBEREITEN Stoppelrüben schätzt man von September bis in den Winter als kalorienarmes Gemüse. Neben den Rüben können auch die Blätter der Pflanze verwendet werden, entweder gekocht in Gemüsegerichten oder roh als Salatbeigabe. Die dezent würzigen Blüten sind eine ansprechende essbare Dekoration, die knospigen Blütenstände passen als Beigabe zu Salaten und Gemüsegerichten.

Rüben-Kohl

MERKMALE Bis zu 100 cm hoch, ein- oder zweijährig. Blätter in der unteren Stängelhälfte fiederteilig, Endabschnitt vergrößert, obere Blätter sitzend, stängelumfassend. Blüten gelb. Blütezeit April–September. Gestielte Schotenfrucht.
STANDORT UND VERBREITUNG In weiten Teilen Europas Kulturpflanze, in Ackernähe verwildert.

KOHL, WILD-, KLIPPENKOHL

Brassica oleracea Kreuzblütengewächse

SAMMELN UND ZUBEREITEN Die mineral- und vitaminreichen jungen Blätter werden roh oder gedünstet gegessen. Die knospigen Blütenstände und die unreifen Früchte können als Gemüse zubereitet werden.
MERKMALE 60–120 cm hoch, zwei- oder mehrjährig. Blätter wechselständig, gewellt, obere sitzend und stängelumfassend. Blüten schwefelgelb. Blütezeit Mai–September. Schotenfrucht.
STANDORT UND VERBREITUNG Küstenfelsen des Atlantik, Ruderalstandorte. Hauptverbreitung im Mittelmeergebiet, in Mitteleuropa kommt die Wildform nur auf Helgoland vor. Viele Zuchtformen, auch verwilderte Vorkommen.

KÖNIGSFARN

Osmunda regalis Rispenfarngewächse

SAMMELN UND ZUBEREITEN Früher verwendete man in den Frühlingsmonaten die jungen Triebe als Gemüse. Aus dem Mark der Hauptwurzel kochte man einen nahrhaften Brei. Der Königsfarn ist heute in weiten Teilen Europas selten geworden und genießt als Wildpflanze gesetzlichen Schutz. Doch der Gartenhandel sorgt für Ersatz. Er bietet Zuchtpflanzen, die an halbschattigen und kalkfreien Standorten gut gedeihen.
MERKMALE 50–150 cm hoch, mehrjährige Farnpflanze. Blätter aufrecht oder ausgebreitet. Sterile Blätter doppelt gefiedert, hellgrün, Endfieder länglich abgerundet. Fertile Blätter enden in reich verzweigten Rispen mit braunroten Sporenbehältern. Fließender Übergang von sterilen zu fertilen Blattteilen. Sporenreife Mai–Juli.
STANDORT UND VERBREITUNG Bruch- und Moorwälder, feuchte, schattige Waldsäume, Sumpfgebüsche. Europa, vor allem Westeuropa. Geschützt.

Königsfarn

KÖNIGSKERZE

SAMMELN UND ZUBEREITEN Die aromatischen Blüten eignen sich frisch oder getrocknet als Beigabe zu Hausteemischungen, als Suppeneinlage und als essbare Dekoration. Als Farbgeber passen sie auch in Sirup und Limonaden. Die jungen Blätter werden in Butter knusprig gebraten oder in Weinteig ausgebacken gegessen. Man sammelt die Blätter kurz vor der Blütezeit, die Blüten, wenn sie vollständig aufgeblüht sind.

KÖNIGSKERZE, FLOCKIGE

Verbascum pulverulentum Braunwurzgewächse

SAMMELN UND ZUBEREITEN Angaben dazu bei der Gattung Königskerze.
MERKMALE 60–130 cm hoch, zweijährig. Stängel aufrecht, rund, oben kandelaberartig verzweigt, mit abwischbarem flockigem Filz überzogen. Grundständige Blätter kurz gestielt, mittlere und obere sitzend, nicht am Stiel herablaufend, alle Blätter filzig behaart, am Rand undeutlich gekerbt. Blüten hellgelb, Blütenkrone 1,8–2,5 cm im Durchmesser, Staubfäden weißwollig behaart. Blütezeit Juli–September.
STANDORT UND VERBREITUNG Ödland, Waldlichtungen. Mittel- und Südeuropa.

KÖNIGSKERZE, GROSSBLÜTIGE

Verbascum densiflorum Braunwurzgewächse

SAMMELN UND ZUBEREITEN Angaben dazu bei der Gattung Königskerze.

Großblütige Königskerze

MERKMALE 50–200 cm hoch, zweijährig. Im ersten Jahr erscheint nur eine Blattrosette mit kräftigen, stark behaarten Blättern, im Folgejahr erscheinen dann derbe Stängel mit sitzenden, ebenfalls sehr derben Blättern. Stängel aufrecht, wollig behaart, im Blütenstandsbereich meist verzweigt. Blätter wechselständig, am Stängel herablaufend, breit-eiförmig, gelbgrün, behaart, gekerbt. Blüten hellgelb, haben mit flach ausgebreiteten Kronblättern einen Durchmesser bis zu 5,5 cm. Blütezeit Juli–September.
STANDORT UND VERBREITUNG Schuttplätze, sonnige Wald- und Wegränder, Brachland, auch Waldlichtungen. Mittel- und Südeuropa.

KÖNIGSKERZE, KLEINBLÜTIGE

Verbascum thapsus Braunwurzgewächse

SAMMELN UND ZUBEREITEN Angaben dazu bei der Gattung Königskerze.
MERKMALE 50–180 cm hoch, zweijährig. Stängel aufrecht, nicht oder nur wenig verzweigt, grauweiß behaart. Blätter wechselständig, am Stängel herablaufend, breit-lanzettlich, grauweiß behaart, ganzrandig oder undeutlich gekerbt. Blüten hellgelb, haben mit ausgebreiteten Kronblättern einen Durchmesser von 1–2 cm. Blütezeit Juli–September.
STANDORT UND VERBREITUNG Schuttplätze, Ufer, Weg- und Waldränder, Ödland. Europa.

KÖNIGSKERZE, MEHLIGE

Verbascum lychnitis Braunwurzgewächse

SAMMELN UND ZUBEREITEN Angaben dazu bei der Gattung Königskerze.
MERKMALE 50–150 cm hoch, zweijährig. Stängel aufrecht, kantig, mehlig behaart. Blätter oben kahl, unten mehlig-graufilzig, Blattrand grob gesägt bis gekerbt. Grundblätter kurz gestielt, länglich-lanzettlich. Stängelblätter wechselständig, oval, zugespitzt, sitzend, nicht am Stängel herablaufend. Blüten hellgelb oder weißlich, Staubfäden weiß bis hellgelb wollig behaart. Blütezeit Juni–September.
STANDORT UND VERBREITUNG Ödland, Weg- und Waldränder, Waldlichtungen, trockene Rasen, Trockengebüsche. Fast ganz Europa.

KÖNIGSKERZE, SCHABENKRAUT-

Verbascum blattaria Braunwurzgewächse

Schabenkraut-Königskerze

SAMMELN UND ZUBEREITEN Angaben dazu bei der Gattung Königskerze.
MERKMALE 50–100 cm hoch, zweijährig. Stängel aufrecht, meist unverzweigt, im oberen Teil drüsenhaarig. Grundständige Blätter gestielt, obere sitzend, nicht am Stängel herablaufend, alle Blätter länglich-lanzettlich, am Rand gekerbt. Blüten gelb, Staubblätter violettwollig behaart. Blütezeit Juni–August.
STANDORT UND VERBREITUNG Besiedelt Ödland, Ackerbrachen, Wege, Böschungen in warmen Lagen. Hauptsächlich Mittel- und Südeuropa.

KÖNIGSKERZE, SCHWARZE

Verbascum nigrum Braunwurzgewächse

SAMMELN UND ZUBEREITEN Angaben dazu bei der Gattung Königskerze.
MERKMALE 50–120 cm hoch, mehrjährig. Stängel aufrecht, oben kantig, wie die Blattstiele oft braunviolett überlaufen. Blätter oberseits fast kahl, unten graufilzig, ungleichmäßig gekerbt. Grundblätter lang gestielt, eiförmig bis länglich. Stängelblätter wechselständig, länglich-eiförmig, laufen nicht am Stängel herab. Gelbe Blüten in ährigen Knäueln, Staubfäden purpurviolett wollig behaart. Blütezeit Juni–August.
STANDORT UND VERBREITUNG Braucht stickstoffsalzreichen, lockeren Lehmboden, der kalkarm sein kann. Besiedelt Schuttplätze, Weg- und Straßenränder, Waldlichtungen. Fast ganz Europa.

Schwarze Königskerze

KÖNIGSKERZE, VIOLETTE

Verbascum phoeniceum Braunwurzgewächse

SAMMELN UND ZUBEREITEN Angaben dazu bei der Gattung Königskerze.
MERKMALE 30–90 cm hoch, zwei- oder mehrjährig. Stängel aufrecht, einfach, oben drüsig behaart. Grundblätter oval, gestielt, buchtig gezähnt. Stängelblätter wechselständig, sitzend. Blüten violett, Staubfäden violettwollig behaart. Blütezeit Mai–Juli.
STANDORT UND VERBREITUNG Trockene Rasen, Trockengebüsche. Südosteuropa. Einzelne, aus Gärten verwilderte Vorkommen in Mitteleuropa.

KÖNIGSKERZE, WINDBLUMEN-

Verbascum phlomoides Braunwurzgewächse

SAMMELN UND ZUBEREITEN Angaben dazu bei der Gattung Königskerze. Von den verschiedenen Arten der Gattung Königskerze werden zwei heilkundlich verwendet: die Großblütige Königskerze und die Windblumen-Königskerze. Ihre getrockneten Blüten enthalten Schleimstoffe, Saponin und Flavonoide. Man nutzt sie als reizlinderndes Mittel bei Husten, Heiserkeit und Bronchitis, aber auch bei Entzündungen des Verdauungstrakts. Die frischen Blüten nimmt man in der Volksheilkunde zerrieben als Breiumschlag gegen Insektenstiche.
MERKMALE 50–200 cm hoch, zweijährig. Stängel aufrecht, im Blütenstandsbereich verzweigt, wollig behaart, ungeflügelt. Grundständige Blätter deutlich gestielt, stängelständige Blätter sitzend, nicht oder nur wenig am Stängel herablaufend, breit-lanzettlich, gekerbt. Blüten hellgelb, Blütenkrone 3–5,5 cm im Durchmesser. Blütezeit Juli–September.
STANDORT UND VERBREITUNG Ödland, kiesige Ufer, Waldlichtungen in warmer Klimalage. Hauptsächlich Mittel- und Südeuropa.

KOPFRIED, ROSTROTES

Schoenus ferrugineus — Sauergräser

SAMMELN UND ZUBEREITEN Die im Spätsommer geernteten Samen sind wie die nahezu aller mitteleuropäischen Gräser essbar. Man kann sie rösten und als Ersatzkaffee aufbrühen. Als Keimsaat ergeben sie vitaminreiche Sprossen.
MERKMALE 10–35 cm hoch, mehrjähriges Gras. Blätter sehr schmal, kürzer als der Stängel. Ährchen zu 2–3 kopfartig zusammengedrängt, dunkel rotbraun. Blütezeit Mai–Juli.
STANDORT UND VERBREITUNG In Quell- und Flachmooren. Fast ganz Europa.

KORIANDER

Coriandrum sativum — Doldengewächse

SAMMELN UND ZUBEREITEN Die frischen, kurz vor der Blütezeit gesammelten Blätter würzen fein gehackt Salate, Suppen und Eintöpfe, Eierspeisen, Fleisch, Fisch und Currys. Auch die scharf-würzigen Samen sind vielseitig einsetzbar. Sie aromatisieren beispielsweise Kuchen, Brot und Liköre, sie verleihen süßsauren Marinaden, Kartoffeln, Gemüse, Geflügel, Ziegen-, Schaf- sowie Schweinefleisch, aber auch Käsesalat eine ganz eigene Geschmacksnote.
MERKMALE 20–60 cm hoch, einjährig. Blätter 1- bis 3-fach gefiedert, die unteren mit breit-eiförmigen, die oberen mit schmal-linealischen Abschnitten. Blütendolde aus weiß- bis zartrosafarbenen Einzelblüten bestehend. Blütezeit Juni–August. Frucht eiförmig bis kugelig, rotbraun.

Koriander

Korianderkraut verliert durch die Zugabe von Minze und Kreuzkümmel seinen leicht seifigen Geschmack.

STANDORT UND VERBREITUNG Als Gewürzpflanze seit dem Altertum angebaut und verwildert. Herkunft Westasien.

KORNBLUME

Centaurea cyanus — Korbblütengewächse

SAMMELN UND ZUBEREITEN Kornblumen schmücken zusammen mit feuerrotem Mohn und duftenden Kamillen nicht nur jeden Feldblumenstrauß, sie haben auch ihren Platz in der Wildkräuterküche. Die filigranen Blüten können als essbare Dekoration über eine Vielzahl von Gerichten gestreut werden, so beispielsweise über Salate, Fischgerichte oder Gemüseterrinen. Weil sie auch getrocknet ihre leuchtend blaue Farbe behalten, bereichern sie zudem jede Hausteemischung.
MERKMALE 20–90 cm hoch, einjährig. Stängel kantig, weich behaart. Stängelblätter wechselständig, lanzettlich, im unteren Stängelbereich gestielt und fiederteilig. Blütenköpfe einzeln, Randblüten blau, mittige Blüten violett. Blütezeit Juni–September.
STANDORT UND VERBREITUNG Getreidefelder, ackernahes Ödland. Fast ganz Europa.

Kornblume

KORNELKIRSCHE

Cornus mas — Hartriegelgewächse

SAMMELN UND ZUBEREITEN Kornelkirschen sind ein seit Jahrtausenden geschätztes Wildobst. Sie schmecken aber nur, wenn sie wirklich reif sind und sich fast von allein vom Strauch lösen. Unreife Früchte sind ziemlich sauer. Die reifen Früchte isst man frisch, aber auch zu Marmelade und Gelee, Saft, Wein und Likör verarbeitet. Auch getrocknet zur Teebereitung und kandiert sind sie verwertbar. Unreife noch grüne oder orangefarbene Früchte können wie Oliven in Essig oder Öl eingelegt werden. Ebenfalls nutzbar sind Blätter, Blüten und Samen des Strauchs. Die Blätter passen in Hausteemischungen. Die Blüten nimmt man zum Aromatisieren von Tee und Grappa. Die gerösteten Samen ergeben gemahlen eine Art Kaffee-Ersatz. Giftiger Doppelgänger der Kornelkirsche ist die Rote Heckenkirsche (*Lonicera xylosteum*, S. 369), die ebenfalls gegenständige Blätter und gelbe Blüten besitzt, deren Früchte aber erbsengroße rote Beeren sind.

MERKMALE 2–6 m hoch, Strauch oder kleiner Baum mit schuppiger Borke. Blätter gegenständig, oval, zugespitzt, ganzrandig, entfalten sich nach den Blüten. Blüten gelb, 4-zählig, sitzen in kugeligen Blütenständen direkt an den Zweigen, erscheinen vor dem Blattaustrieb. Blütezeit Februar–April. Länglich-eiförmige Steinfrucht, bei Reife leuchtend rot, 1–2 cm lang, umschließt einen 2-samigen Kern. Fruchtreife August–September.

STANDORT UND VERBREITUNG Trockene Laubwälder, Waldränder, sonnige Gebüsche. Ursprünglich Mittel- und Südosteuropa.

Eine Soße aus Kornelkirschen, die man mit einem Hauch Koriander und Dill abschmeckt, passt zu Fleisch- und Fischgerichten gleichermaßen gut.

Kornelkirsche

Schwarze Krähenbeere

KRÄHENBEERE, SCHWARZE

Empetrum nigrum — Krähenbeerengewächse

SAMMELN UND ZUBEREITEN Lange Zeit war es umstritten, ob Krähenbeeren giftig sind. Doch obwohl in den Blättern Alkaloide nachgewiesen wurden, die Magenprobleme verursachen können, sind die Früchte unbedenklich. Die säuerlich-bitter schmeckenden Krähenbeeren enthalten doppelt so viel Vitamin C wie Blaubeeren und sind roh und gekocht essbar. Sie werden vor allem in Nordeuropa vielfach genutzt, meist nach dem ersten Frost, um Süße zu gewinnen. Sie können zu Saft und Gelee verarbeitet werden und sind in Kombination mit anderen Früchten auch als Kuchenbelag verwertbar. In Norwegen bereitete man im Mittelalter daraus Wein.

MERKMALE 15–50 cm hoch, Zwergstrauch. Blätter wechselständig, immergrün, nadelförmig, unterseits mit schmaler Rinne, Rand nach unten umgerollt. Blüten einzeln, blassrot, klein. Blütezeit April–Juni. Schwarze, glänzende, beerenartige Steinfrüchte. Fruchtreife im August.

STANDORT UND VERBREITUNG Nadelwälder, Moore und Heiden sowie Dünentälchen der Küsten. Nordeuropa, Norddeutschland und deutsche Mittelgebirge.

Krähenbeeren-Saft, mit seinem typischen Geschmack, passt als herbe Komponente ausgezeichnet in eine Rote Grütze aus Himbeeren, Heidelbeeren, Kirschen und anderen Früchten.

KRÄHENFUSS, NIEDERLIEGENDER

Coronopus squamatus Kreuzblütengewächse

SAMMELN UND ZUBEREITEN Die Blätter duften zerrieben nach Kresse und schmecken auch so. Früher wurden sie als Wildsalat gegessen oder in Gemüsegerichten verarbeitet. Der Zweiknotige Krähenfuß *(Coronopus didymus)*, eine Pflanze nährstoffreicher Böden, ist ähnlich verwendbar.
MERKMALE 5–30 cm lang, einjährig. Stängel liegend oder aufsteigend, von Grund an verzweigt. Blätter einfach oder doppelt fiederteilig, gestielt, bis 8 cm lang, meist kahl. Winzige weiße Blüten in traubigen Blütenständen. Blütezeit Mai–August.
STANDORT UND VERBREITUNG Wegränder, Dorfstraßen, Weiden, Schuttplätze. Europa.

KRATZBEERE

Rubus caesius Rosengewächse

SAMMELN UND ZUBEREITEN Kratzbeeren schmecken deutlich weniger aromatisch als die sehr ähnlichen Brombeeren. Sie werden selten roh gegessen, aber in Kombination mit anderen Früchten häufig zu Marmelade, Gelee, Saft und Sirup verarbeitet oder in Fruchtgrützen verwendet. Auch als Belag auf Kuchen und Torten sind sie einsetzbar. Als Likör ist der Geschmack der Kratz- oder »Kroatzbeere« weltweit bekannt. Die Blätter nutzt man in Hausteemischungen. Gesammelt werden sie in den Monaten April bis August.
MERKMALE 30–80 cm hoch, sommergrüner Strauch. Zweige mit nadelartig dünnen Stacheln besetzt, blau bereift, bogig überhängend. Blätter wechselständig, 3-teilig, Teilblättchen oben hellgrün, unten graugrün, kurz behaart. Blattrand gezähnt. Blüten weiß, 5-zählig. Blütenstiele dünn, mit feinen Stacheln besetzt. Blütezeit Mai–Juni. Schwarze, brombeerähnliche Sammelfrucht, blau bereift. Fruchtreife ab August.
STANDORT UND VERBREITUNG Auwälder, Ufergebüsche. Fast ganz Europa.

Kratzbeere

KRATZDISTEL, ACKER-

Cirsium arvense Korbblütengewächse

SAMMELN UND ZUBEREITEN Diese Pflanze ist in der Küche ebenso wie die nachfolgend beschriebene Gewöhnliche Kratzdistel verwendbar.
MERKMALE 50–150 cm hoch, Staude. Stängel ohne herablaufende, stachelige Blattleisten. Blätter wechselständig, ungeteilt oder buchtig gezähnt, im Umriss länglich-lanzettlich, am Rand meist gewellt und stachelig, nicht am Stängel herablaufend. Blütenköpfe blassrosa bis violett, rispig angeordnet. Blütezeit Juli–September.
STANDORT UND VERBREITUNG Äcker, Weinberge, Gärten, Waldlichtungen. Europa.

Acker-Kratzdistel

KRATZDISTEL, ALPEN-

Cirsium spinosissimum Korbblütengewächse

SAMMELN UND ZUBEREITEN Sie ist die »stacheligste« aller Disteln, ein Wahrzeichen der Alpen und in der Naturküche hoch geschätzt. Noch heute werden in manchen Alpentälern aus ihren jungen Sprossen und Blättern (nach Entfernen der Stacheln) im Frühling Spinat und Kräutersuppen zubereitet. Auch die kräftige Wurzel kann geschält als Gemüse gegessen werden. Getrocknet und gemahlen ergibt sie Mehl.
MERKMALE 20–80 cm hoch, Staude. Stängel ohne Stacheln und ohne herablaufende Blattränder. Blätter

wechselständig, beiderseits gelbgrün, fiederspaltig, mit stachelig gezähnten Abschnitten. Blütenköpfe bleichgelb, dicht gehäuft an der Stängelspitze, umgeben von zahlreichen bleichgrünen, fiederteiligen, zugespitzten Hochblättern. Blütezeit Juli–September.
STANDORT UND VERBREITUNG Bachränder, Gesteinsschutt, feuchte, nährstoffreiche Stellen in Weiden. Nur in den Alpen.

KRATZDISTEL, BACH-

Cirsium rivulare Korbblütengewächse

Bach-Kratzdistel

SAMMELN UND ZUBEREITEN Die Pflanze kann ebenso wie die nachfolgende Gewöhnliche Kratzdistel verwendet werden.
MERKMALE 40–100 cm hoch, Staude. Stängel nur in der unteren Hälfte beblättert, ohne herablaufende Blattränder, nicht stachelig. Blätter wechselständig, oben dunkelgrün und locker behaart, unten hellgrün und graufilzig, an den Rändern weichstachelig. Untere Blätter fiederlappig, obere fiederteilig. Blütenköpfe zu 2–4 endständig, Blüten purpur, Hüllblätter meist braunviolett überlaufen. Blütezeit Mai–Juli.
STANDORT UND VERBREITUNG Sumpfwiesen, Ufer, Gräben. Hauptsächlich Gebirge Mitteleuropas.

KRATZDISTEL, ENGLISCHE

Cirsium dissectum Korbblütengewächse

SAMMELN UND ZUBEREITEN Junge Sprosse und die geschälten Stängel können im Frühjahr roh in Salaten und als Kochgemüse gegessen werden. Die einjährige Wurzel nutzt man geschält als Koch- oder Backgemüse, getrocknet und gemahlen auch als Mehlzusatz.
MERKMALE 30–100 cm hoch, Staude. Stängel meist nur in der unteren Hälfte beblättert, oben blattlos. Blätter wechselständig, fiederlappig, Lappen breit 3-eckig, stachelig gezähnt. Blütenköpfe einzeln am Ende des Stängels, Blüten purpurn, Hüllblätter mehrreihig, mit sehr kurzer, kaum stechender Stachelspitze. Blütezeit Juni–Juli.
STANDORT UND VERBREITUNG Ränder von Hochmooren, nasse Stellen in Heiden. Besiedelt das nordwestliche Europa.

KRATZDISTEL, GEWÖHNLICHE, LANZETT-KRATZDISTEL

Cirsium vulgare Korbblütengewächse

SAMMELN UND ZUBEREITEN Junge Sprosse, die noch weichen, geschälten Stängel sowie die von den Stacheln befreiten, zarten Blätter kann man roh in Salaten essen, aber auch zu spinatähnlichen Gemüsegerichten und Frühlingskräutersuppen verarbeiten. Im Geschmack sind sie mangoldähnlich mild. Auch die Blütenknospen ergeben feine Gemüsegerichte. Die zarten Blütenblätter streut man als essbare Dekoration über Salate und Obstsalate. Die Wurzel eignet sich geschält als Koch- und Backgemüse. Getrocknet und gemahlen ergibt sie Mehl zum Strecken von Getreidemehl. Geerntet wird sie im Herbst des 1. Lebensjahrs bis ins nächste Frühjahr.

Gewöhnliche Kratzdistel

MERKMALE 50–150 cm hoch, zweijährig. Stängel im oberen Teil verzweigt, durch herablaufende Blattränder stachelig geflügelt. Blätter wechselständig, laufen am Stängel herab, tief fiederspaltig, Abschnitte länglich-lanzettlich, stachelig gezähnt, laufen in einem kräftigen gelben Stachel aus. Blütenköpfe einzeln oder zu 2–3, Blüten purpurfarben, Hüllblätter enden in einem gelblichen Stachel. Blütezeit Juni–September.
STANDORT UND VERBREITUNG Besiedelt nährstoffreiche, sonnige Standorte bis in mittlere Gebirgslagen. Wächst an Wegrändern, auf Ödland, Schuttplätzen, Kahlschlägen. Europa.

KRATZDISTEL, GRAUE

Cirsium canum Korbblütengewächse

SAMMELN UND ZUBEREITEN Man kann diese Pflanze ebenso wie die Gewöhnliche Kratzdistel verwenden (siehe S. 167).
MERKMALE 50–150 cm hoch, Staude. Untere Blätter lanzettlich, ungeteilt oder buchtig gelappt bis fiederteilig, grob gezähnt, mit weichen Stacheln, am Stängel herablaufend. Obere Blätter klein, linealisch, nicht herablaufend. Blüten purpurn, Hüllblätter mehrreihig, nur die äußeren mit einer kurzen, feinen Stachelspitze. Blütezeit Juli–Oktober.
STANDORT UND VERBREITUNG Nasse Wiesen, Gräben, Ufer. Südosteuropa.

KRATZDISTEL, KLEBRIGE

Cirsium erisithales Korbblütengewächse

SAMMELN UND ZUBEREITEN Die jungen Sprosse sowie geschälten Stängel sind im Frühjahr roh in Salaten und gedünstet in Gemüsegerichten essbar. Die Wurzel wird als Koch- und Backgemüse zubereitet oder getrocknet und anschließend gemahlen als Mehlzusatz verwendet.
MERKMALE 30–150 cm hoch, Staude. Stängel stachellos und ohne herablaufende Blattränder, klebrig. Blätter tief fiederteilig, zahlreiche stachelig gezähnte Abschnitte. Blütenköpfe nickend, Blüten hellgelb, Hülle bräunlich grün, Hüllblätter stachelspitzig, klebrig. Blütezeit Juli–September.
STANDORT UND VERBREITUNG Wälder, Waldsäume. Osteuropa.

KRATZDISTEL, KNOLLIGE

Cirsium tuberosum Korbblütengewächse

SAMMELN UND ZUBEREITEN Die jungen Sprosse und geschälten Stängel nutzt man im Frühjahr roh oder gekocht. Die Blätter erntet man vor der Blüte und verwendet sie gedünstet in Gemüsegerichten. Auch der Blütenboden und die knollige Wurzel – geerntet von September bis in den Winter – sind ein gutes Naturgemüse.
MERKMALE 50–150 cm hoch, Staude. Stängel stachellos. Blätter fiederteilig, Blattabschnitte 2-teilig oder grob gezähnt. Blüten purpur oder hellrosa, Hüllblätter schmal-eiförmig, mit aufgesetzter Stachelspitze. Blütezeit Juli–August. Wurzel rettichartig oder knollig verdickt.
STANDORT UND VERBREITUNG Feuchte Wiesen, Sümpfe, moorige Gebüsche. Mitteleuropa.

KRATZDISTEL, KOHL-, KOHLDISTEL

Cirsium oleraceum Korbblütengewächse

SAMMELN UND ZUBEREITEN Eine Wildgemüsepflanze mit mild kopfsalatähnlichem Geschmack. Blätter, Blütenköpfe und Wurzel sind in der Küche verwendbar. Die Blätter werden von April bis Juni geerntet und roh in Salaten oder gekocht in Suppen, Gemüsegerichten und Aufläufen verarbeitet. Die Böden der Blütenköpfe lassen sich ähnlich wie Artischocken zubereiten. Die Wurzeln junger Pflanzen erntet man von September bis in den Winter. Sie werden roh und fein geschnitten in Salate gemischt oder gekocht als Gemüse gegessen. Getrocknet und gemahlen eignen sie sich als Mehlzusatz.
MERKMALE 30–150 cm hoch, Staude. Eine der wenigen gelb blühenden Disteln. Stängel unverzweigt, hohl, gefurcht, stachellos. Blätter weich, unregelmäßig oder gar nicht eingeschnitten, am Rand mit weichen Stacheln besetzt. Gelbe Blütenköpfe, sitzen in Gruppen zu 2–6 an der Spitze des Stängels, sind von großen, hellen Hochblättern umgeben. Blütezeit Juni–September.
STANDORT UND VERBREITUNG Feuchte Wiesen, Gräben, Bach- und Seeufer, Auwälder. Hauptsächlich Mitteleuropa.

Kohl-Kratzdistel

KRATZDISTEL, STÄNGELLOSE, ERD-DISTEL

Cirsium acaule Korbblütengewächse

SAMMELN UND ZUBEREITEN Junge Sprosse und geschälte Stängel genießt man von April bis Juni roh in Salaten oder gedünstet als Gemüse, ebenso die jungen Blätter und die Blütenknospen. Auch der junge Blütenboden ist gekocht eine Delikatesse. Die einjährige Wurzel lässt man trocknen und verwertet sie zu Mehl vermahlen oder als Koch- und Bratgemüse.
MERKMALE Staude. Stängel fehlend oder nur selten 5–25 cm hoch, ohne Stacheln oder herablaufende Blattränder. Grundblattrosette, Blätter tief fiederteilig, Abschnitte stachelig gezähnt. Purpurrote Blütenköpfe einzeln an der Spitze des Stängels oder in der Grundblattrosette sitzend. Blütezeit Juli–September.
STANDORT UND VERBREITUNG Trockene Wiesen, extensive Weiden. Fast ganz Europa.

KRATZDISTEL, SUMPF-

Cirsium palustre Korbblütengewächse

SAMMELN UND ZUBEREITEN Die jungen Sprosse und geschälten Stängel hat man früher in der einfachen Küche als Salat gegessen oder als Gemüse gekocht. Die Wurzel nutzte man als Koch- und Bratgemüse, auch getrocknet und gemahlen als Mehl.
MERKMALE 30–200 cm hoch, zweijährig. Stängel stachelig geflügelt. Blätter lanzettlich, tief in schmale stachelige Abschnitte unterteilt, am Stängel herablaufend, unterseits weißfilzig. Blüten purpurrot. Blütezeit Juli–Oktober.
STANDORT UND VERBREITUNG Bruch- und Auwälder, feuchte Kahlschläge, Gräben. Fast ganz Europa.

KRATZDISTEL, VERSCHIEDENBLÄTTRIGE

Cirsium heterophyllum Korbblütengewächse

SAMMELN UND ZUBEREITEN Junge Sprosse und sparsam geschälte Stängel passen von April bis Juni roh in Salate und schmecken gekocht in Gemüsegerichten. Die Wurzel erntet man von September bis in den Winter, bereitet sie als Gemüse zu oder trocknet und verwendet sie gemahlen als Mehlzusatz.
MERKMALE 50–100 cm hoch, Staude. Stängel weißfilzig, nicht stachelig. Blätter unterseits weißfilzig, ungeteilt oder fiederteilig mit schmalen, lanzettlichen Abschnitten, fein stachelig gezähnt. Blüten purpur, Hülle braunrot, kaum stachelig. Blütezeit Juni–August.
STANDORT UND VERBREITUNG Nasswiesen, Ufer. Hauptsächlich Nordeuropa, Alpen, mitteleuropäische Mittelgebirge.

KRATZDISTEL, WOLLKÖPFIGE

Cirsium eriophorum Korbblütengewächse

SAMMELN UND ZUBEREITEN Die jungen Sprosse und die geschälten Stängel genießt man von April bis Juni roh als Salat oder gedünstet als Gemüse. Die jungen Blätter und die Blütenknospen kann man im gleichen Zeitraum ernten und gedünstet als Gemüse essen. Auch die Blütenböden verwendet man gekocht. Die einjährige Wurzel verwertet man getrocknet und zu Mehl vermahlen oder als Koch- und Bratgemüse.
MERKMALE 50–150 cm hoch, zweijährig. Stängel spinnwebig behaart, stachellos. Blätter fiederteilig, Abschnitte lanzettlich, Rand nach unten umgerollt, Oberseite stachelig behaart, Unterseite spinnwebig, enden in langem, gelblichem Stachel. Blüten purpur, Hülle mit kräftigen Stacheln, von dichten weißen Spinnwebhaaren durchzogen. Blütezeit Juli–September.
STANDORT UND VERBREITUNG Weiden, Wegränder, Ödland. Westeuropa, südliches Mitteleuropa.

KRESSE

SAMMELN UND ZUBEREITEN Wildkräuterköche nutzen die Blätter der Kresse von März bis Mai. In Streifen geschnitten sind sie Grundlage für viele Salate, Gemüsegerichte und Suppen. Auch in Kräuterquark, Kräuterbutter und Pesto passen sie. Die noch knospigen Blütenstände schmecken als Beigabe in Salaten oder in wenig Butter in der Pfanne gebraten. Die reifen Samen ergeben Senf, die grünen, noch zarten Samenhülsen sind ein vielseitiges Gewürz. Weitere, hier nicht beschriebene mitteleuropäische Kressearten wie Dichtblütige Kresse *(Lepidium densiflorum)*, Grasblättrige Kresse *(Lepidium graminifolium)*, Schutt-Kresse *(Lepidium ruderale)* und Verschiedenblättrige Kresse *(Lepidium heterophyllum)* sind genauso nutzbar.

KRESSE, BREITBLÄTTRIGE

Lepidium latifolium Kreuzblütengewächse

Breitblättrige Kresse

SAMMELN UND ZUBEREITEN Die Wurzel wird im Herbst geerntet und frisch gerieben vielseitig als Speisewürze eingesetzt. Weitere Verwendungsmöglichkeiten sind bei der Gattung Kresse dargestellt (siehe S. 169).
MERKMALE 30–100 cm hoch, Staude mit dicker, scharf nach Meerrettich schmeckender Wurzel. Untere Blätter breit-eiförmig, mit langem Stiel und wellig gezähntem Rand. Obere Blätter lanzettlich, sitzend, ganzrandig. Weiße Blüten. Blütezeit Juni–Juli.
STANDORT UND VERBREITUNG Schuttplätze, Wegränder, Mauern. Westeuropa, Mittelmeergebiet. Wurde in Mitteleuropa früher als Gewürzpflanze kultiviert und verwilderte.

KRESSE, FELD-, BAUERNKRESSE

Lepidium campestre Kreuzblütengewächse

SAMMELN UND ZUBEREITEN Angaben dazu bei der Gattung Kresse (siehe S. 169).
MERKMALE 20–50 cm hoch, ein- bis zweijährig. Behaart. Untere Blätter schmal-eiförmig, gestielt, Blattrand glatt oder unregelmäßig eingeschnitten. Obere Blätter länglich, sitzend, umfassen den Stängel mit 2 spitzen Zipfeln. Weiße Blüten. Blütezeit Mai–Juni. Schötchenfrucht, Samen dunkelbraun, eiförmig, ohne Flügelrand. Samenreife Juli–August.
STANDORT UND VERBREITUNG Trockene Ruderalflächen, Wege, gelegentlich auch in Hackfruchtäckern und Weinbergen. Europa.

Feld-Kresse

KRESSE, VIRGINISCHE

Lepidium virginicum Kreuzblütengewächse

SAMMELN UND ZUBEREITEN Angaben dazu bei der Gattung Kresse (siehe S. 169).
MERKMALE 30–50 cm hoch, einjährig. Stängel aufrecht, meist flaumig behaart. Grundblätter spatelförmig, gezähnt bis fiederteilig, zur Blütezeit oft schon verwelkt. Stängelblätter lanzettlich bis linealisch, spitz, gezähnt. Weiße Blüten. Blütezeit Mai–August. Fast kreisrunde Schötchenfrucht, 3–4 mm im Durchmesser.
STANDORT UND VERBREITUNG Bahn- und Hafengelände, Schutt- und Müllplätze. Herkunft Nordamerika, aus botanischen Gärten verwildert und in weiten Teilen Europas eingebürgert.

Kresse sollte man nicht waschen. Die zarten Blättchen fallen dadurch zusammen und verlieren einen Großteil ihres Aromas.

KRETE

Prunus domestica ssp. insititia Rosengewächse

SAMMELN UND ZUBEREITEN Die Früchte dieser sehr alten Wildpflaumenart ähneln Schlehen, sind aber deutlich größer als diese. Da sie weitaus weniger Gerbstoffe besitzen als Schlehen, können sie auch frisch vom Baum verzehrt werden. Daneben eignen sie sich mit ihrem kräftigen, fruchtig-herben Geschmack vorzüglich für die Zubereitung von süßen Desserts, Marmeladen, Säften, Weinen, Likören und Obstbränden.
MERKMALE 3–7 m hoch, Strauch oder kleiner Baum. Zweige oft bedornt. Blätter ledrig, derb, Blattrand gekerbt. Weiße Blüten. Blütezeit April–Mai. Steinfrüchte, zwetschgenartig blau mit blaugrauer Bereifung. Fruchtfleisch gelb, löst sich nur schwer vom Stein. Fruchtreife August–September.

Krete

STANDORT UND VERBREITUNG Streuobstwiesen, Hecken, Felsengebüsche. Herkunft Südeuropa, heute in ganz Europa verbreitet.

KREUZBLUME, GEWÖHNLICHE

Polygala vulgaris Kreuzblumengewächse

SAMMELN UND ZUBEREITEN Die kleinen blauen Blüten eignen sich als Beigabe von Hausteemischungen und als essbare Dekoration.
MERKMALE 10–30 cm hoch, Staude. Blätter wechselständig, schmal-lanzettlich. Blüten dunkelblau bis violett, seltener rosa. Blütezeit Mai–August.
STANDORT UND VERBREITUNG Trockene, nährstoffarme Wiesen, Gebüsche. Fast ganz Europa.

KREUZKÜMMEL

Cuminum cyminum Doldengewächse

SAMMELN UND ZUBEREITEN Die Samen würzen ganz oder gemahlen Lammbraten, Huhn und Fisch, passen gut zu Gemüse- und Reisgerichten, in Soßen und Suppen. Sie aromatisieren Sauerkraut, Hülsenfrüchte, Kürbis, in Essig Eingelegtes, geräuchertes Fleisch, Liköre und werden selbst zur Geschmacksverbesserung von Kuchen und Gebäck eingesetzt. Das nordafrikanische Couscous, das mexikanische Chili con carne und viele indische Currys sind ohne dieses Gewürz nicht vorstellbar. Röstet man die aromatischen, etwas bitter-scharfen Kreuzkümmelsamen vor der Verwendung kurz an oder zerstößt sie im Mörser, erhöht das ihre Würzkraft.

Kreuzkümmel

MERKMALE Ca. 25 cm hoch, einjährig. Blätter wechselständig, schmalzipflig gefiedert. Weiße Blüten in endständigen Dolden. Blütezeit Juni–Juli. Früchte sichelförmig, schmal, ähneln denen des Echten Kümmels.
STANDORT UND VERBREITUNG Herkunft östliches Mittelmeergebiet. Heute vielfach angebaut und verwildert.

KROKUS, KRETA-, WILDER SAFRAN

Crocus cartwrightianus Schwertliliengewächse

SAMMELN UND ZUBEREITEN Dieser Krokus ist sehr wahrscheinlich die wilde Stammform des Echten Safran-Krokus *(Crocus sativus)*. Auch seine Narbenäste werden getrocknet als wertvolles Gewürz verwendet. Sie verleihen nicht nur Reisgerichten, spanischer Paella, Bouillabaisse, Lamm-, Geflügel- und Fischgerichten ein besonderes Aroma und eine leuchtend gelbe Farbe. Auch süße Desserts wie Pudding und Grießbrei oder Hefe- und Rührteige werden damit ansprechend aromatisch-würzig. Vorsicht: Man darf die Pflanze keinesfalls mit der zur gleichen Zeit blühenden giftigen Herbstzeitlosen *(Colchicum autumnale)* verwechseln.
MERKMALE 4–10 cm hoch, Zwiebelpflanze. Blüten lila bis purpur, dunkle Äderung oder weiß mit manchmal purpurnem Grund, Griffeläste rot, lang, Staubbeutel und Pollen gelb. Blütezeit Oktober–Dezember.
STANDORT UND VERBREITUNG Steinige, grasige Hänge, Kiefernwälder. Griechenland, Kreta.

Kreta-Krokus

KUCKUCKSLICHTNELKE

Silene flos-cuculi Nelkengewächse

SAMMELN UND ZUBEREITEN Die von April bis Juni gesammelten, im Geschmack etwas bitteren Blätter eignen sich als kräftige Beigabe zu Salaten, Gemüsegerichten und Gewürzmischungen. Fein geschnitten schmecken sie in kleinen Mengen auch auf Butterbrot. Die leicht süßlichen Blüten passen getrocknet in Hausteemischungen. Vorsichtig aus dem Kelch gezupft sind sie auch eine sehr ansprechende essbare Dekoration, die man gerne über Salate und süße Desserts streut. In einer Schale mit Deckel aufbewahrt, sind sie im Kühlschrank etwa eine Woche haltbar.
MERKMALE 30–70 cm hoch, Staude. Grundblätter rosettig, spatelförmig, Stängelblätter gegenständig, nach oben hin lanzettlich. Blüten rosa, Blütenblätter tief in 4 Zipfel geteilt, Kelch rötlich. Blütezeit Mai–Juli.
STANDORT UND VERBREITUNG Feuchte Wiesen, Sümpfe, Moore. Europa.

KUGELBINSE

Scirpoides holoschoenus Riedgrasgewächse

SAMMELN UND ZUBEREITEN Die im Spätsommer reifen Samen ergeben vitaminreiche Sprossen. Auch getrocknet und geröstet als Kaffee-Ersatz werden sie verwendet.
MERKMALE 30–100 cm hoch, mehrjähriges Gras. Blattspreiten kurz und dünnfädig oder fehlend. Blütenstand wirkt seitenständig, besteht aus 1–3 gestielten, kugeligen Köpfchen, in denen die Ährchen dicht gedrängt stehen. Ährchen 3–4 mm lang, dunkel. Blütezeit Juli–August. Frucht 3-kantig.
STANDORT UND VERBREITUNG An Fluss- und Seeufern, auf Sumpfwiesen. Hauptverbreitung im Mittelmeergebiet.

KUGELSCHÖTCHEN, FELSEN-

Kernera saxatilis Kreuzblütengewächse

SAMMELN UND ZUBEREITEN In den Monaten April und Mai eignen sich die im Geschmack scharfwürzigen Blätter als sparsame Beigabe zu Salaten, Suppen und Brotaufstrichen wie Quark, Frischkäse oder Kräuterbutter.
MERKMALE 10–40 cm hoch, Staude. Stängel kantig. Grundblätter rosettig, spatelförmig, kurz gestielt, behaart. Stängelblätter wechselständig, kleiner als die Grundblätter, kahl. Weiße Blüten. Blütezeit Mai–Juli.
STANDORT UND VERBREITUNG Benötigt kalkreichen Untergrund. Besiedelt Felsspalten, vor allem in Höhen von 800–2200 m. Mittel- und Südeuropa.

Felsen-Kugelschötchen

KUHKRAUT

Vaccaria hispanica Nelkengewächse

SAMMELN UND ZUBEREITEN Die vor der Blütezeit gesammelten Blätter sind wie bei vielen Nelkengewächsen sehr würzig. Suppen, Salate und Brotaufstriche werden damit delikat abgeschmeckt.
MERKMALE 20–60 cm hoch, einjährig. Stängel aufrecht, im oberen Teil verzweigt, bläulich bereift. Blätter gegenständig, lanzettlich, bis 10 cm lang, bläulich bereift, Basis verwachsen. Blüten in lockeren, rispenartigen Blütenständen, blassrosa, Kelch röhrenförmig, mit 5 geflügelten Leisten. Blütezeit Juni–Juli.
STANDORT UND VERBREITUNG Als Unkraut in Getreide- und Kleefeldern, auf Schuttplätzen. Mittel- und Südeuropa.

KÜMMEL, WIESEN-

Carum carvi Doldengewächse

SAMMELN UND ZUBEREITEN Der Wiesen-Kümmel ist eines der ältesten Gewürze. Wahrscheinlich nahmen ihn schon die Menschen der Steinzeit als Speisewürze. Auch heute noch hat er einen festen Platz in der Küche. Junge, zarte Blätter, von April bis Mai gesammelt, verleihen Salaten und Gemüsen eine würzige Note. Die Blüten verwendet man als essbare Dekoration oder als aromatische Zutat für Gemüse- und Kartoffelgerichte. Die Samen würzen Brot und Käse, sind Grundlage bei der Likör- und Branntweinherstellung und sie werden in der Volksheilkunde als magenstärkendes Mittel genutzt. Aus der Wurzel bereitet man von September bis in den Winter Gemüsegerichte oder nimmt sie als Suppenwürze. Vorsicht: Diese Pflanze kann mit sehr giftigen Arten wie Hundspetersilie (*Aethusa cynapium*, S. 371) und Wasser-Schierling (*Cicuta virosa*, S. 382) verwechselt werden.

MERKMALE 30–90 cm hoch, zweijährige Pflanze mit rübenförmiger Wurzel. Blätter wechselständig, tief in viele schmale Abschnitte geteilt, riechen zerrieben aromatisch. Blütendolde aus kleinen, weißen oder rötlich angehauchten Einzelblüten. Blütezeit Mai–Juli. Frucht stumpf gerippt. Samenreife August–September.

STANDORT UND VERBREITUNG Wiesen, Weiden, Wegränder, Feldraine. Fast ganz Europa.

Kümmel-Suppe, ein traditionelles Hausmittel bei Bauchschmerzen, schmeckt feiner, wenn sie mit etwas Sauerrahm oder einem Tupfer Schlagsahne abgeschmeckt wird.

Wiesen-Kümmel

LABKRAUT, ECHTES

Galium verum Rötegewächse

SAMMELN UND ZUBEREITEN Als das aus dem Kälbermagen gewonnene Lab-Enzym noch nicht bekannt war, nutzten griechische Hirten das Echte Labkraut zur Käseherstellung. Seine Stängel und Blätter enthalten einen Stoff, der Milch gerinnen lässt. Der lateinische Name »Galium« erinnert an diesen einstigen Gebrauch, leitet er sich doch von dem griechischen Wort »gala« für Milch ab. Die zart säuerlich schmeckenden Blätter, gesammelt von April bis Juni, werten als Beigabe Salate und Gemüsegerichte auf. Die nach Honig duftenden Blüten würzen und färben Limonaden, Bowlen, Desserts und auch Käse. So erhält der Chesterkäse seine gelborange Farbe und seinen besonderen Geschmack von den Blüten des Echten Labkrauts. Die gerösteten Samen bereichern Salate, Müsli und Desserts.

MERKMALE 20–70 cm hoch, Staude. Stängel aufsteigend bis aufrecht, kurz behaart. Blätter länglich, nadelförmig-schmal, sitzen zu 8–12 in einem Quirl um den Stängel. Blüten gelb, duften nach Honig, bilden einen dichten rispenartigen Blütenstand am Ende des Stängels und in den Achseln der oberen Blätter. Blütezeit Mai–September. Früchte kahl.

STANDORT UND VERBREITUNG Magerrasen, Gebüsche, Moorwiesen. Europa.

LABKRAUT, KLETTEN-

Galium aparine Rötegewächse

SAMMELN UND ZUBEREITEN Wegen ihrer Behaarung sind die Blätter des Kletten-Labkrauts roh in Salaten kein Genuss. Aber sie können zwischen Mai und August entsaftet werden und sind dann vitaminreiche Grundlage für Gemüsesäfte und Suppen. Auch in Gemüsefüllungen, Aufläufen und Quiches sind sie verwendbar. Die gerösteten und gemahlenen Früchte ergeben einen leckeren Ersatzkaffee.

MERKMALE 30–150 cm lang, einjährig. Alles überwuchernde Pflanze. Stängel liegend, aufsteigend oder kletternd, kantig, hält sich mit rückwärtsgerichteten Haaren an anderen Pflanzen fest. Blätter schmal-lanzettlich, in Quirlen zu 6–8, wie der Stängel behaart. Kleine, weiße, sternförmige Blüten. Blütezeit Juni–September. Früchte kugelig, 4–7 mm groß, mit langen, hakig gebogenen Haaren. Samenreife September–Oktober.

Kletten-Labkraut

STANDORT UND VERBREITUNG Getreidefelder, Wegränder, Gebüsche, Ufer, Ödland. Europa.

LABKRAUT, SAAT-, KLEINFRÜCHTIGES KLETTEN-LABKRAUT

Galium spurium Rötegewächse

SAMMELN UND ZUBEREITEN Geröstete und gemahlene Samen der Pflanze können als Kaffee-Ersatz aufgebrüht werden.
MERKMALE 30–80 cm lang, einjährig. Stängel liegend oder kletternd, kantig, durch rückwärtsgerichtete Haare rau. Blätter schmal-lanzettlich, in Quirlen zu 6–10, am Rand durch rückwärtsgerichtete Haare rau. Blüten grünlich weiß. Blütezeit Mai–September. Früchte 2–3 mm groß, mit hakigen Borsten besetzt oder kahl. Samenreife September–Oktober.
STANDORT UND VERBREITUNG Typisches Ackerunkraut auf Getreide- und Leinfeldern, gelegentlich auch an Schuttplätzen. Europa.

LABKRAUT, WALD-

Galium sylvaticum Rötegewächse

SAMMELN UND ZUBEREITEN Die Triebspitzen und Blätter sind von April bis Juni in Salaten und Gemüsegerichten verwendbar.
MERKMALE 30–100 cm hoch, Staude. Stängel rund, kahl. Blätter blaugrün, lanzettlich, zugespitzt, in Quirlen zu 6–8. Weiße, sternförmig ausgebreitete Blüten. Blütezeit Juni–August.
STANDORT UND VERBREITUNG Laubwälder, Gebüsche, Waldränder. Hauptsächlich Mitteleuropa.

LABKRAUT, WIESEN-

Galium mollugo Rötegewächse

Wiesen-Labkraut

SAMMELN UND ZUBEREITEN Blätter und zarte Stängel sind in der gesamten Vegetationsperiode als Salatzutat und in Gemüsegerichten nutzbar. Mit den Blüten aromatisiert man Limonaden und andere Getränke oder streut sie als essbare Dekoration über Gerichte. Der Saft ausgekochter Blüten ist Grundlage für viele süße Desserts. Die Samen kann man als Keimsaat verwenden, geröstet und gemahlen als Kaffee-Ersatz.
MERKMALE 25–100 cm hoch, Staude. Stängel 4-kantig, liegend oder aufsteigend, kahl. Blätter länglich, schmal, zugespitzt, sitzen zu 6–9 in einem Quirl um den Stängel. Kleine weiße Blüten. Blütezeit Mai–September. Früchte ca. 1–2 mm, dunkel, glatt. Samenreife August–September.
STANDORT UND VERBREITUNG Fettwiesen, Gebüsch- und Waldränder. Europa.

Die Triebspitzen des Wiesen-Labkrauts verleihen Tomatensalat eine feine, geschmacklich an Rucola erinnernde Schärfe.

LACKSENF, ECHTER

Coincya cheiranthos Kreuzblütengewächse

SAMMELN UND ZUBEREITEN Die Pflanze ist als essbar überliefert. Denkbar ist eine Verarbeitung ihrer von März bis April geernteten Triebe und Blätter roh in Salaten und gekocht in Gemüsegerichten.

Echter Lacksenf

MERKMALE 30–60 cm hoch, zweijährig. Stängel aufrecht, behaart. Blätter in grundständiger Rosette und stängelständig, alle gestielt, fiederteilig, beiderseits 3–6 schmale Abschnitte. Blüten hellgelb, dunkler geädert, gestielt. Blütezeit Juni–Oktober.
STANDORT UND VERBREITUNG Ödland, Uferdämme, Straßenränder, Bahnareale. Süd- und Westeuropa.

LAICHKRAUT

SAMMELN UND ZUBEREITEN Die vom Herbst bis in den Winter geernteten Wurzelstöcke werden gründlich gereinigt, geschält und anschließend gekocht in Gemüsegerichten verarbeitet. Auch die Blätter lassen sich als Gemüse dünsten. Weitere, nachfolgend nicht näher beschriebene Arten wie das Schimmernde Laichkraut (*Potamogeton × nitens*), das Schmalblättrige (*Potamogeton × angustifolius*) und das Täuschende Laichkraut (*Potamogeton × salicifolius*) werden in gleicher Weise kulinarisch genutzt.

Schmalblättriges Laichkraut

LAICHKRAUT, ALPEN-

Potamogeton alpinus Laichkrautgewächse

SAMMELN UND ZUBEREITEN Angaben dazu bei der Gattung Laichkraut.
MERKMALE Einjährig. Stängel 30–200 cm lang, rund, rötlich überlaufen. Unterwasserblätter lanzettlich, sitzend, ganzrandig, die oberen oft rötlich. Schwimmblätter länglich-spatelförmig, kurz gestielt, fehlen häufig. Blütenähre bis 4 cm lang, vielblütig. Ährenstiel bis 12 cm lang, unverdickt. Blütezeit Juni–September. Wurzelstock meterlang, reich verzweigt.
STANDORT UND VERBREITUNG Kühle, nährstoffarme, stehende oder langsam fließende Gewässer. Mittel- und Nordeuropa, Alpen, Pyrenäen.

Alpen-Laichkraut

LAICHKRAUT, DURCHWACHSENES

Potamogeton perfoliatus Laichkrautgewächse

SAMMELN UND ZUBEREITEN Angaben dazu bei der Gattung Laichkraut.
MERKMALE Staude. Stängel dick, reich verzweigt, bis 6 m lang. Unterwasserblätter rundlich-oval, stängelumfassend. Schwimmblätter fehlen. Blütenähre bis 3 cm lang, vielblütig. Ährenstiel meist nur 3–5 cm lang, unverdickt. Blütezeit Juni–August. Wurzelstock wenig verzweigt, aber oft geknickt.
STANDORT UND VERBREITUNG Sommerwarme, nährstoffreiche, tiefe, stehende oder langsam fließende Gewässer. Fast ganz Europa.

LAICHKRAUT, FADEN-

Potamogeton filiformis Laichkrautgewächse

SAMMELN UND ZUBEREITEN Angaben dazu bei der Gattung Laichkraut.
MERKMALE Staude. Stängel 5–50 cm lang, rund, fadenartig dünn, am Grund verzweigt. Unterwasserblätter schmal-linealisch, gelbgrün, stumpf. Schwimmblätter fehlen. Blütenähre 2–4 cm lang, locker und lückig. Ährenstiel fadenförmig, 5–7 cm lang. Blütezeit Juni–August. Wurzelstock stark verzweigt, weit kriechend.
STANDORT UND VERBREITUNG Kühle, nährsalzarme, stehende Gewässer. Vor allem in Nordeuropa, in Norddeutschland und in den Alpen.

LAICHKRAUT, FLACHSTÄNGELIGES

Potamogeton compressus Laichkrautgewächse

SAMMELN UND ZUBEREITEN Angaben dazu bei der Gattung Laichkraut.
MERKMALE Staude. Stängel flach zusammengedrückt und wellig, schmal geflügelt, meist 1 m, selten 2 m lang, locker verzweigt. Unterwasserblätter bandartig, 10–20 cm lang und 2–4 mm breit, abgerundete Blattspitze. Schwimmblätter fehlen. Blütenähre 1–2 cm lang, mit nur 10–15 Blüten. Ährenstiel 2–4 cm lang, also länger als die Blütenähre. Blütezeit Juni–August.
STANDORT UND VERBREITUNG Kalk- und nährstoffreiche Seen. Fast ganz Europa, in Deutschland selten.

LAICHKRAUT, GEFÄRBTES

Potamogeton coloratus Laichkrautgewächse

SAMMELN UND ZUBEREITEN Angaben dazu bei der Gattung Laichkraut (siehe S. 174/175).
MERKMALE Staude. Stängel 30–100 cm lang, dünn, rund, meist unverzweigt. Unterwasserblätter lanzettlich, rötlich, gestielt. Schwimmblätter oval, zart, durchsichtig, ebenfalls rötlich überlaufen, gestielt. Blütenähre bis 4 cm lang, vielblütig, dicht. Ährenstiel glatt, etwas glänzend, bis 12 cm lang. Blütezeit Juni–September. Wurzelstock meist reich verzweigt.
STANDORT UND VERBREITUNG Unbelastete, langsam fließende, kalkhaltige Bäche und Gräben. Hauptsächlich Westeuropa. In Mitteleuropa war die Art nie häufig, heute ist sie hier an vielen ihrer Standorte verschwunden und im Bestand bedroht.

Gefärbtes Laichkraut

LAICHKRAUT, GLÄNZENDES

Potamogeton lucens Laichkrautgewächse

SAMMELN UND ZUBEREITEN Angaben dazu bei der Gattung Laichkraut (siehe S. 174/175).
MERKMALE Staude. Stängel 2–6 m lang, ästig verzweigt. Unterwasserblätter oval bis länglich-lanzettlich, glänzend hellgrün, am Rand rau und etwas wellig. Schwimmblätter fehlen. Blütenähre 4–6 cm lang, dicht und vielblütig. Ährenstiel 20–30 cm lang, verdickt. Blütezeit August–September. Lang kriechender, dicker Wurzelstock.
STANDORT UND VERBREITUNG Bildet in nährstoffreichen Seen oft Massenbestände. Europa.

LAICHKRAUT, GRASARTIGES

Potamogeton gramineus Laichkrautgewächse

SAMMELN UND ZUBEREITEN Angaben dazu bei der Gattung Laichkraut (siehe S. 174/175).
MERKMALE Staude. Stängel 80–120 cm lang, rund, reich verzweigt. Unterwasserblätter lanzettlich bis lineal-lanzettlich, bis 10 cm lang, häutig durchsichtig, sitzend, am Rand fein gezähnt. Schwimmblätter oft vorhanden, diese oval, bis 6 cm lang, bis 8 cm lang gestielt, nicht durchscheinend, ledrig, zäh, spitz. Blütenähre 2–3 cm lang, lockerblütig. Ährenstiel 6–10 cm lang, oben verdickt. Blütezeit Juni–September. Wurzelstock verzweigt, an den Spitzen oft knollig angeschwollen.
STANDORT UND VERBREITUNG Kalkarme, aber nährstoffreiche, meist stehende Gewässer. Fast ganz Europa.

LAICHKRAUT, HAARFÖRMIGES

Potamogeton trichoides Laichkrautgewächse

SAMMELN UND ZUBEREITEN Angaben dazu bei der Gattung Laichkraut (siehe S. 174/175).
MERKMALE Staude. Stängel 10–30 cm lang, rund, brüchig, etwa 1 mm breit. Unterwasserblätter schmallinealisch, meist unter 1 mm breit, spitz, bis 5 cm lang. Schwimmblätter fehlen. Blütenähre etwa 1 cm lang, meist nur mit 3–5 Blüten besetzt. Ährenstiel 3–5 cm lang, dünn und fadenförmig. Blütezeit Juni–August. Wurzelstock dünn.
STANDORT UND VERBREITUNG Kühle, kalkarme, sauerstoffreiche, stehende oder langsam fließende Gewässer. Hauptsächlich Mitteleuropa.

Haarförmiges Laichkraut

LAICHKRAUT, KAMM-

Potamogeton pectinatus Laichkrautgewächse

SAMMELN UND ZUBEREITEN Vor der Blütezeit gesammelte Blätter ergeben gedünstet Gemüsegerich-

te. Die im Herbst geerntete Wurzel kann zu einem nussig schmeckenden Koch- und Backgemüse verarbeitet werden.
MERKMALE Staude. Stängel bis zu 4 m lang, fadenartig dünn, reich verzweigt. Unterwasserblätter schmal-linealisch, spitz zulaufend. Schwimmblätter fehlen. Blütenähre 2–5 cm lang, locker, gelegentlich lückig. Ährenstiel wie der Stängel fadenartig dünn, 4–6 cm lang. Blütezeit Juni–September. Weit kriechender, stark verzweigter Wurzelstock.
STANDORT UND VERBREITUNG Nährstoffreiche, fast stehende Gewässer bis zu einer Wassertiefe von etwa 4 m. Europa.

LAICHKRAUT, KLEINES

Potamogeton pusillus Laichkrautgewächse

SAMMELN UND ZUBEREITEN Angaben dazu bei der Gattung Laichkraut (siehe S. 174/175).
MERKMALE Staude. Stängel 20–50 cm lang, rund, fadenartig dünn, locker verzweigt. Unterwasserblätter schmal-linealisch, mit allmählich verschmälerter Blattspitze. Schwimmblätter fehlen. Blütenähre selten über 1 cm lang, meist nur 2- bis 5-blütig. Ährenstiel meist 2- bis 3-mal so lang wie die Ähre, diese etwa 1–3 cm lang, dünn wie der Stängel. Blütezeit Juni–August.
STANDORT UND VERBREITUNG Klare, oft von Wiesen umgebene, nährstoffreiche, meist stehende Gewässer wie Seen, Altwässer und Gräben. Europa.

LAICHKRAUT, KNOTEN-

Potamogeton nodosus Laichkrautgewächse

SAMMELN UND ZUBEREITEN Angaben dazu bei der Gattung Laichkraut (siehe S. 174/175).
MERKMALE Staude. Stängel bis 2,5 m lang, unverzweigt. Unterwasserblätter lanzettlich, mit stumpfer Spitze, durchscheinend, in einen Stiel verschmälert. Schwimmblätter länglich-elliptisch, derb, bis 15 cm lang und 6 cm breit, in den Blattstiel verschmälert. Blütenähre 4–5 cm lang. Ährenstiel oben schwach verdickt. Blütezeit Juni–September. Kriechender, gelblich weißer Wurzelstock.

Knoten-Laichkraut

STANDORT UND VERBREITUNG Mäßig nährstoffreiche Flüsse, Bäche, Gräben, Altwasser, Baggerseen. Fast ganz Europa.

LAICHKRAUT, KNÖTERICH-

Potamogeton polygonifolius Laichkrautgewächse

SAMMELN UND ZUBEREITEN Angaben dazu bei der Gattung Laichkraut (siehe S. 174/175).
MERKMALE Staude. Stängel nicht länger als 60 cm, rund, unverzweigt. Unterwasserblätter lanzettlich, lang gestielt, durchsichtig, 2–3 cm lang. Schwimmblätter derber als Unterwasserblätter, oval, stumpf zugespitzt, 2–5 cm lang. Blütenähre 2–4 cm lang, locker besetzt. Ährenstiel bis 10 cm lang, unverdickt. Blütezeit Juni–August.
STANDORT UND VERBREITUNG Bevorzugt kalk- und nährstoffarme, sommerwarme Gewässer auf Torfboden. Besiedelt Moorgräben, Heidetümpel. Mittel- und Südeuropa.

LAICHKRAUT, KRAUSES

Potamogeton crispus Laichkrautgewächse

SAMMELN UND ZUBEREITEN Die Blätter, die man von April bis Mai sammelt, schmecken ein wenig wie Seetang. Nach gründlicher Reinigung isst man sie als gedünstetes Gemüse. Die im Geschmack nussige Wurzel ergibt geschält ein gutes Koch- und Backgemüse. Geerntet wird sie im Herbst oder im Frühjahr.

Krauses Laichkraut

MERKMALE Staude. Stängel 20–100 cm lang, 4-kantig, dicht beblättert, rötlich, meist verzweigt. Unterwasserblätter linealisch, sitzend, am Rand gewellt und fein gezähnt. Schwimmblätter fehlen. Blütenähre lockerblütig. Ährenstiel unverdickt. Blütezeit Mai–September. Kriechender, reich verzweigter Wurzelstock.
STANDORT UND VERBREITUNG Stehende oder langsam fließende, nährstoffreiche Gewässer. Fast ganz Europa.

LAICHKRAUT, LANGBLÄTTRIGES

Potamogeton praelongus Laichkrautgewächse

Langblättriges Laichkraut

SAMMELN UND ZUBEREITEN Angaben dazu bei der Gattung Laichkraut (siehe S. 174/175).
MERKMALE Staude. Stängel bis 2 m lang, meist von Blattansatz zu Blattansatz geknickt. Unterwasserblätter schmal lanzettlich mit kapuzenartiger Spitze, ganzrandig, schwach wellig. Schwimmblätter fehlen. Blütenähre vielblütig. Ährenstiel unterhalb der Ähre verdickt. Blütezeit Juli–August. Wurzelstock dick, wenig verzweigt.
STANDORT UND VERBREITUNG Meist in kühlen, nährstoffarmen Seen. Europa.

LAICHKRAUT, RÖTLICHES

Potamogeton rutilus Laichkrautgewächse

SAMMELN UND ZUBEREITEN Angaben dazu bei der Gattung Laichkraut (siehe S. 174/175).
MERKMALE Staude, meist rot oder braunrot überlaufen. Stängel fadenförmig dünn, etwas zusammengedrückt, meist kürzer als 40 cm. Unterwasserblätter schmal, ziemlich starr, enden in einer feinen, sehr kurzen Spitze. Schwimmblätter fehlen. Blütenähre nur etwa 1 cm lang, wenigblütig. Ährenstiel fadenförmig, nach oben nur wenig verdickt. Blütezeit Juli–September.
STANDORT UND VERBREITUNG Sommerwarme, eher nährsalzreiche, stehende und langsam fließende Gewässer. Hauptsächlich Nordeuropa.

LAICHKRAUT, SCHWIMMENDES

Potamogeton natans Laichkrautgewächse

SAMMELN UND ZUBEREITEN Angaben dazu bei der Gattung Laichkraut (siehe S. 174/175).
MERKMALE Staude. Stängel bis zu 2 m lang. Unterwasserblätter nur im Frühling, blattstielartig schmal, bis 50 cm lang. Schwimmblätter lang gestielt, ledrig, breit-elliptisch bis fast kreisrund. Blütenähre 5–8 cm lang, vielblütig. Ährenstiel unverdickt. Blütezeit Mai–August. Weit kriechender, reich verzweigter Wurzelstock.
STANDORT UND VERBREITUNG Bevorzugt nährstoffreiches Wasser und wächst vor allem in windgeschützten Seebuchten, Weihern, Tümpeln, Altwässern und Gräben. In Fließgewässern selten. Europa.

Schwimmendes Laichkraut

LAICHKRAUT, SPITZBLÄTTRIGES

Potamogeton acutifolius Laichkrautgewächse

SAMMELN UND ZUBEREITEN Angaben dazu bei der Gattung Laichkraut (siehe S. 174/175).
MERKMALE Staude. Stängel bis zu 2 m lang, mit 2 nicht geflügelten Kanten. Unterwasserblätter schmal-bandförmig, enden in einer feinen Spitze. Schwimmblätter fehlen. Blütenähre etwa 1 cm lang. Ährenstiel nicht dicker als der Stängel. Blütezeit Juli–August. Wurzelstock mit Spiralwurzeln.
STANDORT UND VERBREITUNG Stehende und fließende, meist kalkhaltige Gewässer. Verbreitungsschwerpunkt in Mitteleuropa.

Spitzblättriges Laichkraut

LAICHKRAUT, STACHELSPITZIGES

Potamogeton friesii Laichkrautgewächse

SAMMELN UND ZUBEREITEN Angaben dazu bei der Gattung Laichkraut (siehe S. 174/175).
MERKMALE Staude. Stängel locker verzweigt, auffällig flach zusammengedrückt, 50–120 cm lang. Unterwasserblätter schmal-bandförmig, bis 10 cm lang, mit feiner aufgesetzter Spitze. Schwimmblätter fehlen. Blütenähre mit nur 5–8 Blüten besetzt. Ährenstiel verdickt sich im oberen Viertel deutlich. Blütezeit Juli–August. Verzweigter Wurzelstock.

STANDORT UND VERBREITUNG Stehende oder langsam fließende, kalkarme, seichte Gewässer wie moorige Tümpel, moorige Gräben. Europa.

LAICHKRAUT, STUMPFBLÄTTRIGES

Potamogeton obtusifolius Laichkrautgewächse

SAMMELN UND ZUBEREITEN Angaben dazu bei der Gattung Laichkraut (siehe S. 174/175).
MERKMALE Staude. Stängel verzweigt, fadenartig dünn, bis 120 cm lang. Unterwasserblätter linealisch, abgestumpftes rundliches Vorderende, meist mit kleinem, aufgesetztem Spitzchen. Schwimmblätter fehlen. Blütenähre kaum 1 cm lang. Ährenstiel nicht verdickt. Blütezeit Juli–August. Wurzelstock kriechend, stark verzweigt.
STANDORT UND VERBREITUNG Schwach saure, kalkarme, stehende Gewässer, beispielsweise Hochmoortümpel, Wiesenmoore. Fast ganz Europa.

LAKRITZE, SÜSSHOLZ

Glycyrrhiza glabra Schmetterlingsblütengewächse

SAMMELN UND ZUBEREITEN In Notzeiten nutzte man die Wurzel für die Zubereitung von Gemüsegerichten und Gebäck, getrocknet nahm man sie als Kaugummi und zum Süßen von Tee. Süßholzwurzeln enthalten einen Zuckerersatzstoff, der eine 50-mal stärkere Süßkraft hat als normaler Zucker. Der eingedickte süß-aromatische Wurzelsaft lässt sich zum Aromatisieren von Bier und alkoholfreien Getränken verwenden.
MERKMALE Bis 100 cm hoch, Staude. Blätter wechselständig, unpaarig gefiedert, 9–17 Teilblättchen, diese oval, kurz gestielt, unterseits drüsig-klebrig. Blüten hellviolett. Blütezeit Juni–Juli. Holziger, innen gelber Wurzelstock, lange Ausläufer.
STANDORT UND VERBREITUNG Steinige Plätze, trockene Wälder. Häufig kultiviert und manchmal verwildert. Südosteuropa.

Lakritze

LÄRCHE, EUROPÄISCHE

Larix decidua Kieferngewächse

SAMMELN UND ZUBEREITEN In den Alpen war die Lärche früher der Haus- und Hofbaum und eng mit dem bäuerlichen Leben und Essen verknüpft. Die jungen Frühlingstriebe verarbeitete man zu feinaromatischem, leicht zitronigem Sirup, der sich als honigartiger Brotaufstrich eignete oder für Gelees, Süßspeisen und Soßen genutzt wurde. Fein gehackt würzten die jungen Triebe Salate. Und sie ergaben einen Tee, der mit Honig gesüßt bei Heiserkeit half. Im Frühjahr trank man den Stammsaft frisch gefällter Bäume. Auch die weiche innere Rinde unter der Borke wurde verwendet. In Streifen geschnitten nutzte man sie für Gemüseragouts und Aufläufen getrocknet und gemahlen als Mehlzusatz. Die rötlichen weiblichen Blütenstände (März–Mai) und die jungen, noch grünen Zapfen (Juni) waren aromatische Einlage für Hochprozentiges. Die grünlich gelben männlichen Blütenknospen kochte man in Wasser aus und reduzierte den entstandenen Sud zu einem honigartigen Sirup. Einige dieser vielfältigen Nutzungsarten entdeckt man heute wieder.

Europäische Lärche

MERKMALE 25–40 m hoch, sommergrüner Nadelbaum. Nadeln hellgrün, weich, in Büscheln zu 20–40, im Herbst goldgelb. Männliche Blüten gelb, eiförmig bis kugelig, weibliche Blütenstände zunächst rosa bis dunkelrot, später grün. Blütezeit März–Mai. Reife Zapfen aufrecht, oval, braun. Samen 3–4 mm lang, fallen einzeln aus. Samenreife September–November.
STANDORT UND VERBREITUNG Waldbaum der Mittelgebirge und Gebirge. Vielfach forstlich kultiviert. Heimisch in den Alpen sowie mit eigener Unterart in den Sudeten/Karpaten.

LASERKRAUT, BERG-, ECHTER BERGKÜMMEL

Laserpitium siler Doldengewächse

SAMMELN UND ZUBEREITEN Die getrockneten Früchte riechen wie Kümmel, schmecken aber würzig-scharf und eignen sich ähnlich wie Schwarzkümmel und Kreuzkümmel als Pfefferersatz. Man verwendet die Samen ganz oder gemahlen. Besonders gut passen sie zu Eintöpfen, Chutneys, Pickles, Tomaten- und Kohlgerichten.

MERKMALE 40–150 cm hoch, Staude. Würziger Geruch. Blätter blaugrün, 2- bis 4-fach gefiedert, Teilblättchen lanzettlich, ganzrandig. Blütendolden 20- bis 40-strahlig, Einzelblüten weiß. Blütezeit Juni–August. Frucht länglich, kahl, mit breit geflügelten Rippen.

STANDORT UND VERBREITUNG Eichen- und Kiefernwälder, sonnige Gebüsche, trockene Rasen, auf Kalk. Gebirge Mittel- und Südeuropas, bevorzugt in Höhenlagen von 1000–2000 m.

LASERKRAUT, BREITBLÄTTRIGES

Laserpitium latifolium Doldengewächse

SAMMELN UND ZUBEREITEN Die Wurzel der Pflanze enthält Bitterstoffe und wird deshalb auch »Weiße Enzianwurzel« genannt. Getrocknet verwendete man sie früher fein dosiert als bitter-aromatisches Gewürz.

MERKMALE 50–150 cm hoch, Staude. Blätter blaugrün, 1- bis 2-fach gefiedert, Teilblättchen breit-eiförmig, gestielt, grob gesägt. Blütendolden 20- bis 40-strahlig, Einzelblüten weiß bis grüngelb. Blütezeit Juli–August.

STANDORT UND VERBREITUNG Trockenwälder, sonnige Waldränder, auf Kalk. Fast ganz Europa.

LATTICH, BLAUER

Lactuca perennis Korbblütengewächse

SAMMELN UND ZUBEREITEN Bis zum Beginn der Blütezeit können die frisch-herb schmeckenden Blätter gesammelt und in der Küche verwendet werden. Danach sind sie sehr bitter. Roh und in Streifen geschnitten eignen sie sich als Beigabe zu Salaten und Gemüsegerichten und runden in dieser Form vor allem Fleisch- und Fischvariationen ab.

MERKMALE 20–75 cm hoch, Staude. Führt Milchsaft. Blätter wechselständig, blaugrün, fast bis zur Mittelrippe tief gelappt. Blauviolette Blütenköpfchen. Blütezeit Mai–Juli.

STANDORT UND VERBREITUNG Trockene Rasen, steile Hänge in Weinbauregionen. Süddeutschland, Südeuropa.

Blauer Lattich

LATTICH, EICHEN-

Lactuca quercina Korbblütengewächse

SAMMELN UND ZUBEREITEN Vor der Blütezeit gesammelte Blätter können roh in Salaten und gekocht in Gemüsegerichten verwendet werden. Nach der Blütezeit werden sie bitter.

MERKMALE 50–150 cm hoch, ein- bis zweijährig. Führt Milchsaft. Grundblätter rosettig, Stängelblätter wechselständig, ungeteilt oder bis fast zur Mittelrippe fiederteilig, am Rand gezähnt, aber nicht stachelig. Gelbe Blütenköpfchen. Blütezeit Juni–September.

STANDORT UND VERBREITUNG Trockengebüsche, Trockenwälder. Hauptverbreitung in Südosteuropa, einzelne Vorkommen im südlichen Mitteleuropa.

LATTICH, KOMPASS-, STACHEL-LATTICH

Lactuca serriola Korbblütengewächse

SAMMELN UND ZUBEREITEN Die Blätter sammelt man von April bis Juli. Besonders junge Blätter und Stängel eignen sich roh als Zutat in Salaten, ältere verarbeitet man in Gemüsegerichten. Den getrockneten Wurzelsaft verwendete man früher als Kaugummi.

MERKMALE 60–150 cm hoch, ein- bis zweijährig. Führt Milchsaft. Grundblät-

Kompass-Lattich

ter rosettig. Stängelblätter wechselständig, tief buchtig gelappt, Mittelnerv an der Blattunterseite stachelig, Blattrand ungleichmäßig stachelig gezähnt. Gelbe Blütenköpfchen. Blütezeit Juli–September.
STANDORT UND VERBREITUNG Bahndämme, Wegränder. Südliches Mitteleuropa, Südeuropa.

LAUCH, ACKER-, SOMMER-LAUCH

Allium ampeloprasum — Lauchgewächse

SAMMELN UND ZUBEREITEN Gewürz- und Heilpflanze, die in ihrer Wirkung mit Knoblauch vergleichbar ist, aber deutlich milder schmeckt. Blätter und Zwiebeln werden roh und gegart gegessen, die Blüten genießt man roh als sparsam eingesetztes Gewürz.
MERKMALE Bis 180 cm hoch, Staude. Blätter linealisch, flach, spitz zulaufend, mit rauem Rand, bilden Blattscheiden um das untere Stängeldrittel. Kugelförmiger Blütenstand aus mehreren Hundert Einzelblüten, meist ohne Brutzwiebeln, anfangs von einer häutigen Hochblatthülle umschlossen. Einzelblüten weiß, rosa oder dunkelrot. Blütezeit Juni–August.
STANDORT UND VERBREITUNG In Feldern, an Wegrändern, auf Brachland. Süd- und Südosteuropa.

LAUCH-, ALPEN-SCHNITT-

Allium schoenoprasum var. *sibiricum* — Lauchgewächse

SAMMELN UND ZUBEREITEN Die Blätter dieses Schnitt-Lauchs, der Stammform des Garten-Schnitt-Lauchs, riechen und schmecken scharf-aromatisch. Sie sind Vitamin-C-Spender und würzende Speisenzutat.
MERKMALE 15–30 cm hoch, Staude. Blätter grundständig, rund, röhrig. Kugeliger Blütenstand, Einzelblüten rosa bis purpurn. Blütezeit Juli–August.
STANDORT UND VERBREITUNG Sumpfwiesen, feuchte Felsbänder. Gemäßigtes Europa.

LAUCH, BÄR-

Allium ursinum — Lauchgewächse

SAMMELN UND ZUBEREITEN Bekannte Heil-, Gewürz- und Gemüsepflanze, die in Geschmack und

Bär-Lauch

Wirkung dem Knoblauch ähnelt. In der Küche werden Blätter, Blüten und Zwiebeln verwendet. Die beste Sammelzeit für die Blätter ist vor der Blütezeit, für die Zwiebeln von Juli bis in den Herbst. Roh nimmt man Bär-Lauch-Blätter als Gewürz wie Knoblauch, beispielsweise als Zutat in Salaten, Quark- und Frischkäsemischungen, Soßen und Pesti, ja selbst als Brot- und Pizzabelag. Gekocht schmecken Bär-Lauch-Blätter deutlich milder und ergeben dann ein delikates Gemüse. So ist ein Wildgemüse aus Brennnesseln, Bär-Lauch und Spinat ein vitamin- und mineralstoffreiches und zudem sehr schmackhaftes Essen. Blüten und Zwiebeln der Pflanze würzen wie die Blätter Salate, Gemüsegerichte, Suppen, Quarkspeisen, Kräuterbutter, Essig und Öl. Vorsicht: Bär-Lauch-Blätter ähneln denen stark giftiger Pflanzen wie dem Geflecktem Aronstab (*Arum maculatum*, S. 359), dem Maiglöckchen (*Convallaria majalis*, S. 376) und der Herbstzeitlosen (*Colchicum autumnale*, S. 370).
MERKMALE 15–50 cm hoch, Staude. Typischer intensiver Lauchgeruch. Meist 2 lang gestielte, große, breit-ovale Blätter mit deutlich parallelen Adern, Blattrand glatt, Blattunterseite matt. Kugeliger Blütenstand aus weißen, sternförmigen Einzelblüten am Stängelende. Blütezeit April–Juni. Zwiebeln lang und sehr schmal.
STANDORT UND VERBREITUNG Feuchte, schattige Laub-, Misch- und Auwälder. Fast ganz Europa.

> **Bär-Lauch-Pesto** schmeckt feiner, wenn es mit etwas Zitronensaft abgeschmeckt wird. In dieser Form passt es selbst zu Spargel.

LAUCH, BERG-

Allium senescens ssp. *montanum* Lauchgewächse

Berg-Lauch

SAMMELN UND ZUBEREITEN Vor der Blütezeit gesammelte Blätter eignen sich als würzende Beigabe zu Salaten und Gemüsegerichten, Kräutersoßen und Pesti, Quark, Frischkäse und Kräuterbutter. Die Zwiebel nutzt man von September bis in den Spätherbst als Salat- und Gemüsezutat.
MERKMALE 20–40 cm hoch, Staude. Stängel unter dem Blütenstand kantig. Blätter linealisch, nie gekielt. Blütenstand halbkugelig, ohne Brutzwiebeln, Blüten rot. Blütezeit Juli–August.
STANDORT UND VERBREITUNG Felsbänder, steinige Rasen. Mittel- und Südeuropa. Geschützt.

LAUCH, GEKIELTER

Allium carinatum Lauchgewächse

SAMMELN UND ZUBEREITEN Bis zum Beginn der Blütezeit werden die Blätter genutzt, die Zwiebeln von September bis in den Winter. Die Blätter eignen sich als würzende Beigabe zu Salaten und Gemüsegerichten, zu Soßen und Pesti, zu Quark, Frischkäse, Kräuterbutter und vielem mehr. Die Zwiebeln sind kräftige Beigabe zu Salaten, Gemüsegerichten und süßsauer Eingelegtem.
MERKMALE 30–60 cm hoch, Staude. Blätter flach, am Rand meist glatt. Blütenstand mit sitzenden, grünlichen Brutzwiebeln, Blüten rosa bis dunkelviolett. Blütezeit Juni–August.
STANDORT UND VERBREITUNG Magerrasen, Moorwiesen. Mittel- und Südeuropa.

LAUCH, KANTIGER

Allium angulosum Lauchgewächse

SAMMELN UND ZUBEREITEN Vor der Blütezeit gesammelte Blätter eignen sich als würzende Beigabe zu Salaten und Gemüsegerichten, Kräutersoßen und Kräuterpesti, Quark, Frischkäse und Kräuterbutter. Die Zwiebel wird von September bis in den Spätherbst als kräftige Salat- und Gemüsewürze genutzt.
MERKMALE 20–50 cm hoch, Staude. Stängel kantig. Blätter, flach, unten scharf gekielt. Halbkugeliger Blütenstand ohne Brutzwiebeln, Blüten rosa oder rot, Blütenstiele kantig. Blütezeit Juli–September.
STANDORT UND VERBREITUNG Nasse Wiesen, Fluss- und Seeufer. Mittel- und Südeuropa. Geschützt.

LAUCH, KOHL-

Allium oleraceum Lauchgewächse

SAMMELN UND ZUBEREITEN Blätter, Blüten, Brutzwiebeln und Zwiebeln sind kulinarisch nutzbar. Die Blätter sammelt man vor der Blüte, die Blüten während der gesamten Blütezeit, die Brutzwiebeln von Juli bis August und die Zwiebeln im Herbst. Blätter, Blüten und Brutzwiebeln werden als vielseitig einsetzbare Würze, beispielsweise für Pesto, Kräuterbutter, Kräuterquark, Soßen, Salate und Gemüsegerichte verwendet. Auch als deftiger Brotbelag sind sie geeignet. Die Zwiebeln sind als scharf-würzige Suppen-, Soßen- und Gemüsebeigabe nutzbar.

Kohl-Lauch

MERKMALE 20–70 cm hoch, Staude. Blätter mit Lauchgeruch, flach, rinnig. Blütenstand mit sitzenden rötlichen Brutzwiebeln, Blüten rötlich oder grünlich weiß. Blütezeit Juni–August.
STANDORT UND VERBREITUNG Trockene Rasen, Wegraine, Weinbergsmauern. Europa.

LAUCH, KUGELKÖPFIGER

Allium sphaerocephalon Lauchgewächse

SAMMELN UND ZUBEREITEN Bis zum Beginn der Blütezeit werden die Blätter genutzt, die Zwiebeln von September bis in den Winter. Die Blätter eignen sich als würzende Beigabe zu Salaten und Gemüsegerichten, zu Soßen und Pesti, zu Quark, Frischkäse,

Kugelköpfiger Lauch

Kräuterbutter und vielem mehr. Die Zwiebeln sind kräftige Beigabe zu Salaten, Gemüsegerichten und süßsauer Eingelegtem.
MERKMALE 30–50 cm hoch, Staude. Blätter bilden eine weite Rinne, die an der Spitze in eine Röhre übergeht. Kugeliger Blütenstand, meist ohne Brutzwiebeln, Blüten rot. Blütezeit Juni–Juli.
STANDORT UND VERBREITUNG Steinige, trockene Rasen, Sanddünen, Weinbergsmauern. Mittel- und Südeuropa.

LAUCH, NEAPOLITANISCHER

Allium neapolitanum — Lauchgewächse

SAMMELN UND ZUBEREITEN Die Blätter und Zwiebeln der Pflanze sind roh und gegart essbar und schmackhaft. Man nutzt sie ebenso wie den nachfolgend beschriebenen Schlangen-Lauch.
MERKMALE 20–50 cm hoch, Staude. Stängel kantig. 2–3 grundständige Blätter, flach, glänzend dunkelgrün. Halbkugeliger Blütenstand, Blütenhüllblätter weiß und glänzend. Blütezeit Februar–Mai.
STANDORT UND VERBREITUNG Ruderalstandorte, Straßenränder, Gebüsche. Südeuropa.

LAUCH, SCHLANGEN-

Allium scorodoprasum — Lauchgewächse

SAMMELN UND ZUBEREITEN Der Schlangen-Lauch wurde lange als Knoblauch-Ersatz in Gärten angebaut, geriet dann aber ein wenig in Vergessenheit. Heute entdecken Gartenbesitzer die Pflanze mit dem milden Knoblauchgeschmack neu. Ihre Blätter werden von April bis Juni geerntet, die Zwiebeln im Herbst. Die Blätter verarbeitet man als Beigabe zu Salaten und Gemüsegerichten, aber auch ähnlich wie Schnitt-Lauch als Würze für Quark und Frischkäse, Kräuterbutter, Eierspeisen, Soßen, Pesti und vieles mehr. Die Zwiebeln sind sowohl roh als auch gekocht essbar. Geschmacklich ähneln sie Knoblauch, sind aber nicht so kräftig. Man genießt sie als Beigabe in Salaten und Gemüsegerichten, aber auch zu eingelegtem Gemüse.
MERKMALE 50–80 cm hoch, Staude. Blätter flach, gekielt. Kugeliger, lockerer Blütenstand, mit Brutzwiebeln, Blüten rot. Blütezeit Juni–Juli.
STANDORT UND VERBREITUNG Feuchte Wiesen, bachbegleitende Gebüsche, Auwälder. Mittel- und Südeuropa.

LAUCH, SCHNITT-

Allium schoenoprasum — Lauchgewächse

SAMMELN UND ZUBEREITEN Schnitt-Lauch enthält viel Vitamin C, Lauchöle und neben anderen Mineralstoffen besonders viel Eisen. Neben Petersilie ist er das beliebteste Küchenkraut. Seine Blätter sind einsetzbar als Gewürz für herzhafte Salate, Suppen, Soßen und Pesti, Quark- und Frischkäsemischungen, Kräuterbutter, Kartoffel- und Eierspeisen. Die Blüten eignen sich als Salatbeigabe. Die Blütenknospen passen wie die kleinen Zwiebeln gut in Kartoffelgerichte.
MERKMALE 10–50 cm hoch, Staude. Blätter grundständig, röhrig, rund, glatt. Kugeliger, dichter Blütenstand, ohne Brutzwiebeln, Blütenhüllblätter rot bis rotviolett. Blütezeit Mai–September.
STANDORT UND VERBREITUNG In Gärten kultiviert, verwildert an Flussufern, wild auf steinigen Hängen in den Alpen.

> **Schnitt-Lauch** verträgt die Kombination mit anderen kräftigen Kräutern wie Petersilie, Basilikum, Estragon, Kerbel und Knoblauch.

Schnitt-Lauch

LAUCH, SCHWARZER

Allium nigrum — Lauchgewächse

SAMMELN UND ZUBEREITEN Vor der Blütezeit gesammelte Blätter eignen sich als würzende Beigabe zu Salaten und Gemüsegerichten, Kräutersoßen und Pesti, Quark, Frischkäse und Kräuterbutter. Die Zwiebel wird von September bis in den Spätherbst in Salat und Gemüse genutzt.
MERKMALE 60–90 cm hoch, Staude. 3–4 grundständige Blätter, bis 50 cm lang und bis 8 cm breit, flach, am Rand etwas rau. Kugeliger Blütenstand, Blütenhüllblätter weiß oder rosaviolett mit grünem Mittelnerv, sternförmig ausgebreitet. Blütezeit Mai–Juni.
STANDORT UND VERBREITUNG Felder, Olivenhaine, Brachland. Südeuropa.

LAUCH, SELTSAMER

Allium paradoxum — Lauchgewächse

SAMMELN UND ZUBEREITEN Weil die Pflanze in der Nähe von Berlin besonders häufig auftritt und wie Bär-Lauch riecht, wird sie volkstümlich auch als »Berliner Bär-Lauch« bezeichnet. Ihre vor der Blüte geernteten Blätter sind wie die des Bär-Lauchs würzende Beigabe in Salaten und Gemüsegerichten, Soßen und Pesti. Sie verleihen Quark, Frischkäse und Kräuterbutter, aber auch Essig und Öl ein charakteristisches Aroma. Die Zwiebeln bereichern als Würze Salate und Gemüsegerichte.
MERKMALE 10–40 cm hoch, Staude. Ein einziges, etwa 30 cm langes und 2 cm breites Blatt. Blütenstand mit wenigen, kleinen, kugeligen Brutzwiebeln und meist einer einzigen Blüte, Blütenhüllblätter weiß, mit feinen, grünen Längslinien. Blütezeit April–Mai.
STANDORT UND VERBREITUNG Herkunft Kaukasus. In vielen Teilen Europas als Zierpflanze kultiviert und in der Nähe von Parkanlagen und Gärten verwildert anzutreffen.

LAUCH, STEIFER

Allium strictum — Lauchgewächse

SAMMELN UND ZUBEREITEN Bis zum Beginn der Blütezeit werden die Blätter genutzt, die Zwiebeln von September bis in den Winter. Die Blätter eignen sich als würzende Beigabe zu Salaten und Gemüsegerichten, zu Soßen und Pesti, zu Quark, Frischkäse, Kräuterbutter und vielem mehr. Die Zwiebeln sind kräftige Beigabe zu Salaten, Gemüsegerichten, süßsauer Eingelegtem und anderem.
MERKMALE 10–50 cm hoch, Staude. Blätter flach, 2–5 mm breit. Halbkugeliger Blütenstand, ohne Brutzwiebeln, Blüten rosa oder rot. Blütezeit Juni–August.
STANDORT UND VERBREITUNG Felsbänder, Felsspalten, felsige Hänge. Mitteleuropa, daneben kleine Areale in Italien, Frankreich und Polen. Geschützt.

Steifer Lauch

LAUCH, WEINBERGS-

Allium vineale — Lauchgewächse

SAMMELN UND ZUBEREITEN Die Blätter, Blüten, Brutzwiebeln und Zwiebeln sind kulinarisch nutzbar. Die Blätter sammelt man vor der Blüte, die Blüten während der gesamten Blütezeit, die Brutzwiebeln von Juli bis August und die Zwiebeln im Herbst. Blätter, Blüten und Brutzwiebeln werden als vielseitig einsetzbare Würze, beispielsweise für Pesto, Kräuterbutter, Kräuterquark, Soßen, Salate und Gemüsegerichte verwendet. Auch als würziger Brotbelag eignen sie sich. Die Zwiebeln sind als würzige Suppen-, Soßen- und Gemüsebeigabe nutzbar.
MERKMALE 30–60 cm hoch, Staude. Blätter fast stielrund, bläulich grün, glatt. Kugeliger Blütenstand,

Weinbergs-Lauch

wenigblütig, oft nur mit Brutzwiebeln, Blüten rot, grünlich oder weiß. Blütezeit Juni–August.
STANDORT UND VERBREITUNG Weinberge, Wegränder, Rasen und Parkanlagen. Südskandinavien, Mittel- und Südeuropa.

LAUCH, WINTER-

Allium porrum Lauchgewächse

SAMMELN UND ZUBEREITEN Winter-Lauch ist aus unserer Küche nicht mehr wegzudenken. Vermutlich stammt er vom Sommer-Lauch *(Allium ampeloprasum)* ab, der wild im Mittelmeerraum vorkommt. Die Pflanze enthält Kohlenhydrate, Ballaststoffe, reichlich Vitamin C und eine Reihe von Mineralsalzen. Sie wird als Gemüse gedünstet, fein geschnitten in Salaten verarbeitet und als würzende Beigabe in Suppen und Eintöpfen, Soßen, Aufläufen und pikanten Kuchen verwendet.
MERKMALE 30–60 cm hoch, zweijährig. Blätter 2–4 cm breit (in Kultur noch breiter), linealisch, graugrün, fleischig, kahl. Kugeliger, sehr dichter Blütenstand, ohne Brutzwiebeln, Blütenhüllblätter rosa. Blütezeit Juni–Juli.
STANDORT UND VERBREITUNG Kultiviert und in Weinbaugebieten oder in der Umgebung von Feldern verwildert.

LAUCH, WOHLRIECHENDER

Allium suaveolens Lauchgewächse

SAMMELN UND ZUBEREITEN Bis zum Beginn der Blütezeit werden die Blätter dieser Lauchart genutzt, die Zwiebeln von September bis in den Winter. Die Blätter eignen sich als würzende Beigabe zu Salaten und Gemüsegerichten, zu Soßen und Pesti, zu Quark, Frischkäse, Kräuterbutter und vielem mehr. Die Zwiebeln sind kräftige Beigabe zu Salaten, Gemüsegerichten, süßsauer Eingelegtem und pikanten Flammkuchen.
MERKMALE 20–50 cm hoch, Staude. Blätter flach, gekielt. Blütenstand kugelig bis halbkugelig, ohne Brutzwiebeln, Blüten purpurrot oder rosa. Blütezeit Juli–September.
STANDORT UND VERBREITUNG Sumpfwiesen, Flachmoore. Mittel- und Südeuropa.

LAUCH, ZWIEBEL-, ZWIEBEL

Allium cepa Lauchgewächse

SAMMELN UND ZUBEREITEN Die kulinarische Nutzung der Zwiebel ist lange belegt. Sie wird als würziges Kochgemüse, gegart als Beigabe zu Fleisch- und Fischgerichten, in Aufläufen, Quiches und dem klassischen Zwiebelkuchen, in Suppen, Eintöpfen und Soßen, auch roh als Brotbelag oder in den verschiedensten Salaten gegessen. Getrocknet aromatisiert sie Salz. Auch eingelegt oder geröstet ist sie vielfältig nutzbar. Die röhrenförmigen Blätter des Zwiebel-Lauchs sind ebenfalls als Gewürz geeignet. Sie können als Ersatz für Schnitt-Lauch verwendet werden, sind aber deutlich kräftiger im Geschmack als dieser. Zwiebeln sind nicht nur eine unverzichtbare Würze, sondern auch ausgesprochen gesund. In Ägypten gehörte die Zwiebel schon zur Entstehungszeit der Pyramiden zur regelmäßigen Ernährung der Arbeiter. Bildliche Darstellungen, die dies belegen, sind seit 2000 v. Chr. überliefert. Im Mittelalter setzte sich die Zwiebel auch in Mitteleuropa als Gewürz- und Heilpflanze durch. Ihre ätherischen Öle wirken antibakteriell, blutzuckersenkend, blutreinigend, harntreibend und verdauungsfördernd. Ein Tee aus fein gehackten Zwiebeln, mit Honig gesüßt, hilft bei Husten und grippalen Infekten. Mit dem frischen Saft kann man Insektenstiche kurieren.

Zwiebel-Lauch

MERKMALE 50–120 cm hoch, Staude. Blätter röhrig, rund, bläulich grün. Kugeliger, dichter Blütenstand, meist ohne Brutzwiebeln, Blütenhüllblätter grünlich weiß. Blütezeit Juni–August.
STANDORT UND VERBREITUNG Kultiviert und in klimatisch günstigen Regionen in der Nähe von Kompostanlagen verwildert.

Zwiebelsuppe schmeckt noch aromatischer, wenn man sie vor dem Servieren mit einem Hauch Zimt bestäubt.

LAVENDEL, ECHTER

Lavandula angustifolia Lippenblütengewächse

SAMMELN UND ZUBEREITEN Frische Lavendelblüten aromatisieren Marmelade und Gelee, süße Desserts und Speiseeis, aber auch Essig. Kandiert schmücken sie Kuchen und Torten. In der Vergangenheit nahm man Lavendelzucker als Aromaträger für Plätzchenteige, Sorbets und Gelee. Blätter und Blüten würzen frisch oder getrocknet Fleisch, Fisch, Salate, Gemüsegerichte, Kräuterbutter, Käse und Gebäck. Sie werden zum Aromatisieren von Likören verwendet und ergeben einen feinen Tee. Sie sind auch Bestandteil der berühmten Kräutermischung »Herbes de Provence«. In alter Zeit trank man mit Lavendel gewürzten Wein als Beruhigungsmittel.

Echter Lavendel

MERKMALE 20–60 cm hoch, Halbstrauch, aromatisch duftend. Blätter schmal-lanzettlich, ganzrandig, Blattrand nach unten umgerollt, unterseits graufilzig. Blüten blauviolett. Blütezeit Juli–August.
STANDORT UND VERBREITUNG Trockenrasen, Trockengebüsche, steinige Hänge. Kultiviert und verwildert. Süd- und Südwesteuropa.

Lavendelblüten kommen in Obstsalaten mit Heidelbeeren, Birnen und Aprikosen besonders gut zur Geltung.

LAVENDEL, GEZÄHNTER

Lavandula dentata Lippenblütengewächse

SAMMELN UND ZUBEREITEN Blätter und Blüten sind eine dezente Würze für Fisch, Geflügel und veschiedene Soßen.
MERKMALE 30–100 cm hoch, immergrüner Strauch. Frisch-harziges Aroma. Blätter schmal-linealisch, am Rand umgerollt und mehr oder weniger tief gekerbt. Ährenartiger, lang gestielter Blütenstand, überragt von einer Krone purpurfarbener Hochblätter, Blüten blauviolett. Blütezeit März–Juli.
STANDORT UND VERBREITUNG Steinige Standorte. Südfrankreich, Spanien, Süditalien.

LAVENDEL, SCHOPF-

Lavandula stoechas Lippenblütengewächse

SAMMELN UND ZUBEREITEN Mit Blättern und Blüten verfeinert man sparsam dosiert Salate, Suppen, Soßen, Geflügel-, Wild- und Fischspeisen. Sie parfümieren Eis, Marmelade und Gebäck. Und sie passen bestens in Teemischungen. In vielen Regionen Südeuropas trinkt man einen Teeaufguss aus den Blättern gegen Alltagsbeschwerden aller Art.
MERKMALE Ca. 50 cm hoch, immergrüner Strauch, verzweigt, intensiv nach Zimt und Kampfer duftend. Blätter linealisch bis lanzettlich, mit umgerolltem Rand, beiderseits weichfilzig. Blüten in einem dichten, kurz gestielten, ährenartigen Blütenstand, der von einem Schopf hellvioletter Hochblätter überragt wird, Blütenkrone schwarzviolett. Blütezeit März–Juni.
STANDORT UND VERBREITUNG Trockene, steinige Plätze, lichte Gebüsche. Südeuropa.

LAVENDEL, SPEIK-

Lavandula latifolia Lippenblütengewächse

SAMMELN UND ZUBEREITEN Speik-Lavendel enthält weniger ätherische Öle als der Echte Lavendel, wird aber dennoch wie dieser als Würzkraut und Teepflanze verwendet.
MERKMALE Aromatischer, immergrüner Strauch, bis 80 cm hoch. Blätter schmal-elliptisch, graugrün, jung weißfilzig, später verkahlend. Ährige Blütenstände, violette Blütenkronen. Blütezeit Juni–September.
STANDORT UND VERBREITUNG Trockene, sonnige Hänge. Südeuropa.

LEIMKRAUT

SAMMELN UND ZUBEREITEN Junge Triebe und die zarten, vor der Blüte gepflückten Blätter eignen sich roh als Beigabe zu Blattsalaten, gedünstet bereichern sie Gemüsegerichte wie Aufläufe, Teigtaschen oder

Flachs-Leimkraut

Spinat. Der Geschmack ist herb-erbsenartig mit einem leichten Bitterton. Manche Leimkräuter sind in ihrem Bestand gefährdet, lassen sich aber auf steinigen Böden gut anbauen. Weitere, hier nicht näher beschriebene Leimkräuter wie das Flachs-Leimkraut *(Silene linicola)*, das Grünliche Leimkraut *(Silene chlorantha)*, das Kegelfrüchtige Leimkraut *(Silene conica)* und das Tataren-Leimkraut *(Silene tatarica)* können ähnlich verwendet werden.

LEIMKRAUT, FELSEN-

Silene rupestris Nelkengewächse

SAMMELN UND ZUBEREITEN Angaben dazu bei der Gattung Leimkraut.
MERKMALE 10–20 cm hoch, Staude. Stängel aufsteigend, selten aufrecht, kahl. Blätter gegenständig, lanzettlich, blaugrün. Endständiger, gabelig verzweigter Blütenstand. Blüten weiß oder rosa. Blütezeit Juni–September.
STANDORT UND VERBREITUNG Steinige Matten, Felsspalten in Höhenlagen zwischen 1500 und 2500 m. Gebirge Europas.

LEIMKRAUT, NELKEN-

Silene armeria Nelkengewächse

Nelken-Leimkraut

SAMMELN UND ZUBEREITEN Angaben dazu bei der Gattung Leimkraut.
MERKMALE 10–60 cm hoch, einjährig. Stängel kahl, bläulich bereift. Blätter breitlanzettlich, sitzend, blaugrün. Blüten hellpurpurn, Kelch meist rötlich, oben keulig verbreitert. Blütezeit Juni–August.
STANDORT UND VERBREITUNG Schutthalden, Waldsäume, Wegränder in warmen Lagen. Süd-, Mittel- und Osteuropa.

LEIMKRAUT, NICKENDES

Silene nutans Nelkengewächse

SAMMELN UND ZUBEREITEN Angaben dazu bei der Gattung Leimkraut.
MERKMALE 30–60 cm hoch, Staude. Stängel im oberen Teil klebrig. Grundblätter spatelförmig, obere Stängelblätter lanzettlich. Nickende weiße Blüten mit tief 2-lappigen Kronblättern, Kelch grünlich oder braunviolett, klebrig. Blütezeit Mai–August.
STANDORT UND VERBREITUNG Braucht nährstoffarmen, steinigen, ziemlich trockenen Boden. Wächst an Felsen, in trockenen Gebüschen, auf Magerrasen, auch in hellen Eichenwäldern, an Waldrändern. Fast ganz Europa.

Nickendes Leimkraut

LEIMKRAUT, ÖHRCHEN-

Silene otites Nelkengewächse

SAMMELN UND ZUBEREITEN Angaben dazu bei der Gattung Leimkraut.
MERKMALE 20–50 cm hoch, Staude. Stängel unten kurz behaart, oben kahl und klebrig. Grundblätter rosettig gehäuft, spatelförmig. Stängelblätter gegenständig, linealisch. Blütenstand eine lange, schmale, unterbrochene Rispe, Blüten gelbgrün. Blütezeit Juni–Juli.
STANDORT UND VERBREITUNG Braucht trockene Sandböden oder flachgründige Steinböden. Sandrasen, Felsensteppen. Südeuropa.

LEIMKRAUT, STÄNGELLOSES

Silene acaulis Nelkengewächse

SAMMELN UND ZUBEREITEN Angaben dazu bei der Gattung Leimkraut (siehe S. 186/187).
MERKMALE 1–5 cm hoch, Staude. Wächst als dichtes Polster. Stängel dicht mit Blättern bestanden. Blätter sehr schmal-lanzettlich, überdecken sich fast dachziegelartig. Blüten rosa oder rot, duftend, Blütenblätter vorn ausgerandet, Blütenkelch oft rot überlaufen. Blütezeit Juni–August.
STANDORT UND VERBREITUNG Steinige Weiden, felsige Hänge. Gebirge Mittel- und Südeuropas.

LEIMKRAUT, TAUBENKROPF-

Silene vulgaris Nelkengewächse

SAMMELN UND ZUBEREITEN Die Pflanze ist auch als Feld- oder Wiesenspinat bekannt, denn ihre vor der Blütezeit gesammelten Blätter und Triebspitzen kommen häufig als spinatähnliches Gemüse auf den Tisch. Sie eignen sich ebenso gut als Beigabe zu Salaten, Suppen und Gemüsefüllungen, für Kräuterbutter, Kräuterquark und Frischkäsemischungen. Auch einfach auf Butterbrot gestreut kann man sie essen. Im Frühling ist ihr Geschmack herbsüßlich erbsenartig, aber im Laufe des Jahres tendiert er immer mehr zum Bitteren. Junge Sprosse schmecken in Bierteig ausgebacken. Die Wurzel kann man in Suppen und Gemüsegerichten verarbeiten.

Taubenkropf-Leimkraut

MERKMALE 20–50 cm hoch, Staude. Stängel aufgebogen oder aufrecht, wenig verzweigt. Blätter gegenständig, schmal, im oberen Stängelbereich deutlich kleiner als an der Basis. Eindeutiges Kennzeichen der Pflanze ist ihre aufgeblasen wirkende Blüte: Die Kelchblätter sind zu einer braunrosafarbenen Röhre verwachsen, aus der die tief eingeschnittenen Kronblätter hervorragen. Blütezeit Juni–August. Dicke, fleischige Wurzel.
STANDORT UND VERBREITUNG Trockene Magerwiesen, Gebüsche, Wegränder, Heckenränder. Europa.

LEIN, AUSDAUERNDER

Linum perenne Leingewächse

SAMMELN UND ZUBEREITEN Die Blätter werden im Frühling als Beigabe zu Salaten verwendet, die Samen im Herbst in Kochgemüsegerichten verarbeitet und auch als Würzmittel vielseitig eingesetzt.
MERKMALE 20–60 cm hoch, Staude. Stängel aufrecht, einfach, nur im Blütenstandsbereich verzweigt. Blätter wechselständig, lanzettlich, graugrün. Blüten hellblau. Blütezeit Juni–August.
STANDORT UND VERBREITUNG Trockenrasen, Trockengebüsche, trockene Kiefernwälder. Mittel- und Osteuropa. Geschützt.

Ausdauernder Lein

LEIN, GELBER

Linum flavum Leingewächse

SAMMELN UND ZUBEREITEN Bis zum Beginn der Blütezeit werden die Blätter als Beigabe zu Salaten verwendet.
MERKMALE 20–60 cm hoch, Staude. Blätter wechselständig, spatelförmig bis lanzettlich, kahl, blaugrün. Blüten gelb. Blütezeit Juni–Juli.
STANDORT UND VERBREITUNG Magere Wiesen, Waldlichtungen, Wald- und Gebüschsäume. Südost- und Osteuropa. Geschützt.

LEIN, KLEBRIGER

Linum viscosum Leingewächse

Klebriger Lein

SAMMELN UND ZUBEREITEN Die Blätter sind vom Vorfrühling bis in den Mai als Salatzutat nutzbar.
MERKMALE 30–60 cm hoch, Staude. Blätter wechselständig, oval-lanzettlich, am Rand drüsig bewimpert. Blüten rosa. Blütezeit Mai–Juli. Frucht eine kugelige Kapsel.
STANDORT UND VERBREITUNG Trockenwälder, Trockengebüsche, Waldränder. Südeuropa. Geschützt.

LEIN, SAAT-, FLACHS

Linum usitatissimum Leingewächse

SAMMELN UND ZUBEREITEN Gandhi sagte: »Wenn Leinsamen Volksnahrungsmittel wären, würden die Menschen gesünder sein.« Leinsamen ist reich an essenziellen Fettsäuren, Proteinen und Ballaststoffen. Seine wohltuende Wirkung auf Magen und Darm ist bekannt. Heute werden sie vor allem in Backwaren, Salaten, Suppen und Müslis verwendet. Das aus den Samen gepresste Leinöl ist ein wertvolles Speiseöl. Viele regionale Spezialitäten, so zum Beispiel Pellkartoffeln mit Quark aus dem Erzgebirge, erhalten erst durch das nussige, leicht bitter schmeckende Leinöl ihren unverwechselbaren Geschmack. Bis zum Beginn der Blütezeit können auch die Blätter kulinarisch genutzt werden, beispielsweise als Salatzutat. Ein Satz zur Giftigkeit der Leinsamen: Diese Samen enthalten eine Substanz, Linamarin genannt, die chemisch gebunden Blausäure enthält. Doch beim Verzehr in üblichen Mengen nimmt man, wenn überhaupt, nur Spuren an Blausäure auf, ähnlich wie beim Genuss von Mandeln.

Saat-Lein

Der Wilde Flachs *(Linum bienne)*, heimisch in Südeuropa, wohl der häufigste wilde Lein und wahrscheinlich die Stammform von *Linum usitatissimum*, ist ähnlich verwendbar.
MERKMALE 70–90 cm hoch, einjährig. Blätter wechselständig, lanzettlich, ganzrandig. Blüten himmelblau. Blütezeit Juni–Juli. Frucht eine kugelige Kapsel. Samen braun oder goldgelb.
STANDORT UND VERBREITUNG Alte Kulturpflanze, gelegentlich verwildert.

LEIN, ZARTBLÄTTRIGER

Linum tenuifolium Leingewächse

SAMMELN UND ZUBEREITEN Bis zum Beginn der Blütezeit werden die Blätter als Beigabe zu Salaten verwendet.
MERKMALE 20–50 cm hoch, Staude. Blätter wechselständig, schmal-linealisch, graugrün. Blüten hellrosa bis helllila, selten weiß. Blütezeit Mai–Juli.
STANDORT UND VERBREITUNG Magerrasen, trockene Gebüsche, steinige Hänge. Verbreitungsschwerpunkt Südeuropa. Geschützt.

LEINDOTTER, SAAT-

Camelina sativa Kreuzblütengewächse

SAMMELN UND ZUBEREITEN Leindotter ist eine sehr alte Nutzpflanze. Die Samen waren für unsere Vorfahren gemeinsam mit Leinsamen und Weizen wichtige Zutat für Brot und Grütze. Dann geriet die Pflanze lange in Vergessenheit. Heute wird das aus den Samen gepresste Leindotteröl gerade wiederentdeckt. Es hat einen fruchtig-erbsenartigen Geschmack und ist mit seinem hohen Anteil an mehrfach ungesättigten Fettsäuren wertvoll für eine gesunde Ernährung. Verwendet wird es ähnlich wie Leinöl vor allem in der Salatküche.
MERKMALE 30–90 cm hoch, einjährig. Blätter lanzettlich, ganzrandig oder fein gezähnt, pfeilförmig stängelumfassend. Blüten gelb. Blütezeit Mai–Juni. Birnenförmige Schötchenfrucht, Samen gelbbraun bis rotbraun.
STANDORT UND VERBREITUNG Trockenes Ödland sowie Ränder von Getreidefeldern. Fast in ganz Europa.

LEINKRAUT, ALPEN-

Linaria alpina Braunwurzgewächse

SAMMELN UND ZUBEREITEN Von März bis Juni gesammelte Triebe nutzt man gekocht in Gemüsegerichten. Das aus den Samen gepresste Öl kann als Speiseöl verwendet werden. Fruchtreife und Ernte der ölhaltigen Samen liegen in den Monaten September und Oktober. Das Gestreifte Leinkraut *(Linaria repens)*, das Ginster-Leinkraut *(Linaria genistifolia)* und das Ruten-Leinkraut *(Linaria spartea)* können ähnlich verwendet werden.
MERKMALE Bis zu 15 cm hoch, Staude. Stängel liegend bis aufsteigend, häufig blau bereift. Blätter schmal-lanzettlich, bis zu 1,5 cm lang, dickfleischig, stehen meist zu wenigen in Quirlen, seltener auch wechselständig. Blüten blauviolett mit langem Sporn und gelbem Höcker, der die Öffnung der Kronröhre verschließt. Blütezeit Juni–September.
STANDORT UND VERBREITUNG Offene, sonnige Schutt- und Geröllhalden, Kiesbänke. Gebirge Mittel- und Südeuropas.

LEINKRAUT, GEWÖHNLICHES, FRAUENFLACHS

Linaria vulgaris Braunwurzgewächse

Gewöhnliches Leinkraut

SAMMELN UND ZUBEREITEN Die jungen Triebe, gesammelt von April bis Juni, werden gedünstet in Gemüsegerichten verarbeitet. Die Früchte, gesammelt von September bis Oktober, ergeben Speiseöl.
MERKMALE 20–60 cm hoch, Staude. Blätter wechselständig, linealisch bis lanzettlich, mit einem deutlichen Mittelnerv, graugrün, am Rand schwach nach unten umgeschlagen. Blüten in dichten Trauben am Ende des Stängels stehend, Krone hellgelb, 2-lippig, Unterlippe mit orangegelbem Fleck. Sporn gerade. Blütezeit Juni–Oktober. Kapselfrüchte.
STANDORT UND VERBREITUNG Wärmeliebende Pflanze, die auf trockenen, sandigen, oft mit Steinen durchsetzten Böden wächst. Besiedelt Ruderalflächen, Wegränder, Mauern, Bahndämme. Europa.

LEVKOJE

Matthiola incana Kreuzblütengewächse

Levkoje

SAMMELN UND ZUBEREITEN Die Pflanze ist als essbar überliefert. Denkbar ist eine Verarbeitung ihrer jungen Triebe und Blätter in Salaten und Gemüsegerichten.
MERKMALE 20–60 cm hoch, Staude. Stängel rund, unten oft verholzt, grau behaart. Blätter schmal-lanzettlich, ganzrandig, weißfilzig. Blüten weiß, rosa bis purpurrot, 4-zählig, duften intensiv. Blütezeit Februar–Mai. Schoten aufrecht, stabförmig, 4–16 cm lang.
STANDORT UND VERBREITUNG Küstenfelsen, Klippen, Mauern. Vielfach als Zierpflanze kultiviert und verwildert. Mittelmeergebiet, Küstenbereich.

LIEBESGRAS, GROSSES

Eragrostis cilianensis Süßgräser

SAMMELN UND ZUBEREITEN Die im Spätsommer geernteten Samen sind als essbar überliefert. Denkbar ist eine Verwendung als Kaffee-Ersatz oder als Keimsaat.
MERKMALE Bis zu 60 cm hoch, einjährig. Büschelig wachsendes Gras. Stängel aufsteigend oder aufrecht. Blattscheiden kahl, Blattspreiten 5–8 mm breit, flach, Blattunterseite etwas behaart. Blütenstand eine ausladende Rispe, Ährchen länglich-oval, bis zu 25 mm lang, um 3 mm breit, meist 15- bis 20-blütig, seitlich zusammengedrückt. Blütezeit Juli–September.
STANDORT UND VERBREITUNG Brachland, Schuttplätze. Ursprünglich Südosteuropa und Mittelmeergebiet, heute europaweit verbreitet.

Liebstöckel

LIEBSTÖCKEL, MAGGIKRAUT

Levisticum officinale — Doldengewächse

SAMMELN UND ZUBEREITEN In der Antike und später im Mittelalter war die Pflanze eines der am meisten verwendeten Würzkräuter in der Küche Liguriens. Liebstöckel ist vielfältig einsetzbar. Es passt zu nahezu allen Varianten deftiger Hausmannskost. Die vor der Blüte gepflückten Blätter würzen frisch oder getrocknet Eintöpfe und Suppen wie Bohnen-, Erbsen-, Linsen- und Kartoffelsuppe, Schmorbraten und herzhafte Salate. Nur einen Hauch der starken Würzkraft des Liebstöckels bekommen Blattsalate, wenn man die Salatschüssel mit einem Zweig Liebstöckel ausreibt, ehe man das Essig-Öl-Dressing anmacht. Liebstöckel-Blätter passen gut zu Kohlrabi-, Blumenkohl- und Möhrengemüse und werden häufig in Omeletts und Salatsoßen, pikanten Quarkspeisen und Fischgerichten verwendet. Lediglich für Süßspeisen und Spargel ist Liebstöckel ungeeignet. Frische Liebstöckel-Blätter kann man ohne Geschmacksverlust in einem Frischhaltebeutel im Kühlschrank einige Tage aufbewahren. Getrocknet sollten sie luftdicht verschlossen, kühl und dunkel gelagert werden. Mit den Samen würzt man Käse, pikantes Gebäck und Brot. Junge Stängel und Wurzeln lassen sich als Gemüse zubereiten. Die Wurzel nimmt man auch für die Herstellung von Kräuterlikören. Die berühmte »Maggi-Würze« enthält übrigens kein Liebstöckel, auch wenn der Volksname »Maggi-Kraut« die Vermutung nahelegt.

MERKMALE 1–2 m hoch, Staude. Intensiver Selleriedúft. Stängel aufrecht, rund, hohl, fein gerillt. Blätter wechselständig, die unteren sehr groß und 2- bis 3-fach gefiedert, die oberen 1-fach gefiedert, Teilblättchen rautenförmig, vorne mit wenigen großen Zähnen, an der Basis ganzrandig. Gelbe, 8- bis 20-strahlige Blütendolden. Blütezeit Juli–August. Frucht 5–7 mm lang.

STANDORT UND VERBREITUNG Hecken, Gebirgswiesen, Gärten. Vielfach kultiviert, gelegentlich verwildert. Fast ganz Europa.

> **Liebstöckel** kann im Unterschied zu vielen anderen Kräutern mitgekocht werden. Es verliert dadurch nicht an Geschmack.

LIESCHGRAS, STEPPEN-

Phleum phleoides — Süßgräser

SAMMELN UND ZUBEREITEN Die reifen Samen werden wie die fast aller mitteleuropäischen Gräser als Kaffee-Ersatz oder als Keimsaat genutzt.

MERKMALE 30–60 cm hoch, mehrjähriges Gras. Stängel aufrecht, dünn, oben blattlos. Blattscheiden glatt, rundlich, leicht aufgeblasen. Blätter graugrün, flach oder wenig eingerollt, an den Rändern rau. Ährenrispe schmal-walzenförmig, sehr dicht, ca. 10 cm lang. Ährchen länglich, 1-blütig. Blütezeit Juni–August.

STANDORT UND VERBREITUNG Wächst bevorzugt auf sommerwarmen, trockenen, kalkarmen Sand- und Steinböden. Besiedelt Sandtrockenrasen, helle Kiefernwälder, Felsen. Mittel- und Südeuropa.

LIESCHGRAS, WIESEN-

Phleum pratense — Süßgräser

SAMMELN UND ZUBEREITEN Die Samen reifen wie die nahezu aller mitteleuropäischen Gräser im Spätsommer. Nach Trocknen und Rösten können sie als Kaffee-Ersatz genutzt werden. Auch eine Verwendung als Keimsaat ist möglich.

MERKMALE 30–100 cm hoch, mehrjähriges Gras. Blattscheiden glatt, rund, Blätter bis 40 cm lang, etwa 9 mm breit, zugespitzt, flach. Sehr dichte, walzenförmige Ährenrispe, 6–15 cm lang und bis zu 1 cm breit, Ährchen 1-blütig. Blütezeit Juni–August.

STANDORT UND VERBREITUNG Wiesen, Weg- und Feldränder, Ödland. Auch als Futtergras angebaut. Europa.

LILIE, FEUER-

Lilium bulbiferum Liliengewächse

SAMMELN UND ZUBEREITEN Die süßlich schmeckenden Zwiebeln sind roh oder gekocht essbar. Sie eignen sich ähnlich wie Kartoffeln für die Zubereitung von Suppen und Gemüsegerichten. Geerntet werden sie von September bis Dezember. Junge Blätter und Sprosse passen in Salate und Suppen. Blüten und Blütenpollen eignen sich als Zutat zu Fisch- und Fleischgerichten und bereichern süße Desserts.

Feuer-Lilie

MERKMALE 50–100 cm hoch, Staude. Stängel im oberen Viertel behaart. Blätter wechselständig, linealisch bis lanzettlich, in den Achseln der oberen Blätter oft Brutzwiebeln. Blüten aufrecht, 6 gelbrote, innen braun gefleckte Blütenblätter, die nicht nach außen umgebogen sind. Blütezeit Mai–Juli. Zwiebel weißschuppig.

STANDORT UND VERBREITUNG Waldwiesen, Wald- und Gebüschränder, Bergwiesen. Häufig kultiviert und verwildert. Wild wohl nur in den Gebirgen Mittel- und Südeuropas. Geschützt.

LILIE, TÜRKENBUND-

Lilium martagon Liliengewächse

Türkenbund-Lilie

SAMMELN UND ZUBEREITEN Diese Pflanze wird ebenso wie die Feuer-Lilie genutzt. Türkenbund-Lilien sind geschützt und dürfen nicht aus der Natur gesammelt werden. In der Wildkräuterküche werden nur Gartenformen verwendet.

MERKMALE 30–100 cm hoch, Staude. Stängel rund, meist rot gefleckt. Blätter in der Stängelmitte fast quirlständig, sonst wechselständig, länglich-spatelförmig. Nickende Blüten, 6 rote, dunkel gefleckte, nach außen umgeschlagene Blütenblätter. Blütezeit Juni–August. Große, eiförmige, gelbe Zwiebel.

STANDORT UND VERBREITUNG Laubwälder, Nadelmischwälder der Gebirge, Gebirgswiesen. Hauptsächlich Mittel-, Ost- und Südosteuropa. Geschützt.

LINDE

SAMMELN UND ZUBEREITEN Die Linde ist als Hausmittel ebenso gut bekannt wie Kamille, Huflattich oder Holunder. Ihre Blüten enthalten ätherische Öle und lindern als Tee Erkältungskrankheiten. Darüber hinaus aromatisieren sie Zucker, Frucht- und andere Salate, viele Süßspeisen, Frischkäsemischungen, Eierspeisen wie Omelett und Rührei und Getränke wie Kräuterlimonaden und Bowlen. Die noch zarten Blütenknospen passen in Salate und ergeben getrocknet und pulverisiert ein Mehl, das zum Strecken von Getreidemehl verwendet wird. Doch nicht nur Lindenblüten haben Einzug in die Küchen gehalten, auch die Blätter werden seit Langem genutzt. Von April bis Mai gesammelt, ergeben sie feine Gemüsegerichte. Sie passen als Beigabe in Salate und schmecken fein geschnitten auf Butterbrot. Da sie reichlich Pflanzenschleim enthalten, eignen sie sich auch gut zum Eindicken von Suppen. Getrocknet und zu einem grünen Pulver vermahlen ergeben sie gemischt mit Getreidemehl schmackhafte Kuchen und Brote. Die unreifen Früchte harmonieren bestens mit Schokolade. In flüssige Schokolade getaucht ergeben sie ein Konfekt, das mit verschiedenen Aromastoffen immer wieder neu gestaltet werden kann. Aus den reifen Samen kann man Speiseöl pressen. Die Holländische Linde (*Tilia × europaea*), eine Kreuzung aus Sommer- und Winter-Linde, ist ebenso wie die nachfolgend dargestellten Arten verwendbar.

LINDE, SOMMER-

Tilia platyphyllos Lindengewächse

SAMMELN UND ZUBEREITEN Angaben dazu bei der Gattung Linde.

MERKMALE 25–40 m hoch, sommergrüner Laubbaum. Blätter wechselständig, unsymmetrisch herzförmig, am Rand gezähnt, oben dunkelgrün, unten heller und weich behaart, mit weißlichen Haarbüscheln in den Nervenachseln. Blüten gelbweiß, hängen zu 2–5 an einem flügelartigen Tragblatt. Blütezeit Juni–Juli. Frucht kugelig, knapp 1 cm dick, dickwandig, kantig. **STANDORT UND VERBREITUNG** Laubwälder. Mittel- und Südeuropa, in Mitteleuropa vor allem Straßen- und Parkbaum.

Sommer-Linde

LINDE, WINTER-

Tilia cordata — Lindengewächse

SAMMELN UND ZUBEREITEN Angaben dazu bei der Gattung Linde.
MERKMALE 15–30 m hoch, sommergrüner Laubbaum. Blätter wechselständig, unsymmetrisch herzförmig, am Rand gezähnt, oben sattgrün, unten blaugrün, mit rotbraunen Haarbüscheln in den Nervenachseln. Blüten gelbweiß, hängen zu 5–12 an einem flügelartigen Tragblatt. Blütezeit Juni–Juli. Früchte kugelig, etwa 6 mm dick, dünnschalig, undeutlich kantig.
STANDORT UND VERBREITUNG Laubmischwälder, wintermilde Klimalagen. In Europa weitverbreitet.

LÖFFELKRAUT

SAMMELN UND ZUBEREITEN Weil Löffelkräuter reichlich Vitamin C enthalten, hatten Seeleute früherer Zeiten bei langen Reisen immer ein Fass eingesalzenes Löffelkraut an Bord und aßen es zur Vorbeugung von Skorbut. Heute isst man die Pflanze wegen ihres scharfen, senfartigen Geschmacks nicht mehr als Gemüse, sondern nimmt sie eher als würzende Beigabe zu Salaten, Kartoffel- und Reisgerichten. Auch Zubereitungen der frischen Pflanze mit Joghurt sind beliebt. Ein paar klein gehackte Löffelkrautblätter auf einem Butterbrot sind ein herzhaftes Vergnügen. Die von August bis September gesammelten Samen kann man wie Pfeffer verwenden. Frisch ausgepresst ergeben sie einen heilkräftigen Saft, den sogenannten Löffelkrautgeist. Ähnlich wie die nachfolgend dargestellten Löffelkrautarten sind auch zwei weitere Löffelkräuter verwendbar: das Englische Löffelkraut *(Cochlearia anglica)* und das Pyrenäen-Löffelkraut *(Cochlearia pyrenaica)*. Beide sind als Wildpflanzen geschützt.

LÖFFELKRAUT, DÄNISCHES

Cochlearia danica — Kreuzblütengewächse

Dänisches Löffelkraut

SAMMELN UND ZUBEREITEN Angaben dazu bei der Gattung Löffelkraut.
MERKMALE Bis zu 20 cm hoch, einjährig. Grundblätter lang gestielt, rundlich, zur Blütezeit abgestorben. Stängelblätter kurz gestielt, efeuähnlich gelappt. Blüten weiß oder blasslila. Blütezeit Mai–Juni. Frucht ein eiförmiges, abgeflachtes Schötchen, 4–6 mm lang.
STANDORT UND VERBREITUNG Salzwiesen, Küstensand. Nord-, Mittel- und Westeuropa. Geschützt.

LÖFFELKRAUT, ECHTES

Cochlearia officinalis — Kreuzblütengewächse

Echtes Löffelkraut

SAMMELN UND ZUBEREITEN Angaben dazu bei der Gattung Löffelkraut.
MERKMALE 20–50 cm hoch, ein- oder mehrjährig. Grundblätter rosettig, rundlich bis nierenförmig. Stängelblätter länglich, oft grob gezähnt, die oberen stängelumfassend. Blüten weiß, duften angenehm. Blütezeit Mai–August. Eiförmige Schötchenfrucht, 4–7 mm lang, rotbraune Samen.
STANDORT UND VERBREITUNG Salzwiesen. Küsten Nord-, Mittel- und Westeuropas. Geschützt.

LORBEER

Laurus nobilis Lorbeergewächse

SAMMELN UND ZUBEREITEN Frische Lorbeerblätter schmecken ziemlich bitter. Beim Trocknen verliert sich dieser Bitterton, ihr feines Aroma dagegen bleibt erhalten. Deshalb verwendet man in der Küche vor allem getrocknete Lorbeerblätter, zum Beispiel zum Würzen von Suppen, gegrilltem und geschmortem Fleisch, Fisch, Sauerkraut, Linsengerichten und Tomatensaft. Auch zum Aromatisieren von Olivenöl finden sie Verwendung. Kocht man sie in Milch, verleihen sie Vanille- und Reispudding ein ganz besonderes Aroma. Im Altertum würzte man mit Lorbeer Gebäck und Bauernbrote. Und die Beduinen geben Lorbeer sogar in ihren Kaffee. Vorsicht: Der giftige Lorbeer-Seidelbast (*Daphne laureola*, S. 385) hat ähnlich geformte Blätter.

Lorbeer

MERKMALE 2–20 m hoch, immergrüner Baum oder Strauch. Blätter lanzettlich, oberseits dunkelgrün, unterseits matt hellgrün, am Rand etwas wellig, duften zerrieben angenehm aromatisch. Blüten klein, grünlich gelb, sitzen zu mehreren in den Blattachseln. Blütezeit März–April.

STANDORT UND VERBREITUNG Schattige, feuchte Wälder, vor allem in Bachtälern und unteren Gebirgslagen. Auch Zierbaum. Mittelmeergebiet.

> **Getrocknete Lorbeerblätter**, die man an den Rändern etwas einreißt, würzen deutlich intensiver.

LOTOSPFLAUME

Diospyros lotus Ebenholzgewächse

SAMMELN UND ZUBEREITEN »Diospyros« bedeutet »göttliche Frucht«. Die weichen, süß-aromatischen Lotospflaumen machen ihrem wissenschaftlichen Namen alle Ehre. Frisch vom Baum schmecken sie wirklich köstlich. Doch auch zu Saft, Sirup oder Wein verarbeitet enttäuschen sie nicht. Geerntet werden Lotospflaumen erst im Spätherbst, wenn die Bäume schon ihre Blätter verloren haben.

MERKMALE Bis zu 10 m hoch, sommergrüner Baum oder Strauch. Blätter eiförmig, zugespitzt, ganzrandig, oben glänzend dunkelgrün, unten graugrün. Blüten grünlich- oder gelblichweiß, glockig, duftend, männliche in Büscheln, weibliche einzeln. Blütezeit Juni. Kirschgroße, beerenartige Früchte, zunächst gelb, bei Reife tiefblau bis schwarz.

STANDORT UND VERBREITUNG Herkunft Südwestasien. In Südeuropa kultiviert, verwildert, regional eingebürgert.

LÖWENZAHN, GEWÖHNLICHER

Taraxacum officinale Korbblütengewächse

SAMMELN UND ZUBEREITEN Die Verwendungsmöglichkeiten des Löwenzahns sind schier unerschöpflich. Blätter, Blütenknospen, Blüten und die Wurzel sind essbar. Junge Blätter ergeben einen schmackhaften, leicht bitteren Salat. Fein geschnitten passen sie auch zu Kräuterkartoffeln, in pikante Eierspeisen, Quark- und Frischkäsemischungen. Ältere Blätter nimmt man als herbe Beigabe zu Gemüsegerichten. Gut passen sie zu milder schmeckenden Arten wie Brennnessel, Taubnessel, Vogelmiere und Giersch. Wer sich an ihrem doch recht vordergründigen Bitterton stört, legt sie für 1–2 Stunden in lauwarmes Wasser. Auch Sahne oder Créme fraîche mildern diesen Bitterton. Löwenzahnblüten sind das süße Pendant zu den herben Blättern. Man kann sie zu einem intensiv gelb gefärbten Tee, zu Gelee, Sirup und Likör verarbeiten. Die Blütenknospen schmecken in Butter gebraten als Suppeneinlage, in Essig eingelegt als Kapernersatz, auch einfach in

Gewöhnlicher Löwenzahn

Bierteig ausgebacken. Auch die Wurzel der Pflanze, von September bis März geerntet, ist vielseitig nutzbar. Sie ergibt nicht nur feine Gemüsegerichte. Getrocknet, in der Pfanne geröstet und gemahlen nahm man sie früher als Kaffee-Ersatz.

MERKMALE 5–50 cm hoch, Staude, mit weißem Milchsaft. Stängel blattlos, hohl. Blätter in bodennaher Rosette, fast bis zur Mittelrippe unregelmäßig gelappt, kahl. Gelbes Blütenköpfchen. Blütezeit April–Mai.

STANDORT UND VERBREITUNG Wiesen, Weiden, Gärten, Straßen- und Wegränder. Europa.

> **Löwenzahn-Orangen-Creme** ist ein ungewöhnlich schmackhaftes Dessert. Zubereitet wird es aus Orangensaft und Orangenschale, den Blütenblättern des Löwenzahns, Zucker, Wasser, Sahne und ein wenig Speisestärke.

LÖWENZAHN, GRAUER

Leontodon incanus Korbblütengewächse

SAMMELN UND ZUBEREITEN Die Pflanze wird ebenso wie der nachfolgend dargestellte Herbst-Löwenzahn verwendet.

MERKMALE 15–45 cm hoch, Staude, führt Milchsaft. Stängel mit wenigen winzigen Blattschuppen, unverzweigt, unter den Blütenköpfchen verdickt, von kurzen Sternhaaren graugrün. Blätter grundständig, lanzettlich, ganzrandig oder entfernt gezähnt, beiderseits dicht behaart. Blütenköpfe gelb, vor dem Aufblühen nickend. Blütezeit Mai–Juni.

STANDORT UND VERBREITUNG Trockenwiesen, Trockenwälder. Mittel- und Südeuropa.

LÖWENZAHN, HERBST-

Leontodon autumnalis Korbblütengewächse

SAMMELN UND ZUBEREITEN Die jungen, vor der Blüte gesammelten Blätter eignen sich als bitterwürzige Beigabe zu Salaten, Suppen und Gemüsegerichten, Kräuterkäse und Kräuterquark. Wer den herb-bitteren Geschmack abschwächen möchte, legt sie für etwa 1–2 Stunden in lauwarmes Wasser. Auch die Blütenknospen sind erst nach Entbittern in Salaten und Gemüsegerichten verwendbar. Die Blüten sind deutlich milder im Geschmack. Ausgezupft bereichern sie als essbare Dekoration Salate, Suppen, Gemüsemahlzeiten und belegte Brote. Die Wurzel gräbt man von September bis in den Winter aus und verarbeitet sie geschält zu Koch- und Backgemüse. Getrocknet, in der Pfanne geröstet und anschließend gemahlen ergibt sie einen Kaffee-Ersatz. Weitere, nicht näher dargestellte *Leontodon*-Arten wie der Berg-Löwenzahn *(Leontodon montanus)* und der Nickende Löwenzahn *(Leontodon saxatilis)* sind in gleicher Weise verwendbar.

Herbst-Löwenzahn

MERKMALE 10–40 cm hoch, Staude, führt Milchsaft. Stängel blattlos, unter den Blütenköpfchen verdickt. Blätter grundständig, fast bis zum Mittelnerv fiederteilig, kahl. Blütenköpfe gelb, vor dem Aufblühen aufrecht. Blütezeit Juni–September.

STANDORT UND VERBREITUNG Fettwiesen, Wegränder. Europa.

LÖWENZAHN, RAUER

Leontodon hispidus Korbblütengewächse

SAMMELN UND ZUBEREITEN Die Pflanze wird wie der oben dargestellte Herbst-Löwenzahn verwendet.

Rauer Löwenzahn

MERKMALE 10–60 cm hoch, Staude, führt Milchsaft. Stängel unter den Blütenköpfchen etwas verdickt. Blätter grundständig, buchtig gezähnt. Blütenköpfe gelb, vor dem Aufblühen nickend. Blütezeit Juni–Oktober.

STANDORT UND VERBREITUNG Besiedelt offene, nicht zu trockene, nährstoffreiche Grünlandgesellschaften wie Fettwiesen, auch Parkrasen und Wegränder. Fast ganz Europa.

LÖWENZAHN, SCHWEIZER

Leontodon helveticus Korbblütengewächse

SAMMELN UND ZUBEREITEN Die Pflanze wird ebenso wie der Herbst-Löwenzahn (siehe S. 195) verwendet.
MERKMALE 10–30 cm hoch, Staude, führt Milchsaft. Stängel mit Blattschuppen, unter den Blütenköpfchen kaum verdickt. Blätter grundständig, schmaloval, buchtig gezähnt bis fast ganzrandig. Blütenköpfe gelb, vor dem Aufblühen aufrecht. Blütezeit Juli–September.
STANDORT UND VERBREITUNG Alpine Matten und Weiden. Mittel- und Südeuropa.

LUNGENKRAUT

Echtes Lungenkraut

SAMMELN UND ZUBEREITEN Im Frühling gesammelte junge Blätter eignen sich gut für gemischte Salate. Auch in Bierteig getaucht und ausgebacken kommt ihr mild gurkenähnlicher Geschmack sehr gut zur Geltung. Ältere Blätter verarbeitet man besser in Suppen und Gemüsegerichten. Die Blüten können klein geschnitten in Kräuterquark und Frischkäse gerührt oder getrocknet in Teemischungen verwendet werden.

LUNGENKRAUT, ECHTES

Pulmonaria officinalis Raublattgewächse

SAMMELN UND ZUBEREITEN Angaben dazu bei der Gattung Lungenkraut.
MERKMALE 10–30 cm hoch, Staude. Blätter behaart, meist weiß gefleckt, Grundblätter herz- bis eiförmig, gestielt, rosettig. Stängelblätter länglich, sitzend. Blüten zunächst rot, später blauviolett. Blütezeit März–Mai.
STANDORT UND VERBREITUNG In Laub- und Mischwäldern, an Waldrändern und in Gebüschen. Fast ganz Europa.

LUNGENKRAUT, SCHMALBLÄTTRIGES

Pulmonaria angustifolia Raublattgewächse

SAMMELN UND ZUBEREITEN Angaben dazu bei der Gattung Lungenkraut.
MERKMALE 15–30 cm hoch, Staude. Blätter behaart, nicht fleckig, oft dunkel blaugrün, schmal-eiförmig, Grundblätter rosettig, gestielt, Stängelblätter sitzend. Blüten zunächst rotviolett, verfärben sich später blau. Blütezeit April–Mai.
STANDORT UND VERBREITUNG Eichenwälder, Waldränder, Gebüsche. Teile Mitteleuropas, Ost- und Südosteuropa. Geschützt.

LUNGENKRAUT, WEICHES

Pulmonaria mollis Raublattgewächse

SAMMELN UND ZUBEREITEN Angaben dazu bei der Gattung Lungenkraut.
MERKMALE 15–40 cm hoch, Staude. Blätter ungefleckt, weichhaarig, wellig, Grundblätter rosettig, länglich-eiförmig, gestielt, Stängelblätter breit-lanzettlich, sitzend. Blüten zunächst rosa, später rotviolett. Blütezeit März–Juni.
STANDORT UND VERBREITUNG Frische Laubwälder, Auwälder, Waldränder. Hauptsächlich Mitteleuropa. Geschützt.

LUZERNE, ECHTE

Medicago sativa Schmetterlingsblütengewächse

SAMMELN UND ZUBEREITEN Die Saat-Luzerne ist reich an Proteinen, Mineralstoffen und Vitaminen, vor allem an dem für die Blutgerinnung wichtigen Vitamin K. Bekannt ist in erster Linie die kulinarische Verwendung ihrer Samen, denn sie lassen sich auf einfache Weise zu nahrhaften, mildwürzigen Sprossen ziehen, die Salate aufwerten. Getrocknet und gemahlen

Echte Luzerne

ergeben die Samen Mehl, das man vermischt mit Getreidemehl zum Brotbacken verwenden kann. Die amerikanischen Indianer stellten daraus nahrhaften Brei her. Ebenfalls nutzbar sind die jungen Blätter und die farbigen Blüten der Pflanze. Die Blätter passen in Salate, Gemüsegerichte, Suppen und Soßen. Die Blüten nutzt man als essbare Dekoration, getrocknet in Teemischungen, getrocknet und pulverisiert zum Strecken von Getreidemehl.

MERKMALE 30–90 cm hoch, Staude. Blätter kurz gestielt, 3-teilig, Teilblättchen schmal-lanzettlich, gezähnt, deutlich gestieltes Mittelblättchen. Blüten lila, violett oder auch purpurrot. Blütezeit Juni–September. Frucht eine schraubig gewundene Hülse, enthält zahlreiche Samen.

STANDORT UND VERBREITUNG Kultiviert und beständig verwildert an mageren Standorten, an Wegen, Böschungen. Europa.

MÄDESÜSS, ECHTES

Filipendula ulmaria — Rosengewächse

SAMMELN UND ZUBEREITEN In alter Zeit verwendete man das Mädesüß als Würze für Met, woher sich auch der Name ableitet. »Mädesüß« bedeutete damals »Metsüß«. Heute wird die Pflanze als Aromamittel neu entdeckt. Ihre Blüten aromatisieren Marmeladen, Süßspeisen, Essig, Säfte, Bowlen, Bier, Wein und Portwein. Aber es ist ratsam, sie sparsam einzusetzen, da sonst Speisen und Getränke schnell unangenehm schmecken. Blätter und frische Triebe sind herber im Geschmack als die Blüten. Vor der Blütezeit gesammelt können sie zusammen mit anderen Frühsommerkräutern roh in Salaten und gegart in Suppen und Gemüsegerichten verarbeitet werden. Blätter und Blüten ergeben gemeinsam den bekannten Sonnentee, ein erfrischendes Getränk. Dazu übergießt man das blühende Kraut in einem Glaskrug mit Wasser, stellt es für einige Stunden in die Sonne und seiht die Mischung dann ab. Auch die Wurzelknolle ist essbar. Sie passt in geringen Mengen roh in Salate und gekocht in Gemüsegerichte und Kräutersuppen. Die Pflanze ist reich an ätherischen Ölen und Gerbstoffen und enthält außerdem Salicylsäure, den Grundbaustein des Schmerzmittels Aspirin. Einen Tee aus ihren getrockneten Blüten nutzt die Volksheilkunde bei Erkältungskrankheiten.

MERKMALE 50–200 cm hoch, Staude. Blätter unpaarig gefiedert, bestehen aus 2–5 Paaren seitlicher Teilblättchen und einem Endblättchen, alle länglich, gezähnt. Zwischen den Teilblättchenpaaren kleine Fiederblättchen. Cremeweiße Blüten. Blütezeit Juni–August.

STANDORT UND VERBREITUNG Nasswiesen, Ufergebüsch, Auwälder. Europa.

Echtes Mädesüß

Mädesüß-Essig ergibt zusammen mit Öl, Salz und frisch gemahlenem Pfeffer ein ungewöhnliches Salatdressing, das hervorragend zu einem Blütensalat passt.

MÄDESÜSS, KLEINES

Filipendula vulgaris — Rosengewächse

SAMMELN UND ZUBEREITEN Die Pflanze wird ebenso wie das Echte Mädesüß verwendet.

MERKMALE 30–80 cm hoch, Staude. Dem Echten Mädesüß sehr ähnlich, besitzt aber im Unterschied zu diesem Blätter mit deutlich mehr Fiederpaaren. Blätter unpaarig gefiedert, 10–40 seitliche Teilblättchenpaare, 1 Endblättchen, alle länglich und grob gezähnt, zwischen den Teilblättchenpaaren kleine Fiederblättchen. Weiße oder blassrosafarbene Blüten. Blütezeit Mai–Juli.

STANDORT UND VERBREITUNG Besiedelt trockene Standorte wie Magerrasen, helle Eichen- und Kiefernwälder, Waldränder. Fast ganz Europa.

MAHONIE

Mahonia aquifolium Berberitzengewächse

SAMMELN UND ZUBEREITEN Die säuerlich-aromatischen, Vitamin-C-reichen Beerenfrüchte können zu Saft, Marmeladen und Gelees, Kompotten, Sorbets und anderen süßen Desserts, aber auch zu pikanten Soßen und Chutneys, Wein und Likör verarbeitet werden. Auch Joghurt- und Quarkspeisen bereichern sie. Im westlichen Nordamerika, dem Herkunftsland der Mahonie, nimmt man die Früchte als Aromaverstärker für Apfelkompott, man verarbeitet sie in Backwaren und nutzt ihren Saft zum Färben von Likör und Branntwein. Die giftige Stechpalme (*Ilex aquifolium*, S. 387) sieht ähnlich aus, hat aber stärker gebuchtete, dornige Blätter und weiße Blüten.
MERKMALE 50–150 cm hoch, immergrüner Strauch. Blätter unpaarig gefiedert, Teilblättchen eiförmig, stachelspitzig, buchtig gezähnt, oberseits dunkelgrün, unterseits heller. Blüten gelb. Blütezeit April–Mai. Früchte kugelig, zunächst grün, bei Reife blau bis blauschwarz und bereift. Fruchtreife September–November.
STANDORT UND VERBREITUNG Als Zierstrauch kultiviert, verwildert in Hecken, an Waldsäumen. Herkunft Nordamerika. Mittel-, Süd- und Westeuropa.

Mahonie

MAJORAN, ECHTER

Origanum majorana Lippenblütengewächse

SAMMELN UND ZUBEREITEN Der Echte Majoran ist wohl eines der gefragtesten Gewürze. Er enthält ätherische Öle, die den Appetit anregen und Deftiges leichter verdaulich machen. Weil er aber sehr intensiv würzt, sollte Majoran immer nur sparsam dosiert zum Einsatz kommen. Frisch und getrocknet sind seine von den Stängeln abgestreiften Blätter und Blüten Würzmittel für Fleisch- und Pilzgerichte, für Hülsenfruchteintöpfe, Bratkartoffeln und Kartoffelsuppen, aber auch für Fisch-, Fleisch-, Käse- und Wurstsalate und für Brotaufstriche. So ist beispielsweise Enten- oder Gänseschmalz ohne Majoran kaum vorstellbar. Auch als klassisches Wurstgewürz ist die Pflanze bekannt. Majoran fehlt weder in der Thüringer Bratwurst noch in Blut- und Leberwürsten.

Echter Majoran

MERKMALE Bis zu 60 cm hoch, intensiv duftende, mehrjährige, strauchartige Pflanze. Blätter gegenständig, oval bis lanzettlich, beiderseits behaart. Blüten rosa, in dichten vielblütigen Köpfchen, die einzeln in den Achseln von Tragblättern angeordnet sind. Blütezeit Juli–September.
STANDORT UND VERBREITUNG Herkunft Mittelmeerregion. Als Heil- und Gewürzpflanze angebaut und verwildert.

MAJORAN, FRANZÖSISCHER

Origanum onites Lippenblütengewächse

SAMMELN UND ZUBEREITEN Beliebte Gewürzpflanze wie der Echte Majoran, aber mit weniger kräftigem Aroma und leicht bitterem Geschmack. Blätter und Blüten dieses Majorans werden ebenfalls frisch und getrocknet verwendet. Mit ihrem milden Aroma passt die Pflanze zu nahezu allen Fisch-, Fleisch- und Gemüsegerichten. Besonders gut harmoniert sie mit Tomaten, Bohnen und Kartoffeln.

Frikadellen eignen sich für viele Gewürzkombinationen. Ungewöhnlich und gut schmecken sie, wenn der Fleischteig mit Majoran, Minze und Petersilie gewürzt wird.

MERKMALE 30–60 cm hoch, mehrjährig. Duftet aromatisch. Stängel behaart. Blätter gegenständig, breit-elliptisch, 1–2 cm lang. Blüten weiß oder rosa. Blütezeit Mai–September.
STANDORT UND VERBREITUNG Gebüsche, trockene, felsige Standorte. Südeuropa.

MALVE, KLEINBLÜTIGE

Malva pusilla Malvengewächse

SAMMELN UND ZUBEREITEN Blätter, Blüten sowie die Wurzel dieser vielleicht wohlschmeckendsten Art der Gattung Malve sind kulinarisch nutzbar. Im Frühjahr gesammelte Blätter passen als Beigabe in Salate und Gemüsegerichte. Die Blüten verwendet man als essbare Dekoration und in Teemischungen. Die im Herbst geerntete Wurzel wird in Gemüsegerichten verarbeitet.
MERKMALE Bis zu 50 cm hoch, ein- bis mehrjährig. Blätter wechselständig, lang gestielt, rundlich, 5- bis 7-lappig, gezähnt. Blüten hellrosa bis weiß, mit dunklen Streifen. Blütezeit Juli–Oktober.
STANDORT UND VERBREITUNG Ödland, Wege, Weinberge. Hauptsächlich Osteuropa.

MALVE, MOSCHUS-

Malva moschata Malvengewächse

SAMMELN UND ZUBEREITEN Die jungen Sprosse und Blätter, die vor der Blütezeit gesammelt werden, eignen sich für eine Verarbeitung in Salaten und Gemüsegerichten. Die Blüten verwendet man als essbare Dekoration und in Teemischungen. Die Wurzel wird Suppen, Eintöpfen und Gemüsegerichten beigemischt. Man erntet sie im Herbst.

Moschus-Malve

MERKMALE 20–50 cm hoch, Staude. Ähnlich der Rosen-Malve, aber kleiner. Stängel aufrecht, verzweigt, im oberen Bereich meist locker behaart. Blätter wechselständig, die unteren meist bis zur Hälfte des Spreitendurchmessers 5- bis 7-teilig, mittlere und obere Blätter bis zum Grund 5- bis 7-teilig, einzelne Abschnitte länglich-linealisch. Blüten rosa bis hell purpurviolett, oft dunkel geädert, stehen einzeln oder zu 2–3 in den Achseln der mittleren und oberen Blätter und unregelmäßig traubig gehäuft am Stängelende, 5 Blütenblätter. Staubblätter zahlreich, zu einer etwa 1 cm langen Röhre verwachsen. Blätter des Außenkelchs lineal-lanzettlich. Blütezeit Juni–August.
STANDORT UND VERBREITUNG Braucht lockeren, nährstoffreichen Lehmboden in sonniger Lage. Besiedelt trockene Magerwiesen, Gebüsche, Wegränder. Mittel- und Südeuropa.

MALVE, ROSEN-

Malva alcea Malvengewächse

SAMMELN UND ZUBEREITEN Junge, vor der Blütezeit gesammelte Sprosse und Blätter bereichern mit ihrem zarten Aroma Salate, können aber auch in Gemüsegerichten verarbeitet werden. Die Blüten verwendet man als essbare Dekoration und in Teemischungen. Die Wurzel ist Beigabe zu Gemüsezubereitungen aller Art.
MERKMALE 50–100 cm hoch, Staude. Stängel aufrecht, einfach oder verzweigt, im oberen Teil anliegend behaart. Blätter wechselständig, unterste nicht oder nur wenig geteilt, rundlich bis nierenförmig, obere Blätter sehr tief 3- bis 7-teilig, Abschnitte stumpf gezähnt. Blüten rosa bis purpurviolett mit dunklen Streifen, untere und mittlere Blüten stehen einzeln in den Achseln der Blätter, die oberen meist traubig gehäuft, 5 Blütenblätter. Die Staubblätter sind zu einer ca. 1 cm langen Röhre verwachsen, Blätter des Außenkelchs eiförmig. Blütezeit Juni–September.
STANDORT UND VERBREITUNG Wächst auf Ödland, an Wegrändern, Dämmen und Böschungen, gelegentlich auch als Zierpflanze in Gärten. Braucht lockeren, kalkhaltigen und stickstoffreichen Lehmboden. Mittel- und Südeuropa.

MALVE, WEG-

Malva neglecta Malvengewächse

SAMMELN UND ZUBEREITEN Die Pflanze wird ebenso wie die nachfolgend dargestellte Wilde Malve verwendet.

MERKMALE 20–40 cm hoch, ein- bis mehrjährig. Blätter wechselständig, lang gestielt, rundlich, 5- bis 7-lappig, gezähnt. Blüten rosa bis weiß, mit dunklen Streifen. Blütezeit Juni–September. Scheibenförmige Spaltfrüchte, die an Käserollen erinnern.

STANDORT UND VERBREITUNG Heckensäume, Weg-, Straßen- und Feldränder. Fast ganz Europa.

MALVE, WILDE

Malva sylvestris Malvengewächse

SAMMELN UND ZUBEREITEN Die jungen, vor der Blütezeit gesammelten Blätter passen fein geschnitten in Rohkostsalate. Gegart werden sie in Wildkräutersuppen und Wildgemüsegerichten verwendet. Dabei macht man sich ihre andickende Wirkung zunutze. Gleiches gilt für die Wurzeln. Auch sie sind als Beigabe in Suppen, Eintöpfen und Gemüsegerichten verwendbar und auch sie wirken wegen ihres Gehalts an Schleimstoffen andickend. Die Blüten verzieren frisch oder kandiert Salate und süße Desserts und färben Kräuterlimonaden zartrosa. Zusammen mit den Blättern sind sie frisch oder getrocknet Bestandteil vieler Tees. Die noch weichen unreifen Früchte schmecken als rohe Knabberei. Unreife Früchte und Blütenknospen nimmt man pikant in Essig eingelegt als Beigabe zu Fleisch oder als Kapernersatz in Soßen.

MERKMALE Bis zu 1 m hoch, zwei- oder mehrjährig. Blätter lang gestielt, meist 5-lappig, gezähnt. Blüten purpurrot, mit dunklen Längsstreifen. Blütezeit Mai–September. Früchte scheibenförmig, etwa 1 cm groß.

STANDORT UND VERBREITUNG Heckensäume, Wegränder. Europa.

MANNSTREU, FELD-, BRACHDISTEL

Eryngium campestre Doldengewächse

SAMMELN UND ZUBEREITEN Aus den jungen Sprossen kann man im Frühling einen feinwürzigen Salat zubereiten. Die süßlich-aromatische, aber auch würzig-scharfe Wurzel wird von September bis in den Winter geerntet und gedünstet oder gebraten zu nahrhaften Gemüsegerichten verarbeitet. Auch kandiert kann man sie verwenden. Im Altertum hat man die Wurzel des Feld-Mannstreu als Aphrodisiakum sowie zur Behandlung von Magenbeschwerden und zur Vorbeugung gegen Infektionskrankheiten genutzt. Die heutige Volksmedizin setzt sie zur Linderung rheumatischer und arthritischer Beschwerden ein. Verwandte Arten des Feld-Mannstreu wie beispielsweise der Alpen-Mannstreu *(Eryngium alpinum)*, der Flachblättrige Mannstreu *(Eryngium planum)* und der Stahlblaue Mannstreu *(Eryngium amethystinum)* werden in gleicher Weise verwendet.

Feld-Mannstreu

MERKMALE 20–50 cm hoch, Staude. Stängel dick, gerillt, sparrig verzweigt, weißlich bis hellgrün. Blätter derb, ledrig, meist tief 3-teilig, stachelig gezähnt. Blüten weißlich oder blassgrün, in fast kugeligen Köpfchen, umgeben von lanzettlichen, dornig gezähnten Hüllblättern. Blütezeit Juli–August. Dicke, pfahlförmige Wurzel.

STANDORT UND VERBREITUNG Trockene Wiesen, Wegränder, Bahndämme. Mittel- und Südeuropa. Geschützt.

MARGERITE, ALPEN-

Leucanthemopsis alpina Korbblütengewächse

SAMMELN UND ZUBEREITEN Die überbrühten Blütenblättchen streut man als essbare Dekoration über Salate und Gemüsesuppen. Hallers Margerite *(Leucanthemum halleri)* und Spätblühende Margerite *(Leucanthemella serotina)* werden in gleicher Weise verwendet.

MERKMALE 5–15 cm hoch, Staude. Blätter meist grundständig, fiederteilig oder gezähnt, gestielt. Blütenköpfchen aus weißen Zungenblüten und gelben Röhrenblüten. Blütezeit Juli–August.

STANDORT UND VERBREITUNG Alpine Matten, Schutthalden. Zentralalpen, Pyrenäen.

MARGERITE, WIESEN-

Leucanthemum vulgare Korbblütengewächse

SAMMELN UND ZUBEREITEN Die Margerite ist als Gemüsepflanze wenig bekannt. Doch ihre büscheligen Frühjahrstriebe schmecken süß und aromatisch, sowohl roh in Salaten und Eierspeisen als auch frittiert oder blanchiert mit einer Wildkräutersoße. Ältere Blätter sind hart und oft auch bitter und werden in der Küche nicht verwendet. Die Blütenknospen schmecken paniert und anschließend in Öl oder Butter goldgelb und knusprig ausgebacken. In Essig oder Öl eingelegt sind sie als Antipasti essbar. Die ausgezupften weißen Randblüten nimmt man als essbare Dekoration für Salate und anderes. Die von September bis in den Winter geernteten Wurzeln ergeben gedünstet ein Gemüse, das im Geschmack ein wenig an Steckrüben erinnert. Die Frühjahrstriebe der Margerite erntet man am besten, solange der Blütenstiel noch sehr kurz ist. Nur zu diesem Zeitpunkt sind sie zart und aromatisch. Doch gerade zu diesem Zeitpunkt ist auch die Gefahr sehr groß, sie mit denen des giftigen Jakobs-Greiskrauts (*Senecio jacobaea*, S. 367) zu verwechseln.
MERKMALE 20–90 cm hoch, Staude. Grundblätter mit Blattstiel, spatelförmig, gezähnt. Stängelblätter ohne Blattstiel, länglich-lanzettlich, gezähnt bis gelappt. Strahlige Blütenköpfe aus weißen Zungenblüten und gelben Röhrenblüten. Blütezeit Mai–Juli.
STANDORT UND VERBREITUNG Wiesen, grasige Böschungen. Fast ganz Europa.

Wiesen-Margerite

In Butter knusprig gebratene Margeritenknospen sind eine schmackhafte Beilage zu gedünstetem Fisch.

Mariendistel

MARIENDISTEL

Silybum marianum Korbblütengewächse

SAMMELN UND ZUBEREITEN Schon der lateinische Gattungsname verweist auf die Nutzung der Pflanze: Das lateinische *silybum* geht auf das griechischen *silybon* zurück, das bereits in der Antike eine Distel mit essbaren Sprossen und Blättern bezeichnete. Auch heute nutzt man Stängel und Blätter der Mariendistel kulinarisch, außerdem Blütenknospen und Wurzel. Die jungen Stängel verarbeitet man von April bis Mai zu einem spargelähnlichen Gemüse. Die jungen Blätter werden nach Entfernen der Stacheln roh in Salaten gegessen oder wie Spinat gekocht. Getrocknet fügt man sie Hausteemischungen bei. Die Blütenkknospen werden wie Artischocken zubereitet. Die Blüten nahm man früher als Labersatz bei der Käseherstellung. Die Wurzeln, die man im Laufe der gesamten Vegetationsperiode ernten kann, ergeben aromatische Gemüsegerichte, die im Geschmack ein wenig an Pastinaken erinnern. Auch als Heilpflanze ist die Mariendistel willkommen. Im 18. Jahrhundert entdeckte ein deutscher Arzt ihre Bedeutung als wirksames leberschützendes und leberregenerierendes Therapeutikum.
MERKMALE 30–150 cm hoch, zweijährig. Blätter glänzend dunkelgrün, weiß geädert und gefleckt, buchtig gelappt, mit stacheligem Rand. Blüten rotviolett, in 4–8 cm großen Köpfen, äußere Hüllblätter mit kräftigen, zurückgebogenen Stacheln. Blütezeit Mai–August.
STANDORT UND VERBREITUNG Schuttplätze, Weg- und Straßenränder. Herkunft Südeuropa. In Mitteleuropa als Heilpflanze kultiviert, gelegentlich verwildert.

MARIENGRAS, DUFTENDES, VANILLEGRAS

Hierochloe odorata — Süßgräser

SAMMELN UND ZUBEREITEN Das Duftende Mariengras enthält Cumarin. Frisch gepflückt sind seine Blätter nicht zu verwenden. Aber welk oder angetrocknet und vor der Blütezeit gesammelt sind sie wie Waldmeister zum Aromatisieren von Süßspeisen und Getränken geeignet. In Osteuropa nahm man die Pflanze vor allem zum Aromatisieren von Kräuterlikören und Schnäpsen. Weil Cumarin in größeren Mengen jedoch Kopfschmerzen, Übelkeit und auch Schwindel verursachen kann, sollte man diese Pflanze nur sparsam verwenden.

MERKMALE 20–50 cm hoch, mehrjähriges Gras, wächst in dichten Horsten. Stängel steif aufrecht, glatt, nur unterhalb des Blütenstands etwas rau. Blätter bis 30 cm lang und bis 10 mm breit, zugespitzt, flach, wenig behaart oder kahl. Blütenrispe im Umriss oval, locker ausgebreitet, bis 10 cm lang. Ährchen bräunlich gelb, 3-blütig, keine Grannen. Blütezeit April–Juni.

STANDORT UND VERBREITUNG Moore, Wiesen, Gehölze. Mittel-, Nord- und Osteuropa.

MARONE, ESSKASTANIE

Castanea sativa — Buchengewächse

SAMMELN UND ZUBEREITEN Esskastanien schmecken in süßen wie in deftigen Gerichten. Von ihrer Schale befreit eignen sie sich geröstet oder gekocht als Beilage zu Fleisch, für Geflügelfüllungen und Pürees, Desserts und Kuchen. Kandiert sind sie eine köstliche Nascherei. Traditionell werden geröstete oder kandierte Maronen auf Weihnachtsmärkten angeboten. Getrocknet und gemahlen nimmt man sie zum Eindicken von Suppen und Soßen oder zum Backen. Klein gehackt und geröstet ergeben sie einen Kaffee-Ersatz. In Spanien sind sie Grundlage für einen Likör. Hildegard von Bingen, die heilkundige Äbtissin, empfahl in Honig eingelegte Maronen bei Leberschmerzen.

MERKMALE 10–30 m hoch, sommergrüner Laubbaum. Stamm graubraun, längsrissig. Blätter wechselständig, länglich, zugespitzt, grob gezähnt. Männliche Blüten in gelben, kätzchenartigen Blütenständen, weibliche Blüten zu 1–3 an deren Basis. Blütezeit Mai–Juli. Frucht eine glatte Nuss in stacheligem Fruchtbecher. Fruchtreife September–Oktober.

STANDORT UND VERBREITUNG Laubmischwälder wintermilder Gebiete. Heimisch in Südeuropa, in Mitteleuropa seit der Römerzeit gepflanzt und teilweise verwildert.

Marone

> **Esskastanien** lassen sich sogar zu Marmelade verarbeiten. Leider wird Maronen-Marmelade beim Kochen unansehnlich braun – aber sie schmeckt trotzdem unvergleichlich gut.

MASSLIEBCHEN, ALPEN-

Aster bellidiastrum — Korbblütengewächse

SAMMELN UND ZUBEREITEN Die jungen Frühlingsblätter sind als Beigabe in Salaten und Gemüsegerichten nutzbar. Die ausgezupften Randblüten nimmt man als essbare Dekoration.

MERKMALE 10–30 cm hoch, Staude. Stängel blattlos, rund, dicht behaart. Blätter in grundständiger Rosette, oval bis länglich, in einen Stiel verschmälert, ganzrandig oder unregelmäßig gezähnt. Blütenköpfchen einzeln am Ende des Stängels, bestehen aus weißen Zungenblüten und gelben Röhrenblüten, Köpfchenboden gefüllt. Beim ähnlichen Gänseblümchen ist er dagegen hohl. Blütezeit Mai–August.

STANDORT UND VERBREITUNG Braucht kalkhaltigen, feuchten, steinigen Lehmboden. Wächst in alpinen Rasen, hellen Bergwäldern. In den Kalkalpen, in Höhen von 500–2800 m.

MAUERLATTICH

Mycelis muralis Korbblütengewächse

Mauerlattich

SAMMELN UND ZUBEREITEN Bis zum Beginn der Blütezeit können die bitter-würzigen Blätter Salaten, Suppen und Gemüsegerichten beigefügt werden. Klein geschnitten schmecken sie auch auf Butterbrot, in Kräuterquark- und Frischkäsemischungen. Die ausgezupften gelben Zungenblüten streut man als essbare Dekoration über Salate und Brotaufstriche, die Blütenknospen legt man wie Kapern ein.

MERKMALE 40–80 cm hoch, Staude, führt Milchsaft. Blätter wechselständig, bis zum Mittelnerv unregelmäßig fiederteilig, bläulich grün, oft rot überlaufen, die unteren gestielt, die oberen sitzend. Blüten hellgelb. Blütezeit Juli–September.

STANDORT UND VERBREITUNG Mauern, feuchte Wälder, Gebüsche. Fast ganz Europa.

MAUERRAUTE, MAUER-STREIFENFARN

Asplenium ruta-muraria Streifenfarngewächse

SAMMELN UND ZUBEREITEN Die Blätter, am besten am Ende des Sommers gesammelt, sind Grundlage für einen heilsamen Tee. Volksmedizinisch wird er als schleimlösendes Mittel und bei Husten eingesetzt. Für den Tee gibt man 1 Teelöffel getrocknetes Kraut in einen Viertelliter kochendes Wasser, lässt den Sud 10 Minuten ziehen und seiht anschließend ab. Wer mag, süßt diesen Tee mit ein wenig Honig.

MERKMALE Wedel 5–30 cm lang, mehrjährige Farnpflanze. Blätter graugrün, derb, bis in den Winter hinein grün, aber nicht überwinternd, 2- bis 4-fach gefiedert, Fiedern rundlich bis rautenförmig. Sporenbehälter in länglichen Häufchen auf der Unterseite der Fiedern. Sporenreife das ganze Jahr über.

STANDORT UND VERBREITUNG Kalkliebend, ursprünglich in Felsritzen der Gebirge und Mittelgebirge, häufig auch in Mauerfugen. Europa.

MAULBEERE, SCHWARZE

Morus nigra Maulbeerengewächse

SAMMELN UND ZUBEREITEN Maulbeeren sind erst wirklich reif und süß, wenn sie dunkel schwarzrot gefärbt sind und schon fast vom Baum fallen. Vorher schmecken sie säuerlich und fade. Die sehr saftigen Früchte sind roh wie gekocht essbar. Sie eignen sich für die Zubereitung von Marmelade und Gelee, Saft, Sirup, Tee und Wein, auch als Belag auf Kuchen und Torten. Früher nahm man den dunkelroten Saft der Schwarzen Maulbeeren zum Nachfärben blasser Rotweine, heute ist er Bestandteil von Multivitamin-Saftmischungen. Getrocknet schmecken Maulbeeren ähnlich wie Rosinen. Die Früchte der Weißen Maulbeere *(Morus alba)* sind ebenfalls essbar, aber deutlich weniger aromatisch.

MERKMALE Bis zu 10 m hoch, sommergrüner Laubbaum. Stamm mit rauer, kleinschuppiger Borke. Blätter wechselständig, breit-eiförmig, kurz gestielt, oberseits dunkelgrün und rau, unterseits flaumig behaart, Blattrand gesägt. Männliche Blütenstände hängend, weibliche kurz gestielte, aufrechte Köpfchen. Blütezeit Mai–Juni. Reife Früchte blauschwarz, brombeerähnlich. Fruchtreife ab August.

STANDORT UND VERBREITUNG Herkunft Asien. In Mittel- und Südeuropa als Heckenpflanze angebaut, in klimatisch milden Regionen verwildert.

Schwarze Maulbeere

Maulbeeren-Saft schmeckt fruchtiger, wenn er mit dem Saft von Schwarzen Johannisbeeren gemischt wird.

Meerfenchel

MEERFENCHEL
Crithmum maritimum Doldengewächse

SAMMELN UND ZUBEREITEN Die jungen, salzig und etwas bitter-würzig schmeckenden Blätter werden als Salat und Gemüse gegessen. Auf Mallorca ist der Meerfenchel als »Fonoll mari« Teil der landestypischen Küche. Nach der Ernte werden die Blätter etwa 4 Wochen in mildem Weinessig eingelegt und dann als Beilage zu Reisgerichten serviert. Auch zu Brot mit Olivenöl, Knoblauch und Tomaten gehört traditionell Fonoll mari.
MERKMALE 10–60 cm hoch, Staude. Alle Teile blaugrün und fleischig. Blätter 1- bis 2-fach gefiedert, bis 7 cm lang, Blattabschnitte länglich bis lanzettlich, zugespitzt. Blüten gelbgrün. Blütezeit Juli–Oktober.
STANDORT UND VERBREITUNG Strandpflanze, besonders auf Felsen und Mauern im Bereich des Spritzwassers. Mittelmeerküste, auch Atlantik- und Schwarzmeerküste.

MEERKOHL
Crambe maritima Kreuzblütengewächse

SAMMELN UND ZUBEREITEN In England und Frankreich wird die Pflanze schon seit Mitte des 18. Jahrhunderts als Gemüse angebaut. Dort schätzt man die mithilfe von übergestülpten Tontöpfen gebleichten Triebe im Frühling als feines Gemüse, das wie Spargel zubereitet und mit zerlassener Butter und einer milden Soße gegessen wird. Auch die jungen Blätter nutzt man kulinarisch. Als kohlähnliches Gemüse zubereitet erinnern sie im Geschmack an Brokkoli. In feine Streifen geschnitten passen sie in einen deftigen Eintopf. Auch fein gehackt und in Pfannkuchenteig gerührt sorgen sie für einen herzhaften Genuss. Auch die Blätter des Tatarischen Meerkohls *(Crambe tatarica)*, einer Pflanze aus Osteuropa, können als würziges Gemüse zubereitet werden. In schwierigen Zeiten aß man die sehr große Wurzel dieser Pflanze geröstet als Brotersatz.
MERKMALE 30–50 cm hoch, Staude. Blätter dickfleischig, blaugrün, eiförmig oder länglich, gelappt und ungleichmäßig wellig gezähnt. Weiße Blüten. Blütezeit Mai–Juli.
STANDORT UND VERBREITUNG Meeresstrand, Dünen und Vordünen. Küsten von Nord- und westlicher Ostsee, Atlantik und Schwarzem Meer. Geschützt.

MEERRETTICH
Armoracia rusticana Kreuzblütengewächse

SAMMELN UND ZUBEREITEN In alter Zeit, als Pfeffer noch teuer und für viele unerreichbar war, nahm man Meerrettich als sehr scharfes Küchengewürz. Er ist auch heute noch beliebt. Frisch geriebene Meerrettichwurzeln verleihen Fleisch und Fisch, Frischkäse und Quark, ja selbst Salaten eine delikate Schärfe. Als Apfelkren ist geriebener Meerrettich traditionelle Beigabe zum Wiener Tafelspitz. Und in Norwegen isst man zu Fisch eine Soße aus gekochtem Meerrettich, Essig, Zucker und Sahne. Nicht nur die Meerrettichwurzel wird als Gewürz verwendet, auch von März bis Mai gesammelte Blätter würzen fein geschnitten Suppen und kräftige Gemüseeintöpfe. Selbst die Blüten können als scharf-würzige essbare Dekoration zum Einsatz kommen.

Meerrettich

MERKMALE 40–120 cm hoch, Staude. Grundblätter gestielt, bis zu 1 m lang. Stängelblätter unregelmäßig tief eingeschnitten, gezähnt. Weiße Blüten. Blütezeit Mai–Juni. Kräftige Pfahlwurzel.
STANDORT UND VERBREITUNG Kulturpflanze, verwildert in Unkrautbeständen von Wiesen-, Weg-, Feld- und Bachrändern. Ursprünglich Osteuropa, heute fast ganz Europa.

MEERSALAT

Ulva lactuca — Meersalatgewächse

SAMMELN UND ZUBEREITEN Der Meersalat ist reich an Mineralien und Vitaminen. Er enthält Kalzium, Eisen und Magnesium und die Vitamine A und C. Sein Vitamin-C-Gehalt ist 10-mal so hoch wie der von Orangen, sein Vitamin-A-Gehalt doppelt so hoch wie der von Kohl. Geerntet wird diese Grünalge von April bis Juni. Sie ist zart, aber bissfest. Im Geschmack erinnert sie etwas an Sauerampfer. In vielen Küstengegenden isst man sie roh als Beigabe in Salaten und Gemüsegerichten, gibt sie in Eintöpfe, Soßen und verwendet sie gehackt in Vinaigrettes oder als Ummantelung für Sushi.
MERKMALE Bis zu 20 cm lang, einjährig. Leuchtend grüne Meeresalge, die optisch Salatblättern ähnelt. Flächiger, dünnhäutiger Algenkörper, der über einen kurzen Stiel an Steinen befestigt ist. In Form und Größe sehr variabel. Umriss oval oder lang gestreckt, oft in unregelmäßige, wellige Lappen geteilt.
STANDORT UND VERBREITUNG Gezeitenzone der Weltmeere, auch in der westlichen Ostsee.

MEERSENF

Cakile maritima — Kreuzblütengewächse

Meersenf

SAMMELN UND ZUBEREITEN Meersenfblätter schmecken gleichzeitig salzig und scharf. Die dickfleischigen Blätter werden selbst im Sommer nicht bitter und lassen sich deshalb während der gesamten Vegetationsperiode nutzen. Mit ihrem ausgeprägten Brunnenkressegeschmack bereichern sie als scharf-würzige Zutat Salate und Gemüsegerichte, Quark und Frischkäse. Nur wenige der kleinen Blätter genügen für einen würzigen Kräuterquark.
MERKMALE 10–30 cm hoch, einjährig. Blätter dickfleischig, blaugrün, fiederteilig. Blüten rosa oder weiß, duftend. Blütezeit Juli–Oktober.
STANDORT UND VERBREITUNG Spülsäume und Sanddünen der Küsten. Europa.

MEHLBEERE, BERG-

Sorbus mougeotii — *Rosengewächse*

SAMMELN UND ZUBEREITEN Die Früchte dieser Mehlbeere schmecken erst überreif wirklich gut. Man verwendet sie roh, getrocknet und gekocht in Marmeladen und Fruchtkompotten.
MERKMALE 3–20 m hoch, sommergrüner Laubbaum. Blätter oval, 7–10 cm lang und 3,5 cm breit, schwach gelappt, gestielt, unten weißfilzig, Blattrand gesägt. Blüten weiß. Blütezeit Mai–Juni. Früchte rot, fast kugelig, ca. 1 cm Durchmesser. Fruchtreife ab August.
STANDORT UND VERBREITUNG Sonnige Gebüsche. Süd-, mittel- und osteuropäische Gebirge.

MEHLBEERE, BREITBLÄTTRIGE

Sorbus latifolia — Rosengewächse

SAMMELN UND ZUBEREITEN Die Früchte der Breitblättrigen Mehlbeere eignen sich kombiniert mit anderem Obst für Marmelade, Gelee, Chutney und Sirup. Auch die Verarbeitung zu Essig, Schnäpsen und Likören oder Wein ist beliebt, ebenso die Nutzung der getrockneten Früchte in Teegetränken und vermahlen zu Mehl. Die gerösteten Samen nahm man in Notzeiten als eine Art Kaffee-Ersatz. Die entfernt mandelartig schmeckenden Blüten können als Tee aufgebrüht oder als Gewürz in Süßspeisen genutzt werden.
MERKMALE 10–20 m hoch, sommergrüner Laubbaum. Blätter eirund, 7–10 cm lang, oberseits dunkelgrün glänzend, unterseits graufilzig, Blattrand gesägt. Blüten rahmweiß, in etwa 10 cm breiten Rispen. Blütezeit Mai. Früchte kugelig, gelb bis braunrot, hell punktiert. Fruchtreife ab August.
STANDORT UND VERBREITUNG In sonnigen Eichenwäldern. Mittel- und Westeuropa.

Gewöhnliche Mehlbeere

MEHLBEERE, GEWÖHNLICHE

Sorbus aria — Rosengewächse

SAMMELN UND ZUBEREITEN Wegen ihres hohen Vitamin-, Zucker und Pektingehaltes gelten Mehlbeeren als wertvolles Naturobst. Die Früchte isst man roh, gekocht oder getrocknet. Man erntet sie von August bis Oktober, fruchtiger allerdings schmecken sie nach dem ersten Frost. Aber auch dann empfindet man sie oft einfach nur fadsüß. Um ihren Geschmack aufzufrischen, werden Mehlbeeren am besten mit geschmacklich intensiveren Früchten wie Kornelkirschen, Vogelbeeren, Johannisbeeren oder Sauerkirschen zu Marmelade, Gelee, Fruchtmus und Saft verarbeitet. Auch einen guten Obstwein kann man aus ihnen herstellen. Getrocknet nahm man sie früher als Rosinenersatz im weihnachtlichen Früchtebrot. Getrocknet und gemahlen ergeben sie Mehl, das vermischt mit Getreidemehl zum Backen verwendet werden kann. In kalten Gebirgswintern schätzte man früher ein Brot aus Mehl, das mit zerstoßenen Mehlbeeren vermischt war. Auch ein Brei aus den gemahlenen, in Wasser oder Milch gekochten Mehlbeeren brachte viele über diese karge Zeit. Die Fruchtkerne können geschrotet und geröstet als Ersatzkaffee aufgebrüht werden.

Wird Mehlbeeren-Mus in einen Pfannkuchenteig gerührt und dieser dann wie gewohnt ausgebacken, erhält man eine leckere Süßspeise.

MERKMALE 6–15 m hoch, sommergrüner Laubbaum. Blätter oval, oben grün, unten weißfilzig, Blattrand gezähnt. Weiße Blüten. Blütezeit Mai–Juni. Rote, eiförmige Frucht. Fruchtreife August–Oktober.
STANDORT UND VERBREITUNG Sonnige Felshänge, Laubwälder und Gebüsche. Gebirge Mittel- und Südeuropas.

MEHLBEERE, SCHWEDISCHE, OXELBEERE

Sorbus intermedia — Rosengewächse

SAMMELN UND ZUBEREITEN Die mehligen, leicht süßlichen Früchte der Schwedischen Mehlbeere sind roh wie gekocht essbar. Sie werden meist als Zusatz in Marmeladen und Gelees verwendet.
MERKMALE 3–15 m hoch, sommergrüner Laubbaum, manchmal nur Strauch. Blätter breit-eiförmig, gelappt, oben grün und glänzend, unten graufilzig, unregelmäßig gesägt. Weiße Blüten. Blütezeit Mai–Juni. Früchte orangerot, glänzend. Fruchtreife Oktober.
STANDORT UND VERBREITUNG Laubwälder. Natürlich hauptsächlich in Nordeuropa, in Mitteleuropa oft als Zierbaum gepflanzt, manchmal verwildert.

MEHLBEERE, ZWERG-

Sorbus chamaemespilus — Rosengewächse

SAMMELN UND ZUBEREITEN Die Früchte sind essbar. In Notzeiten hat man sie getrocknet und gemahlen als Mehlersatz zum Backen verwendet. Gesammelt werden sie von September bis November.
MERKMALE 1–3 m hoch, Strauch. Blätter eiförmig, beiderseits grün, Blattrand fein gesägt. Rosafarbene bis rote Blüten. Blütezeit Juni–Juli. Frucht orange bis rot, kugelig bis eiförmig. Fruchtreife September.
STANDORT UND VERBREITUNG Kiefern- und Lärchenwälder, sonnige Gebüsche, Geröllhalden. Gebirge Mittel- und Südeuropas.

MEISTERWURZ

Peucedanum ostruthium — Doldengewächse

SAMMELN UND ZUBEREITEN Alte Heilpflanze, der man im Mittelalter »meisterliche« Qualitäten zu-

Meisterwurz

sprach. Sie sollte alle möglichen Krankheiten kurieren: Bronchitis, Fieber, Rheuma, Gicht und mehr. Heute destilliert man aus der scharf und bitter schmeckenden Wurzel einen verdauungsfördernden Magenbitter. Auch zum Räuchern von Fleisch und Fisch verwendet man sie. Die Blätter geben Salaten, Suppen, Eierspeisen und Käse eine aromatische Note.
MERKMALE 30–100 cm hoch, Staude mit würzigem Geruch. Untere Blätter in 3–9 breit-eiförmige Abschnitte geteilt, gelappter oder gezähnter Blattrand, obere Blätter kleiner, mit bauchiger Scheide, oft rötlich. Weiß- oder rosafarbene Blüten in großen, flachen Dolden. Blütezeit Juni–August. Frucht rund, gerippt, geflügelt. Kräftiger Wurzelstock.
STANDORT UND VERBREITUNG Feuchte Wiesen, Waldlichtungen. Alpen und mitteleuropäische Mittelgebirge.

MELDE

SAMMELN UND ZUBEREITEN Die jungen Blätter, Blütenknospen, Blüten und Samen der Meldearten wurden schon immer in der Küche genutzt. Junge Blätter passen bestens in einen Salat. Sie lassen sich auch in Gemüsesuppen, Frühlingsrollen und Strudelfüllungen verarbeiten oder wie Spinat dämpfen. Meldespinat schmeckt etwas kräftiger als Gartenspinat, aber viel zarter und feiner als beispielsweise Brennnesselspinat. Fein gehackt und blanchiert passen Meldeblätter in Spätzleteig. Und sie eignen sich zum Füllen von Maultaschen, Omeletts und Tomaten. In Osteuropa werden Meldeblätter zu Sauerkraut vergoren. Die nussig schmeckenden Blütenknospen werden über Salate gestreut, in Frischkäse gerührt oder einfach auf einem Butterbrot gegessen. Das Mehl aus den stärkereichen Samen nimmt man zum Andicken von Eintöpfen oder man mischt es mit Getreidemehl und vewendet es zum Backen. Als Keimsaat ergeben die Samen vitaminreiche Sprossen.

Garten-Melde

Ein Wildgemüsesaft aus Melde, Brennnessel, Portulak, Gutem Heinrich und anderen Kräutern schmeckt besonders erfrischend, wenn er mit Mineralwasser und einem Spritzer Zitronensaft gemischt wird.

MELDE, GARTEN-

Atriplex hortensis
Gänsefußgewächse

SAMMELN UND ZUBEREITEN Angaben dazu bei der Gattung Melde.
MERKMALE 30–120 cm hoch, einjährig. Blätter länglich-eiförmig bis 3-eckig, gestielt, ganzrandig oder gezähnt. Reichblütiger Gesamtblütenstand aus end- und seitenständigen Teilblütenständen. Blütezeit Juli–August.
STANDORT UND VERBREITUNG Kultiviert und vielerorts in Europa verwildert, zu finden in Gärten und Feldern, auf Brachland.

MELDE, GELAPPTE

Atriplex laciniata
Gänsefußgewächse

SAMMELN UND ZUBEREITEN Angaben dazu bei der Gattung Melde.
MERKMALE 10–30 cm hoch, einjährig. Blätter rhombenförmig, weißlich bis silbrig, buchtig gezähnt oder ganzrandig. Männliche Blütenstände ährenartig, endständig, weibliche Blütenstände blattachselständige Knäuel. Blütezeit Juli–September.
STANDORT UND VERBREITUNG Spülsaum der Küsten, gedüngte Salzwiesen. Verbreitungsschwerpunkt europäische Atlantikküsten.

Gelappte Melde

MELDE, GLANZ-

Atriplex sagittata — Gänsefußgewächse

SAMMELN UND ZUBEREITEN Angaben dazu bei der Gattung Melde (siehe S. 207).
MERKMALE 50–150 cm hoch, einjährig. Blätter im Umriss 3-eckig, gestielt, oberseits dunkelgrün, glänzend, unterseits graumehlig, Blattrand leicht geschweift, oft grob gezähnt. Blüten zahlreich, in einem rispenartigen Blütenstand. Blütezeit Juli–September.
STANDORT UND VERBREITUNG Schuttplätze, Wegränder, Ufer. Mittel-, Südost- und Osteuropa.

MELDE, LANGBLÄTTRIGE

Atriplex oblongifolia — Gänsefußgewächse

Langblättrige Melde

SAMMELN UND ZUBEREITEN Angaben dazu bei der Gattung Melde (siehe S. 207).
MERKMALE 30–120 cm hoch, einjährig. Stängel von Grund an verzweigt. Blätter eiförmig bis rhombisch, bis 6 cm lang, gezähnt bis ganzrandig, junge Blätter mehlig, ältere kahl. Blütenknäuel wenigblütig, end- und blattachselständig. Blütezeit Juli–September.
STANDORT UND VERBREITUNG Trockene, nährstoffreiche Standorte, Schuttplätze, Wegränder. Mittel- und Osteuropa.

MELDE, ROSEN-

Atriplex rosea — Gänsefußgewächse

SAMMELN UND ZUBEREITEN Die ganz jungen Sprosse dieser Melde hat man in Osteuropa als Kapernersatz verwendet. Angaben zur weiteren Verwendung unter der Gattung Melde (siehe S. 207).
MERKMALE 30–80 cm hoch, einjährig. Blätter wechselständig, oval, unterseits mit deutlichen Nerven, Blattrand mit Zähnen, wie der Stängel silbrig. Blütenknäuel blattachsel- und endständig. Blütezeit Juli–September.
STANDORT UND VERBREITUNG Schuttplätze, Wegränder. Fast ganz Europa.

MELDE, SPIESS-

Atriplex hastata — Gänsefußgewächse

SAMMELN UND ZUBEREITEN Diese Melde begleitet den Menschen schon lange. Von der Antike bis in die Neuzeit war sie eine beliebte Gemüsepflanze. Sie gehörte zu den Gründonnerstagskräutern, die das ganze Jahr über Glück und vor allem Gesundheit bringen sollten. Auch von den Meldekrapfen, einer traditionellen Osterspeise, erwartete man sich im weiteren Jahr Schutz vor Krankheit. Angaben zur heutigen Verwendung bei der Gattung Melde (siehe S. 207).
MERKMALE 30–60 cm hoch, einjährig. Stängel von der Basis an reich verzweigt. Blätter hellgrün, ganzrandig oder sehr ungleichmäßig gezähnt, im unteren Stängelbereich 3-eckig spießförmig und gegenständig, die oberen lanzettlich. Blüten in Knäueln in den Blattachseln oder endständig. Blütezeit Juli–September.
STANDORT UND VERBREITUNG Braucht nährstoffreichen, feuchten Boden. Wächst an Müllplätzen, Ufern und Gräben. Europa.

MELDE, SPREIZENDE

Atriplex patula — Gänsefußgewächse

SAMMELN UND ZUBEREITEN Die Spreizende Melde ist dem Weißen Gänsefuß sehr ähnlich. In manchen Gegenden tragen beide Pflanzen auch die gleichen volkstümlichen Namen. Der Geschmack dieser weit verbreiteten Wildgemüsepflanze wird von angenehm würzig bis leicht pelzig beschrieben. Gesammelt werden Blätter und Sprosse junger Pflanzen in den Monaten Mai bis Juli. In einer Marinade aus Estragonessig, Olivenöl, Salz und wenigen fein gewürfelten Zwiebeln schmecken sie als Salat ausgesprochen erfrischend. Gedünstet kann man sie als milde Beigabe zu kräftigeren Wildgemüsearten verwenden. Besonders gut passen sie zu Sauerampfer, denn sie mildern dessen Säure ab. Die ab September reifen Samen werden

Ein mit Bergkäse überbackener Wildkräuter-Kartoffel-Auflauf aus Stampfkartoffeln und blanchierten Wildkräutern wie Melde, Giersch, Brennnessel oder Vogelmiere macht auch Kindern die Wildkräuterküche schmackhaft.

Spreizende Melde

wie die anderer Melde-Arten zu Mehl vermahlen und zusammen mit Getreidemehl zum Brotbacken genommen. Vorsicht, der ungenießbare Stinkende Gänsefuß (*Chenopodium vulvaria*, S. 365) sieht ähnlich aus.

MERKMALE 30–150 cm hoch, einjährig. Stängel gerillt, reich verzweigt. Blätter wechselständig, oval bis rautenförmig, zugespitzt, Blattrand glatt bis wenig buchtig gezähnt. Grünliche Blüten in Knäueln in den Blattachseln und gehäuft am Stängelende. Blütezeit Juli–Oktober. Kleine, bräunliche oder schwarze Samen.

STANDORT UND VERBREITUNG Braucht nährstoffreichen, lockeren Lehmboden. Wächst in Wildkrautgesellschaften an Wegrändern, in Feldern, auf Brachland. Europa.

MELDE, STRAND-

Atriplex littoralis — Gänsefußgewächse

SAMMELN UND ZUBEREITEN Angaben dazu bei der Gattung Melde (siehe S. 207).

MERKMALE 30–80 cm hoch, einjährig. Stängel aufrecht oder aufsteigend. Blätter wechselständig, lanzettlich, 5–8 cm lang, ganzrandig oder buchtig gezähnt. Blüten in Knäueln, die kaum 1 cm Durchmesser erreichen. Blütezeit Juli–August.

STANDORT UND VERBREITUNG Braucht salzhaltige Sand- und Schlickböden. Wächst im Spülsaum der Küsten. Europa.

MELDE, TATARISCHE

Atriplex tatarica — Gänsefußgewächse

SAMMELN UND ZUBEREITEN Angaben dazu bei der Gattung Melde (siehe S. 207).

MERKMALE 30–150 cm hoch, einjährig. Stängel meist aufrecht. Blätter silbrig, spießförmig-lanzettlich, 8–10 cm lang, unregelmäßig buchtig gelappt. Blüten in Knäueln. Blütezeit Juli–September.

STANDORT UND VERBREITUNG Braucht nährstoffreichen, sandigen oder steinigen Boden und mildes Klima. Wächst auf Ruderalflächen, in Gärten und Weinbergen. Mittel- und Südosteuropa.

MELDE, VERSCHIEDENSAMIGE

Atriplex micrantha — Gänsefußgewächse

SAMMELN UND ZUBEREITEN Angaben dazu bei der Gattung Melde (siehe S. 207).

MERKMALE Bis zu 150 cm hoch, einjährig. Blätter 3-eckig, spießförmig, gestielt, Spreite bis 15 cm lang, oberseits grün, unterseits leicht mehlig, am Rand buchtig gezähnt. Blütenknäuel in zusammengesetzten Ähren. Blütezeit Juli–September.

STANDORT UND VERBREITUNG Besiedelt lockere, lehmige Böden, zu finden an den Rändern von Bundesstraßen und Autobahnen. Herkunft Ukraine, Iran, in Mittel- und Westeuropa eingeschleppt.

MERK, GROSSER

Sium latifolium — Doldengewächse

Großer Merk

SAMMELN UND ZUBEREITEN Überliefert ist eine Verwendung der vor der Blütezeit gesammelten Blätter als Beigabe in Kochgemüsegerichten.

MERKMALE 60–120 cm hoch, Staude. Stängel dick, hohl, kantig gefurcht. Überwasserblätter bis 40 cm lang, einfach unpaarig gefiedert, 4–10 Teilblättchenpaare, Teilblättchen eiförmig bis lanzettlich, sitzen einander gegenüber, 3–6 cm lang und gut 1 cm breit, gesägt. Untergetauchte Blätter mit fadenfeinen Abschnitten. Weiße Blüten in endständigen Dolden. Blütezeit Juli–August.

STANDORT UND VERBREITUNG Uferbereich von nährstoffreichen, stehenden Gewässern. Südskandinavien, Mittel- und Südeuropa.

MILCHKRAUT

Glaux maritima Primelgewächse

Milchkraut

SAMMELN UND ZUBEREITEN In den Küchen der nordischen Länder nutzt man viele Salzwiesenpflanzen kulinarisch, auch das Milchkraut. Seine jungen Triebe verleihen als würzende Zutat Salaten, Suppen und spinatartigen Gemüsegerichten einen salzig-pfeffrigen Geschmack.

MERKMALE 5–30 cm hoch, Staude. Stängel liegend, graugrün. Blätter kreuzgegenständig, eiförmig, sitzend, ganzrandig, etwas fleischig, graugrün. Blüten sitzen einzeln in den Achseln der mittleren Blätter, werden nur von einem verwachsenen, 5-zipfligen, sehr weitglockigen Kelch gebildet. Kelch weißlich, rosa bis hellrot. Blütezeit Mai–August.

STANDORT UND VERBREITUNG Charakterpflanze feuchter, schwach versalzter Böden, in den Salzwiesen der Meeresküsten. Im Binnenland nur in der Nähe von Salzquellen oder Salzhalden, doch auch hier relativ selten anzutreffen. Europa. Verbreitungsschwerpunkt Nordeuropa.

MILCHLATTICH, ALPEN-

Cicerbita alpina Korbblütengewächse

SAMMELN UND ZUBEREITEN Die vor der Blütezeit gesammelten, bitteren Blätter eignen sich als Salatbeigabe. Stängel und Wurzel, ebenfalls bitter im Geschmack, fügt man in kleinen Mengen Gemüsegerichten bei. In Lappland isst man die bitteren Stängel in Rentiermilch gekocht als Gemüse.

MERKMALE 50–200 cm hoch, Staude, führt Milchsaft. Blätter unregelmäßig fiederteilig, 3-eckig spießförmiger Endabschnitt, oberseits dunkelgrün, unterseits blaugrün. Blütenköpfe aus blauvioletten Zungenblüten. Blütezeit Juli–September.

STANDORT UND VERBREITUNG In Bergwäldern und Grünerlengebüschen, an Gebirgsbächen. Nordeuropa, Gebirge Mittel- und Südeuropas.

MILCHSTERN, PYRENÄEN-

Ornithogalum pyrenaicum Hyazinthengewächse

SAMMELN UND ZUBEREITEN Neben Wald-Geißbart *(Aruncus dioicus)* und Hopfenspargel *(Humulus lupulus)* wird auch der Pyrenäen-Milchstern als wilder Spargel oder Wald-Spargel bezeichnet. Im Frühjahr bereitet man seine jungen Sprosse spargelähnlich zu.

Pyrenäen-Milchstern

MERKMALE 30–80 cm hoch, Staude. 4–6 grundständige Blätter, zum Zeitpunkt der Blütenentfaltung bereits verwelkt. Weißlich gelbe Blüten. Blütezeit Mai–Juni.

STANDORT UND VERBREITUNG Laubwälder, z.B. Hainbuchenwälder. Verbreitungsschwerpunkt in Süd- und Westeuropa.

MILZKRAUT, WECHSELBLÄTTRIGES

Chrysosplenium alternifolium Steinbrechgewächse

SAMMELN UND ZUBEREITEN Von März bis April gesammelte Blätter kann man roh in Salaten und gekocht in Gemüsegerichten verwenden. Das Gegenständige Milzkraut (*Chrysosplenium oppositifolium*, im atlantischen Klima Westeuropas) ist ebenso verwendbar. Vorsicht vor Verwechslungen mit ähnlichen, aber giftigen Wolfsmilcharten (*Euphorbia* sp., S. 390/391).

Gegenständiges Milzkraut

MERKMALE 5–20 cm hoch, Staude. Stängel kantig. Blätter wechselständig, rundlich-nierenförmig, auffällig gelbgrün, Blattrand gekerbt. Kleine Blüten, bilden einen von gelblichen Tragblättern umgebenen Blütenstand. Blütezeit März–Mai.
STANDORT UND VERBREITUNG Auwälder, Erlenbrüche, Ufer. Fast ganz Europa.

MINZE

SAMMELN UND ZUBEREITEN Minzen sind als Heiltee mit beruhigender Wirkung auf Magen und Psyche sehr bekannt. Doch ihre Blätter und Blüten lassen sich auch kulinarisch nutzen. Minzeblätter erntet man von April bis September, aber während der Blütezeit ist ihr Aroma am kräftigsten. Getrocknet sind sie Bestandteil vieler Teemischungen. Frisch passen sie fein dosiert in süße Desserts, sommerliche Salate, zu Quark- und Frischkäsemischungen, Kartoffelgerichten, Fischsuppen und Fleischsoßen. Besonders gut harmoniert Minzsoße mit Lammfleisch und Huhn. Minzöl ist als Aromastoff auch Bestandteil von Kaugummis, Bonbons, Schokolade, Likör und vielem mehr. Vorsicht: Viele Minzen bilden miteinander Bastarde und sind nur schwer zu unterscheiden. Um Verwechslungen mit der giftigen Polei-Minze (*Mentha pulegium*, S. 379) auszuschließen, sollte man sie nur bei genauer Kenntnis der Arten verwenden.

> **Minz-Senf** ist nicht alltäglich, schmeckt aber ausgezeichnet. Man bereitet ihn aus Senfkörnern, Minzblättchen, Essig, Öl, Honig und ein wenig Salz zu.

MINZE, ACKER-

Mentha arvensis — Lippenblütengewächse

SAMMELN UND ZUBEREITEN Angaben dazu bei der Gattung Minze.
MERKMALE 10–40 cm hoch, Staude mit aromatischem Geruch. Stängel aufrecht, 4-kantig, behaart. Blätter gegenständig, breit-eiförmig, kurz gestielt, Ober- und Unterseite behaart, Blattrand gezähnt bis gekerbt. Blauviolette Einzelblüten, die in kugeligen Blütenständen regelmäßig über den Stängel verteilt in den Blattachseln stehen, aber nie am Stängelende. Blütezeit Juli–Oktober.
STANDORT UND VERBREITUNG Feuchte Felder, Waldwege, Nasswiesen, Brachland. Fast ganz Europa.

MINZE, ÄHREN-, GRÜNE MINZE

Mentha spicata — Lippenblütengewächse

SAMMELN UND ZUBEREITEN Die Ähren-Minze ist im Geschmack angenehmer, milder und süßer als die Pfeffer-Minze. Ihre Blätter werden vor allem zum Aromatisieren von Süßigkeiten und Likören, als Beigabe in Salaten, Soßen und Gemüsegerichten und natürlich für Teezubereitungen verwendet. In kleinen Mengen verleihen sie süßen Desserts und Obstsalaten eine fruchtige Note. Besonders gut harmonieren sie mit Melonen.

Ähren-Minze

MERKMALE 30–80 cm hoch, Staude. Stängel rundlich. Blätter gegenständig, schmal-eiförmig bis lanzettlich, sitzend, beiderseits grün, Blattrand gezähnt. Blassviolette Blüten in langen, ährenartigen, endständigen Blütenständen. Blütezeit Juli–August.
STANDORT UND VERBREITUNG Ruderale Standorte. Kulturpflanze, auch verwildert. Fast ganz Europa.

MINZE, PFEFFER-

Mentha × piperita — Lippenblütengewächse

SAMMELN UND ZUBEREITEN Die Pfeffer-Minze ist sehr bekannt als Heiltee. Pfefferminztee wirkt beruhigend auf den Magen, krampflösend und appetitanregend. Kulinarisch werden Blätter und Blüten wie bei der Gattung Minze dargestellt vielseitig genutzt.
MERKMALE 30–90 cm hoch, Staude mit kräftigem Pfefferminzgeruch. Stängel 4-kantig. Blätter gegenständig, schmal-oval, kurz gestielt, Blattrand gesägt. Blüten lila bis rosa. Blütezeit Juni–August.
STANDORT UND VERBREITUNG Kultiviert und in der Nähe von Pflanzungen gelegentlich verwildert.

MINZE, ROSS-

Mentha longifolia Lippenblütengewächse

SAMMELN UND ZUBEREITEN Das Aroma der Ross-Minze überzeugt erst auf den zweiten Blick, denn es ist höchstens als minzähnlich zu bezeichnen. Frisch oder getrocknet sind die Blätter dennoch ein delikat-mildes Gewürz für Fisch, Geflügel, Hackfleisch, Tomatensuppe oder aber für fruchtige Desserts mit Aprikosen und Äpfeln.
MERKMALE 30–70 cm hoch, Staude. Blätter eiförmig bis lanzettlich, ungestielt, Blattrand gezähnt. Blüten lila bis rosa. Blütezeit Juli–September.
STANDORT UND VERBREITUNG Gräben, Ufer, nasse Stellen in Wiesen, an Waldrändern. Fast ganz Europa.

MINZE, RUNDBLÄTTRIGE

Mentha suaveolens Lippenblütengewächse

SAMMELN UND ZUBEREITEN Eine Minze mit sehr niedrigem Mentholgehalt, deren Blätter sich vor allem für die Zubereitung erfrischender Kräutertees eignen. Darüber hinaus werden Blätter und Blüten wie bei der Gattung Minze dargestellt verwendet.
MERKMALE 30–60 cm hoch. Staude mit charakteristisch süßlichem Geruch. Stängel 4-kantig. Blätter sehr breit eiförmig bis rundlich, ungestielt, etwas runzelig, Blattrand gezähnt. Weiße bis lilafarbene Blüten. Blütezeit Juli–September.
STANDORT UND VERBREITUNG Gräben, Bachufer, nasse Stellen in Wiesen, an Waldrändern. Verbreitungsschwerpunkt in Süd- und Westeuropa.

MINZE, WASSER-

Mentha aquatica Lippenblütengewächse

SAMMELN UND ZUBEREITEN Angaben dazu bei der Gattung Minze (siehe S. 211).
MERKMALE 30–60 cm hoch, Staude mit unverwechselbarem Minzgeruch. Stängel 4-kantig, rötlich überlaufen, auf den Kanten dicht und abstehend behaart. Blätter breit-oval, kurz gestielt, Blattrand gezähnt. Rosa- bis lilafarbene Blüten in Quirlen in den Achseln der oberen Blattpaare und in kugeligen Köpfchen gehäuft an der Stängelspitze. Blütezeit Juli–September.
STANDORT UND VERBREITUNG Ufer stehender oder langsam fließender Gewässer, Gräben, feuchte Wiesen. Europa.

MISPEL, GEWÖHNLICHE

Mespilus germanica Rosengewächse

SAMMELN UND ZUBEREITEN Mispeln sind erst nach Frosteinwirkung oder nach längerer Lagerung genießbar. Dann werden die zunächst harten, herben Früchte weich und zart säuerlich und schmecken selbst roh. Man genießt sie auch in Butter und Rotwein geschmort, zusammen mit anderen Obstarten zu Marmelade gekocht oder zu Kompott, Mus, Saft, Obstwein, Likör und Schnaps verarbeitet. Wie Bratäpfel zubereitet oder in Backteig getaucht und frittiert sind sie ein nicht alltäglicher Abschluss eines Herbstmahls. Gedörrt sind Mispeln traditionelle Beigabe im sogenannten Kletzenbrot.
MERKMALE 4–6 m hoch, sommergrüner Strauch oder kleiner Baum. Zweige manchmal mit Dornen besetzt. Blätter länglich-oval, kurz gestielt, unterseits dicht behaart. Blüten weiß. Blütezeit Mai–Juni. Frucht braun apfelähnlich. Fruchtreife ab Oktober.
STANDORT UND VERBREITUNG Gebüsche, helle Wälder in milden Regionen. Heimat Schwarzmeergebiet. In Mittel- und Südeuropa als Obstbaum kultiviert und verwildert.

Gewöhnliche Mispel

Mispel-Mus braucht eine Spur Nelkenpulver, Zimt und Zitronenschale, um rund und harmonisch zu werden.

MITTAGSBLUME, ESSBARE

Carpobrotus edulis Mittagsblumengewächse

SAMMELN UND ZUBEREITEN Die süßen, feigenähnlichen Früchte haben ein geleeartiges Fruchtfleisch und werden als Obst gegessen. Auch die dickfleischigen Blätter sind als essbar beschrieben. Die Einwohner Südafrikas verwenden sie wie Gurken und legen sie in Essig ein.
MERKMALE Staude. Stängel kriechend, bis 2 m lang. Blätter dickfleischig, im Querschnitt 3-eckig, paarweise am Grund verwachsen, an der oberen Kante fein gesägt. Blüten einzeln, endständig, hellgelb bis orange. Blütezeit April–Juli. Feigenähnliche Früchte.
STANDORT UND VERBREITUNG Küstenfelsen, Stranddünen. Mittelmeerregion.

MOHN, BASTARD-

Papaver hybridum Mohngewächse

SAMMELN UND ZUBEREITEN Die Pflanze ist ebenso wie der Klatsch-Mohn verwendbar.
MERKMALE 15–60 cm hoch, einjährig, führt Milchsaft. Stängel borstig behaart. Stängelblätter 1- bis 2-fach fiederteilig, mit langen, spitzen Blattzipfeln. Blüten rot, einzeln, endständig. Blütezeit Mai–Juli. Frucht eiförmig, mit hellen Borsten.
STANDORT UND VERBREITUNG Getreidefelder, Ödland. Südeuropa, in Mitteleuropa nur in klimatisch warmen Lagen.

MOHN, KLATSCH-

Papaver rhoeas Mohngewächse

SAMMELN UND ZUBEREITEN Früher nahm man in Frankreich die jungen, im Geschmack mildsüßlichen Blätter und verarbeitete sie zusammen mit anderen Wildkräutern zu einem spinatartigen Gemüse. Auch heute verwendet man Mohnblättchen in der Wildkräuterküche: fein geschnitten im Salat oder kurz gedünstet und mit Salz, Pfeffer und Olivenöl abgeschmeckt. Die Blüten färben Tee, Limonaden oder Bowle intensiv rot. Kandiert sind sie eine feine Nascherei. Die zahlreichen, im Geschmack nussigen Samen in den Samenkapseln werden ab August geerntet. Sie würzen Kuchen und Desserts, verleihen auch Suppen

Klatsch-Mohn

und Soßen einen dezenten Mohngeschmack. Und sie ergeben ein feines, allerdings hitzeempfindliches Öl. Der Milchsaft der Mohngewächse enthält Alkaloide. Im Gegensatz zum Schlafmohn (*Papaver somniferum*, S. 382), aus dessen getrocknetem Milchsaft Opium gewonnen wird, gilt der Milchsaft der hier genannten Mohnarten aber als harmlos. Inhaltsstoffe des Schlafmohns wie Papaverin und Morphin enthält er nicht. Dennoch sind die frischen Pflanzen als schwach giftig eingestuft. In größeren Mengen verzehrt können sie Bauchschmerzen verursachen. Die Samen sind alkaloidfrei.
MERKMALE 20–90 cm hoch, einjährig, führt Milchsaft. Stängel aufrecht bis aufsteigend, abstehend borstig behaart. Stängelblätter wechselständig, fiederteilig, mit gezähnten Blattzipfeln. Blüten rot, einzeln am Ende des Stängels, 4 rundliche Blütenblätter, am Grund oft mit einem schwarzen Fleck, vor der Entfaltung zerknittert, purpurfarbene Staubfäden, lang gestielt. 2 Kelchblätter, dicht abstehend behaart, fallen früh ab. Blütezeit Mai–Juli. Frucht kugelig bis eiförmig, kahl und glatt.
STANDORT UND VERBREITUNG Getreidefelder, Wegränder, Ödland, Kompostlager sowie andere trockene, sonnige Standorte auf nährstoff- und kalkhaltigem Untergrund. Ist bis in Höhenlagen von ca. 1700 m anzutreffen. Europa.

Geröstet, gemahlen und mit Meersalz gemischt ergeben die Samen des Klatsch-Mohns ein dezent nach Mandeln schmeckendes Würzsalz.

MOHN, SAAT-

Papaver dubium — Mohngewächse

SAMMELN UND ZUBEREITEN Die Pflanze ist ebenso wie der Klatsch-Mohn verwendbar (siehe S. 213).
MERKMALE 30–60 cm hoch, einjährig, führt Milchsaft. Stängelblätter im unteren Stängelbereich gestielt, oben sitzend, 1- bis 2-fach fiederteilig, Blattzipfel lineal-lanzettlich. Blüten rot. Blütezeit Mai–Juni. Frucht keulenförmig, verschmälert sich in den Stiel, kahl.
STANDORT UND VERBREITUNG Getreidefelder, Wegränder, Ödland. Fast ganz Europa.

MOHN, SAND-

Papaver argemone — Mohngewächse

SAMMELN UND ZUBEREITEN Die Pflanze ist ebenso wie der Klatsch-Mohn verwendbar (siehe S. 213).
MERKMALE 10–30 cm hoch, einjährig, führt Milchsaft. Stängel borstig behaart. Grundständige Blätter bis fast auf den Mittelnerv 2- bis 3-fach fiederteilig. Stängelblätter ebenfalls fiederteilig, mit spitzen Blattzipfeln. Blüten rot, Blütenblätter mit einem schwarzen Fleck am Grund. Blütezeit Mai–Juli. Frucht länglich-keulenförmig, gerippt, mit wenigen aufrechten Borsten.
STANDORT UND VERBREITUNG Getreidefelder, Wegränder, Brachflächen. Mittel- und Südeuropa.

MÖHRE, WILDE

Daucus carota — Doldengewächse

SAMMELN UND ZUBEREITEN Die Wilde Möhre ist die Stammform der Gartenmöhren. Entsprechend dem Lebensrhythmus aller zweijährigen Pflanzen entwickelt sie im ersten Lebensjahr Blätter und Wurzel, im darauffolgenden Jahr blüht sie, bildet Früchte und welkt. Die süß-aromatische Wurzel der Wilden Möhre kann, solange sie noch jung und zart ist, wie die der Zuchtformen roh und gekocht gegessen werden. Man sollte sie aber immer ernten, bevor sich der Blütenstand entwickelt, danach werden sie hart und ungenießbar holzig. Die Blätter, vor der Blütezeit gesammelt, würzen frisch oder getrocknet ebenso wie die Früchte, die von September bis Oktober reifen, Suppen, Eintöpfe, Salate, Gemüsegerichte und Brotaufstriche. Die zarten, weißen Blüten werden als essbare Dekoration über Salate gestreut, die Blütenstände schmecken in Backteig frittiert. Wegen der Verwechslungsgefahr mit sehr giftigen Doldengewächsen wie Hundspetersilie (*Aethusa cynapium*, S. 371), Geflecktem Schierling (*Conium maculatum*, 382), Safranrebendolde (*Oenanthe crocata*, S. 380) und Großem Wasserfenchel (*Oenanthe aquatica*, S. 389) sollte Blätter, Blüten, Samen und Wurzel der Wilden Möhre nur sammeln, wer die Pflanze sicher bestimmen kann.

Wilde Möhre

MERKMALE 30–90 cm hoch, zweijährig. Blätter gefiedert, Teilblättchen 3-eckig, verströmen beim Zerreiben den aromatischen Duft von Karotten. Kleine weiße Blüten, bilden einen flach gewölbten Blütenstand, in dessen Mitte eine dunkel gefärbte »Mohrenblüte« liegt. Blütezeit Mai–September. Frucht eiförmig, trägt auf ihren Längsrippen Stacheln.
STANDORT UND VERBREITUNG Wiesen, Wegränder, Brachland. Europa.

MOHRENHIRSE, WILDE

Sorghum halepense — Süßgräser

SAMMELN UND ZUBEREITEN Junge, von März bis April geerntete Triebe der Pflanze verarbeitet man in Gemüsegerichten. Auch die von September bis in den Winter gegrabene Wurzel eignet sich als Gemüse. Die stärkereichen Samenkörner ergeben Mehl.

Wilde Mohrenhirse

MERKMALE 50–100 cm hoch, mehrjähriges Gras. Blätter bis 60 cm lang, 1–2 cm breit, flach, am Rand rau. Reich verzweigte, 20–30 cm lange Rispe mit aufrecht abstehenden Ästen. Ährchen 1-blütig, 4–5 mm lang, gelb bis violett, weich behaart. Blütezeit Juni–August.
STANDORT UND VERBREITUNG Ödland. Herkunft vermutlich östliches Mittelmeergebiet, in Mitteleuropa unbeständig, in Südeuropa eingebürgert.

MOLTEBEERE

Rubus chamaemorus Rosengewächse

SAMMELN UND ZUBEREITEN Moltebeeren sind in Skandinavien ein wichtiger Vitaminlieferant. Sie werden frisch gegessen, zu Marmelade und Gelee, Kompott, Saft, Sirup, Wein und Likör verarbeitet oder als Kuchenbelag und zum Aromatisieren von süßen Desserts verwendet. Aus den Blättern bereitet man Tee.
MERKMALE 5–25 cm hoch, Staude. Blätter 5-lappig, im Umriss herz- bis nierenförmig, am Rand gekerbt bis gesägt. Weiße Blüten. Blütezeit Mai–Juni. Brombeerartige Sammelfrucht, bei Reife dunkelgelb.
STANDORT UND VERBREITUNG In Hoch- und Zwischenmooren. Hauptsächlich Nordeuropa. Geschützt.

Moltebeere

MÖNCHSPFEFFER

Vitex agnus-castus Eisenkrautgewächse

SAMMELN UND ZUBEREITEN Die bitter-scharf schmeckenden Früchte liefern reif und getrocknet den Mönchspfeffer. Dieser wurde früher in geringem Umfang als Ersatz für schwarzen Pfeffer genutzt. Verwendbar ist er auch als Beigabe in Gewürzmischungen für gegrilltes und gebratenes Fleisch. Im Altertum wurden die Früchte als Anaphrodisiakum eingesetzt und von Mönchen verzehrt. Daher der Name.
MERKMALE 2–6 m hoch, sommergrüner Strauch. Zweige 4-kantig. Blätter lang gestielt, 5- bis 7-fach gefiedert, Teilblättchen lanzettlich, spitz, unten weißfilzig, Blattrand glatt. Kleine blaue, duftende Blüten. Blütezeit Juni–Oktober. Pfefferkorngroße Frucht, rötlich schwarz, fleischig.
STANDORT UND VERBREITUNG Flussufer, feuchte Standorte. Mittelmeergebiet.

Mönchspfeffer

MONDRAUTE, VIRGINISCHE

Botrychium virginianum Natternzungengewächse

SAMMELN UND ZUBEREITEN Überliefert ist die Verwendung der Pflanze in Kochgemüsegerichten.
MERKMALE 10–45 cm hoch, mehrjährige Farnpflanze. Steriler Teil in der Mitte der Pflanze, 2- bis 3-fach gefiedert, mit länglichen gezähnten Abschnitten. Fertiler Teil rispig, lang gestielt, den sterilen Teil weit überragend.
STANDORT UND VERBREITUNG Wälder, schattige Wiesen. Zerstreute Vorkommen in Teilen Europas. Geschützt.

MOORBINSE, BORSTIGE

Isolepis setacea Sauergräser

SAMMELN UND ZUBEREITEN Die Samen werden im Spätsommer geerntet und geröstet als Kaffee-Ersatz verwendet. Man nutzt sie auch als Keimsaat.
MERKMALE 5–15 cm hoch, ein- bis mehrjährig. Blattscheiden rot, Blätter borstenförmig. Blütenstand aus 1–4 dicht gedrängten, eiförmigen Ährchen, vom Hüllblatt überragt. Blütezeit Juni–August.
STANDORT UND VERBREITUNG Feuchte Waldwege, Ufer. Fast ganz Europa.

MOOSBEERE, GEWÖHNLICHE

Vaccinium oxycoccus Heidekrautgewächse

SAMMELN UND ZUBEREITEN Moosbeeren schmecken sehr herb. Frosteinwirkung lässt sie milder und süßer werden. Deshalb werden die Früchte erst im Spätherbst geerntet. Man isst sie frisch oder verarbeitet sie zu Saft, Marmelade und Gelee, Kompott und Fruchtmus, Likör und Schnaps.
MERKMALE Immergrüner Zwergstrauch mit kriechenden Zweigen, die bis zu 1 m lang werden. Blätter schmal-eiförmig, derb, oberseits glänzend dunkelgrün, unterseits graugrün, ganzrandig. Blüten rosa, Kronzipfel zurückgeschlagen. Blütezeit Mai–Juni. Frucht eine kugelige rote Beere, etwa 1 cm im Durchmesser. Fruchtreife September–Oktober.
STANDORT UND VERBREITUNG In Hoch- und Zwischenmooren. Mittel- und Nordeuropa.

MUTTERKRAUT

Tanacetum parthenium Korbblütengewächse

SAMMELN UND ZUBEREITEN Mutterkraut wirkt schmerzstillend und krampflösend. Als Tee aufgebrüht lindert es Kopfschmerzen und hilft Migräneanfällen vorzubeugen. In der Wildkräuterküche werden die bitter-aromatischen, jungen Blätter in kleinen Mengen Salaten, Suppen, Gemüsegerichten und Brotaufstrichen beigefügt. Auch als herb-frische Würze auf einem Butterbrot kann man sie essen. Wer sich an der bitteren Note des Mutterkrauts stört, fügt den Speisen andere Geschmacksträger wie Minze, Majoran oder Petersilie bei und macht sie damit runder und schmackhafter. Das Mutterkraut gilt allerdings als einer der wesentlichen Auslöser allergischer Hautreaktionen. Allergiker sollten den Hautkontakt mit der frischen Pflanze vermeiden. Auch Schwangere sollten auf Mutterkraut verzichten.
MERKMALE 30–60 cm hoch, Staude mit intensiv kampferartigem Geruch. Blätter tief geteilt, im unteren Stängelbereich gestielt, oben ungestielt. Blütenköpfchen aus weißen Zungenblüten und gelben Röhrenblüten. Blütezeit Juni–September.
STANDORT UND VERBREITUNG An Hecken sowie Zäunen, in Wäldern und Gebüschen. Ursprünglich Südosteuropa, heute fast ganz Europa.

Mutterkraut

MUTTERWURZ, ALPEN-

Ligusticum mutellina Doldengewächse

SAMMELN UND ZUBEREITEN Die würzigen Blätter, die man von April bis Juli sammelt, werden in der Küche ähnlich wie Petersilie verwendet. Im Bayerischen Wald sind sie ein beliebtes Würzmittel für Frischkäse und andere Käsezubereitungen. Als Tee wirken sie magenstärkend. Auch die intensiv aromatische Wurzel, geerntet von September bis in den Spätherbst, ist frisch oder getrocknet würzende Zutat in Gemüsegerichten. Der Extrakt der Wurzel ist seit Langem Bestandteil vieler Alpenkräuterliköre und Schnäpse.
MERKMALE 30–50 cm hoch, Staude mit würzigem Duft. Blätter 2- bis 3-fach gefiedert. Blütendolden aus weißen, rosa- oder purpurfarbenen Blüten. Blütezeit Juni–August.
STANDORT UND VERBREITUNG Bergwiesen, Schneetälchen. Gebirge Mittel- und Südeuropas.

MUTTERWURZ, SCHOTTISCHE

Ligusticum scoticum Doldengewächse

SAMMELN UND ZUBEREITEN Die Blätter dieser auch als Schottischer Liebstöckel bekannten Pflanze haben ein mildes, petersilien-sellerieartiges Aroma. Sie werden vor der Blütezeit der Pflanze geerntet und kulinarisch wie der normale Liebstöckel eingesetzt. Bekannt ist vor allem ihre Verwendung als Würzkraut in Salaten, Suppen und Eintöpfen. Aber auch zu Fisch, Muscheln und anderen Meeresfrüchten passt ihr mildes Aroma gut. Ein Tee aus den im Spätherbst geernteten Wurzeln wird als leichtes Beruhigungsmittel getrunken.
MERKMALE 15–90 cm hoch, Staude. Blätter 3-teilig, einzelne Abschnitte breit-eiförmig, vorne gezähnt.

Grünlich weiße Blütendolden. Blütezeit Juli–September. Frucht gerippt.
STANDORT UND VERBREITUNG Küstenfelsen. Nordeuropa.

MYRTE

Myrtus communis Myrtengewächse

SAMMELN UND ZUBEREITEN Blätter und Beeren der Myrte sind essbar, werden aber meist nur im Raum ihres natürlichen Vorkommens kulinarisch verwendet. Myrtenblätter riechen erfrischend aromatisch, sind aber im Geschmack recht bitter. Man nimmt sie vor allem zum Würzen von Wurstwaren, Fleisch und Fisch. So umwickelt man Fleisch vor dem Grillen mit frischen Myrtenblättern oder legt getrocknete Myrtenblätter auf die Glut und nutzt den aufsteigenden Rauch als Aromaspender. Auch Myrte als Feuerholz soll dem Grillfleisch einen würzigen, sehr angenehmen Geschmack verleihen. Fisch gart man oft auf einem Bett aus Myrtenblättern. Myrtenbeeren werden roh gegessen, zu Marmelade verarbeitet oder getrocknet als eine Art Pfefferersatz verwendet. Auf Sardinien stellt man aus Myrtenbeeren und Myrtenblüten Likör her, »Mirto rosso« oder »Mirto bianco« genannt. Die alten Griechen würzten mit Myrtenzweigen Wein und Olivenöl.
MERKMALE 1–5 m hoch, immergrüner, aromatischer Strauch. Blätter oval, durchscheinend drüsig punktiert, ganzrandig, lederartig. Weiße Blüten. Blütezeit Mai–August. Bei Reife blauschwarze Beeren. Fruchtreife Oktober–Januar.
STANDORT UND VERBREITUNG Macchien. Mittelmeergebiet.

Myrte

Gewöhnliche Nachtkerze

NACHTKERZE, GEWÖHNLICHE

Oenothera biennis Nachtkerzengewächse

SAMMELN UND ZUBEREITEN Die Blätter, Blütenstängel, Blütenknospen, Blüten, Samen und Wurzel dieser volkstümlich als »Schinkenwurzel« bekannten Pflanze sind in der Wildkräuterküche nutzbar. Am bekanntesten ist die aromatische Wurzel, die beim Kochen eine rötliche, an Schinken erinnernde Farbe annimmt. Sie wird zu Gemüse verarbeitet, das im Geschmack an Schwarzwurzeln erinnert, aber auch zu Salaten und zu kräftigen Suppen. Geerntet wird die Wurzel, solange die Nachtkerze noch keinen Blütenstängel entwickelt hat. Nur bis dahin ist sie zart, später wird sie ungenießbar hart und holzig. Die mild nach Mangold schmeckenden Blätter der noch nicht blühenden Pflanze genießt man in Streifen geschnitten in Salaten. Auch gekocht als Suppe oder Gemüse schmecken sie. Noch junge Blütenstängel kann man geschält roh essen oder als Pfannengemüse zubereiten. Die gelben Blüten nutzt man als essbare Dekoration in Salaten, auch kandiert auf Kuchen und in Süßspeisen. Die Blütenknospen passen ebenfalls gut in Salate, schmecken aber auch als Antipasti in Öl eingelegt. Die ab September reifen, ölhaltigen Samen werden wie Sesamkörner in Gebäck verarbeitet. Die Kleinblütige Nachtkerze (*Oenothera parviflora*) ist ähnlich verwendbar.
MERKMALE 50–100 cm hoch, zweijährig. Grundblätter in bodennaher Rosette. Stängelblätter wechselständig, Blattrand klein gezähnt. Große, gelbe Blüten. Blütezeit Juni–August. Braune, längliche Fruchtkapsel, dunkelbraune Samen. Rübenförmige Wurzel.
STANDORT UND VERBREITUNG Wegränder, Brachland. Fast ganz Europa.

NACHTVIOLE, GEWÖHNLICHE

Hesperis matronalis Kreuzblütengewächse

SAMMELN UND ZUBEREITEN Die vor der Blütezeit gesammelten, scharf schmeckenden Blätter würzen sparsam dosiert Salate. Die duftenden Blüten sind Salatbeigabe und essbare Dekoration für Vorspeisen und Desserts. Die Nachtviole enthält vor allem in den Samen herzwirksame Glykoside und ist deshalb als »wenig giftig« eingestuft. Von der früher üblichen Praxis, aus den Samen ein Speiseöl zu pressen, wird abgeraten. Als essbar überliefert sind auch Blätter und Blüten der Trüben Nachtviole *(Hesperis tristis)* und der Wald-Nachtviole *(Hesperis sylvestris)*.

Gewöhnliche Nachtviole

MERKMALE 40–80 cm hoch, zweijährig. Blätter lanzettlich, gezähnt, behaart. Duftende, violette, seltener auch weiße Blüten. Blütezeit Mai–Juli. Frucht eine aufrecht abstehende, dünne Schote.

STANDORT UND VERBREITUNG Auwälder, Gebüsche, Wegränder und Ruderalflächen. Mittel- und Südosteuropa.

NATTERNKOPF, GEWÖHNLICHER

Echium vulgare Raublattgewächse

SAMMELN UND ZUBEREITEN Im beginnenden Frühling sind die Blätter des Natternkopfs noch zart und können als Salatbeigabe verwendet werden. Wegen ihres recht milden Geschmacks werden sie gerne mit herberen Wildkräutern gemischt. Ältere, von April bis Juni gesammelte Blätter eignen sich für die Zubereitung von Gemüsegerichten, Suppen und Soßen. Auch in Wein- oder Bierteig getaucht und anschließend frittiert schmecken sie. Während und nach der Blütezeit sind Natternkopfblätter in der Küche nicht mehr verwendbar. Die dekorativen Blüten nimmt man frisch oder kandiert als essbare Dekoration. Getrocknet sind sie Bestandteil von Teemischungen.

Der Gewöhnliche Natternkopf enthält geringe Mengen an Pyrrolizidinalkaloiden, die als krebserregend und leberschädigend gelten. Aber der gelegentliche Verzehr kleiner Mengen gilt als unbedenklich.

MERKMALE 30–80 cm hoch, zweijährig. Stängel dicht behaart, oft dunkelviolett punktiert. Blätter wechselständig, schmal-lanzettlich, ebenfalls behaart. Blüten zunächst rosa, später blauviolett gefärbt, Staubblätter ragen weit aus der Blüte heraus. Blütezeit Juni–August.

STANDORT UND VERBREITUNG Wegränder, Bahndämme, Brachland. Europa.

NELKE

SAMMELN UND ZUBEREITEN Die fein duftenden Nelkenblüten ergeben einen wunderbaren Sirup und aromatisieren Zucker, Essig und Öl unvergleichlich. Im Mittelalter nahm man sie zum Aromatisieren von Wein. Im Hinblick auf diese Verwendung nannte man Nelken damals in England auch »sops in wine«, was so viel wie »in Wein getränkt« bedeutet. Noch heute bieten viele englische Gärtnereien eine Nelkenvarietät mit dem Namen »Dianthus Sops in wine« an. Kandiert nimmt man Nelkenblüten zum Verzieren von Kuchen, Torten und Kleingebäck. Besonders apart sehen kandierte Nelkenblüten auf Baisers aus. Als essbare Dekoration bereichern einzelne Nelkenblütenblätter auch Fruchtsalate, Eiscreme und andere süße Desserts.

> **Zur kulinarischen Verwendung** der Blütenblätter ist es sinnvoll, die weißen Ansätze unten an den Blütenblättern abzuschneiden, da sie bitter schmecken.

NELKE, ALPEN-

Dianthus alpinus Nelkengewächse

SAMMELN UND ZUBEREITEN Angaben dazu bei der Gattung Nelke.

MERKMALE 5–20 cm hoch, Staude, wächst in lockeren, flach ausgebreiteten Polstern. Stängelblätter schmal-lanzettlich, 1–2 cm lang, Rosettenblätter bis 3,5 cm lang. Blüten tiefrosa, im Bereich der Kronröh-

re weiß gefleckt. 2 oder 4 zugespitzte Kelchschuppen. Blütezeit Juni–September.
STANDORT UND VERBREITUNG Felsige Hänge, steinige Rasen und Matten, Zwergstrauchheiden, Legföhrengebüsch. Die Alpen-Nelke ist eine sogenannte endemische Art, d.h. ihre natürliche Verbreitung ist auf ein eng begrenztes Gebiet, die Nordostalpen, beschränkt.

NELKE, BART-

Dianthus barbatus Nelkengewächse

SAMMELN UND ZUBEREITEN Angaben dazu bei der Gattung Nelke.
MERKMALE 20–60 cm hoch, Staude. Blätter breitlanzettlich, kurz gestielt. Blüten büschelig gehäuft am Ende des Stängels, Blütenblätter hell- bis dunkelrot, mit helleren und dunkleren Punkten und Streifen, vorn gezähnt. Blütenstand von lanzettlichen Hochblättern umgeben. Blütezeit Juni–August.
STANDORT UND VERBREITUNG Typische Pflanze der Bauerngärten, verwildert an Waldrändern, in Gebüschen, auf Ödland. Ursprünglich Süd- und Osteuropa.

Bart-Nelke

NELKE, BUSCH-

Dianthus seguieri Nelkengewächse

SAMMELN UND ZUBEREITEN Angaben dazu bei der Gattung Nelke.
MERKMALE 30–60 cm hoch, Staude. Blätter schmallanzettlich. Blüten büschelig am Ende der Stängel. Blütenblätter hell- bis dunkelrosa mit dunklen punktartigen Flecken, vorn grob gezähnt. 4 begrannte Kelchschuppen. Blütezeit Juni–August.
STANDORT UND VERBREITUNG Buschige Hänge, Waldränder. Mittel- und Südwesteuropa. Geschützt.

NELKE, BÜSCHEL-

Dianthus armeria Nelkengewächse

SAMMELN UND ZUBEREITEN Angaben dazu bei der Gattung Nelke.
MERKMALE 20–50 cm hoch, zweijährig. Stängelblätter gegenständig, schmal-lanzettlich. Grundblätter spatelförmig. Rote Blüten in einem büscheligen Blütenstand am Ende der Zweige. Blütezeit Juni–Juli.

Büschel-Nelke

STANDORT UND VERBREITUNG Waldränder, helle Gebüsche, Trockenrasen, Wegränder. Mittel- und Südeuropa. Geschützt.

NELKE, FEDER-

Dianthus plumarius Nelkengewächse

SAMMELN UND ZUBEREITEN Angaben dazu bei der Gattung Nelke.
MERKMALE Bis zu 40 cm hoch, Staude. Bildet dichte Polster. Stängel etwas kantig. Blätter schmal-lanzettlich, blaugrün. Blüten weiß oder hellrot, Blütenblätter bis etwa zur Hälfte in schmale Zipfel geteilt. Blütezeit April–Juli.
STANDORT UND VERBREITUNG Felsige Hänge der Gebirge. Teile Mitteleuropas, Ostalpen.

Feder-Nelke

NELKE, GLETSCHER-

Dianthus glacialis Nelkengewächse

SAMMELN UND ZUBEREITEN Angaben dazu bei der Gattung Nelke (siehe S. 218).
MERKMALE 2–10 cm hoch, Staude. Wächst polsterartig, neben blühenden Trieben gibt es auch sterile Triebe. Stängel aufrecht, einfach. Blätter lineal bis lanzettlich, bis 5 cm lang. Stängelblätter kürzer als die Grundblätter. Blüten einzeln am Ende des Stängels. Blütenblätter rosa, über dem Schlund mit 3 purpurnen Streifen, vorn schwach und unregelmäßig gezähnt. Kelchschuppen grannenartig zugespitzt. Blütezeit Juli–August.
STANDORT UND VERBREITUNG Moränenschutt, steinige Rasen, felsige Hänge in Höhen von 2000 bis fast 3000 m. Ostalpen.

NELKE, HEIDE-

Dianthus deltoides Nelkengewächse

SAMMELN UND ZUBEREITEN Angaben dazu bei der Gattung Nelke (siehe S. 218).
MERKMALE 10–35 cm hoch, Staude. Stängel aufrecht, im oberen Teil 1- oder 2-mal verzweigt. Stängelblätter gegenständig, schmal-lanzettlich, Blattscheide dem Stängel ansitzend. Blüten einzeln oder zu 2–3 am Ende des Stängels. Blütenblätter rot, mit weißen Punkten und dunklem Ring. Blütezeit Juni–September.
STANDORT UND VERBREITUNG Heiden, Magerrasen. Mittel- und Nordeuropa. Geschützt.

NELKE, KARTHÄUSER-

Dianthus carthusianorum Nelkengewächse

SAMMELN UND ZUBEREITEN Angaben dazu bei der Gattung Nelke (siehe S. 218).
MERKMALE 10–50 cm hoch, Staude. Stängel aufrecht, meist unverzweigt. Stängelblätter gegenständig, schmal-lanzettlich, sitzen mit langen Blattscheiden

> **Mit Weißwein** kombiniert ergibt Nelkenblütensirup ein gutes Beruhigungsmittel, aufgegossen mit Mineralwasser ein erfrischendes Getränk.

Karthäuser-Nelke

dem Stängel an. Grundblätter gleichen den Stängelblättern. Rote Blüten zu 5–10 in einem endständigen Köpfchen, umgeben von lang begrannten Hochblättern. Blütezeit Juni–September.
STANDORT UND VERBREITUNG Magerrasen, trockene Gebüsche, sonnige Waldränder. Hauptsächlich Mitteleuropa. Geschützt.

NELKE, MONTPELLIER-

Dianthus monspessulanus Nelkengewächse

SAMMELN UND ZUBEREITEN Angaben dazu bei der Gattung Nelke (siehe S. 218).
MERKMALE 10–50 cm hoch, Staude. Stängel aufrecht. Stängelblätter gegenständig, schmal-linealisch, bis 6 cm lang. Rosettenblätter länger, aber nicht breiter als die Stängelblätter. Blüten einzeln oder zu wenigen am Ende des Stängels. Blütenblätter lila, rosa oder fast weiß, Vorderrand fast bis zur Mitte fransig zerschlitzt. Kelch röhrenförmig, 2 oder 4 Kelchschuppen. Blütezeit Mai–Juni.
STANDORT UND VERBREITUNG Steinige Rasen, helle Wälder, helle Gebüsche. Mittel- und Südeuropa.

NELKE, PFINGST-

Dianthus gratianopolitanus Nelkengewächse

SAMMELN UND ZUBEREITEN Angaben dazu bei der Gattung Nelke (siehe S. 218).
MERKMALE 10–30 cm hoch, Staude. Stängel aufrecht, einfach oder im oberen Teil verzweigt. Stängelblätter gegenständig, schmal-linealisch, flach. Roset-

tenblätter kaum größer als die Stängelblätter. Blüten einzeln am Ende der Stängel. Blütenblätter rosa, vorne nur schwach und unregelmäßig gezähnt. An der Basis des Kelchs 4–6 schuppenartige Hochblätter. Blütezeit Mai–Juli.
STANDORT UND VERBREITUNG Felsbänder, felsige Hänge, Steinschutthalden. Mitteleuropa. Geschützt.

NELKE, PRACHT-

Dianthus superbus Nelkengewächse

Pracht-Nelke

SAMMELN UND ZUBEREITEN Angaben dazu bei der Gattung Nelke (siehe S. 218).
MERKMALE 25–60 cm hoch, Staude. Stängel aufrecht, im oberen Teil oft verzweigt. Stängelblätter gegenständig, sehr schmal lanzettlich. Blüten in einem lockeren, rispigen Blütenstand oder einzeln am Ende der Stängel. Blütenblätter rot bis violett, bis über die Mitte unregelmäßig zerschlitzt. Blütezeit Juni–Oktober.
STANDORT UND VERBREITUNG Helle Eichenwälder, Moorwiesen. Fast ganz Europa. Geschützt.

NELKE, SAND-

Dianthus arenarius Nelkengewächse

SAMMELN UND ZUBEREITEN Angaben dazu bei der Gattung Nelke (siehe S. 218).
MERKMALE 10–30 cm hoch, Staude, wächst in Polstern. Stängel aufrecht. Blätter linealisch. Blüten einzeln oder zu wenigen am Ende des Stängels. Blütenblätter weiß, an der Basis grünlich gepunktet, bis über die Mitte zerschlitzt. Blütezeit Juni–September.
STANDORT UND VERBREITUNG Braucht nährstoffreichen, trockenen, sommerwarmen Sandboden. Auf Sand- und Felsrasen, in lichten Kiefernwäldern, auch an sandigen Wegrändern. Skandinavien, nordöstlicher Teil Mitteleuropas, Ost- und Südosteuropa. Geschützt.

Sand-Nelke

NELKE, STEIN-

Dianthus sylvestris Nelkengewächse

SAMMELN UND ZUBEREITEN Angaben dazu bei der Gattung Nelke (siehe S. 218).
MERKMALE 10–30 cm hoch, Staude. Stängel aufrecht, einfach oder im oberen Teil verzweigt. Stängelblätter gegenständig, schmal-linealisch, rinnig. Blüten einzeln am Ende der Stängel. Blütenblätter intensiv rosa gefärbt, vorne unregelmäßig gezähnt. An der Basis des Kelchs 2 schuppenartige Hochblätter. Blütezeit Juni–August.
STANDORT UND VERBREITUNG Felsspalten, alpine Matten. Gebirge Mittel- und Südeuropas. Geschützt.

NELKENWURZ, BACH-

Geum rivale Rosengewächse

SAMMELN UND ZUBEREITEN Die jungen Blätter, vor der Blüte gesammelt, eignen sich als Beigabe zu Salaten und Gemüsegerichten. Die Wurzel der Bach-Nelkenwurz erinnert im Geruch an Gewürznelken und wird wie diese getrocknet als Gewürz eingesetzt. Man erntet sie von September bis in den Spätherbst.
MERKMALE 20–60 cm hoch, Staude. Stängel aufrecht, behaart. Grundblätter lang gestielt, unterbrochen gefiedert, Endfieder sehr groß, 3-teilig, alle grob gezähnt, Stängelblätter meist 3-teilig. Blüten außen rötlich, innen gelb, glockenförmig, nickend, einzeln oder in Gruppen zu 2–6 am Stängelende. Blütezeit Mai–Juni.
STANDORT UND VERBREITUNG Feuchte Wiesen, Ufer, helle Auwälder. Europa, im Süden hauptsächlich in den Gebirgen.

NELKENWURZ, ECHTE

Geum urbanum — Rosengewächse

SAMMELN UND ZUBEREITEN Die jungen, zarten Blätter werden von März bis April als bitter-würzige Beigabe zu Salaten und Gemüsegerichten verwendet. Ältere und härtere Blätter nutzt man getrocknet für die Bereitung von Kräutersalzen. Blüten und Blütenknospen können als essbare Dekoration über Salate gestreut werden. Die Blütenknospen schmecken auch gegart in Gemüsegerichten. Der nach Gewürznelken duftende Wurzelstock enthält ätherisches Öl ähnlich dem der Gewürznelke. Getrocknet wird er als Gewürz genutzt, frisch in Suppen und Eintöpfen mitgekocht oder zum Aromatisieren von Bier und Limonade verwendet.

MERKMALE 30–60 cm hoch, Staude. Stängel aufrecht, wenig verzweigt, etwas behaart. Grundblätter lang gestielt, gefiedert, Endfieder groß, 3-teilig, alle grob gezähnt, Fiederblättchen grob gezähnt, Stängelblätter 3-teilig oder einfach, mit großen Nebenblättern. Blüten gelb, 5-zählig, aufrecht, ausgebreitet, einzeln oder in Gruppen am Stängelende. Blütezeit Mai–September.

STANDORT UND VERBREITUNG Helle Laubmischwälder, Gebüsche sowie an Mauern. Fast ganz Europa.

Echte Nelkenwurz

Eine Spur getrocknete und gemahlene Wurzel der Nelkenwurz aromatisiert süße Desserts, Schokolade und Kaffee besonders raffiniert.

NIXENKRAUT, BIEGSAMES

Najas flexilis — Nixenkrautgewächse

SAMMELN UND ZUBEREITEN Von April bis Juli gesammelte junge Triebe werden roh als Beigabe in Salaten oder gekocht in Gemüsegerichten verarbeitet.

Biegsames Nixenkraut

MERKMALE Stängel bis zu 30 cm lang, einjährige, zarte, untergetauchte Wasserpflanze. Blätter bis zu 2,5 cm lang und 1 mm breit, beiderseits mit sehr kurzen Zähnen besetzt. Blüten unscheinbar, einzeln in den Blattachseln. Blütezeit Juli–August.

STANDORT UND VERBREITUNG Flache, stehende, nährstoffarme Gewässer. Fast ganz Europa.

NIXENKRAUT, GROSSES

Najas marina — Nixenkrautgewächse

SAMMELN UND ZUBEREITEN Von April bis Juni gesammelte junge Triebe werden roh als Beigabe in Salaten oder gekocht in Gemüsegerichten verwendet.

MERKMALE Stängel 5–50 cm lang, einjährige, dunkelgrüne, zerbrechliche, untergetauchte Wasserpflanze. Stängel steif, gabelig verzweigt, bestachelt. Blätter linealisch bis länglich, am Rand und auf der Mittelrippe der Unterseite stachelig gezähnt. Blüten klein und unscheinbar, einzeln in den Blattachseln. Blütezeit Juni–August.

STANDORT UND VERBREITUNG Flache, stehende Gewässer. Fast ganz Europa.

OCHSENZUNGE, GEWÖHNLICHE

Anchusa officinalis — Raublattgewächse

SAMMELN UND ZUBEREITEN Junge Blätter und Sprossspitzen werden vor der Blüte gesammelt und Salaten oder Gemüsegerichten, aber auch Fleischsoßen beigefügt. Die Wurzeln aromatisieren Wein. Die Blüten nutzt man als essbare Dekoration. So ist beispielsweise ein Brunnenkressesalat mit Orangen und

Ochsenzungenblüten ein ganz besonderer Genuss, auch für das Auge. Kandiert lassen sich die Blüten zum Verzieren von Torten und Desserts verwenden oder in Eiswürfel einfrieren. Auch die Blüten der mehrjährigen Italienischen Ochsenzunge *(Anchusa azurea)* eignen sich als essbare Dekoration oder kandiert zum Verzieren von Torten und Süßspeisen. Die Ochsenzunge ist aber keine Pflanze, die man täglich essen sollte. Sie enthält Spuren von Pyrrolizidinalkaloiden, die als leberschädigend gelten.
MERKMALE 20–80 cm hoch, zwei- oder mehrjährige, behaarte Pflanze. Stängel aufrecht, kantig. Blätter wechselständig, schmal-lanzettlich, ganzrandig. Blüten in Gruppen am Ende des Stängels und in den Achseln der oberen Blätter, zunächst rot, später blauviolett. Blütezeit Mai–September.
STANDORT UND VERBREITUNG Wegränder, Brachland. Fast ganz Europa.

ODERMENNIG, GEWÖHNLICHER

Agrimonia eupatoria — Rosengewächse

SAMMELN UND ZUBEREITEN Blühende Sprossspitzen und Blätter, die man von Juni bis August sammelt, verleihen sehr sparsam dosiert Suppen, Soßen, Brotaufstrichen und Getränken eine bitter-aromatische Note. Odermennig regt den Stoffwechsel an und wirkt entzündungshemmend.

Gewöhnlicher Odermennig

MERKMALE 30–100 cm hoch, Staude. Stängel aufrecht, dicht behaart. Blätter unpaarig gefiedert, große und kleine Teilblättchen wechseln sich ab, diese sind oben dunkelgrün, unten weißfilzig, am Rand grob gezähnt. Blüten gelb, 5-zählig, sitzen auf kurzen Stielen im oberen Teil des Stängels. Blütezeit Juli–September.
STANDORT UND VERBREITUNG Braucht nährstoffreichen, lockeren, kalkhaltigen Boden. Besiedelt Trockenrasen, Gebüsche, Wald- und Wegränder. Fast ganz Europa.

ÖLBAUM

Olea europaea — Ölbaumgewächse

SAMMELN UND ZUBEREITEN Der Ölbaum genoss im Altertum hohes Ansehen als Symbol für Frieden und gute Absichten. Wirtschaftliche Bedeutung erlangte er erst später. Heute ist das aus den Früchten gepresste Öl ein wichtiger Wirtschaftsfaktor der Mittelmeerländer, als Speiseöl und für technische Zwecke. Aus dem Fruchtfleisch der Oliven gewinnt man in einer ersten kalten Pressung das wertvollste Olivenöl, »extra vergine« genannt. Die zweite warme Pressung liefert ein immer noch als Speiseöl verwendbares Olivenöl. Das Öl der dritten heißen Pressung dagegen wird nur noch für technische Zwecke verwendet. Die Öle der ersten Pressung sind sehr teuer und sollten, damit ihre wertvollen Vitamine nicht zerstört werden, auch nur in der kalten Küche eingesetzt werden. Olivenöl der zweiten Pressung ist das Öl der Wahl in der warmen Küche, zum Braten und Backen. Von einem Ölbaum kann man ungefähr 60 kg Oliven ernten, die wiederum etwa 9 Liter Olivenöl ergeben. Olivenbäume tragen etwa alle 2 Jahre. Die dickfleischigen Speiseoliven stammen von ölarmen Sorten. Sie werden durch Einlegen in Kochsalzlösungen entbittert und anschließend mit verschiedenen Gewürzen aromatisiert. Meist kommen sie in Salzlake eingelegt, mit Gemüsestreifen oder Mandeln gefüllt in den Handel. Die in den Wäldern und Macchien des Mittelmeergebiets vorkommenden Wildpflanzen werden als *Olea europaea* var. *sylvestris* bezeichnet. Diese Formen unterscheiden sich von den Kulturbäumen durch verschiedene Merkmale wie bedornte Zweige, kleinere Blätter und kleine, ölarme, bittere Früchte.
MERKMALE Bis zu 15 m hoch, immergrüner, langsam wachsender Baum mit unregelmäßiger, ausgebreiteter Krone und kurzem, gekrümmtem, oft drehwüchsigem Stamm mit grauer, rissiger Borke. Blätter gegenständig, lanzettlich, 3–6 cm lang, kurz gestielt, derb, ganzrandig, oben dunkelgrün, unten durch Schuppenhaare silbergrau. Duftende, kleine, gelblich weiße, 4-zipfelige Blüten in Rispen. Blütezeit Mai. Frucht eiförmig, fleischig, mit hartem Steinkern, zunächst grün, bei Reife violett bis schwarz. Fruchtreife Dezember–Februar.
STANDORT UND VERBREITUNG Felsige Hänge, Gebüsche. In Südeuropa kultiviert und gelegentlich verwildert.

ÖLWEIDE

Elaeagnus angustifolia Ölweidengewächse

Ölweide

SAMMELN UND ZUBEREITEN Die olivenartigen, gelben, mehlig-süß schmeckenden Früchte sind reich an Mineralstoffen und Vitamin C. Sie werden roh und getrocknet gegessen, und sie lassen sich gut zu Marmelade, Gelee, Kompott und Likör verarbeiten.
MERKMALE Bis 7 m hoch, sommergrüner Baum oder Strauch. Zweige silbrig, oft dornig. Blätter wechselständig, lanzettlich, oben mattgrün, unten silbrig beschuppt, ganzrandig. Blüten gelblich silbrig, intensiv duftend, einzeln oder gebüschelt in den Blattachseln. Blütezeit Mai–Juni. Frucht länglich, etwa 2 cm lang, silbrig gelb. Fruchtreife August–Oktober.
STANDORT UND VERBREITUNG Gebüsche, Ufer, feuchte Plätze in Küstennähe. Häufig gepflanzt. Herkunft Asien, eingebürgert in fast ganz Südeuropa.

PALMBLATT-TANG

Palmaria palmata Palmblatt-Tanggewächse

SAMMELN UND ZUBEREITEN Diese Rotalge kam bereits in der Wikingerzeit auf den Tisch. In manchen Regionen Europas wird sie heute noch gegessen, etwa in Island, Irland, Schottland oder der Bretagne. Man isst die zarten bräunlich roten Algenstreifen, die im Geschmack ein wenig an Haselnüsse erinnern, roh und gekocht. Roh schmecken sie in Salaten, kurz gekocht bereichern sie Gerichte mit Meeresfrüchten, Eintöpfe, Soßen und Vinaigrettes. Im Handel wird Palmblatt-Tang häufig getrocknet in Flockenform angeboten. Geerntet wird er von September bis Dezember.

Palmblatt-Tang

MERKMALE Kräftige, ziemlich dunkel purpurrot gefärbte Rotalge. Blattartige, flache Abschnitte, an kurzen Stielen von einer Haftscheibe ausgehend, an der Basis schmal, zur Spitze breiter.
STANDORT UND VERBREITUNG Steine und Felsen der unteren Gezeitenzone. Atlantik von Spitzbergen bis Portugal.

Eine Joghurtsoße mit Palmblatt-Tang und Estragon schmeckt hervorragend zu geräuchertem Lachs.

PAPPEL

SAMMELN UND ZUBEREITEN Sehr junge, frisch ausgetriebene Pappelblätter oder -knospen eignen sich als feinherbe Salatbeigabe. Man kann sie auch milchsauer einlegen. Ältere, später im Jahr gesammelte Blätter werden getrocknet und pulverisiert zum Strecken von Getreidemehl verwendet. Die zarte innere Rinde gefällter Stämme ergibt fein geschnitten Kochgemüse. In schwierigen Zeiten wurde sie getrocknet und gemahlen zum Strecken von Getreidemehl genommen. Der Stammsaft des Baums wird frisch getrunken oder zu würzigem Sirup eingedickt, der besonders gut zu Desserts und dunklem Fleisch passt. Auch zu Wein oder Essig kann man ihn weiterverarbeiten.

PAPPEL, SCHWARZ-

Populus nigra Weidengewächse

SAMMELN UND ZUBEREITEN Angaben dazu bei der Gattung Pappel.
MERKMALE 15–30 m hoch, sommergrüner Laubbaum. Blätter wechselständig, 3-eckig bis rautenförmig, Blattstiel 2–5 cm lang, Blattrand fein gesägt. Blüten in hängenden Kätzchen, erscheinen vor dem Laub. Blütezeit März–April.
STANDORT UND VERBREITUNG Auwälder. Gepflanzt in Parkanlagen. Mittel- und Südeuropa.

PAPPEL, SILBER-

Populus alba Weidengewächse

SAMMELN UND ZUBEREITEN Angaben dazu bei der Gattung Pappel.

MERKMALE 15–30 m hoch, sommergrüner Laubbaum. Blätter wechselständig, eiförmig bis rundlich, oft undeutlich 5-lappig, oben tiefgrün, unten weißfilzig. Blüten in hängenden Kätzchen, erscheinen vor dem Laub. Blütezeit März–April.
STANDORT UND VERBREITUNG Natürlich in hellen Auwäldern, an Flussufern, auch Forst- und Alleebaum. Mittel- und Südeuropa.

PAPPEL, ZITTER-, ESPE

Populus tremula Weidengewächse

Zitter-Pappel

SAMMELN UND ZUBEREITEN Angaben dazu bei der Gattung Pappel.
MERKMALE 10–25 m hoch, sommergrüner Laubbaum. Blätter wechselständig, am Ende der Zweige büschelig, fast kreisrund, mit langen, dünnen Stielen, Blattrand grob buchtig gezähnt. Blüten in dichten, hängenden Kätzchen, erscheinen vor dem Laub. Blütezeit März–April.
STANDORT UND VERBREITUNG Helle Wälder, Waldränder, Kahlschläge. Europa.

PASTINAK, ECHTER

Pastinaca sativa Doldengewächse

SAMMELN UND ZUBEREITEN Pastinaken wurden bis ins 18. Jahrhundert in Deutschland kultiviert, gerieten dann aber durch den Möhrenanbau in Vergessenheit. Heute nutzt man Blätter, Blüten, Samen und Wurzel der Pflanze wieder. Die Blätter werden von April bis Juli geerntet, die Blüten während der gesamten Blütezeit, die Samen ab August und die Wurzel vom Herbst des 1. Lebensjahres bis in den darauffolgenden Frühling. Die Blätter eignen sich zur Herstellung von Kräuterbutter und als Beigabe in Salaten, Suppen und Gemüsegerichten. Blüten und Blütenknospen nutzt man als aromatische Gemüsebeigabe oder als essbare Dekoration. Pastinakensamen werden als kümmelähnliches Gewürz eingesetzt, etwa in Sauerkraut oder Bratkartoffeln. Die süßlich-aromatisch schmeckenden Pastinakenwurzeln passen roh in Salate oder gegart in Suppen und Gemüsegerichte. Zusammen mit Kartoffeln, Möhren und Erbsen ergeben sie ein herzhaftes Gemüse. Vorsicht: Die giftige Safranrebendolde (*Oenanthe crocata*, S. 380) hat ähnliche Blüten.
MERKMALE 30–100 cm hoch, zweijährig. Stängel aufrecht, kantig gefurcht, etwas behaart. Blätter wechselständig, zusammengesetzt, 2–7 Teilblättchenpaare, Teilblättchen eiförmig, ungleichmäßig und grob gezähnt, riechen zerrieben aromatisch petersilienartig. Gelbe Blütendolde. Blütezeit Juli–September. Früchte gelbbraun, linsenförmig abgeflacht. Wurzel spindelförmig, gelblich, ähnelt einer Petersilienwurzel.
STANDORT UND VERBREITUNG Trockene Wiesen, Weg- und Straßenränder, Brachflächen. Ursprünglich Westasien, heute fast ganz Europa.

> **Der feine Geschmack** der Pastinakenwurzel sollte nicht mit allzu vielen Gewürzen übertönt werden. Eine Ausnahme bildet allerdings Curry. Diese Gewürzmischung harmoniert hervorragend mit Pastinaken.

PERLGRAS, NICKENDES

Melica nutans Süßgräser

SAMMELN UND ZUBEREITEN Die ab September reifen Samen sind als essbar überliefert. Denkbar ist eine Verwendung als Kaffee-Ersatz oder Keimsaat. Weitere ebenso verwendbare Perlgras-Arten: Einblütiges Perlgras (*Melica uniflora*) und Wimper-Perlgras (*Melica ciliata*).

Einblütiges Perlgras

MERKMALE 30–60 cm hoch, mehrjähriges Gras. Stängel aufrecht, dünn, unterhalb des Blütenstands etwas rau. Blätter bis 20 cm lang und 6 mm breit, flach. Blütenstand etwa 10 cm lang, bogig überhängend. Ährchen bräunlich oder rötlich, 6–7 mm lang, nickend. Blütezeit Mai–Juni.
STANDORT UND VERBREITUNG In Laub- und Laubmischwäldern. Fast ganz Europa.

PESTWURZ

SAMMELN UND ZUBEREITEN Aus der Asche der Blätter, die man auf heißen Steinen oder im Backofen verbrannte, gewann man früher ein mineralreiches Gewürz.

PESTWURZ, ALPEN-

Petasites paradoxus Korbblütengewächse

Alpen-Pestwurz

SAMMELN UND ZUBEREITEN Angaben dazu bei der Gattung Pestwurz.
MERKMALE 10–30 cm zur Blütezeit, später bis zu 60 cm hoch, Staude. Stängel dick, mit schuppenförmigen, violett überlaufenen Schuppenblättern. Blätter erscheinen erst nach der Blüte, grundständig, 3-eckig herz- bis spießförmig, nicht über 20 cm breit, unterseits weißfilzig, Blattrand buchtig gezähnt. Blüten rötlich, in einem eiförmig bis traubigen Blütenstand am Ende des Stängels. Blütezeit März–Mai.
STANDORT UND VERBREITUNG Braucht kalkhaltigen, sickerfeuchten, steinigen Boden. Besiedelt Felsschutt, steinige Hänge, Bach- und Flussgeröll. In Höhenlagen zwischen etwa 800 und 2000 m. Gebirge Mittel- und Südeuropas.

PESTWURZ, FILZIGE

Petasites spurius Korbblütengewächse

SAMMELN UND ZUBEREITEN Angaben dazu bei der Gattung Pestwurz.
MERKMALE Blütenstiel 10–30 cm hoch, Staude. Stängel mit zahlreichen blassgrünen Schuppenblättern besetzt. Blätter erscheinen erst nach der Blütezeit, sind lang gestielt, breit 3-eckig herzförmig, oberseits grün, unterseits weißfilzig, Blattrand unregelmäßig grob gezähnt. Blüten blassgelb, bilden traubigen Gesamtblütenstand am Stängelende. Blütezeit März–April.
STANDORT UND VERBREITUNG Ufer, Dünen, Küstengebiete und Flusstäler Mittel- und Nordeuropas.

PESTWURZ, WEISSE

Petasites albus Korbblütengewächse

SAMMELN UND ZUBEREITEN Ganz junge, im April gesammelte Blätter nutzte man als Gemüsebeigabe. Angaben zur weiteren Verwendung unter der Gattung Pestwurz.
MERKMALE Zur Blütezeit 10–30 cm, danach bis zu 60 cm hoch, Staude. Stängel aufgebogen bis aufrecht, mit bleichgrünen Schuppenblättern besetzt. Blätter erscheinen erst nach der Blüte, sind grundständig, lang gestielt, im Umriss rundlich bis nierenförmig, bis zu 40 cm breit, oberseits grün, unterseits graufilzig, Blattrand buchtig gezähnt. Blüten gelblich weiß, in einem eiförmig bis halbkugeligen Blütenstand am Ende des Stängels. Blütezeit März–April.
STANDORT UND VERBREITUNG Laubmischwälder, Waldbäche vor allem der Gebirge. Fast ganz Europa.

PETERSILIE

Petroselinum crispum Doldengewächse

SAMMELN UND ZUBEREITEN Petersilie ist wohl das am häufigsten verwendete Küchenkraut. Frisch und fein gehackt nimmt man die vitaminreichen Blätter und die Blüten zum Würzen von Fleisch-, Fisch- und Geflügelgerichten, von Eierspeisen, Soßen, Suppen und Eintöpfen, aber auch von Gemüsegerichten wie Erbsen, Möhren, Kohlrabi, Tomaten, Steckrüben und Pilzen. Sie passen ebenso gut in Quark- und Frischkäsemischungen, Mayonnaisen, Kräuterbutter und Salatsoßen. Getrocknet und gekocht verlieren Petersilienblätter viel von ihrem Aroma. Die Wurzel der einjährigen Pflanze nutzt man als Beigabe zu Gemüsegerichten. Getrocknet und pulverisiert nimmt man sie als Gewürz. Vorsicht: Beim Sammeln in der Natur diese Pflanze nicht mit der gefährlich giftigen Hundspetersilie (*Aethusa cynapium*, S. 371) verwechseln!
MERKMALE 60–100 cm hoch, zweijährig. Würziger Geruch. Stängel aufrecht, kantig. Blätter 2- bis 3-fach gefiedert, oben glänzend, unten weichhaarig. Gelbgrüne Blü-

Petersilie

ten in lang gestielten, endständigen Dolden. Blütezeit Juni–Juli.
STANDORT UND VERBREITUNG Kultiviert und gelegentlich verwildert in Unkrautgesellschaften an Felsen, Mauern und auf Schuttplätzen. Europa.

PFEFFERBAUM, GEWÖHNLICHER

Schinus molle Sumachgewächse

SAMMELN UND ZUBEREITEN Die getrockneten Früchte werden als Pfefferersatz genutzt. Man nimmt sie zum Würzen von Fisch-, Geflügel- und Wildgerichten. Ihr pfefferähnlicher, an Wacholder erinnernder Geschmack hat allerdings eine etwas bittere Note. In konventionellen Pfeffermischungen sind neben weißem und schwarzem Pfeffer oft auch getrocknete Früchte des Pfefferbaums enthalten.

Gewöhnlicher Pfefferbaum

MERKMALE Bis zu 12 m hoch, immergrüner Baum, Zweige überhängend. Blätter wechselständig, unpaarig gefiedert, etwa 15 cm lang, Teilblättchen schmal-lanzettlich, etwa 3 cm lang, ganzrandig, duften zerrieben intensiv nach Pfeffer. Blüten klein, gelblich weiß, in reich verzweigten, hängenden Rispen. Blütezeit April–August. Beerenartige, rosafarbene, etwa erbsengroße Steinfrucht.
STANDORT UND VERBREITUNG Heimat Trockengebiete Mittel- und Südamerikas. Im Mittelmeergebiet häufiger Zierbaum, gelegentlich eingebürgert.

PFEIFENGRAS, BLAUES

Molinia caerulea Süßgräser

SAMMELN UND ZUBEREITEN Die ab September reifen Samen sind als essbar überliefert. Denkbar ist eine Verwendung als Kaffee-Ersatz oder Keimsaat. Das Rohr-Pfeifengras *(Molinia arundinacea)* ist in gleicher Weise verwendbar.
MERKMALE 30–200 cm hoch, mehrjähriges, in dichten Horsten wachsendes Gras. Stängel steif aufrecht, am Grund zwiebelig verdickt, darüber mit 2–3 genäherten Knoten, sonst knotenlos. Blatthäutchen durch einen Kranz kurzer Haare ersetzt. Blätter blaugrün, flach, 3–6 mm breit und bis 40 cm lang. Rispen aufrecht, bis 40 cm lang. Ährchen lanzettlich, 4–9 mm lang, schieferblau bis violett. Blütezeit Juli–September.
STANDORT UND VERBREITUNG Sumpfwiesen, Moore, Heiden, helle Wälder. Fast ganz Europa.

PFEIFENSTRAUCH, GEWÖHNLICHER, FALSCHER JASMIN

Philadelphus coronarius Hortensiengewächse

SAMMELN UND ZUBEREITEN Die intensiv duftenden Blüten dieses Strauchs ergeben einen wunderbaren Sirup, mit dem man süße Desserts, Eiscreme, Obstsalate, aber auch Getränke wie Limonade, Weißwein, Sekt und Champagner aromatisieren kann. Man sammelt die Blüten am besten abends, weil dann ihr Duft am intensivsten ist.

Gewöhnlicher Pfeifenstrauch

MERKMALE 1–3 m hoch, sommergrüner Strauch. Rinde der Zweige rotbraun, blättert in langen Streifen ab. Blätter gegenständig, eiförmig, 5–9 cm lang und 2–4 cm breit, zugespitzt, Blattrand etwas gezähnt. Blüten weiß, duftend, stehen zu 5–9 in dichten Trauben am Ende der Äste. Blütezeit Juni.
STANDORT UND VERBREITUNG Helle Laubwälder, wärmeliebende Gebüsche. Vielfach gepflanzt und gelegentlich verwildert. Herkunft Südosteuropa. In Mitteleuropa seit dem 17. Jahrhundert in Kultur.

Den Blütensirup, angesetzt aus Zucker, Wasser, Zitronenscheiben, Zitronensäure und den Blüten des Pfeifenstrauchs, lässt man 5–7 Tage in einem kühlen Raum ziehen, seiht ihn durch ein Leinentuch ab, füllt ihn in Flaschen und bewahrt ihn kühl auf.

PFEILKRAUT, BREITBLÄTTRIGES

Sagittaria latifolia Froschlöffelgewächse

SAMMELN UND ZUBEREITEN Die Pflanze wird ebenso wie das nachfolgend dargestellte Gewöhnliche Pfeilkraut verwendet.

MERKMALE Ähnlich wie das Gewöhnliche Pfeilkraut, aber kräftiger. Blätter mit 5–12 cm breiten Abschnitten. Blütenblätter reinweiß, ohne roten Grund, Staubbeutel gelb.

STANDORT UND VERBREITUNG Ufergürtel von Teichen, Bächen und Gräben. Nordamerikanische Art, in Europa gepflanzt, verwildert, stellenweise auch eingebürgert.

PFEILKRAUT, GEWÖHNLICHES

Sagittaria sagittifolia Froschlöffelgewächse

SAMMELN UND ZUBEREITEN Als besonderes Überwinterungsorgan legen Pfeilkräuter am Ende langer Ausläufer etwa walnussgroße, sehr stärkereiche Knollen an, die sich im Herbst von den Mutterpflanzen ablösen und im Frühjahr selbstständige Pflanzen entwickeln. Diese Wurzelknollen sind vielseitig verwendbar. Sie werden gekocht, kartoffelähnlich gebacken, gebraten, kandiert und getrocknet genutzt. Gekocht ergeben sie ein Gemüse, dessen Geschmack man als erbsenähnlich bis nussig beschreiben kann. In Scheiben geschnitten und gebraten erinnern sie an Bratkartoffeln. Gekocht, geschält und kandiert kann man sie als süße Nascherei genießen. Getrocknet und gemahlen ergeben sie Mehl, das vermischt mit Getreidemehl zum Backen verwendet werden kann. Geerntet werden die Wurzelknollen entweder im Herbst oder im zeitigen Frühjahr. Die weißen, jungen Wurzeltriebe lassen sich in Salaten, Suppen und Gemüsegerichten verarbeiten.

Gewöhnliches Pfeilkraut

MERKMALE Bis zu 100 cm hoch, Staude mit Ausläuferknollen. Stängel ragt aufrecht aus dem Wasser. Unterwasserblätter bandförmig, bis etwa 100 cm lang. Schwimmblätter mit ovaler oder nur wenig pfeilförmig eingeschnittener Blattspreite, Luftblätter mit tief pfeilförmig eingeschnittener Blattspreite, Blattabschnitte 1–3 cm breit. Blüten sitzen in 3-zähligen Quirlen um den Stängel, die männlichen oben, die größeren weiblichen unten, Blütenblätter weiß mit purpurnem Grund, Staubbeutel purpurn. Blütezeit Juni–August.

STANDORT UND VERBREITUNG Ufergürtel von Teichen, Bächen und Gräben. Fast ganz Europa.

PFEILKRESSE

Cardaria draba Kreuzblütengewächse

SAMMELN UND ZUBEREITEN In der Wildkräuterküche werden Blätter, Triebe und Samen genutzt. Blätter und Triebe sammelt man von April bis Juli. Sie passen als würzende Beigabe roh in Salate, aber auch in spinatähnliche Gemüsegerichte, in Kräuterquarks und Frischkäsemischungen. Die Samen stehen von Juli bis in den September zur Verfügung. Sie werden nach dem Trocknen als pfefferähnliche Würze eingesetzt.

Pfeilkresse

MERKMALE 15–90 cm hoch, Staude. Stängel aufrecht, leicht kantig. Blätter länglich-eiförmig, buchtig gezähnt, die unteren gestielt, die mittleren und oberen ungestielt, stängelumfassend. Blüten klein, gelbweiß, 4-zählig, duftend. Blütezeit Juni–Juli. Frucht herz- bis eiförmig, Samen braun. Samenreife Juli–August.

STANDORT UND VERBREITUNG Wegränder, Weinberge, Ödland trockener, warmer Regionen. Mittel- und Südeuropa.

PFENNIGKRAUT

Lysimachia nummularia — Primelgewächse

SAMMELN UND ZUBEREITEN Die entfernt bitter schmeckenden Blätter des Pfennigkrauts können während der gesamten Vegetationsperiode gesammelt werden. Man gibt sie fein geschnitten in Wildkräutermischungen, genießt sie auf einem Butterbrot oder fügt sie Salaten und Gemüsen bei. Die Blüten sind als essbare Dekoration vielseitig einsetzbar. Blätter und Blüten ergeben zusammen einen schmackhaften Tee.
MERKMALE Staude. Stängel liegend, weit kriechend, bis 50 cm lang. Blätter gegenständig, rundlich, kurz gestielt, ganzrandig. Gelbe, gestielte Blüten, einzeln in den Achseln der mittleren Blätter. Blütezeit Mai–August.
STANDORT UND VERBREITUNG Feuchte Wiesen, Ufer, Gräben, Auwälder. Fast ganz Europa.

PFLAUME

Prunus domestica — Rosengewächse

SAMMELN UND ZUBEREITEN Die Früchte dieses Baums schmecken frisch ebenso gut wie in süßen Desserts, als Marmelade und Kompott oder auf Kuchen. Auch zu Saft, Wein, Likör und Schnaps werden sie verarbeitet. Getrocknet finden sie für Fleischgerichte und Vorspeisen Verwendung. So schmecken etwa Spießchen aus Dörrpflaumen und Schinken ausgezeichnet zum Aperitif. Auch Blüten und Blätter werden kulinarisch genutzt, die Blüten als kandierte Nascherei oder in Teegetränken, die Blätter als Beigabe zu Hausteemischungen.
MERKMALE 5–10 m hoch, sommergrüner Baum. Blätter wechselständig, eiförmig, gezähnt. Blüten weiß, kurz gestielt, meist in Gruppen zu 2–3 stehend. Blütezeit April–Mai. Längliche Steinfrucht, je nach Sorte gelb oder blau bereift. Fruchtreife September–Oktober.
STANDORT UND VERBREITUNG In Europa seit der Römerzeit in zahlreichen Sorten in Kultur. Gelegentlich verwildert in hellen Wäldern, an sonnigen Waldrändern, in Gebüschen.

Pflaumen-Kompott, das mit Rosmarin, Lorbeer und einer Gewürznelke aromatisiert wird, gibt Hähnchen- und Putenschnitzeln eine ganz besondere Note.

PFRIEMENGRAS, HAAR-

Stipa capillata — Süßgräser

Haar-Pfriemengras

SAMMELN UND ZUBEREITEN Die ab September reifen Samen sind als essbar überliefert. Denkbar ist eine Verwendung als Kaffee-Ersatz oder als Keimsaat. Eine weitere Art der Gattung *Stipa*, das Federgras *(Stipa pennata)*, ein in der Natur eher seltenes, aber recht häufig in Gärten kultiviertes Gras, ist in gleicher Weise nutzbar.
MERKMALE Bis zu 80 cm hoch, mehrjähriges Gras. Stängel aufrecht. Blätter eingerollt, bis zu 30 cm lang. Rispe aufrecht, Rispenäste fadenförmig dünn, mit nur wenigen Ährchen. Blütezeit Juli–August. Hüll- und Deckspelzen mit Granne.
STANDORT UND VERBREITUNG Sonnige Wegraine und Böschungen. Mittel-, Ost-, Süd- und Westeuropa. Geschützt.

PFRIEMENKRESSE, WASSER-

Subularia aquatica — Kreuzblütengewächse

SAMMELN UND ZUBEREITEN Die Pflanze ist als essbar überliefert. Denkbar ist eine Verarbeitung ihrer von April bis Juni gesammelten Triebe und Blätter roh als Beigabe in Salaten oder gekocht in Gemüsegerichten.
MERKMALE 2–8 cm hoch, ein- bis zweijährig. Blätter in grundständiger Rosette, binsenartig, ganzrandig. Weiße, 4-zählige Blüten. Blütezeit Juni–Juli.
STANDORT UND VERBREITUNG Braucht schlammig-sandigen, etwas humushaltigen Boden. Besiedelt flache Ufer von Seen und Teichen. Verbreitungsschwerpunkt im nördlichen Teil Europas, lokale Vorkommen in den Gebirgen Südeuropas.

PIMPERNUSS, GEWÖHNLICHE

Staphylea pinnata Pimpernussgewächse

SAMMELN UND ZUBEREITEN Die Samen in den aufgeblasen wirkenden Fruchtkapseln sind roh essbar. Im Geschmack erinnern sie an Pistazien. Bekannt ist der daraus gewonnene Pimpernusslikör, der eine Spezialität des Bayerischen Walds ist. Die langen Blütentrauben werden als kandierte Süßigkeit genascht oder zum Verzieren von Torten und Desserts verwendet.
MERKMALE 1,5–5 m hoch, Strauch. Blätter gegenständig, lang gestielt, unpaarig gefiedert, 5–7 Teilblättchen, diese oval, fein gezähnt. Blüten in lang gestielten, hängenden Trauben, gelblich weiß, glockig. Blütezeit Mai–Juni. Frucht eine kugelige bis birnenförmige, dünnhäutige, 2- bis 3-fächrige Kapsel. Samen erbsengroß, glänzend gelbbraun.
STANDORT UND VERBREITUNG Helle Laubmischwälder, Waldränder, Gebüsche. Mittel-, Süd- und Südosteuropa.

Gewöhnliche Pimpernuss

PINIE

Pinus pinea Kieferngewächse

SAMMELN UND ZUBEREITEN Die mandelähnlich schmeckenden Samen, bekannt als Pinienkerne, Piniennüsse oder Pinioli, finden besonders in der mediterranen Küche breite Verwendung. Man genießt sie roh oder geröstet als Zutat zu Salaten. Auch in süßen Desserts und Gebäck kommen sie zum Einsatz. Gemahlen sind sie im berühmten italienischen Basilikum-Pesto enthalten.
MERKMALE Bis zu 30 m hoch, immergrüner Nadelbaum. Leicht zu erkennen an der dichten, schirmförmigen Krone. Nadeln 12–20 cm lang und fast 2 mm breit, graugrün bis dunkelgrün, stechend spitz, zu je 2 zusammen. Zapfen reifen erst im 3. Jahr, bleiben lange geschlossen. Geöffnete Zapfen fast rundlich, bis zu 14 cm lang und bis zu 10 cm breit, glänzend rotbraun. Samen mit dicker, harter Schale, bis zu 2 cm lang und etwa 1 cm breit.

Pinien-Kerne

STANDORT UND VERBREITUNG Küstennahe Sandgebiete, häufig auch gepflanzt. Mittelmeerregion.

PIPPAU, KLEINKÖPFIGER

Crepis capillaris Korbblütengewächse

SAMMELN UND ZUBEREITEN Die jungen, vor der Blütezeit gesammelten Blätter sind als Beigabe in Salaten und Gemüsegerichten verwendbar.
MERKMALE 15–60 cm hoch, einjährig, führt Milchsaft. Stängel ab der Mitte locker verzweigt. Blätter wechselständig, lanzettlich, tief buchtig gezähnt oder fiederteilig, mit pfeil- bis spießförmigem Grund, sitzend. Kleine, gelbe Blütenköpfchen. Blütezeit Mai–Juli.
STANDORT UND VERBREITUNG Magere Wiesen, Ödland in milder Klimalage. Fast ganz Europa.

PIPPAU, LÖWENZAHN-

Crepis vesicaria ssp. taraxacifolia Korbblütengewächse

SAMMELN UND ZUBEREITEN Die jungen, vor der Blütezeit gesammelten Blätter sind als Salatbeigabe nutzbar.
MERKMALE 20–80 cm hoch, zweijährig, führt Milchsaft. Stängel aufrecht, behaart, im oberen Teil verzweigt. Grundblätter rosettig, Stängelblätter wechselständig, im Umriss lanzettlich, buchtig gezähnt bis doppelt fiedertei-

Löwenzahn-Pippau

lig, die unteren in den Stängel verschmälert, die oberen sitzend, halb stängelumfassend. Gelbe Blütenköpfchen auf filzigen Stielen. Blütezeit Mai–Juni.
STANDORT UND VERBREITUNG Wiesen, Wege, Ödland in sommerwarmer Lage. Südliches Mitteleuropa, Norditalien.

PIPPAU, WIESEN-
Crepis biennis Korbblütengewächse

SAMMELN UND ZUBEREITEN Die jungen, vor der Blütezeit gesammelten Blätter sind als Beigabe in Salaten und Gemüsegerichten verwendbar.
MERKMALE 30–100 cm hoch, zweijährig, führt Milchsaft. Stängel aufrecht, verzweigt. Blätter wechselständig, länglich, fiederteilig oder buchtig gezähnt, an der Basis in den Stiel verschmälert. Goldgelbe Blütenköpfchen, 2–3 cm breit. Blütezeit Mai–September.
STANDORT UND VERBREITUNG Fettwiesen, Wegränder. Fast ganz Europa.

PISTAZIE, ECHTE
Pistacia vera Sumachgewächse

SAMMELN UND ZUBEREITEN Pistazien haben einen feinen, angenehm süßlichen Mandelgeschmack. Sie werden roh, geröstet oder gesalzen verzehrt, entweder als Nascherei oder verarbeitet in Gebäck, Pasteten, Pralinen, Eiscreme und anderen Süßspeisen, Wurstwaren (Mortadella), Wild- und Nudelgerichten.
MERKMALE Bis zu 10 m hoch, sommergrüner, zweihäusiger Laubbaum. Blätter 3-teilig, Blattstiel behaart. Blüten gelb, in lockeren, rispenartigen Blütenständen. Blütezeit Mai–Juni. Längliche, zunächst grüne, später rotbraune Steinfrüchte, die sich bei Reife öffnen, Samen (Pistazien) 1–2 cm groß.
STANDORT UND VERBREITUNG Herkunft Asien, im Mittelmeergebiet in Kultur, teils ausgewildert.

PISTAZIE, TERPENTIN-
Pistazia terebinthus Sumachgewächse

SAMMELN UND ZUBEREITEN Die Früchte können roh gegessen oder als nussige Würze für Brot und Gebäck verwendet werden. Auf Zypern gelten die zarten Zweigspitzen in Essig eingelegt als Leckerbissen.
MERKMALE 2–5 m hoch, sommergrüner, aromatischer Strauch oder kleiner Baum. Blätter unpaarig gefiedert, 3–9 Teilblättchen, oval, 2–8 cm lang, mit aufgesetzter, kleiner Spitze. Blüten bräunlich, zweihäusig, in langen Rispen. Blütezeit April–Juni. Früchte oval, um 8 mm lang, erst rot, später dunkelbräunlich, mit harter, runzliger Schale. Fruchtreife September–Oktober.
STANDORT UND VERBREITUNG Offene Wälder, Macchien. Mittelmeergebiet.

PISTAZIE, WILDE, MASTIXSTRAUCH
Pistacia lentiscus Sumachgewächse

SAMMELN UND ZUBEREITEN Das Mastix, ein aus den Zweigen des Mastixstrauchs gewonnenes Harz, ist seit dem Altertum als Würzmittel bekannt. Mit seinem intensiv blumigen Duft, der an eine Mischung aus Rosmarin und Lavendel erinnert, wird es heute noch in Südosteuropas Küchen verwendet, vor allem, um Brot, Kuchen und Desserts geschmacklich zu verbessern. Auch als Gewürz für Honig und zum Aromatisieren von Likören ist es geeignet. So wird etwa der bekannte Ouzo damit verfeinert. Bekannt ist auch die Verwendung von Mastix als eine Art Kaugummi.
MERKMALE 1–3 m hoch, immergrüner, duftender Strauch oder kleiner Baum. Blätter paarig gefiedert, 8–12 Teilblättchen, lanzettlich, bis zu 5 cm lang, glänzend grün, mit aufgesetzter, kleiner Spitze. Weibliche Blüten grünlich, männliche auffällig durch dunkelrote Staubbeutel. Blütezeit März–Juni. Früchte erst rot, später schwarz, um 4 mm groß. Fruchtreife Dezember–Januar.
STANDORT UND VERBREITUNG Macchie, Garrigue. Mittelmeergebiet.

Wilde Pistazie

PLATTERBSE

SAMMELN UND ZUBEREITEN Die jungen Triebspitzen und die zarten Blätter können von März bis April in Gemüsegerichten verarbeitet werden. Die ab August reifen Samen sind wie Erbsengemüse zubereitet nutzbar.

PLATTERBSE, BERG-

Lathyrus linifolius

Schmetterlingsblütengewächse

Berg-Platterbse

SAMMELN UND ZUBEREITEN Die süßlich, etwas maronenartig schmeckenden Wurzelknollen können während der gesamten Vegetationsperiode gegessen werden, gekocht, gebraten oder geröstet. Angaben zur Verarbeitung von Triebspitzen, Blättern und Samen bei der Gattung Platterbse.

MERKMALE 15–30 cm hoch, Staude. Stängel aufsteigend oder aufrecht, schmal geflügelt. Blätter paarig gefiedert, 4–8 Teilblättchen und endständige, grannenartige Spitze, Teilblättchen schmallanzettlich, blaugrün. Blütenstand in den Achseln der oberen Blätter, lang gestielt, Blüten nickend, zunächst purpurrot, im Verblühen bläulich. Blütezeit April–Juni. Frucht eine 6- bis 10-saminge, flache Hülse. Samen fast kugelig, glatt, rötlich gelb. Wurzelstock treibt unterirdische Ausläufer, die knollig verdickt sind.

STANDORT UND VERBREITUNG Helle Eichen- und Buchenwälder, Waldwege. Fast ganz Europa.

PLATTERBSE, BREITBLÄTTRIGE

Lathyrus latifolius Schmetterlingsblütengewächse

SAMMELN UND ZUBEREITEN Angaben dazu bei der Gattung Platterbse.

MERKMALE Staude. Stängel liegend, bis 2 m lang, geflügelt. Blätter mit nur einem Teilblättchenpaar und verzweigter Ranke, Teilblättchen breit-lanzettlich. Blüten 2–3 cm lang, rosa oder rot, zu mehreren auf langem Stiel. Blütezeit Juni–August. Hülse flach, 7–11 cm lang, gelbbraun.

STANDORT UND VERBREITUNG Sonnige Gebüsch- und Heckensäume, Ruderalflächen. Hauptsächlich Süd- und Südosteuropa.

PLATTERBSE, FRÜHLINGS-

Lathyrus vernus Schmetterlingsblütengewächse

SAMMELN UND ZUBEREITEN Angaben dazu bei der Gattung Platterbse.

MERKMALE 20–30 cm hoch, Staude. Stängel aufrecht, unverzweigt, nicht geflügelt. Blätter paarig gefiedert, 4–8 Teilblättchen und eine endständige, grannenartige Spitze, Teilblättchen breit-eiförmig, lang zugespitzt. Blüten in den Achseln der oberen Blätter, kurz gestielt, nickend, zunächst purpurrot, dann blauviolett. Blütezeit April–Mai. Frucht eine flache, 8- bis 14-samige Hülse.

STANDORT UND VERBREITUNG Helle Wälder. Fast ganz Europa, im Süden in den Gebirgen.

PLATTERBSE, KNOLLEN-

Lathyrus tuberosus Schmetterlingsblütengewächse

SAMMELN UND ZUBEREITEN Die etwa haselnussgroßen Wurzelknollen sind reich an Stärke und Zucker. Sie werden ab September geerntet und sind roh zwar essbar, aber von eher herbem Geschmack. Besser schmecken sie wie Kartoffeln gekocht oder wie Maronen geröstet. Auch pikant eingelegt kann man sie verwenden. Und sie ergeben ein gutes Speiseöl. Volksnamen wie Kaffeebohne deuten darauf hin, dass sie früher als Kaffee-Ersatz genutzt wurden. Junge Blättchen, gesammelt von April bis zum Beginn der Blütezeit, passen mit ihrem mild-aromatischen Geschmack zu Salaten, Suppen und Gemüsegerichten. Auch die Blüten sind in dieser Form nutzbar. Die im August reifen Samen lassen sich wie Erbsengemüse zubereiten.

Knollen-Platterbse

MERKMALE Staude mit verzweigten Bodenausläufern und haselnussgroßen Knollen. Stängel liegend oder kletternd, 20–100 cm lang, 4-kantig, nicht geflügelt. Blätter mit nur 1 Teilblättchenpaar und 1 endständigen Ranke, Teilblättchen oval, bis zu 4 cm lang und 1 cm breit. Blüten in den Achseln der oberen Blätter, kurz gestielt, purpurrot, duftend. Blütezeit Juni–Juli. Frucht hängende, knotig eingeschnürte, 3- bis 6-samige Hülse.
STANDORT UND VERBREITUNG Getreidefelder, Ödland, Wegränder. Fast ganz Europa.

Die Wurzelknollen dieser Platterbse schmecken – gekocht und anschließend in Butter geschwenkt – sehr gut zu Eierspeisen wie Rührei oder Omelett.

PLATTERBSE, SCHWARZWERDENDE

Lathyrus niger Schmetterlingsblütengewächse

SAMMELN UND ZUBEREITEN Angaben dazu bei der Gattung Platterbse.
MERKMALE 30–80 cm hoch, Staude. Stängel aufrecht, nicht geflügelt. Blätter paarig gefiedert, 8–12 Teilblättchen und eine endständige, grannenartige Spitze, Teilblättchen oval, oft mit kurzer, aufgesetzter Spitze. Blüten in den Achseln der oberen Blätter, kurz gestielt, nickend, zunächst purpurrot, später violett. Blütezeit Juni–Juli. Frucht eine abgeflachte, 5- bis 12-samige Hülse.
STANDORT UND VERBREITUNG Helle Eichen- und Kiefernwälder, warme Lagen. Mittel- und Südeuropa.

PLATTERBSE, SCHWERT-

Lathyrus bauhinii Schmetterlingsblütengewächse

SAMMELN UND ZUBEREITEN Angaben dazu bei der Gattung Platterbse.
MERKMALE 20–40 cm hoch, Staude. Stängel aufsteigend oder aufrecht, 4-kantig, nicht geflügelt. Blätter paarig gefiedert, 4–6 Teilblättchen, diese sehr schmal lineal, laufen in einer langen, grannenartigen Spitze aus. Blüten in den Achseln der mittleren und oberen Blätter, purpurrot bis blauviolett, kurz gestielt. Blütezeit Mai–Juli. Hülse flach, schräg abwärts stehend, 5–6 cm lang, enthält 8–16 Samen.
STANDORT UND VERBREITUNG Helle Kiefernwälder, steinige, buschige Hänge, Bergwiesen. Alpen, Pyrenäen, Jura, Balkan, in Deutschland nur auf der Schwäbischen Alb. Geschützt.

PLATTERBSE, STRAND-

Lathyrus maritimus Schmetterlingsblütengewächse

SAMMELN UND ZUBEREITEN Junge Triebspitzen bis maximal 25 cm Länge kann man mit den zarten Blättern in Gemüsegerichten verarbeiten. Auch die jungen, süßlichen Samenhülsen sind bis zu einer Länge von 25 mm essbar, roh wie gekocht. Die ab August reifen Samen bereitet man wie Erbsengemüse zu. Geröstet und gemahlen sind sie als Kaffee-Ersatz nutzbar.
MERKMALE 15–20 cm hoch, Staude. Stängel liegend, aufsteigend oder kletternd, kantig, nicht ge-flügelt. Blätter paarig gefiedert, 6–8 breiteiförmige Teilblättchen und eine endständige Ranke. Blüten in den Achseln der oberen Blätter, kurz gestielt, purpur-violett mit dunklen Adern. Blütezeit Juni–August. Hülse abgeflacht, bei Samenreife 4–5 cm lang, enthält 6–12 Samen.

Strand-Platterbse

STANDORT UND VERBREITUNG Auf Dünen, an Stränden. Küsten Europas. Geschützt.

PLATTERBSE, SUMPF-

Lathyrus palustris Schmetterlingsblütengewächse

SAMMELN UND ZUBEREITEN Angaben dazu bei der Gattung Platterbse.
MERKMALE 30–80 cm lang, Staude. Stängel liegend oder kletternd, schmal geflügelt. Blätter paarig gefiedert, 4–8 Teilblättchen und endständige Ranke, Teilblättchen lineal-lanzettlich. Blüten in den Achseln der oberen Blätter, kurz gestielt, nickend, lila oder blauviolett. Blütezeit Juni–August. Frucht 6- bis 12-samige Hülse.
STANDORT UND VERBREITUNG Moorwiesen, Ufergebüsche. Nord- und Mitteleuropa. Geschützt.

PLATTERBSE, UNGARISCHE

Lathyrus pannonicus Schmetterlingsblütengewächse

SAMMELN UND ZUBEREITEN Angaben dazu bei der Gattung Platterbse (siehe S. 232).
MERKMALE 15–50 cm hoch, Staude. Stängel aufsteigend oder aufrecht, stumpfkantig, nicht geflügelt. Blätter paarig gefiedert, 4–6 Teilblättchen, diese sehr schmal linealisch. Blüten in den Achseln der mittleren und oberen Blätter, gelblich weiß. Blütezeit Mai–Juni. Frucht eine flache, aufrecht bis waagrecht abstehende, bei Reife rotbraune Hülse.
STANDORT UND VERBREITUNG Eine licht- und wärmebedürftige Pflanze, wächst auf sonnigen Magerrasen, in hellen Gebüschen. Vorkommen in Südfrankreich, Norditalien, Balkan, Russland. In Deutschland nur bei Tübingen und in Rheinland-Pfalz. Geschützt.

PLATTERBSE, VERSCHIEDENBLÄTTRIGE

Lathyrus heterophyllus Schmetterlingsblütengewächse

Verschiedenblättrige Platterbse

SAMMELN UND ZUBEREITEN Angaben dazu bei der Gattung Platterbse (siehe S. 232).
MERKMALE Staude. Stängel liegend oder kletternd, bis 3 m lang, kantig, gerillt, geflügelt. Blätter mit 1–2, selten auch 3 Teilblättchenpaaren, Teilblättchen lanzettlich bis elliptisch. Blüten in den Achseln der oberen Blätter, rosafarben. Blütezeit Juli–August. Hülse bei Reife dunkel- bis schwarzbraun.
STANDORT UND VERBREITUNG Sonnige, trockene Gebüschsäume, Geröllhalden. Alpen, Jura, mitteleuropäische Mittelgebirge.

PLATTERBSE, WALD-

Lathyrus sylvestris Schmetterlingsblütengewächse

SAMMELN UND ZUBEREITEN Junge Triebspitzen verwendet man als Beigabe in Gemüsegerichten.
MERKMALE Staude. Stängel liegend oder kletternd, 1–4 mm breit geflügelt, 100–200 cm lang. Blätter mit nur 1 Teilblättchenpaar und einer verzweigten, endständigen Ranke. Blüten in den Achseln der oberen Blätter, rosafarben. Blütezeit Juli–August. Frucht eine 6- bis 14-samige Hülse.
STANDORT UND VERBREITUNG Waldränder, Waldwege, Gebüsche. Fast ganz Europa.

PLATTERBSE, WIESEN-

Lathyrus pratensis Schmetterlingsblütengewächse

SAMMELN UND ZUBEREITEN Von März bis April verarbeitet man junge Triebspitzen und die dann noch zarten Blätter als Beigabe in Kochgemüsegerichten. Die jungen Samenhülsen sind im Juli noch zart und werden wie grüne Bohnen verwendet. Später sind sie für eine Verwendung in der Küche zu zäh. Die Samen lassen sich wie Erbsengemüse zubereiten. Getrocknet und gemahlen ergeben sie Mehl, das vermischt mit Getreidemehl zum Backen genutzt werden kann.

Wiesen-Platterbse

MERKMALE 20–80 cm hoch, Staude. Stängel aufsteigend oder kletternd, 4-kantig. Blätter mit nur 1 Teilblättchenpaar und einer endständigen Ranke, Teilblättchen länglich-lanzettlich. Blüten in den Achseln der oberen Blätter, kurz gestielt, gelb. Blütezeit Juni–Juli. Frucht eine abgeflachte, 6- bis 12-samige Hülse.
STANDORT UND VERBREITUNG Fettwiesen, Waldsäume, Gebüsche. Fast ganz Europa.

PORTULAK

Portulaca oleracea Portulakgewächse

SAMMELN UND ZUBEREITEN Die erfrischend säuerlich und leicht salzigen Blätter und Triebspitzen werden vor der Blüte gesammelt und frisch in Salaten gegessen. Besonders gut passen sie zu Tomaten-, Gurken- und Paprikasalat. Auch als Würze für Kräu-

Portulak

terquark, Fleisch, Fisch und Grüne Soßen eignen sie sich. Gedünstet verwendet man sie in Gemüsegerichten und Suppen. Die Blütenknospen sind ein Kapernersatz. Die Samen nimmt man getrocknet und gemahlen zum Strecken von Getreidemehl oder als Keimsaat.

MERKMALE 10–30 cm lang, einjährig. Stängel liegend bis aufsteigend, reich verzweigt, glänzend, oft rot überlaufen. Blätter oval bis spatelförmig, auffallend fleischig. Blüten klein, gelb, sitzen zu 2–3 in den Stängelverzweigungen. Blütezeit Juni–September. Frucht eine vielsamige Kapsel. Samen schwarz.

STANDORT UND VERBREITUNG Verwildert in Gärten und Weinbergen. Mittel- und Südeuropa.

PREISELBEERE

Vaccinium vitis-idaea — Heidekrautgewächse

SAMMELN UND ZUBEREITEN Preiselbeeren gehören zu den Klassikern der Wildfrüchteküche. Sie enthalten reichlich Vitamin A, B, C und E, Mineralstoffe sowie Spurenelemente. Frisch sind sie durchaus essbar. Ihren bekannten, fruchtig-süßen Geschmack entwickeln Preiselbeeren aber erst beim Kochen. Als Preiselbeeren süßsauer oder als süße Marmelade, als Kompott und Gelee sind sie eine beliebte Beilage zu Hirsch-, Reh- und Wildschweinbraten, aber auch zu gebackenem Geflügel und Wiener Schnitzel oder zu Käse. Auch eine Leberpastete mit Preiselbeeren schmeckt ausgezeichnet. Preiselbeeren eignen sich aber nicht nur als Beilage zu deftigen Gerichten, sondern auch als fruchtige Würze in Kuchen, Gebäck, in Fruchtsuppen, Säften und Likören. Getrocknet sind Preiselbeeren Bestandteil von Hausteemischungen, Müslis und Backwaren.

Preiselbeere

Die in den Monaten April und Mai gesammelten Blätter verwendet man frisch und fein gehackt als Gewürz für Soßen, Fleisch und Fisch. Vorsicht: Nicht mit der giftigen Kahlen Rosmarinheide (*Andromeda polifolia*, S. 380) verwechseln!

MERKMALE 5–30 cm hoch, Zwergstrauch. Blätter wechselständig, immergrün, derb, oval, oben glänzend dunkelgrün, unten heller, braun punktiert, ganzrandig, Blattrand oft nach unten umgebogen. Blüten weiß bis zartrosa, glockenförmig. Blütezeit Mai–Juli. Kugelige, bei Reife leuchtend rote Beerenfrüchte. Fruchtreife August–November.

STANDORT UND VERBREITUNG Kiefernwälder, Moore, Heiden. Vor allem Mittel- und Nordeuropa.

QUECKE, GEWÖHNLICHE

Elymus repens — Süßgräser

SAMMELN UND ZUBEREITEN Die Wurzeln dieser weitverbreiteten Pflanze sind vielfältig kulinarisch nutzbar. Sie werden von September bis in den Winter geerntet. Die frischen Wurzeln mischt man klein geschnitten Salaten und Suppen bei. Getrocknet und gemahlen streckt man mit ihnen Getreidemehl. Geröstet und gemahlen sind sie als Kaffee-Ersatz verwendbar. Aus den Wurzeln presst man einen stärkehaltigen Saft, den man frisch trinkt oder durch langes Köcheln zu Sirup eindickt. Früher hat man ein bierartiges Getränk daraus gewonnen. Auch die oberirdischen Teile der Pflanze sind essbar. Die zarten Frühlingsblätter passen klein gehackt in Salate oder auf ein Butterbrot. Die Samen kann man ab Ende Juli roh knabbern.

Gewöhnliche Quecke

MERKMALE 30–150 cm hoch, mehrjähriges Gras mit weit kriechendem Wurzelstock und zahlreichen Ausläufern. Blätter grün oder bläulich bereift, flach, oben rau, an der Basis mit stängelumfassenden Öhrchen. Ähre 5–15 cm lang, Ährchen flach, die Breitseite der Ährenachse zugewandt. Blütezeit Juni–August.

STANDORT UND VERBREITUNG Brachland, Felder, Gärten. Europa.

QUELLBINSE, FLACHE

Blysmus compressus — Sauergräser

SAMMELN UND ZUBEREITEN Die ab September reifen Samen sind als essbar überliefert. Denkbar ist eine Verwendung als Kaffee-Ersatz oder als Keimsaat. Die verwandte Rotbraune Quellbinse *(Blysmus rufus)* kann in gleicher Weise verwendet werden.
MERKMALE 10–40 cm hoch, mehrjähriges Gras. Stängel aufrecht bis aufsteigend, rau, etwas zusammengedrückt. Blätter flach, 1–3 mm breit, gekielt, glänzend, am Rand rau. Ähre flach zusammengedrückt, 2–3 cm lang, mit 5–12 sitzenden, 2-zeilig angeordneten Ährchen. Ährchen rotbraun. Blütezeit Juni–August.
STANDORT UND VERBREITUNG Sumpfige Wiesen, Seeufer. Fast ganz Europa.

QUELLER

Salicornia europaea — Gänsefußgewächse

SAMMELN UND ZUBEREITEN Die gesamte oberirdische Pflanze kann von April bis August kulinarisch genutzt werden. Man nimmt sie als Salatbeigabe, als Suppeneinlage, genießt sie als spargelähnlich zubereitetes Gemüse oder in Essig eingelegt. Die Triebspitzen werden als Kapernersatz eingelegt und gegessen. Auch die Samen lassen sich sauer einlegen. Getrocknet und gemahlen sind sie als Mehlersatz zu nutzen.
MERKMALE 5–30 cm hoch, einjährig. Stängel grüngelb, im Herbst oft rötlich überlaufen, knotig gegliedert, fleischig. Keine Blätter im eigentlichen Sinn, sondern gegenständige, kleine, dicht dem Stängel anliegende Blattschuppen. An den keulig verdickten Stängelspitzen kleine Blüten in den Achseln der Blattschuppen. Blütezeit August–Oktober.

Queller

STANDORT UND VERBREITUNG Auf Schlick- und Sandböden an den Küsten Europas.

> **Queller**, den man zwei bis drei Tage in einer Marinade aus Weißweinessig, Salz, Pfeffer, Zucker oder Honig und einem Lorbeerblatt oder etwas Thymian ziehen lässt, ergibt schmackhafte »Queller-Pickles«.

QUELLGRAS

Catabrosa aquatica — Süßgräser

SAMMELN UND ZUBEREITEN Die ab September reifen Samen sind als essbar überliefert. Denkbar ist eine Verwendung als Kaffee-Ersatz oder als Keimsaat.
MERKMALE 10–50 cm hoch, mehrjähriges Gras mit weit kriechender Grundachse und Ausläufern. Stängel schlaff, glatt, steigt knickig auf. Blätter hellgrün, bis 15 cm lang. Rispe aufrecht, weit ausladend, mit dünnen Ästen. Ährchen länglich-oval, grün oder violett überlaufen, meist 2-blütig. Blütezeit Mai–August.
STANDORT UND VERBREITUNG Sonnige, nasse Standorte. An Bächen und Gräben. Europa.

QUELLKRAUT

Montia fontana — Portulakgewächse

SAMMELN UND ZUBEREITEN Volksnamen wie Bach- oder Winzersalat deuten an, dass das Quellkraut schon immer kulinarisch genutzt wurde. Von April bis Juni bereichern seine Blätter Salate und Gemüse.
MERKMALE 5–30 cm lang, ein- oder mehrjährig. Stängel liegend oder im Wasser flutend, glasig grün. Blätter gegenständig, spatelförmig, fleischig. Blüten klein, weiß, 3–5 Blütenblätter. Blütezeit Juni–August.
STANDORT UND VERBREITUNG Ufer, Gräben, Quellfluren, feuchte Felder. Europa.

QUITTE

Cydonia oblonga — Rosengewächse

SAMMELN UND ZUBEREITEN Für den Verzehr als Frischobst sind Quitten nicht geeignet. Doch sieht man davon ab, sind Quitten genauso vielfältig ver-

Quitte

wendbar wie Äpfel. Das beste Aroma haben diese Früchte, wenn sie nach dem ersten Frost geerntet und sofort zubereitet werden. Gekocht als Beifrucht in Marmeladen und Gelees oder verarbeitet zu Süßspeisen, Chutney, Kompott, Saft, Sirup und Likör schmecken sie köstlich. Süßsauer eingelegt passen sie als Beilage zu Wildgerichten. Zum Einkochen schält man Quitten nicht, sondern befreit sie nur mit einem Tuch von ihrem Flaum. Getrocknete Quittenstückchen passen in Hausteemischungen. Quittenblüten ergeben einen feinen Tee. Kandiert schmücken sie Kuchen und Süßspeisen.

MERKMALE 1,5–8 m hoch, sommergrüner Strauch oder kleiner Baum. Blätter wechselständig, breit-oval, gestielt, oben dunkelgrün und leicht glänzend, unten filzig behaart, ganzrandig. Blüten weiß, einzeln oder zu zweit an den Zweigenden. Blütezeit Mai–Juni. Gelbe, birnenförmige Frucht. Fruchtreife ab September.

STANDORT UND VERBREITUNG Wild nur in Südosteuropa, sonst gepflanzt und gelegentlich in sonnigen Lagen der Weinbauregionen verwildert.

Quitten-Sirup verfeinert Pudding und Eiscreme. Mischt man ihn im Verhältnis 1:3 mit eisgekühltem Sekt, erhält man einen herrlich erfrischenden Aperitif.

RAGWURZ

SAMMELN UND ZUBEREITEN Ähnlich wie bei anderen Orchideengewächsen kann man auch die Wurzelknollen der Ragwurzarten zu Mehl verarbeiten. Dieses Salepmehl soll sehr nahrhaft sein.

RAGWURZ, BIENEN-

Ophrys apifera Orchideengewächse

SAMMELN UND ZUBEREITEN Angaben dazu bei der Gattung Ragwurz.

Bienen-Ragwurz

MERKMALE 15–50 cm hoch, Staude. Stängel aufrecht. Blätter breit-lanzettlich. Blüten etwa 3 cm groß, äußere Blütenblätter eiförmig, rosa, innere Blütenblätter sehr kurz, fast stummelartig, grünlich, rötlich oder gelbbraun. Lippe 3-lappig, deutlich gewölbt, rötlich braun, 2 behaarte Seitenlappen, ein gelblich umrandetes Mal. Blütezeit Mai–Juni. 2–3 kugelig-eiförmige Knollen.

STANDORT UND VERBREITUNG In hellen Gebüschen, hellen Trockenwäldern, Magerrasen. Mittel- und Südeuropa. Geschützt.

RAGWURZ, FLIEGEN-

Ophrys insectifera Orchideengewächse

SAMMELN UND ZUBEREITEN Angaben dazu bei der Gattung Ragwurz.

MERKMALE 10–40 cm hoch, Staude. Stängel aufrecht, gelbgrün. Blätter lanzettlich. Blüten etwa 2 cm lang, die äußeren 3 Blütenblätter oval, grünlich, die 2 seitlichen inneren fadenförmig rotbraun, Lippe 3-lappig, braunrot, mit großem grauen Fleck. Blütezeit Mai–Juni. Meist 2–3 ungeteilte, kleine Knollen.

STANDORT UND VERBREITUNG Helle, trockene Kiefernwälder, Gebüsche, Magerrasen. Fast ganz Europa. Geschützt.

RAGWURZ, HUMMEL-

Ophrys holoserica Orchideengewächse

SAMMELN UND ZUBEREITEN Angaben dazu bei der Gattung Ragwurz.

MERKMALE 10–40 cm hoch, Staude. Stängel aufrecht. Blätter breit-lanzettlich. Blüten 2–3 cm lang, äußere Blütenblätter oval, weiß oder rosa mit grünem Mittelnerv, innere Blütenblätter 3-eckig, Lippe ungeteilt, rundlich, rotbraun mit gelblichen Zeichnungen, vorne mit aufwärtsgebogenem, gelblich grünem Anhängsel. Blütezeit Mai–Juni. Meist 2–3 kugelige Knollen.

STANDORT UND VERBREITUNG Magerrasen, Gebüschsäume. Mittel- und Südeuropa. Geschützt.

RAGWURZ, SPINNEN-

Ophrys sphegodes Orchideengewächse

Spinnen-Ragwurz

SAMMELN UND ZUBEREITEN Angaben dazu bei der Gattung Ragwurz (siehe S. 237). **MERKMALE** 10–40 cm hoch, Staude. Stängel aufrecht, hellgrün. Blätter breit-lanzettlich. Blüten bis 2,5 cm lang, äußere 3 Blütenblätter oval, grünlich, die inneren 2 schmal-lanzettlich, Lippe dick, rund, ungeteilt, rotbraun mit bläulicher Zeichnung in der Mitte. Blütezeit April–Mai.
STANDORT UND VERBREITUNG Waldlichtungen, Magerrasen. Südliches Mitteleuropa, Südeuropa. Geschützt.

RAINFARN

Tanacetum vulgare Korbblütengewächse

SAMMELN UND ZUBEREITEN Die bitter-aromatischen Blätter des Rainfarns werden in erster Linie zum Aromatisieren von Likör verwendet. Doch auch in Kräutertees kommt ihr Aroma gut zur Geltung. In Milch gekochte Blättchen verleihen Pudding, Omeletts und anderen Süßspeisen eine ungewöhnliche Note. Selbst zu Fleisch und Meerestieren passen sie als Würze. Damit sich ihr bitterer Geschmack verliert, lässt man sie vor der eigentlichen Verarbeitung für kurze Zeit in lauwarmem Wasser ziehen. Rainfarnblüten haben ein feines Zimtaroma, mit dem sich Süßspeisen und Getränke wie Limonade, Bier oder Likör interessant gestalten lassen. Auch wenn Hildegard von Bingen, die heilkundige Äbtissin, den Rainfarn heilig nennt und seine Verwendung als Fleischgewürz und in Kuchen beschreibt, ist die Pflanze mit Vorsicht zu genießen. Sie enthält neben Bitterstoffen reichlich Thujon, das bei Aufnahme größerer Mengen gesundheitsschädlich ist und auch gefährlich giftig wirken kann. Schwangere sollten die Pflanze ganz meiden.
MERKMALE 40–150 cm hoch, Staude mit Kampfergeruch. Stängel holzig, kantig. Blätter wechselständig, fiederteilig, einzelne Blattabschnitte länglich, am Rand gesägt. Knopfartige, gelbe Blüten in einem schirmartig ausgebreiteten Blütenstand. Blütezeit Juli–September.
STANDORT UND VERBREITUNG Weg- und Straßenränder, Schuttplätze, Brachland. Europa.

Rainfarn

RAINKOHL

Lapsana communis Korbblütengewächse

Rainkohl

SAMMELN UND ZUBEREITEN Die herben, etwas salzig schmeckenden Blätter der Grundrosette werden noch vor der Entwicklung des Blütenstängels gesammelt und Salaten, Suppen und Gemüsegerichten beigefügt. Auch in Eierspeisen verwendet man sie. Ältere Blätter werden zunehmend bitter und müssen einmal blanchiert werden, bevor man sie essen kann. Die hellgelben Blüten eignen sich als essbare Dekoration, frisch aufgeblüht oder als Knospe auch für Salate.
MERKMALE Bis zu 1 m hoch, einjährig, führt Milchsaft. Stängel aufrecht, in der oberen Hälfte verzweigt.

Rainkohlblätter ergeben mit Cocktailtomaten und Minigurken einen köstlichen Salat. Mit Balsamico-Vinaigrette angemacht und mit Sesamkörnern und blühender Vogelmiere bestreut ist er ein Augen- und Gaumenschmaus.

Blätter wechselständig, untere mehrteilig, 1 großer, ovaler Endabschnitt und 2 kleine Blattlappen, obere Blätter eiförmig bis lanzettlich, Blattrand buchtig gezähnt. Hellgelbe, endständige Blütenköpfe. Blütezeit Juni–September.
STANDORT UND VERBREITUNG Felder, Wegränder, ortsnahes Ödland. Fast ganz Europa.

RAPS

Brassica napus Kreuzblütengewächse

SAMMELN UND ZUBEREITEN Rapssamen enthalten etwa 50 % Öl. Ihre Nutzung zur Ölgewinnung ist allgemein bekannt. Doch der Raps ist nicht nur Ölpflanze. Blätter, knospende Blütentriebe und die Wurzel der Pflanze sind essbar, als Salat oder als Gemüse.
MERKMALE 1–2 m hoch, einjährig. Stängel blau bereift, oben verzweigt. Blätter wechselständig, blaugrün, unten fiederteilig, oben einfach, schmal. Gelbe Blüte. Blütezeit April–August. 2-klappige Schotenfrucht.
STANDORT UND VERBREITUNG Nutzpflanze, angebaut v. a. in wintermilden Küstengebieten. Oft verwildert auf Ruderalflächen, an Feld- und Wegrändern.

RAPSDOTTER, RUNZELIGER

Rapistrum rugosum Kreuzblütengewächse

SAMMELN UND ZUBEREITEN Die Pflanze ist als essbar überliefert. Denkbar ist eine Verarbeitung ihrer Blätter in Salaten und Gemüsegerichten.
MERKMALE 15–60 cm hoch, einjährig. Stängel aufrecht, verzweigt, behaart. Untere Blätter fiederteilig, mit beiderseits 3–4 ovalen, gezähnten Blattabschnitten und einem deutlich vergrößerten Endabschnitt, obere Blätter ungeteilt, gezähnt. Blüten gelb. Blütezeit Juni–September.
STANDORT UND VERBREITUNG Klee- und Getreidefelder, Brachland. Süddeutschland, Südeuropa.

RASENBINSE, GEWÖHNLICHE

Trichophorum cespitosum Sauergräser

SAMMELN UND ZUBEREITEN Die ab September reifen Samen sind als essbar überliefert. Denkbar ist eine Verwendung als Kaffee-Ersatz oder als Keimsaat. Eine verwandte Art, die Wollige Rasenbinse *(Trichophorum alpinum)*, ist in gleicher Weise verwendbar.

Gewöhnliche Rasenbinse

MERKMALE 10–40 cm hoch, mehrjähriges, in dichten Rasen wachsendes Gras. Stängel steif aufrecht, rund, glatt. Blattscheiden der unteren Blätter meist ohne Blattspreiten. Oberste Blattscheide etwas aufgeblasen, mit kurzer, borstenähnlicher, 1 mm breiter Spreite. Blütenstand aus einem einzelnen, endständigen Ährchen, dieses aufrecht, länglich-keulenförmig, gelblich bis rostbraun, 3- bis 7-blütig. Blütezeit Mai–Juni.
STANDORT UND VERBREITUNG Braucht nasse, nährstoffarme Torfböden, besiedelt Moore und quellige Sümpfe. Mittel-, Nord- und Westeuropa.

RAUKE, GLANZ-

Sisymbrium irio Kreuzblütengewächse

SAMMELN UND ZUBEREITEN Die Pflanze ist als essbar überliefert. Denkbar ist eine Verarbeitung ihrer Blätter als Beigabe zu Salaten und Gemüsegerichten.

Glanz-Rauke

MERKMALE 10–50 cm hoch, ein- bis zweijährig. Stängel aufrecht, meist verzweigt. Untere Blätter fiederteilig, Seitenabschnitte schmal, unregelmäßig gezähnt, Endabschnitt vergrößert, 3-eckig spießförmig, obere Blätter bestehen zum Teil nur aus dem oft spießförmigen Endabschnitt. Gelbe Blüten in Trauben am Ende des Stängels. Blütezeit Mai–Juli. Aufrechte Schotenfrucht.
STANDORT UND VERBREITUNG Trockene Ruderalstandorte, Hafenanlagen, Bahnareale. Südeuropa, in anderen Bereichen Europas eingeschleppt und unbeständig.

RAUKE, LOESELS

Sisymbrium loeselii Kreuzblütengewächse

SAMMELN UND ZUBEREITEN Die Pflanze ist als essbar überliefert. Denkbar ist eine Verarbeitung ihrer Blätter als Beigabe zu Salaten und Gemüsegerichten.
MERKMALE 10–60 cm hoch, ein- bis zweijährig, rauhaarig. Stängel aufrecht, oben verzweigt. Blätter fiederteilig, 4–7 Abschnitte, Endabschnitt vergrößert, grob gezähnt. Gelbe Blüten in Trauben am Ende des Stängels. Blütezeit Juni–September. Früchte schmallinealisch, waagrecht abstehend oder sichelförmig nach oben gebogen.
STANDORT UND VERBREITUNG Schuttplätze, Ödland, Wege. Hauptverbreitung in Osteuropa.

RAUKE, NIEDRIGE

Sisymbrium supinum Kreuzblütengewächse

SAMMELN UND ZUBEREITEN Die ganze Pflanze ist als essbar überliefert. Denkbar ist eine Verarbeitung als Beigabe zu Salaten und Gemüsegerichten.
MERKMALE Ein- bis zweijährig, borstig behaart. Stängel liegend bis aufsteigend, 5–10 cm lang, nur an der Basis verzweigt. Blätter fiederteilig, 2–5 Paare schmal-ovaler Seitenabschnitte und größerer Endabschnitt. Blüten weiß, kurz gestielt. Blütezeit Juni–September. Aufrecht abstehende Frucht.
STANDORT UND VERBREITUNG Kiesige, zeitweise überschwemmte Seeufer. Süd- und Westeuropa.

RAUKE, ÖSTERREICHISCHE

Sisymbrium austriacum Kreuzblütengewächse

SAMMELN UND ZUBEREITEN Die ganze Pflanze ist als essbar überliefert. Denkbar ist eine Verarbeitung als Beigabe zu Salaten und Gemüsegerichten.
MERKMALE 20–80 cm hoch, zwei- oder mehrjährig. Stängel aufrecht, verzweigt, etwas behaart. Untere Blätter gestielt, wenig oder fast bis zur Mittelrippe fiederteilig, Abschnitte breit 3-eckig, ganzrandig oder gezähnt, obere Blätter sitzend. Blüten gelb. Blütezeit Mai–Juni. Aufrecht abstehende Schotenfrucht.
STANDORT UND VERBREITUNG Felsschutthalden, Mauern, auch Wegränder. Südwest- und Mitteleuropa.

RAUKE, STEIFE

Sisymbrium strictissimum Kreuzblütengewächse

SAMMELN UND ZUBEREITEN Die Pflanze ist als essbar überliefert. Denkbar ist eine Verarbeitung als Beigabe zu Salaten und Gemüsegerichten.
MERKMALE 50–150 cm hoch, Staude. Stängel aufrecht, im oberen Teil verzweigt. Alle Blätter ungeteilt, lanzettlich bis oval, gezähnt bis fast ganzrandig, unten weichhaarig. Blüten gelb, 4-zählig. Blütezeit Juni. Früchte aufrecht.

Steife Rauke

STANDORT UND VERBREITUNG Auwälder, Ufergebüsch, Gräben. Mittel- und Osteuropa.

RAUKE, UNGARISCHE

Sisymbrium altissimum Kreuzblütengewächse

SAMMELN UND ZUBEREITEN Von April bis Mai gesammelte Blätter werden als würzende Beigabe zu Salaten, Gemüsegerichten und anderem verwendet. Die gelben Blüten sind ansprechende essbare Dekoration. Die Wurzeln können im Laufe der gesamten Vegetationsperiode genutzt werden. Am besten eignen sie sich als Beigabe in Gemüsegerichten.
MERKMALE 30–100 cm hoch, ein- bis zweijährig, mit dünner Pfahlwurzel. Stängel aufrecht, meist verzweigt. Untere Blätter gestielt, beiderseits behaart, fiederteilig, 9–21 seitliche, schmal 3-eckige, gezähnte Abschnitte, vergrößerter Endabschnitt, obere Blätter sitzend, fast kahl, mit ganzrandigen, sehr schmalen Abschnitten. Blüten gelb. Blütezeit Mai–August. Aufrecht abstehende Schotenfrucht. Fruchtstiel etwa 1 cm lang.

Ungarische Rauke

STANDORT UND VERBREITUNG Schuttplätze, Steinbrüche, Wegränder, Bahnareale. Ursprüngliche Heimat Ost- und Südosteuropa, heute in weiten Teilen Europas.

RAUKE, WEG-

Sisymbrium officinale Kreuzblütengewächse

SAMMELN UND ZUBEREITEN Mit ihrem kresseartig scharfen Geschmack eignen sich die Blätter als würzende Beigabe zu Salaten, Gemüsegerichten, Suppen und Soßen. Fein geschnitten schmecken sie auch auf einem Butterbrot. Gesammelt werden sie von April bis Juni. Die Samen, die von September bis Oktober zur Verfügung stehen, nutzt man als Gewürz zum Einlegen in Suppen, Soßen und Aufläufen. Sie sind auch Grundlage für einen deftigen Senf.

Weg-Rauke

MERKMALE 30–60 cm hoch, einjährig. Stängel aufrecht, rund, verzweigt. Untere Blätter bis fast auf den Mittelnerv fiederteilig, die einzelnen Abschnitte buchtig gezähnt, beidseitig behaart, obere Blätter meist ungeteilt. Gelbe Blüten. Blütezeit Mai–Oktober. Aufrechte Schotenfrucht linealisch, zugespitzt, behaart, liegt dem Stängel an.
STANDORT UND VERBREITUNG Wege, Schuttplätze, Ödland. Europa.

RAUKE, WOLGA-

Sisymbrium volgense Kreuzblütengewächse

SAMMELN UND ZUBEREITEN Die ganze Pflanze ist als essbar überliefert. Denkbar ist eine Verarbeitung als Beigabe zu Salaten und verschiedenen Gemüsegerichten.
MERKMALE 30–80 cm hoch, Staude. Stängel aufrecht, verzweigt. Untere und mittlere Blätter fiederteilig, Abschnitte vielgestaltig, buchtig gezähnt, obere Blätter lanzettlich, oft ganzrandig. Blüten gelb, in Trauben am Ende des Stängels. Blütezeit Mai–August. Aufrechte Schotenfrucht, 2,5–5 cm lang.
STANDORT UND VERBREITUNG Trockene, sommerwarme Ruderalstandorte. Ursprünglich Steppengebiete des südöstlichen Russland, heute in Mittel-, Nord- und Westeuropa.

REIHERSCHNABEL, GEWÖHNLICHER

Erodium cicutarium Storchschnabelgewächse

SAMMELN UND ZUBEREITEN Junge Blättchen (März bis Mai) eignen sich für Salate und Gemüse.
MERKMALE Ein- bis zweijährig. Stängel liegend oder aufsteigend, dicht behaart. Blätter bis zum Mittelnerv fiederteilig, Blattabschnitte nochmals geteilt, beiderseits behaart. Blüten rosa, in lang gestielten Blütenständen. Blütezeit April–Juli.
STANDORT UND VERBREITUNG Brachland, Weinberge, Wege. Europa.

REISQUECKE

Leersia oryzoides Süßgräser

SAMMELN UND ZUBEREITEN Obwohl die Reisquecke wegen ihrer schneidend rauen Blätter ein von südeuropäischen Reisbauern gefürchtetes Unkraut ist, werden ihre Samenkörner in der Küche genutzt, häufig unter der fälschlichen Bezeichnung »Wilder Reis«. Ihre Samenkörner eignen sich aber nur als Kaffee-Ersatz oder Keimsaat.

Reisquecke

MERKMALE 50–130 cm hoch, mehrjähriges Gras. Stängel aufrecht, dünn, an den Knoten behaart. Blätter gelblich grün, bis zu 30 cm lang und 10 mm breit, an den Rändern schneidend rau. Ährenrispe 10–20 cm lang, aufrecht, Rispenäste geschlängelt. Ährchen bleichgrün, oval, 4–5 mm lang. Blütezeit August–Oktober.
STANDORT UND VERBREITUNG Uferbereich von Teichen und Bächen. Fast ganz Europa.

REITGRAS, WALD-

Calamagrostis arundinacea — Süßgräser

SAMMELN UND ZUBEREITEN Die im Spätsommer reifen Samen sind als essbar überliefert. Denkbar ist eine Verwendung als Kaffee-Ersatz oder als Keimsaat. Das Land-Reitgras *(Calamagrostis epigejos)*, ein weiteres häufiges Reitgras in Wäldern und auf Waldlichtungen, ist in gleicher Weise verwendbar, ebenso das Wollige Reitgras *(Calamagrostis villosa)*, eine montane Art in Fichtenwäldern und Alpenrosengebüschen.
MERKMALE 60–120 cm hoch, mehrjähriges Gras. Stängel kräftig, aufrecht. Blätter dunkelgrün, bis zu 10 mm breit, oben kurz behaart, unten kahl, glänzend. Rispen schmal, nur während der Blütezeit ausgebreitet, Ährchen lanzettlich, 5–6 mm lang, blassgrün, 1-blütig. Blütezeit Juni–Juli.
STANDORT UND VERBREITUNG Helle Laubmischwälder, Waldränder. Europa.

RESEDE, GARTEN-
DUFT-RESEDE

Reseda odorata — Resedengewächse

Garten-Resede

SAMMELN UND ZUBEREITEN Mit ihrem angenehmen, veilchenartigen Duft eignen sich die Blüten zum Aromatisieren von Limonaden, Bowlen und anderen Getränken. In der türkischen Küche aromatisiert man mit den Blüten Salz. Auch zum Garnieren von Weißwein werden sie dort gelegentlich verwendet.
MERKMALE 10–50 cm hoch, einjährig. Stängel aufrecht, gerillt. Blätter bis zu 10 cm lang, oval, ganzrandig, einfach oder gelappt. Duftende Blüten in lockeren, kegelförmigen Trauben angeordnet, grünlich oder rötlich gefärbt, mit auffälligen roten oder gelben Staubbeuteln. Blütezeit Juni–August.
STANDORT UND VERBREITUNG Zierpflanze, gartennah verwildert. Herkunft Nordafrika, in Südeuropa mancherorts eingebürgert.

RETTICH

Raphanus sativus — Kreuzblütengewächse

SAMMELN UND ZUBEREITEN Vitamin C, ätherisches Öl und Senfölglykoside sind die wesentlichen Inhaltsstoffe der verdickten Rettichwurzel. Gegessen wird diese scharf schmeckende Wurzel vorwiegend als Salat und auf Butterbrot. Selten wird Rettich zu Suppen, in Aufläufen oder Gemüsegerichten verarbeitet, denn er verliert durch Erhitzen einen Großteil seiner wertvollen Inhaltsstoffe und bekommt einen faden Geschmack. Rettichsprossen, Keimlinge aus Rettichsamen, eignen sich als würzende Beigabe zu Salaten. Rettichsaft empfiehlt die Volksmedizin bei Gallenstörungen. Mit Zucker oder Honig eingekochter Rettichsaft wird als altes Hausmittel bei Husten eingesetzt.
MERKMALE 20–80 cm hoch, einjährig. Stängel aufrecht, verzweigt. Blätter borstig behaart, sehr tief fiederteilig, mit unregelmäßig geformtem, vergrößertem Endabschnitt. Blüten rötlich bis violett, selten auch fast weiß, 4-zählig. Blütezeit Mai–Oktober. Frucht eine bis zu 9 cm lange, ungegliederte Schote.
STANDORT UND VERBREITUNG Eine alte Gartenpflanze. Gelegentlich gartennah auf humusreichen Böden verwildert zu finden.

RINGELBLUME, ACKER-

Calendula arvensis — Korbblütengewächse

SAMMELN UND ZUBEREITEN Ganz junge Blätter und Sprosse eignen sich als Beigabe zu Salaten. Die Blütenknospen können wie Kapern eingelegt werden. Die Blütenblätter sind essbare Dekoration, verleihen Teemischungen ein interessantes Aroma, liefern aber auch eine intensiv gelbe Farbe für Desserts, Milchspeisen, Butter und Käse. Als »Arme-Leute-Safran« werden sie zum Färben von Reis verwendet. Außerdem schmecken sie köstlich in Salaten und Omeletts. Gleiches gilt für die Echte Ringelblume *(Calendula offici-*

Acker-Ringelblume

nalis), eine Zier- und Heilpflanze aus Südeuropa, die ortsnah auf nährstoffreichem Ödland verwildert zu finden ist.

MERKMALE Bis zu 70 cm hoch, einjährig. Stängel liegend oder bogig aufsteigend, von Grund an verzweigt. Blätter wechselständig, lanzettlich gezähnt. Gelbe Blütenköpfe. Blütezeit Juni–Oktober.

STANDORT UND VERBREITUNG Weinberge, Weinbergsmauern. Hauptsächlich Mittel- und Südeuropa.

Ringelblumenblüten, die man in Milch oder Sahne ziehen lässt, machen aus einem normalen Grießflammeri ein sattgelbes, farblich ansprechendes Dessert.

RIPPENFARN

Blechnum spicant — Rippenfarngewächse

SAMMELN UND ZUBEREITEN Von April bis Juni gesammelte junge Triebe ergeben nach halbstündigem Kochen ein gut genießbares Farngemüse. Vorher sollte man sie allerdings abreiben, um die braunen Schuppen zu entfernen. Die Wurzeln schmecken in Scheiben geschnitten und in der Pfanne geröstet.

MERKMALE 15–50 cm hoch, mehrjährige Farnpflanze. Wedel verschieden gestaltet. Unfruchtbare Wedel liegend bis niedergebogen, wintergrün, 1-fach und regelmäßig gefiedert, Fiedern ganzrandig. Fruchtbare Wedel aufgerichtet, sommergrün, schmaler und entfernter gefiedert als die unfruchtbaren. Fiedern schmal, rippenartig. Sporenbehälter in 2 zusammenfließenden Reihen, bedecken die gesamte Unterseite der Fiederblättchen. Sporenreife Juli–August.

STANDORT UND VERBREITUNG Nadelwälder montaner Lagen, Hauptverbreitung zwischen 500 und 2000 m. Fast ganz Europa.

RIPPENSAME, ÖSTERREICHISCHER

Pleurospermum austriacum — Doldengewächse

SAMMELN UND ZUBEREITEN Von April bis Juni gesammelte Blätter eignen sich als Beigabe zu Salaten und Gemüsegerichten.

MERKMALE 60–150 cm hoch, zwei- bis mehrjährig. Stängel gefurcht. Blätter wechselständig, 2- bis 3-fach gefiedert, Teilblättchen glänzend dunkelgrün, grob gesägt und eingeschnitten. Weiße Blüten in 12- bis 20-strahligen Dolden, Hüllblätter fiederspaltig, groß, Hüllchenblätter lanzettlich. Blütezeit Juni–August.

STANDORT UND VERBREITUNG Auwälder, Waldränder sowie Flussufer. In den Alpen bis in Höhenlagen von mehr als 2000 m anzutreffen, außerdem Balkan und Karpaten. Isolierte Vorkommen in Schweden.

RISPENGRAS, GEWÖHNLICHES

Poa trivialis — Süßgräser

SAMMELN UND ZUBEREITEN Die im Spätsommer reifen Samen sind als essbar überliefert. Denkbar ist eine Verwendung als Kaffee-Ersatz oder als Keimsaat. Viele weitere Rispengräser sind in gleicher Weise nutzbar. Zu den bekanntesten und am weitesten verbreiteten gehören das Einjährige Rispengras *(Poa annua)*, das Hain-Rispengras *(Poa nemoralis)*, das Platthalm-Rispengras *(Poa compressa)*, das Schmalblättrige Rispengras *(Poa angustifolia)*, das Sumpf-Rispengras *(Poa palustris)*, das Wald-Rispengras *(Poa chaixii)* und das Wiesen-Rispengras *(Poa pratensis)*.

Gewöhnliches Rispengras

MERKMALE 50–90 cm hoch, mehrjähriges Gras, wächst in dichten Rasen. Halm rund, dünn, glatt, nur unter der Rispe rau. Blattscheiden meist rau. Blätter 2–4 mm breit, bis 20 cm lang, grasgrün, anfangs gefaltet, später flach. Rispe 10–20 cm lang, meist zusammengezogen, Ährchen grün, oft braunviolett überlaufen, 2- bis 4-blütig. Blütezeit Mai–Juni.

STANDORT UND VERBREITUNG Besiedelt als Nässezeiger feuchte bis nasse, nährstoffreiche Wiesen, Wegränder, Ufer von fließenden und stehenden Gewässern. Häufig. Ist bis in Höhenlagen von 2500 m anzutreffen. Mittel- und Nordeuropa.

Robinie

ROBINIE

Robinia pseudoacacia

Schmetterlingsblütengewächse

SAMMELN UND ZUBEREITEN Robinienblüten sind Grundlage für viele wunderbare Süßspeisen. Sie aromatisieren Desserts, Eiscreme und Gebäck, außerdem Teegetränke und Liköre. Als Sirup, hergestellt aus 2 Handvoll Robinienblüten, 100 g Zucker, Zitronenscheiben und knapp 400 ml Wasser, verleihen sie vielen Erfrischungsgetränken eine blumige Note. Kandiert schmücken sie Kuchen, Torten und Kleingebäck. Ein aus den Blüten zubereiteter Tee soll krampflösend und kräftigend wirken. Die zarten Blättchen werden nach der Ernte von April bis Juni kurz blanchiert und anschließend wie Blattgemüse weiterverarbeitet. Unreife Samenschoten können ab Anfang Juli nach Blanchieren wie grüne Bohnen zubereitet werden. Im August werden die Schoten sehr zäh. Dann nimmt man nur die enthaltenen Samen und bereitet sie wie Erbsengemüse zu. Werden die Samen getrocknet und gemahlen, gewinnt man ein Mehl, das zum Strecken von Getreidemehl verwendet wird. Geröstete Samen ergeben ein kaffeeähnliches Getränk. Die Robinie enthält besonders in Rinde, Wurzel und Samen giftige Lectine. Diese werden aber durch kurzzeitig wallendes Kochen unwirksam. Vorsicht, der in allen Teilen giftige Goldregen (*Laburnum anagyroides*, S. 367) hat ähnliche Früchte, aber gelbe Blüten und wechselständige Blätter, die nur aus 3 Teilblättchen bestehen.

MERKMALE Bis zu 25 m hoch, sommergrüner Laubbaum. Zweige dicht mit Dornen besetzt. Blätter wechselständig, unpaarig gefiedert, 11–15 Einzelblättchen, diese oval, kurz gestielt, ganzrandig. Blüten weiß, duftend, in dichten, hängenden Trauben. Blütezeit Mai–Juni. Früchte dunkelbraune, flache Hülsen, 5–10 cm lang.

STANDORT UND VERBREITUNG Besiedelt nährstoffreiche, warme, überwiegend trockene Standorte wie helle Mischwälder, Waldränder, wird auch an Straßen und Plätzen gepflanzt. Herkunft Nordamerika, heute in fast ganz Europa eingebürgert.

Robinien-Bowle ist ein wunderbar aromatisches Getränk für milde Frühsommerabende. Für die Zubereitung zupft man eine Handvoll Robinienblüten aus dem Blütenstand, lässt sie mit Limettenscheiben und etwas Zucker in mildem Weißwein für etwa 2 Stunden ziehen, filtert ab und füllt mit Sekt auf.

ROGGEN

Secale cereale

Süßgräser

SAMMELN UND ZUBEREITEN Roggenkörner enthalten Kohlenhydrate, Eiweiß, Ballaststoffe, Fette und Mineralien, mehrere B-Vitamine und Biotin. Die Pflanze wird hauptsächlich als Brotgetreide genutzt. So bestehen Schwarzbrot und Pumpernickel überwiegend aus Roggenmehl. In Notzeiten waren die Körner Kaffee-Ersatz. Roggenkeimlinge eignen sich als Salatbeigabe. Aus keimenden, gerösteten Körnern wird Malz als Süßungsmittel und für die Bierherstellung gewonnen. Lokale Bedeutung hat Roggen auch für die Branntweinerzeugung (Korn).

MERKMALE Bis zu 2 m hoch, einjähriges Gras. Blätter 5–15 mm breit, flach, lang zugespitzt. Blütenstand eine dichte, schon zur Blütezeit nickende Ähre. Ährchen 2-blütig, Deckspelzen begrannt. Blütezeit Mai–Juni.

STANDORT UND VERBREITUNG In ganz Europa kultiviert und gelegentlich verwildert.

ROHRKOLBEN

SAMMELN UND ZUBEREITEN Die stärkehaltigen Wurzelstöcke werden im zeitigen Frühjahr oder von

Breitblättriger Rohrkolben

September bis in den Winter geerntet. Gewaschen, getrocknet und zu Mehl verarbeitet nimmt man sie, mit Getreidemehl gemischt, zum Backen. Geschält und gekocht ergeben sie ein nahrhaftes Gemüse oder, durch ein Sieb gestrichen, ein Mus, das sich zum Eindicken von Soßen eignet. Gesüßt passt das Mus gut zu Desserts. Die jungen Triebe, von April bis Juni geerntet, werden in der Pfanne gebraten. Auch eingelegt als Antipasto oder roh in Salate geschnitten schmecken sie. Die grünen Blütenspitzen kann man im Mai, noch ehe sie Pollen besitzen, roh oder gekocht wie Maiskolben essen. Der feine, eiweißreiche Pollen der männlichen Blüten kann zum Backen verwendet werden. Man klopft ihn vorsichtig aus der Blüte, rührt ihn mit Wasser zu einem dicken Brei und bäckt dann kleine Fladen. Den unreifen weiblichen Teil des Blütenstands kann man von Juli bis August als Koch- und Backgemüse zubereiten.

ROHRKOLBEN, BREITBLÄTTRIGER

Typha latifolia — Rohrkolbengewächse

SAMMELN UND ZUBEREITEN Angaben dazu bei der Gattung Rohrkolben.
MERKMALE 50–200 cm hoch, Staude. Blätter linealisch, blaugrün, ganzrandig, etwa so lang wie der Blütenstand. Blüten in charakteristischen, kolbenförmigen Blütenständen, der blassere obere Teil des Blütenstands besteht nur aus männlichen Blüten, der darunterliegende, dicke, braune Kolben nur aus weiblichen. Männlicher und weiblicher Kolbenteil berühren sich. Blütezeit Juli–August. Armdicker Wurzelstock.
STANDORT UND VERBREITUNG Verlandungszone stehender und langsam fließender Gewässer, bevorzugt dabei Sümpfe, Wassergräben und die Ufer von Teichen und Seen. Wächst bis zu einer Gewässertiefe von 2 m und trägt zur Verlandung der Uferzonen, auch des gesamten Gewässers bei. Fast ganz Europa.

ROHRKOLBEN, GRAUER

Typha shuttleworthii — Rohrkolbengewächse

SAMMELN UND ZUBEREITEN Angaben dazu bei der Gattung Rohrkolben.
MERKMALE 50–150 cm hoch, Staude. Blätter linealisch, 1–1,5 m lang. Kolbenförmiger Blütenstand, männlicher Kolben kürzer als der unmittelbar anschließende weibliche, weiblicher Kolben meist silbergrau überlaufen. Blütezeit Juni–August.
STANDORT UND VERBREITUNG Langsam fließende oder stehende, kühle Gewässer. Europa.

ROHRKOLBEN, SCHMALBLÄTTRIGER

Typha angustifolia — Rohrkolbengewächse

SAMMELN UND ZUBEREITEN Angaben dazu bei der Gattung Rohrkolben.
MERKMALE 1–3 m hoch, Staude. Blätter linealisch, hellgrün, ganzrandig, überragen den Blütenstand deutlich. Blüten in kolbenförmigen Blütenständen, männlicher und weiblicher Kolben etwa gleich lang, stehen etwa 3–5 cm voneinander entfernt. Blütezeit Juli–August.
STANDORT UND VERBREITUNG Oft bestandsbildend in der Verlandungszone stehender oder langsam fließender Gewässer, besiedelt hier flachere Uferpartien mit einer Wassertiefe von 20 cm bis höchstens 1 m.

ROHRKOLBEN, ZWERG-

Typha minima — Rohrkolbengewächse

SAMMELN UND ZUBEREITEN Angaben dazu bei der Gattung Rohrkolben.
MERKMALE 20–80 cm hoch, Staude. Blätter nur an blütenlosen Trieben, schmal-linealisch, blaugrün, bis 30 cm lang. Kolbenförmiger Blütenstand, oberer Kolben männlich, der darunterliegende weibliche Kolben kugelig bis eiförmig, der blütenlose Abschnitt zwischen beiden Blütenständen meist 0,5–2 cm lang. Blütezeit Mai–Juni.
STANDORT UND VERBREITUNG Nährstoffarme, kühle Gewässer, Flussufer. Alpen, Voralpen, Italien, Donaugebiet, Balkan.

ROSE

SAMMELN UND ZUBEREITEN Die Wildkräuterküche nutzt Blüten, Blätter und Früchte der Wildrosensträucher. Rosenblüten werden ohne Staubgefäße und Blütenkelch verwendet. Aus den Blütenblättern lassen sich viele schmackhafte Süßspeisen zubereiten, man kann sie zum Aromatisieren von Butter, Essig, Wein und Tee verwenden oder sogar in Nudelteig einkneten. Kandiert sind sie ein hübscher Schmuck für Kuchen und Torten. Schon legendär ist der Einsatz von Rosenblütenwasser bei der Marzipanherstellung. Hagebutten sind Grundlage vieler delikater Gerichte. Am bekanntesten ist ihre Verarbeitung zu Marmelade und anderen süßen Brotaufstrichen. Weniger bekannt, aber ebenfalls sehr geschätzt sind sie in Weinen und Likören, Chutneys, Suppen und Soßen. Aus den getrockneten Fruchtkernen wird eine Art Ersatzkaffee hergestellt oder ein Tee aufgebrüht, der mit Zitronensaft oder Vanillezucker recht gut schmeckt. In Notzeiten hat man sie getrocknet und gemahlen zum Strecken von Getreidemehl verwendet. Die Blätter, die je nach Art mehr oder weniger intensiv apfelartig schmecken, geben fein gehackt Suppen und Eintöpfen eine fruchtige Note.

ROSE, APFEL-

Rosa villosa — Rosengewächse

SAMMELN UND ZUBEREITEN Angaben dazu bei der Gattung Rose.
MERKMALE 1–2 m hoch, sommergrüner Strauch. Zweige mit geraden Stacheln. Blätter wechselständig, unpaarig gefiedert, 5–7 Teilblättchen, diese lang-oval, gezähnt. Blüten kurz gestielt, purpurrot. Blütezeit Juni–Juli. Hagebutte kugelig, etwa kirschgroß, grobborstig.
STANDORT UND VERBREITUNG Braucht steinigen Untergrund. Besiedelt sonnige Felsgebüsche, Waldränder. Mittel- und Südeuropa.

Rosenblüten-Sorbet ist ein feines Dessert zur Krönung einer Sommermahlzeit. Zubereitet wird diese Köstlichkeit aus duftenden Rosenblütenblättern, Zucker, Wasser, etwas Zitronensaft und Rosé-Wein.

ROSE, BEREIFTE

Rosa glauca — Rosengewächse

SAMMELN UND ZUBEREITEN Angaben dazu bei der Gattung Rose.
MERKMALE Bis zu 3 m hoch, sommergrüner, oft bäumchenartiger Strauch. Zweige rotblau überlaufen, Stacheln dünn, gleichartig, wenig gebogen bis gerade, blühende Zweige gelegentlich stachellos. Blätter blaurot oder kupferrot überlaufen, unpaarig gefiedert, 5–7 Teilblättchen, diese eiförmig, gezähnt. Blüten rot. Blütezeit Juni–Juli. Hagebutte kugelig, glänzend kirschrot.
STANDORT UND VERBREITUNG Steinschutt, Felsspalten. Mittel- und südeuropäische Gebirgspflanze.

ROSE, BIBERNELL-

Rosa pimpinellifolia — Rosengewächse

Bibernell-Rose

SAMMELN UND ZUBEREITEN Angaben dazu bei der Gattung Rose.
MERKMALE Bis zu 3 m hoch, sommergrüner Strauch, Zweige mit verschiedenartigen Stacheln, neben festen, nadeligen Stacheln finden sich auch weiche Stachelborsten. Blätter wechselständig, unpaarig gefiedert, 7–11 Teilblättchen, diese eiförmig, gezähnt. Blüten gestielt, weiß. Blütezeit Mai–Juni. Hagebutte kugelig, zunächst rot, bei Reife fast schwarz.
STANDORT UND VERBREITUNG Dünen, Trockenhänge, Wegränder. Mittel-, Süd- und Westeuropa.

ROSE, BLAUGRÜNE

Rosa dumalis — Rosengewächse

SAMMELN UND ZUBEREITEN Angaben dazu bei der Gattung Rose.
MERKMALE Etwa 2 m hoch, sommergrüner Strauch. Stacheln kräftig, hakenförmig gekrümmt. Blätter unpaarig gefiedert, 5–9 Teilblättchen, lang-oval, gezähnt.

Blüten hell- bis tiefrosa. Blütezeit Juni. Hagebutte flaschenförmig, rot.
STANDORT UND VERBREITUNG Hecken, Wald- und Wegränder. Europa.

ROSE, BUSCH-

Rosa corymbifera — Rosengewächse

SAMMELN UND ZUBEREITEN Angaben dazu bei der Gattung Rose.
MERKMALE Bis zu 2,5 m hoch, sommergrüner Strauch. Zweige mit kräftigen, gleichartigen, sichelförmig gekrümmten Stacheln. Blätter unpaarig gefiedert, 5–7 Teilblättchen, eiförmig, oft beiderseits flaumig behaart. Blüten gestielt, hellrosa bis fast weiß. Blütezeit Juni. Hagebutte länglich-oval bis krugförmig, rot.
STANDORT UND VERBREITUNG Hecken, Wald- und Wegränder. Europa.

Busch-Rose

ROSE, DUFTARME

Rosa inodora — Rosengewächse

SAMMELN UND ZUBEREITEN Angaben dazu bei der Gattung Rose.
MERKMALE Bis zu 2,5 m hoch, sommergrüner Strauch. Zweige mit haken- bis sichelförmig gekrümmten Stacheln. Blätter unpaarig gefiedert, 5–7 Teilblättchen, diese oval, kurz zugespitzt, oben kahl, unten auf den Nerven behaart, gezähnt. Blüten gestielt, blassrosa. Blütezeit Juni–Juli. Hagebutte eiförmig, rot.
STANDORT UND VERBREITUNG Hecken, Waldränder, alte Weinberge. Mitteleuropa.

ROSE, ESSIG-

Rosa gallica — Rosengewächse

SAMMELN UND ZUBEREITEN Angaben dazu bei der Gattung Rose.
MERKMALE 20–80 cm hoch, sommergrüner Kleinstrauch. Stacheln zahlreich, uneinheitlich (sichelförmige Stacheln, gerade Nadelstacheln und Stachelborsten). Blätter unpaarig gefiedert, meist 5 Teilblättchen, breitoval, ledrig, unterseits graugrün, etwas flaumig, am Rand gezähnt. Blüten stets einzeln, gestielt, rosa bis rot. Blütezeit Juni–Juli. Hagebutte kugelig bis kegelförmig, braunrot, ledrig.
STANDORT UND VERBREITUNG Helle Eichenwälder, Waldwege, Weinberge. Mittel- und Südeuropa.

Essig-Rose

> **Duftende Rosenblütenblätter** ergeben vermischt mit weicher Butter und Puderzucker eine feine Füllung für eine Biskuittorte.

ROSE, FELD-

Rosa agrestis — Rosengewächse

SAMMELN UND ZUBEREITEN Angaben dazu bei der Gattung Rose.
MERKMALE 1–2 m hoch, sommergrüner Strauch. Zweige mit sichelförmig gekrümmten Stacheln. Blätter wechselständig, meist 7 Teilblättchen, diese schmal-eiförmig, gezähnt, unterseits flaumig behaart. Blüten kurz gestielt, fast weiß. Blütezeit Juni. Hagebutte kugelig bis eiförmig, rot.
STANDORT UND VERBREITUNG In hellen Laubwäldern, an sonnigen Waldrändern und Felshängen. Südliches Mitteleuropa, Süd- und Westeuropa.

Feld-Rose

ROSE, FILZ-

Rosa tomentosa Rosengewächse

SAMMELN UND ZUBEREITEN Angaben dazu bei der Gattung Rose (siehe S. 246).

MERKMALE 1–2 m hoch, sommergrüner Strauch, Zweige mit schwach gebogenen bis fast geraden, nie sichelförmig gekrümmten Stacheln besetzt. Blätter wechselständig, unpaarig gefiedert, 5–7 Teilblättchen, diese lang-oval, oberseits weich behaart, unterseits dicht filzig. Blüten meist einzeln, gestielt, rosa bis fast weiß. Blütezeit Juni–Juli. Hagebutte kugelig, mit Drüsenborsten.

STANDORT UND VERBREITUNG Braucht kalkhaltigen, wenig steinigen Lehmboden. Besiedelt Waldränder, Hecken, Trockengebüsche. Fast ganz Europa.

ROSE, GEBIRGS-

Rosa pendulina Rosengewächse

SAMMELN UND ZUBEREITEN Angaben dazu bei der Gattung Rose (siehe S. 246).
Volksnamen wie »Helfenstüde« oder »Frauenrose« deuten an, dass die Gebirgs-Rose auch als Heilpflanze verwendet wird: Ihre Hagebutten sind reich an Vitamin C und organischen Säuren. Die Volksheilkunde nutzt sie als Stärkungsmittel für stillende Mütter und Rekonvaleszenten. Ein Tee aus den Früchten entwässert, ohne die Nieren zu reizen.

MERKMALE Meist bis zu 1 m hoch, sommergrüner Strauch. Zweige mit wenigen, gleichartigen, aber unterschiedlich langen, nadelartigen Stacheln besetzt, manchmal auch stachellos. Blätter wechselständig, unpaarig gefiedert, 7–9 Teilblättchen, diese oval, gezähnt. Blüten meist einzeln, gestielt, tief karminrot. Blütezeit Mai–Juli. Hagebutte flaschenförmig, mit stacheligen Borsten besetzt, orangefarben.

STANDORT UND VERBREITUNG Die Gebirgs-Rose, auch bekannt als Alpen-Heckenrose, ist die einzige »echte« alpine Rose. Die beiden sogenannten Alpenrosen (Rhododendren) sind keine Rosen, sondern Heidekrautgewächse. Gebirgs-Rosen wachsen auf frischen, nährstoffreichen eher kalkarmen, steinigen Böden in hellen Bergmischwäldern und Latschengebüsch, sie besiedeln Felsbänder und Bachschluchten. Gebirge Mittel- und Südeuropas, in Höhenlagen zwischen 500 und 2600 m.

Hunds-Rose

ROSE, HUNDS-

Rosa canina Rosengewächse

SAMMELN UND ZUBEREITEN Angaben zur kulinarischen Verwendung bei der Gattung Rose (siehe S. 246). Blütenblätter, Hagebuttenschalen und Samen der Hunds-Rose werden auch heilkundlich genutzt. Sie enthalten Gerbstoffe, Fruchtsäuren, Zucker, wenig ätherisches Öl, Carotinoide und, vor allem die frischen Hagebuttenschalen, sehr viel Vitamin C. Man nutzt dies bei Erkältungen, Erschöpfung und Müdigkeit sowie zur Steigerung der körpereigenen Abwehrkräfte. Vielen Heiltees sind Hagebuttenschalen als Geschmacksverbesserer zugesetzt. Die Kerne wirken harntreibend und unterstützen als Tee getrunken die Behandlung von Blasen- und Nierensteinen.

MERKMALE 1–3 m hoch, sommergrüner Strauch. Zweige überhängend, mit kräftigen, gleichartigen, sichelförmig gekrümmten Stacheln besetzt. Blätter wechselständig, unpaarig gefiedert, 5–7 Teilblättchen, diese lang-oval, kahl, gezähnt. Blüten meist einzeln stehend, gestielt, hellrosa. Blütezeit Juni. Hagebutte eiförmig, rot.

STANDORT UND VERBREITUNG An Wald- und Wegrändern, in Hecken und Gebüschen. Europa.

Ein Hagebutten-Chutney passt ganz ausgezeichnet zu gebratener Leber, Wild und Wildgeflügel. Es enthält neben Hagebutten auch Kochäpfel, Zwiebeln und Rosinen und wird mit zerstoßenen Senfkörnern, Mixed-Pickles-Gewürz, gemahlenem Ingwer sowie etwas Cayennepfeffer gewürzt.

Kartoffel-Rose

ROSE, KARTOFFEL-

Rosa rugosa — Rosengewächse

SAMMELN UND ZUBEREITEN Die Blütenblätter der Kartoffel-Rose werden vor allem zu Marmelade, Sirup, Rosen-Tee und Spirituosen verarbeitet. Aus den Früchten bereitet man Püree, Marmelade und Gelee, Suppen, Tee und Wein. Insbesondere in den USA sind die Früchte ein wichtiger Lieferant von Vitamin C und Flavonoiden für Produkte zur Nahrungsmittelergänzung. Angaben zur weiteren kulinarischen Verwendung unter der Gattung Rose (siehe S. 246).
MERKMALE 1–2 m hoch, sommergrüner Strauch, bildet durch unterirdische Ausläufer dichte Gebüsche. Zweige dicht mit Stacheln und Borsten besetzt. Blätter wechselständig, unpaarig gefiedert, 5–9 Teilblättchen, breit-eiförmig, derb, stark runzelig. Blüten meist einzeln, gestielt, dunkelrosa, selten auch weiß, nicht flach ausgebreitet, sondern schüsselförmig. Blütezeit Mai–September. Hagebutte abgeflacht kugelig, leuchtend rot, bis zu 2,5 cm breit und etwa 2 cm hoch.
STANDORT UND VERBREITUNG Herkunft Küstengebiete Ostasiens. In Europa als Zierpflanze verwendet, orts- und gartennah verwildert. In Südosteuropa wird die Kartoffel-Rose angebaut, denn ihr Fruchtfleisch ist ergiebiger als das der kleineren Hagebutten der Hunds-Rose.

Rosen-Nudeln schmecken sehr gut zu Geflügel. Sie sind einfach in der Zubereitung. Man fügt nur einem Nudelteig fein geschnittene Rosenblütenblätter bei und lässt das Ganze über Nacht im Kühlschrank durchziehen.

ROSE, KEILBLÄTTRIGE

Rosa elliptica — Rosengewächse

SAMMELN UND ZUBEREITEN Angaben dazu bei der Gattung Rose (siehe S. 246).
MERKMALE 1–2 m hoch, sommergrüner, dicht verzweigter Strauch. Zweige mit stets gleichartigen, hakenförmig gekrümmten Stacheln besetzt. Blätter wechselständig, unpaarig gefiedert, meist 7 Teilblättchen, diese eiförmig, am Grund etwas keilförmig verschmälert, am Rand gezähnt. Blüten meist einzeln, kurz gestielt, hellrosa. Blütezeit Juni–August. Hagebutte kugelig bis krugförmig, rot, glatt.
STANDORT UND VERBREITUNG Braucht steinigen, kalkhaltigen, trockenen Boden. Besiedelt sonnige Felshänge, Trockengebüsche. Mitteleuropa.

ROSE, KLEINBLÜTIGE

Rosa micrantha — Rosengewächse

SAMMELN UND ZUBEREITEN Angaben dazu bei der Gattung Rose (siehe S. 246).
MERKMALE Bis zu 3 m hoch, sommergrüner Strauch. Stacheln gleichartig, hakenförmig gekrümmt. Blätter unpaarig gefiedert, meist 7 Teilblättchen, diese breit-oval, dunkelgrün glänzend, gezähnt. Blüten meist einzeln, gestielt, hellrosa. Blütezeit Juni. Hagebutte klein, krug- bis eiförmig, dunkelrot, glatt oder mit Drüsenborsten bestanden. Kelchblätter fallen früh ab.
STANDORT UND VERBREITUNG Sonnige Waldränder, Felshänge. Mittel- und Südeuropa.

ROSE, KRIECHENDE

Rosa arvensis — Rosengewächse

SAMMELN UND ZUBEREITEN Angaben dazu bei der Gattung Rose (siehe S. 246).
MERKMALE Sommergrüner, liegender, mehrere Meter weit kriechender oder im Gebüsch kletternder Strauch mit aufgerichteten, kurzen Blütenzweigen. Stacheln gleichartig, hakenförmig gekrümmt. Blätter unpaarig gefiedert, 5–7 Teilblättchen, eiförmig, dünn, gezähnt. Blüten meist einzeln, gestielt, reinweiß. Blütezeit Juni–Juli. Hagebutte oval bis kugelig, braunrot.
STANDORT UND VERBREITUNG Helle Waldstellen, Waldwege, Waldränder. Mittel- und Westeuropa.

ROSE, LEDER-

Rosa caesia Rosengewächse

SAMMELN UND ZUBEREITEN Angaben dazu bei der Gattung Rose (siehe S. 246).
MERKMALE Bis zu 1,5 m hoch, sommergrüner, dicht verzweigter Strauch. Zweige oft bläulich bereift. Stacheln hakenförmig gekrümmt. Blätter unpaarig gefiedert, 5–7 Teilblättchen, diese breit-eiförmig, behaart, graugrün, am Rand gezähnt. Blüten meist einzeln, rosafarben gestielt. Blütezeit Juni–Juli. Hagebutte kugelig, orangerot bis kräftig rot.
STANDORT UND VERBREITUNG Sonnige Waldränder, Hecken. Fast ganz Europa.

ROSE, RAUBLÄTTRIGE

Rosa jundzilii Rosengewächse

SAMMELN UND ZUBEREITEN Angaben dazu bei der Gattung Rose (siehe S. 246).
MERKMALE 0,5–2 m hoch, sommergrüner Strauch mit bogig überhängenden Zweigen. Stacheln kräftig, gleichartig, gerade bis etwas gebogen. Blätter unpaarig gefiedert, meist 7 Teilblättchen, diese oval, etwas starr, oben kahl, unten flaumig behaart, drüsig gezähnt. Blüten meist einzeln, hell- bis dunkelrosa, gestielt, 5 Blütenblätter. Blütezeit Juni. Hagebutte kugelig bis oval, leuchtend rot, am Grund drüsig, Fruchtstiel drüsenborstig.
STANDORT UND VERBREITUNG Braucht kalkreichen, steinigen Lehmboden in sonniger Lage. Besiedelt helle Eichen- und Kiefernwälder, Waldränder, trockene Gebüsche, Steinhaufen. Europa.

Raublättrige Rose

ROSE, SAMT-

Rosa sherardii Rosengewächse

SAMMELN UND ZUBEREITEN Angaben dazu bei der Gattung Rose (siehe S. 246).
MERKMALE 1–2 m hoch, sommergrüner Strauch. Stacheln schwach gebogen. Blätter unpaarig gefiedert, 5–7 Teilblättchen, diese länglich, auf beiden Seiten dicht behaart, unterseits dicht drüsig, Blattrand drüsig gezähnt. Blüten lebhaft rot mit heller Mitte, gestielt, zu mehreren in einem doldenartigen Blütenstand sitzend. Blütezeit Juni. Hagebutte kugelig, drüsenborstig.
STANDORT UND VERBREITUNG Sonnige Gebüsche, Waldränder, Felsen. Fast ganz Europa.

ROSE, SÄULENGRIFFELIGE

Rosa stylosa Rosengewächse

SAMMELN UND ZUBEREITEN Angaben dazu bei der Gattung Rose (siehe S. 246).
MERKMALE 1–3 m hoch, sommergrüner Strauch. Zweige mit kräftigen, gleichartigen, sichelförmig gebogenen Stacheln besetzt. Blätter unpaarig gefiedert, meist 7 Teilblättchen, diese oval, unten graugrün und flaumig, gezähnt, drüsenlos. Blüten weiß bis rot, gestielt, meist zu 2–8 in einem Blütenstand. Blütezeit Juni–Juli. Hagebutte länglich-eiförmig, glatt.
STANDORT UND VERBREITUNG Helle, trockene Laubwälder, Waldränder, trockene Gebüsche. Westeuropa.

ROSE, STUMPFBLÄTTRIGE

Rosa tomentella Rosengewächse

SAMMELN UND ZUBEREITEN Angaben dazu bei der Gattung Rose (siehe S. 246).
MERKMALE Bis zu 1,5 m hoch, sommergrüner Strauch mit bogig überhängenden Zweigen. Stacheln auffallend groß und kräftig, gelbbraun, hakenförmig gekrümmt. Blätter unpaarig gefiedert, meist 7 Teilblättchen, diese klein, breit-oval, meist beidseitig behaart, gezähnt. Blüten einzeln oder zu mehreren in einem lockeren Blütenstand, blassrosa, gestielt. Blütezeit Juni. Hagebutte klein, kugelig bis krugförmig, rot, glatt.

STANDORT UND VERBREITUNG Sonniges Gebüsch an Waldrändern, Hecken. Europa, Schwerpunkt in Mitteleuropa.

ROSE, TANNEN-

Rosa abietina Rosengewächse

SAMMELN UND ZUBEREITEN Angaben dazu bei der Gattung Rose (siehe S. 246).
MERKMALE Bis zu 1,5 m hoch, sommergrüner Strauch. Stacheln gleichartig, hakig gekrümmt. Blätter unpaarig gefiedert, 5–7 Teilblättchen, oval, unterseits behaart, gezähnt. Blüten meist einzeln, rötlich, gestielt. Blütezeit Juni–Juli. Hagebutte kugelig, rot.
STANDORT UND VERBREITUNG Hecken, Waldränder, Steinhaufen. Vorwiegend alpin verbreitet, Verbreitungsschwerpunkt in den Westalpen.

ROSE, WEICHE

Rosa mollis Rosengewächse

SAMMELN UND ZUBEREITEN Angaben dazu bei der Gattung Rose (siehe S. 246).
MERKMALE 1–2 m hoch, sommergrüner Strauch. Stacheln gerade. Blätter unpaarig gefiedert, 5–7 Teilblättchen, diese oval, vorn und am Grund gerundet, oben und unten dicht behaart und samtig weich, gezähnt, Endblättchen bis zu 3 cm lang. Blüten meist einzeln, rot. Blütezeit Juni. Hagebutte kugelig, bis zu 2 cm groß, rot, kahl, glänzend.
STANDORT UND VERBREITUNG Gebüsche, steinige Hänge. Nord- und Westeuropa.

ROSE, WEIN-

Rosa rubiginosa Rosengewächse

SAMMELN UND ZUBEREITEN Angaben dazu bei der Gattung Rose (siehe S. 246).
MERKMALE 1–2 m hoch, sommergrüner Strauch. Zweige mit sichelförmig gekrümmten Stacheln, dazwischen oft auch gerade Nadelstacheln. Blätter wechselständig, unpaarig gefiedert, meist 7 Teilblättchen, diese rundlich bis eiförmig, gezähnt, duften fein nach reifen Äpfeln. Blüten meist einzeln, kurz gestielt, rosa- bis hellrot, 5 Blütenblätter, sehr breit eiförmig, vorne herzförmig eingebuchtet. Blütezeit Juni–Juli. Hagebutte kugelig bis eiförmig, orangerot.
STANDORT UND VERBREITUNG Braucht kalkhaltigen, steinigen Boden. Wächst in Trockenwiesen und Hecken, an Waldrändern. Europa.

Wein-Rose

Ein Hagebutten-Auflauf lässt sich aus gedünsteten Hagebutten mit einem Teig aus Butter, Eigelb, Eischnee, Zucker, Zimt, Mandeln und Semmelbröseln herstellen.

ROSE, ZIMT-

Rosa majalis Rosengewächse

SAMMELN UND ZUBEREITEN Angaben dazu bei der Gattung Rose (siehe S. 246).
MERKMALE 30–150 cm hoch, sommergrüner Strauch. Zweige mit hakig gekrümmten Stacheln, junge Äste glänzend braunrot (»Zimt-Rose«). Blätter unpaarig gefiedert, 5–7 Teilblättchen, diese schmal-eiförmig, oben dunkelgrün, unten behaart, gezähnt. Blüten sehr kurz gestielt, rosa bis dunkelrot. Blütezeit Mai–Juni. Hagebutte kugelig, orange bis rot.
STANDORT UND VERBREITUNG Auwälder, Kiesbänke im Uferbereich von Flüssen. Mittel- und

Hagebutten-Sirup aus reifen Hagebutten, Zucker und etwas Zimt süßt Teegetränke und ist lange haltbar. Nur wenn der Sirup ohne Zucker hergestellt wird, sollte man ihn innerhalb einer Woche verbrauchen.

Rosenwurz

ROSENWURZ

Rhodiola rosea — Dickblattgewächse

SAMMELN UND ZUBEREITEN Die dickfleischigen Blätter können als knackiger Salat oder als Gemüse gegessen werden. In Nordeuropa isst man sie auch in Öl eingelegt. Die Stängel werden von April bis Juni als Spargelgemüse zubereitet. Der getrocknete, nach Rosen duftende Wurzelstock ergibt Teegetränke.
MERKMALE 10–35 cm hoch, Staude. Stängel dickfleischig. Blätter wechselständig, lanzettlich, fleischig, an der Spitze manchmal rötlich angelaufen. Blüten gelblich oder rötlich. Blütezeit Juni–August.
STANDORT UND VERBREITUNG Felsen, Felsspalten. Gebirge Mittel- und Südeuropas, Nordeuropa.

ROSMARIN

Rosmarinus officinalis — Lippenblütengewächse

Rosmarin

SAMMELN UND ZUBEREITEN Rosmarin enthält ätherisches Öl, Harze, Gerb- und Bitterstoffe und schmeckt harzig-pikant. Blätter und Triebspitzen werden als Gewürz verwendet. Frisch, getrocknet oder gemahlen gibt man sie in Suppen, Soßen, Fleisch-, Fisch-, Pilz- und Kartoffelgerichte, auch in Salate, Gebäck und Süßwaren. Ihr Aroma passt sehr gut zu Hülsenfrüchten, Tomaten, Zucchini und Auberginen, ja selbst zu Essig, Öl, Wein, Likör und Tee. In einigen Mittelmeerküchen wird Lamm mit Rosmarin, Thymian und Knoblauch zubereitet. Gibt man ein paar Zweige Rosmarin in die glühende Grillkohle, erhält Grillfleisch ein unverwechselbares, herzhaftes Aroma. Entblätterte Rosmarinzweige sind ideale Grillspieße für Gemüse und zarte Fleischstücke. Vorsicht: Der giftige Rosmarin-Seidelbast (*Daphne cneorum*, S. 386) und die giftige Kahle Rosmarinheide (*Andromeda polifolia*, S. 380) haben ähnliche Blätter.
MERKMALE 0,5–2 m hoch, immergrüner Strauch. Blätter schmal-linealisch, ledrig-derb, oberseits kräftig grün, unterseits weißfilzig, Rand nach unten umgerollt. Kleine, blassblaue Blüten. Blütezeit Januar–Juni.
STANDORT UND VERBREITUNG Garrigue, Macchie. Oft angebaut und verwildert. Mittelmeergebiet.

Selbst gebackene Brötchen, die im Teig sonnengetrocknete Tomaten, Rosmarin, Basilikum und Salbei enthalten, passen ausgezeichnet zu Käse und Rotwein.

ROSSKASTANIE

Aesculus hippocastanum — Rosskastaniengewächse

SAMMELN UND ZUBEREITEN Die sehr jungen, zarten Blätter sind essbar. Unreife Früchte, grüne Samenschalen und reife, rohe Früchte können bei Menschen Vergiftungserscheinungen hervorrufen. Nur reife, geschälte Früchte sind nach Rösten, Mahlen und Kochen mit mehrmaligem Wechsel des Kochwassers als Mehlersatz nutzbar.
MERKMALE 10–25 m hoch, sommergrüner Laubbaum. Blätter handförmig gefiedert, 5–7 längliche, verkehrt eiförmige, gesägte Einzelblättchen. Weiße Blüten in kegelförmigen Blütenständen. Blütezeit Mai–Juni. Frucht eine stachelige Kapsel mit 1–3 Kastanien.
STANDORT UND VERBREITUNG Bergwälder Südosteuropas. In Mitteleuropa gepflanzt und verwildert.

ROSSKÜMMEL

Laser trilobum — Doldengewächse

SAMMELN UND ZUBEREITEN Die ab August reifen Samen finden Verwendung als Gewürz. Die Stie-

Rosskümmel

le verarbeitet man von April bis Mai zu Kochgemüse. Die Blätter nutzt man im gleichen Zeitraum für die Zubereitung erfrischender Kräuterlimonaden.

MERKMALE 60–120 cm hoch, Staude mit intensivem Kümmelgeruch. Stängel rund, gerillt. Blätter 2- bis 3-fach 3-zählig, Abschnitte eiförmig bis rundlich, stumpf gekerbt. Weiße Blüten. Blütezeit Mai–Juni. Frucht gerippt.

STANDORT UND VERBREITUNG Waldränder, Trockengebüsche. Südosteuropa.

ROTBUCHE

Fagus sylvatica — Buchengewächse

SAMMELN UND ZUBEREITEN Bucheckern enthalten neben Öl, Stärke und Eiweiß in ihrer Schale das unverträgliche Fagin. Werden sie roh gegessen, kann das zu Kopfschmerzen und Magenverstimmungen führen. Röstet man sie jedoch vor dem Verzehr, sind sie gut verträglich. Man nutzt sie in Salaten, als Beigabe in Gemüsegerichten und als Kaffee-Ersatz. Gemahlene Bucheckern können anstelle von Pinienkernen in Pesti verwendet werden. Geröstet und gesalzen reicht man sie zum Aperitif, in Zucker karamellisiert ersetzen sie Bonbons. Geröstet und fein gehackt kann man sie wie Mandeln oder Nüsse über Obstkuchen streuen. Zu guter Letzt lässt sich aus ihnen auch ein feines, lange haltbares Speiseöl pressen. Die angenehm säuerlich schmeckenden Blätter, gesammelt von April bis Mai, passen in Salate und Gemüsegerichte, auch in Quark- und Frischkäsezubereitungen. Mit Zucker und Alkohol ergeben sie einen guten Likör, mit Zucker und Wasser eine Art Limonade.

Rotbuche

MERKMALE 10–30 m hoch, sommergrüner Laubbaum. Blätter oval, am Rand gewellt. Männliche Blüten hängend, weibliche Blüten in aufrechten Köpfchen. Blütezeit April–Mai. 3-kantige, rotbraune Frucht in stacheliger Hülle. Fruchtreife September–Oktober.

STANDORT UND VERBREITUNG Laubmischwälder. Europa, im Süden in den Gebirgen.

RUCHGRAS, GEWÖHNLICHES

Anthoxanthum odoratum — Süßgräser

SAMMELN UND ZUBEREITEN Das Ruchgras enthält in Blättern und Stängeln reichlich Cumarin und duftet deshalb intensiv nach Waldmeister. Von April bis Mai gesammelt und angewelkt aromatisieren die Blätter Bowlen. Wegen ihres hohen Cumaringehalts sollte man sie aber nur in einem Sieb übergießen, nicht in das Getränk legen. Gleiches gilt für das Grannen-Ruchgras *(Anthoxanthum puelli)*.

MERKMALE 10–50 cm hoch, mehrjähriges Gras. Blätter gelblich grün, lang zugespitzt, flach. Rispe ährenartig, grün oder purpurn. Ährchen lanzettlich, braungelb. Blütezeit April–Juni.

STANDORT UND VERBREITUNG Magerwiesen, helle Laubwälder, Wegränder. Fast ganz Europa.

RUNKELRÜBE

Beta vulgaris — Gänsefußgewächse

SAMMELN UND ZUBEREITEN Blätter und Stiele der Grundrosette können von April bis Juni als Gemüse zubereitet werden, schmecken aber nicht besonders gut. Die Blütentriebe bieten eine Alternative zu Brokkoli. Die Wurzel wird im Herbst zu Kochgemüse verarbeitet. Als Urform der Rüben gilt die Wilde Runkelrübe (*Beta vulgaris* ssp. *maritima*) mit einer sehr dünnen, essbaren Wurzel, die an den Küsten Westeuropas vorkommt.

MERKMALE 20–120 cm hoch, ein- bis zweijährig. Stängel kantig. Blätter in grundständiger Rosette, lang gestielt, breit-eiförmig, am Rand wellig. Unscheinbare, grünliche Blüten in langen rispigen Gesamtblütenständen. Blütezeit Juni–August.

STANDORT UND VERBREITUNG In vielen Formen kultiviert und gelegentlich verwildert. Braucht humus- und nährstoffreichen Boden.

SAAT-WUCHERBLUME

Chrysanthemum segetum Korbblütengewächse

SAMMELN UND ZUBEREITEN Von April bis Mai gesammelte Blättchen können in kleinen Mengen Gemüsegerichten beigefügt werden. Die überbrühten Blütenblättchen streut man als essbare Dekoration über Salate und Suppen. Auch die jungen Blätter und die Blüten der Kronen-Wucherblume *(Chrysanthemum coronarium)*, einer im gesamten Mittelmeergebiet an ruderalen Standorten verbreiteten Pflanze, sind essbar. Die Blätter werden besonders in Ost- und Südosteuropa als Salat verzehrt oder zusammen mit anderen Gemüsen leicht angedünstet beispielsweise zu Fischgerichten gegessen. Man erntet sie am besten vor der Blütezeit (April–Juni), nur dann schmecken sie mild und gut. Nach der Blüte werden sie bitter. Die ausgezupften gelben Blütenblättchen der Kronen-Wucherblume nutzt man als essbare Dekoration.
MERKMALE 20–60 cm hoch, einjährig. Stängel aufrecht, bläulich grün, meist etwas verzweigt. Blätter wechselständig, unregelmäßig fiederteilig oder grob gezähnt. Gelbe Blütenköpfe, einzeln am Ende des Stängels und seiner Seitenäste. Blütezeit Mai–Oktober.
STANDORT UND VERBREITUNG Felder, Brachen, Schuttplätze. Fast ganz Europa.

SALBEI, BUNTSCHOPF-

Salvia viridis Lippenblütengewächse

Buntschopf-Salbei

SAMMELN UND ZUBEREITEN Blätter und Blüten dieses unverwechselbaren Salbeis sind wie die aller anderen hier dargestellten Arten eine geschätzte Würze der mediterranen Küche.
MERKMALE 30–60 cm hoch, einjährig. Blätter länglich-oval, gestielt, runzelig, regelmäßig gekerbt. Blüten violett, rosa oder weiß, in Etagen übereinander, an der Spitze der blühenden Stängel ein auffallender Schopf tiefvioletter Hochblätter. Blütezeit März–Juli.
STANDORT UND VERBREITUNG Trockene, felsige Standorte, Ruderalflächen. Mittelmeergebiet.

SALBEI, DREILAPPIGER, GRIECHISCHER SALBEI

Salvia triloba Lippenblütengewächse

SAMMELN UND ZUBEREITEN Gewürzpflanze mit intensivem Aroma, die ähnlich wie der nachfolgend dargestellte Echte Salbei verwendet wird. Eine sehr ähnliche Art, bei der aber die Dreilappigkeit der Blätter fehlt, ist der Apfeltragende Salbei *(Salvia pomifera)*. Dieser Strauch verdankt seinen Namen apfelförmigen, 2–3 cm dicken Gallen, die in Zucker kandiert auf griechischen Märkten angeboten werden.
MERKMALE Bis zu 150 cm hoch, aromatischer, immergrüner Halbstrauch. Blätter graugrün, lanzettlich, am Grund mit einem Paar kleinerer Blättchen, die den Anschein der Dreilappigkeit erwecken. Blüten weiß, blauviolett oder rosa gefärbt, in Stockwerken übereinander. Blütezeit April–Juni.
STANDORT UND VERBREITUNG An felsigen und steinigen Standorten. Östliches und südliches Mittelmeergebiet.

SALBEI, ECHTER

Salvia officinalis Lippenblütengewächse

SAMMELN UND ZUBEREITEN Die leicht bitteren Blätter enthalten ätherisches Öl, dessen Hauptkomponenten Thujon, Kampfer und Cineol sind. Sparsamst eingesetzt würzt man damit Schweine- und Lammfleisch, Fisch, Wild und Geflügel, Leber, Salate, Tomatensoßen, Eierspeisen, Quark- und Frischkäsemischungen. Besonders aromatisch schmecken sie in Bier- oder Weinteig gewendet und anschließend frittiert. Ein absolutes Muss sind Salbeiblätter bei der italienischen Spezialität »Saltimbocca«, Kalbsmedaillons, in die Salbeiblätter und Schinken gewickelt sind. Als Tee wirkt Salbei vor allem Entzündungen im Mund- und Halsbereich entgegen. Das Kauen frischer Salbeiblätter reinigt, festigt und desinfiziert das Zahnfleisch. Besonders intensiv sind Salbeiblätter, wenn sie kurz vor der Blüte geerntet werden. Auch die Blüten des Echten Salbeis stecken voller Aroma. Sie schmecken wie eine mildere Version der Blätter und passen

Echter Salbei

als würzende Beigabe zu Süßem und Herzhaftem. Würziger als der Echte Salbei und wegen des Fehlens von Thujon im ätherischen Öl auch bekömmlicher ist der Spanische Salbei *(Salvia lavandulifolia)*, ein Halbstrauch mit silbrigen, schmal-lanzettlichen Blättern.

MERKMALE 30–70 cm hoch, aromatischer Halbstrauch. Blätter gegenständig, schmal-oval, runzelig, graugrün, die unteren lang gestielt, die oberen ungestielt dem Stängel ansitzend. Blüten blauviolett, in Quirlen in den Achseln der oberen Blätter. Blütezeit Mai–Juli.

STANDORT UND VERBREITUNG Trockenwiesen, Felsensteppen. Südeuropa, in Mitteleuropa kultiviert und gelegentlich verwildert.

Ein Frühsommersalat aus Gurke, Zuckererbsen, Bleichsellerie und Romanasalat lässt sich sehr hübsch mit den Blüten des Echten Salbeis und des Schnittlauchs schmücken und aromatisieren.

SALBEI, HAIN-

Salvia nemorosa Lippenblütengewächse

SAMMELN UND ZUBEREITEN Junge Blätter und zarte Triebe sind vielseitig einsetzbare Speisenwürze und herb-aromatische Grundlage für Teegetränke. Die Blüten passen sparsam dosiert gut zu Süßem und Deftigem.

MERKMALE 30–60 cm hoch, Staude. Blätter gegenständig, die unteren gestielt, die oberen sitzend, breitlanzettlich, runzelig, unterseits dicht behaart, fein gezähnt. Blauviolette Blüten, in Gruppen stockwerkartig übereinander. Blütezeit Juni–Juli.

STANDORT UND VERBREITUNG Trockenrasen, Straßenränder, Feldwege. Ursprünglich nur Ost- und Südosteuropa, heute fast ganz Europa.

SALBEI, KLEBRIGER

Salvia glutinosa Lippenblütengewächse

SAMMELN UND ZUBEREITEN Junge Blätter und Triebspitzen des Klebrigen Salbeis, von April bis Juni gesammelt, eignen sich als Würze für Öle, Salate, Suppen und Eintöpfe, Kräuterbutter, Quark- und Frischkäsemischungen. Sie können auch aromatischen Kräutertees beigemischt werden. Getrocknet nutzt man die Blätter als Aroma für Wein und Spirituosen. Die klebrigen Blüten, die von Juni bis August geerntet werden, bieten sich als farbige Beigabe zu Suppen, Kräuterpürees oder Kräuterbutter an. Aber es macht ein wenig Mühe, sie aus dem Kelch zu zupfen.

MERKMALE 30–120 cm hoch, Staude. Stängel 4-kantig. Blätter herz- bis spießförmig, zugespitzt, gestielt, beiderseits behaart, unregelmäßig grob gezähnt. Hellgelbe Blüten, die stockwerkartig übereinander stehen. Blütezeit Juni–August.

STANDORT UND VERBREITUNG Feuchte, nährstoffreiche Standorte wie schattige Berg- und Schluchtwälder, Waldränder. Gebirge Mittel- und Südeuropas.

SALBEI, MUSKATELLER-

Salvia sclarea Lippenblütengewächse

SAMMELN UND ZUBEREITEN Der Muskateller-Salbei wird seit dem Altertum als Gewürz- und Heilpflanze geschätzt. Junge Blätter und zarte Triebe können, sparsam dosiert, vielseitig als Würze eingesetzt werden, sind auch Bestandteil aromatischer Teemischungen. Mit Holunderblüten aufgebrüht verleihen die jungen Blätter Weinen ein Muskatellerbukett. Auch zum Aromatisieren von Wermut, Bier und Likören nimmt man sie. Früher hat man sie Wein und Bier zugesetzt, um deren berauschende Wirkung zu verstärken. Auch die Blüten dieser Salbei-Art schmecken ganz köstlich. Man nimmt sie sparsam dosiert als aromatische Ergänzung von Gerichten.

MERKMALE 30–100 cm hoch, zweijährig. Blätter breit-eiförmig, gestielt, runzelig, unregelmäßig stumpf gezähnt. Blüten blau, rot oder lila, in Gruppen stockwerkartig dicht übereinander. Blütezeit Juni–Juli.

STANDORT UND VERBREITUNG Weinbergbrachen, Wegränder, trockenes Ödland. Herkunft Mittelmeergebiet, in Mitteleuropa aus Kulturen verwildert und stellenweise eingebürgert.

SALBEI, QUIRLBLÜTIGER

Salvia verticillata — Lippenblütengewächse

SAMMELN UND ZUBEREITEN Von April bis Juni gesammelte Blätter sind vielseitig einsetzbare Speisenwürze und herb-aromatische Grundlage für Teegetränke. Die Blüten aromatisieren sparsam dosiert Öle, Essige, Kräuterbutter und viele Süßspeisen.
MERKMALE 30–60 cm hoch, Staude. Stängel 4-kantig. Blätter gegenständig, breit-lanzettlich bis eiförmig, die unteren gestielt, am Rand grob gezähnt. Blauviolette Lippenblüten, die in Stockwerken übereinander stehen. Blütezeit Juni–September.
STANDORT UND VERBREITUNG Halbtrockenrasen, Dämme, Böschungen, Bahnareale. Ursprünglich Südosteuropa, heute fast ganz Europa.

SALBEI, WIESEN-

Salvia pratensis — Lippenblütengewächse

SAMMELN UND ZUBEREITEN Diese sonnenliebende Pflanze ist reich an ätherischen Ölen und wird in der Wildkräuterküche vielseitig als Würzpflanze verwendet. Sparsam dosiert machen ihre Blätter und Blüten nahezu jedes Gericht zum Erlebnis. Der intensive, herb-aromatische Geschmack der Blätter würzt, frisch oder getrocknet, Fleisch und Fisch, Wild, Geflügel, Salate, Suppen, Soßen, Quark- und Frischkäsemischungen und Getränke wie Wein, Likör und Schnaps. Gerne verarbeitet man sie auch zu Tee. Salbeiblätter in Backteig waren früher im alemannischen Raum ein traditionelles Gericht. Salbeiblüten ergeben einen wunderbaren Sirup, sie aromatisieren Öle, Essige, Buttermischungen und viele Süßspeisen. Mit Eiweiß und Zucker verwandeln sich Salbeiblüten in überzuckerte Blüten zum Verzieren von Torten, Biskuitrollen und Desserts. Vor der Verwendung müssen Salbeiblüten jedoch von Blütenstiel und Blütenkelch befreit werden. Erhitzen sollte man Salbeiblüten nicht, dann verlieren sie ihre leuchtende Farbe und werden braun. Die beste Sammelzeit für die Blätter sind die Monate Mai und Juni, für die Blüten die gesamte Blütezeit. Der bis Juni sehr saftige Stängel ergibt ausgepresst einen süßen Saft. Die verschiedenen Salbei-Arten sind nicht nur bekannte Küchenkräuter, sondern auch geschätzte Heilpflanzen. Darauf verweist schon ihr wissenschaftlicher Gattungsname: *Salvia* leitet sich vom lateinischen *salveo* ab, was »ich rette« oder »ich heile« bedeutet. Seit Jahrhunderten nutzt man die antibakteriellen und entzündungshemmenden Eigenschaften der Salbeigewächse bei Atemwegserkrankungen. So hilft ein heißer Salbeiaufguss bei ersten Anzeichen einer Erkältung. Salbeitee mit etwas Apfelessig versetzt ist ein ausgezeichnetes Gurgelmittel bei Halsschmerzen, Kehlkopf- und Mandelentzündung. Wegen seiner antibakteriellen Eigenschaften ist Salbei auch in vielen Zahncremes enthalten. Beliebt ist Salbei ebenso als magenstärkender und schweißhemmender Tee.
MERKMALE 30–60 cm hoch, Staude. Aromatisch duftend. Stängel 4-kantig. Bodennahe Grundblattrosette, Stängelblätter gegenständig, kleiner als die Grundblätter, alle gestielt, eiförmig, zugespitzt, runzelig, am Rand grob gekerbt. Blauviolette Lippenblüten, die in Stockwerken übereinander stehen. Blütezeit Juni–August.
STANDORT UND VERBREITUNG Trockene Wiesen, Weg- und Gebüschränder. Hauptsächlich Mittel- und Südeuropa.

Wiesen-Salbei

Eine klassische Senfsoße versehen mit einigen Salbeiblüten ist eine einfach zubereitete, aber sehr schmackhafte Soße zu Gegrilltem.

SALZBUNGE

Samolus valerandi — Primelgewächse

SAMMELN UND ZUBEREITEN Junge, von April bis Juni gesammelte Blätter isst man roh in Salaten oder verarbeitet sie in Kochgemüsegerichten.
MERKMALE 15–50 cm hoch, Staude. Stängel aufrecht, verzweigt. Grundständige Blattrosette und wechselständige Stängelblätter, alle Blätter breit-eiförmig bis breit-lanzettlich, gestielt, ganzrandig. Kleine, weiße Blüten. Blütezeit Juni–September.

STANDORT UND VERBREITUNG Küsten, Gräben, nasse Weiden, zeitweilig trocken fallende Teichböden. Fast ganz Europa.

SALZKRESSE

Hymenolobus procumbens Kreuzblütengewächse

SAMMELN UND ZUBEREITEN Die ganze Pflanze ist als essbar überliefert. Blätter und Triebe könnten in Salaten oder Gemüsegerichten verarbeitet werden. **MERKMALE** 5–15 cm hoch, ein- oder zweijährig. Stängel liegend oder aufsteigend, selten aufrecht. Untere Stängelblätter gestielt, ungeteilt bis fiederteilig, mit größerem Endzipfel und 1–3 Paaren Seitenzipfel, obere Stängelblätter schmal-oval, gezähnt oder ganzrandig. Weiße Blüten. Blütezeit April–Mai. **STANDORT UND VERBREITUNG** Feuchte, salzhaltige Böden im Küstenbereich, Kalihalden. Klimatisch gemäßigte Regionen Europas.

SALZMELDE, STRAND-

Atriplex portulacoides Gänsefußgewächse

Strand-Salzmelde

SAMMELN UND ZUBEREITEN Bis zur Blüte kann man die Triebe und die saftigen Blätter roh in Salaten oder gekocht in Gemüsegerichten verarbeiten. **MERKMALE** 20–80 cm hoch, Staude. Stängel liegend bis aufsteigend, kantig, gerillt. Blätter gegenständig, länglich-eiförmig, dickfleischig, grau bereift, ganzrandig. Grünliche Blüten in kleinen Knäueln, die einen ährenartigen Blütenstand am Ende des Stängels bilden. Blütezeit Juli–September. **STANDORT UND VERBREITUNG** Salzwiesen. Küsten Mittel- und Südeuropas.

SALZMIERE

Honkenya peploides Nelkengewächse

SAMMELN UND ZUBEREITEN Die Salzmiere ist reich an Vitamin C. Ihre leicht säuerlich schmeckenden Sprosse und Blätter werden vor der Blütezeit gesammelt und roh oder gekocht gegessen. Auch die Zubereitung als Sauerkraut ist gebräuchlich. **MERKMALE** 5–20 cm hoch, Staude. Stängel liegend bis aufsteigend, rundlich bis 4-kantig, fleischig. Blätter kreuzgegenständig, oval, dickfleischig, gelbgrün. Weiße Blüten in den Blattachseln. Blütezeit Juni–Juli. **STANDORT UND VERBREITUNG** Spülsäume der Küsten, feuchter Dünensand. Küsten Nord-, Mittel- und Westeuropas.

Salzmiere

SALZSCHWADEN, GEWÖHNLICHER

Puccinellia distans Süßgräser

SAMMELN UND ZUBEREITEN Die im September reifen Samen sind als essbar beschrieben. Denkbar ist eine Verwendung als Kaffee-Ersatz oder als Keimsaat. Gleiches gilt für eine verwandte Art, den Strand-Salzschwaden *(Puccinellia maritima)*, auch bekannt als Andelgras. **MERKMALE** 15–50 cm hoch, mehrjähriges, in lockeren Horsten wachsendes Gras. Halme aufrecht bis bogig aufsteigend, glatt. Blätter flach, manchmal eingerollt, 2–4 mm breit und bis zu 10 cm lang. Rispe 5–15 cm lang, Rispenäste zur Blütezeit waagrecht abstehend, später abwärts gerichtet. Ährchen schmal-länglich, 4–6 mm lang, grün, oft violett oder braun überlaufen, 3- bis 6-blütig. Blütezeit Juni–Oktober. **STANDORT UND VERBREITUNG** Salzwiesen der Küste, auch an Salzstellen im Binnenland, vor allem an Straßenrändern, Salinen. Europa.

SANDDORN

Hippophae rhamnoides Ölweidengewächse

SAMMELN UND ZUBEREITEN Die zart säuerlichen, aromatischen Früchte des Sanddorns gehören zu den vitaminreichsten, heimischen Wildobstarten. Sie enthalten neben sehr viel Vitamin C – ein Teelöffel deckt bereits den Tagesbedarf – B-Vitamine und die Vitamine E und F. Sanddornbeeren können zu Marmelade, Saft, Likör und in Kombination mit anderen Früchten auch zu Kompott, Fruchtmus, pikanten Soßen und Obstsalaten verarbeitet werden. In idealer Weise werden Aroma und Geschmack durch Äpfel, Birnen, Quitten, Weintrauben und Orangen unterstützt. Sanddorn-Fruchtmus schmeckt ausgesprochen delikat auf süßen Pfannkuchen, zu frischen Croissants, in Joghurt und Quarkspeisen, als Beigabe zu Eiscreme und Mousse. Auch zum Würzen von Fleisch- und Fischgerichten sind Sanddornfrüchte geeignet. Getrocknet ergeben sie Teegetränke. Sehr kleine Sanddornsträucher haben eine gewisse Ähnlichkeit mit dem Gewöhnlichen Seidelbast (*Daphne mezereum*, S. 385). Doch diese giftige Pflanze hat mit kleinen Korkwarzen besetzte, dornenlose Zweige. Ihre Früchte sind leuchtend hellrote Steinfrüchte.

Sanddorn

MERKMALE 2–6 m hoch, sommergrüner Strauch. Zweige dornig. Blätter wechselständig, weidenähnlich lang und schmal, ganzrandig, oben graugrün, unten silbrig. Blüten gelb, männliche Blüten in Büscheln, weibliche einzeln, erscheinen vor den Blättern. Blütezeit März–Mai. Beerenartige, orangefarbene Frucht. Fruchtreife September–Oktober.

STANDORT UND VERBREITUNG Heiden, Meeresküsten, Flussufer, helle Kiefernwälder. Gebirge Mittel- und Südeuropas, Nord- und Ostseeküste.

> **Sanddorn-Fruchtmus** wird mit Zwiebeln, Knoblauch, Chili, Essig und einigen gerösteten Senfkörnern zum delikaten Chutney.

SANDGLÖCKCHEN, AUSDAUERNDES

Jasione laevis Glockenblumengewächse

SAMMELN UND ZUBEREITEN Die Pflanze ist als essbar beschrieben. Denkbar ist eine Verarbeitung der vor der Blütezeit gesammelten Blätter und Stängel roh in Salaten und gegart in Gemüsegerichten. Die Wurzel könnte als Kochgemüse Verwendung finden.

Ausdauerndes Sandglöckchen

MERKMALE 25–60 cm hoch, Staude. Stängel in der unteren Hälfte beblättert. Stängelblätter wechselständig, schmal-lanzettlich, am Rand wellig, ganzrandig oder schwach gezähnt. Blütenköpfe aus blauen Einzelblüten. Blütezeit Juni–September.

STANDORT UND VERBREITUNG Magerrasen, helle Wälder. Südeuropa, südliches Mitteleuropa.

SANDGLÖCKCHEN, BERG-

Jasione montana Glockenblumengewächse

SAMMELN UND ZUBEREITEN Die Pflanze ist als essbar beschrieben. Denkbar ist eine Verarbeitung der Blätter und Stängel vor der Blüte roh in Salaten und gegart in Gemüse. Die von September bis in den Winter geerntete Wurzel kann man als Kochgemüse verwenden.

MERKMALE 10–80 cm hoch, zweijährig. Stängel aufrecht, reich verzweigt, im unteren Teil beblättert. Stängelblätter wechselständig, schmal-lanzettlich, am Rand etwas wellig. Kugelige Blütenköpfe aus blauen Einzelblüten. Blütezeit Juni–September.

STANDORT UND VERBREITUNG Magerrasen, Dünen, Felsen, Wegränder. Europa.

SANDKRAUT, QUENDELBLÄTTRIGES

Arenaria serpyllifolia Nelkengewächse

SAMMELN UND ZUBEREITEN Junge, von März bis Mai gesammelte Blätter und Triebe verarbeitet man roh in Salaten und gekocht in Gemüsegerichten.

MERKMALE 5–20 cm hoch, einjährig. Stängel aufrecht oder liegend, von Grund an verzweigt, kurz und dicht behaart. Blätter gegenständig, eiförmig, zugespitzt, obere sitzend, untere gestielt. Blüten weiß, 5 Blütenblätter, kürzer als Kelchblätter. Blütezeit Mai–September.
STANDORT UND VERBREITUNG Wege, brachliegende Felder, Mauern, Ödland. Europa.

SANIKEL, WALD-

Sanicula europaea Doldengewächse

SAMMELN UND ZUBEREITEN Wald-Sanikel enthält ätherisches Öl sowie Gerb- und Bitterstoffe, Vitamin C und wundheilendes Allantoin. Mittelalterliche Kräuterkundler nahmen die Pflanze als Wundheilmittel. Heute empfiehlt die Volksheilkunde einen Tee aus den bis zum Beginn der Blütezeit gesammelten Grundblättern als schleimlösendes Mittel bei akuter oder chronischer Bronchitis. In der Küche nimmt man die Blätter in kleinen Mengen zum Würzen von Fleisch und Eintöpfen.

Wald-Sanikel

MERKMALE 20–40 cm hoch, Staude. Stängel rund, gerillt. Grundständige Blätter lang gestielt, 5teilig, am Rand ungleichmäßig und grob gezähnt, Stängelblätter kleiner, fast sitzend. Blüten weiß oder hellrosafarben. Blütezeit Mai–Juni.
STANDORT UND VERBREITUNG Schattige Laubwälder. Fast ganz Europa.

SAUERAMPFER, BERG-

Rumex arifolius Knöterichgewächse

SAMMELN UND ZUBEREITEN Bis zum Beginn der Blütezeit nutzt man die herb-säuerlichen Blätter für Salate und Gemüsegerichte, Suppen, Soßen und vieles mehr. Getrocknet können sie für eine spätere Verwendung aufbewahrt werden. Die Früchte verwendet man als Gewürz für saure Marinaden und als Keimsaat.

MERKMALE Staude, 30–80 cm hoch. Grundblätter breit-eiförmig, lang gestielt, Stängelblätter länglich-eiförmig, sitzend. Blütenstand eine endständige Rispe aus Blütenknäueln, Blütenblätter nur am Rand rot, sonst grün. Blütezeit Juni–September. Frucht eine bis 3 mm lange, graugelbe Nuss.
STANDORT UND VERBREITUNG Nährstoffreiche Bergwiesen, Bergwälder. Gebirge Europas.

SAUERAMPFER, GROSSER

Rumex acetosa Knöterichgewächse

SAMMELN UND ZUBEREITEN Blätter, Blütenknospen, Samen und Wurzel der Pflanze sind kulinarisch nutzbar. Die Erntezeit für Sauerampferblätter reicht von März bis September. Sie passen wie die Blütenknospen in Salate, Suppen, Omeletts, Aufläufe und Pürees, zu vielen Gemüse- und Kartoffelgerichten und bereichern in Soßen Fischgerichte. Frisch und fein geschnitten schmecken sie auch in Kräuterbutter, Quark- und Frischkäsemischungen. Eine angenehm säuerliche Limonade erhält man, wenn man sie mit etwas Zucker oder Honig in Wasser ziehen lässt. Man kann Sauerampferblätter auch trocknen und aufbewahren. Sauerampfersamen stehen von Juli bis September zur Verfügung. Roh sind sie eine feine Beigabe zu Salaten, gekocht in Gemüsegerichten verwertbar. Auch als Keimsaat sind sie nutzbar. Von September bis in den Winter geerntete Wurzeln kann man getrocknet und gemahlen zum Strecken von Getreidemehl nutzen.

Großer Sauerampfer

MERKMALE 30–100 cm hoch, Staude. Stängel gefurcht. Blätter wechselständig, lanzettlich. Blüten rot, winzig. Blütezeit Mai–August. Frucht 3-kantige Nuss.
STANDORT UND VERBREITUNG Feuchte, nährstoffreiche Wiesen, Ufer, Gräben. Europa.

Wird Sauerampfer erhitzt, färbt er sich braun. Seine Würzkraft bleibt aber erhalten. Ein Schuss Sahne korrigiert die Farbe.

SAUERAMPFER, KLEINER

Rumex acetosella — Knöterichgewächse

SAMMELN UND ZUBEREITEN Die Pflanze ist in gleicher Weise verwendbar wie der Große Sauerampfer (siehe S. 259).

MERKMALE 5–20 cm hoch, Staude. Blätter vielgestaltig, am Grund spieß- oder pfeilförmig, mit Zipfeln oder Ecken, sonst ganzrandig. Blüten rot bis grünlich. Blütezeit Mai–August. Frucht eine etwa 1,5 mm lange, glänzend dunkelbraune Nuss.

STANDORT UND VERBREITUNG Bevorzugt trockene, sandige, nährstoffarme Böden, besiedelt Wegränder, Heiden. Europa.

SAUERAMPFER, STRAUSSBLÜTIGER

Rumex thyrsiflorus — Knöterichgewächse

SAMMELN UND ZUBEREITEN Bis zum Beginn der Blütezeit sind die Blätter als würzende Beigabe zu Salaten, Suppen, Gemüsegerichten und vielem mehr zu nutzen.

MERKMALE 50–120 cm hoch, Staude. Blätter schmal-eiförmig bis länglich, am Rand gewellt. Blüten rot, seltener grün. Blütezeit Juni–September.

STANDORT UND VERBREITUNG Schuttplätze, Brachland. Hauptsächlich östliches Mitteleuropa, Osteuropa.

SAUERKLEE, WALD-

Oxalis acetosella — Sauerkleegewächse

SAMMELN UND ZUBEREITEN Der Spätfrühling und der beginnende Frühsommer sind die beste Sammelzeit für die Blätter des Wald-Sauerklees. Mit ihrem säuerlichen Aroma bereichern sie Salate, Joghurt- und Quarkspeisen, Kartoffelsuppen, Gemüsegerichte, Kräutersoßen und Mayonnaise. Lässt man sie in Wasser ziehen, erhält man ein erfrischendes Getränk. In Zucker eingelegt geben sie diesem eine äußerst frische Note. Die Blüten streut man als essbare Dekoration über Salate und Suppen. Die im Mai noch weichen Früchte kann man als säuerliches Gewürz verwenden, beispielsweise zum Einlegen von Kapern. Der Wald-Sauerklee gehört zu den Pflanzen, die man nur gelegentlich verwenden sollte, denn er enthält neben viel Vitamin C auch Oxalsäure und deren Salze. In kleinen Mengen wirkt er erfrischend und blutreinigend, in größeren Mengen dagegen kann er Nieren- und Verdauungsstörungen auslösen. In der mitteleuropäischen Flora gibt es zwei weitere Sauerklee-Arten, die wie oben dargestellt verwendet werden können. Es sind dies der Aufrechte Sauerklee *(Oxalis stricta)* und der Hornfrüchtige Sauerklee *(Oxalis corniculata)*. Vorsicht beim Sammeln: Das giftige Busch-Windröschen (*Anemone nemorosa*, S. 360) wächst am gleichen Standort, blüht zur gleichen Zeit und hat ähnliche Blüten.

MERKMALE 5–15 cm hoch, Staude. Blätter lang gestielt, kleeähnlich 3-teilig, Teilblättchen herzförmig, ganzrandig. Blüten einzeln, an langen Stielen, Kronblätter weiß, rot geädert. Blütezeit April–Mai. Frucht eine 5-kantige Kapsel.

STANDORT UND VERBREITUNG In Laub- und Nadelmischwäldern. Europa, im Süden nur in den Gebirgen.

Wald-Sauerklee

SÄUERLING

Oxyria digyna — Knöterichgewächse

SAMMELN UND ZUBEREITEN Mann kann die säuerlich schmeckenden Blätter dieser Pflanze roh in Salaten oder gekocht in Suppen und in Kombination mit anderen, milder schmeckenden Wildkräutern in Gemüsegerichten verwenden. Sie können aber auch zu Sauerkraut verarbeitet werden. Die beste Sammelzeit sind die Monate April bis Juni.

MERKMALE 5–20 cm hoch, Staude. Blätter grundständig, rundlich bis nierenförmig, sehr lang gestielt, Blattrand glatt oder leicht wellig. 4 grüne Blütenblätter, die 2 inneren viel größer als die 2 äußeren. Blütezeit Juni–August.
STANDORT UND VERBREITUNG Feuchter Felsschutt, Schneetälchen. Nordeuropa, Gebirge Mittel- und Südeuropas.

Säuerling

SCHABZIGERKLEE

Trigonella caerulea Schmetterlingsblütengewächse

SAMMELN UND ZUBEREITEN Im Alpenraum verwendet man die zur Blütezeit geernteten und anschließend getrockneten Blätter und Blüten als Gewürz für bestimmte Käsesorten. Gelegentlich nimmt man sie in ländlichen Bäckereien auch als Brotgewürz. Getrocknetes Schabzigerkleekraut riecht angenehm würzig, ähnlich wie der verwandte Bockshornklee. In Osteuropa sind die gemeinsam mit den Samenhülsen pulverisierten Samen in Gewürzmischungen enthalten, die für Eintopfgerichte, Suppen, Chutneys und Ragouts Verwendung finden.
MERKMALE 20–50 cm hoch, einjährig. Intensiver Duft. Blätter kleeartig 3-teilig, Teilblättchen lang-oval, das mittlere gestielt, gezähnt, mit kleinem Spitzchen. Hellblaue Blüten, in vielblütigen, lang gestielten, kopfigen Trauben. Frucht eiförmig, aufgeblasen, um 7 mm lang und 2–3 mm dick, Samen dunkelbraun. Blütezeit Juni–August. Frucht eiförmig, aufgeblasen, mit Längsrippen.
STANDORT UND VERBREITUNG Kulturpflanze aus dem östlichen Mittelmeergebiet, die auch im Alpenraum gelegentlich angebaut wird und dort verwildert zu finden ist.

SCHACHTELHALM, ACKER-

Equisetum arvense Schachtelhalmgewächse

SAMMELN UND ZUBEREITEN »Zinnkraut« heißt der Acker-Schachtelhalm volkstümlich, weil man früher mit seinen grünen Pflanzenteilen Zinntöpfe geputzt hat. Doch die Pflanze ist auch kulinarisch nutzbar. Ihre zartbraunen, fertilen Stängel mit dem sporentragenden Kolben schmecken in Eierspeisen wie Omelett und Rührei, in Gemüseaufläufen und Suppen, auch als Pfannengemüse zubereitet oder roh in diversen Salaten. Will man die Schachtelhalmkölbchen für eine spätere Verwendung haltbar machen, kann man sie einsalzen. Vor einer weiteren Verarbeitung muss das Salz dann natürlich gründlich ausgespült werden. Die kleinen Wurzelknollen des Acker-Schachtelhalms können in Gemüsegerichten verarbeitet werden. Geerntet werden sie von September bis in den Winter. Aus den sterilen grünen Trieben kann man einen Tee zubereiten, der vor allem als Arzneitee zur Stärkung des Immunsystems getrunken wird. Die Volksmedizin schreibt Schachtelhalmtee eine lindernde Wirkung bei rheumatischen Beschwerden zu. Beim Sammeln des Acker-Schachtelhalms ist eine gewisse Vorsicht geboten, denn es gibt eine Reihe giftiger Schachtelhalmarten (siehe S. 381), die ähnlich aussehen.

Acker-Schachtelhalm

MERKMALE 10–30 cm hoch, Staude. Aufrechte Pflanze mit fertilen und sterilen Stängeln. Fruchtbare Stängel entwickeln sich schon im März, sind unverzweigt, zimtfarben oder rötlich braun, tragen an der Spitze eine dicke weißliche oder hellgelbe Sporenähre und sind in kurze Abschnitte gegliedert. Die einzelnen Abschnitte enden in einer bauchigen Scheide aus verwachsenen Blattschuppen, in der jeweils der Anfang des nächsten Abschnitts steckt. Die fruchtbaren Stängel sind nur kurzlebig, sterben nach der Reife ab. An ihre Stelle treten sterile, grüne, verzweigte, fein gegliederte Stängel.
STANDORT UND VERBREITUNG Felder, Wegränder, Gräben, auch in Wiesen und Wäldern. Europa.

SCHAFGARBE, BITTERE

Achillea clavennae Korbblütengewächse

SAMMELN UND ZUBEREITEN Wie die meisten Schafgarbearten enthält auch diese ätherisches Öl und Bitterstoffe. Wegen ihres bitter-würzigen Geschmacks nennt man sie auch Alm-Wermut. Ein Tee aus ihren Blättern wird im Alpenraum volksmedizinisch bei Magen-, Darm- und Leberleiden eingesetzt.
MERKMALE 10–30 cm hoch, Staude. Aromatisch-würzig duftend. Stängel grauseidig behaart. Blätter unregelmäßig fiederteilig, beiderseits seidig behaart. Blütenköpfe aus weißen Zungenblüten und schmutzig weißen Röhrenblüten. Blütezeit Juli–September.
STANDORT UND VERBREITUNG Felsbänder, steinige Matten, Schutthalden. Ostalpen. Geschützt.

SCHAFGARBE, GEWÖHNLICHE

Achillea millefolium Korbblütengewächse

SAMMELN UND ZUBEREITEN In der Wildkräuterküche verwendet man die zarten Blättchen des Neuaustriebs als frisch-bitteres Würzkraut für Salate und Gemüsegerichte. Auch für Eintöpfe, Fischgerichte, Nudelteige, Quark- und Frischkäsemischungen, Eierspeisen, Kräuterbutter und Brot lassen sie sich verwenden. Ebenso sind sie zum Aromatisieren von Essig, Öl und Salz geeignet. Ältere und voll entwickelte Blätter sind härter und bitterer, werden aber dennoch in kleinen Mengen als Gewürz verwendet. Vor der Einführung des Reinheitsgebots von 1516 lieferten Schafgarbenblätter den würzenden und konservierenden Bitterstoff bei der Bierherstellung. Die Blüten der Schafgarbe aromatisieren Getränke wie Tee, Saft, Wein, Bowle und Likör, aber auch Zucker. Daneben sind sie als essbare Dekoration und als Gewürz zum Einlegen zu nutzen. Ein köstliches Getränk erhält man, wenn man einige Blütenköpfe in ein Glas mit Wasser gibt und das Ganze einige Stunden in der Sonne ziehen lässt. Früher legte man einige Blütenköpfe der Schafgarbe in Weinfässer, um den Wein haltbarer zu machen.

Gewöhnliche Schafgarbe

MERKMALE 15–60 cm hoch, aromatisch duftende Staude. Stängel kantig. Blätter wechselständig, mehrfach fein gefiedert. Blütenköpfe weiß oder hellrosa. Blütezeit Juni–Oktober.
STANDORT UND VERBREITUNG Trockene Wiesen, Wegränder. Europa.

Eine aromatische Schafgarben-Butter erhält man, wenn man in gesalzene, weiche Butter eine Handvoll fein gehackte Schafgarbenblättchen und einige ausgezupfte Schafgarbenblüten rührt.

SCHAFGARBE, MOSCHUS-

Achillea moschata Korbblütengewächse

SAMMELN UND ZUBEREITEN Volksmedizinisch verwendete man die Moschus-Schafgarbe früher als Heilkraut bei Appetitlosigkeit, bei Erkrankungen des Magens, des Darms und der Leber sowie bei Nervenschwäche. In der Schweiz nimmt man sie seit mehr als 100 Jahren für die Herstellung eines Alpen-Kräuterlikörs, des bekannten »Ivabitter«.
MERKMALE 7–20 cm hoch, Staude. Aromatisch-würzig duftend. Blätter einfach fiederteilig, kammförmig angeordnete, linealische Teilblättchen, dicht drüsig punktiert. Weiße Blütenköpfe. Blütezeit Juli–September.
STANDORT UND VERBREITUNG Gesteinsschutt, steinige Rasen. Zentral- und Südalpen, in Höhen von 1700 bis 3200 m.

SCHAFGARBE, MUSKAT-

Achillea decolorans Korbblütengewächse

SAMMELN UND ZUBEREITEN Diese Schafgarbe zeichnet sich durch einen aromatischen Duft und einen milden Muskatgeschmack aus. Ihre Blätter und Blüten sind fein gehackt als würzende Zutat vielseitig einsetzbar, etwa für Suppen und Eintöpfe, für Salate, Kartoffelgerichte, Reis, Huhn und Fisch. Auch Kräuterquark und Kräuterbutter und sogar Spargelgerichten verleihen sie einen delikaten Geschmack.

Muskat-Schafgarbe

MERKMALE 25–50 cm hoch, Staude. Muskatähnlicher Duft. Blätter lanzettlich, grauweiß, gezähnt. Kleine, gelbe Blütenköpfe. Blütezeit Juli–August.
STANDORT UND VERBREITUNG Feuchte Wälder, Wegränder, steinige Plätze. Südeuropa.

SCHAFGARBE, SCHWARZE

Achillea atrata Korbblütengewächse

SAMMELN UND ZUBEREITEN Man verwendet die Schwarze Schafgarbe wie die oben dargestellte Moschus-Schafgarbe für heilenden Tee und Likör.
MERKMALE 10–20 cm hoch, Staude. Blätter fiederteilig, beiderseits mit 6–12 linealischen, meist 1- bis 5-teiligen Zipfeln, Grundblätter kurz gestielt, Stängelblätter ungestielt. Blütenköpfe aus weißen Zungenblüten und gelblichen Röhrenblüten. Blütezeit Juli–September.
STANDORT UND VERBREITUNG Gesteinsschutt. Ostalpen. Geschützt.

SCHAFGARBE, SUMPF-

Achillea ptarmica Korbblütengewächse

SAMMELN UND ZUBEREITEN Junge, zarte Blättchen sind als würzende Zutat vielseitig nutzbar.
MERKMALE 30–90 cm hoch, Staude. Aromatischer Duft. Blätter lanzettlich, ungeteilt, am Rand gezähnt. Blütenköpfe aus weißen Zungenblüten und grauweißen Röhrenblüten. Blütezeit Juli–September.
STANDORT UND VERBREITUNG Feuchte Wiesen, Gräben, Ufer. Mittel-, Nord- und Westeuropa.

SCHARBOCKSKRAUT

Ranunculus ficaria Hahnenfußgewächse

SAMMELN UND ZUBEREITEN Das Scharbockskraut gehört zu den ersten Frühlingspflanzen, aus denen sich ein Vitamin-C-reicher Wildsalat zubereiten lässt. Seine jungen Blättchen passen als würzende, säuerliche Beigabe zu Kartoffel-, Möhren- und Feldsalat. Ebenso verleihen sie Suppen und Gemüsegerichten eine frisch-säuerliche Note. Selbst fein gehackt auf einem Butterbrot oder in Quark- und Frischkäsemischungen schmecken sie. Gesammelt werden die Blätter nur vor der Blüte. Während und nach der Blütezeit lagert die Pflanze in Blättern und Stängeln das giftige Protoanemonin ein und muss von unserem Speisezettel gestrichen werden. Aber ihr dann brennend scharfer Geschmack würde auch Unvorsichtige warnen und vom Genuss abhalten. Die Brutknospen und Wurzelknöllchen werden dagegen nach der Blüte, in den Monaten Mai und Juni, gesammelt. Man kann sie in Essig oder Öl eingelegt als Kapernersatz verwenden, sie ergeben auch ein schmackhaftes Gemüse. Beim Sammeln im zeitigen Frühjahr ist eine gewisse Sorgfalt geboten. Die Blätter der giftigen Haselwurz (*Asarum europaeum*, S. 368), ähneln jungen Scharbockskrautblättern, haben aber keinen gekerbten Rand.
MERKMALE 5–30 cm hoch, Staude. Grundständige Blätter lang gestielt, herz- bis nierenförmig, fleischig, glänzend dunkelgrün, schwach gekerbter Rand. Stängelblätter wechselständig, nach der Blüte entwickeln sich in den unteren Blattachseln weiße Brutknöllchen, die in Form und Größe an Weizenkörner erinnern. Blüten gelb, sternförmig, glänzend. Blütezeit März–Mai.
STANDORT UND VERBREITUNG Schattige, feuchte Buchenwälder, Gebüsche, Bachufer. Europa.

Scharbockskraut

Frische Scharbockskrautblättchen, geraspelte Karotten und einige geröstete Sonnenblumenkerne ergeben einen leckeren Salat, der ausgezeichnet zu pikanten Schinkenpfannkuchen passt.

SCHAUMKRAUT, ALPEN-

Cardamine alpina Kreuzblütengewächse

SAMMELN UND ZUBEREITEN Die Blätter, die man am besten vor der Blütezeit sammelt, sind ein vielseitig einsetzbares Würzmittel.
MERKMALE 3–10 cm hoch, Staude. Stängel kantig. Grundblätter rosettig gehäuft, gestielt, oval bis rundlich. Nur 1–3 Stängelblätter. Weiße Blüten. Blütezeit Juli–August.
STANDORT UND VERBREITUNG Schneetälchen, feuchte Felsen, quellige Stellen in alpinen Matten. Zentral- und Südalpen.

SCHAUMKRAUT, BEHAARTES

Cardamine hirsuta Kreuzblütengewächse

Behaartes Schaumkraut

SAMMELN UND ZUBEREITEN Sehr gutes, mildes Würzkraut, dessen Blätter und Blüten von März bis Juni vielseitig verwendbar sind. Die Blätter verwendet man in Salaten und Gemüsegerichten, Suppen, Aufläufen und Pesti, Kräuterquark und Kräuterbutter. Die Blüten sind würzige, essbare Dekoration. Die Samen lassen sich als Keimsaat nutzen, können aber auch als würzende Zutat in Salatsoßen verarbeitet werden.
MERKMALE 5–30 cm hoch, meist einjährig. Grundständige Blattrosette und 2–4 unpaarig gefiederte Stängelblätter. Weiße Blüten. Blütezeit März–Juni. Schotenfrucht.
STANDORT UND VERBREITUNG Gebüschsäume, Wegränder, Felder. Fast ganz Europa.

SCHAUMKRAUT, BITTERES

Cardamine amara Kreuzblütengewächse

SAMMELN UND ZUBEREITEN Die jungen Blätter und Sprosse werden seit alters her vom Vorfrühling bis zur Blütezeit der Pflanze gegessen. Später im Jahr sind sie zu bitter und kulinarisch bestenfalls nach Entbittern durch Wässern nutzbar. Man verarbeitet sie fein geschnitten in Salaten und Gemüsegerichten, streut sie in Frischkäsemischungen, Suppen oder Aufläufe. Auch die Samen sind essbar. Man erntet sie von Juli bis September, nimmt sie als Gewürz für Salatsoßen, verarbeitet sie zu einem scharfen Senf oder vermischt sie gemahlen mit Mehl und backt daraus deftige Brote.

Bitteres Schaumkraut

MERKMALE 10–60 cm hoch, Staude. Stängel kantig, markgefüllt. Blätter unpaarig gefiedert, 4–10 seitliche Teilblättchen und ein vergrößertes Endblättchen. Weiße Blüten. Blütezeit April–Juni. Frucht eine Schote, kleine, hellbraune Samen.
STANDORT UND VERBREITUNG Bruchwälder, Gräben, Bachufer, quellige Stellen in Gebüschen. Fast ganz Europa.

SCHAUMKRAUT, FELSEN-

Cardamine resedifolia Kreuzblütengewächse

SAMMELN UND ZUBEREITEN Von April bis August gesammelte Blätter sind als Gewürz vielseitig einsetzbar.
MERKMALE 3–15 cm hoch, Staude. Stängel kantig. Grundblätter rosettig gehäuft, lang gestielt, ungeteilt oder 3- bis 5-teilig, 1–5 fiederteilige Stängelblätter. Weiße, 4-zählige Blüten. Blütezeit Mai–August.
STANDORT UND VERBREITUNG Felsschutt, Felsspalten, felsige Rasen. Mittel- und Südeuropa.

SCHAUMKRAUT, KLEEBLÄTTRIGES

Cardamine trifolia Kreuzblütengewächse

SAMMELN UND ZUBEREITEN Von April bis August gesammelte Blätter sind als würzende Speisenzutat vielseitig nutzbar.
MERKMALE 10–30 cm hoch, Staude. Grundblätter lang gestielt, 3-teilig, Teilblättchen rundlich, gekerbt. Stängelblätter fehlen oft. Blüten weiß. Blütezeit April–Juni.

STANDORT UND VERBREITUNG Krautreiche Buchenwälder, Gebirgswälder. Gebirge Mittel- und Südeuropas.

Kleeblättriges Schaumkraut

SCHAUMKRAUT, SPRING-

Cardamine impatiens Kreuzblütengewächse

SAMMELN UND ZUBEREITEN Die ganze Pflanze ist als essbar beschrieben. Denkbar ist eine Verarbeitung in Salaten und Gemüsegerichten.
MERKMALE 10–80 cm hoch, ein- bis zweijährig. Stängel kantig. Stängelblätter 5- bis 9-paarig gefiedert, Endblatt nicht vergrößert, umfassen den Stängel mit schmalen Zipfeln. Blüten weiß, sehr klein, oft blütenblattlos und dann grünlich. Blütezeit Mai–Juli.
STANDORT UND VERBREITUNG Buchenwälder, feuchte Laubmischwälder, Gebüsche. Klimatisch gemäßigtes Europa.

SCHAUMKRAUT, WALD-

Cardamine flexuosa Kreuzblütengewächse

Wald-Schaumkraut

SAMMELN UND ZUBEREITEN Vielseitig einsetzbares, mildes Würzkraut, dessen Blätter von April bis August gesammelt werden.
MERKMALE 5–30 cm hoch, ein- bis zweijährig. Stängel kantig, meist deutlich hin- und hergebogen. Grund- und Stängelblätter unpaarig gefiedert. Blüten weiß. Blütezeit April–Juni.
STANDORT UND VERBREITUNG Feuchte Wälder, Waldwege. Weite Teile Europas, von Nordnorwegen bis Sizilien.

SCHAUMKRAUT, WIESEN-

Cardamine pratensis Kreuzblütengewächse

SAMMELN UND ZUBEREITEN Angenehm pfeffrig schmeckende Pflanze, die vielfältig in der Küche genutzt wird. Die zarten, jungen, noch vor der Blütezeit gesammelten Blätter der Grundrosette nimmt man frisch und fein gehackt als Würze für Salate, Suppen, Soßen, Quark- und Eierspeisen. Ab Juni nutzt man sie nicht mehr, dann sind sie sehr bitter. Mit Blütenknospen und Blüten, die im Geschmack etwas milder sind als die Blätter, bereitet man Kräuterbutter und Frühlingsquark zu. Auch als essbare Dekoration sind sie geeignet. Die Samen nimmt man getrocknet und gemahlen als Pfefferersatz oder zur Herstellung von Senf. Wiesen-Schaumkraut enthält neben Vitamin C Senföle und Bitterstoffe. Die Volksmedizin nutzt es als Blutreinigungsmittel. Aber man sollte die Pflanze maßvoll verwenden, bei zu hohen Dosierungen kann sie Reizreaktionen auslösen.

Wiesen-Schaumkraut

MERKMALE 15–50 cm hoch, Staude. Stängel rund, hohl. Grundblätter in Rosette, gefiedert, bestehen aus 1–7 Paaren rundlich-eiförmiger Seitenblättchen und deutlich vergrößertem Endblättchen. Stängelblätter ebenfalls gefiedert, Teilblättchen hier schmal-länglich. Blüten zartrosa, manchmal weiß oder violett. Blütezeit April–Juni. Schotenfrucht, eiförmig-längliche, bräunliche Samen. Samenreife August–September.
STANDORT UND VERBREITUNG Feuchte, nährstoffreiche Wiesen, Ufer. Fast ganz Europa.

Wiesenschaumkraut-Klößchen aus Schlagsahne, Senf, Salz, Pfeffer und fein gehackten Wiesenschaumkrautblättchen eignen sich prima als Suppeneinlage oder als Beilage zu einem Räucherlachs-Tatar.

SCHAUMKRESSE, FELSEN-

Cardaminopsis petraea Kreuzblütengewächse

SAMMELN UND ZUBEREITEN Die Pflanze ist als essbar beschrieben. Denkbar ist eine Verarbeitung ihrer Blätter und Triebe in Salaten oder Gemüsegerichten.
MERKMALE 10–25 cm hoch, Staude. Grundblätter rosettig, länglich, rauhaarig, ganzrandig oder unregelmäßig buchtig gezähnt. Stängelblätter wechselständig, länglich bis linealisch, ganzrandig. Blüten weiß, manchmal auch schwach lila gefärbt. Blütezeit Mai–Juli.
STANDORT UND VERBREITUNG Felsspalten, Felsbänder oder Feinschutt. Hauptverbreitung im nördlichen Europa und in den Nördlichen Kalkalpen.

SCHAUMKRESSE, SAND-

Cardaminopsis arenosa Kreuzblütengewächse

Sand-Schaumkresse

SAMMELN UND ZUBEREITEN Die Pflanze ist als essbar beschrieben. Sie hat einen mild kresseartigen Geschmack und könnte beispielsweise in Salaten oder Gemüsegerichten verarbeitet werden.
MERKMALE 10–30 cm hoch, ein- bis zweijährig. Stängel aufrecht, unten dicht, oben locker behaart. Grundblätter rosettig, wie die unteren Stängelblätter gestielt, fiederteilig, behaart, obere Stängelblätter lanzettlich, gezähnt oder ganzrandig, behaart. Blüten weiß, manchmal blasslila, 4-zählig. Blütezeit April–Juli.
STANDORT UND VERBREITUNG Schuttplätze, Mauern, Bahnanlagen, Gebüsche. Ursprünglich Osteuropa, breitet sich heute in ganz Europa aus.

SCHAUMKRESSE, WIESEN-

Cardaminopsis halleri Kreuzblütengewächse

SAMMELN UND ZUBEREITEN Die Pflanze ist als essbar beschrieben. Vorstellbar ist eine Verwendung in Salaten oder Gemüsegerichten, am besten zusammen mit anderen Wildkräutern.
MERKMALE 20–50 cm hoch, Staude, mit oberirdischen Ausläufern. Stängel aufsteigend oder aufrecht, behaart. Grundblätter rosettig, wie die unteren Stängelblätter gestielt, teils ungeteilt, teils fiederteilig und dann mit vergrößertem Endabschnitt, obere Stängelblätter lanzettlich, sitzend, ganzrandig oder gezähnt. Blüten weiß oder blasslila, 4-zählig. Blütezeit April–Juni.
STANDORT UND VERBREITUNG Ufer, feuchte Felsen, lückige Wiesen, Waldwege. Mittel- und Südosteuropa.

SCHEINERDBEERE

Duchesnea indica Rosengewächse

SAMMELN UND ZUBEREITEN Die an Erdbeeren erinnernden Früchte sind essbar, aber im Geschmack nicht mit Erdbeeren vergleichbar. Scheinerdbeeren schmecken ziemlich fade.
MERKMALE Staude. Stängel liegend und an den Knoten wurzelnd, bis 50 cm lang. Blätter lang gestielt, 3-teilig, Teilblätter gestielt, eiförmig, am Rand gezähnt. Blüten gelb, einzeln, auf langen, die Blätter überragenden Stielen. Blütezeit April–Juli. Frucht rot, erdbeerartig, kugelig, aufrecht stehend. Fruchtreife Juli–Oktober.
STANDORT UND VERBREITUNG Heckensäume, Mauern, Waldwege, Streuobstwiesen. Herkunft Südostasien, in Mitteleuropa als Zierpflanze kultiviert und verwildert.

Scheinerdbeere

SCHILDFARN

SAMMELN UND ZUBEREITEN Von April bis Juni gesammelte junge Triebe ergeben nach halbstündigem Kochen ein gut genießbares Farngemüse. Vorher sollte man sie allerdings abreiben, um die braunen Schuppen an den Stängeln zu entfernen. Die Wurzeln werden gründlich gereinigt, in Scheiben geschnitten und können dann in der Pfanne geröstet gegessen werden.

SCHILDFARN, BORSTIGER

Polystichum setiferum Schildfarngewächse

SAMMELN UND ZUBEREITEN Angaben dazu bei der Gattung Schildfarn.
MERKMALE 60–100 cm hoch, mehrjährige Farnpflanze. Blätter im Umriss länglich-oval, am Grund nur wenig verschmälert, 2- bis 3-fach gefiedert, Fiederblättchen scharf gezähnt, mit etwa 1 mm langer Granne, Blattstiel spreuschuppig. Sporenbehälter in rundlichen Häufchen an der Unterseite der Fiederblättchen, berühren sich meist nicht, sind von einem runden Schleier bedeckt, der bei Reife abfällt. Sporenreife August–September.
STANDORT UND VERBREITUNG Besiedelt schattige Buchenmischwälder in milder Klimalage, beispielsweise im Bereich des Rheintals. Selten. Süd- und Westeuropa. Geschützt.

SCHILDFARN, DORNIGER

Polystichum aculeatum Schildfarngewächse

SAMMELN UND ZUBEREITEN Angaben dazu bei der Gattung Schildfarn.
MERKMALE 60–100 cm hoch, mehrjährige Farnpflanze. Lang gestielte, aufrechte oder bogig überhängende Wedel. Blätter im Umriss lanzettlich, mit auffallend verschmälerter Basis, doppelt gefiedert, Fiederblättchen stachelspitzig gezähnt, Blattstiel dicht mit braunen Spreuschuppen besetzt. Sporenbehälter in rundlichen Häufchen an der Unterseite der Fiederblättchen, fließen nur bei kräftigeren Pflanzen zusammen, Schleier rund. Sporenreife Juli–August.
STANDORT UND VERBREITUNG Wächst zerstreut bis selten in Schluchtwäldern oder schattigen, feuchten Bergwäldern. Europa. Geschützt.

SCHILDFARN, LANZEN-

Polystichum lonchitis Schildfarngewächse

Lanzen-Schildfarn

SAMMELN UND ZUBEREITEN Angaben dazu bei der Gattung Schildfarn.
MERKMALE 10–50 cm hoch, mehrjährige Farnpflanze. Blätter kurz gestielt, im Umriss schmal-lanzettlich, einfach gefiedert, Fiederblättchen sichelförmig aufwärtsgekrümmt, stachelig gezähnt, Blattstiel mit Spreuschuppen besetzt. Sporenbehälter in kleinen runden Häufchen an der Unterseite der Fiederblättchen, meist nur an den oberen Fiederblättchen der Wedel ausgebildet, Schleier rund. Sporenreife August–September.
STANDORT UND VERBREITUNG Arktisch-alpine Art, wächst zerstreut in alpinen Steinschuttfluren, Felsspalten, Bergwäldern, steinigen Gehölzen, an felsigen Hängen, vorübergehend auch an Wegböschungen. In Mitteleuropa vor allem in den Kalkgebieten der Alpen und des Alpenvorlands. Europa. Geschützt.

SCHILDFARN, ZARTER

Polystichum braunii Schildfarngewächse

SAMMELN UND ZUBEREITEN Angaben dazu bei der Gattung Schildfarn.
MERKMALE Bis zu 100 cm hoch, mehrjährige Farnpflanze. Blätter dünn, weich, im Umriss lanzettlich, 2- bis 3-fach gefiedert, Fiederblättchen eiförmig, am Rand mit zart begrannten Zähnen, Blattstiel 2–13 cm lang, dicht mit gelbbraunen Spreuschuppen besetzt. Sporenbehälter in Häufchen an der Unterseite der Fiederblättchen, Schleier rund. Sporenreife Juli–August.
STANDORT UND VERBREITUNG Typische Schluchtwaldpflanze. Besiedelt Bergwälder in sehr luftfeuchter Lage, Bachschluchten, gelegentlich auch in Felsspalten. Europa, hauptsächlich im südlichen und südwestlichen Teil. In Mitteleuropa außerhalb der Alpen sehr zerstreut, kleine bis sehr kleine Populationen aus dem Schwarzwald bekannt. Geschützt.

SCHILF, GEWÖHNLICHES

Phragmites australis — Süßgräser

SAMMELN UND ZUBEREITEN Die jungen, zarten, weißen Wurzeln, die man während der gesamten Vegetationsperiode ernten kann, werden gereinigt, in Stücke geschnitten, getrocknet und zu Mehl vermahlen. Geröstet ist es als Kaffee-Ersatz verwendbar. Die frische, klein geschnittene Wurzel ergibt nach etwa 15-minütigem Kochen ein Gemüse oder Gemüsepüree, das man am besten mit Salz, Pfeffer und Wildkräutern gewürzt verzehrt. In den Monaten September und Oktober klopft man aus den trockenen Fruchtständen die Samen. Nach Entfernen der Spelzen kocht man daraus Grütze, die gesüßt recht gut schmeckt. Auch als Keimsaat sind sie zu nutzen. Die neuen Stängel, die im Frühjahr aus den Wurzeln wachsen, werden von den äußeren Blättern befreit als Gemüse zubereitet. Presst man sie aus, erhält man einen süßen Trinksaft. Auch klein geschnitten und für 1–2 Stunden in Wasser gelegt, ergeben sie ein süßes Getränk. Ritzt man junge Stängel mit dem Fingernagel an und lässt sie über Nacht liegen, findet man am nächsten Morgen an den Verletzungen eine zuckerhaltige, geleeartige Kugel, die man wie ein Bonbon naschen kann.

Gewöhnliches Schilf

MERKMALE 1–4 m hoch, mehrjähriges Gras. Blätter graugrün, 1–3 cm breit, flach, am Rand rau. Blütenstand bräunlich oder rötlich, im oberen Teil nickend. Ährchen 3- bis 8-blütig. Blütezeit Juli–September.

STANDORT UND VERBREITUNG Ufer stehender und langsam fließender Gewässer. Europa.

SCHILLERGRAS, GROSSES

Koeleria pyramidata — Süßgräser

SAMMELN UND ZUBEREITEN Die im September reifen Samen sind als essbar beschrieben. Sie lassen sich geröstet und gemahlen zu Ersatzkaffee verarbeiten oder als Keimsaat nutzen.

MERKMALE Bis zu 1 m hoch, mehrjähriges Gras. Blätter grün, um 2 mm breit, flach, am Rand abstehend bewimpert. Blütenstand zur Blütezeit schmal-pyramidenförmig, später zusammengezogen, silbrig glänzend bis grünlich oder purpurn überlaufen. Ährchen 3-blütig. Blütezeit Juni–Juli.

STANDORT UND VERBREITUNG Wegränder, Magerrasen, Gebüsche. Fast ganz Europa.

SCHILLERGRAS, ZIERLICHES

Koeleria macrantha — Süßgräser

SAMMELN UND ZUBEREITEN Die im September reifen Samen sind als essbar beschrieben. Man kann sie geröstet als Kaffee-Ersatz oder auch als Keimsaat nutzen.

MERKMALE 20–50 cm hoch, mehrjähriges Gras. Blätter graugrün, nur etwa 1 mm breit, meist zusammengerollt, gleichmäßig behaart. Blütenstand dicht und kaum unterbrochen, etwas glänzend. Ährchen 2- bis 3-blütig. Blütezeit Juni–Juli.

STANDORT UND VERBREITUNG Trockenrasen, Felshänge, Gebüsche. Fast ganz Europa.

SCHLEHE, SCHWARZDORN

Prunus spinosa — Rosengewächse

SAMMELN UND ZUBEREITEN Schlehenfrüchte wirken blutreinigend, steigern die Abwehrkräfte und helfen bei rheumatischen Beschwerden. Wahrscheinlich deshalb, aber auch weil Schlehen einfach köstlich schmecken, erlebt das Rosengewächs heute nach langer Pause eine Renaissance. Will man sich aber im Umgang mit den Früchten geschmackliche Enttäuschungen ersparen, sollte man sie erst nach einer Frostperiode essen. Wegen ihres hohen Gerbstoffgehalts sind diese Früchte ohne Frosteinwirkung kaum genießbar. Aber nach einer Kältebehandlung schmecken sie auch in rohem Zustand mild und gut. Dennoch nutzt man Schlehen in der Wildfrüchteküche meist gekocht oder getrocknet. Sie werden zu Marmeladen, Gelees, Chutneys, Säften, Likör und Wein verarbeitet, oft in Kombination mit Äpfeln, Birnen oder Zwetschgen. Auf den Britischen Inseln ist Schlehen-

Gin beliebt. Und im spanischen Navarra wird der traditionelle Verdauungslikör Pacharan aus Schlehen und Anis nach jahrhundertealtem Rezept gebraut. In manchen Gegenden werden Schlehen anstelle von Wacholderbeeren Wildsoßen zugesetzt. Getrocknet sind die Früchte Bestandteil von Kräuterteemischungen und Müslis. Schlehenblüten nutzt man als Gewürz in Süßspeisen und Teemischungen. Auch als kandierte Nascherei sind sie köstlich. Die zarten Blätter des Schlehenstrauchs verwendet man frisch und fein gehackt oder getrocknet und gerebelt als Bratengewürz und in Teemischungen. Vorsicht, Schlehenfrüchte haben in Größe, Form und Farbe Ähnlichkeit mit den Früchten der giftigen Schwarzen Heckenkirsche (*Lonicera nigra*, S. 369). Der Unterschied: Dieser Strauch trägt keine Dornen, seine eiförmigen Blätter sind gegenständig angeordnet.

MERKMALE 1–3 m hoch, sommergrüner dorniger Strauch. Blätter wechselständig, kurz gestielt, länglich-eiförmig, Blattrand gezähnt. Blüten klein, weiß, duftend. Blütezeit März–April. Heidelbeergroße Steinfrucht, fast schwarz, hellblau bereift. Fruchtreife September–November.

STANDORT UND VERBREITUNG Sonnige Wald-, Feld- und Wegränder, Hecken. Europa.

Schlehe

Ein Chutney aus Schlehenfruchtfleisch, Schalotten, Rosinen, Honig, Nelkenpulver, Koriander und frisch geriebenem Ingwer passt zu Leber und Schweinefilets, ergänzt aber auch vegetarische Grünkernbratlingen in idealer Weise.

Mittlere Schleifenblume

SCHLEIFENBLUME, MITTLERE

Iberis linifolia Kreuzblütengewächse

SAMMELN UND ZUBEREITEN Die Pflanze ist als essbar beschrieben. Denkbar ist eine Verarbeitung in Salaten oder Gemüsegerichten.

MERKMALE 30–60 cm hoch, ein- bis zweijährig. Blätter lanzettlich, spitz, die unteren am Rand beiderseits mit 1–2 Zähnchen, die oberen ganzrandig. Blüten hellrosa. Blütezeit Juni–Juli.

STANDORT UND VERBREITUNG Kalkschutt, trockene Wiesen. Südeuropa.

SCHLICKGRAS, ENGLISCHES

Spartina anglica Süßgräser

SAMMELN UND ZUBEREITEN Die im September reifen Samen sind als essbar beschrieben. Denkbar ist eine Verwendung als Kaffee-Ersatz oder als Keimsaat.

Englisches Schlickgras

MERKMALE 30–130 cm hoch, mehrjähriges Gras. Blätter 6–15 mm breit, flach, oberseits dicht gerippt, in eine dünne, harte Spitze ausgezogen, am Rand scharfkantig rau. Blütenstand gelbgrün, zusammengezogen. Blütezeit Juli–Oktober.

STANDORT UND VERBREITUNG Gezeitenbeeinflusste Schlickflächen des Wattenmeers. Ursprünglich nur im südbritischen Küstenbereich, heute an vielen Küsten gepflanzt.

SCHLÜSSELBLUME

SAMMELN UND ZUBEREITEN Schlüsselblumenblätter enthalten Mineralsalze, besonders Magnesium und Kalium, Vitamin C und ätherische Öle. Man erntet sie im zeitigen Frühjahr, am besten noch vor der Blütezeit. Mit ihrem etwas scharfen Geschmack nach Anis passen sie zusammen mit anderen Wildkräutern des Frühlings als Beigabe in Salate und Gemüsegerichte, Suppen und Soßen. Frittiert und gesalzen kann man sie als Beilage zu pikanten Vorspeisen reichen. Die gerade geöffneten Blüten werden nach Entfernen des Kelchs für Blütenessig oder Schlüsselblumenwein verwendet. Frisch oder kandiert sind die Blüten eine Speisendekoration. Frisch, aber auch getrocknet süßen und würzen sie Süßspeisen und Desserts. Zusammen mit anderen Frühlingsblüten wie Huflattich und Veilchen und ganz jungen Birkenblättchen ergeben sie einen Tee, der köstlich schmeckt und beruhigend auf Hals und Bronchien wirkt. Vorsicht: Vereinzelt können nach dem Genuss von Schlüsselblumen Hautreizungen und andere allergische Reaktionen auftreten. Auch sind Schlüsselblumen in vielen Ländern Europas geschützt und dürfen nicht gepflückt werden. Man sollte also nur Pflanzen aus dem Garten verwenden.

SCHLÜSSELBLUME, BEHAARTE

Primula hirsuta Primelgewächse

SAMMELN UND ZUBEREITEN Angaben dazu bei der Gattung Schlüsselblume.
MERKMALE 3–10 cm hoch, Staude. Stängel und Blütenstiele drüsig behaart. Blätter in bodennaher Rosette, rundlich-oval, klebrig, Blattrand grob gezähnt. Blüten flach ausgebreitet, rosa bis purpurn, Schlund weiß. Blütezeit April–Juni.
STANDORT UND VERBREITUNG Steinige Rasen, nasse Felsspalten. Alpen, Pyrenäen. Geschützt.

SCHLÜSSELBLUME, CLUSIUS-

Primula clusiana Primelgewächse

SAMMELN UND ZUBEREITEN Angaben dazu bei der Gattung Schlüsselblume.
MERKMALE 2–10 cm hoch, Staude. Blätter in bodennaher Rosette, länglich-eiförmig, oberseits glänzend hellgrün, unterseits graugrün, ganzrandig, Blattrand mit Drüsenhaaren besetzt. Blüten rosarot bis rotviolett, Schlund weißlich, Blütenkrone ausgebreitet, 5-zipfelig, die einzelnen Zipfel tief 2-spaltig. Blütezeit Mai–Juni.
STANDORT UND VERBREITUNG Schneetälchen, feuchte Felsen, 1700–2200 m. Nördliche Kalkalpen. Geschützt.

SCHLÜSSELBLUME, ECHTE

Primula veris Primelgewächse

Echte Schlüsselblume

SAMMELN UND ZUBEREITEN Angaben dazu bei der Gattung Schlüsselblume.
MERKMALE 5–20 cm hoch, Staude. Blütenstängel aufrecht, blattlos, behaart. Blätter in bodennaher Rosette, eiförmig, runzelig, unterseits behaart, Blattrand gekerbt. Blüten kurz gestielt, intensiv duftend, glockenförmig, dottergelb, mit 5 orangefarbenen Flecken im Schlund. Blütezeit April–Mai.
STANDORT UND VERBREITUNG Helle Laubwälder, Waldränder, trockene Wiesen. Mitteleuropa.

Schlüsssselblumen-Bonbons lassen sich einfach aus Wasser, Zucker oder Honig und Schlüsselblumenblüten herstellen. Besonders attraktiv sind sie mit eingegossenen Veilchenblüten.

SCHLÜSSELBLUME, GANZBLÄTTRIGE

Primula integrifolia Primelgewächse

SAMMELN UND ZUBEREITEN Angaben dazu bei der Gattung Schlüsselblume.
MERKMALE 1–5 cm hoch, Staude. Blätter in grundständiger Rosette, verkehrt eiförmig, meist abgerundet,

fleischig, ganzrandig, am Rand kurze Haare. Blüten rotviolett, im Schlund weißlich. Blütezeit Mai–Juli.
STANDORT UND VERBREITUNG Schneetälchen, feuchte Stellen auf alpinen Matten. Alpen.

SCHLÜSSELBLUME, HOHE

Primula elatior Primelgewächse

SAMMELN UND ZUBEREITEN Angaben dazu bei der Gattung Schlüsselblume.
MERKMALE 10–20 cm hoch, Staude. Blätter in bodennaher Rosette, eiförmig, ausgeprägt runzelig, beidseitig behaart, Blattrand fein und unregelmäßig gezähnt. Blüten schwach duftend, flach ausgebreitet, Kelch eng anliegend, nicht bauchig, Krone hellgelb, gegen den Schlund ringförmig dunkler gefärbt. Blütezeit März–Mai.
STANDORT UND VERBREITUNG Helle Wälder, Bergwiesen. Mitteleuropa.

Hohe Schlüsselblume

SCHLÜSSELBLUME, MEHL-, MEHL-PRIMEL

Primula farinosa Primelgewächse

SAMMELN UND ZUBEREITEN Angaben dazu bei der Gattung Schlüsselblume.
MERKMALE 5–20 cm hoch, Staude. Blätter in bodennaher Rosette, spatelförmig, oberseits dunkelgrün, unterseits mehlig weiß (namensgebend), verschmälern sich in den Stiel, Blattrand unregelmäßig gezähnt. Blüten in endständiger, vielblütiger, aufrechter Dolde, Krone ausgebreitet, rotviolett, mit gelbem Schlundring. Blütezeit Mai–Juli.
STANDORT UND VERBREITUNG Häufigste alpine Schlüsselblume. Besiedelt sumpfige Wiesen, Bachufer, Flachmoore, alpine Matten. Wächst im Hochgebirge auch auf trockenen, windexponierten Standorten. Kommt in weit voneinander getrennten Gebieten vor, zu finden in Nordeuropa, den Alpen und im Alpenvorland, in den Gebirgen Süd- und Südosteuropas. Geschützt.

Mehl-Schlüsselblume

SCHLÜSSELBLUME, STÄNGELLOSE

Primula vulgaris Primelgewächse

SAMMELN UND ZUBEREITEN Angaben dazu bei der Gattung Schlüsselblume.
MERKMALE 5–10 cm hoch, Staude. Stängel fehlend. Blätter in bodennaher Rosette, verkehrt eiförmig, runzelig, unterseits behaart, verschmälern sich in den Stiel, Blattrand unregelmäßig fein gezähnt. Blüten einzeln auf dünnen Stielen, Krone ausgebreitet, hellgelb, gegen den Schlund orangegelb. Blütezeit März–April.
STANDORT UND VERBREITUNG Feuchte, helle Wälder, Wiesen. Mittel- und Westeuropa. Geschützt.

SCHLÜSSELBLUME, ZWERG

Primula minima Primelgewächse

SAMMELN UND ZUBEREITEN Angaben dazu bei der Gattung Schlüsselblume.
MERKMALE 1–4 cm hoch, Staude. Blätter in bodennaher Rosette, keilförmig, hellgrün, glänzend, vorne gestutzt und mit 3–9 großen, spitzen Zähnchen. Blüten leuchtend rosa, Schlund weißlich, Krone ausgebreitet, 5-zipfelig, einzelne Zipfel bis zur Mitte eingeschnitten. Blütezeit Juni–Juli.
STANDORT UND VERBREITUNG Saure Böden in Schneetälchen, auf Schutt. Ostalpenpflanze. Geschützt.

Zwerg-Schlüsselblume

SCHMALWAND, ACKER-

Arabidopsis thaliana Kreuzblütengewächse

SAMMELN UND ZUBEREITEN Die ganze Pflanze ist als essbar beschrieben. Denkbar ist eine Verarbeitung ihrer Blätter und Triebe roh in Salaten oder gekocht in Gemüsegerichten. Die Wurzel könnte in Kochgemüsegerichten Verwendung finden. Gleiches gilt für eine verwandte, vereinzelt in skandinavischen Sand- und Felsrasen auftretende Art, die Schwedische Schmalwand *(Arabidopsis suecica)*.

Acker-Schmalwand

MERKMALE Bis zu 30 cm hoch, ein- oder zweijährig. Grundständige Blätter in bodennaher Rosette, schmal-eiförmig, behaart, meist ganzrandig, manchmal schwach buchtig gezähnt. Stängelblätter lanzettlich bis linealisch, fast kahl, sitzend, ganzrandig. Blüten weiß. Blütezeit April–Mai.

STANDORT UND VERBREITUNG Mauern, Wegränder, Ödland. Ursprünglich Mittelmeergebiet, heute fast ganz Europa.

SCHMIELE, DRAHT-

Deschampsia flexuosa Süßgräser

Draht-Schmiele

SAMMELN UND ZUBEREITEN Für die im September reifen Samen ist eine Verwendung als Kaffee-Ersatz oder Keimsaat überliefert, ebenso für 2 weitere Schmielearten: für die an zeitweise überschwemmten Stellen des Bodenseeufers vorkommende Strand-Schmiele *(Deschampsia littoralis)* sowie für die in nassen Wiesen und Wäldern auftretende Rasen-Schmiele *(Deschampsia cespitosa)*.

MERKMALE 30–70 cm hoch, mehrjähriges Gras. Blätter fadenförmig eingerollt, etwa 20 cm lang, zugespitzt, grün glänzend. Blütenstand eine lockere Rispe mit abstehenden, geschlängelten, meist purpurroten Ästen. Ährchen 2- bis 3-blütig, Deckspelzen mit Granne. Blütezeit Juni–Juli.

STANDORT UND VERBREITUNG Helle, trockene Wälder, Heiden. Europa.

SCHMIELENHAFER, FRÜHER

Aira praecox Süßgräser

SAMMELN UND ZUBEREITEN Die im September reifen Samen sind als essbar beschrieben. Früher wurden sie als Kaffee-Ersatz oder als Keimsaat genutzt. Gleiches gilt für den Nelken-Schmielenhafer *(Aira caryophyllea)*.

MERKMALE 5–15 cm hoch, einjähriges Gras. Blätter meist fadenförmig eingerollt, spitz, höchstens 0,5 mm breit und 5 cm lang, meist fein angeraut. Blütenstand eine eng zusammengezogene Rispe mit wenigen, sehr kurzen Ästen. Ährchen länglich und gedrängt, regelmäßig auf die Äste verteilt. Blütezeit April–Mai.

STANDORT UND VERBREITUNG Wegränder, Magerwiesen. Hauptsächlich Südwest- und Westeuropa.

Früher Schmielenhafer

SCHNABELBINSE, WEISSE

Rhynchospora alba Sauergräser

SAMMELN UND ZUBEREITEN Die im September reifen Samen sind als essbar beschrieben. Sie könnten als Kaffee-Ersatz oder als Keimsaat genutzt werden. Gleiches gilt für die in den Hoch- und Übergangsmooren Mittel- und Nordeuropas auftretende Art, die Braune Schnabelbinse *(Rhynchospora fusca)*.

MERKMALE 10–40 cm hoch, mehrjähriges Gras. Stängel 3-kantig. Blätter meist nicht über 1 mm breit, linealisch, flach oder rinnig, am Rand und an der Spitze etwas rau. Blütenstand kopfartig, weiß bis hellrötlich, besteht aus mehreren Ährchen. Ährchen eiförmig bis länglich, meist 2-blütig. Blütezeit Juni–August.
STANDORT UND VERBREITUNG Sumpfwiesen. Fast ganz Europa.

SCHNECKENKLEE, ARABISCHER

Medicago arabica Schmetterlingsblütengewächse

SAMMELN UND ZUBEREITEN Die Pflanze hat einen würzigen Geschmack. Zarte Triebe und Blätter kann man von April bis Mai als würzende Beigabe in Salaten, Suppen und Gemüsegerichten verwenden. Die kleinen Blüten würzen frisch und fein geschnitten Salate und Gemüsegerichte, getrocknet und gemahlen nimmt man sie zum Strecken von Getreidemehl. Die Samen reifen von September bis Oktober. Sie schmecken roh oder geröstet in Salaten und Aufläufen. Getrocknet und ausgekeimt liefern sie frische Sprossen.

Arabischer Schneckenklee

MERKMALE 15–50 cm hoch, einjährig. Blätter lang gestielt, kleeartig 3-teilig, Teilblättchen verkehrt eiförmig bis rundlich, in der Mitte mit braunem Fleck, im vorderen Bereich gezähnt. Blüten gelb. Blütezeit April–Juni. Frucht eine kugelige, gewundene Hülse, dicht mit Stacheln bedeckt.
STANDORT UND VERBREITUNG Ödland, Schuttplätze, Wegränder. Südeuropa, gelegentlich nach Mitteleuropa verschleppt.

SCHNECKENKLEE, ZWERG-

Medicago minima Schmetterlingsblütengewächse

SAMMELN UND ZUBEREITEN Junge Blätter und Triebe werden als würzende Salatzutat verwendet. Die getrockneten Blüten strecken pulverisiert Getreidemehl. Die Samen, die von August bis September reifen, kann man roh essen, aber auch geröstet in Salaten verwenden. Getrocknet und ausgekeimt bereichern sie unseren Speisezettel mit frischen Sprossen.
MERKMALE 10–30 cm hoch, einjährig. Blätter 3-zählig, Teilblättchen eiförmig, behaart, an der Spitze gezähnt. Blüten gelb. Blütezeit Mai–Juni. Frucht eine 3- bis 5-fach schneckenförmig gewundene Hülse, fast kugelig, dicht mit hakig gekrümmten Stacheln besetzt.
STANDORT UND VERBREITUNG Trockenwiesen, Wegränder, Sanddünen. Mittel- und Südeuropa.

SCHNEIDE, BINSEN-

Cladium mariscus Sauergräser

SAMMELN UND ZUBEREITEN Die im September reifen Samen sind als essbar beschrieben. Denkbar ist eine Verwendung als Kaffee-Ersatz oder als Keimsaat.
MERKMALE 50–200 cm hoch, mehrjähriges Gras. Stängel 3-kantig. Blätter am Rand und unterseits auf dem Mittelnerv schneidend rau. Blütenstand zusammengesetzt aus 4–7 rotbraunen Köpfchen, die ihrerseits aus je 3–15 Ährchen bestehen. Ährchen eiförmig, mehrblütig. Blütezeit Juni–Juli.
STANDORT UND VERBREITUNG Verlandungszone von Teichen und Seen, Wassergräben. Fast ganz Europa.

SCHUPPENMIERE, ROTE

Spergularia rubra Nelkengewächse

SAMMELN UND ZUBEREITEN In schwierigen Zeiten hat man die Samen getrocknet, zu Mehl vermahlen und dieses gemischt mit Getreidemehl zum Brotbacken verwendet. Blätter und Triebe nutzte man im Frühling roh in Salaten oder gekocht in Gemüsegerichten, die Blüten roh in Salaten.
MERKMALE 5–25 cm hoch, ein- oder zweijährig. Blätter gegenständig, schmal-linealisch, mit 2–5 mm langen häutigen, silbrig braunen Nebenblättern und zusätzlichen Blattbüscheln in den Blattachseln. Rosarote Blüten. Blütezeit Mai–September. Fruchtkapsel, die sich mit 3 Klappen öffnet, Samen fein runzelig.
STANDORT UND VERBREITUNG Wege, Felder. Europa.

SCHUPPENRIED, EUROPÄISCHES

Kobresia simpliciuscula — Sauergräser

SAMMELN UND ZUBEREITEN Die ab September reifen Samen sind als essbar beschrieben. Überliefert ist eine Verwendung als Kaffee-Ersatz oder als Keimsaat.
MERKMALE 5–25 cm hoch, mehrjähriges, in dichten Horsten wachsendes Gras. Stängel steif aufrecht, rund, etwas rau. Blätter undeutlich rinnig, etwa 1,5 mm breit, kürzer als der Stängel. Blütenstand eine endständige, 1–3 cm lange, ährenartige Traube aus 4–10 gedrängten Ährchen. Ährchen 1-blütig, Spelzen rotbraun. Blütezeit Juni–August.
STANDORT UND VERBREITUNG Kiesige, sandige Bachufer, bevorzugt in Höhen zwischen 1700 und 2500 m. Alpen.

SCHWADEN, BLAUGRÜNER

Glyceria declinata — Süßgräser

SAMMELN UND ZUBEREITEN Die getrockneten, gerösteten Samenkörner werden als Kaffee-Ersatz genutzt.
MERKMALE Bis zu 40 cm hoch, mehrjähriges Gras. Blätter blaugrün, 5–15 cm lang und 3–7 mm breit, am Rand rau. Rispe 8–25 cm lang, locker, wenig verzweigt. Ährchen 12–24 mm lang, 7- bis 15-blütig. Blütezeit Mai–August.
STANDORT UND VERBREITUNG Nasse Waldwege, Wegränder. Mittel- und Westeuropa.

SCHWADEN, FLUTENDER

Glyceria fluitans — Süßgräser

Flutender Schwaden

SAMMELN UND ZUBEREITEN Die braunen, etwa 2–3 mm langen, süßen Samenkörner hat man früher getrocknet, von den Spelzen befreit und gemahlen. Das Mehl nahm man dann zum Eindicken von Suppen oder verarbeitete es zu Grütze.
MERKMALE Mehrjähriges Gras mit langen Ausläufern. Stängel oft liegend und flutend, seltener aufsteigend oder aufrecht, 40–100 cm lang. Blätter grau- bis grasgrün, 5–10 mm breit, spitz, rau, Blatthäutchen bis zu 10 mm lang, zerschlitzt. Rispe 15–45 cm lang, schmal zusammengezogen. Ährchen bis zu 25 mm lang. Blütezeit Mai–August.
STANDORT UND VERBREITUNG Wächst reichlich im Uferröhricht von Bächen, Teichen und Seen aller Art. Auch an nassen Wegrändern im Auwaldbereich. Europa, mit Ausnahme der südlichsten und nördlichsten Bereiche.

SCHWADEN, GEFALTETER

Glyceria notata — Süßgräser

SAMMELN UND ZUBEREITEN Die getrockneten Körner werden geröstet als Kaffee-Ersatz genutzt, gemahlen als Mehlzusatz.
MERKMALE Mehrjähriges Gras mit langen Ausläufern. Stängel liegend bis aufsteigend, 20–40 cm lang. Blätter 5–30 cm lang und 5–10 mm breit, jung gefaltet, später ausgebreitet. Blatthäutchen bis zu 10 mm lang, zerschlitzt. Rispe bis zu 50 cm lang, oft unterbrochen, ausgebreitet. Ährchen 10–20 mm lang, dünn, spindelförmig, 7- bis 12-blütig. Blütezeit Juni–August.
STANDORT UND VERBREITUNG Uferröhricht von Teichen, Seen und Bächen. Europa.

SCHWADEN, GESTREIFTER

Glyceria striata — Süßgräser

SAMMELN UND ZUBEREITEN Die getrockneten gerösteten Körner werden als Kaffee-Ersatz genutzt.
MERKMALE 30–100 cm hoch, mehrjähriges, in Horsten wachsendes Gras. Stängel aufrecht oder aufsteigend. Blätter grasgrün, am Stängel 2-zeilig angeordnet, 2–6 mm breit, etwas rau, schlaff. Rispe 5–20 cm lang, locker, oft überhängend, Rispenachse rau. Ährchen 3–4 mm lang, im Umriss eiförmig, 5- bis 7-blütig. Blütezeit Juli–August.
STANDORT UND VERBREITUNG Sumpfige Wiesen, nasse Waldwege, nasse Wagenspuren. Herkunft Nordamerika. Nach Europa eingeschleppt und in Ausdehnung begriffen. Fundmeldungen aus Frankreich, Österreich und der Schweiz, Nord- und Westdeutschland.

SCHWADEN, WASSER-

Glyceria maxima Süßgräser

SAMMELN UND ZUBEREITEN Die getrockneten, von den Spelzen befreiten Körner ergeben gemahlen ein Mehl, das zum Eindicken von Suppen oder für die Zubereitung von Grütze verwendet werden kann.
MERKMALE 90–200 cm hoch, sehr großes, mehrjähriges, in lockeren Horsten wachsendes Gras. Stängel aufrecht, kräftig, unten bis zu 1 cm dick. Blätter hellgrün, bis zu 60 cm lang und 10–15 mm breit, oben glatt, unten rau, Blatthäutchen bis zu 4 mm lang, spitz. Rispe 20–40 cm lang, ausgebreitet. Ährchen sehr zahlreich, gelbbraun, bis zu 1 cm lang, 4- bis 10-blütig. Blütezeit Juni–September.
STANDORT UND VERBREITUNG Uferröhricht stehender oder langsam fließender, nährstoffreicher Gewässer. Fast ganz Europa.

SCHWANENBLUME

Butomus umbellatus Schwanenblumengewächse

SAMMELN UND ZUBEREITEN Die Wurzelstöcke werden vom Spätherbst bis in den Winter und dann wieder im zeitigen Frühjahr aus dem schlammigen Gewässerboden gezogen. Gewaschen und in ca. 3 cm lange Stücke geschnitten können sie zu einem im Geschmack entfernt an Sellerie erinnernden Kochgemüse verarbeitet werden, aber auch als Wurzelpüree, gebratenes oder gegrilltes Gemüse gegessen werden. Getrocknet und gemahlen ergeben sie ein Mehl, das zum Strecken von Getreidemehl oder zum Eindicken von Suppen und Soßen geeignet ist. Geröstet ergibt dieses Mehl Kaffee-Ersatz.

Schwanenblume

MERKMALE 60–150 cm hoch, Staude mit kriechendem Wurzelstock. Stängel aufrecht, kräftig, rund. Blätter grundständig, linealisch, bis über 1 m lang, an der Basis 3-kantig, flutend. Blütenstand doldenartig, bis 30-blütig, Blüten weißrosa, dunkel geädert, Blütenstiele 5–10 cm lang. Blütezeit Juni–August.
STANDORT UND VERBREITUNG Ufer stehender und langsam fließender, nährstoffreicher Gewässer. Fast ganz Europa.

SCHWARZKÜMMEL, ACKER-

Nigella arvensis Hahnenfußgewächse

SAMMELN UND ZUBEREITEN Die ab September reifen Samen nimmt man ganz oder gemahlen als Gewürz für Kuchen und Brot, Fleisch, Fisch und Soßen.
MERKMALE 10–50 cm hoch, einjährig. Blätter wechselständig, 2- bis 3-fach fiederteilig, mit schmal-linealischen Zipfeln. Blüten einzeln am Ende des Stängels, mit meist 5 hellblauen, grün geäderten Blütenhüllblättern, ohne Hochblatthülle. Blütezeit Juli–September. Frucht zylindrisch, um 1,5 cm lang.
STANDORT UND VERBREITUNG Getreidefelder, brachliegendes Ackerland, Wegränder. Ursprünglich Südeuropa, nach Mitteleuropa eingeschleppt, aber durch Herbizideinsatz selten geworden.

SCHWARZKÜMMEL, DAMASZENER, JUNGFER IM GRÜNEN

Nigella damascena Hahnenfußgewächse

SAMMELN UND ZUBEREITEN Die reifen Samen des Damaszener Schwarzkümmels verwendet man ebenso wie die der anderen Schwarzkümmelarten als Gewürz. Doch ihr Aroma ist dem des Echten Schwarzkümmels deutlich unterlegen.
MERKMALE Bis zu 50 cm hoch, einjährig. Blätter 2- bis 3-fach fiederteilig, mit schmal-linealischen Zipfeln, die in eine grannenartige Spitze auslaufen. Blüten hellblau bis weiß, von einer Hülle dicht stehender, den Stängelblättern ähnlicher Hochblätter umgeben. Blütezeit Mai–Juli. Kugelige Sammelfrucht, bis zu 3 cm im Durchmesser, Samen schwarz.

Damaszener Schwarzkümmel

STANDORT UND VERBREITUNG Kultiviert, auf Brachland verwildert. Herkunft Südeuropa.

SCHWARZKÜMMEL, ECHTER

Nigella sativa Hahnenfußgewächse

SAMMELN UND ZUBEREITEN Die reifen, kümmelartig duftenden, aber nach Anis schmeckenden Samen enthalten neben dem Bitterstoff Nigellin ätherisches Öl. Sie werden in der südeuropäischen Küche als ganze Körner oder gemahlen und geröstet als Gewürz für Salat und andere Rohkost, für Bohnen, Zucchini und Gurken, Reis, Geflügel und Lammfleisch verwendet. Auch in Süßspeisen und zusammen mit Früchten wie beispielsweise Melonen, in Brot und Gebäck schmecken sie köstlich. Türkisches Fladenbrot ist beispielsweise oft mit den charakteristisch geformten, schwarzen Samenkörnern bestreut.

Echter Schwarzkümmel

MERKMALE Bis zu 40 cm hoch, einjährig. Blätter mehrfach fiederteilig, mit linealischen Zipfeln. Blüten einzeln, endständig, grünlich weiß, ohne Hochblatthülle. Blütezeit Juli–August. Kapselfrucht, die schwarze Samen enthält.

STANDORT UND VERBREITUNG Kultiviert und verwildert. Südeuropa.

Aroma und Geschmack der Schwarzkümmelsamen werden besonders intensiv, wenn man sie vor der Verwendung kurz ohne Fett röstet.

SCHWARZWURZEL, GARTEN-

Scorzonera hispanica Korbblütengewächse

SAMMELN UND ZUBEREITEN Die Schwarzwurzel wurde erst im 17. Jahrhundert in Kultur genommen, in den Kräuterbüchern des 16. Jahrhunderts wird nur die Wildform erwähnt. Ihre bis zu 30 cm lange und 1–2 cm dicke Wurzel enthält zahlreiche Milchröhren, die beim Schälen einen gelblich weißen, die Haut stark bräunenden Milchsaft ausscheiden. Deshalb ist es ratsam, beim Schälen und Schneiden Handschuhe zu tragen Früher wurde die Schwarzwurzel wie die Wurzel der Wegwarte zu Kaffee-Ersatz verarbeitet, heute findet sie als vorzügliches Kochgemüse Verwendung. Mit ihrem milden, leicht süßlichen Geschmack wird sie zu Recht als Spargel des Winters bezeichnet. Weil die Wurzel sehr zerbrechlich ist, muss das Herausnehmen aus dem Boden mit Vorsicht geschehen. Die schmackhaften, lanzettlichen Rosettenblätter können in jungem Zustand als Salat gegessen werden, eignen sich aber ebenso für eine Verwendung als Suppengrün. Die knospigen Blütenstände schmecken als Beigabe in Salaten.

MERKMALE 40–120 cm hoch, Staude, führt Milchsaft. Stängel am Grund ohne braunen Faserschopf. Grundständige Blätter lanzettlich bis linealisch, meist ganzrandig, oft wellig. Stängelblätter wechselständig, sitzend, teilweise den Stängel umfassend, in der Form den Grundblättern ähnlich. Gelbe Blütenköpfe, Hüllblätter zur Blütezeit bis zu 2,5 cm, später bis 4 cm lang, am Rand oft flockig, die äußeren höchstens halb so lang wie die inneren. Blütezeit Juni–August.

STANDORT UND VERBREITUNG Als Wurzelgemüse kultiviert und gelegentlich verwildert an Bahndämmen, auf Schuttplätzen. Als Wildpflanze in Halbtrockenrasen, Herkunft Südeuropa. Geschützt.

Schwarzwurzeln werden nach dem Schälen in Essigwasser gelegt, damit sie sich nicht braun verfärben.

SCHWARZWURZEL, KLEINBLÜTIGE

Scorzonera parviflora Korbblütengewächse

SAMMELN UND ZUBEREITEN Die Blätter sammelt man vor der Blütezeit und verarbeitet sie gegart zu Gemüsegerichten. Auch die von September bis in den Winter geerntete Wurzel ergibt ein gutes Kochgemüse.

MERKMALE 15–45 cm hoch, Staude, führt Milchsaft. Stängel unbeblättert

Kleinblütige Schwarzwurzel

oder mit 1–3 schuppenartigen Blättchen, am Grund kein Faserschopf. Grundständige Blätter lanzettlich bis lineal-lanzettlich, spitz, ganzrandig. Kleine, gelbe Blütenköpfe, Hüllblätter schmal 3-eckig bis lanzettlich, mit schwarzfleckiger Spitze. Blütezeit Mai–Juli.
STANDORT UND VERBREITUNG Strandwiesen, Salzsümpfe. Süd- und Südosteuropa, in Mitteleuropa selten geworden. Geschützt.

SCHWARZWURZEL, NIEDRIGE

Scorzonera humilis Korbblütengewächse

SAMMELN UND ZUBEREITEN Die Blätter, gesammelt von April bis Mai, eignen sich als Beigabe zu Salaten. Die Wurzel liefert gekocht Gemüsegerichte. Geerntet wird sie von September bis in den Winter.
MERKMALE 10–40 cm hoch, Staude, führt Milchsaft. Stängel blattlos oder mit 1–5 schmal-lanzettlichen, schuppenförmigen Blättern, am Grund kein Faserschopf. Grundständige Blätter in einer Rosette, die nicht dem Boden anliegt, schmal- bis breit-lanzettlich, ganzrandig. Gelbe Blütenköpfe, Hüllblätter mehrreihig, die äußeren höchstens halb so lang wie die inneren. Blütezeit Mai–Juli.
STANDORT UND VERBREITUNG Moorwiesen, Magerrasen, Heiden. Europa, im Süden nur in Gebirgen. Geschützt.

Niedrige Schwarzwurzel

SCHWARZWURZEL, ÖSTERREICHISCHE

Scorzonera austriaca Korbblütengewächse

SAMMELN UND ZUBEREITEN Die Blätter werden vor der Blütezeit gesammelt und roh in Salaten oder gegart in Gemüsegerichten verwendet. Die von September bis in den Winter geerntete Wurzel ergibt Kochgemüse.
MERKMALE 5–30 cm hoch, Staude, führt Milchsaft. Stängel aufrecht, gerillt, mit 1–4 Schuppenblättchen, am Grund mit kräftigem, braunem Faserschopf abgestorbener Blätter. Grundständige Blätter linealisch bis schmal-lanzettlich, graugrün, ganzrandig. Gelbe Blütenköpfe, einzeln am Ende des Stängels, Hüllblätter mehrreihig, olivgrün, mit schmalem, weißlichem Rand, die äußeren höchstens halb so lang wie die inneren. Blütezeit April–Mai.
STANDORT UND VERBREITUNG Braucht steinig-flachen, kalkhaltigen Untergrund. Besiedelt Trockenrasen, trockene Wälder, Felsschutt und Felsbänder. Südliches Mittel- und Westeuropa, Südost- und Osteuropa. Geschützt.

SCHWARZWURZEL, PURPUR-

Scorzonera purpurea Korbblütengewächse

SAMMELN UND ZUBEREITEN Die von September bis in den Winter geerntete Wurzel ergibt ein gutes Kochgemüse.
MERKMALE 15–45 cm hoch, Staude, führt Milchsaft. Stängel am Grund mit dunklem Faserschopf vorjähriger Blätter. Stängelblätter wechselständig, grasartig. Hellviolette, nach Vanille duftende Blütenköpfe, Hüllblätter mehrreihig, die äußeren eiförmig, braun berandet, die inneren lineal-lanzettlich, weißlich berandet. Blütezeit Mai–Juni.
STANDORT UND VERBREITUNG Braucht locker-sandigen, etwas kalkhaltigen Lehmboden. Besiedelt Trockenrasen, helle Trockenwälder. Südosteuropa, Gebirge Mittel- und Südeuropas. Geschützt.

Purpur-Schwarzwurzel

SCHWINGEL, RIESEN-

Festuca gigantea — Süßgräser

Riesen-Schwingel

SAMMELN UND ZUBEREITEN Die ab September reifen Samen sind als essbar beschrieben. Denkbar ist eine Verwendung als Kaffee-Ersatz oder als Keimsaat.

MERKMALE Bis zu 150 cm hoch, mehrjähriges, horstförmig wachsendes Gras. Stängel am Grund häufig aufsteigend, unverzweigt. Blätter flach, bis 60 cm lang und 5–20 mm breit, oberseits graugrün, manchmal rau, unterseits dunkelgrün, glänzend, meist glatt, am Grund mit großen, sichelförmigen, stängelumfassenden Öhrchen. Rispe bis zu 60 cm lang, locker und überhängend. Ährchen hellgrün, 10–15 mm lang, 3- bis 10-blütig, Deckspelze mit bis zu 20 mm langer, häufig geschlängelter Granne. Blütezeit Juni–August.

STANDORT UND VERBREITUNG Staunasse Böden in sommergrünen Laubmischwäldern, Auwälder. Europa.

SCHWINGEL, WALD-

Festuca altissima — Süßgräser

Wald-Schwingel

SAMMELN UND ZUBEREITEN Die ab September reifen Samen sind als essbar beschrieben. Nahezu alle reifen Grassamen eignen sich auch als Keimsaat, aus denen man Sprossen für Wildsalate ziehen kann.

MERKMALE 60–120 cm hoch, mehrjähriges Gras, das oft bestandsbildend auftritt. Stängel am Grund durch schuppige, gelbliche Niederblätter verdickt. Blätter flach, bis zu 60 cm lang und 4–12 mm breit, oberseits und am Rand rau, unterseits blassgrün, ohne Blattöhrchen. Rispe bis zu 15 cm lang, nach der Blüte einseitig überhängend bis nickend, Rispenäste dünn, leicht geschlängelt. Ährchen gelbgrün, manchmal violett überlaufen, 4–6 mm lang, 4- bis 8-blütig. Blütezeit Juni–Juli.

STANDORT UND VERBREITUNG Schattige Wälder der Bergstufe, fehlt im Flachland. Europa.

SCHWINGEL, WIESEN-

Festuca pratensis — Süßgräser

SAMMELN UND ZUBEREITEN Die ab September reifen Samen sind als essbar beschrieben. Sie wurden früher häufig geröstet als Kaffee-Ersatz oder auch ausgekeimt als Sprossen verwendet. In gleicher Weise verwendbar ist der Rohr-Schwingel (*Festuca arundinacea*), eine dem Wiesen-Schwingel nahe verwandte, formenreiche Art der Bachufer und feuchten Wiesen.

MERKMALE 30–120 cm hoch, mehrjähriges Gras. Stängel aufrecht bis bogig aufsteigend. Blätter flach, bis 20 cm lang und 3–8 mm breit, an der Basis mit kahlen, sichelförmigen Öhrchen. Rispe aufrecht, manchmal etwas überhängend, 10–20 cm lang, die kürzeren Rispenäste mit 1–3, die längeren mit 3–6 Ährchen. Ährchen gelbgrün, oft violett oder gescheckt, 9–12 mm lang, meist 7- bis 8-blütig. Blütezeit Mai–Juli.

STANDORT UND VERBREITUNG Fettwiesen, Weiden, Wege, grasige Plätze. Europa.

SCHWINGELSCHILF

Scolochloa festucacea — Süßgräser

SAMMELN UND ZUBEREITEN Die Samen werden im Spätsommer geerntet und geröstet und gemahlen zu Ersatzkaffee verarbeitet oder als Keimsaat verwendet.

MERKMALE 90–180 cm hoch, mehrjähriges Gras, mit langem, ausläuferartigem Wurzelstock. Blätter 20–40 cm lang und 6–12 mm breit, lang zugespitzt, an den Rändern rau. Rispe bis zu 30 cm lang, an der Spitze leicht überhängend, Rispenäste dünn, vor der Blütezeit aufrecht, später schräg oder aufwärts abstehend. Ährchen etwa 1 cm lang, 2-blütig. Blütezeit Juni–Juli.

STANDORT UND VERBREITUNG Braucht schlammigen, stickstoffreichen Boden, besiedelt Röhricht, auch feuchte Wiesen. Nordöstliches Mitteleuropa, erreicht in Nordostdeutschland die Südwestgrenze seiner Verbreitung.

SEEGRAS, GEWÖHNLICHES

Zostera marina Seegrasgewächse

Gewöhnliches Seegras

SAMMELN UND ZUBEREITEN Alle Teile der Pflanze sind essbar. Seegras genießt man roh oder eingelegt als süßsaure Beigabe zu Salaten. Man kann es auch trocknen und für eine spätere Verwendung, beispielsweise in Suppen, aufbewahren.
MERKMALE Mehrjährige, untergetauchte Meerespflanze mit kriechendem Wurzelstock, bildet ausgedehnte Unterwasserwiesen. Blätter 20–200 cm lang, linealisch, mit 3–9 Nerven, leuchtend grün. Blüten in einer flachen, bis zu 5 cm langen, einseitig ausgerichteten Ähre, die in die Scheide des obersten Blattes eingeschlossen ist und zur Blütezeit flach auf dem Wasser liegt. Blütezeit Juni–Oktober, im Mittelmeer vereinzelt ab Februar.
STANDORT UND VERBREITUNG Weit verbreitet an den Küsten der nördlichen Halbkugel, bis 6 m Wassertiefe, auch im Brackwasser.

SEEKANNE

Nymphoides peltata Fieberkleegewächse

SAMMELN UND ZUBEREITEN Von April bis Juni, in jedem Fall vor der Blüte gesammelte Blätter finden roh Verwendung als Salatbeigabe. Die noch knospigen Blüten sind gleichfalls in Salaten verwendbar, außerdem eine ansprechende essbare Dekoration.
MERKMALE 80–150 cm lang, mehrjährige Wasserpflanze. Blätter rund, tief herzförmig, ledrig, glänzend, schwimmen auf der Wasseroberfläche. Blüten goldgelb, einzeln auf langen Stielen, ragen nur wenig aus dem Wasser, Blütenkrone tief geteilt 5-zipflig, Zipfel am Rand gefranst. Blütezeit Juli–September.
STANDORT UND VERBREITUNG Stehende oder langsam fließende, sommerwarme, nährstoffreiche Gewässer auf Schlammboden, um 1 m tief. Mittel- und Südeuropa. Geschützt.

Seekanne

SEGGE, DICHTÄHRIGE

Carex spicata Sauergräser

SAMMELN UND ZUBEREITEN Die im Spätsommer reifen Samen sind als essbar beschrieben. Sie schmecken nussig in Salaten. Neben den nachfolgend dargestellten Seggenarten gibt es in der europäischen Flora eine Reihe weiterer, in gleicher Weise nutzbarer Seggen. Häufig vorkommende Arten sind Rispen-Segge *(Carex nigra)*, Stern-Segge *(Carex echinata)*, Stumpf-Segge *(Carex acutiformis)* und Winkel-Segge *(Carex remota)*. Regional seltene Arten wie beispielsweise die Fadenwurzel-Segge *(Carex chordorrhiza)* oder die Wasser-Segge *(Carex aquatilis)* sollten geschont werden.
MERKMALE 20–60 cm hoch, mehrjähriges, in kleinen bis mittelgroßen Horsten wachsendes Gras. Stängel steif aufrecht, 3-kantig, oben an den Kanten rau. Blätter flach, 2–4 mm breit, untere Blattscheiden weinrot überlaufen. Blütenstand ährig, 2–5 cm lang, mit 3–10 gedrängt sitzenden Ährchen, diese am Grund weiblich, oben männlich. Spelzen braun. Blütezeit Mai–Juni.
STANDORT UND VERBREITUNG Waldsäume, Gebüsche sowie Wegränder, bevorzugt auf nährstoffreichen, frischen und lehmigen Böden. Ist bis in Lagen von etwa 1500 m Höhe anzutreffen. In fast ganz Europa.

SEGGE, GRAU-

Carex canescens

Sauergräser

Grau-Segge

SAMMELN UND ZUBEREITEN Die ab September reifen Samen sind als essbar beschrieben. Sie schmecken nussig-frisch, müssen aber mühsam entspelzt werden.

MERKMALE 20–50 cm hoch, mehrjähriges Gras. Stängel 3-kantig, oben rau. Blätter graugrün, 2–3 mm breit, flach, Blattspitze scharf rau. Blütenstand 3–5 cm lang, enthält 4–8 Ährchen. Ährchen lang-oval, 5–8 mm lang, enthalten an der Spitze weibliche Blüten, unten männliche. Blütezeit Mai–Juni.

STANDORT UND VERBREITUNG Flach- und Quellmoore, Gewässerufer. Europa.

SEGGE, HASENFUSS-

Carex ovalis

Sauergräser

SAMMELN UND ZUBEREITEN Die ab September reifen Samen sind als essbar beschrieben. Wie nahezu alle Süß- und Sauergräsersamen lassen sie sich geröstet als Kaffee-Ersatz oder als Keimsaat verwenden.

MERKMALE 20–60 cm hoch, mehrjähriges Gras. Stängel 3-kantig, unterhalb des Blütenstandes rau. Blätter graugrün, 2–3 mm breit, flach, deutlich kürzer als der Stängel. Blütenstand eine lockere, 2–3 cm lange Ähre, enthält 4–8 braune Ährchen, diese unten männlich, oben weiblich. Blütezeit Juni–Juli.

STANDORT UND VERBREITUNG Waldschläge, Wegränder. Europa.

SEGGE, LANGÄHRIGE

Carex elongata

Sauergräser

SAMMELN UND ZUBEREITEN Die ab September reifen Samen sind als essbar beschrieben. Verwendung als Kaffee-Ersatz oder als Keimsaat.

MERKMALE 15–60 cm hoch, mehrjähriges Gras. Stängel schlaff, aufrecht bis überhängend, 3-kantig, rau. Blätter flach, 2–6 mm breit, so lang wie der Stängel, schlaff, am Rand rau. Blütenstand 4–7 cm lang, ährig, besteht aus 5–12 locker stehenden Ährchen, diese unten männlich, oben weiblich, 8–15 mm lang. Blütezeit Mai–Juni.

STANDORT UND VERBREITUNG Erlenbrüche, nasse Wiesen. Mittel-, Nord- und Westeuropa.

SEGGE, WALD-

Carex sylvatica

Sauergräser

Wald-Segge

SAMMELN UND ZUBEREITEN Die ab September reifen Samen sind als essbar beschrieben. Man verwendet sie als Keimsaat oder Kaffee-ersatz.

MERKMALE 20–90 cm hoch, mehrjähriges Gras. Stängel 3kantig, glatt, bis oben beblättert. Blätter glänzend grün, 4–8 mm breit, schlaff, am Rand etwas rau. Blütenstand 10–25 cm lang, mit 2–6 lang gestielten, zur Zeit der Fruchtreife nickenden, weiblichen Ährchen und meist einem endständigen männlichen Ährchen. Blütezeit April–Mai.

STANDORT UND VERBREITUNG Helle Laubwälder, nasse Waldwege. Südskandinavien, Mittel- und Südeuropa.

SEGGE, ZITTERGRAS-

Carex brizoides

Sauergräser

Zittergras-Segge

SAMMELN UND ZUBEREITEN Die ab September reifen Samen sind als essbar beschrieben. Sie schmecken süßlich bis nussig.

MERKMALE 30–80 cm hoch, mehrjähriges Gras, Stängel dünn, schlaff überhängend, 3-kantig, unter dem Blütenstand etwas rau. Blätter bis 80 cm lang und 2–3 mm breit, schlaff überhängend, deutlich rau. Blütenstand ährenförmig, endständig, 2–3 cm lang, besteht aus 4–8 dicht gedrängt stehenden Ährchen. Ährchen wenigblütig, unten männlich, an der Spitze weiblich, weißlich, gelblich oder beige. **STANDORT UND VERBREITUNG** Helle Auwälder, feuchte Laubmischwälder. Mittel- und Osteuropa.

SEGGE, ZWEIZEILIGE

Carex disticha Sauergräser

SAMMELN UND ZUBEREITEN Die ab September reifen Samen sind als essbar beschrieben. Verwendung geröstet als Kaffee-Ersatz oder als Keimsaat denkbar. **MERKMALE** 30–70 cm hoch, mehrjähriges Gras. Stängel aufrecht, 3-kantig, oben rau. Blätter blaugrün, flach, 2–4 mm breit, am Rand rau. Blütenstand ährig, 3–7 cm lang, mit zahlreichen, dicht gedrängten Ährchen, das oberste und das unterste rein weiblich, die mittleren männlich oder gemischt. Blütezeit Mai. **STANDORT UND VERBREITUNG** Sumpfwiesen, Fluss- und Seeufer. Mittel-, Nord- und Westeuropa.

SELLERIE, ECHTER

Apium graveolens Doldengewächse

SAMMELN UND ZUBEREITEN Sellerie regt Kreislauf und Stoffwechsel an und fördert mit seinem hohen Kaliumgehalt die Entwässerung. In der Küche ist er vielseitig einsetzbar. Die Wurzelknollen, von September bis in den Winter geerntet, ergeben roh gehobelt oder geraspelt einen vitaminreichen Salat, gegart ein schmackhaftes Gemüse. Man kann sie auch gebraten, als Püree oder überbacken genießen. In dieser Form passen sie sehr gut zu Fleischgerichten und Tomatensoße. Die frischen Blätter fehlen in keinem Suppengrün, verlieren aber auch getrocknet kaum an Würzkraft und sind vielseitig als Gewürz für Suppen, Eintöpfe, Soßen und Salate verwendbar. Die jungen Stängel kann man klein geschnitten gemischten Salaten beimengen. Die Blüten sind essbare Dekoration, die kleinen, leicht bitteren Samen aromatisieren, sparsam verwendet, Backwaren. **MERKMALE** Bis zu 1 m hoch, zweijährig. Typischer Geruch. Stängel aufrecht, hohl, längs gerillt. Blätter lang gestielt, 1- bis 2-fach gefiedert, Teilblättchen rautenförmig, gezähnt, die untersten 3-teilig. Blüten weiß, gelblich oder grünlich. Blütezeit Juni–September. Früchte rund, seitlich zusammengedrückt, etwa 2 mm groß. **STANDORT UND VERBREITUNG** Als Wildpflanze auf schlammigen, salzhaltigen Böden, an den Küsten von Nord- und Ostsee, des Mittelmeers und des Atlantiks, aber auch in Gräben an Salzquellen, selten. Als Gemüsepflanze vielfach kultiviert und stellenweise aus Kultur verwildert.

Echter Sellerie

Sellerie-Apfel-Gratin ist ein wunderbares Herbstgericht und einfach in der Zubereitung. Man schichtet abwechselnd blanchierte Selleriescheiben und Apfelscheiben in dünnen Schichten in eine gebutterte Auflaufform, gießt mit einer Sahne-Eier-Mischung an, streut geriebenen Bergkäse darüber und gart das Ganze für etwa 20 Minuten im Backofen.

SELLERIE, KNOTENBLÜTIGER

Apium nodiflorum Doldengewächse

SAMMELN UND ZUBEREITEN Die ganze Pflanze ist als essbar beschrieben. Denkbar ist eine sparsame Verwendung als Gewürz. **MERKMALE** 20–60 cm hoch, Staude. Stängel liegend bis bogig aufsteigend, rund, hohl, gerillt. Blätter riechen zerrieben aromatisch, sind wechselständig, einfach gefiedert, 5–7 Teilblättchen, diese lanzettlich, gezähnt, Endblättchen vergrößert, oft 3-lappig. Weiße Blütendolden, den Blättern gegenüber angelegt. Blütezeit Juli–September. Frucht gelb, gerippt, um 1,5 mm lang. **STANDORT UND VERBREITUNG** Ufer und Gräben. Hauptsächlich Süd- und Westeuropa.

SENF, ACKER-

Sinapis arvensis — Kreuzblütengewächse

SAMMELN UND ZUBEREITEN In der Wildkräuterküche verwendet man junge Blätter vor der Blütezeit der Pflanze, Blütenknospen und Samen. Die scharf schmeckenden Blätter passen als würzende Zutat in Salate und Gemüsemischungen, Suppen, Aufläufe und Pesti, aber auch zu Quark- und Frischkäsemischungen und zu Kräuterbutter. Aus den Blütenknospen macht man ein brokkoliähnliches Gemüse oder nutzt sie nach kurzem Blanchieren als Beigabe zu Salaten. Die grünen, noch zarten Samenhülsen nimmt man als scharfes Gewürz für Eingelegtes, Frischkäsemischungen sowie scharfe Soßen. Aus den ab September reifen Samen bereitet man einen deftigen Senf oder presst sie zu Würzöl aus. Geröstet aromatisieren sie Soßen und Chutneys. Vorsicht: Der ähnliche, aber giftige Acker-Schöterich (*Erysimum cheiranthoides*, S. 384) kommt im gleichen Lebensraum vor. Ähnlich ist auch der giftige Goldlack (*Erysimum cheiri*, S. 367), eine verwilderte Zierpflanze.

Acker-Senf

MERKMALE 20–60 cm hoch, einjährig. Stängel aufrecht, oft verzweigt. Blätter wechselständig, graugrün, im unteren Stängelbereich gestielt, gelappt, obere sitzend, ungeteilt, gezähnt. Gelbe, 4-zählige Blüten. Blütezeit Mai–Oktober. Schote mit schnabelförmigem Fortsatz, schwarze Samen.

STANDORT UND VERBREITUNG Häufiges Wildkraut auf Feldern, Brachland, Schuttplätzen, an Wegrändern und in Gärten. Fast ganz Europa.

Der Dijon-Senf wurde im mittelalterlichen Dijon aus Senfmehl, Zwiebeln, Knoblauch, Zucker, Weinessig und Gewürzen wie Zimt, Piment, Gewürznelken, Lorbeer, Estragon, Majoran und Thymian hergestellt. Dieser feine Senf ist noch heute weltberühmt.

SENF, SCHWARZER

Brassica nigra — Kreuzblütengewächse

SAMMELN UND ZUBEREITEN Blätter und Blüten pflückt man am besten jung und verwendet sie frisch. Mit ihrer leichten Schärfe machen sie sich gut als Beigabe in Salaten. Ältere, später gesammelte Blätter ergeben gekocht ein sättigendes Gemüse mit einem ausgeprägt kohlähnlichen Geschmack. Die Senfkörner, die man ab Juli sammeln kann, ergeben gemahlen Speisesenf, als Ganzes würzen sie Marinaden und Eingelegtes.

MERKMALE 60–120 cm hoch, einjährig. Blätter gestielt, im unteren Stängelbereich tief eingeschnitten, vorderster Blattabschnitt vergrößert, im oberen Stängelbereich ungeteilt, ganzrandig. Gelbe Blüten. Blütezeit Juni–September. 4-kantige Schotenfrucht, kleine, dunkelbraune Samen.

STANDORT UND VERBREITUNG Heimat ist das Mittelmeergebiet. Seit der Römerzeit in Mitteleuropa kultiviert, heute verwildert Besiedler von Brachland, Feldrainen und Wegrändern.

SENF, WEISSER

Sinapis alba — Kreuzblütengewächse

SAMMELN UND ZUBEREITEN Der Weiße Senf ist eine alte Öl-, Heil- und Würzpflanze. Seine Samen, die man von August bis September sammeln kann, enthalten neben Eiweiß und dem Senfölglykosid Sinalbin 35 % Öl, das Speiseöl liefert. Ganze Senfsamen werden zum Einlegen von Gurken und Mixed Pickles sowie zum Würzen von Fischmarinaden, Wurst, Suppen, Eintopf-, Bohnen- und Kohlgerichten verwendet. Gemahlen dienen sie der Herstellung von Speisesenf. Blätter, junge Sprosse und blanchierte Blütenknospen würzen pikante Salate, Eintöpfe, Wurst-, Quark- und Eierspeisen. Die Römer nutzten das Kraut als Gemüse und Gewürz für jungen Wein.

MERKMALE 30–80 cm hoch, einjährig. Blätter fiederspaltig, vergrößerter, oft buchtig gelappter Endabschnitt. Blüten hellgelb. Blütezeit Juni–Oktober. Behaarte Schotenfrucht mit schnabelartig abgeflachtem Fortsatz. Samen fast kugelig, gelblich.

STANDORT UND VERBREITUNG Ruderalstandorte. Kulturpflanze des Mittelmeergebiets. Verwildert und heute in großen Teilen Europas eingebürgert.

SENFRAUKE, RUKOLA

Eruca sativa Kreuzblütengewächse

SAMMELN UND ZUBEREITEN Die Senfrauke ist eine alte Kulturpflanze, die vor allem in Südeuropa lange als Salat- und Gemüsepflanze angebaut wurde, dann aber in Vergessenheit geriet. Heute erlebt sie als »Rucola« auch in Mitteleuropa eine Renaissance. Ihre Blätter besitzen eine angenehme, leicht bittere Schärfe. Vor Erscheinen der Blütenstiele geerntet sind sie wie Blütenknospen und Blüten als Salatbeigabe nutzbar. Zusammen mit Parmesan sind sie eine klassische Zutat zum Carpaccio. Gelegentlich gibt man sie auch zu Quark- und Eierspeisen, Nudel- und Reisgerichten, Suppen und Soßen. Sie sind auch Bestandteil einer traditionellen Wildkräuter-Salatmischung aus der Gegend um Nizza, »mesclun« genannt. Die Samen werden reif gesammelt, um aus ihnen Speiseöl zu pressen.

MERKMALE 15–50 cm hoch, ein- bis zweijährig. Blätter fiederteilig, vergrößerter Endabschnitt. Gelbliche, 4-zählige Blüten. Blütezeit Mai–Juni. Schotenfrucht, Schnabelfortsatz schwertförmig.

STANDORT UND VERBREITUNG Ödland, Wege, Gärten. Herkunft Mittelmeergebiet, heute auch in Mittel- und Westeuropa.

Senfrauke

SENFRAUKE, WILDE

Eruca vesicaria Kreuzblütengewächse

SAMMELN UND ZUBEREITEN Die Pflanze wird in gleicher Weise wie die oben dargestellte Senfrauke verwendet, ihre Blätter sind aber im Geschmack etwas kräftiger.

MERKMALE 20–100 cm hoch, ein- oder zweijährig. Blätter tief gelappt oder fiederteilig, Endabschnitt vergrößert. Blüten gelb, purpurn geädert. Blütezeit Februar–Juni. Aufrechte Schotenfrucht mit Schnabelfortsatz.

STANDORT UND VERBREITUNG Brachland. Gesamte Mittelmeerregion.

SILBERBLATT, GARTEN-

Lunaria annua Kreuzblütengewächse

SAMMELN UND ZUBEREITEN Die ganze Pflanze ist als essbar beschrieben. Sie könnte beispielsweise als Beigabe zu Salaten oder Gemüsegerichten verwendet werden.

MERKMALE 30–100 cm hoch, einjährig. Große Ähnlichkeit mit dem Wilden Silberblatt. Aber: die oberen Blätter ungestielt, Blüten meist purpurn, Blütezeit April–Juni. Früchte kreisrund bis oval.

STANDORT UND VERBREITUNG Wegränder, Schuttplätze. Herkunft Südosteuropa. In weiten Teilen Europas kultiviert und gelegentlich verwildert.

SILBERBLATT, WILDES

Lunaria rediviva Kreuzblütengewächse

SAMMELN UND ZUBEREITEN Die Pflanze ist als essbar beschrieben. Ihre Blätter könnte man beispielsweise roh in Salaten oder gegart in Gemüsegerichten verwenden.

MERKMALE 30–140 cm hoch, Staude. Untere Blätter herzförmig, gezähnt, fast gegenständig, gestielt, obere Blätter eiförmig bis lanzettlich, gestielt. Blüten helllila bis weiß, duftend. Blütezeit Mai–Juli. Früchte lanzettlich-scheibenförmig, an beiden Enden spitz, an dünnen Stielen, aufrecht oder hängend.

Wildes Silberblatt

STANDORT UND VERBREITUNG Braucht frische, nährstoffreiche Böden in luftfeuchter, schattiger Lage, besiedelt Schlucht- und Bergwälder. Fast ganz Europa.

SILBERDISTEL

Carlina acaulis — Korbblütengewächse

SAMMELN UND ZUBEREITEN »Jägerbrot« oder »Alpenkas« sind Volksnamen der Silberdistel, denn der fleischige Blütenboden wurde früher in Bergregionen gerne gegessen. Heute genießt man ihn immer noch in Salaten und Vorspeisen, roh oder wie Artischockenböden gekocht. Die jungen Blätter sind Basis für feine Gemüsegerichte, die Wurzeln ergeben gekocht ein kräftiges Wintergemüse. Junge Blätter nutzt man von April bis Juni, Blütenböden von Juli bis September und die Wurzeln im Herbst und Winter. Doch Vorsicht: Die Silberdistel ist als Wildpflanze in manchen Regionen Europas geschützt. Wildkräuterköche greifen hier bitte nur auf Pflanzen aus Kulturen zurück.
MERKMALE 5–40 cm hoch, Staude. Stängel sehr kurz, meist filzig behaart. Blätter grundständig, rosettig gehäuft, silbergrau, dornig und tief eingeschnitten. Großer Blütenkopf, der außen von stacheligen und innen von silbrigen, schmalen Hüllblättern umgeben ist. Blütezeit Juli–September. Dicke, rötliche Pfahlwurzel.
STANDORT UND VERBREITUNG Sonnige Magerrasen, helle Wälder, gerne auf kalkreichen Böden. Gebirge Mittel- und Südeuropas bis in Höhenlagen von etwa 2600 m. Geschützt.

SILBERGRAS, GRAUES

Corynephorus canescens — Süßgräser

SAMMELN UND ZUBEREITEN Die ab September reifen Samen sind als essbar beschrieben. Denkbar ist eine Verwendung als Kaffee-Ersatz oder als Keimsaat.
MERKMALE 10–35 cm hoch, mehrjähriges Gras. Blätter graugrün, borstenförmig zusammengerollt, etwa 6 cm lang, rau. Rispe schmal-länglich, bis 12 cm lang, zur Blütezeit ausgebreitet, sonst zusammengezogen. Ährchen grünlich, rötlich überlaufen, 3–4 mm lang, 2-blütig. Deckspelze mit an der Spitze keulenförmig verdickter Granne und einem Haarkranz etwa in der Mitte. Blütezeit Juni–August.
STANDORT UND VERBREITUNG Typischer Bewohner von Sandgebieten, zu finden auf Dünen der Küstenregion, in trockenen Heidegebieten und auf sandigen Ruderalflächen. Mittel-, West- und nördliches Osteuropa.

SILBERKRAUT

Lobularia maritima — Kreuzblütengewächse

SAMMELN UND ZUBEREITEN Die Pflanze ist als essbar beschrieben. Denkbar ist beispielsweise eine Verarbeitung ihrer Blätter roh in Salaten oder gegart in Gemüsegerichten.
MERKMALE 10–30 cm hoch, Staude, graugrün bis silbergrau behaart. Stängel liegend bis aufsteigend, von Grund an verzweigt. Keine Grundblattrosette. Stängelblätter wechselständig, schmallanzettlich, ganzrandig. Blüten weiß oder rosa bis violett. Blütezeit Juni–September.

Silberkraut

STANDORT UND VERBREITUNG An Weg- und Straßenrändern, auf Schuttplätzen, Ödland. Als Zierpflanze kultiviert und gelegentlich verwildert. Herkunft westliches Mittelmeergebiet.

SILBERWURZ

Dryas octopetala — Rosengewächse

SAMMELN UND ZUBEREITEN Volksnamen wie »Kaisertee« oder »Schwizertee« verweisen schon auf die Nutzung der Pflanze. Aus ihren von April bis Juni gesammelten und anschließend getrockneten Blättern wird ein Tee aufgebrüht, den die Volksmedizin wegen seiner appetitanregenden und verdauungsfördernden Wirkung schätzt.

Silberwurz

MERKMALE 2–10 cm hoch, kriechender Zwergstrauch. Stängel liegend. Blätter oval, gestielt, immergrün, oben dunkelgrün und glänzend, unten weißfilzig, am Rand stumpf gezähnt, umgerollt. Blüten weiß. Blütezeit Mai–August.
STANDORT UND VERBREITUNG Steinige Rasen, Felsschutt, zwischen 1200 und 2500 m Höhe. Gebirge Mittel- und Südeuropas, Nordeuropa.

SIMSE, WALD-

Scirpus sylvaticus — Sauergräser

SAMMELN UND ZUBEREITEN Die ab September reifen Samen sind als essbar beschrieben. Denkbar ist eine Verwendung als frische Samen mit nussigem Geschmack, getrocknet und geröstet als Kaffee-Ersatz.
MERKMALE 30–100 cm hoch, mehrjähriges Gras. Stängel aufrecht bis überhängend, 3-kantig, beblättert. Blätter flach, 1–2 cm breit, am Rand rau, mit 3-kantiger Blattspitze. An der Basis des Blütenstands entspringen 1–3 Hochblätter, die den Blütenstand meist nicht überragen. Blütenstand endständig, reich verzweigt und ausladend, mit zahlreichen 3–4 mm langen, graugrünen, vielblütigen Ährchen. Blütezeit Mai–August.
STANDORT UND VERBREITUNG Nasse, nährstoffreiche Sümpfe, Wiesen, Auwälder. Fast ganz Europa, fehlt in Südeuropa.

SKABIOSE, TAUBEN-

Scabiosa columbaria — Kardengewächse

Tauben-Skabiose

SAMMELN UND ZUBEREITEN Von April bis Juni gesammelte Blätter können roh in Salaten und gegart in Gemüsegerichten verwendet werden. Die ähnliche Glänzende Skabiose *(Scabiosa lucida)*, eine Pflanze mittel- und südeuropäischer Bergwiesen und steiniger Hänge, wird in gleicher Weise verwendet.
MERKMALE 20–70 cm hoch, Staude. Stängel aufrecht, meist mehrfach verzweigt. Grundständige Blätter meist ungeteilt, stumpf gezähnt, Stängelblätter gegenständig, 1- bis 2-fach fiederteilig. Halbkugeliger, schirmartiger Blütenstand, vergrößerte Randblüten, Krone der Randblüten lila bis violett, mit 5 ungleichen Zipfeln, Hüllblätter schmallanzettlich, Kelch mit dunkelbraunen bis schwarzen Borsten. Blütezeit Juni–Oktober.
STANDORT UND VERBREITUNG Wächst in sonnigen Magerwiesen, in warmen Moorwiesen, hellen Kiefernwäldern und an sonnigen Wegrainen. Sie bevorzugt magere, mäßig trockene, meist kalkhaltige, lockere Lehmböden. Auf gedüngten Böden gedeiht sie nicht, ebenso wenig in intensiv genutzten Wiesen. Sie ist eine tief wurzelnde Lichtpflanze. Südskandinavien, Mittel- und Südeuropa.

SODE, STRAND-

Suaeda maritima — Gänsefußgewächse

SAMMELN UND ZUBEREITEN Von April bis Juli gesammelte Blätter und Triebe können roh in Salaten oder gekocht in Gemüsegerichten verarbeitet werden. Da sie ausgesprochen bitter schmecken, ist es sinnvoll, sie mit milderen Wildkräutern zu kombinieren oder vor der Verwendung durch Wässern zu entbittern. Junge Samen, gesammelt von August bis September, nimmt man als würzende Beigabe zu Eingelegtem. Reife Samen werden getrocknet und zu Mehl vermahlen, das gemischt mit Getreidemehl zum Backen verwendet werden kann.

Strand-Sode

MERKMALE 10–50 cm hoch, einjährig, blaugrün, oft rot überlaufen. Blätter linealisch, fleischig, die unteren oft gegenständig, die oberen immer wechselständig. Blüten klein, grünlich. Blütezeit Juli–September. Frucht halbkugelig, schwach niedergedrückt, ohne Hautsaum.
STANDORT UND VERBREITUNG Auf salzhaltigen Schlickböden an den Küsten Europas, auch an Salzstellen im Binnenland.

SONNENBLUME

Helianthus annuus Korbblütengewächse

SAMMELN UND ZUBEREITEN Aus Sonnenblumenkernen gewinnt man ein gelbliches, leicht bitteres Öl. Entbittert wird es als Speiseöl verwendet. Sonnenblumenöl eignet sich nicht nur als Salatöl. Es kann problemlos auch stark erhitzt und zum Braten, Backen, Grillen und Frittieren verwendet werden. Wegen seines Gehaltes an ungesättigten Fettsäuren gilt es als wertvolles Speiseöl. Sein Konsum hilft, Arteriosklerose vorzubeugen. Doch ehe die Sonnenblume zur Ölfrucht wurde, nahm man die Kerne für Backwaren und geröstet als Ersatz für Kaffee und Trinkschokolade. In Brot, Kuchen, Gebäck, Müslis, Auflauf- und Gemüsegerichten werden Sonnenblumenkerne auch heute noch gerne verwendet. Getrocknet und geröstet schmecken sie als Knabberei. Sonnenblumenkeimlinge isst man roh in Salaten, junge Blütenköpfe kocht man wie Artischocken. Die Blütenblätter sind schmückender Bestandteil von Teemischungen. Junge, von April bis Juni gesammelte Blätter genießt man roh in Salaten oder gekocht in Gemüsegerichten.

Sonnenblume

MERKMALE 1–2,5 m hoch, einjährig. Unterste Stängelblätter gegenständig, die übrigen wechselständig, alle herz- bis eiförmig, spitz gezähnt. Blütenköpfe meist einzeln am Ende des Stängels, tiefgelbe Zungenblüten am Rand, braungelbe Röhrenblüten in der Mitte. Blütezeit Juli–September. Früchte 8–15 mm lang, grau, oft schwarz gestreift.

STANDORT UND VERBREITUNG Schuttplätze, Bahndämme, Wegränder. Herkunft Nordamerika, in Europa aus Gärten verwildert.

Sonnenblumenblütenblätter haben einen mildnussigen Geschmack. Sie geben Brot und Pastagerichten Farbe und Aroma und eignen sich auch als Zutat für Salate.

SONNENHUT, SCHLITZBLÄTTRIGER

Rudbeckia laciniata Korbblütengewächse

SAMMELN UND ZUBEREITEN Sehr junge, allenfalls bis zum Beginn der Blütezeit gesammelte Blätter und Stängel sind in kleinen Mengen als Beigabe zu Kochgemüsegerichten zu verwenden.

MERKMALE 50–200 cm hoch, Staude. Blätter wechselständig, untere einfach bis doppelt fiederteilig mit lanzettlichen Abschnitten und Stielen, mittlere und obere sitzend, tief 3-spaltig, Mittelabschnitt oft nochmals tief geteilt. Blütenköpfe aus gelben Zungenblüten und grünlich braunen Röhrenblüten. Blütezeit Juli–Oktober.

STANDORT UND VERBREITUNG Ufer, Auwälder, Schuttplätze, gartennahes Ödland. Herkunft Nordamerika, in Europa vielfach kultiviert und verwildert.

SONNENRÖSCHEN, ALPEN-

Helianthemum alpestre Zistrosengewächse

SAMMELN UND ZUBEREITEN Die Blüten verwendet man als essbare Dekoration. Sie passen zu Obst- und anderen Salaten oder kandiert zu Süßspeisen.

Alpen-Sonnenröschen

MERKMALE 10–20 cm hoch, Halbstrauch. Stängel liegend bis aufsteigend, dicht verzweigt, am Grund verholzt. Blätter gegenständig, oval bis schmal-lanzettlich, am Rand und auf den Adern der Blattoberseite borstige Haare. Gelbe Blüten. Blütezeit Mai–September.

STANDORT UND VERBREITUNG Alpine Rasen, Felsschutt. Häufige Zierpflanze für Steingärten und Trockenmauern. Gebirge Mittel- und Südeuropas.

SPARGEL

SAMMELN UND ZUBEREITEN Spargel hat einen unvergleichlichen, typischen, leicht bitteren Eigengeschmack. Wilder oder verwilderter Spargel kommt dem Kulturspargel geschmacklich recht nahe, hat aber zusätzlich eine leicht säuerliche Note. In der Zubereitung sind der Fantasie keine Grenzen gesetzt. Von April bis Mai geerntete junge Sprosse lassen sich geschält zu Suppen, Gemüsegerichten, Salaten und Aufläufen verarbeiten, man kann sie gebraten, im Risotto, zusammen mit Ricotta und Walnüssen zur Pasta oder mit Meeresfrüchten, roh wie gekocht genießen. Die in den Beeren enthaltenen Samen erntet man im August. Sie eignen sich getrocknet und geröstet als Kaffee-Ersatz. Die Beeren selbst gelten als unbekömmlich, sie können Magenbeschwerden und Übelkeit auslösen.

SPARGEL, GEWÖHNLICHER

Asparagus officinalis Liliengewächse

SAMMELN UND ZUBEREITEN Angaben dazu bei der Gattung Spargel.
MERKMALE Verwildert bis 100 cm hoch, in Kultur bis 150 cm, Staude. Nadelförmige Scheinblätter zu 3–8 in Büscheln in den Achseln häutiger Schuppenblätter, 5–20 mm lang. Blüten einzeln oder zu zweit an dünnen, nahe der Mitte gegliederten Stielen hängend, glockig, weißlich bis blassgelb. Blütezeit Mai–Juni. Frucht eine 3-fächrige, rote Beere mit ca. 8 mm Durchmesser.
STANDORT UND VERBREITUNG Eine alte Kultur- und Zierpflanze. Verwildert in Trockenwiesen, Sandrasen, an Schuttplätzen und Flussufern.

Gewöhnlicher Spargel

SPARGEL, SPITZBLÄTTRIGER

Asparagus acutifolius Liliengewächse

SAMMELN UND ZUBEREITEN Im Mittelmeergebiet kann aufgrund der günstigen klimatischen Bedingungen die Suche nach Wildspargel schon im Februar beginnen. Auf Sardinien wird dieser, vielleicht geschmacksintensivsten aller Spargelarten im Frühling sogar ein Fest gewidmet, die »Sagra del asparago selvatico«. Für die Zubereitung gelten die unter der Gattung Spargel gemachten Angaben. Am besten kommt der besondere Geschmack des Spitzblättrigen Spargels aber zur Geltung, wenn er ganz einfach zubereitet wird: mit dem Saft einer Limette, Salz und ein wenig schwarzem Pfeffer und mit gutem Olivenöl. Ebenfalls ein kletternder Halbstrauch mit nadelförmigen, spitzigen Scheinblättern ist der Blattlose Spargel *(Asparagus aphyllus)*, der in südeuropäischen Busch- und Waldformationen trockener Lagen wächst. Er wird wie unter der Gattung Spargel dargestellt verwendet. Auf sandigen Böden in Küstennähe wächst im Mittelmeergebiet der Meer-Spargel *(Asparagus maritimus)*. Auch er kann wie unter der Gattung Spargel dargestellt genutzt werden.
MERKMALE 40–100 cm hoch, kletternder Halbstrauch mit weißlichen oder grauen, verholzten Zweigen. Büschel von 5–30 und mehr nadelförmigen, 2–8 mm langen Scheinblättern in den Achseln kleiner, schuppenförmiger Blättchen. Blüten gestielt, gelblich grün, mit glockiger, 6-teiliger Blütenhülle. Blütezeit Juli–Oktober. Kugelige, zunächst rote, dann schwarze Beeren.
STANDORT UND VERBREITUNG Wälder, Macchien, Garrigues. Mittelmeergebiet, Kanaren.

Spitzblättriger Spargel

SPARGEL, ZARTBLÄTTRIGER

Asparagus tenuifolius Liliengewächse

SAMMELN UND ZUBEREITEN Angaben dazu bei der Gattung Spargel.
MERKMALE Ähnlich wie *A. officinalis*, aber Scheinblätter haarfein, zu 10–25 in den Achseln von kleinen Schuppenblättern, bis 3 cm lang. Blütenstiele unmittelbar unter der Blüte gegliedert. Fruchtdurchmesser 12–16 mm.
STANDORT UND VERBREITUNG Felsige Südhänge. Hauptverbreitung in Südosteuropa.

SPARGELBOHNE, GELBE

Tetragonolobus maritimus

Schmetterlingsblütengewächse

SAMMELN UND ZUBEREITEN Die jungen, zarten Hülsen werden gepflückt, wenn sie etwa 2–3 cm lang sind, auf jeden Fall vor Bildung der Samenkerne. Später sind sie sehr hart. Zubereitet wie Zuckererbsen ergeben sie ein feines, im Geschmack ein wenig an Spargel erinnerndes Gemüse.

MERKMALE 5–25 cm hoch, Staude. Blätter blaugrün, bestehen aus 5 ovalen, ein wenig fleischigen Teilblättchen, das untere Paar von den anderen deutlich abgesetzt, kleiner und nahe am Stängel. Blüten hellgelb. Blütezeit Mai–Juli. Hülsenfrucht mit 4 geflügelten Kanten.

STANDORT UND VERBREITUNG Moorwiesen, Flussufer, Gräben, Kiesgruben. Mittel- und Südeuropa.

Gelbe Spargelbohne

SPARGELBOHNE, ROTE

Tetragonolobus purpureus

Schmetterlingsblütengewächse

SAMMELN UND ZUBEREITEN Die jungen, zarten, geschmacklich an Spargel erinnernden Hülsen werden wie Zuckererbsen gekocht und dann als Salat oder Buttergemüse gegessen, als Suppeneinlage oder in Aufläufen verwendet. Sehr junge Blätter der Spargelbohne können Salaten beigegeben werden. In Deutschland wird die Pflanze auch »Kaffee-Erbse« genannt, denn ihre dunkelbraunen Samen wurden früher getrocknet und als Kaffee-Ersatz geröstet.

MERKMALE 10–40 cm hoch, einjährig. Stängel samtig behaart. Blätter blaugrün, 5-zählig, Teilblättchen breit-eiförmig, die beiden unteren deutlich abgesetzt, kleiner und nahe am Stängel. Blüten einzeln oder zu zweit an langen Stielen, rot. Blütezeit März–Juni. Hülsenfrucht mit 4 gewellten Flügeln. Samen braunviolett.

STANDORT UND VERBREITUNG Kulturland, Olivenhaine, Wegränder, Böschungen. Früher als Gemüsepflanze angebaut. Südeuropa.

SPARK, ACKER-

Spergula arvensis

Nelkengewächse

SAMMELN UND ZUBEREITEN Die jungen, vor der Blütezeit gesammelten Triebe eignen sich als Beigabe zu Salaten und Gemüsegerichten. Die ab September reifen Samen ergeben Mehl, das, gestreckt mit Getreidemehl, zum Backen verwendet werden kann. In Lappland hat man die Samen früher als Getreidebeimischung verwendet.

MERKMALE 10–60 cm hoch, einjährig. Stängel drüsig behaart. Blätter quirlartig angeordnet, schmallinealisch, unterseits mit einer Längsfurche. Blüten in lockeren, gabelig verzweigten Blütenständen, gestielt, 5 weiße Blütenblätter. Blütezeit Juni–September. Fruchtkapsel etwa 5 mm lang. Samen schwarz, mit sehr schmalem Hautrand.

STANDORT UND VERBREITUNG Auf kalkarmen Sandböden in Feldern, an sandigen Wegrainen, auf Ödland. Europa.

SPEIERLING

Sorbus domestica

Rosengewächse

SAMMELN UND ZUBEREITEN Speierlingsbirnen enthalten vor der vollen Reife hohe Gerbstoffmengen. Diese Gerbstoffe lassen frisch gepflückte Früchte zunächst fast ungenießbar erscheinen. Die Früchte schmecken erst, wenn sie braun verfärbt vom Baum fallen. Je nach Standort ist das ab Mitte September der Fall. Pflückt man sie, müssen sie nach der Ernte noch Tage, manchmal Wochen nachreifen. Erst dann schmecken sie süß und aromatisch. Und erst dann sollte man sie roh genießen oder zu Marmelade, Fruchtmus, Kuchen oder Trockenobst verarbeiten. Unreife Früchte können süßsauer eingelegt werden, nur leicht nachgereifte verkocht man zu Chutneys. Außerdem sind Speierlings-

früchte unverzichtbar für Apfelmost und Apfelsaft – sie machen diese haltbarer und aromatischer.
MERKMALE 3–15 m hoch, sommergrüner Baum mit kurzem Stamm und kräftigen Ästen. Blätter wechselständig, unpaarig gefiedert, 13–21 Teilblättchen, diese länglich-eiförmig, oben dunkelgrün, unten heller, nur im vorderen Bereich am Rand deutlich gesägt. Weiße Blüten in kegelförmigen Blütenständen. Blütezeit Mai–Juni. Früchte birnen- oder apfelförmig, zunächst grün, bei Reife dunkelgelb bis braunrot. Fruchtreife September bis Oktober.
STANDORT UND VERBREITUNG Eichenmischwälder, Waldränder und Gebüsche. Mittel- und Südeuropa.

Speierling

Obstkonfekt aus Speierlingen ist eine Delikatesse. Man köchelt vollreife Früchte so lange, bis ein dickflüssiges Mus entstanden ist, streicht dieses auf ein Backblech und trocknet es im Backofen bei 50–60 °C und leicht geöffneter Tür. Den fertigen Fruchtkuchen schneidet man in kleine Rauten, die man als Konfekt nascht.

SPIERSTRAUCH, BILLARDS

Spiraea billardii Rosengewächse

SAMMELN UND ZUBEREITEN Bis zur Blütezeit verarbeitet man junge Blätter in Gemüsegerichten.
MERKMALE Bis zu 2 m hoch, Strauch. Blätter sehr kurz gestielt, lanzettlich, gesägt, unterseits dünn filzig. Aufrechte Blütenrispe, Blüten rosa. Blütezeit Juni–Juli.
STANDORT UND VERBREITUNG Bachufergebüsche. Zierstrauchhybride, gelegentlich verwildert, Herkunft Nordamerika.

SPORNBLUME, ROTE

Centranthus ruber Baldriangewächse

SAMMELN UND ZUBEREITEN In Mitteleuropa findet man diese Blume in Bauerngärten. In Frankreich und Italien isst man die sehr jungen, intensiv bitteren Blättchen entweder roh in Salaten oder kurz blanchiert. Geerntet wird bevor sich der Blütenstängel entwickelt. Auch Blüten und Blütenknospen verwendet man in Salaten. Die Wurzel, die wie ein großer Rettich aussieht, ist in kleinen Mengen eine bitteraromatische Beigabe zu Suppen. Medizinisch nutzt man sie bei nervösen Störungen.

Rote Spornblume

MERKMALE 30–80 cm hoch, Staude. Grundständige Blätter breit-eiförmig, gestielt, ganzrandig oder schwach gezähnt, blaugrün bereift. Stängelblätter gegenständig, eiförmig bis lanzettlich, etwas kleiner als die Grundblätter, mit verschmälertem Grund sitzend. Rosarote Blüten, Blütenkrone mit dünnem Sporn und einem herausragenden Staubblatt.
STANDORT UND VERBREITUNG Felsspalten, Felsschutt, Mauern. Mittelmeergebiet, in Mittel- und Westeuropa Zierpflanze und vielfach verwildert.

SPURRE

Holosteum umbellatum Nelkengewächse

SAMMELN UND ZUBEREITEN Die Blätter verarbeitet man zu spinatähnlichen Gemüsegerichten.
MERKMALE 5–40 cm hoch, einjährig. Bläulich grün. Grundblattrosette aus eiförmigen Blättern. Am Stängel nur 1–3 Paare gegenständiger Stängelblätter. Blüten weiß oder zartrötlich überlaufen. Blütezeit März–Mai.
STANDORT UND VERBREITUNG Felder, Brachland, sandige Böden. Mittel- und Südeuropa.

STACHELBEERE

Ribes uva-crispa Stachelbeerengewächse

SAMMELN UND ZUBEREITEN Die saftigen, vitaminreichen Beeren isst man frisch als Obst, sie schmecken aber genauso gut zu Marmeladen, Süßspeisen, Most, Saft, Likör, Schnaps und Wein verarbeitet, auch als Belag auf Obstkuchen und im Rumtopf. Getrocknete Früchte brüht man als Tee auf. Junge Stachelbeerblätter lassen sich fein gehackt als Salatzutat und aromatische Salatsoßenwürze verwenden.
MERKMALE 50–150 cm hoch, buschiger Strauch. Zweige graubraun, dicht mit Stacheln besetzt. Blätter wechselständig, 3- bis 5-lappig, behaart, gestielt, Blattrand rundlich gezähnt. Blüten gelbgrün. Blütezeit April–Mai. Grüne, gelbe oder rötliche, durchscheinende Beerenfrüchte, bis zu 2 cm groß. Fruchtreife Juli–August.
STANDORT UND VERBREITUNG Auwälder, Waldränder, Gebüsche. In vielen Formen in Gärten gepflanzt. Fast ganz Europa, im Süden in den Gebirgen.

STECHWINDE

Smilax aspera Liliengewächse

SAMMELN UND ZUBEREITEN Die sehr jungen Sprosse werden wie Wildspargel zubereitet und gegessen. Bereits die Römer schätzten dieses Gemüse.
MERKMALE Immergrüner, kletternder Halbstrauch. Stängel zickzackförmig, an der Basis verholzt, mit hakigen Stacheln besetzt, meist nicht über 5 m lang, kann aber in seltenen Fällen auch Längen bis zu 15 m erreichen. Blätter sehr variabel, schmal bis breit herzoder spießförmig, bis 10 cm lang, ledrig, glänzend, am Rand rau. Am Grund des Blattstiels 2 Ranken. Blüten duftend, weiß oder blassrosa. Blütezeit August–November.
STANDORT UND VERBREITUNG Macchien, Wälder. Mittelmeergebiet.

Stechwinde

STEIFGRAS

Catapodium rigidum Süßgräser

SAMMELN UND ZUBEREITEN Die ab September reifen Samen sind als essbar beschrieben. Lässt man sie in feuchter Atmosphäre keimen, erhält man vitaminreiche Sprossen für Salate und Butterbrote.
MERKMALE 2–30 cm hoch, einjähriges Gras. Blätter bis 14 cm lang und 2 mm breit, auf der Oberseite und an den Rändern rau, allmählich zugespitzt. Blütenstand eine bis 10 cm lange einseitige Rispe, Rispenäste 2-zeilig, schräg aufwärts gerichtet. Ährchen 5–8 mm lang, flach, 5- bis 11-blütig. Blütezeit Mai–Juli.
STANDORT UND VERBREITUNG Wegränder, trockene Schuttplätze, Mauern. Hauptsächlich Mittelmeergebiet und Westeuropa. In Mitteleuropa sehr selten.

STEINBEERE, FELSEN-HIMBEERE

Rubus saxatilis Rosengewächse

SAMMELN UND ZUBEREITEN Diese ab August reifen, etwas säuerlichen, im Geschmack an Johannisbeeren erinnernden Früchte können zu Marmelade und Gelee, Kompott, Saft, Sirup, Wein und Likör verarbeitet werden. Auch als Belag auf Obstkuchen bieten sie sich an. Getrocknet kann man sie für eine spätere Verarbeitung beispielsweise zu Tee aufbewahren. Von April bis Juli gesammelte Blätter der Steinbeere passen gut in Hausteemischungen.

Steinbeere

MERKMALE 10–30 cm hoch, Staude. Stängel krautig, nicht verholzt, mit feinen Stacheln bestanden, nicht blühende liegend, blühende aufrecht. Blätter lang gestielt, 3-teilig, Teilblätter beiderseits grün, Blattrand gezähnt. Weiße Blüten. Blütezeit Mai–Juni. Frucht hellrot.
STANDORT UND VERBREITUNG Mischwälder, Gebüsche. Europa, im Süden in den Gebirgen.

STEINBRECH, DREIFINGER-

Saxifraga tridactylites Steinbrechgewächse

SAMMELN UND ZUBEREITEN Bis zum Beginn der Blütezeit kann man Blätter und Triebe in Salaten und Gemüsegerichten verarbeiten.
MERKMALE 2–15 cm hoch, einjährig. Blätter wie der Stängel drüsig-klebrig, spatelförmig oder 3- bis 5-lappig, die grundständigen in einer rasch welkenden Rosette. Blüten weiß, 5-zählig, Blütezeit April–Juni.
STANDORT UND VERBREITUNG Steinige Orte, Mauern, Kiesdächer, Pflasterfugen. Fast ganz Europa.

STEINBRECH, KNÖLLCHEN-

Saxifraga granulata Steinbrechgewächse

SAMMELN UND ZUBEREITEN Hildegard von Bingen und Paracelsus erwähnen den Knöllchen-Steinbrech als Mittel gegen Steinleiden der Nieren und der Blase. Diese alte Volksheilpflanze ist auch heute noch in Gebrauch. Von April bis Mai gesammelte Blätter werden in kleinen Mengen als Tee aufgebrüht.
MERKMALE 15–40 cm hoch, Staude. Grundblätter und untere Stängelblätter rundlich-nierenförmig, lang gestielt, tief gekerbt bis gelappt. Blüten weiß. Blütezeit April–Mai.
STANDORT UND VERBREITUNG Magere Wiesen, Böschungen, Waldrandnähe. Fast ganz Europa. Geschützt.

STEINKLEE, ECHTER

Melilotus officinalis Schmetterlingsblütengewächse

SAMMELN UND ZUBEREITEN Der angenehme Waldmeisterduft des Echten Steinklees beruht auf Cumarinverbindungen, die beim Trocknen Cumarin freisetzen. Da dieser Stoff bei zu reichlichem Genuss Kopfschmerzen verursachen kann, sollte man Steinklee stets sparsam verwenden. Die getrockneten Blätter der Pflanze sind traditionelles Gewürz für Gruyère-Käse. Vor der Blütezeit gesammelt, können sie frisch unter Salate gemischt werden. Steinkleeblüten werden von Juni bis August gesammelt, im Schatten getrocknet und anschließend zum Aromatisieren von Limonaden, Bowlen, Weinen und Likören verwendet, aber auch zum Würzen von Käse und Quark, sogar von Wild und Fisch. Süßspeisen bekommen eine ungewohnte Note, wenn man eine kleine Handvoll Steinkleeblüten kurz in Milch aufkocht und diese Milch dann weiterverarbeitet, beispielsweise zu einem Steinklee-Vanillepudding. Getrocknet und pulverisiert ergeben Blätter und Blüten eine Art Mehl, das vermischt mit Getreidemehl zum Backen verwendet werden kann. Die fein gewiegten Samenkapseln ergeben gemischt mit Frischkäse einen ungewöhnlichen Brotaufstrich. Auch die von September bis in den Winter geernteten und anschließend getrockneten Wurzeln können in kleinen Mengen als Gewürz genutzt werden.

Echter Steinklee

MERKMALE 30–100 cm hoch, zweijährig. Stängel kantig. Blätter wechselständig, kleeartig 3-teilig, Teilblättchen oval, am Rand gezähnt. Gelbe, nach Honig duftende Blüten in langen, hängenden Blütenständen. Blütezeit Juni–August. Frucht eine hängende Hülse mit deutlichen Quernerven, reif braun, meist 1-samig.
STANDORT UND VERBREITUNG Weg- und Feldränder, Schuttplätze, Kiesgruben, auch an Bahndämmen. Europa.

Einen bekömmlichen Schlaftee erhält man, wenn man getrocknete Steinklee-, Weißdorn- und Lavendelblüten zusammen mit einigen Blättern Zitronenmelisse mischt, das Ganze mit heißem Wasser überbrüht und etwa 10 Minuten ziehen lässt.

STEINKLEE, GEZÄHNTER

Melilotus dentatus Schmetterlingsblütengewächse

SAMMELN UND ZUBEREITEN Frische, vor der Blütezeit gesammelte Blätter nutzt man als Beigabe zu Salaten. Die getrockneten Blüten nimmt man vermischt mit Getreidemehl zum Backen.

MERKMALE 20–80 cm hoch, ein- bis zweijährig. Stängel aufsteigend oder aufrecht, kantig. Meist von Grund an verzweigt. Blätter 3-teilig, Teilblättchen schmal-lanzettlich, gezähnt. Hellgelbe, fast duftlose Blüten in ährenartigen Trauben. Blütezeit Juli–September. Frucht eiförmig, um 5 mm lang, glatt.

STANDORT UND VERBREITUNG Braucht zeitweise feuchten, etwas salzhaltigen Boden. Besiedelt Salzwiesen und die Umgebung von Salinen im Binnenland. Hauptverbreitungsgebiet in Osteuropa.

STEINKLEE, HOHER

Melilotus altissimus Schmetterlingsblütengewächse

SAMMELN UND ZUBEREITEN Blüten und Blätter verleihen zahlreichen Speisen ein feines Vanillearoma. Ihr kulinarisches Einsatzgebiet ist vergleichbar dem des Echten Steinklees (siehe S. 291).

MERKMALE Bis zu 1,5 m hoch, zweijährig. Stängel aufrecht, strauchig verzweigt. Blätter 3-teilig, Teilblättchen schmal-oval bis lanzettlich, am Rand gesägt. Gelbe Blüten zu 20–60 in ährenartigen Trauben. Blütezeit Juli–September. Frucht 3–5 mm lang, kurz anliegend behaart, mit netzartigen Rippen, meist 2-samig.

STANDORT UND VERBREITUNG Braucht zeitweise feuchten Boden, besiedelt Fluss- und Bachufer, feuchte Schuttplätze, Ränder feuchter Gebüsche. Fast ganz Europa.

STEINKLEE, KLEINBLÜTIGER

Melilotus indicus Schmetterlingsblütengewächse

SAMMELN UND ZUBEREITEN Frische, vor der Blütezeit gesammelte Blätter nutzt man als Beigabe zu Salaten. Die getrockneten Blüten nimmt man vermischt mit Getreidemehl zum Backen.

MERKMALE 10–50 cm hoch, einjährig. Blätter 3-teilig, Teilblättchen lanzettlich, gezähnt. Gelbe Blüten zu 10–60 in ährenartigen Trauben. Blütezeit Juni–August. Frucht fast rund, 2–3 mm im Durchmesser, mit undeutlichen netzartigen Rippen, 2-samig.

STANDORT UND VERBREITUNG Trockene Schuttplätze, Bahnareale, Hafenanlagen. Herkunft Mittelmeergebiet, heute europaweit verschleppt.

STEINKLEE, WEISSER

Melilotus albus Schmetterlingsblütengewächse

SAMMELN UND ZUBEREITEN Auch diese Pflanze duftet wegen ihres Cumaringehalts getrocknet nach Waldmeister. Ihre vor der Blütezeit gesammelten Blätter passen in kleinen Mengen frisch in Salate. Mit den Blüten werden Süßspeisen und Getränke, aber auch Fisch und Wild aromatisiert. Getrocknet und pulverisiert nimmt man sie zum Strecken von Getreidemehl.

Weißer Steinklee

MERKMALE 30–120 cm hoch, ein- bis zweijährig. Blätter 3-teilig, Teilblättchen gestielt, oval, am Rand gezähnt. Weiße Blüten. Blütezeit Juni–September. Frucht eiförmig, mit netzartigen Rippen, meist 4-samig.

STANDORT UND VERBREITUNG Trockenes Ödland, Bahngelände, Steinbrüche. Fast ganz Europa.

STEINKRAUT, BERG-

Alyssum montanum Kreuzblütengewächse

SAMMELN UND ZUBEREITEN Die Pflanze ist als essbar beschrieben. Denkbar ist eine Verarbeitung ihrer von März bis Mai gesammelten Blätter und Triebe roh in Salaten oder gegart in verschiedenen Gemüsegerichten. Gleiches gilt für das verwandte Kelch-Steinkraut *(Alyssum alyssoides)*, eine Pflanze, deren Hauptverbreitung im Mittelmeergebiet liegt und die sich in Mitteleuropa nur an warmen Standorten behaupten kann.

MERKMALE 10–20 cm hoch, Staude. Stängel graugrün oder grau. Blätter schmal-lanzettlich, ganzran-

Kelch-Steinkraut

dig, beiderseits graugrün. Blüten goldgelb. Blütezeit März–Mai.
STANDORT UND VERBREITUNG Steinige Hänge, Felsen. Mittel- und Südeuropa. Geschützt.

STEINKRESSE

Hornungia petraea Kreuzblütengewächse

SAMMELN UND ZUBEREITEN Die Pflanze ist als essbar beschrieben. Denkbar ist beispielsweise eine Verarbeitung ihrer jungen, von April bis Mai gesammelten Blätter und Triebe roh in Salaten oder gegart in Gemüsegerichten.
MERKMALE 2–15 cm hoch, einjährig. Blätter fiederteilig, die Grundblätter in einer Rosette und gestielt, die Stängelblätter sitzend. Blüten weiß. Blütezeit April–Juni.
STANDORT UND VERBREITUNG Vor allem an kalkreichen, trockenen Standorten wie Felsen, Mauerkronen, Erdanrissen. Hauptverbreitung im Mittelmeergebiet.

STEINQUENDEL, ACKER-

Acinos arvensis Lippenblütengewächse

SAMMELN UND ZUBEREITEN Ein Würzkraut, dessen Blüten im Duft an wilden Thymian erinnern. Frisch oder getrocknet werden sie auch ähnlich wie Thymian verwendet, beispielsweise zum Würzen von Fleisch, Gemüse, Bratkartoffeln, ja selbst von Pilzen und Meeresfrüchten. Eine besondere Note verleihen sie Marmeladen und Fruchtsalaten. Der verwandte Alpen-Steinquendel *(Acinos alpinus)* duftet in allen Teilen intensiv nach Minze und Thymian. In der Alpenregion wurde er traditionell zum Würzen von Käse verwendet. Die Volksmedizin empfiehlt einen Tee aus dem Kraut nach fetten Speisen zur Unterstützung der Verdauung.
MERKMALE 10–30 cm hoch, einjährig. Stängel behaart. Blätter gegenständig, oval bis lanzettlich, kurz gestielt, ganzrandig oder mit wenigen kurzen Zähnen, Rand oft nach unten umgerollt. Blüten meist zu 3 in den Achseln der oberen Blätter, kurz gestielt, violett. Blütezeit Juni–September.
STANDORT UND VERBREITUNG Steinige Hänge, Trockenwiesen, Mauern. Ursprünglich Mittelmeergebiet, heute nordwärts bis Skandinavien eingebürgert.

Acker-Steinquendel

STEINSAME, ECHTER

Lithospermum officinale Raublattgewächse

SAMMELN UND ZUBEREITEN Blätter und Samen der Pflanze werden kulinarisch genutzt, die Blätter von April bis Juni, die Samen von August bis September. Aus den getrockneten Blättern bereitet man Tee. In kleinen Mengen sind sie auch frisch in Salaten essbar. Die getrockneten Samen ergeben Mehl. Wegen der enthaltenen Pyrrolizidinalkaloide, denen bei dauerhaftem Gebrauch eine kanzerogene Wirkung zugeschrieben wird, sollte der Echte Steinsame nur sparsam verwendet werden.
MERKMALE 30–70 cm hoch, Staude. Stängel steif aufrecht, reich verzweigt, dicht beblättert, behaart. Grundblätter zur Blütezeit meist verwelkt, Stängelblätter lanzettlich, ganzrandig, sitzend, unterseits deutlich fiedernervig. Blüten weiß oder blassgelb, Blütenkrone röhrenförmig, mit ausgebreitetem Saum aus 5 eiförmigen Zipfeln. Blütezeit Mai–Juli.
STANDORT UND VERBREITUNG Warme, helle Laubwälder, Auwälder, Waldsäume. Europa.

STEINSCHMÜCKEL

Petrocallis pyrenaica Kreuzblütengewächse

SAMMELN UND ZUBEREITEN Die Pflanze ist als essbar beschrieben. Denkbar ist beispielsweise eine Verarbeitung ihrer von April bis Mai gesammelten Triebe und Blätter roh in Salaten oder gegart in Gemüsegerichten.
MERKMALE 2–8 cm hoch, Staude, wächst in dichten, kissenartigen Polstern. Stängel blattlos, besteht fast nur aus dem Blütenstand. Blätter in grundständigen Rosetten, keilförmig, höchstens 1 cm lang, in der vorderen Hälfte 3- bis 5-teilig. Blüten hellviolett, lila oder rosa, 4 Blütenblätter. Blütezeit Juni–Juli.
STANDORT UND VERBREITUNG Felsspalten, Gesteinsschutt, bevorzugt in Höhen zwischen 1700 und 3000 m. Mittel- und Südeuropa.

STEINTÄSCHEL

Aethionema saxatile Kreuzblütengewächse

SAMMELN UND ZUBEREITEN Die Pflanze ist als essbar beschrieben. Denkbar ist beispielsweise eine Verarbeitung ihrer von März bis Mai gesammelten Triebe und ihrer von April bis Juni gesammelten Blätter roh in Salaten oder gegart in Gemüsegerichten.
MERKMALE 5–20 cm hoch, Staude. Blätter eiförmig bis lanzettlich, sehr kurz gestielt, ganzrandig, blaugrün. Blüten in einer dichten Traube am Stängelende, 4 Blütenblätter, diese weiß oder rötlich. Kelchblätter mit weißem oder rötlichem Hautrand. Blütezeit April–Juli.
STANDORT UND VERBREITUNG Steinschutt, Flussgeröll. Hauptverbreitung im nördlichen Mittelmeerraum, selten auch in den Alpen und entlang der Flüsse im Alpenvorland.

Steintäschel

STERNMIERE

SAMMELN UND ZUBEREITEN Zarte Blätter und junge Triebe der Sternmieren werden vor der Blütezeit gesammelt und roh in Salaten oder gegart in Gemüsegerichten verarbeitet.

STERNMIERE, DICKBLÄTTRIGE

Stellaria crassifolia Nelkengewächse

SAMMELN UND ZUBEREITEN Angaben dazu bei der Gattung Sternmiere.
MERKMALE 5–15 cm hoch, Staude. Stängel liegend bis aufsteigend, 4-kantig. Blätter gegenständig, lanzettlich, sitzend, fleischig. Blüten weiß, Blütenblätter bis zum Grund 2-teilig, länger als die Kelchblätter. Blütezeit Juli–August.
STANDORT UND VERBREITUNG Braucht nasse, nährstoffarme Böden. Besiedelt Flach- und Zwischenmoore. Nord und Mitteleuropa.

STERNMIERE, GRAS-

Stellaria graminea Nelkengewächse

SAMMELN UND ZUBEREITEN Angaben dazu bei der Gattung Sternmiere.
MERKMALE 10–50 cm hoch, Staude. Stängel 4-kantig, schlaff, glatt. Blätter gegenständig, schmal-lanzettlich, sitzend, mit glattem Rand. Blüten weiß, Blütenblätter fast bis zum Grund 2-teilig, so lang wie die Kelchblätter. Blütezeit Mai–Juli.
STANDORT UND VERBREITUNG Braucht kalkarmen, schwach sauren, sandigen, frischen bis nassen Boden. Magerwiesen, Weg- und Feldränder, Ufergebüsche, feuchte Waldränder. Europa.

STERNMIERE, GROSSE

Stellaria holostea Nelkengewächse

SAMMELN UND ZUBEREITEN Angaben dazu bei der Gattung Sternmiere.

Große Sternmiere

Quell-Sternmiere

MERKMALE 10–40 cm hoch, Staude. Stängel 4-kantig. Blätter gegenständig, steif, schmal-lanzettlich, lang zugespitzt, mit rauem Rand, alle sitzend. Blüten weiß, Blütenblätter bis etwa zur Mitte 2-teilig, etwa doppelt so lang wie die Kelchblätter. Blütezeit April–Juni.
STANDORT UND VERBREITUNG In Laub- und Mischwäldern, Gebüschen. Fast ganz Europa.

STERNMIERE, LANGBLÄTTRIGE

Stellaria longifolia Nelkengewächse

SAMMELN UND ZUBEREITEN Angaben dazu bei der Gattung Sternmiere.
MERKMALE 10–25 cm hoch, Staude. Stängel schlaff, im unteren Teil 4-kantig, an den Kanten rau. Blätter gegenständig, schmal-lanzettlich, gelbgrün, am Rand und unterseits etwas rau. Blüten weiß, Blütenblätter bis fast zum Grund 2-teilig, etwa so lang wie die Kelchblätter. Blütezeit Juni–Juli.
STANDORT UND VERBREITUNG Feuchte Kiefern- und Fichtenwälder, feuchte Felsbänder und überwachsene Baumstubben. Hauptsächlich in Nordeuropa, in Mitteleuropa sehr selten.

STERNMIERE, QUELL-

Stellaria alsine Nelkengewächse

SAMMELN UND ZUBEREITEN Angaben dazu bei der Gattung Sternmiere.
MERKMALE 10–30 cm hoch, Staude. Stängel am Grund liegend, danach aufsteigend, selten aufrecht, flutet in schattigen Waldgräben gelegentlich im Wasser oder wächst an den Grabenwänden empor, wirkt schlaff, ist im unteren Teil undeutlich 4-kantig, im oberen Teil manchmal ästig verzweigt, durchweg kahl. Blätter gegenständig, lanzettlich bis oval, spitz, bläulich grün, am Grund bewimpert, sonst kahl, sitzend oder sehr kurz gestielt. Blüten weiß, Blütenblätter bis fast zum Grund 2-teilig, kürzer als die Kelchblätter. Blütezeit Mai–Juli.
STANDORT UND VERBREITUNG Braucht nassen, kalkarmen, schwach sauren Lehmboden. Bevorzugt Halbschatten und wächst daher an nassen Waldwegen und in Waldgräben. Europa, im Süden nur in den Gebirgen.

STERNMIERE, SUMPF-

Stellaria palustris Nelkengewächse

SAMMELN UND ZUBEREITEN Angaben dazu bei der Gattung Sternmiere.
MERKMALE 10–30 cm hoch, Staude. Stängel aufrecht, undeutlich gestreift, kahl. Blätter gegenständig, sitzend, etwas fleischig, im unteren Stängelbereich länglich-eiförmig, die oberen Blätter schmal-lanzettlich. Blüten weiß, Blütenblätter bis fast zum Grund 2-teilig, deutlich länger als die Kelchblätter. Blütezeit Mai–Juli.
STANDORT UND VERBREITUNG Die Sumpf-Sternmiere braucht nassen, kalk- und nährstoffarmen, moorigen Boden. Sie besiedelt im Tiefland Sumpfwiesen, Flachmoore und Gräben. In den höher gelegenen Gebieten Mitteleuropas findet man sie auch im Schilfgürtel von See- und Flussufern. In Nord- und Mitteleuropa.

STERNMIERE, WALD-

Stellaria nemorum Nelkengewächse

Wald-Sternmiere

SAMMELN UND ZUBEREITEN Angaben dazu bei der Gattung Sternmiere (siehe S. 294).

MERKMALE 20–50 cm hoch, Staude. Stängel rund, zerbrechlich, im oberen Teil ringsum behaart. Blätter gegenständig, herz- bis eiförmig, spitz, am Rand bewimpert, die unteren gestielt, die oberen sitzend. Blüten weiß, 5-strahlig, sternförmig (daher der deutsche und wissenschaftliche Name), Blütenblätter fast bis zum Grund 2-teilig. Blütezeit Mai–September.

STANDORT UND VERBREITUNG Krautreiche Laub- und Mischwälder, Bergwälder. Europa.

STIEFMÜTTERCHEN

SAMMELN UND ZUBEREITEN Stiefmütterchen sind mit den Duftveilchen verwandt, haben aber größere Blüten und blühen meist später, etwa vom Frühling bis in den Spätsommer. Blätter und Blüten sind essbar. Die Blätter erntet man in den Monaten April und Mai, die Blüten unmittelbar nach dem Aufblühen. Stiefmütterchenblüten haben zwar kein sehr ausgeprägtes Aroma, sind aber so hübsch anzusehen, dass sie gut als essbare Dekoration für Salate, Pasteten und anderes nutzbar sind. Man kann sie auch kandieren und dann Kuchen, Torten, Kleingebäck und Süßspeisen damit verzieren. Apart sehen sie auch in Eiswürfeln aus. Getrocknet fügt man sie Hausteemischungen bei. Junge Blätter und Triebe, die ein wenig salzig-bitter schmecken, verarbeitet man als Beigabe zu Salaten. Wegen ihres hohen Anteils an Pflanzenschleimen eignen sie sich auch als eindickende Zutat zu Gemüsegerichten und Soßen. Die Wurzeln sind getrocknet und geröstet als Kaffee-Ersatz verwendbar. Bei übermäßigem Genuss kann der relativ hohe Gehalt an dem Alkaloid Violin jedoch zu Erbrechen führen. Volksmedizinisch wird ein Tee aus getrockneten Blättern bei fiebrigen Erkältungen und zur Blutreinigung empfohlen.

STIEFMÜTTERCHEN, GELBES

Viola lutea Veilchengewächse

SAMMELN UND ZUBEREITEN Angaben dazu bei der Gattung Stiefmütterchen.

MERKMALE 10–30 cm hoch, ein- bis mehrjährig. Blätter schmal-eiförmig, ganzrandig oder wenig gekerbt. Nebenblätter handförmig geteilt, Endabschnitt größer, ganzrandig. Blüten gelb, seltener bläulich oder violett, Sporn gerade oder etwas gebogen. Blütezeit Mai–Juli.

STANDORT UND VERBREITUNG Feuchte Wiesen im Gebirge. Mittel- und Südeuropa.

STIEFMÜTTERCHEN, LANGSPORNIGES

Viola calcarata Veilchengewächse

SAMMELN UND ZUBEREITEN Angaben dazu bei der Gattung Stiefmütterchen.

MERKMALE 5–10 cm hoch, Staude. Blätter alle praktisch grundständig, eiförmig bis lanzettlich, gekerbt. Nebenblätter gezähnt oder fiederteilig. Blüten meist dunkelviolett, manchmal auch gelb, seltener weiß oder mehrfarbig, Sporn so lang wie die Blütenblätter. Blütezeit Juni–August.

STANDORT UND VERBREITUNG Steinige Rasen, Felsschutt in Höhen zwischen 1500 und 2800 m. Alpen, vor allem Westalpen.

STIEFMÜTTERCHEN, WILDES

Viola tricolor Veilchengewächse

SAMMELN UND ZUBEREITEN Angaben dazu bei der Gattung Stiefmütterchen.

MERKMALE 10–30 cm hoch, einjährig, formenreich. Stängel unten meist verzweigt. Blätter herzförmig, eiförmig oder breit-lanzettlich, gekerbt. Nebenblätter tief fiederteilig, Endzipfel größer

Wildes Stiefmütterchen

als die Seitenzipfel. Blüten einzeln an langen Stielen, weiß, gelb oder auch dreifarbig, obere Blütenblätter häufig violett, unterstes Blütenblatt mit Sporn. Kelchblätter kürzer als die Blütenblätter. Blütezeit Mai–September.
STANDORT UND VERBREITUNG Felder, Wiesen, Brachland, Wegränder. Europa.

Baisers, in deren Eischneemasse kandierte Blüten des Wilden Stiefmütterchens eingearbeitet sind, schmecken nicht nur fein, sie sind auch ein Hingucker am Kaffeetisch.

STOCKROSE, GEWÖHNLICHE

Alcea rosea Malvengewächse

Gewöhnliche Stockrose

SAMMELN UND ZUBEREITEN Blätter, Blüten und Wurzel sind essbar. Die Blätter nutzt man von März bis Juni, die Blüten von Juni bis Oktober und die Wurzel im Herbst. Blätter und geschälte Wurzel verarbeitet man am besten zu Gemüsegerichten. Stockrosenblüten haben zwar kein kräftiges Aroma, aber eine angenehm weiche Textur. Sie bieten sich für eine Verwendung in Obstsalaten an, am besten kombiniert man sie mit Wassermelonen oder Nektarinen. Man kann die Blüten auch kandieren und als Dekoration für Kuchen, Cremespeisen oder Biskuitrollen verwenden.
MERKMALE 1–3 m hoch, ein- bis mehrjährig. Blätter wechselständig, meist 5- bis 7-lappig, lang gestielt, runzelig, steifhaarig, gekerbt. Blüten einzeln oder zu 2–4 in den Achseln der oberen Blätter, 5 Blütenblätter, weiß, hellrot bis schwarzrot, Staubblätter zu einer Röhre verwachsen. Blütezeit Juni–Oktober.
STANDORT UND VERBREITUNG In Europa nur Zierpflanze, verwildert auf trockenen Böden von Ruderalstellen und Schuttplätzen anzutreffen.

Bei Stockrosenblüten, die man in der Küche verarbeitet, entfernt man zuerst die Blütenmitte, schneidet den grünen Kelch ab und streift danach alle an den Blütenblättern noch vorhandenen Pollen mit einem Pinsel ab.

STORCHSCHNABEL, KLEINER

Geranium pusillum Storchschnabelgewächse

SAMMELN UND ZUBEREITEN Von Mai bis September gesammelte Blütenknospen und Blüten eignen sich als dekorative Beigabe zu Salaten und Gemüsegerichten.
MERKMALE 10–30 cm hoch, einjährig. Stängel liegend oder aufsteigend, oft verzweigt, sehr kurz behaart. Blätter meist gegenständig, im Umriss rundlich, 5- bis 7-teilig, einzelne Abschnitte wenig tief geteilt, mit 2–3 stumpfen Zipfeln, mittlere und obere Stängelblätter beidseitig und dicht behaart. Blüten meist zu 2, messen im Durchmesser 5–9 mm, sind die kleinsten Blüten der heimischen Storchschnabelarten, Blütenblätter blasslila, vorn deutlich ausgerandet. Blütezeit Mai–September.
STANDORT UND VERBREITUNG Braucht kalkarmen, stickstoffreichen, lockeren, steinigen Boden und sommerwarmes Klima. Besiedelt Wege, Schuttplätze, Weinberge und Parkrasen. Europa.

STORCHSCHNABEL, WALD-

Geranium sylvaticum Storchschnabelgewächse

SAMMELN UND ZUBEREITEN Von Mai bis August gesammelte Blütenknospen und Blüten eignen sich als Beigabe zu Salaten und Gemüsegerichten. Man kann sie auch kandiert genießen oder getrocknet Teemischungen beifügen.
MERKMALE 30–60 cm hoch, Staude. Blätter meist grundständig, bis über die Mitte 5- bis 7-teilig, einzelne Teile breit-rautenförmig, unregelmäßig gezähnt. Blüten rotviolett, Blütenblätter vorn gerundet, nicht oder nur leicht ausgerandet. Blütezeit Juni–August.
STANDORT UND VERBREITUNG Helle Bergwälder, Wald- und Gebüschsäume. Fast ganz Europa, im Süden nur in höheren Lagen.

STORCHSCHNABEL, WEICHER

Geranium molle Storchschnabelgewächse

SAMMELN UND ZUBEREITEN Von Mai bis September gesammelte Blütenknospen und Blüten eignen sich als Beigabe zu Salaten und Gemüsegerichten. Man kann sie auch kandiert genießen oder getrocknet Teemischungen beifügen.

MERKMALE 10–30 cm hoch, einjährig. Blätter etwa bis zur Mitte 5- bis 9-teilig, beidseitig behaart. Blüten rosafarben, Blütenblätter ausgerandet, kaum länger als die Kelchblätter. Blütezeit Mai–September.

STANDORT UND VERBREITUNG Unkrautgesellschaften in Feldern, auf Ödland, in lückigen Rasen. Europa.

STORCHSCHNABEL, WIESEN-

Geranium pratense Storchschnabelgewächse

SAMMELN UND ZUBEREITEN Die Blätter, Blüten und Samen sind kulinarisch nutzbar. Die Blätter erntet man von April bis Juni, die Blüten während der gesamten Blütezeit, die Samen von August bis September. Junge Blätter geben Salaten, Gemüsegerichten, Suppen und Eintöpfen, Eierspeisen, Kräuterbutter, Quark- und Frischkäsemischungen zartherbe Würze. Blütenknospen und Blüten sind recht geschmacksneutral, eignen sich aber dennoch als farbenfrohe essbare Dekoration, die man über Salate, Vorspeisen und Gemüsegerichte streut. Kandiert nutzt man sie als dekorative Beigabe zu Süßspeisen, getrocknet in verschiedenen Teemischungen. Aus den Samen kann man junge Keimlinge ziehen, die in Salaten, aber auch auf Butterbrot schmecken. Beim Sammeln von Blättern nicht blühender Pflanzen ist Vorsicht geboten: Die Blätter des Wiesen-Storchschnabels ähneln denen des giftigen Gelben Eisenhuts (*Aconitum vulparia*, S. 362).

Wiesen-Storchschnabel

MERKMALE 40–80 cm hoch, Staude. Blätter 5- bis 7-teilig, Blattabschnitte schmal, gezähnt, behaart. Blüten blauviolett, Blütenblätter vorn gerundet, dunkler geädert. Blütezeit Juni–August. Frucht storchschnabelartig, besteht aus 5 Teilfrüchtchen, die jeweils einen Samen enthalten.

STANDORT UND VERBREITUNG Wiesen, Straßenböschungen, Grabenränder. Fast ganz Europa.

STRANDDISTEL

Eryngium maritimum Korbblütengewächse

SAMMELN UND ZUBEREITEN Von April bis Mai gesammelte junge Triebe können roh in Salaten oder gegart in Gemüsegerichten gegessen werden. Gleiches gilt für die von April bis Juli geernteten Blätter. Die Wurzel, die von September bis in den Winter ausgegraben wird, schmeckt gekocht, gebraten oder frittiert als Gemüse. Auch als kandierte Nascherei wird sie heute noch manchmal angeboten. Im England des 17. und 18. Jahrhunderts hat man sie in großen Mengen gesammelt und kandiert als Bonbon zur allgemeinen Stärkung gegessen.

MERKMALE 20–60 cm hoch, zwei- bis mehrjährig. Stängel und Blätter mit einer Wachsschicht überzogen. Blätter wechselständig, derb, rundlich bis nierenförmig, am Rand buchtig gezähnt. Blütenkopf umgeben von stacheligen Hüllblättern, Blüten klein, blauviolett. Blütezeit Juni–August.

STANDORT UND VERBREITUNG Sanddünen an den Küsten Europas. Geschützt.

STRANDFLIEDER, GEWÖHNLICHER

Limonium vulgare Bleiwurzgewächse

SAMMELN UND ZUBEREITEN Die typische Salzpflanze trägt Salzkristalle an den grundständigen Blättern. Von April bis Juli hat man diese Blätter früher in Kochgemüsegerichten verarbeitet. Da die Art heute in manchen Regionen Europas geschützt ist, sollten Wildkräuterköche auf Pflanzen aus Kultur zurückgreifen.

MERKMALE 20–50 cm hoch, Staude. Blätter grundständig, immergrün, ledrig, spatelig. Blüten rotviolett oder blassblau. Blütezeit Juli–September.

Gewöhnlicher Strandflieder

STANDORT UND VERBREITUNG Salzwiesen. Küsten von Nord- und Ostsee, des Atlantiks. Geschützt.

STRANDHAFER

Ammophila arenaria — Süßgräser

SAMMELN UND ZUBEREITEN Die ab September reifen Samen sind als essbar beschrieben. Denkbar ist eine Verwendung als Kaffee-Ersatz oder als Keimsaat. Auch die Wurzel der Pflanze hat man früher von September bis in den Winter fein zerkleinert und gekocht als Nahrung verwendet.

MERKMALE Bis zu 100 cm hoch, mehrjähriges Gras. Blätter wie der Stängel graugrün, zugespitzt, meist eingerollt. Ährenrispe dicht, walzenförmig, stets zusammengezogen, ringsum dicht mit Ährchen besetzt. Ährchen strohgelb bis weißlich, 1-blütig. Blütezeit Juni–Juli.

STANDORT UND VERBREITUNG Sanddünen an den Küsten Europas.

Strandhafer

STRAUCHPAPPEL, THÜRINGER

Lavatera thuringiaca — Malvengewächse

SAMMELN UND ZUBEREITEN Die Blüten eignen sich frisch als dekorative Salatbeigabe, getrocknet kann man sie Teemischungen beifügen.

MERKMALE 50–100 cm hoch. Blätter wechselständig, 5-teilig gelappt, Lappen ungleichmäßig gekerbt-gesägt, dicht behaart. Blüten hellrosa bis blass purpurviolett, Blütenblätter vorn tief ausgerandet und dunkel geädert. Staubblätter zu einer Röhre verwachsen. Blütezeit Juli–September.

Thüringer Strauchpappel

STANDORT UND VERBREITUNG Ödland in warmen Lagen. Südosteuropäische Steppenpflanze. In Mitteleuropa unbeständig verwilderte Vorkommen.

STRAUSSENFARN

Matteuccia struthiopteris — Perlfarngewächse

SAMMELN UND ZUBEREITEN Die im April noch eingerollten Wedel können roh in Salaten oder gekocht in Gemüsegerichten verarbeitet werden. Ihr Geschmack wird als spargelähnlich beschrieben. Die Wurzeln werden von September bis in den Winter gegraben. Geschält, in Scheiben geschnitten und geröstet können auch sie gegessen werden. Dieser dekorative Farn ist streng geschützt und darf der Natur nicht entnommen werden. Aber er ist relativ leicht zu kultivieren. Gartenbesitzer können ihn im Handel erwerben.

MERKMALE Mehrjährige Farnpflanze. Sterile Blätter aufrecht, bis über 1,5 m lang, gefiedert, Fiedern ihrerseits fiederspaltig. Die sterilen Blätter bilden einen steilen Trichter und umgeben die innen stehenden fertilen Blätter. Fertile Blätter starr aufrecht, nur etwa einen halben Meter lang, einfach gefiedert, jung grün, bei Sporenreife braun, erinnern an Straußenfedern.

STANDORT UND VERBREITUNG Bachsäume, Bachschluchten der Mittelgebirge. Hauptsächlich Nordeuropa, auch Vorkommen in Mittel-, Ost- und Südeuropa. Geschützt.

STRAUSSGRAS, ROTES

Agrostis capillaris — Süßgräser

Rotes Straußgras

SAMMELN UND ZUBEREITEN Die ab September reifen Samen sind als essbar beschrieben. Man kann sie beispielsweise auskeimen lassen und ihre Sprossen über Salate streuen. Auch die Wurzel der Pflanze hat man früher von September bis in den Winter fein zerkleinert und gekocht als Gemüse gegessen. Weitere, nachfolgend nicht näher dargestellte, aber in Europa verbreitete Straußgrasarten wie das Felsen-Straußgras *(Agrostis rupestris)*, das Hunds-Straußgras *(Agrostis canina)* und das Sand-Straußgras *(Agrostis vinealis)* sind in gleicher Weise verwendbar.

MERKMALE 20–40 cm hoch, mehrjähriges Gras. Stängel aufrecht oder knickig aufsteigend. Blätter 1–5 mm breit, flach. Rispen bis 20 cm lang, Rispenäste auch nach der Blüte ausgebreitet. Ährchen 1-blütig, meist rotviolett überlaufen. Blütezeit Juni–August.

STANDORT UND VERBREITUNG Sehr häufiges Gras, das Standorte mit hoher Luftfeuchtigkeit bevorzugt. Kommt in Magerwiesen, hellen Kiefern- und Eichenwäldern, Heiden, Mooren und auch Weinbergen vor. Europa.

STRAUSSGRAS, WEISSES

Agrostis stolonifera — Süßgräser

SAMMELN UND ZUBEREITEN Die Pflanze wird ebenso verwendet wie das Rote Straußgras.

MERKMALE 20–80 cm hoch, mehrjähriges Gras. Blätter graugrün, bis 6 mm breit. Rispe während der Blüte ausgebreitet, danach zusammengezogen. Ährchen klein, nur 1–2 mm lang, 1-blütig. Blütezeit Juni–August.

STANDORT UND VERBREITUNG Liebt schwere, feuchte bis nasse Böden. Besiedelt feuchte Wiesen und Felder, Wegränder, Gräben. Europa.

SUMPFBINSE, GEWÖHNLICHE

Eleocharis palustris — Sauergräser

SAMMELN UND ZUBEREITEN Die ab September reifen Samen sind als essbar beschrieben. Üblich war eine Verwendung geröstet als Kaffee-Ersatz oder angesetzt als Keimsaat. Auch die Wurzel der Pflanze hat man früher von September bis in den Winter fein zerkleinert und gekocht als Gemüse gegessen. Weitere, nachfolgend nicht näher dargestellte, aber in Europa verbreitete Sumpfbinsenarten wie die Ei-Sumpfbinse *(Eleocharis ovata)*, die Einspelzige Sumpfbinse *(Eleocharis uniglumis)* und die Nadelförmige Sumpfbinse *(Eleocharis acicularis)* sind in gleicher Weise verwendbar.

Gewöhnliche Sumpfbinse

MERKMALE Bis zu 100 cm hoch, mehrjähriges Gras, unterirdisch kriechender Wurzelstock. Stängel aufrecht, rund, 1–4 mm dick, matt gelbgrün, blattlos. Blattscheiden gelb- oder rotbraun, glänzend. Nur 1 einzelne, endständige, länglich-eiförmige Blütenähre, bis zu 2 cm lang, spitz, 20- bis 30-blütig. Blütezeit Juni–August.

STANDORT UND VERBREITUNG Wächst verbreitet und häufig auf Schlammböden im Röhricht stehender Gewässer und auf Nasswiesen. Vor allem auf nährstoffreichen Böden zu finden. Die Gewöhnliche Sumpfbinse ist mit ihren im Schlamm kriechenden Wurzeln auch auf zeitweise trocken fallenden Standorten überlebensfähig. Oft trägt sie zur Verlandung stehender Gewässer bei. Europa.

SUMPFFARN

Thelypteris palustris — Sumpffarngewächse

SAMMELN UND ZUBEREITEN Von April bis Juli gesammelte junge Blätter können in Kochgemüsegerichten verarbeitet werden.

MERKMALE 30–80 cm hoch, mehrjährige Farnpflanze. Wedel lang gestielt, 1- bis 2-fach gefiedert. Fiedern

Sumpffarn

1. Ordnung oben wechselständig, mit deutlichem Abstand zueinander, unten oft gegenständig genähert, unterstes Fiederpaar 2. Ordnung deutlich größer als die anderen. Rand der sporangientragenden Fiederblättchen nach unten umgebogen. Sporenreife Juli–September.

STANDORT UND VERBREITUNG Erlenbruchwälder und Sumpfgebüsche. Tritt zerstreut, aber an seinen Standorten meist in größeren Beständen auf. Europa.

SUMPFKRESSE, GEWÖHNLICHE

Rorippa palustris Kreuzblütengewächse

Gewöhnliche Sumpfkresse

SAMMELN UND ZUBEREITEN Kulinarisch verwendbar sind Blätter, Blüten und Samen der Gewöhnlichen Sumpfkresse. Von April bis Juni gesammelte Blätter eignen sich mit ihrem kresseartig herben Geschmack als Beigabe zu Salaten oder als Grundlage für viele Gemüsegerichte, Suppen, Soßen und Pesti, auch für die Bereitung von Kräuterbutter. Die knospigen Blütenstände mitsamt dem oberen, noch zarten Stängelteil schmecken besonders fein als Pfannengemüse, aber auch als Salatbeigabe. Die in den Monaten Juli und August noch grünen, zarten Früchte kann man roh essen. Die Samen, die von August bis Ende September reifen, ergeben gemahlen einen würzigen Senf. Lässt man sie in feuchter Atmosphäre keimen, erhält man nach kurzer Zeit zarte Keimlinge für Salate und vieles mehr.

MERKMALE 20–60 cm hoch, ein- bis mehrjährig. Stängel kantig. Blätter bis fast zur Mittelrippe fiederteilig, Abschnitte schmal-eiförmig, unregelmäßig gezähnt, Endabschnitt deutlich größer als die Seitenabschnitte. Blüten hellgelb, 4 verkehrt eiförmige Blütenblätter, haben in etwa die gleiche Länge wie die Kelchblätter. Blütezeit Juni–September. Schoten länglich-wurstförmig, oft leicht gekrümmt, etwa 1 cm lang, sind vom Stängel abstehend angeordnet, Schotenstiel ebenso lang wie die Schote.

STANDORT UND VERBREITUNG Diese häufigste der Sumpfkressearten braucht zeitweise nassen, kalkarmen, nährstoffreichen, schlammigen Boden. Besiedelt Ufer von Seen, Teichen und Gräben, wächst auch auf nassen, brachliegenden Feldern und an feuchten Ruderalstellen. In den Alpen bis in Höhenlagen von 2500 m anzutreffen. Fast ganz Europa.

SUMPFKRESSE, NIEDERLIEGENDE

Rorippa anceps Kreuzblütengewächse

SAMMELN UND ZUBEREITEN Die Pflanze ist als essbar beschrieben. Denkbar ist beispielsweise eine Verarbeitung ihrer von April bis Mai gesammelten Triebe und Blätter roh in Salaten oder gegart in Gemüsegerichten.

MERKMALE 30–90 cm hoch, Staude. Liegt in den Merkmalen zwischen der Wasser-Sumpfkresse (*R. amphibia*, S. 302) und der Wilden Sumpfkresse (*R. sylvestris*, S. 302) und wird als Bastard der beiden Arten betrachtet. Blätter sehr veränderlich, variieren mit dem jeweiligen Wasserstand, auch die oberen oft fiederteilig bis fiederspaltig mit großem Endabschnitt, selten auch ungeteilt. Blüten gelb. Blütezeit Juni–September. Frucht bis 8 mm lang, oft waagrecht abstehend.

STANDORT UND VERBREITUNG Wächst im Verlandungsbereich von Fluss- und Seeufern mit stark schwankendem Wasserstand. Klimatisch gemäßigtes Europa.

SUMPFKRESSE, ÖSTERREICHISCHE

Rorippa austriaca Kreuzblütengewächse

SAMMELN UND ZUBEREITEN Die Pflanze ist als essbar beschrieben. Denkbar ist beispielsweise eine Verarbeitung ihrer von April bis Mai gesammelten Triebe und Blätter roh in Salaten oder gegart in Gemüsegerichten.
MERKMALE 30–90 cm hoch, Staude. Blätter ungeteilt, schmal-oval bis lanzettlich, spitz zulaufend, ungestielt, mit 2 Zipfeln stängelumfassend, unregelmäßig gezähnt bis ganzrandig, unterseits kurzhaarig. Blüten gelb. Blütezeit Juni–August. Frucht fast kugelig, aufrecht abstehend.
STANDORT UND VERBREITUNG Sandig-kiesige Gewässerufer, Gräben, Dämme. Osteuropa, Teile Mitteleuropas.

SUMPFKRESSE, PYRENÄEN-

Rorippa pyrenaica Kreuzblütengewächse

SAMMELN UND ZUBEREITEN Die Pflanze ist als essbar beschrieben. Denkbar ist beispielsweise eine Verarbeitung ihrer von April bis Mai gesammelten Triebe und Blätter roh in Salaten oder gegart in Gemüsegerichten.
MERKMALE 15–30 cm hoch, Staude, Grundblätter rosettig, gefiedert, seitliche Teilblättchen ganzrandig, Endblättchen deutlich vergrößert, oft stumpf gezähnt. Stängelblätter gestielt, umfassen den Stängel mit 2 Zipfeln, gefiedert, seitliche Teilblättchen schmal-lanzettlich, ganzrandig oder 1- bis 3-zähnig, Endblättchen ähnlich geformt wie die seitlichen Blattabschnitte. Blüten gelb. Blütezeit Mai–Juli. Frucht länglich, fast waagrecht bis schräg aufwärts abstehend.
STANDORT UND VERBREITUNG Auf lückig bewachsenem feuchtem Ödland, an Gewässerufern, Grabenböschungen, Feldwegen. Südeuropa.

SUMPFKRESSE, WASSER-

Rorippa amphibia Kreuzblütengewächse

SAMMELN UND ZUBEREITEN Von April bis Mai gesammelte Blätter und Triebe können roh in Salaten und gegart in Gemüsegerichten verarbeitet werden.
MERKMALE 40–120 cm hoch, Staude. Untere Blätter unregelmäßig fiederteilig oder grob buchtig gelappt, obere Blätter ungeteilt, sitzend, ohne umfassende Zipfel, unregelmäßig gezähnt. Blüten goldgelb. Blütezeit Mai–Juli. Frucht eine kleine eiförmige Schote.
STANDORT UND VERBREITUNG Sumpfpflanze, vor allem im Röhricht von stehenden oder langsam fließenden Gewässern. Fast ganz Europa.

Wasser-Sumpfkresse

SUMPFKRESSE, WILDE

Rorippa sylvestris Kreuzblütengewächse

SAMMELN UND ZUBEREITEN Von April bis Juni gesammelte Blätter und Triebe können roh in Salaten und gegart in Gemüsegerichten verarbeitet werden.
MERKMALE 20–50 cm hoch, Staude. Blätter gestielt, gefiedert, beiderseits mit schmalen gezähnten oder nochmals fiederteiligen Abschnitten. Blüten goldgelb. Blütezeit Juni–September. Frucht linealisch, gerade oder leicht gekrümmt.
STANDORT UND VERBREITUNG Gewässerufer, Wege, feuchte brachliegende Felder. Europa.

SÜSSDOLDE

Myrrhis odorata Doldengewächse

SAMMELN UND ZUBEREITEN Diese alte Gewürzpflanze stand früher in vielen Bauern- und Klostergärten. Man schätzte sie wegen ihres Anisaromas und -geschmacks, aber auch als kalorienarmes Süßungsmittel und als Geschmacksverstärker. Auch heute nutzt man ihre Blätter, Blüten, Samen und Wurzel in der Küche. Die süßlichen Blätter werden vom Frühjahr bis in den Winter gesammelt und als Würze für Rohkost, Salate, Gemüsegerichte, Suppen und Soßen oder in Teemischungen verwendet. Sie schmecken auch fein zu Fisch und dunklem Fleisch. Selbst Säften, Marmeladen, Schlagsahne und Kuchen geben sie ein reizvolles

Aroma. So schmeckt ein Käsekuchen, der im Teig eine Handvoll Süßdoldenblättchen enthält, außergewöhnlich und gut. Süßdoldenblüten sind ein wunderbarer Aromastoff für Obstkuchen und Kompott. Die unreifen, im Geschmack an Lakritze erinnernden Samen geben Müslimischungen und Fruchtsalaten eine besondere Note. Gehackt gibt man sie auch in Cremespeisen und Reispudding. Selbst zu Likören hat man sie verarbeitet. Ausgereifte Samen haben dagegen eine harte Außenschicht und sind unangenehm zäh. Sie werden gemahlen und wie Gewürznelken verwendet. Die Wurzel schließlich kann von September bis in den Winter als aromatische Gemüsebeigabe zu Suppen verwendet oder roh über Salate gerieben werden. Auch in Kuchenteige kann sie geraspelt werden. Sogar heilkundlich wird die Süßdolde noch ab und zu genutzt. Sie wirkt appetitanregend, schwach abführend und verdauungsfördernd. Wegen ihrer schleimlösenden Wirkung hat man sie früher bei Husten eingesetzt. In der Homöopathie verwendet man sie heute bei Hämorrhoiden und Venenentzündungen. Vorsicht beim Sammeln: Die Süßdolde ähnelt gefährlich giftigen Pflanzen wie der Hundspetersilie (*Aethusa cynapium*, S. 371) und dem Gefleckten Schierling (*Conium maculatum*, S. 382), macht aber mit einem intensiven Anisgeruch auf sich aufmerksam, der sich besonders intensiv beim Zerreiben der Blätter bemerkbar macht. Nach dem Zerreiben von Blättern unbekannter, vielleicht giftiger Pflanzen ist Händewaschen wichtig.

MERKMALE 50–120 cm hoch, Staude. Kräftiger Anisgeruch. Stängel aufrecht, hohl, rund, gerillt, im oberen Drittel verzweigt. Blätter wechselständig, 2- bis 4-fach gefiedert, bis zu 30 cm lang, Teilblättchen fiederspaltig, grob gezähnt. Auffällige Blattscheiden. Vielstrahlige Blütendolde aus weißen Einzelblüten. Blütezeit Mai–Juli. Glänzend dunkelbraune, kantig gerippte Frucht, bis zu 25 mm lang.

STANDORT UND VERBREITUNG Oft kultiviert und aus Kultur verwildert. Gedeiht am besten auf feuchtigkeitsspeichernden, nährstoff- und humusreichen Böden in sonniger bis halbschattiger Lage. Waldränder, Hecken, ortsnahes Brachland. Mittel- und Südeuropa.

Süßdolde

> **Die Süßdolde** verstärkt den Eigengeschmack aller mit ihr verwendeten Kräuter. Besonders gut harmoniert sie mit Lorbeer, Minze und Zitronenmelisse.

SÜSSKLEE, ALPEN-

Hedysarum hedysaroides

Schmetterlingsblütengewächse

SAMMELN UND ZUBEREITEN Der Alpen-Süßklee ist wegen seines hohen Eiweiß- und Fettgehalts eine wertvolle Nahrungspflanze der Gebirge. Obwohl seine Blätter im Geschmack leicht bitter sind, können sie bis zum Beginn der Blütezeit als Salatbeigabe verwendet werden. Die Blüten nutzt man getrocknet und pulverisiert als Mehlzusatz. Die Wurzel isst man roh in Salaten oder gekocht in Gemüsegerichten.

MERKMALE 10–30 cm hoch, Staude. Unverwechselbare Alpenblume. Oft mit meterlanger Pfahlwurzel. Stängel aufrecht oder aufsteigend, kantig, mit braunschuppigen Niederblättern. Blätter unpaarig gefiedert, 11–19 Teilblättchen, diese oval, ganzrandig, kahl. Reichblütige, endständige, bis zu 5 cm lange Blütentraube, in der alle Blüten zur selben Seite ausgerichtet sind. Einzelblüten rotviolett. Blütezeit Juli–August. Frucht eine seitlich abgeflachte Hülse, zwischen den Samen eingeschnürt, öffnet sich nicht bei Reife, sondern zerfällt in ihre abgeschnürten Einzelteile.

STANDORT UND VERBREITUNG Wächst ziemlich häufig, aber einzeln in den Nördlichen und Südlichen Kalkalpen, seltener in den Zentralalpen. Besiedelt kalkhaltige wie kalkarme, lockere Böden. Zu finden in sonnigen Bergwiesen, Zwergstrauchgebüschen, auch auf Felsbändern in Höhen von 1600–2800 m. Verbessert durch stickstoffbindende Bakterien in seinen Wurzelknöllchen den Boden. Mittel- und Südeuropa.

TAGLILIE

SAMMELN UND ZUBEREITEN Taglilien bieten eine Vielfalt an kulinarischen Einsatzmöglichkeiten. Blütenknospen und Blüten, junge Triebe und selbst die Wurzeln werden genutzt. Die Blütenknospen eignen sich für Pfannengerichte, sie passen zu Pasta, in Suppen und Salate. Man kann sie halbiert mit den übrigen Zutaten in der Pfanne garen, aber auch fertige Gerichte damit garnieren. Die Blüten nimmt man frisch als farbige Salatbeigabe oder essbare Dekoration, getrocknet als Suppeneinlage und Würze. Sie sind knackig, haben den Geschmack von Zuckererbsen mit einer leicht pfeffrigen Note. Die jungen Triebe isst man roh in Salaten oder gekocht in Suppen und Gemüsegerichten. Sie erinnern im Geschmack fast ein wenig an Spargel. Die Wurzeln schmecken nussig oder maronenähnlich. Junge Wurzeln gibt man roh an Salate, ältere werden wie Kartoffeln zubereitet. Vorsicht: Man sollte Taglilienwurzeln nur in Maßen verzehren, in größeren Mengen wirken sie abführend.

Das Aroma der Lilienblüten und ein Hauch Ingwer machen Entenragout besonders schmackhaft.

STANDORT UND VERBREITUNG Herkunft Ostasien, in Europa vielfach kultiviert und verwildert.

TAGLILIE, GELBE
Hemerocallis lilio-asphodelus Liliengewächse

SAMMELN UND ZUBEREITEN Angaben dazu bei der Gattung Taglilie.
MERKMALE 50–100 cm hoch, Staude. Blätter grundständig, linealisch. Blüten hellgelb, trichterförmig. Blütezeit Mai–Juni.

Gelbe Taglilie

TAGLILIE, GELBROTE
Hemerocallis fulva Liliengewächse

SAMMELN UND ZUBEREITEN Angaben dazu bei der Gattung Taglilie.
MERKMALE 50–100 cm hoch, Staude. Blätter grundständig, breit-linealisch. Blüten gelbrot, orange oder rot, trichterförmig. Blütezeit Juli–August.
STANDORT UND VERBREITUNG Herkunft Ostasien. In Europa kultiviert, aus Gärten verwildert.

Gelbrote Taglilie

TANNE, WEISS-
Abies alba Kieferngewächse

SAMMELN UND ZUBEREITEN Die frischen, jungen, von März bis Mai gesammelten Sprosse kocht man in wenig Wasser auf und lässt sie ziehen. Das ergibt nach Abfiltern und erneutem Aufkochen mit Rohrzucker einen honigartigen Sirup von zart zitronigem Geschmack, der sich als Brotaufstrich, aber auch für Desserts und Soßen zu dunklem Fleisch eignet. Auch der Blutungssaft des Stamms, den ein vanilleartiges Aroma auszeichnet, ist so zu nutzen. Aus der weichen inneren Rinde der Baumspitze kann man Gemüseragouts und Aufläufe zubereiten. Die Samen sind geröstet wie Sesamkörner verwendbar. Vorsicht, die hochgiftige Eibe (*Taxus baccata*, S. 361) sieht ähnlich aus.
MERKMALE 30–50 m hoch, immergrüner Nadelbaum. Nadeln flach, stumpf, oben dunkelgrün, unten mit 2 hellen Streifen. Männliche Blüten in gelblichen

Kätzchen. Weibliche Blütenstände bleichgrüne, aufrecht stehende Zäpfchen. Blütezeit Mai–Juni. Reife Zapfen braun, aufrecht.
STANDORT UND VERBREITUNG Bergmischwälder. Gebirge Mittel- und Südeuropas.

TANNENWEDEL

Hippuris vulgaris Tannenwedelgewächse

SAMMELN UND ZUBEREITEN Nur junge, von April bis Mai gesammelte Triebe sind bekömmlich und können in geringen Mengen Kochgemüsegerichten beigefügt werden. Ältere Pflanzen enthalten sehr viel Oxalsäure und sind für eine kulinarische Verwendung unbrauchbar.
MERKMALE 20–50 cm hoch, mehrjährige, flutende Wasser- oder aufrechte Sumpfpflanze. Blätter quirlständig, linealisch-nadelförmig. Blüten in den mittleren und oberen Blattachseln, ohne Blütenblätter, mit nur einem Staubblatt, einem Fruchtknoten und undeutlichem Kelchsaum. Blütezeit Mai–August.
STANDORT UND VERBREITUNG In langsam fließenden oder fast stehenden, flachen, kühlen Gewässern. Europa.

TAUBENKROPF, HÜHNERBISS

Cucubalus baccifer Nelkengewächse

SAMMELN UND ZUBEREITEN Junge, von April bis Mai gesammelte Blätter und Triebe können gegart in Gemüsegerichten verarbeitet werden. Vor der eigentlichen Verwendung ist aber ein Entbittern durch Wässern empfehlenswert.

Taubenkropf

MERKMALE 50–250 cm lang, Staude. Stängel kletternd. Blätter breit-lanzettlich, kurz gestielt. Blüten grünlich bis gelblich weiß, tief 2-teilig, Kelch glockig aufgeblasen. Blütezeit Juli–August.
STANDORT UND VERBREITUNG In Säumen von Auwäldern, feuchten Gebüschen. Mittel- und Südeuropa.

TAUBNESSEL

SAMMELN UND ZUBEREITEN Im Frühling gesammelte Blätter und Sprossspitzen bereichern vor allem gemischte Salate, passen aber auch gut in Suppen, Gemüsegerichte und Aufläufe. Blätter für aromatische Teemischungen kann man in der gesamten Vegetationsperiode sammeln. Die süßen Blüten eignen sich als essbare Dekoration für Salate und Desserts, aber auch als Aromastoff für Kräuterbutter. Leider hält sich die Farbe der Blüten auch im Kühlschrank nur kurze Zeit. Schon nach wenigen Tagen verfärben sie sich ins Braune. Die Wurzeln schmecken in Salaten, Suppen und Gemüsegerichten. Aus den Samen kann man Keimlinge ziehen. Vorsicht, am gleichen Standort wächst die in Blatt- und Blütenform ähnliche, aber wegen ihres unangenehmen Geruchs ungenießbare Schwarznessel (*Ballota nigra*, S. 384).

Ein Kräuterspinat aus Taubnesselblättern, gewürzt mit Bär-Lauch, Salz und Pfeffer, eignet sich gut als Füllung für herzhafte Pfannkuchen.

TAUBNESSEL, GEFLECKTE

Lamium maculatum Lippenblütengewächse

SAMMELN UND ZUBEREITEN Angaben dazu bei der Gattung Taubnessel.
MERKMALE 15–60 cm hoch, Staude. Stängel 4-kantig, kurzhaarig. Blätter gegenständig, gestielt, breitlanzettlich, zugespitzt, unregelmäßig gezähnt. Blüten rosa bis purpurn, in quirligen Teilblütenständen in den Achseln der oberen Blätter, Unterlippe weiß und rot gefleckt. Blütezeit April–September.
STANDORT UND VERBREITUNG Weg- und Waldränder, Gebüsche, Ödland. Mittel- und Südeuropa.

TAUBNESSEL, GROSSBLÜTIGE

Lamium orvala Lippenblütengewächse

SAMMELN UND ZUBEREITEN Angaben dazu bei der Gattung Taubnessel (siehe S. 305).
MERKMALE 40–100 cm hoch, Staude. Stängel 4-kantig. Blätter gegenständig, gestielt, herzförmig, grob und unregelmäßig gezähnt. Blüten trüb purpurrot, in Quirlen in den Achseln der oberen Blätter, Unterlippe weißlich gezeichnet. Blütezeit April–Juni.
STANDORT UND VERBREITUNG Ufergebüsch. Hauptverbreitung in Südosteuropa.

Großblütige Taubnessel

TAUBNESSEL, ROTE

Lamium purpureum Lippenblütengewächse

SAMMELN UND ZUBEREITEN Angaben dazu bei der Gattung Taubnessel (siehe S. 305).
MERKMALE 5–30 cm hoch, einjährig. Brennnesselartige Pflanze ohne Brennhaare. Stängel aufsteigend oder aufrecht, 4-kantig, meist kahl. Blätter kreuzweise gegenständig am Stängel angeordnet, gestielt, breitlanzettlich, zugespitzt, am Rand gekerbt bis stumpf gezähnt, locker behaart. Blüten zu 6–10 in Quirlen in den Achseln der oberen Blätter, Krone purpurn, kaum gefleckt. Die Blüten besitzen 2 deutlich geformte Lippen: Oberlippe helmförmig, Unterlippe 3-teilig, Mittellappen vorn tief herzförmig ausgerandet. Blütezeit März–Oktober.
STANDORT UND VERBREITUNG Wächst verbreitet auf nährstoffreichen, lockeren Lehmböden. Besiedelt Feld-, Weg- und Gebüschränder, Ödland. Europa.

TAUBNESSEL, STÄNGELUMFASSENDE

Lamium amplexicaule Lippenblütengewächse

SAMMELN UND ZUBEREITEN Angaben dazu bei der Gattung Taubnessel (siehe S. 305).
MERKMALE 10–30 cm hoch, einjährig. Stängel kantig. Blätter gegenständig, untere gestielt, obere sitzend, rundlich bis nierenförmig, grob und stumpf gekerbt bis gezähnt. Blüten in Quirlen in den Achseln der oberen Blätter, Krone hellpurpurn, Oberlippe helmförmig, Unterlippe 3-teilig, Mittellappen ausgerandet. Blütezeit März–Juni.
STANDORT UND VERBREITUNG Besiedelt Weinberge, Gärten, Felder, Ödland in sommerwarmen Klimalagen. Europa.

TAUBNESSEL, WEISSE

Lamium album Lippenblütengewächse

SAMMELN UND ZUBEREITEN Angaben dazu bei der Gattung Taubnessel (siehe S. 305).
MERKMALE 15–50 cm hoch, Staude. Stängel aufrecht, hohl, unverzweigt, 4-kantig. Blätter kreuzweise gegenständig, gestielt, brennnesselartig, meist 3-eckig, lang zugespitzt, am Rand gezähnt. Weiße Blüten in Quirlen in den Achseln der oberen Blätter, besitzen 2 deutlich geformte Lippen, die Oberlippe ist helmförmig gebogen, die Unterlippe besteht aus 3 Lappen, der mittlere Lappen ist tief herzförmig ausgerandet. Blütezeit April–Oktober, eine zweite Blüte vom Herbst bis in den Winter ist möglich.
STANDORT UND VERBREITUNG Frische, nährstoffreiche Lehmböden. An Weg-, Wald- und Heckenrändern, auf Ödland und Schuttplätzen. Europa.

TAUSENDBLATT, ÄHRIGES

Myriophyllum spicatum Tausendblattgewächse

SAMMELN UND ZUBEREITEN Von April bis Juni gesammelte Triebe sind als essbar beschrieben. Nach Literaturangaben können sie Kochgemüsegerichten beigefügt werden. Ähnlich im Aussehen ist das nah verwandte Quirlige Tausendblatt *(Myriophyllum verticillatum)*, das ebenfalls als Beigabe zu Gemüsegerichten verwendbar ist.

Ähriges Tausendblatt

MERKMALE 20–200 cm lang, mehrjährige Wasserpflanze mit untergetauchten oder mit flutenden Stängeln. Untergetauchte Blattquirle mit meist 4 Blättern, diese wiederum mit 15–35 borstenartigen, gegenständigen Fiedern. Rosafarbene Blüten in einem ährigen, aus dem Wasser ragenden Blütenstand. Blütezeit Juni–August.

STANDORT UND VERBREITUNG Stehende oder langsam fließende, nährstoffreiche Gewässer. Europa.

TAUSENDGÜLDENKRAUT

SAMMELN UND ZUBEREITEN Tausendgüldenkräuter enthalten verschiedene Bitterstoffe und Flavonoide. Ihre bitter-aromatischen Blätter wirken appetitanregend und verdauungsfördernd. Sie werden kurz vor oder während der Blütezeit gepflückt und frisch oder getrocknet verwendet. Blätter und Blüten wirken als Tee Heißhungerattacken entgegen. Sie würzen äußerst sparsam dosiert Salate, Suppen und Soßen, auch Kräuterliköre. Ein Ansatzlikör der blühenden Pflanze ist ein sehr beliebtes Hausmittel bei Verdauungsbeschwerden. Lässt man blühende Sprossspitzen in Portwein ziehen – je nach Geschmack ein bis sieben Tage – und filtert die Mixtur dann ab, erhält man einen ungewöhnlichen Aperitif. Vor Einführung des Reinheitsgebots von 1516, das bei der Bierherstellung ausschließlich Wasser, Hopfen und Malz erlaubt, nahm man das Tausendgüldenkraut auch als Bierwürze. Tausendgüldenkräuter sind in vielen Regionen Europas geschützt und dürfen nicht aus der Natur gesammelt werden. Aber ihre Samen sind käuflich und keimen in fast jeder Gartenerde.

TAUSENDGÜLDENKRAUT, ECHTES

Centaurium erythraea Enziangewächse

SAMMELN UND ZUBEREITEN Angaben dazu bei der Gattung Tausendgüldenkraut.

MERKMALE 10–40 cm hoch, ein- oder zweijährig. Stängel 4-kantig. Untere Blätter in einer Rosette, oval, ganzrandig, obere Blätter gegenständig, lanzettlich, sitzend. Blüten rosa, mit 5 flach ausgebreiteten Kronzipfeln. Blütezeit Juli–September.

STANDORT UND VERBREITUNG Helle Wälder, Waldränder, Kahlschläge. Bis in 1400 m Seehöhe. Fast ganz Europa. Geschützt.

Einen appetitanregenden Tausengüldenkraut-Wein erhält man, wenn man eine Mischung aus 20 g frischem Tausendgüldenkraut, 20 g Zitronenmelisse und der Schale einer unbehandelten Zitronen mit einem Liter Weißwein übergießt, das Ganze 10 Tage bei Zimmertemperatur ziehen lässt und dann abseiht.

Echtes Tausendgüldenkraut

TAUSENDGÜLDENKRAUT, KLEINES

Centaurium pulchellum Enziangewächse

SAMMELN UND ZUBEREITEN Angaben dazu bei der Gattung Tausendgüldenkraut.

MERKMALE 5–15 cm hoch, ein- oder zweijährig. Stängel 4-kantig. Keine grundständige Blattrosette. Stängelblätter gegenständig, rundlich bis eiförmig, stumpf, ganzrandig. Blüten dunkelrosa, gestielt, Blütenkrone mit 5 schmal-eiförmigen, flach ausgebreiteten Blütenzipfeln. Blütezeit Juni–Oktober.

STANDORT UND VERBREITUNG Feuchte Wege, Gräben, Ufer. Fast ganz Europa. Geschützt.

TAUSENDGÜLDENKRAUT, STRAND-

Centaurium littorale Enziangewächse

SAMMELN UND ZUBEREITEN Angaben dazu bei der Gattung Tausendgüldenkraut (siehe S. 307).
MERKMALE 5–25 cm hoch, einjährig. Stängel aufrecht, 4-kantig. Untere Blätter in einer Rosette, lanzettlich, stumpf. Stängelblätter gegenständig, zungenförmig bis linealisch, meist 3-nervig, ganzrandig, wirken fleischig. Blütenstand eine Scheindolde, Blütenkrone rosa, mit 5 schmal-eiförmigen, flach ausgebreiteten Zipfeln. Blütezeit Juni–Oktober.
STANDORT UND VERBREITUNG Kiesig-sandige, salzhaltige Küstenstandorte, hier vor allem grasige Dünenbereiche, Salzstellen im Binnenland. Mittel- und Westeuropa. Geschützt.

Strand-Tausendgüldenkraut

TEICHBINSE, BLAUGRAUE

Schoenoplectus tabernaemontani Sauergräser

SAMMELN UND ZUBEREITEN Die im Spätsommer reifen Samen lassen sich geröstet als Kaffee-Ersatz oder als Keimsaat nutzen. Weitere, in der europäischen Flora allerdings eher seltene und in manchen Regionen geschützte Arten wie die Dreikantige Teichbinse *(Schoenoplectus triqueter)*, die Niedrige Teichbinse *(Schoenoplectus supinus)* oder die Stachelige Teichbinse *(Schoenoplectus mucronatus)* sind in gleicher Weise verwendbar.
MERKMALE Bis 1,5 m hoch, mehrjähriges Gras. Stängel aufrecht, rund, grau- bis bräunlich grün, meist blattlos. Blütenstand rispig, rotbraun, meist zusammengezogen. Blütezeit Juni–Juli.
STANDORT UND VERBREITUNG Uferröhricht. Fast ganz Europa.

TEICHBINSE, GEWÖHNLICHE

Schoenoplectus lacustris Sauergräser

Gewöhnliche Teichbinse

SAMMELN UND ZUBEREITEN In der Küche werden die stärkehaltigen Wurzelstöcke und die Samen verwendet. Die Wurzelstöcke kann man eigentlich das ganze Jahr über ernten, am besten schmecken sie aber im Herbst und im Frühling. Junge Wurzeln werden vor der Zubereitung nur gründlich in frischem Wasser gebürstet, ältere schält man besser. Getrocknet und gemahlen ergeben sie Mehl zum Backen, gekocht eine pestoähnliche Soße, die gut gewürzt zu Kartoffeln oder Reis gegessen werden kann. Die jungen, hellen Wurzeln schmecken auch als Einlage in Gemüsesuppen. Die ab September reifen Samen sind als Keimsaat und geröstet als Kaffee-Ersatz nutzbar.
MERKMALE 1–4 m hoch, mehrjährige Sumpf- oder Wasserpflanze. Stängel aufrecht, rund, dunkelgrün, glatt, meist blattlos, nur am Grund braune bis purpurne Blattscheiden. Endständiger, rispenartiger, rotbrauner Blütenstand. Ährchen meist zu 3–5 an den längeren Rispenästen, etwa 1 cm lang, mehrblütig. Blütezeit Juni–Juli, vereinzelt bis Oktober. Wurzelstock gelbbraun, rotbraun oder tiefrot, lang horizontal kriechend.
STANDORT UND VERBREITUNG Uferröhricht. Europa.

TEICHLINSE, VIELWURZELIGE

Spirodela polyrhiza Wasserlinsengewächse

SAMMELN UND ZUBEREITEN Teichlinsen nehmen Schadstoffe aus dem Wasser auf. Nur aus wirklich sauberen Gewässern und nur aus Gewässern, die

nicht am Rand von Viehweiden liegen, sind sie unbedenklich. Und auch nur dann sollten sie kulinarisch genutzt werden. Zusammen mit anderen Wildpflanzen kann man sie zu Salaten und Gemüsegerichten verarbeiten. Mit Öl, Salz, Pfeffer, Pinienkernen und etwas Knoblauch ergeben sie ein Pesto-ähnliches Mus, das durchaus mit dem richtigen Pesto konkurrieren kann. Vor der eigentlichen Verwendung ist es empfehlenswert, Teichlinsen ausreichend lange in frischem Wasser zu spülen, um moorige Stoffe, die den Geschmack beeinträchtigen, auszuwaschen. Geerntet werden Teichlinsen von April bis Juni.
MERKMALE Mehrjährige Wasserpflanze. Blätter sehr klein, auf dem Wasser schwimmend, linsenförmig abgeflacht, manchmal unterseits rötlich, mit mehreren weißen, in das Wasser hängenden Wurzeln, die den Gewässerboden jedoch nicht erreichen. Blüten meist fehlend.
STANDORT UND VERBREITUNG Stehende und langsam fließende Gewässer. Europa.

Vielwurzelige Teichlinse

TEICHROSE, KLEINE

Nuphar pumila — Seerosengewächse

SAMMELN UND ZUBEREITEN Der stärkereiche Wurzelstock kann von September bis in den Winter geerntet und geschält zu Kochgemüsegerichten verarbeitet werden. Getrocknet und gemahlen ergibt er ein Mehl, das man gemischt mit Getreidemehl zum Backen nehmen kann. Die in den Monaten August und September noch unreifen Samen kann man roh oder gekocht verwenden, ihr Geschmack wird als maronenähnlich nussig beschrieben. Die im Oktober reifen Samen werden getrocknet und zu Mehl verarbeitet.

Kleine Teichrose

MERKMALE 50–300 cm lange Stängel, mehrjährige Wasserpflanze. Ovale, tief herzförmige, 5–10 cm lange Schwimmblätter. Gelbe, kugelige, duftende Blüten, die einzeln an langen Stielen aus dem Wasser ragen, 5 gelbe Blütenblätter, zahlreiche Honigblätter. Blütezeit Juni–September.
STANDORT UND VERBREITUNG Braucht nährstoffarme, kalte, stehende Gewässer. Nord- und Mitteleuropa. Geschützt.

TEUFELSABBISS, GEWÖHNLICHER

Succisa pratensis — Kardengewächse

SAMMELN UND ZUBEREITEN Junge, von April bis Juli gesammelte Sprosse eignen sich als Beigabe zu Salaten und Gemüsegerichten. Die fermentierten Blätter nahm man in schlechten Zeiten als Ersatz für schwarzen Tee. Und mit einem Sirup aus der blühenden Pflanze hat man früher Bronchitis behandelt. Der Wurzelstock aromatisiert Marmeladen und Gelees, und er ergibt einen sehr schmackhaften Likör.
MERKMALE 20–80 cm hoch, Staude. Kräftiger Wurzelstock. Stängel unten kahl, oben behaart und meist verzweigt. Grundblätter gestielt, oval bis lanzettlich, ungeteilt, meist ganzrandig. Stängelblätter kleiner als die Grundblätter, gegenständig, lanzettlich, sitzend. Blüten in fast kugeligen Köpfen, dunkelblau, Blütenkrone 4-zipfelig. Blütezeit Juli–September.
STANDORT UND VERBREITUNG Feuchte Wiesen. Fast ganz Europa.

TEUFELSKRALLE

SAMMELN UND ZUBEREITEN Der Volksname »Rapunzel«, abgeleitet vom lateinischen »rapunculus« für »Rübchen«, deutet bereits an, dass das Hauptinteresse an der Pflanze schon immer der rübenförmigen, rettichähnlich schmeckenden Wurzel galt. Sie kann von September bis weit in den Februar geerntet werden und ist kulinarisch vielseitig verwendbar. Roh in den Salat geraspelt, als Wildgemüse gekocht, im Ofen gebacken oder in der Pfanne gebraten schmeckt sie gleichermaßen gut. Getrocknet ergibt sie einen würzigen Tee. Die im Geschmack mildwürzigen jungen Blätter, die man am besten von April bis Mai pflückt, ergeben feine Salate und Gemüsegerichte. Junge, noch nicht erblühte Blütensprosse lassen sich spargelähnlich zubereiten. Die Blüten und Blütenstände sind wohlschmeckende essbare Dekoration und feine Beigabe zu frischen Salaten und kurz gegarten Gemüsegerichten. Alle Pflanzenteile eignen sich auch zum Aromatisieren von Essig, Öl, Wein und Hochprozentigem.

Blütenstände der Teufelskralle, kurz über Dampf gegart und mit leicht erwärmter, gesalzener Crème fraîche serviert, sind eine nicht alltägliche Vorspeise.

MERKMALE 20–60 cm hoch, Staude. Führt Milchsaft. Stängel aufrecht, kahl, unverzweigt. Grundblätter lang gestielt, herzförmig, oft dunkel gefleckt, Stängelblätter wechselständig, kurz gestielt bis sitzend, schmallänglich, beide am Rand gezähnt. Blüten in zunächst eiförmiger, später verlängerter Ähre am Stängelende, weiß bis gelblich, vor dem Aufblühen gekrümmt. Blütezeit Mai–August.
STANDORT UND VERBREITUNG Wälder, Bergwiesen. Fast ganz Europa.

TEUFELSKRALLE, ÄHRIGE

Phyteuma spicatum Glockenblumengewächse

SAMMELN UND ZUBEREITEN Angaben dazu bei der Gattung Teufelskralle.

Ährige Teufelskralle

TEUFELSKRALLE, ARMBLÜTIGE

Phyteuma globulariifolium Glockenblumengewächse

SAMMELN UND ZUBEREITEN Angaben dazu bei der Gattung Teufelskralle.
MERKMALE 1–15 cm hoch, Staude. Grundblätter schmal-eiförmig bis spatelig, ganzrandig, am Rand oft kurzhaarig, 0–4 Stängelblätter, diese wechselständig, kleiner als die Grundblätter, mittlere und obere sitzend. Blüten tief blauviolett, in einem endständigen kugeligen Kopf, vor dem Aufblühen gekrümmt. Blütezeit Juli–September. Dicke, rübenförmige Wurzel.
STANDORT UND VERBREITUNG Alpine Rasen, Felsen. Alpen, Pyrenäen.

TEUFELSKRALLE, EIRUNDE

Phyteuma ovatum Glockenblumengewächse

SAMMELN UND ZUBEREITEN Angaben dazu bei der Gattung Teufelskralle.
MERKMALE 30–80 cm hoch, Staude. Grundblätter lang gestielt, herzförmig, am Rand grob doppelt gezähnt, Stängelblätter wechselständig, untere den Grundblättern ähnlich, aber kleiner und kürzer gestielt, die oberen lanzettlich, mit abgerundetem Grund sitzend. Blüten dunkelviolett, in erst eiförmiger, später zylindrischer Ähre, vor dem Aufblühen gekrümmt. Blütezeit Juli–August.
STANDORT UND VERBREITUNG Besiedelt bachbegleitende Gebüsche sowie feuchte Wälder, vorzugsweise zwischen 1000 und 1800 m Höhe. Mittel- und Südeuropa.

Scharf-würzige Teufelskrallen-Puffer lassen sich aus grob geraspelter Teufelskrallenwurzel, Schalotten, etwas Mehl, einem Ei, Salz, Pfeffer und Kreuzkümmel zubereiten. Besonders locker werden sie, wenn man das Ei trennt und das Eiweiß zu Schnee geschlagen unter die Teigmasse zieht.

TEUFELSKRALLE, HALBKUGELIGE

Phyteuma hemisphaericum

Glockenblumengewächse

SAMMELN UND ZUBEREITEN Angaben dazu bei der Gattung Teufelskralle.

MERKMALE 5–25 cm hoch, Staude. Grundblätter linealisch, grasartig, meist ganzrandig. Blüten blauviolett, in einem endständigen kugeligen Kopf, vor dem Aufblühen gekrümmt. Blütezeit Juli–August.

STANDORT UND VERBREITUNG Alpine Rasen, Felsspalten. Mittel- und Südwesteuropa.

TEUFELSKRALLE, KUGEL-

Phyteuma orbiculare Glockenblumengewächse

SAMMELN UND ZUBEREITEN Angaben dazu bei der Gattung Teufelskralle.

MERKMALE 10–50 cm hoch, Staude. Grundblätter gestielt, eiförmig bis lanzettlich, gezähnt, Stängelblätter wechselständig, ähnlich den Grundblättern, aber schmäler, die oberen sitzend. Blüten blau, in einem kugeligen, vielblütigen Kopf, vor dem Aufblühen gekrümmt. Blütezeit Mai–Juli.

Kugel-Teufelskralle

STANDORT UND VERBREITUNG Auf kalkhaltigen Böden. Besiedelt magere Wiesen und Weiden der Mittelgebirge und der Gebirge. Mittel- und Südeuropa.

TEUFELSKRALLE, SCHWARZE

Phyteuma nigrum Glockenblumengewächse

SAMMELN UND ZUBEREITEN Angaben dazu bei der Gattung Teufelskralle.

MERKMALE 20–60 cm hoch, Staude. Stängel aufrecht. Grundblätter lang gestielt, ei- bis herzförmig, kerbig gezähnt, Stängelblätter wie die Grundblätter, aber kürzer gestielt. Blüten schwarzviolett oder dunkelblau, in einer zunächst eiförmigen, später zylindrischen Ähre, vor dem Aufblühen gekrümmt. Blütezeit Mai–Juli.

STANDORT UND VERBREITUNG Braucht kalkarmen, humosen Lehmboden. Besiedelt helle Laubwälder, Waldränder. Mitteleuropa.

TEUFELSKRALLE, ZIESTBLÄTTRIGE

Phyteuma betonicifolium Glockenblumengewächse

SAMMELN UND ZUBEREITEN Angaben dazu bei der Gattung Teufelskralle.

Ziestblättrige Teufelskralle

MERKMALE 20–70 cm hoch, Staude. Stängel aufrecht, gerieft. Grundblätter lang gestielt, länglich-lanzettlich, an der Basis herzförmig, gezähnt, Stängelblätter wechselständig, ähnlich gestaltet, aber nach oben kleiner und schmäler werdend, die oberen sitzend. Blüten blauviolett, in einer zunächst eiförmigen, später zylindrischen Ähre. Blütezeit Juni–September.

STANDORT UND VERBREITUNG Wächst mit Vorliebe auf kalkfreien Böden. Besiedelt magere Berg- und Voralpenwiesen, Felsen, Gebüsche und Waldränder in Höhenlagen zwischen 600 und 2600 m. Alpen, in Deutschland nur im Allgäu.

THYMIAN, ECHTER

Thymus vulgaris Lippenblütengewächse

SAMMELN UND ZUBEREITEN Der Echte Thymian schmeckt herzhaft und leicht herb. Seine kleinen Blättchen würzen frisch oder getrocknet Salate mit Tomaten, Zucchini, Auberginen und Roter Bete. Sie gehören in Kartoffel-, Linsen-, Bohnen- und Erbsensuppen und passen zu Rind-, Schweine-, Lamm- und Geflügelfleisch ebenso gut wie zu Muschel- und Fischgerichten. Sparsam dosiert geben sie auch Marmeladen und Gelees, Fruchtbowlen und Obstsalaten eine besondere Note. Meister der Thymianwürze sind die Köche der südfranzösischen Provence, die ihn für Wildbraten über Gewürzgurken bis hin zu Kräuterlikör einsetzen. Die Blüten haben ähnlich wie die Blätter ein kräftiges Aroma und eignen sich ideal zum Aromatisieren von Zucker, Essig, Speiseöl und Butter. In der Heilkunde wird Thymian-Tee bei Husten und Bronchitis eingesetzt. Ein altes Sprichwort sagt völlig zu Recht: »Was die Pfeffer-Minze für Magen und Darm, ist der Thymian für Luftröhre und Bronchien.« Dem Echten Thymian im Aussehen sehr ähnlich ist der Joch-Thymian *(Thymus zygis)*, der in Spanien und Portugal in Macchien und auf trockenen Hängen vorkommt. Er wird wie der Echte Thymian verwendet.

Echter Thymian

MERKMALE 10–30 cm hoch, intensiv aromatisch duftender Zwergstrauch. Zweige aufrecht, grau behaart, 4-kantig. Blätter linealisch bis lanzettlich, Rand nach unten gerollt, dicht filzig behaart, kurz gestielt. Weißliche bis blasspurpurfarbene Blüten in einem kurzen, ährigen Blütenstand am Ende der Zweige. Blütezeit April–Juli.

> **Der unaufdringlich frische Duft** von Echtem Thymian harmoniert besonders gut mit Kräutern wie Bohnenkraut, Majoran, Rosmarin und Salbei.

STANDORT UND VERBREITUNG Garrigues. Südeuropa. Kultiviert und verwildert auch in anderen Teilen Europas.

THYMIAN, FELD-

Thymus pulegioides Lippenblütengewächse

SAMMELN UND ZUBEREITEN Der Feld-Thymian ist nicht so geschmacksintensiv wie der Echte Thymian, wird aber wie dieser frisch oder getrocknet als Gewürz verwendet. Seine Blätter können während der gesamten Vegetationsperiode gesammelt werden, sind aber zur Blütezeit am aromatischsten.

Feld-Thymian

MERKMALE 5–20 cm hoch, Staude. Aromatisch duftend. Stängel kriechend oder aufsteigend, 4-kantig, auf den Kanten behaart. Blätter gegenständig, oval, gestielt, ganzrandig. Hell- bis dunkelpurpurfarbene, kleine Blüten in dichten, zylindrischen Blütenständen am Stängelende. Blütezeit Juni–September.

STANDORT UND VERBREITUNG Trockene, sonnige Wiesen, Wegränder, felsige Standorte. Europa.

THYMIAN, FRÜHBLÜHENDER

Thymus praecox Lippenblütengewächse

SAMMELN UND ZUBEREITEN Die Blätter und Blüten des Frühblühenden Thymians werden seit Jahrhunderten von Kräutersammlern geschätzt. Sie sind mild im Geschmack und vielseitig einsetzbares Gewürz. Ihr Aroma entwickelt sich besonders beim Mitkochen und Schmoren. Als Teeaufguss helfen sie bei Halsentzündungen.

MERKMALE 5–10 cm hoch, Zwergstrauch. Schwach aromatisch. Blühende Zweige aufsteigend bis aufrecht, stumpf 4-kantig, unterhalb des Blütenstands gleichmäßig behaart. Blätter gegenständig, schmal-

eiförmig, kurz gestielt, an der Basis der Zweige oft gehäuft. Tiefrosafarbene bis hell purpurviolette Blüten in dichten, kugeligen, endständigen Köpfchen. Blütezeit Juni–August.
STANDORT UND VERBREITUNG Trockenrasen, Felsen, helle Kiefernwälder. Mittel- und Südeuropa.

THYMIAN, KOPFIGER

Thymus capitatus Lippenblütengewächse

SAMMELN UND ZUBEREITEN Dieser Thymian wird ebenso wie der Echte Thymian zum Würzen von Salaten und Gemüsegerichten, Suppen, Soßen, Fleisch und Fisch verwendet. Auch zum Aromatisieren von Olivenöl und Essig, eingelegten Oliven, Brot, Gebäck und Butter nutzt man ihn.
MERKMALE 20–50 cm hoch, Zwergstrauch. Intensiv aromatisch duftend, häufig kugelig wachsend. Zweige aufsteigend bis aufrecht, weißfilzig, Blätter schmal-lanzettlich, reich drüsig punktiert, am Rand nicht umgerollt. Rosarote, selten auch weiße Blüten in dichten eiförmigen Köpfchen an den Zweigenden. Blütezeit Mai–Oktober.
STANDORT UND VERBREITUNG Garrigues, helle Kiefernwälder, auf Kalk. Mittelmeergebiet.

Kopfiger Thymian

THYMIAN, SAND-

Thymus serpyllum Lippenblütengewächse

SAMMELN UND ZUBEREITEN Der Sand-Thymian ist wie der Echte Thymian als Gewürz verwendbar.

Sand-Thymian

MERKMALE 5–10 cm hoch, mehrjährig. Aromatisch duftend. Stängel liegend oder aufsteigend, an der Basis manchmal verholzt und undeutlich 4-kantig. Neben Kriechsprossen, die blütenlos bleiben, gibt es blühende, aufsteigende Stängel. Blätter gegenständig, schmal-eiförmig, sehr kurz gestielt bis sitzend, mit flachem bis wenig umgebogenen Rand. Rosa- bis purpurfarbene Blüten in endständigem, kugelig bis zylindrisch geformten Blütenständen. Blütezeit Juni–September.
STANDORT UND VERBREITUNG Sandige Rasen, Dünen, Heiden, helle Kiefernwälder. Verbreitungsschwerpunkt im nördlichen Mittel- und Osteuropa.

THYMIAN, STEPPEN-

Thymus pannonicus Lippenblütengewächse

SAMMELN UND ZUBEREITEN Dieser Thymian würzt Salate, Suppen und Soßen, Fleisch und Fisch, Pizzen und Tomatengerichte. Zwei weitere Thymianarten mit Hauptverbreitung in Süd- und Südosteuropa, der Tiroler Thymian *(Thymus oenipontanus)* und der Langstängelige Thymian *(Thymus longicaulis)*, werden ebenso verwendet.
MERKMALE 20–40 cm hoch, mehrjährig. Aromatisch. Stängel stumpf 4-kantig, an der Basis etwas verholzt, ringsum behaart. Nicht blühende Kriechsprosse fehlen. Blätter gegenständig, schmal-oval bis linealisch, undeutlich gestielt. Blassrosafarbene bis hellpurpurrote Blüten in einem endständigen, zylindrisch bis kugeligen Blütenstand. Blütezeit Juni–September.
STANDORT UND VERBREITUNG Trockenrasen, steppenartiges Grünland. Südost- und Osteuropa, östliches Mitteleuropa.

TOMATE

Lycopersicon esculentum Nachtschattengewächse

SAMMELN UND ZUBEREITEN Rohe, reife Früchte isst man im Salat oder einfach pur mit ein wenig Salz. Gegarte Früchte genießt man gefüllt, gebraten oder gedünstet, als Suppe, Soße, im Ragout oder Soufflé. Sie sind Bestandteil im Ratatouille, passen zu Omelett, begleiten ganz hervorragend Fisch und Fleisch oder lassen sich zu Marmelade, Saft, Ketchup, Tomatenmark, Quiche und Trockentomaten verarbeiten. Die Samen ergeben Speiseöl.
MERKMALE 40–120 cm hoch, einjährig. Stängel liegend, kletternd oder aufrecht. Blätter wechselständig, unpaarig gefiedert, Fiederblättchen eiförmig, unregelmäßig gezähnt bis gelappt. Blüten einzeln oder in lockeren Trauben, Blütenkrone gelb, weitglockig, Staubblätter bilden eine hervorstehende Säule. Blütezeit Juni–Oktober. Frucht je nach Sorte kugelig, eiförmig, flach gedrückt, glänzend rot, Durchmesser 2–10 cm.
STANDORT UND VERBREITUNG Herkunft Mexiko. In Mittel- und Südeuropa häufig kultiviert und verwildert anzutreffen.

Tomate

Tomaten-Marmelade, zubereitet aus vollreifen Tomaten, einigen Äpfeln, etwas Zitronensaft, fein gehackter Minze und natürlich Gelierzucker, gibt herzhaften Gerichten wie gekochtem Rindfleisch, Ente und Wild einen besonderen Pfiff.

TOPINAMBUR, ERDBIRNE

Helianthus tuberosus Korbblütengewächse

SAMMELN UND ZUBEREITEN Topinambur ist reich an Mineralstoffen wie Kalium, Kalzium, Magnesium und Eisen. Die Knollen enthalten das Reservekohlenhydrat Inulin, das ohne Insulin verdaut werden kann und sind damit das Gemüse der Wahl für Diabetiker. Topinamburknollen haben ein wunderbar nussiges, artischockenähnliches Aroma. Sie können ab Oktober aus der Erde geholt werden und sollten nach der Ernte möglichst bald verbraucht werden, denn lagerfähig sind sie nicht. Man genießt sie roh in Salaten, gekocht, frittiert, püriert, überbacken, gebraten oder in Essig eingelegt. Getrocknet und geröstet können sie als Ersatzkaffee aufgebrüht werden. Aber: Bei einseitigem Gebrauch können Topinamburknollen Blähungen verursachen, worauf der Volksname »Furzwurzel« trefflich verweist. Die gelben Zungenblüten nutzt man frisch oder getrocknet als essbare Dekoration oder als dekorative Beigabe in Teemischungen.

Topinambur

MERKMALE 1–3 m hoch, Staude. Rübenförmige, birnenförmige bis kugelige Wurzelknollen. Stängel aufrecht, im Blütenstandsbereich verzweigt, rauhaarig. Blätter breit-lanzettlich, grob gezähnt, im unteren und mittleren Stängelteil gegenständig oder zu 3 quirlständig, oben wechselständig. Gelbe Blütenköpfe einzeln am Ende des Stängels. Blütezeit August–November.
STANDORT UND VERBREITUNG Ufer, Waldränder, Ödland. Herkunft Nordamerika, in Europa kultiviert, verwildert und eingebürgert.

TRAUBENHAFER, DREIZAHN

Danthonia decumbens Süßgräser

SAMMELN UND ZUBEREITEN Die ab September reifen Samen sind als essbar beschrieben. Denkbar ist eine Verwendung als Kaffee-Ersatz oder als Keimsaat.

MERKMALE 10–50 cm hoch, mehrjähriges Gras. Stängel starr aufrecht oder aufsteigend. Blätter etwa 2 mm breit, flach und steif, graugrün, rau. Anstelle des Blatthäutchens ein Haarkranz. Blütenstand eine kurze Traube mit 4–15 aufrechten, 3- bis 5-blütigen Ährchen. Blütezeit Juni–Juli.
STANDORT UND VERBREITUNG Magerrasen, Heiden, Waldränder. Europa.

TRAUBENHYAZINTHE, SCHOPFIGE

Muscari comosum Liliengewächse

SAMMELN UND ZUBEREITEN Bereits seit der Antike ist die Traubenhyazinthe in Südeuropa Nutzpflanze. Auch die Zubereitung der Zwiebelknolle blieb seit Jahrtausenden ein und dieselbe, nämlich gekocht und mit Essig gewürzt. Beim Kochen ist allerdings darauf zu achten, dass das Kochwasser zweimal im Abstand von etwa 15 Minuten gewechselt wird. Die Blüten werden in Omeletts verarbeitet. Gleiches ist für die Übersehene Traubenhyazinthe *(Muscari neglectum)* überliefert. Die Pflanze ist auch seit der Antike als Heilkraut bekannt. Hippokrates empfahl sie stillenden Müttern zur Steigerung der Milchproduktion.

Schopfige Traubenhyazinthe

MERKMALE 30–70 cm hoch, Zwiebelpflanze. Zwiebel etwa 2–3 cm im Durchmesser. Blätter grundständig, linealisch, mit rauem Rand. Blütenstand eine bis 10 cm lange, lockere Traube, an deren Spitze ein Schopf violettblauer, lang gestielter, steriler Blüten, darunter kürzer gestielte, grünlich bis graubraun gefärbte, fertile Blüten. Blütezeit April–Mai.
STANDORT UND VERBREITUNG Trockenrasen, alte Weinberge, Wegraine. Wärmeliebend. Mittelmeergebiet, auch in warmen Gegenden Mitteleuropas.

Zwiebeln der Traubenhyazinthe, in Essig eingelegt und mit Olivenöl, fein geschnittenem Dill und Knoblauch serviert, sind eine althergebrachte Vorspeise.

TRESPE, ACKER-

Bromus arvensis Süßgräser

Acker-Trespe

SAMMELN UND ZUBEREITEN Die ab September reifen Samen sind als essbar beschrieben. Man kann die gerösteten und gemahlenen Samen als Malzkaffee verwenden. Weitere Trespenarten wie die Aufrechte Trespe *(Bromus erectus)*, die Hohe Wald-Trespe *(Bromus ramosus)* und die Weiche Trespe *(Bromus hordaceus)* sind in gleicher Weise nutzbar.
MERKMALE 40–100 cm hoch, einjähriges Gras. Blätter bläulich grün, bis zu 6 mm breit, behaart und rau. Rispe 10–30 cm lang, zunächst aufrecht, während und nach der Blütezeit ausgebreitet und locker überhängend, Rispenäste sehr dünn und rau, mit 5–10 Ährchen. Ährchen 4- bis 10-blütig, violett überlaufen, Granne bis 1 cm lang. Blütezeit Juni–Juli.
STANDORT UND VERBREITUNG Nährstoffreiche, sandige Lehmböden. Felder. Ödland. Europa.

TRESPE, ROGGEN-

Bromus secalinus Süßgräser

Roggen-Trespe

SAMMELN UND ZUBEREITEN Die im Spätsommer reifen Samen können zu Mehl verarbeitet werden.
MERKMALE 30–100 cm hoch, einjähriges Gras. Stängel meist knickig aufsteigend. Blätter 5–10 mm breit, oben weich behaart, unten meist kahl. Rispe locker, aufrecht oder nickend, 5–20 cm lang, Äste kahl, schief-aufrecht. Ährchen 4- bis 10-blütig, gelbgrün bis braunpurpurn, Granne bis zu 8 mm lang. Blütezeit Juni–Juli.
STANDORT UND VERBREITUNG Getreidefelder, Wegränder, Schuttstellen. Europa.

TÜPFELFARN, GEWÖHNLICHER, ENGELSÜSS

Polypodium vulgare Tüpfelfarngewächse

SAMMELN UND ZUBEREITEN Die sehr jungen Triebe, von April bis August gesammelt, ergeben nach etwa halbstündigem Kochen ein gut genießbares Farngemüse. Der Wurzelstock enthält reichlich Zucker und schmeckt sehr süß, eine Erklärung für den Volksnamen »Engelsüß«. Man genießt ihn geschält und geröstet oder zu Lakritze verarbeitet. Ausgegraben wird er von September bis in den Winter. Der Tüpfelfarn hat einen positiven Einfluss auf Leberbeschwerden, er wirkt mild abführend und hilft bei Husten und chronischer Bronchitis. Die Volksmedizin empfiehlt einen Tee aus getrockneten Wurzelstückchen vor den Mahlzeiten oder am Abend vor dem Schlafengehen. Vorsicht beim Sammeln: Der giftige Wurmfarn (*Dryopteris filix-mas*, S. 391) sieht ähnlich aus.

Gewöhnlicher Tüpfelfarn

MERKMALE 10–50 cm hoch, mehrjährige Farnpflanze. Blätter im Umriss schmal 3-eckig, tief fiederteilig, einzelne Abschnitte länglich-lanzettlich, abgerundet oder kurz zugespitzt, ganzrandig oder fein kerbig gesägt. Große, rundliche, bräunlich orangefarbene Sporangienhäufchen in 2 Reihen an der Blattunterseite. Sporenreife August–September.

STANDORT UND VERBREITUNG Bodensaure Wälder, schattige Mauern und Felsen. Europa.

ULME

SAMMELN UND ZUBEREITEN In den Monaten März und April sind Ulmenblätter noch zart und weich und schmecken mild salatartig. Dann kann man sie roh in Salaten essen oder gekocht in Suppen und Gemüsegerichten verarbeiten. In feine Streifen geschnitten passen sie auch in Frühlingsrollen. Später im Jahr geerntete Blätter sind zäh und strenger im Geschmack. Sie werden getrocknet und als Tee aufgebrüht. Die weiche innere Rinde nimmt man getrocknet, gemahlen und mit Getreidemehl vermischt zum Backen. In feine Streifen geschnitten kann man sie auch als eine Art Nudelgericht kochen. Ihren hohen Gehalt an Pflanzenschleimen und Gerbstoffen nutzte man früher volksmedizinisch bei Entzündungen der Verdauungsorgane. Die sehr jungen, noch unreifen Früchte können von April bis Mai roh genascht werden, machen sich aber wegen ihrer ungewöhnlichen Form auch gut als dekorative Beigabe zu Salaten und Suppen. In Notzeiten stellte man sie geröstet als schmackhafte Knabberei auf den Tisch.

ULME, BERG-

Ulmus glabra Ulmengewächse

SAMMELN UND ZUBEREITEN Angaben dazu bei der Gattung Ulme.

MERKMALE 10–40 m hoch, sommergrüner Laubbaum. Blätter wechselständig, oval, oft 3-spitzig, am Grund asymmetrisch, oberseits sehr rau, unterseits auf den Adern behaart, Blattrand doppelt gesägt. Blüten rötlich violett, ungestielt, in Büscheln, erscheinen lange vor dem Laub. Blütezeit März–April. Frucht breiteiförmig bis rundlich, ringsum geflügelt, Samenkorn im Zentrum. Fruchtreife Mai–Juni.

STANDORT UND VERBREITUNG Die Berg-Ulme braucht ein wenig Schatten und nährstoffreiche, frische, lockere Böden. Sie besiedelt Schluchtwälder sowie schattige Hangwälder der mittleren Gebirgsstufe. Europa.

Berg-Ulme

ULME, FELD-

Ulmus minor — Ulmengewächse

SAMMELN UND ZUBEREITEN Angaben dazu bei der Gattung Ulme.
MERKMALE 15–40 m hoch, sommergrüner Laubbaum. Blätter wechselständig, eiförmig, zugespitzt, am Grund asymmetrisch, oben dunkelgrün, unten in den Nervenwinkeln bräunlich behaart, Blattrand doppelt gesägt. Blüten ungestielt, in Büscheln, erscheinen vor dem Laub. Blütezeit März–April. Frucht ringsum geflügelt, Same dem oberen Flügelrand genähert. Fruchtreife Mai–Juni.
STANDORT UND VERBREITUNG Auwälder großer Flusstäler, Feldgehölze. In Mittel- und Südeuropa.

ULME, FLATTER-

Ulmus laevis — Ulmengewächse

SAMMELN UND ZUBEREITEN Angaben dazu bei der Gattung Ulme.
MERKMALE 10–35 m hoch, sommergrüner Laubbaum. Blätter wechselständig, eiförmig bis fast kreisrund, zugespitzt, am Grund asymmetrisch, oberseits dunkelgrün, unterseits fein behaart, Blattrand doppelt gesägt. Blüten gestielt, in Büscheln, erscheinen vor dem Laub. Blütezeit März–April. Frucht ringsum dünn geflügelt, Samenkorn im Zentrum. Fruchtreife Mai–Juni.
STANDORT UND VERBREITUNG Auwälder der Stromtäler, feuchte Mischwälder, Waldränder. Mittel-, Südost- und Osteuropa.

VEILCHEN

SAMMELN UND ZUBEREITEN Im Frühling und Frühsommer bieten Veilchen eine Fülle farbintensiver Blüten. Ihr feines Aroma harmoniert mit süßen und pikanten Speisen gleichermaßen gut. Frische Blüten und Blütenknospen *kann* man als essbare Dekoration über Salate, Suppen, Pasteten und Käseplatten streuen oder zum Aromatisieren von Getränken und Essig nehmen. Man verarbeitet sie auch zu Tee, zu Sirup und zu Gelee. Kandierte Blüten schmücken Süßspeisen und Gebäck. Die jungen Triebe – gesammelt von März bis April – und die Blätter – gesammelt von März bis Ende Juli – werden frisch Salaten und Quarkspeisen beigefügt, gegart in Gemüsegerichten und Suppen verarbeitet. Auch als Würze für Essig sind sie geeignet. Und sie ergeben einen milden Tee. Wegen ihres hohen Anteils an Schleimstoffen nimmt man Veilchenblätter auch zum Eindicken von Soßen. In Europa gibt es auch eine Vielzahl duftloser Veilchenarten. Zum Aromatisieren von Getränken, Zucker oder Essig sind die Blüten dieser Arten natürlich nicht geeignet. Aber man kann sie kandiert als essbare Dekoration für süße Desserts, Torten, Kuchen und Kleingebäck verwenden. Die Blätter dieser Arten können wie oben dargestellt genutzt werden. Vorsicht beim Sammeln: Die Blätter vieler Veilchenarten ähneln denen der giftigen Haselwurz (*Asarum europaeum*, S. 368), ebenso denen des giftigen Leberblümchens (*Hepatica nobilis*, S. 374). Aber: Die Blätter der Haselwurz sind ledrig, immergrün und riechen pfefferartig scharf. Das Leberblümchen hat 3-lappige Blätter. Die braunroten, glockigen Blüten der Haselwurz schließen eine Verwechslung mit Veilchenblüten ohnehin aus.

Zum Kandieren werden Veilchenblüten mit halbsteif geschlagenem Eiweiß bestrichen und mit feinem Zucker dünn bestreut. Anschließend lässt man sie über Nacht trocknen.

VEILCHEN, BASTARD-WALD-

Viola × bavarica — Veilchengewächse

Bastard-Wald-Veilchen

SAMMELN UND ZUBEREITEN Angaben dazu bei der Gattung Veilchen.
MERKMALE 10–25 cm hoch, Staude. Die Pflanze ist ein Bastard aus Wald-Veilchen und Hain-Veilchen. Blätter herz- bis nierenförmig, gekerbt, gestielt. Nebenblätter lanzettlich, gefranst. Blüten hellviolett, lang gestielt, Sporn hellblau bis blauviolett. Blütezeit März–Mai.
STANDORT UND VERBREITUNG In Laub- und Mischwäldern. Mittel- und Südeuropa.

VEILCHEN, BLAUES

Viola suavis — Veilchengewächse

SAMMELN UND ZUBEREITEN Angaben dazu bei der Gattung Veilchen (siehe S. 317).
MERKMALE 6–10 cm hoch, Staude. Blätter grundständig, breit-herzförmig, dunkelgrün, fast kahl, gestielt, fein gezähnt. Nebenblätter lanzettlich, gefranst. Blüten duftend, lang gestielt, blaulila, mit deutlich weißem Zentrum, Sporn kurz und dick. Blütezeit März–April.
STANDORT UND VERBREITUNG Helle Wälder, Gebüsche. Südosteuropa.

VEILCHEN, GRÄBEN-

Viola persicifolia — Veilchengewächse

SAMMELN UND ZUBEREITEN Angaben dazu bei der Gattung Veilchen (siehe S. 317).
MERKMALE 10–25 cm hoch, Staude. Alle Blätter stängelständig, gelbgrün, länglich-lanzettlich, fein gekerbt, gestielt, Blattstiel geflügelt. Nebenblätter schmallanzettlich. Blüten helllila bis weiß, Sporn grünlich, sehr kurz, gerade. Blütezeit Mai–Juni.
STANDORT UND VERBREITUNG Sumpfwiesen, Gräben. Hauptareal im südlichen Mitteleuropa, südlichen und mittleren Osteuropa.

VEILCHEN, HAIN-

Viola riviniana — Veilchengewächse

SAMMELN UND ZUBEREITEN Angaben dazu bei der Gattung Veilchen (siehe S. 317).

Hain-Veilchen

MERKMALE 5–30 cm hoch, Staude. Blätter grund- und stängelständig, rundlich bis breit-eiförmig, gekerbt, lang gestielt. Nebenblätter kammartig gefranst. Blüten hellviolett, lang gestielt, Sporn deutlich heller als die Kronblätter, weißlich oder gelblich gefärbt, auf der Unterseite gefurcht. Blütezeit April–Mai.
STANDORT UND VERBREITUNG Hauptsächlich Laub- und Mischwälder, daneben auch Heiden. Fast ganz Europa.

VEILCHEN, HOHES

Viola elatior — Veilchengewächse

SAMMELN UND ZUBEREITEN Angaben dazu bei der Gattung Veilchen (siehe S. 317).
MERKMALE 20–50 cm hoch, Staude. Alle Blätter stängelständig, länglich-lanzettlich, gekerbt, gestielt, Blattstiele nur undeutlich geflügelt. Nebenblätter lanzettlich, ganzrandig. Blüten hellblau, ohne Duft, Sporn gerade, grünlich. Blütezeit Mai–Juni.
STANDORT UND VERBREITUNG Auwälder, Sumpfwiesen. Vorwiegend Südost- und Osteuropa. Teilareale in Mitteleuropa.

VEILCHEN, HÜGEL-

Viola collina — Veilchengewächse

SAMMELN UND ZUBEREITEN Angaben dazu bei der Gattung Veilchen (siehe S. 317).
MERKMALE 5–10 cm hoch, Staude. Blätter grundständig, lang gestielt, breit-eiförmig, unterseits dicht behaart, am Rand gekerbt. Nebenblätter lanzettlich, mit behaarten Fransen. Blüten hellviolett oder weißlich, schwach duftend, Sporn aufwärtsgebogen. Blütezeit März–April.
STANDORT UND VERBREITUNG Trockene Wälder und Gebüsche. Eurasien.

VEILCHEN, HUNDS-

Viola canina — Veilchengewächse

SAMMELN UND ZUBEREITEN Angaben dazu bei der Gattung Veilchen (siehe S. 317).
MERKMALE 5–15 cm hoch, Staude. Stängel meist aufsteigend. Grundblätter fehlen, alle Blätter stängel-

Hunds-Veilchen

ständig. Stängelblätter eiförmig bis lanzettlich, gestielt, gekerbt. Nebenblätter etwa so lang wie der Blattstiel, entfernt gezähnt bis gefranst. Blüten geruchlos, blauviolett, maximaler Durchmesser 2–2,5 cm, seitliche Blütenblätter schräg abwärts gerichtet, unteres Blütenblatt am Grund weißlich, von dunklen Adern durchzogen, Sporn gelbgrün, etwas aufwärtsgebogen. Blütezeit April–Juni.

STANDORT UND VERBREITUNG Helle Waldstellen, Heiden, Magerrasen. Fast ganz Europa.

VEILCHEN, RAUHAARIGES

Viola hirta — Veilchengewächse

SAMMELN UND ZUBEREITEN Angaben dazu bei der Gattung Veilchen (siehe S. 317). Gleiches gilt für das im Aussehen sehr ähnliche Steppen-Veilchen (*Viola ambigua*).

MERKMALE 5–25 cm hoch, Staude. Oberirdischer Stängel fehlt. Grundblätter rosettig, lang gestielt, eiförmig bis länglich-eiförmig, unterseits behaart, am Rand gekerbt. Nebenblätter lanzettlich, ganzrandig oder kurz gefranst. Blüten auf langen Stielen in den Achseln der Grundblätter, hellviolett, geruchlos, Sporn an der Spitze aufwärtsgebogen. Blütezeit März–April.

STANDORT UND VERBREITUNG Waldränder, trockene Gebüsche, helle trockene Wälder. Fast ganz Europa.

VEILCHEN, SAND-

Viola rupestris — Veilchengewächse

SAMMELN UND ZUBEREITEN Angaben dazu bei der Gattung Veilchen (siehe S. 317).

MERKMALE 3–8 cm hoch, Staude. Stängel aufsteigend, flaumig behaart, oft etwas rötlich überlaufen. Blätter grund- und stängelständig, kurz gestielt, herzförmig, kurz behaart, fein gekerbt. Nebenblätter etwa halb so lang wie der Blattstiel, mit nach vorn gerichteten Fransen. Blüten lilablau, lang gestielt, kaum duftend, 1–2 cm im größten Durchmesser, seitliche Blütenblätter abwärtsgerichtet, am Grund bärtig, unteres Blütenblatt am Grund mit dunklen Adern. Sporn hellviolett, etwas aufwärtsgebogen. Blütezeit April–Juni.

STANDORT UND VERBREITUNG Braucht kalk- und humushaltigen Sandboden. Besiedelt Magerrasen, Kiefernwälder, Sandböden. Nord- und Osteuropa, Teile Mittel- und Südeuropas; das Verbreitungsgebiet des Sand-Veilchens erstreckt sich vom Süden Spaniens und Frankreichs bis in den Norden Sibiriens.

VEILCHEN, SUMPF-

Viola palustris — Veilchengewächse

SAMMELN UND ZUBEREITEN Angaben dazu bei der Gattung Veilchen (siehe S. 317). Gleiches gilt für 2 weitere, dem Sumpf-Veilchen sehr ähnliche Veilchenarten, für das Moor-Veilchen (*Viola uliginosa*) und das Torf-Veilchen (*Viola epipsila*).

MERKMALE 3–10 cm hoch, Staude. Oberirdischer Stängel fehlt. Blätter grundständig, lang gestielt, rundlich bis nierenförmig, gekerbt. Nebenblätter häutig weiß, sehr kurz gefranst. Blütenstiele entspringen dem Wurzelstock, Blüten blasslila, gelegentlich Individuen mit weißen Blüten, 1–1,5 cm im größten Durchmesser, unterstes Blütenblatt dunkelviolett geädert. Sporn gerade oder etwas aufwärtsgebogen, wie die Krone gefärbt. Blütezeit Mai–Juni.

STANDORT UND VERBREITUNG Braucht nassen, nährstoffarmen, sandig-torfigen Boden. Besiedelt Sümpfe, Moorwiesen, Gräben, Ufer sowie Bruchwälder. Fast ganz Europa.

Sumpf-Veilchen

VEILCHEN, WALD-

Viola reichenbachiana — Veilchengewächse

SAMMELN UND ZUBEREITEN Angaben dazu bei der Gattung Veilchen (siehe S. 317).
MERKMALE 10–20 cm hoch, Staude. Stängel meist aufsteigend bis aufrecht. Blätter sowohl grundständig als auch stängelständig, herzförmig bis länglich-eiförmig, gestielt, gekerbt. Nebenblätter lanzettlich, kammartig gefranst. Rötlich violette, lang gestielte Blüten in den Achseln der obersten Blätter, Sporn gerade, violett. Blütezeit März–Mai.
STANDORT UND VERBREITUNG Laub-, Misch- und Nadelwälder. Fast ganz Europa.

Wald-Veilchen

VEILCHEN, WEISSES

Viola alba — Veilchengewächse

SAMMELN UND ZUBEREITEN Angaben dazu bei der Gattung Veilchen (siehe S. 317).
MERKMALE 3–10 cm hoch, Staude. Oberirdischer Stängel fehlt. Blätter grundständig, herz- bis eiförmig, gekerbt, gestielt, Blattstiel 2–10 cm lang, abstehend behaart. Nebenblätter linealisch bis lanzettlich, gefranst und behaart. Blüten einzeln an 2–6 cm langen Stielen in den Achseln der Grundblätter stehend, weiß, duftend, Sporn dick, gelbgrün, meist gerade. Blütezeit März–April.
STANDORT UND VERBREITUNG Braucht nährstoffreichen, kalkhaltigen Lehmboden. Besiedelt helle Wälder, Gebüsche, siedlungsnahe Ödflächen in warmen Lagen. Mitteleuropa.

VEILCHEN, WOHLRIECHENDES

Viola odorata — Veilchengewächse

Wohlriechendes Veilchen

SAMMELN UND ZUBEREITEN Angaben dazu bei der Gattung Veilchen (siehe S. 317).
MERKMALE 3–10 cm hoch, Staude. Lange, oberirdisch kriechende Ausläufer. Blätter in einer bodennahen Rosette, lang gestielt, nieren- bis herzförmig, am Rand gekerbt. Leuchtend blauviolette, intensiv aromatisch duftende Blüten mit einem dicken, geraden Sporn. Blütezeit März–April.
STANDORT UND VERBREITUNG Laubwälder, Waldränder, Hecken und Gebüsche. Ursprünglich Südeuropa, heute fast ganz Europa.

VEILCHEN, WUNDER-

Viola mirabilis — Veilchengewächse

SAMMELN UND ZUBEREITEN Angaben dazu bei der Gattung Veilchen (siehe S. 317).
MERKMALE 10–25 cm hoch, Staude. Stängel entwickelt sich erst im Sommer. Erste Blätter grundständig, lang gestielt, 3–10 cm lang und ebenso breit, nieren- bis herzförmig, flach gekerbt. Nebenblätter breit-lanzettlich, weiß, meist ohne Fransen. Blüten einzeln an grundständigen Blütenstielen, lila bis violett, duftend. Neben den grundständigen Blüten entwickeln sich später im Jahr stängelständige Blüten, die sich nicht oder nur sehr selten öffnen und meist grünlich weiß bleiben. Blütezeit April–Juni.
STANDORT UND VERBREITUNG Helle Wälder, Gebüsche. Fast ganz Europa.

VEILCHEN, ZWEIBLÜTIGES

Viola biflora — Veilchengewächse

SAMMELN UND ZUBEREITEN Angaben dazu bei der Gattung Veilchen (siehe S. 317).

MERKMALE 5–20 cm hoch, Staude. Stängel aufrecht, dünn, nur im Blütenstandsbereich verzweigt. Blätter nierenförmig, gestielt, gekerbt, Grundblätter länger gestielt und größer als die Stängelblätter. Nebenblätter lanzettlich, ganzrandig. Blüten meist zu zweit *(biflora)*, gelb, mit dunklen Adern, Sporn kurz, gerade. Blütezeit Mai–August.
STANDORT UND VERBREITUNG Braucht kalkhaltigen, steinigen Boden in schattigen Lagen und hohe Luftfeuchtigkeit. Besiedelt feuchte, windgeschützte Standorte, zu finden auf feuchtem Geröll, in feuchten Schluchten, Bergwäldern, Grünerlengebüschen. Wächst vom Tal bis in 3000 m Höhe. Gebirge Mittel- und Südeuropas.

VENUSHAARFARN

Adiantum capillus-veneris Haarfarngewächse

SAMMELN UND ZUBEREITEN Die süßlich, zartherben Fiederblättchen verwendet man als essbare Dekoration für Salate, Suppen, Terrinen und Desserts. Die Volksheilkunde setzt einen Tee aus den oberirdischen Teilen des Venushaarfarns mit Erfolg bei Husten und bronchialen Beschwerden ein.
MERKMALE 10–30 cm hoch, mehrjährige Farnpflanze. 2- bis 3-fach gefiederte Wedel, Fiederblättchen letzter Ordnung auf haardünnen, dunklen Stielen, fächrig eingeschnitten bis gelappt, am Grund keilförmig verschmälert. Sporangien in einer Falte am äußeren Rand der Fiederblättchen. Sporenreife Juni–September.
STANDORT UND VERBREITUNG Besiedelt feuchte, warme Standorte, wächst an Wasserfällen, am Rand von Brunnen und Quellen, an feuchten Felswänden. Süd- und Westeuropa.

Venushaarfarn

Venuskamm

VENUSKAMM, NADELKERBEL

Scandix pecten-veneris Doldengewächse

SAMMELN UND ZUBEREITEN Die jungen, von April bis Mai gesammelten Blätter und Triebe können roh und gekocht gegessen werden. Ihr Geschmack wird mit petersilienähnlich, süßlich und ein wenig scharf recht treffend beschrieben. Auch die Blüten – gesammelt von Mai bis Juni – und die jungen Früchte (gesammelt von Juli bis August) sind roh und gekocht essbar. Venuskamm passt gut zu Fleisch, Fisch und Hülsenfrüchten, in Suppen und Omeletts. In einigen Regionen Griechenlands gilt die Pflanze als eines der am häufigsten gebrauchten Wildgemüse. Vielleicht wird sie deshalb bereits seit der Antike als »Gemüse der Armen« bezeichnet.
MERKMALE 15–20 cm hoch, einjährig. Duftet nach Koriander. Stängel aufrecht, verzweigt, fein gerillt, abstehend behaart. Blätter wechselständig, gestielt, 2- bis 4-fach gefiedert, Fiederblättchen schmal-linealisch und spitz. Blütendolde aus nur 1–3 Strahlen, Blüten weiß. Blütezeit April–Juni. Frucht bis 8 cm lang, mit kräftigem, seitlich zusammengedrücktem Schnabel.
STANDORT UND VERBREITUNG Kulturland, Brachland. Ursprünglich mediterran, in Teile Mittel- und Westeuropas verschleppt.

Hähnchen- oder Truthahnfilets gelingen besonders schmackhaft, wenn man sie mit einer Mischung aus Frühlingszwiebeln, Knoblauch und Venuskamm mariniert.

VERGISSMEINNICHT

SAMMELN UND ZUBEREITEN Jeder kennt das Vergissmeinnicht. Seine blauen Blüten und die spatelförmigen Blätter machen es unverwechselbar. Der Form ihrer Blätter verdankt die kleine Blume auch den wissenschaftlichen Namen. Griechische Gelehrte nannten sie »Myosotis« – das bedeutet auf Deutsch »Mäuseohr«. Kaum vorstellbar, dass diese zarten Pflanzen zu den Raublattgewächsen gehören und mit dem Borretsch verwandt sind. Die Wildkräuterküche verwendet nur die Blüten der vielen Vergissmeinnichtarten. Frisch und unmittelbar nach dem Aufblühen gepflückt schmücken sie Getränke, Salate und Desserts. Auch einen Blütenessig kann man damit ansetzen. Getrocknet sind die Blüten dekorative Beigabe zu Trockenteemischungen. Das Vergissmeinnicht enthält, wie andere Raublattgewächse auch, leberschädigende Pyrrolizidinalkaloide. Untersuchungen haben aber ergeben, dass bei gelegentlichem Verzehr kleiner Mengen kein Krankheitsrisiko besteht. Es ist eben, wie Paracelsus schon sagte, alles eine Frage der Dosis.

VERGISSMEINNICHT, ACKER-

Myosotis arvensis Raublattgewächse

Acker-Vergissmeinnicht

SAMMELN UND ZUBEREITEN Angaben dazu bei der Gattung Vergissmeinnicht.
MERKMALE 10–40 cm hoch, einjährig. Stängel aufrecht, meist von Grund an verzweigt, dicht behaart. Untere Blätter rosettig, Stängelblätter wechselständig, spatelig, dicht kurzhaarig. 5–25 Blüten bilden einen traubenähnlichen Blütenstand, Krone hellblau, manchmal weißlich blau. Blütezeit April–Oktober.
STANDORT UND VERBREITUNG Braucht nährstoffreiche Lehmböden. Besiedelt Getreidefelder, Hackfruchtäcker, Brachland, Schuttplätze, ist auch an Waldrändern und auf Kahlschlägen zu finden, wächst selbst in extensiv genutzten alpinen Wiesen. Europa.

VERGISSMEINNICHT, BUNTES

Myosotis discolor Raublattgewächse

SAMMELN UND ZUBEREITEN Angaben dazu bei der Gattung Vergissmeinnicht.
MERKMALE 10–30 cm hoch, einjährig. Stängel unten abstehend, im Bereich des Blütenstands anliegend behaart. Untere Blätter rosettig gehäuft, kleiner und breiter als die Stängelblätter. Stängelblätter wechselständig, eiförmig bis spatelig, die unteren stielartig verschmälert, die anderen sitzend, alle behaart. Viele Blüten bilden einen traubenähnlichen Blütenstand, Blütenkrone zunächst blassgelb, dann rosafarben, gegen Ende der Blütezeit blau. Blütezeit April–Juni.
STANDORT UND VERBREITUNG Magere, sandige Rasen, Wegränder, Felder. Fast ganz Europa.

VERGISSMEINNICHT, HÜGEL-

Myosotis ramosissima Raublattgewächse

SAMMELN UND ZUBEREITEN Angaben dazu bei der Gattung Vergissmeinnicht.
MERKMALE 10–20 cm hoch, einjährig. Stängel dicht und grau behaart. Untere Blätter rosettig gehäuft, deutlich kleiner als Stängelblätter, zur Blütezeit verwelkt. Stängelblätter wechselständig, schmal-eiförmig, sitzend, behaart. Blüten bilden traubenähnlichen Blütenstand, Blütenkrone hell himmelblau. Blütezeit April–Juni.
STANDORT UND VERBREITUNG Sandrasen, sandige Felder, besonnte Wegränder. Fast ganz Europa.

VERGISSMEINNICHT, SAND-

Myosotis stricta Raublattgewächse

SAMMELN UND ZUBEREITEN Angaben dazu bei der Gattung Vergissmeinnicht.
MERKMALE 10–20 cm hoch, einjährig. Pflanze oft mehrstängelig, starr aufrecht, abstehend grauhaarig, dicht beblättert. Untere Blätter rosettig gehäuft, kleiner und

Sand-Vergissmeinnicht

breiter als die Stängelblätter. Stängelblätter wechselständig, schmal-eiförmig bis spatelig, die unteren kurz gestielt, die anderen sitzend. Viele Blüten bilden einen traubenähnlichen Blütenstand, Blütenkrone hell himmelblau. Blütezeit März–Juni.
STANDORT UND VERBREITUNG Lückige, sandige Rasen, sandige Felder, Erdanrisse, Dünen. Fast ganz Europa.

VERGISSMEINNICHT, SUMPF-

Myosotis palustris Raublattgewächse

SAMMELN UND ZUBEREITEN Angaben dazu bei der Gattung Vergissmeinnicht.
MERKMALE 20–80 cm hoch, Staude. Stängel kantig, behaart. Blätter wechselständig, eiförmig, anliegend behaart, oft auch kahl. 5–20 Blüten bilden einen traubenähnlichen Blütenstand an der Stängelspitze, Einzelblüten anfangs rötlich, später himmelblau. Blütezeit Mai–August, mitunter bis Oktober.
STANDORT UND VERBREITUNG Nasswiesen, Gräben, Ufer, auch in hellen, wechselfeuchten Wäldern. Europa.

Sumpf-Vergissmeinnicht

VERGISSMEINNICHT, WALD-

Myosotis sylvatica Raublattgewächse

SAMMELN UND ZUBEREITEN Angaben dazu bei der Gattung Vergissmeinnicht.
MERKMALE 15–40 cm hoch, zwei- bis mehrjährig. Stängel kantig, behaart. Blätter schmal-eiförmig bis zungenförmig, abstehend behaart, die unteren kurz gestielt, die anderen sitzend. 7–25 Blüten in rispenähnlichen, unbeblätterten Blütenständen, Blüten anfangs violett überhaucht, später hellblau. Blütezeit April–September.
STANDORT UND VERBREITUNG Wälder, Wald- und Wegränder, feuchte Wiesen. Fast ganz Europa.

Wald-Vergissmeinnicht

VERGISSMEINNICHT, ZERSTREUTBLÜTIGES

Myosotis sparsiflora Raublattgewächse

SAMMELN UND ZUBEREITEN Angaben dazu bei der Gattung Vergissmeinnicht.
MERKMALE 10–40 cm hoch, einjährig. Stängel schlaff, liegend, aufsteigend oder aufrecht, kantig, locker behaart. Untere Blätter rosettig, meist kleiner als die Stängelblätter. Stängelblätter wechselständig, schmal-eiförmig bis spatelig, die unteren in einen Stiel verschmälert, die oberen sitzend, nur locker behaart. Blüten zunächst rosafarben, später hellblau. Blütezeit April–Juni.
STANDORT UND VERBREITUNG Auwälder, Ufergebüsche. Hauptverbreitung in Osteuropa. Einzelvorkommen im Bayerischen Wald, in Niederösterreich, dem Burgenland und der Steiermark.

Ausgezupfte Vergissmeinnichtblüten mit ihrem feinen Geschmack nach grünem Tee passen farblich und geschmacklich gut zu einem würzigen Joghurt-Sahne-Dip.

Großer Vogelfuß

VOGELFUSS, KLEINER, MÄUSEWICKE

Ornithopus perpusillus

Schmetterlingsblütengewächse

SAMMELN UND ZUBEREITEN Vor der Blüte geerntete Blätter nutzt man roh als Beigabe zu Salaten. Die Blüten pflückt man unmittelbar nach dem Erblühen, trocknet sie im Schatten und verarbeitet sie zu Mehl. In schwierigen Zeiten nahm man dieses Mehl zum Strecken von Getreidemehl. Der Große Vogelfuß *(Ornithopus sativus)*, eine westmediterrane Art, die in Mitteleuropa als Futterpflanze angebaut wird und auf brachliegenden Feldern verwildert anzutreffen ist, wird in gleicher Weise verwendet.

MERKMALE Ein- oder mehrjährige, abstehend behaarte Pflanze. Stängel liegend oder aufsteigend, 5–30 cm lang, rund, dünn. Blätter ungestielt, unpaarig gefiedert, 7–13 Teilblättchenpaare, Teilblättchen oval, 2–8 mm lang. Blüten zu 3–7 in einem doldenartigen, gestielten Blütenstand in den Achseln der oberen Blätter, Blüten weißlich, Fahne rötlich gestreift. Blütezeit Mai–Juni.

STANDORT UND VERBREITUNG Sandfelder, lückige Rasen, Wald- und Wegränder, helle Kiefernwälder, Dünen und Sandaufschüttungen. Mittel- und Westeuropa.

VOGELMIERE

Stellaria media

Nelkengewächse

SAMMELN UND ZUBEREITEN Die Vogelmiere ist eine der wenigen Pflanzen, die das ganze Jahr blühen und selbst im Winter an schneefreien Stellen zur Verfügung stehen. Am besten entfaltet sie ihren mild kopfsalatartigen Geschmack jedoch im Frühling. Stängel, Blätter und Blüten sind essbar. Sie werden als spinatartiges Gemüse zubereitet, als Zutat für Frühlingssalate, Kräutersuppen und Brotaufstriche verwendet. Wegen ihres milden Geschmacks wird sie gerne mit kräftigeren, vor allem bitteren Wildkräutern kombiniert. Die Volksmedizin empfiehlt Vogelmieren-Tee bei Husten. Vorsicht beim Sammeln: Nicht blühende Pflanzen könnten mit dem giftigen Acker-Gauchheil (*Anagallis arvensis*, S. 358) oder dem ungenießbaren Acker-Hornkraut (*Cerastium arvense*, S. 358) verwechselt werden. Der Unterschied: Der Acker-Gauchheil hat einen kantigen Stängel und blüht ziegelrot oder blau. Das Acker-Hornkraut hat weiße, nur wenig eingeschnittene Blüten.

MERKMALE 5–40 cm hoch, einjährig. Stängel liegend bis aufgerichtet, dünn und rund, trägt auf ganzer Linie einen klar abgesetzten Streifen weißer Härchen. Blätter gegenständig, rundlich bis eiförmig, zugespitzt, ganzrandig, im unteren Stängelbereich deutlich gestielt, weiter oben am Stängel sitzend. Zarte, weiße, sternförmige Blüten, 5 Blütenblätter, die jeweils bis zum Ansatz eingeschnitten sind und den Eindruck erwecken, die Blüte bestünde aus 10 Blütenblättern. Blütezeit Januar–Dezember. Frucht eine Kapsel, die kleine braunschwarze Samen enthält.

STANDORT UND VERBREITUNG Wächst als ein dichter grüner Rasen auf Feldern und Schuttplätzen, an Wegrändern und Ufern, ja selbst an hellen Stellen in Wäldern. Besiedelt feuchte, schattige Standorte auf nährstoffreichen Böden. Europa.

Vogelmiere

Gewöhnlicher Wacholder

WACHOLDER, GEWÖHNLICHER

Juniperus communis Zypressengewächse

SAMMELN UND ZUBEREITEN Die Entwicklung der Wacholderbeeren zum blauschwarzen »Beerenzapfen« dauert 3 Jahre. Die reifen Früchte werden von Oktober bis November geerntet und frisch oder getrocknet verwendet. Getrocknete Wacholderbeeren passen sehr gut zu Fleisch- und Wildmarinaden, in Fischsud, zu herzhaften Rind- und Schweinefleischgerichten, Sauerkraut, Rot- und Weißkohl, aber auch zu Pasteten und eingelegtem Gemüse. Sie sind weiter Bestandteil von Trockenteemischungen, Ansatzlikören und Schnäpsen. So erhält beispielsweise Gin seinen typischen Geschmack vom Wacholder. Frische Wacholderbeeren ergeben zerdrückt und mit weicher Butter verrührt einen pikanten Brotaufstrich. Am französischen Alpensüdrand macht man aus ihnen eine ungewöhnliche Marmelade, »Chai« genannt. Auch die Nadeln des Gewöhnlichen Wacholders werden kulinarisch genutzt. Ausgereifte Nadeln sind getrocknet und gemahlen Gewürz für Gemüse und Gebäck, junge, zarte Nadeln eine würzige Salatbeigabe. Die innere Rinde ergibt in dünne Streifen geschnitten und gekocht Gemüseragouts. Auch die Früchte einer verwandten Art, des im Mittelmeergebiet heimischen Rotfrüchtigen Wacholders *(Juniperus oxycedrus)*, werden als Gewürz verwendet. Vorsicht beim Sammeln: Der Gewöhnliche Wacholder ähnelt dem hochgiftigen Sadebaum (*Juniperus sabina*, S. 380), kenntlich an seinen deutlich gestielten, überhängenden Beerenzapfen.

MERKMALE 4–12 m hoch, immergrüner, oft mehrstämmiger Baum oder Strauch. Typisch säulenförmiger Wuchs. Stamm zunächst mit glatter, rotbrauner Rinde, diese wird später zu graubrauner, schuppiger, längsrissiger Borke. Nadeln zu dritt in einem Wirtel, steif, stechend spitz, oben mit weißem Mittelband. Blüten in den Achseln der Nadeln, die männlichen gelb, die weiblichen grün. Blütezeit April–Mai. Früchte erbsengroße, kugelige, zunächst grüne, bei Reife schwarze Beerenzapfen, sitzen kaum sichtbar gestielt direkt an den Zweigen, enthalten 2–3 3-kantige Samen. Fruchtreife August–Oktober.

STANDORT UND VERBREITUNG Heiden, Moore, helle Nadelwälder, Felsgebüsch. Europa, im Süden nur in den Gebirgen.

Schweinekoteletts werden wunderbar herzhaft, wenn man sie vor dem Braten für 3 Stunden in einer Marinade aus Olivenöl, zerstoßenen Wacholderbeeren, zerdrückten Knoblauchzehen, Salz und Pfeffer ziehen lässt.

WALD-HIRSE, WALD-FLATTERGRAS

Milium effusum Süßgräser

SAMMELN UND ZUBEREITEN Auch wenn ihr Name dies vermuten lässt: Die Wald-Hirse hat keine engeren verwandtschaftlichen Beziehungen zur Echten Hirse. Sie wurde auch nie als Getreide angebaut. Lediglich in schwierigen Zeiten hat man ihre im August reifen Samen getrocknet und zu Mehl vermahlen. Denkbar ist auch eine Verarbeitung der Körner als Keimsaat oder geröstet als Kaffee-Ersatz.

MERKMALE 40–160 cm hoch, mehrjähriges, in lockeren Horsten wachsendes Gras. Stängel aufrecht oder aufgebogen. Blätter bis 15 mm breit, flach, allmählich zugespitzt, rau. Blütenstand eine lockere, 10–25 cm lange Rispe mit dünnen, nur wenige Ährchen tragenden, nach dem Blühen waagrechten oder umgeschlagenen Ästen. Ährchen bis zu 3 mm lang, 1-blütig. Keine Grannen. Blütezeit Mai–Juni.

STANDORT UND VERBREITUNG Schattenpflanze. Wächst in krautreichen Laub- und Nadelmischwäldern. Fast ganz Europa.

WALDHYAZINTHE, WEISSE

Platanthera bifolia Orchideengewächse

SAMMELN UND ZUBEREITEN Die Wurzel wird von September bis November aus der Erde geholt, getrocknet und zu Mehl verarbeitet. Dieses Mehl wird als Streckmehl genutzt.

MERKMALE 20–50 cm hoch, Staude. Stängel aufrecht, hell gelbgrün. Meist 2 gegenständige, fast grundständige, bis 15 cm lange, breit-lanzettliche, glänzende Blätter und 1–4 kleine, schmal-lanzettliche Blätter weiter oben am Stängel. Grünlich weiße, duftende Blüten mit langem Sporn, Blütenstand eine lange, lockere Ähre. Blütezeit Juni.

STANDORT UND VERBREITUNG Helle Laubmischwälder, Heiden, Moore. Europa, im Mittelmeergebiet selten bis fehlend. Geschützt.

WALDMEISTER

Galium odoratum Rötegewächse

SAMMELN UND ZUBEREITEN Waldmeister ist nicht essbar, aber ein ausgezeichneter Aromalieferant. Lässt man seine vor der Blüte gepflückten Blätter etwa 1 Stunde welken, setzen sie den Duftstoff Cumarin frei, der Getränke wie Limonade, Wasser, Apfelsaft oder Milch, Süßspeisen wie Eis, Kuchen oder Pudding und die traditionelle Maibowle unvergleichlich aromatisiert. Getrocknet und aromadicht verschlossen kann Waldmeister lange aufbewahrt und für einen gesunden Tee genutzt werden. In kleinen Schlucken getrunken stärkt er den Magen, regt die Leberfunktion an und wirkt beruhigend. Auch als Gewürz für Gemüsegerichte wird getrockneter Waldmeister eingesetzt. Lässt man ein paar Waldmeisterblüten für kurze Zeit in Wein ziehen, erhält man einen aromatischen Kräuterwein.

Waldmeister

MERKMALE 5–25 cm hoch, Gewürzstaude, die beim Welken intensiv duftet. Stängel 4-kantig. Blätter lang, schmal, zugespitzt, sitzen in Quirlen stockwerkartig übereinander. Weiße, trichterförmige Blüten. Blütezeit April–Mai.

STANDORT UND VERBREITUNG Schattige Buchenwälder. Fast ganz Europa.

> **Waldmeister** ergibt zusammen mit Brombeer-, Erdbeer-, Himbeer- und Zitronenmelisseblättern einen beruhigenden und nervenstärkenden Tee. Wird dieser Tee mit etwas Honig gesüßt, verstärkt sich seine Wirkung noch.

WALNUSS, ECHTE

Juglans regia Walnussbaumgewächse

SAMMELN UND ZUBEREITEN Reife Walnüsse sind eine Delikatesse, roh wie kandiert. In der Küche sind sie vielseitig verwendbar: als Zutat für Brot, Kuchen und Torten, in Desserts und Soßen. Das aus reifen Walnüssen gepresste Öl ist sehr hochwertig und gibt vor allem Salaten eine edle Würze. Unreife grüne Früchte, deren Schale noch nicht verholzt ist, schmecken allerdings wie die Blätter etwas bitter und scharf. In Gewürzessig eingelegt verlieren sie dieses bittere Aroma und sind eine wunderbare Beigabe zu Geflügel- und Wildgerichten, Käse, Pasteten und kaltem Fleisch. Einen Schnaps aus grünen Walnüssen empfiehlt die Volksmedizin bei Magenbeschwerden. Von April bis August gesammelte Blätter hat man früher getrocknet Teemischungen beigefügt. Junge Blätter verleihen Kartoffelgerichten eine pilzartige Würze. Kenner wickeln Forellen vor dem Garen in Alufolie und Walnussblätter ein.

MERKMALE 10–25 m hoch, sommergrüner Laubbaum. Blätter wechselständig, unpaarig gefiedert, 7–9 ovale Teilblättchen, die zerrieben aromatisch duften. Männliche Blüten gelbe, hängende Kätzchen, weibliche Blüten zu 1–5 in aufrechten Ähren. Blütezeit April–Mai. Hartschalige Walnuss in grüner, sich

Echte Walnuss

bei Reife lösender Schale, weicher essbarer Samen. Fruchtreife September–Oktober.
STANDORT UND VERBREITUNG Laubwälder in spätfrostsicheren Klimalagen. Herkunft Südosteuropa. In anderen Teilen Europas kultiviert und verwildert.

Exzellenten Walnuss-Schnaps bekommt man, wenn man in dünne Scheiben geschnittene Walnüsse mit Ingwer, Zimtstangen, Gewürznelken und Zuckersirup für etwa 2 Monate in Branntwein ziehen lässt. Anschließend abfiltern und 2 Wochen nachreifen lassen.

WASSERDARM

Stellaria aquatica — Nelkengewächse

SAMMELN UND ZUBEREITEN Die Pflanze hat einen mild kopfsalatähnlichen Geschmack. Von April bis Juni gepflückte Triebspitzen und Blätter eignen sich gut für Salate, Suppen oder Mischgemüse, auch zur Milderung sehr kräftiger, bitterer Wildkräuter. Beliebt sind sie weiter als Beigabe zu Pesti und fein gehackt als Zutat für Salatsoßen.
MERKMALE 15–45 cm hoch, ein- bis mehrjährig. Stängel liegend oder aufsteigend, 4-kantig, oben drüsig behaart, oft verzweigt. Blätter gegenständig, herz- bis eiförmig, mit breitem Grund sitzend, bis über 5 cm lang, am Rand oft wellig. Blüten weiß, 5-griffelig, Blütenblätter bis fast zum Grund 2-teilig, etwa so lang wie die Kelchblätter. Blütezeit Juni–September.
STANDORT UND VERBREITUNG Flussauen, Teichufer, Wassergräben und Wegränder. Fast ganz Europa, meidet den äußersten Süden und Norden.

WASSERLINSE

SAMMELN UND ZUBEREITEN Diese im Volksmund als »Entengrütze« bezeichneten Pflanzen sind komplett verwendbar. Im Grunde kann man sie während der gesamten Vegetationsperiode ernten, am besten sind sie jedoch im Frühjahr und im Sommer. Die süßlichen, geschmacklich ein wenig an Kopfsalat erinnernden Wasserlinsen werden roh zu Salaten verarbeitet, blanchiert in spinatähnlichen Gemüsegerichten, Suppen, Eintöpfen, Soßen und Backwaren verwendet.

WASSERLINSE, BUCKLIGE

Lemna gibba — Wasserlinsengewächse

SAMMELN UND ZUBEREITEN Angaben dazu bei der Gattung Wasserlinse.
MERKMALE Mehrjährige, frei schwimmende Wasserpflanze, 1- bis 6-gliedrig. Oberseite der »Schwimmblätter« flach oder schwach gewölbt, Unterseite meist stark gewölbt, oberseits rosa bis purpurn, unterseits weiß. Blüten unauffällig. Blütezeit Juni–August.
STANDORT UND VERBREITUNG Stehende, nährstoffreiche Gewässer. Europa, bevorzugt in mediterranem Klima.

WASSERLINSE, DREIFURCHIGE

Lemna trisulca — Wasserlinsengewächse

SAMMELN UND ZUBEREITEN Angaben dazu bei der Gattung Wasserlinse.
MERKMALE Mehrjährige Wasserpflanze mit ovalen bis lanzettlichen, blattähnlichen Schwimmgliedern, die zu vielen kettenartig zusammenhängen. Verbringt die meiste Zeit völlig untergetaucht in den oberen Wasserschichten, kommt nur während der sehr seltenen Blütezeit an die Wasseroberfläche. Blüten klein, grün, in einer Vertiefung auf der Oberfläche der blattähnlichen Gebilde. Blütezeit Juni.
STANDORT UND VERBREITUNG Stehende, nährstoffreiche Gewässer. Europa.

WASSERLINSE, KLEINE

Lemna minor Wasserlinsengewächse

SAMMELN UND ZUBEREITEN Angaben dazu bei der Gattung Wasserlinse (siehe S. 327).
MERKMALE Mehrjährige Wasserpflanze, auf der Wasseroberfläche schwimmend. Besteht aus einem flachen, ovalen bis kreisrunden, blattartigen Gebilde und einer einzigen daran hängenden, bis 10 cm langen Wurzel. Blüht sehr selten, Blüten unscheinbar, grün. Blütezeit Mai–Juni.
STANDORT UND VERBREITUNG Stehende, nährstoffreiche Gewässer. Europa.

Kleine Wasserlinse

WASSERLINSE, ROTE

Lemna turionifera Wasserlinsengewächse

SAMMELN UND ZUBEREITEN Angaben dazu bei der Gattung Wasserlinse (siehe S. 327).
MERKMALE Mehrjährige, frei schwimmende Wasserpflanze, 1- bis 6-gliedrig. »Schwimmblätter« bis zu 4 mm lang, meist flach, manchmal kreisrund, 3-nervig, mit kleinen Lufthöhlen, vor allem im Frühjahr und Frühsommer oberseits schmutzig violett, unterseits leuchtend violett. In Europa erst einmal blühend angetroffen. Blütezeit Juni–Juli.
STANDORT UND VERBREITUNG Stehende Gewässer, überwiegend in kleinen, leicht erwärmbaren, meist naturnahen Gewässern bis etwa 1 m Wassertiefe. In Europa nachgewiesen in Deutschland, Frankreich, den Niederlanden, Österreich, Polen und dem europäischen Teil Russlands.

WASSERLINSE, WINZIGE

Lemna minuta Wasserlinsengewächse

SAMMELN UND ZUBEREITEN Angaben dazu bei der Gattung Wasserlinse (siehe S. 327).
MERKMALE Mehrjährige, frei schwimmende Wasserpflanze, 1- bis 4-gliedrig. »Schwimmblätter« grau bis dunkelgrün, etwas glänzend, 1–4 mm lang, dicklich, mit Lufthöhlen gefüllt, 1-nervig. Blüht in Mitteleuropa nur sehr selten, Blüten unscheinbar, grün. Blütezeit Juni–Juli.
STANDORT UND VERBREITUNG Stehende, meist beschattete Gewässer. Herkunft Nordamerika, in weiten Teilen Europas eingebürgert.

WASSERNUSS

Trapa natans Wassernussgewächse

SAMMELN UND ZUBEREITEN Den etwa haselnussgroßen Kern der Wassernussfrucht sammeln Menschen schon seit alter Zeit. Er wird von September bis Oktober geerntet und entweder zu Kochgemüse verarbeitet oder getrocknet und zu Mehl für Grützen und Breie vermahlen.
MERKMALE Einjährige Wasserpflanze mit dünnem, bis zu 3 m langem Stängel. Schwimmblattrosette aus 5–30 rautenförmigen, ledrigen, vorne gezähnten, oberseits grünen oder roten, unterseits braunen Blättern. Blattstiele aufgeblasen. Blüten weiß, 4-zählig, kaum über die Rosette emporgehoben. Blütezeit Juni–August. Frucht braun bis schwarz, mit 2–4 zurückgebogenen Dornen.
STANDORT UND VERBREITUNG Stehende, 1–2 m tiefe Gewässer. Europa, vor allem in den wärmeren Gebieten. Geschützt.

Wassernuss

WASSERPFEFFER

Persicaria hydropiper Knöterichgewächse

SAMMELN UND ZUBEREITEN Der Wasserpfeffer wurde wahrscheinlich schon in prähistorischer Zeit als Gewürz verwendet. Keimlinge, Triebe und Blätter enthalten ätherische Öle und Scharfstoffe und werden gelegentlich auch heute noch als Pfefferersatz genutzt. Von März bis Juni gesammelt nimmt man sie frisch oder getrocknet und, wegen ihrer intensiven Schärfe, sehr sparsam dosiert zum Würzen von Quark und Frischkäse, Kräuterbutter, Soßen und Gemüsegerichten. Auch die ab September reifen Samen können getrocknet und pulverisiert in kleinen Mengen als Speisenwürze genommen werden. Wer sie in feuchter Atmosphäre keimen lässt, erhält pfeffrige Sprossen für einen herben Salat.

Wasserpfeffer

MERKMALE 20–70 cm hoch, einjährig. Mit deutlich pfeffrigem Aroma. Stängel liegend oder aufrecht, reich beblättert. Blätter wechselständig, schmal-eiförmig, kurz gestielt oder sitzend, oft mit dunklen Flecken. Blüten klein, rosafarben, grünlich oder weiß, bilden einen lockeren ährenartigen Blütenstand. Blütezeit Juli–Oktober.

STANDORT UND VERBREITUNG Verbreitet in nassen Wiesen, an Ufern, Gräben und feuchten Waldwegen. Europa.

WASSERSCHRAUBE

Vallisneria spiralis Froschbissgewächse

SAMMELN UND ZUBEREITEN Die Blätter sammelt man am besten vor der Blütezeit. Sie passen als Beigabe zu Salaten aller Art.

MERKMALE Mehrjährige, untergetauchte Wasserpflanze mit grundständigen, bandförmigen, bis zu 80 cm langen, flutenden Blättern. Blüten weiß, 2-häusig. Männliche Blüten in Knäueln, weibliche Blüten einzeln, an langen, die Wasseroberfläche erreichenden, schraubig gewundenen Stielen. Blütezeit Juli–Oktober.

STANDORT UND VERBREITUNG Stehende und langsam fließende Gewässer. Verbreitungsschwerpunkt in den Tropen und Subtropen. In Europa im Freiland selten, vor allem Aquarienpflanze, verwildert und stellenweise eingebürgert.

Wasserschraube

WAU, FÄRBER-, FÄRBER-RESEDE

Reseda luteola Resedengewächse

SAMMELN UND ZUBEREITEN Die Blüten werden unmittelbar nach dem Aufblühen gepflückt und als säuerlich-scharfe Würze in Kräuterbowlen gelegt.

MERKMALE 50–150 cm hoch, zweijährig. Stängel steif aufrecht, verzweigt, kahl. Blätter lineal-lanzettlich, ganzrandig, mit verschmälertem Grund sitzend. Gelbe Blüten in sehr langen, schmalen Trauben. Blütezeit Juni–September.

STANDORT UND VERBREITUNG Ruderalstandorte, vor allem Schuttplätze, Uferböschungen, Steinbrüche, Bahnareale. Mittel- und Südeuropa.

WEGERICH, BERG-

Plantago atrata Wegerichgewächse

SAMMELN UND ZUBEREITEN Die Wildkräuterküche nutzt Blätter, Blütenknospen und Samen. Vor der Blüte geerntete Blätter passen fein geschnitten in Salate und Gemüsegerichte. Die Blütenknospen genießt man in Essig oder Öl eingelegt. Die Samen liefern ein nussiges Salatöl.

MERKMALE 5–15 cm hoch, Staude. Blütenstängel aufrecht, blattlos, behaart. Blätter in grundständiger Rosette, schmal-lanzettlich, 3- bis 7-nervig, ganzrandig. Blütenähre kugelig bis eiförmig, Blüten bräunlich. Blütezeit Mai–August.

STANDORT UND VERBREITUNG Alpine und subalpine Wiesen auf feuchtem, kalkhaltigem Untergrund. Gebirge Mittel- und Südeuropas.

Breit-Wegerich

WEGERICH, BREIT-

Plantago major — Wegerichgewächse

SAMMELN UND ZUBEREITEN Essbar sind Blätter, Blütenknospen und Samen. Die Blätter erntet man wie alle Wegerichblätter am besten vor der Blütezeit, die Blütenknospen von Mai bis Juni und die Samen ab August. Zarte Wegerichblätter aus dem Inneren der Blattrosette eignen sich als Salatzutat, ergeben in Kombination mit anderen Wildkräutern sehr gute Suppen und Gemüsegerichte. Sie können auch zu Sauerkraut vergoren oder als Tee aufgebrüht werden. In manchen Gegenden gehören sie mit Löwenzahnblättern und Brennnesseltrieben in die traditionelle Frühlingssuppe. Die Blütenknospen genießt man roh in Salaten, gedünstet oder eingelegt. Die Samen werden fein gemahlen und mit Getreidemehl gemischt zum Backen genommen oder in Suppen mitgekocht. Geröstet, gemahlen und mit Salz vermischt ergeben sie ein gutes Gewürz, in der Ölmühle ein nussiges Salatöl.
MERKMALE 10–30 cm hoch, Staude. Stängel blattlos. Alle Blätter in einer bodennahen Rosette, breiteiförmig, von 5–9 stark hervortretenden Adern durchzogen, ganzrandig, breiter Blattstiel. Zahlreiche, grüne Blüten in einer bis zu 15 cm langen, dichten, walzenförmigen Ähre. Blütezeit Juni–Oktober.

Flohsamen-Wegerich-Sprossen und Frischkäse, gewürzt mit Knoblauch, einer Spur Muskat, Salz und Pfeffer, ergeben eine besonders leckere Füllung für Tomaten.

STANDORT UND VERBREITUNG Wege, Trittrasen, Wiesen und Weiden. Europa.

WEGERICH, FLOHSAMEN-

Plantago afra — Wegerichgewächse

SAMMELN UND ZUBEREITEN Zarte Blättchen und Sprosse werden im Frühling geerntet und sparsam in Salaten und Vorspeisen verwendet. Die im Herbst reifen Samen streut man über Salate und Müslis oder bäckt sie in Brote ein. Dabei muss aber die wegen ihres hohen Schleimgehalts starke Quellfähigkeit berücksichtigt werden. Diese Samen können das 30-fache ihres Gewicht an Wasser aufnehmen. Der sehr ähnliche Sand-Wegerich *(Plantago arenaria)*, ebenfalls eine Pflanze des Mittelmeergebiets, ist ebenso verwendbar.
MERKMALE 10–40 cm hoch, einjährig. Stängel aufrecht oder aufsteigend, oben meist drüsig behaart, mit gegenständigen Ästen verzweigt. Blätter gegenständig, linealisch, sitzend, behaart, ganzrandig oder entfernt gezähnt. Kleine weißliche Blüten in lang gestielten, eiförmigen bis rundlichen Köpfchen in den oberen Blattachseln. Blütezeit April–Juli. Samen länglich-oval bis länglich-elliptisch, braunrot, glänzend.
STANDORT UND VERBREITUNG Schutthalden, Felder, Wegränder, Garrigues. Mittelmeerraum.

WEGERICH, KRÄHENFUSS-

Plantago coronopus — Wegerichgewächse

SAMMELN UND ZUBEREITEN Die Wildkräuterküche nutzt Blätter, Blütenknospen und Samen. Vor

Krähenfuß-Wegerich

der Blüte geerntete Blätter passen fein geschnitten als Beigabe zu Salaten und Gemüsegerichten. Die Blütenknospen genießt man in Essig oder Öl eingelegt. Die Samen liefern ein nussiges Salatöl.
MERKMALE 5–15 cm hoch, ein- oder mehrjährig. Blütenstängel aus bogig aufsteigendem Grund aufrecht, blattlos. Blätter in grundständiger Rosette, fiederspaltig oder grob gezähnt. Blütenstand eine dünne, walzenförmige Ähre, Blüten gelblich. Blütezeit Juni–September.
STANDORT UND VERBREITUNG Meeresstrand, Salzwiesen, Wegränder. Fast ganz Europa.

WEGERICH, MITTLERER

Plantago media — Wegerichgewächse

SAMMELN UND ZUBEREITEN Der Mittlere Wegerich kann ebenso wie der oben dargestellte Breit-Wegerich verwendet werden.
MERKMALE 20–40 cm hoch, Staude. Blütenstängel aufrecht, blattlos, nicht gefurcht. Blätter in grundständiger Rosette, breit-eiförmig, 5- bis 9-nervig, fast ganzrandig, in einen kurzen Stiel verschmälert. Blütenähre walzenförmig, Blüten weiß, wohlriechend. Blütezeit Mai–Juli.
STANDORT UND VERBREITUNG Wegränder, Wiesen und Weiden. Fast ganz Europa.

WEGERICH, SPITZ-

Plantago lanceolata — Wegerichgewächse

SAMMELN UND ZUBEREITEN Blütenknospen, Blätter, Samen und Wurzel sind kulinarisch nutzbar. Spitz-Wegerich-Blätter haben einen ein wenig salzig-bitteren Geschmack, der erstaunlicherweise an Pilze erinnert. Man sollte sie deshalb nur sehr sparsam und nur in Kombination mit milderen Wildkräutern verwenden. Sie werden vor der Blütezeit geerntet und am besten quer zur Faser in Streifen geschnitten verarbeitet. Dann schmecken sie roh als Beigabe in Salaten oder gegart in Suppen und Gemüsegerichten, auch in Omeletts und Rührei. Selbst in Likören finden sie Verwendung. Die Blütenknospen genießt man über Salate gestreut, in Essig oder Öl eingelegt, pur als Nascherei oder veredelt und in Schokolade getunkt. Mit den Samen lassen sich Gemüsegerichte verfeinern. Außerdem liefern sie ein nussiges Salatöl. Die Wurzel, die man ab Oktober ausgraben kann, ist klein geschnitten als Zutat zu Mischgemüsegerichten, Strudel- und Teigtaschenfüllungen zu nutzen. Seit der Antike ist die Pflanze auch eine der am meisten genutzten Heilpflanzen. Sie lindert Husten und Entzündungen im Mund- und Rachenraum.
MERKMALE 10–40 cm hoch, Staude. Blütenstängel aufrecht, blattlos, unter der Blütenähre gefurcht. Blätter in einer grundständigen Rosette, lanzettlich, ganzrandig, mit 5–7 längs verlaufenden, parallelen Adern. Braunweiße Blüten in eiförmiger Ähre an der Stängelspitze. Blütezeit Mai–Oktober.
STANDORT UND VERBREITUNG Wegränder, Feldraine, Wiesen und Weiden. Europa.

Spitz-Wegerich

Sehr junge, zarte Spitz-Wegerich-Blätter aus dem Inneren der Blattrosette verleihen einem Käsesalat einen feinen, an junge Steinpilze erinnernden Geschmack.

WEGERICH, STRAND-

Plantago maritima — Wegerichgewächse

SAMMELN UND ZUBEREITEN Die Wildkräuterküche nutzt Blätter, Blütenknospen und Samen. Vor der Blüte geerntete Blätter passen fein geschnitten als Beigabe zu Salaten und Gemüsegerichten. Die Blütenknospen genießt man in Essig oder Öl eingelegt. Die Samen liefern ein nussiges Salatöl.
MERKMALE 15–40 cm hoch, Staude. Stängel blattlos, kurz behaart. Blätter in grundständiger Rosette, linealisch, schwach 3- bis 5-nervig, ganzrandig, fleischig. Zahlreiche, weißlich bräunliche Blüten in dünner, walzenförmiger Ähre. Blütezeit Juli–Oktober.
STANDORT UND VERBREITUNG Salzwiesen, Küsten. Europa.

WEGERICH, STRAUCH-

Plantago sempervirens Wegerichgewächse

SAMMELN UND ZUBEREITEN Die Pflanze wird ebenso wie der oben dargestellte Strand-Wegerich verwendet (siehe S. 331).

MERKMALE 10–30 cm hoch, mehrjährig. Stängel verzweigt, dicht beblättert, am Grund verholzt. Blätter gegenständig, schmal-linealisch, am Ende der Zweige büschelig gehäuft. Mehrere eiförmige Blütenähren am Ende des Stängels, Blüten bräunlich weiß. Blütezeit Juni.

STANDORT UND VERBREITUNG Trockenwiesen, Ödland. Südwesteuropa.

WEGWARTE

Cichorium intybus Korbblütengewächse

SAMMELN UND ZUBEREITEN Blätter, junge Stängel, Blüten und Wurzel sind essbar und gelten seit der Antike als vitamin- und mineralstoffreiches Gemüse. Die Blätter werden vor der Blüte gesammelt. Mit ihrem etwas bitteren Geschmack passen sie in kleinen Mengen in Salate, mildere Gemüsemischungen, Suppen und Soßen. Wer ihre Bitterstoffe als zu dominant empfindet, wässert oder blanchiert sie vor der Zubereitung. Junge Stängel sind wie Spargel verwendbar. Die Blüten ohne die grünen Kelchblätter sind eine ungewöhnliche Zutat für Salate, Suppen und Desserts aller Art, auch kandiert. Die lange, spindelförmige Wurzel wird vor der Verarbeitung zu Koch-, Back- oder Pfannengemüse einige Stunden gewässert, um ihren hohen Bitterstoffgehalt zu reduzieren. Früher nutzte man sie getrocknet, geröstet und gemahlen als Kaffee-Ersatz. Dieser war in Kriegszeiten als Zichorienkaffee bekannt.

MERKMALE 30–120 cm hoch, Staude mit weißem Milchsaft. Stängel steif, kantig, verästelt. Grundblätter in bodennaher Rosette, tief in 3-eckige Lappen geteilt, erinnern an Löwenzahnblätter. Stängelblätter ungeteilt, lanzettlich, ganzrandig oder entfernt gezähnt. Hellblaue Blütenköpfe in den Achseln der oberen Blätter. Blütezeit Juli–September.

STANDORT UND VERBREITUNG Straßen-, Weg- und Feldränder, Schuttplätze. Fast ganz Europa.

Wegwarte

WEIDE, SILBER-

Salix alba Weidengewächse

SAMMELN UND ZUBEREITEN Im April, solange sie noch zart sind, kann man die Blätter der Silber-Weide roh in Salaten essen. Gegart schmecken sie weniger gut. Von April bis Juli gesammelte Blätter werden getrocknet und als Tee aufgebrüht. Aber: Mehr als eine Handvoll Blätter pro Tag sollte man nicht zu sich nehmen. Das in den Blättern enthaltene Salicin kann in größeren Mengen gegessen Magenschmerzen verursachen. Die zarte innere Rinde des Baums wird von März bis April genutzt, entweder in Streifen geschnitten und als eine Art Nudelgericht gekocht oder getrocknet und zu Mehl vermahlen. In schwierigen Zeiten nahm man dieses Mehl zum Strecken von Getreidemehl. Die Großblättrige Weide *(Salix appendiculata)*, ein Strauch oder kleiner Baum feuchter, subalpiner Hochstaudengebüsche Mitteleuropas, wird in ähnlicher Weise verwendet.

MERKMALE 5–25 m hoch, sommergrüner Laubbaum mit breiter Krone und oft überhängenden Zweigen. Stamm grau, tiefrissig. Blätter wechselständig, lanzettlich, zugespitzt, oberseits dunkelgrün, unterseits silbrig-seidenhaarig, mit fein gesägtem Rand. Männliche und weibliche Kätzchenblüten, erscheinen mit den Blättern. Blütezeit April–Mai.

Silber-Weide

STANDORT UND VERBREITUNG Feuchte Niederungen, Auwälder, See-, Fluss- und Bachufer. Mittel-, Ost-, Süd- und Westeuropa.

WEIDELGRAS, DEUTSCHES

Lolium perenne Süßgräser

SAMMELN UND ZUBEREITEN Die im September reifen Samen sind als essbar beschrieben. Denkbar ist eine Verwendung als Kaffee-Ersatz oder als Keimsaat. In schwierigen Zeiten hat man sie auch zu Mehl vermahlen. Aber das war eine zeitraubende und wenig lohnenswerte Form der Nutzung. Eine verwandte Art, das Italienische Weidelgras (*Lolium multiflorum*) wird ebenso verwendet. Im Aussehen sehr ähnlich ist der Taumel-Lolch (*Lolium temulentum*, S. 375), ein Gras, das vorwiegend als Unkraut in Getreidefeldern auftritt. Die Körner dieser Pflanze sind giftig und führen nach Genuss zu Schwindel, Seh- und Sprachstörungen.

Ausdauerndes Weidelgras

MERKMALE 10–70 cm hoch, mehrjähriges Gras. Stängel glatt. Blätter wie der Stängel kahl, bis 4 mm breit, oberseits rau, unterseits glatt. Blütenähre bis 20 cm lang, hin- und hergebogen. Ährchen liegen der Ährenachse mit der Schmalseite an, sind bis 1,5 cm lang. Alle Spelzen unbegrannt. Blütezeit Mai–August.

STANDORT UND VERBREITUNG Fettwiesen, Wegränder, Ruderalflächen. Europa.

WEIDENRÖSCHEN

SAMMELN UND ZUBEREITEN Weidenröschen gelten als gehaltvolle Nahrungspflanzen. Stängel, Blätter, Blüten, Blütenknospen und die Wurzel sind essbar. Junge, noch biegsame Stängel schmecken süßlich-nussig. Man isst sie roh oder gekocht als spargelähnliches Gemüse. Junge Frühlingsblätter passen roh in Salate. Später im Jahr isst man sie zu Gemüse verarbeitet. Mancherorts werden sie zusammen mit den Blütenknospen als Tee aufgebrüht. Die hochsommerliche Blütenpracht der Weidenröschen wird als essbare Dekoration für Salate und warme Speisen genutzt. Die Blütenknospen schmecken darüber hinaus auch gegart als Gemüse. Die süßliche Wurzel ist ebenfalls roh und gekocht essbar. Man verwendet sie für Salate und Gemüsegerichte, getrocknet und gemahlen zum Strecken von Getreidemehl, geröstet als Kaffee-Ersatz.

WEIDENRÖSCHEN, BERG-

Epilobium montanum Nachtkerzengewächse

SAMMELN UND ZUBEREITEN Angaben dazu bei der Gattung Weidenröschen.

MERKMALE 30–80 cm hoch, Staude. Stängel aufrecht, rund, oben mit abstehenden Drüsenhaaren. Blätter grasgrün, eiförmig, dicht gezähnt, fast sitzend. Blüten rosa, 4-zählig. Blütezeit Juni–September.

STANDORT UND VERBREITUNG Laub- und Nadelmischwälder, Hecken. Europa.

Berg-Weidenröschen

WEIDENRÖSCHEN, DRÜSIGES

Epilobium ciliatum Nachtkerzengewächse

SAMMELN UND ZUBEREITEN Angaben dazu bei der Gattung Weidenröschen.

MERKMALE 30–80 cm hoch, Staude, oft rot überlaufen. Stängel aufrecht, kantig, oben drüsig behaart. Blätter länglich-lanzettlich, bis zu 10 cm lang und 3 cm breit, kurz gestielt, am Rand gezähnt. Blüten hellrosa bis weiß. Blütezeit Juli–August.

STANDORT UND VERBREITUNG Auf nährstoffreichen, offenen Lehmböden, an Wegrändern, auf Kahlschlägen und aufgelassenem Gartengelände. Nordamerikanische Pflanze, die sich bis heute in weiten Teilen Europas ausgebreitet hat.

WEIDENRÖSCHEN, DUNKELGRÜNES

Epilobium obscurum Nachtkerzengewächse

SAMMELN UND ZUBEREITEN Angaben dazu bei der Gattung Weidenröschen (siehe S. 333).
MERKMALE 40–100 cm hoch, Staude. Stängel aufrecht, 2- oder 4-kantig, oben oft verzweigt und behaart, unten meist kahl, mit dünnen beblätterten Ausläufern. Blätter gegenständig, zuoberst wechselständig, schmal-lanzettlich, sitzend, am Rand gezähnt. Blüten hell rotviolett, 4-zählig, einzeln in den Achseln der nach oben kleiner werdenden Stängelblätter. Blütezeit Juli–September.
STANDORT UND VERBREITUNG Waldlichtungen, Ufer, Gräben. Fast ganz Europa.

WEIDENRÖSCHEN, DURIEUS

Epilobium duriaei Nachtkerzengewächse

SAMMELN UND ZUBEREITEN Angaben dazu bei der Gattung Weidenröschen (siehe S. 333).
MERKMALE 10–40 cm hoch, Staude. Stängel aufrecht, rund, oben mit vereinzelten Drüsenhaaren. Blätter gegenständig, eiförmig, kurz gestielt, am Rand mit entfernt stehenden Zähnen. Blüten blassrosa. Blütezeit Juli.
STANDORT UND VERBREITUNG Feuchte Hänge sowie subalpine Hochstaudenfluren. Mittel- und Südeuropa.

WEIDENRÖSCHEN, FLEISCHERS

Epilobium fleischeri Nachtkerzengewächse

SAMMELN UND ZUBEREITEN Angaben dazu bei der Gattung Weidenröschen (siehe S. 333).
MERKMALE 10–30 cm hoch, Staude. Stängel liegend und bogig aufsteigend, unten oft verholzt, oben anliegend behaart. Blätter wechselständig, sehr schmal lanzettlich, sitzend, Blattrand nicht eingerollt oder umgeschlagen, fein drüsig gezähnt. Blüten hell purpurrot, 4-zählig, einzeln in den Achseln der oberen Blätter und in einer kurzen, endständigen Traube sitzend. Blütezeit Juli–August.
STANDORT UND VERBREITUNG Kiesbänke, Moränen, zeitweise feuchter Felsschutt, bevorzugt in Höhen zwischen 1000 und 2500 m. Gebirge Mittel- und Südeuropas. Geschützt.

WEIDENRÖSCHEN, GAUCHHEILBLÄTTRIGES

Epilobium anagallidifolium Nachtkerzengewächse

SAMMELN UND ZUBEREITEN Angaben dazu bei der Gattung Weidenröschen (siehe S. 333).
MERKMALE 5–20 cm hoch, Staude. Buschiger Wuchs. Stängel aufrecht, oben nickend, unverzweigt, kahl oder nur auf den Kanten etwas behaart. Blätter gegenständig, länglich-oval, sitzend oder sehr kurz gestielt, am Rand nur undeutlich gezähnt. Blüten rosa bis hell rotviolett, 4-zählig, einzeln in den Achseln der nach oben kleiner werdenden Stängelblätter. Blütezeit Juli–August.
STANDORT UND VERBREITUNG Feuchte durchsickerte Standorte mit langer Schneebedeckung. Nordeuropa, Gebirge Mittel- und Südeuropas.

Gauchheilblättriges Weidenröschen

WEIDENRÖSCHEN, HÜGEL-

Epilobium collinum Nachtkerzengewächse

SAMMELN UND ZUBEREITEN Angaben dazu bei der Gattung Weidenröschen (siehe S. 333).
MERKMALE 10–40 cm hoch, Staude. Stängel aufrecht, rund, anliegend behaart, ohne Drüsenhaare.

Blätter im oberen Drittel wechselständig, darunter gegenständig, lanzettlich, sitzend oder sehr kurz gestielt, ungleichmäßig gezähnt. Blüten rosa, 4-zählig, einzeln in den Achseln der nach oben kleiner werdenden Stängelblätter. Blütezeit Juni–August.
STANDORT UND VERBREITUNG Kalkfreie oder kalkarme Mauern, Felsen und Felsschutt. Fast ganz Europa.

WEIDENRÖSCHEN, KLEINBLÜTIGES

Epilobium parviflorum Nachtkerzengewächse

SAMMELN UND ZUBEREITEN Angaben zur kulinarischen Nutzung bei der Gattung Weidenröschen (siehe S. 333). Außerdem werden 3 Weidenröschenarten auch als Heilpflanzen eingesetzt. Heilwirkungen sind, außer vom hier vorgestellten Kleinblütigen Weidenröschen, auch bekannt vom Berg-Weidenröschen *(Epilobium montanum)* und vom Sumpf-Weidenröschen *(Epilobium palustre)*. Das Kleinblütige Weidenröschen enthält vor allem Gerbstoffe und Flavonoide. Ein aus der Pflanze hergestellter Tee wirkt entzündungshemmend und bringt Linderung bei Magen- und Darmentzündung, ebenso bei Mund- und Halsentzündungen. In der Volksheilkunde gilt die Pflanze seit Langem als Heilmittel gegen eine gutartige Vergrößerung der Prostata, das damit verbundene Beschwerden mildert.
MERKMALE 20–80 cm hoch, Staude. Stängel aufrecht, rund, dicht abstehend behaart, wenig oder nicht verzweigt. Untere Blätter gegenständig, mittlere und obere wechselständig, alle Blätter lanzettlich, Blüten tiefrosa bis rotviolett, 4-zählig, einzeln in den Achseln der nach oben kleiner werdenden Stängelblätter. Blütezeit Juni–September.
STANDORT UND VERBREITUNG Braucht feuchten, nur mäßig stickstoffhaltigen Boden. Besiedelt Gräben, Bachufer, Schilfränder, nasse Waldwege. Fast ganz Europa.

Kleinblütiges Weidenröschen

WEIDENRÖSCHEN, LANZETTBLÄTTRIGES

Epilobium lanceolatum Nachtkerzengewächse

SAMMELN UND ZUBEREITEN Angaben dazu bei der Gattung Weidenröschen (siehe S. 333).
MERKMALE 20–60 cm hoch, Staude. Stängel bogig aufsteigend, rund, oben mit abstehenden Drüsenhaaren, oft rötlich überlaufen. Untere Blätter gegenständig, mittlere und obere wechselständig, alle Blätter lanzettlich, gestielt, am Rand entfernt gezähnt. Blüten hellrosa, frisch aufgeblüht fast weiß, 4-zählig, stehen einzeln in den Achseln der nach oben kleiner werdenden Stängelblätter. Blütezeit Mai–August.
STANDORT UND VERBREITUNG Braucht kalkfreie Steinschuttböden. Besiedelt helle Wälder, Ränder von Waldwegen, Steinbrüche, Mauern, Straßenböschungen. Westliches Mitteleuropa, erreicht hier die Westgrenze seines Verbreitungsgebiets, Süd- und Westeuropa.

WEIDENRÖSCHEN, MIERENBLÄTTRIGES

Epilobium alsinifolium Nachtkerzengewächse

SAMMELN UND ZUBEREITEN Angaben dazu bei der Gattung Weidenröschen (siehe S. 333).
MERKMALE 10–30 cm hoch, Staude. Stängel aufgebogen oder aufrecht, meist unverzweigt, kantig, oben und auf den Kanten kurz behaart. Blätter gegenständig, schmal-eiförmig, sitzend oder sehr kurz gestielt, am Rand entfernt gezähnt, glänzend dunkelgrün. Blüten hell rotviolett, 4-zählig, einzeln in den Achseln der nach oben kleiner werdenden Stängelblätter. Blütezeit Juli–August.
STANDORT UND VERBREITUNG Braucht nasse, nährstoffreiche Lehmböden. Besiedelt Quellsümpfe, Ufer, überrieselte Felsen, sickerfeuchte Felsschutthalden. Nordeuropa, Gebirge Mittel- und Südeuropas.

WEIDENRÖSCHEN, NICKENDES

Epilobium nutans Nachtkerzengewächse

Nickendes Weidenröschen

SAMMELN UND ZUBEREITEN Angaben dazu bei der Gattung Weidenröschen (siehe S. 333).
MERKMALE 5–15 cm hoch, Staude. Stängel aufrecht, oben weichhaarig, überhängend. Blätter gegenständig, länglich-oval oder eiförmig, schwach gezähnt bis ganzrandig. Blüten lebhaft rosa, Blütenblätter tief ausgerandet. Blütezeit Juli–August.
STANDORT UND VERBREITUNG Bachufer, Weidetümpel und moosreiche Quellfluren. Mittel- und Südeuropa.

WEIDENRÖSCHEN, QUIRLBLÄTTRIGES

Epilobium alpestre Nachtkerzengewächse

SAMMELN UND ZUBEREITEN Angaben dazu bei der Gattung Weidenröschen (siehe S. 333).
MERKMALE 30–100 cm hoch, Staude. Stängel aufrecht, 2- oder 4-kantig, mit dicht behaarten Längslinien. Blätter im unteren Stängelbereich gegenständig, darüber meist zu 3–4 quirlständig, lanzettlich, sitzend, am Rand und auf den Nerven behaart, deutlich gezähnt. Blüten tiefrosa oder rotviolett, 4-zählig, einzeln in den Achseln der nach oben kleiner werdenden Stängelblätter. Blütezeit Juli–August.
STANDORT UND VERBREITUNG Bergbachbegleitendes Grünerlengebüsch, Hochstaudenfluren. Gebirge Mittel- und Südeuropas.

Quirlblättriges Weidenröschen

WEIDENRÖSCHEN, ROSAROTES

Epilobium roseum Nachtkerzengewächse

SAMMELN UND ZUBEREITEN Angaben dazu bei der Gattung Weidenröschen (siehe S. 333).
MERKMALE 20–80 cm hoch, Staude. Stängel aufrecht, 2- oder 4-kantig, oben meist reich verzweigt, weichhaarig. Blätter gegenständig, zuoberst wechselständig, gestielt, lanzettlich, am Rand gezähnt. Blüten nach dem Aufblühen fast weiß, später rosa, 4-zählig, einzeln in den Achseln der nach oben kleiner werdenden Stängelblätter. Blütezeit Juli–September.
STANDORT UND VERBREITUNG Gräben, Bach- und Flussufer, Schilfränder. Fast ganz Europa.

WEIDENRÖSCHEN, SCHMALBLÄTTRIGES

Epilobium angustifolium Nachtkerzengewächse

Schmalblättriges Weidenröschen

SAMMELN UND ZUBEREITEN Angaben dazu bei der Gattung Weidenröschen (siehe S. 333).
MERKMALE 50–180 cm hoch, Staude. Stängel aufrecht, stumpfkantig, kahl, meist unverzweigt. Blätter wechselständig, schmal-lanzettlich, oberseits dunkelgrün, unterseits blaugrün und mit hervortretenden Nerven, ganzrandig, Blattrand nach unten umgerollt. Blüten rosa bis purpurn, 4-zählig, einzeln in den Achseln der oberen Blätter und endständig in einer langen Traube. Blütezeit Juni–August.
STANDORT UND VERBREITUNG Waldlichtungen, Waldränder, Gebüsche, Ödland. Fast ganz Europa.

WEIDENRÖSCHEN, SUMPF-

Epilobium palustre Nachtkerzengewächse

SAMMELN UND ZUBEREITEN Angaben dazu bei der Gattung Weidenröschen (siehe S. 333).
MERKMALE 10–50 cm hoch, Staude. Stängel aufrecht, rund, unten kahl, oben behaart. Blätter gegenständig, sehr schmal lanzettlich, sitzend, ganzrandig, Rand nach unten umgebogen. Blüten hellrosa bis rotviolett, 4-zählig, einzeln in den Achseln der nach oben kleiner werdenden Stängelblätter. Blütezeit Juli–September.
STANDORT UND VERBREITUNG Sumpfwiesen, Gräben. Europa.

WEIDENRÖSCHEN, VIERKANTIGES

Epilobium tetragonum Nachtkerzengewächse

SAMMELN UND ZUBEREITEN Angaben dazu bei der Gattung Weidenröschen (siehe S. 333).
MERKMALE 20–80 cm hoch, Staude. Stängel aufrecht, oben verzweigt, undeutlich kantig, oft rot angelaufen. Blätter gegenständig, schmal-lanzettlich, sitzend oder sehr kurz gestielt, am Rand gezähnt. Blüten einzeln in den Achseln der oberen Stängelblätter, 4 rote Blütenblätter. Blütezeit Juli–August.
STANDORT UND VERBREITUNG Wegränder, Gärten, Weinberge. Mittel- und Südeuropa.

WEIDENRÖSCHEN, ZOTTIGES

Epilobium hirsutum Nachtkerzengewächse

SAMMELN UND ZUBEREITEN Angaben dazu bei der Gattung Weidenröschen (siehe S. 333).
MERKMALE Staude, 50–150 cm hoch. Stängel aufrecht, rund bis schwach kantig, abstehend behaart, in der oberen Hälfte verzweigt. Untere Blätter meist gegenständig, mittlere und obere wechselständig, alle Blätter lanzettlich, sitzend, am Rand kurz gezähnt. Blüten tiefrosa bis rotviolett, 4-zählig, sitzen einzeln in den Achseln der nach oben kleiner werdenden Stängelblätter. Blütezeit Juli–August.
STANDORT UND VERBREITUNG Gräben, Ufer, Sumpfwiesen, Auwälder. Fast ganz Europa.

WEINREBE, ECHTE

Vitis vinifera Weinrebengewächse

SAMMELN UND ZUBEREITEN Die jungen, zarten Blätter der Weinrebe nutzt man von April bis Juni. Sie werden zu Rouladen mit Hackfleisch- oder Reisfüllung verarbeitet, zum Umwickeln von Käse und vielem mehr genommen. Ältere Blätter verwendet man als Trockengewürz mit säuerlicher Note. Die in den Monaten März bis Mai noch zarten Ranken eignen sich für Salate und Pfannengemüsegerichte. Die fein duftenden Blüten nimmt man zum Aromatisieren von Getränken und süßen Desserts oder man genießt sie einfach als kandierte Nascherei. Weintrauben schmecken in vielerlei Fruchtzubereitungen. Man isst sie in Obstsalaten, auf Kuchen und Torten oder zu Käse, man verarbeitet sie zu Trockenobst, Saft und natürlich zu Wein. Aus den Fruchtkernen presst man ein wertvolles Speiseöl. Dieses Traubenkernöl nimmt man vor allem als Salatöl, es eignet sich aber auch zum Braten und Frittieren. Früher nahm man die getrockneten Traubenkerne als Kaffee-Ersatz.
MERKMALE Sommergrüner Kletterstrauch mit verzweigten, 5–20 m langen Ranken. Blätter wechselständig, rundlich bis herzförmig, Blattrand gezähnt. Blüten gelbgrün, unscheinbar, schwach duftend. Blütezeit Juni. Früchte süße, saftige Beeren in hängenden Trauben. Fruchtreife September.
STANDORT UND VERBREITUNG In Weinbaugebieten aus Kultur verwildert in Auwäldern, an den Rändern wärmeliebender, nicht zu trockener Wälder und Gebüsche. Heimat der Wildform (*Vitis vinifera* ssp. *sylvestris*) in den Mittelmeerländern. In Mitteleuropa gibt es Wildformen nur an Standorten mit mildem Klima, z. B. in den Auwäldern des Rheintals. Kulturformen gibt es seit etwa 5000 Jahren. Wildform geschützt.

Wilde Weinrebe

WEISSDORN

SAMMELN UND ZUBEREITEN Die jungen, zarten, nussartig schmeckenden Blätter eignen sich sehr gut als Salat- und Gemüsebeigabe, zum Aromatisieren von Likören sowie als dekorative Würze für kalte Platten. Ausgereifte Blätter brüht man als Tee auf. Die säuerlichen Früchte kann man zwar roh essen. Besser schmecken sie aber zusammen mit Äpfeln, Birnen, Brombeeren oder Holunderfrüchten zu Kompotten, Chutneys, Soßen, Marmeladen, Gelees, Säften und Likören verarbeitet. Getrocknete Früchte kann man als Tee aufbrühen. Getrocknet und zu Mehl vermahlen überraschen sie in Kuchen und Früchtebroten mit ihrem feinen Geschmack. Die intensiv duftenden Blüten aromatisieren Zucker, Speiseeis und Liköre. Man kann sie auch als essbare Dekoration über Salate streuen oder zu Tee und in süßen Desserts verarbeiten. Die Blütenknospen sind in Gemüsegerichten, eingelegt wie Kapern oder kandiert verwendbar.

Durchpassierte Weißdornfrüchte, Weißwein, Zucker, Orangenschalen und eine Prise Zimt ergeben eine delikate Soße, die ausgezeichnet zu gegrilltem Fleisch und süßen Desserts passt.

WEISSDORN, EINGRIFFLIGER

Crataegus monogyna Rosengewächse

SAMMELN UND ZUBEREITEN Angaben dazu bei der Gattung Weißdorn. Ein Bastard aus *Crataegus monogyna* und *Crataegus laevigata*, der Merkmale beider Elternarten trägt, ist der Mittlere Weißdorn *(Crataegus × media)*. Auch er wird wie unter der Gattung Weißdorn beschrieben genutzt.

Eingriffliger Weißdorn

MERKMALE 2–6 m hoch, sommergrüner, bedornter Strauch oder Baum. Blätter lang gestielt, bis weit über die Mitte 3- bis 5-teilig, Abschnitte vorn gezähnt, an den Seiten ganzrandig, unterseits weißlich grün. Blüten weiß, 5-zählig. Kelchblätter breit 3-eckig. Blütezeit Mai–Juni. Früchte rot, kugelig, erbsengroß.

STANDORT UND VERBREITUNG Sonnige Gebüsche, Waldränder. Fast ganz Europa.

WEISSDORN, GROSSFRÜCHTIGER

Crataegus × macrocarpa Rosengewächse

SAMMELN UND ZUBEREITEN Angaben dazu bei der Gattung Weißdorn.

MERKMALE 2–8 m hoch, sommergrüner, dorniger Strauch oder Baum. Bastard aus *Crataegus laevigata* und *Crataegus rhipidophylla*, trägt Merkmale beider Elternteile. Blätter bis zu zwei Drittel ihrer Fläche geteilt, Blattlappen vorne oder ringsum gezähnt. Weiße Blüten. Kelchblätter schmal, 2- bis 3-mal länger als breit. Blütezeit Mai–Juni. Frucht rot, walzenförmig, bis zu 15 mm lang.

STANDORT UND VERBREITUNG Hecken, Waldränder, helle Laubwälder. Alpenländer, Osteuropa.

WEISSDORN, GROSSKELCHIGER

Crataegus rhipidophylla Rosengewächse

SAMMELN UND ZUBEREITEN Angaben dazu bei der Gattung Weißdorn. Ein Bastard aus *Crataegus rhipidophylla* und *Crataegus monogyna*, der in den Merkmalen alle Übergänge zwischen den Elternarten zeigt, ist der Verschiedenzähnige Weißdorn (*Crataegus × subsphaericea*). Auch er wird wie unter der Gattung Weißdorn beschrieben genutzt.

MERKMALE Bis zu 9 m hoch, sommergrüner, bedornter Strauch oder Baum. Blätter tief 5-lappig, Blattlappen gezähnt. Weiße, duftende Blüten. Kelchblätter schmal-lanzettlich bis linealisch, deutlich länger als breit, fast immer deutlich zurückgekrümmt oder zu-

rückgeschlagen, selten waagrecht abstehend. Blütezeit Juni. Frucht dunkelrot, eiförmig, etwa 15 mm lang.
STANDORT UND VERBREITUNG Hecken, Waldränder, Laubwaldlichtungen. Hauptsächlich Mittel- und Osteuropa.

WEISSDORN, HAHNENSPORN-

Crataegus crus-galli — Rosengewächse

SAMMELN UND ZUBEREITEN Die Früchte des Hahnensporn-Weißdorns reifen erst im November richtig aus und bleiben bis weit in den Dezember am Baum. Frisch gegessen schmecken sie äußerst delikat, leicht säuerlich und fruchtig. Verarbeitet zu Fruchtmus entwickeln sie einen Geschmack, der an Sanddorn und Hagebutte erinnert. Kandiert und glasiert sind sie eine feine Nascherei. Hahnendornfrüchte bleiben erstaunlich lange frisch. Zusammen mit Orangen, Granatäpfeln, Datteln und Feigen machen sie sich gut in Obstsalaten. Für vorweihnachtliche Buffets sind sie ein herausragender Schmuck.
MERKMALE Bis zu 10 m hoch, sommergrüner, dorniger Strauch oder Baum. Dornen bis zu 8 cm lang, leicht gebogen. Blätter breit-elliptisch bis rundlich, glänzend, lederartig, am Rand gezähnt, färben sich im Herbst orangerot. Blüten weiß. Blütezeit Mai–Juni. Früchte glänzend scharlachrot, kugelig mit gelbem, leicht mehligem Fruchtfleisch.
STANDORT UND VERBREITUNG Herkunft Nordamerika, in Europa in Parks, Gärten und als Alleebaum gepflanzt, stellenweise verwildert.

Hahnensporn-Weißdorn

WEISSDORN, MITTELMEER-

Crataegus azarolus — Rosengewächse

SAMMELN UND ZUBEREITEN Dieser wohl häufigste Weißdorn des Mittelmeergebiets wird in manchen Regionen auch »Mittelmeermispel« genannt. Er trägt essbare Früchte mit säuerlichem, apfelartigem Geschmack. Diese Früchte werden überzuckert roh gegessen, können aber auch zu Marmelade, Kompott, Likör und in Gebäck verarbeitet werden.
MERKMALE Bis zu 10 m hoch, sommergrüner, dorniger Strauch oder Baum. Junge Zweige, Blatt- und Blütenstiele mit weißer, flaumiger Behaarung. Blätter eiförmig, tief 3- bis 5-lappig, Blattlappen länglich, ganzrandig oder an der Spitze mit einigen Zähnchen, unterseits flaumig. Weiße Blüten mit purpurroten Staubbeuteln. Blütezeit April–Mai. Frucht rundlich, birnenförmig oder mispelartig, gelb- oder orangerot.
STANDORT UND VERBREITUNG Gehölze, Hecken, Feldränder. Mittelmeergebiet. Zunächst im Mittelmeerraum, später auch nördlich der Alpen kultiviert und verwildert.

WEISSDORN, ZWEIGRIFFLIGER

Crataegus laevigata — Rosengewächse

SAMMELN UND ZUBEREITEN Angaben dazu bei der Gattung Weißdorn.
MERKMALE 2–8 m hoch, sommergrüner, dorniger, reich verzweigter Strauch oder kleiner Baum. Blätter schwach gelappt, nicht tief eingeschnitten, Abschnitte breit gerundet, mit kurzen Zähnen, beiderseits fast gleichfarben. Blüten weiß oder rosafarben, erscheinen nach den Blättern. Kelchblätter gleichseitig 3-eckig, etwa so lang wie breit. Blütezeit Mai–Juni. Früchte rot, kugelig, erbsengroß
STANDORT UND VERBREITUNG Waldränder, Hecken, felsige Hänge. Fast ganz Europa.

Ein Mus aus Weißdornfrüchten schmeckt pur etwas herb. Aber zusammen mit Äpfeln oder Quitten und etwas Zimt oder einer Gewürznelke kann man es zu leckerer Marmelade oder Konfekt verarbeiten.

WEIZEN, WEICH-

Triticum aestivum — Süßgräser

SAMMELN UND ZUBEREITEN Weizen ist nach Gerste die zweitälteste angebaute Getreideart in der Geschichte der Menschheit. Reife, trockene Körner des Weich-Weizens besitzen einen hohen Anteil an Kleberproteinen und eignen sich damit vor allem zum Backen. Daneben werden sie auch zu Graupen, Grütze, Grieß, Weizenbier und Branntwein verarbeitet. Gekeimte Weizenkörner schmecken in Salaten aller Art. Weizenkeimöl, ein Öl aus den Keimen des Weizenkorns, enthält mehrfach ungesättigte Fettsäuren und Vitamin E und ist damit ein hochwertiges Speiseöl. Die zweite wichtige Weizenart neben dem Weich-Weizen ist der Hart-Weizen *(Triticum durum)*, ein begrannter, wärmeliebender Sommerweizen, der überwiegend in Südeuropa kultiviert wird. Aus seinem Mehl und den daraus gewonnenen, wenig geschmeidigen Teigen stellt man Nudeln her.

Weich-Weizen

MERKMALE 60–120 cm hoch, einjähriges Gras. Stängel aufrecht, hohl. Blätter 5–15 mm breit, flach, allmählich zugespitzt. Blütenstand eine dichte aufrechte Ähre mit steifer, nicht brüchiger Achse. Ährchen 2-zeilig, mit der Breitseite der Ährenachse zugewandt, 2- bis 5-blütig. Blütezeit Juni.

STANDORT UND VERBREITUNG Als Winter- oder Sommergetreide kultiviert und gelegentlich verwildert.

WERMUT, ECHTER

Artemisia absinthium — Korbblütengewächse

SAMMELN UND ZUBEREITEN Der Echte Wermut riecht angenehm aromatisch, schmeckt aber äußerst bitter. Von April bis August gesammelte Blättchen eignen sich nur als Aromastoff. Man verarbeitet sie fein dosiert in Speiseöl, Likören, Kräuterweinen und

Wermut

Schnäpsen. Früher hat man sie auch dem Bier zugesetzt. Mit seinen dominanten Bitterstoffen ist der Echte Wermut als Gewürz für fettes Geflügel ungeeignet. Ältere Rezepte empfehlen ihn zwar als solches, aber selbst mit sehr viel Fingerspitzengefühl bei der Dosierung ist ein Wohlgeschmack nicht garantiert. In der mittelalterlichen Medizin war Wermut hoch geschätzt. Hildegard von Bingen empfiehlt ihn bei Schwächezuständen, Kopfschmerzen und Husten. Der Wermutlikör Absinth war lange das Modegetränk vieler Maler und Dichter, führte aber bei regelmäßigem und häufigem Genuss zu schweren Gesundheitsschäden. Der Römische Wermut *(Artemisia pontica)* ist deutlich milder als der Echte Wermut. Er wird hauptsächlich für die Erzeugung von Aperitifweinen genutzt. Wermut erntet man am besten blühend. Dann ist eine Verwechslung mit dem giftigen Bunten Eisenhut (*Aconitum variegatum*, S. 362) ausgeschlossen.

MERKMALE 30–80 cm hoch, Staude. Stängel seidig behaart, unten verholzt. Blätter fein zerteilt, auf beiden Seiten seidig behaart, untere lang gestielt, obere sitzend, fühlen sich samtig an, riechen herb-aromatisch. Winzige zartgelbe Blüten in hängenden Blütenköpfchen. Blütezeit Juli–September.

STANDORT UND VERBREITUNG Oft als Gartenflüchtling an Weg- und Straßenrändern, auf Brachland. Trockene Regionen fast ganz Europas.

Ein Wermut-Wein aus Rotwein, frischen Wermutblättern und Gewürzen wie Sternanis, Kardamom und Zimt ist wirklich ein feiner, appetitanregender Aperitif.

WICKE, BEHAARTE

Vicia hirsuta Schmetterlingsblütengewächse

SAMMELN UND ZUBEREITEN Junge Triebe, Blüten und Samen sind kulinarisch nutzbar. Die jungen Triebe werden von April bis Juni als Kochgemüse zubereitet, die Blüten als essbare Dekoration über Salate gestreut. Die Samen werden von Juli bis September wie kleine Bohnen zu Gemüse verarbeitet.
MERKMALE Einjährig. Stängel liegend oder kletternd, bis zu 70 cm lang. Blätter paarig gefiedert, 6–10 Paare linealischer Fiederblättchen, verzweigte Endranke. Blüten hellviolett oder weißlich, zu 3–6 in lang gestielten Trauben. Blütezeit Juni–August. Frucht flach, dicht und kurz behaart, meist 2-samig. Samen rundlich abgeflacht, glänzend, glatt.
STANDORT UND VERBREITUNG Getreidefelder, Wege, trockene Rasen. Europa.

WICKE, ERBSEN-

Vicia pisiformis Schmetterlingsblütengewächse

SAMMELN UND ZUBEREITEN Die Samen der Erbsen-Wicke sind im August als Kochgemüse nutzbar. Ihrer blähenden Wirkung kann man durch langes Quellenlassen und Würzen mit Bohnenkraut, Thymian oder Salbei begegnen.
MERKMALE Staude. Stängel liegend oder kletternd, bis zu 200 cm lang. Blätter paarig gefiedert, 3–5 Paare breit-eifömiger Fiederblättchen, meist verzweigte Endranke. Blüten hellgelb, zu 10–30 in gestielten Trauben. Blütezeit Juni–August. Frucht flach hängend, 4- bis 8-samig. Samen kugelig, braun bis schwarz.
STANDORT UND VERBREITUNG Wälder, Waldsäume, Gebüsche, Wegränder. Osteuropa.

Erbsen-Wicke

WICKE, MAUS-, SCHWARZE ACKERBOHNE

Vicia johannis Schmetterlingsblütengewächse

SAMMELN UND ZUBEREITEN Die jungen Triebe, vor der Blütezeit geerntet, ergeben milde Gemüsegerichte. Die Samen werden wie kleine Bohnen gekocht.
MERKMALE 30–60 cm hoch, einjährig. Stängel 4-kantig, an den Kanten behaart. Blätter paarig gefiedert, 1–3 Paare eiförmiger Fiederblättchen, die unteren mit grannenartiger Spitze, die oberen mit Ranke. Blüten dunkelviolett, zu 1–4 sehr kurz gestielt in den Blattachseln. Blütezeit März–Juni. Frucht schwärzlich, flach, 2- bis 6-samig, Samen dunkel bis schwarz.
STANDORT UND VERBREITUNG Gebüschsäume, Weinberge, Felder. Mittelmeergebiet, selten nach Mitteleuropa verschleppt.

WICKE, VIERSAMIGE

Vicia tetrasperma Schmetterlingsblütengewächse

SAMMELN UND ZUBEREITEN Junge Triebe, von April bis Mai geerntet, werden zu Kochgemüsegerichten verarbeitet. Die gerösteten Samen ergeben eine Art Ersatzkaffee. Die Zierliche Wicke *(Vicia tenuissima)*, eine der Viersamigen Wicke sehr ähnliche Wickenart, die wie die Viersamige Wicke in Getreideunkrautfluren zu finden ist, wird in gleicher Weise verwendet.
MERKMALE Einjährig. Stängel liegend oder kletternd, etwas kantig, 10–50 cm lang. Blätter paarig gefiedert, 3–8 Paare schmal-linealischer Fiederblättchen, einfache oder verzweigte, selten fehlende Ranke. Blüten hellblau bis helllila, einzeln oder zu zweit (selten zu 5) in den Achseln der mittleren und oberen Blätter. Blütezeit Mai–Juli. Frucht eine hängende Hülse, flach, braun, kahl, meist 4-samig, Samen linsenförmig bis kugelig, grünlich grau bis braun.
STANDORT UND VERBREITUNG Bevorzugt kalkarmen, sandigen Lehmboden. Besiedelt Getreidefelder, Ruderalstellen. Mittel- und Südeuropa.

WICKE, VOGEL-

Vicia cracca Schmetterlingsblütengewächse

SAMMELN UND ZUBEREITEN Junge Blätter und Triebspitzen, von April bis Juni gesammelt, werden regional Suppen und Wildgemüsegerichten beigegeben. Sie bringen diesen einen leicht herben Geschmack. Getrocknet verwendet man sie in Teemischungen. Aus den jungen, noch zarten Samenschoten kann man ein Pfannengemüse mit erbsenartigem Geschmack zubereiten. Ist die Schotenhülle zu hart geworden, wie es ab September meist der Fall ist, werden die Samen alleine als Gemüse gekocht.

MERKMALE Staude, Stängel meist kletternd, kantig, 20–150 cm lang. Blätter paarig gefiedert, 12–20 Paare lanzettlicher Fiederblättchen, verzweigte Ranke. Blüten blauviolett, nickend. Blütezeit Juni–August. Frucht hängend oder abstehend, braun, oft schwärzlich gefleckt, Samen graugrün, braun gefleckt.

STANDORT UND VERBREITUNG Wiesen, Weiden, Heckensäume, Ufer. Europa.

Vogel-Wicke

WICKE, ZAUN-

Vicia sepium Schmetterlingsblütengewächse

SAMMELN UND ZUBEREITEN Junge Blätter und Triebspitzen, von April bis Mai gesammelt, ergeben milde Salate und Gemüsegerichte. Die Samen werden von Juli bis August geerntet und wie kleine Bohnen zu Kochgemüse verarbeitet.

MERKMALE Staude, Stängel liegend oder kletternd, kantig, 30–60 cm lang. Blätter paarig gefiedert, 4–7 Paare länglich-eiförmiger Fiederblättchen, verzweigte Ranke. Blüten braunviolett bis rosa, abstehend oder nickend. Blütezeit Mai–August. Frucht flach, abstehend oder hängend, kahl, schwarz glänzend, Samen gelblich bis grünbraun, auch rötlich, dunkel gefleckt.

STANDORT UND VERBREITUNG Typische Wiesenpflanze, auch an Wegrändern, Wald- und Gebüschsäumen, auf Ruderalflächen. Fast ganz Europa.

WIESENKNOPF, GROSSER

Sanguisorba officinalis Rosengewächse

SAMMELN UND ZUBEREITEN Die Blätter, Blütenstände und Wurzel sind vielfältig in der Küche nutzbar. Junge Blätter, vor der Blütezeit gesammelt, ergeben roh einen feinen Salat. Gegart verleihen sie als würzende Beigabe Suppen, Gemüsegerichten, Pürees und Eierspeisen ihren gurkenartigen Geschmack. Besonders zart und sehr gut zu verwenden sind die Blättchen im Inneren der Grundrosette. Ältere, bis September gepflückte Blätter werden getrocknet und als Tee verwendet. Auch die knospigen Blütenstände sind eine gute Grundlage für knackige Salate und Gemüsegerichte. Die aromatische Wurzel des Großen Wiesenknopfs passt geschält und geraspelt in Salate, kann als Koch- und Backgemüse genutzt werden und ergibt getrocknet und gemahlen eine Art Würzmehl für Brotteige. Getrocknet nutzt man sie auch zum Aromatisieren von Ansatzweinen und Schnäpsen.

Großer Wiesenknopf

Kräuterbutter, die mit fein gehackten Wiesenknopf- und Minzblättchen, Salz, Pfeffer und einem Spritzer Zitronensaft angerührt wurde, passt ausgezeichnet zu gegrilltem Fisch.

MERKMALE 30–120 cm hoch, Staude. Grundblätter in einer Rosette, unpaarig gefiedert, 7–15 Fiederpaare, diese gestielt, eiförmig, grob gezähnt, Endblättchen nicht vergrößert. Stängelblätter ähneln den Grundblättern, haben aber weniger Fiederpaare. Blüten dunkel braunrot. Blütezeit Juli–September.
STANDORT UND VERBREITUNG Auf Nass- und Moorwiesen, Gräben. Fast ganz Europa.

WIESENKNOPF, KLEINER

Sanguisorba minor Rosengewächse

SAMMELN UND ZUBEREITEN Der Kleine Wiesenknopf ist eine klassische Würzpflanze. Lange bevor Petersilie für die Küche entdeckt wurde, hat man mit den Blättern dieser Pflanze Salate, Gemüsegerichte, Suppen und Soßen, Kräuterbutter, Frischkäse und Eierspeisen, ja selbst Essig, Marinaden und Mayonnaise verfeinert. Noch zu Beginn des 20. Jahrhunderts fehlte sie in kaum einem Gemüsegarten. Heute steht die Pflanze vor allem als Wildkraut zur Verfügung, deren Blätter während der gesamten Vegetationsperiode gesammelt werden können. Am besten zu verwerten sind aber die Frühlingsblätter. Der Kleine Wiesenknopf ist eine Würzpflanze, die man nur frisch verwenden sollte. Gekocht oder getrocknet verliert sie ihr feines Aroma, das als eine Mischung aus Salatgurke und grüner Walnuss sehr treffend beschrieben wird. Die Verwendung der knospigen Blütenstände ist ähnlich wie beim Großen Wiesenknopf. Man nutzt sie als Beigabe zu Salaten und Gemüsegerichten.
MERKMALE 30–60 cm hoch, Staude. Stängel am Boden liegend oder aufrecht, kantig, nur im oberen Teil schwach verzweigt. Blätter unpaarig gefiedert, 9–25 rundliche bis ovale, am Rand gezähnte Teilblättchen. Blüten zunächst grün, später rötlich überlaufen. Blütezeit Mai–August.
STANDORT UND VERBREITUNG Trockene Wiesen, Wegränder sowie grasige Böschungen. Fast ganz Europa.

WIESENRAUTE, GELBE

Thalictrum flavum Hahnenfußgewächse

SAMMELN UND ZUBEREITEN In früheren Zeiten verwendete man von April bis August gesammelte Blättchen getrocknet als Gewürz, speziell als Bierwürze.
MERKMALE 50–120 cm hoch, Staude. Stängel kantig, gerillt. Stängelblätter wechselständig, untere gestielt, obere sitzend, untere 2- bis 3-fach fiederteilig, obere 3- bis 5-teilig, Teilblättchen der oberen Blätter länglich-lanzettlich, die der unteren Blätter eiförmig. Duftende, gelbe Blütenrispe am Ende des Stängels. Zahlreiche Staubblätter, die allseitig abstehen, Staubbeutel gelb. Blütezeit Juni–August.
STANDORT UND VERBREITUNG Braucht feuchten bis nassen, nährstoffreichen Lehmboden. Besiedelt Feuchtwiesen, Gräben-, Bach- und Flussufer, wächst auch im Saum von bachbegleitenden Gebüschen und von Flachmooren. Fast ganz Europa.

WIESENSILGE, ROSSKÜMMEL

Silaum silaus Doldengewächse

SAMMELN UND ZUBEREITEN Junge, weiche Triebspitzen und Blätter der Wiesensilge nimmt man von April bis Mai als petersilienartige Beigabe zu Suppen und Gemüsegerichten. Um ihr feines Aroma zu erhalten, sollten sie aber immer erst kurz vor dem Servieren hinzugefügt werden. Man verwendet sie auch zum Verfeinern von Kräuterbutter, Frischkäse, Eierspeisen und Limonaden. Mit den knospigen Blütenständen werden Pürees und Salatsoßen gewürzt. Die Blüten sind ansprechende essbare Dekoration und würzende Zutat zugleich.

Wiesensilge

MERKMALE 30–100 cm hoch, Staude. Stängel gefurcht, kahl. Blätter 3-fach gefiedert, Teilblättchen schmal-lanzettlich, zugespitzt. Blütendolde aus gelbgrünen Blüten. Blütezeit Juni–September.
STANDORT UND VERBREITUNG Feuchte, nährstoffreiche Wiesen bis in eine Höhe von etwa 900 m. Hat durch das Trockenlegen von Feuchtwiesen und eine intensivierte Düngung viele ihrer früheren Standorte verloren. Hauptsächlich Mitteleuropa.

WINDE, ACKER-

Convolvulus arvensis — Windengewächse

SAMMELN UND ZUBEREITEN Von April bis Juni gesammelte Blätter können wie die Blüten in geringen Mengen gegessen werden, entweder roh in Salaten oder gekocht in Gemüsegerichten. Doch Vorsicht, in größeren Mengen verzehrt könnte die Pflanze abführend wirken. Ihre Blätter enthalten Harzglykoside und Gerbstoffe und sind getrocknet noch heute in manchen Abführtees enthalten.
MERKMALE Staude. Stängel meist kriechend, seltener windend, 20–80 cm lang. Blätter pfeilförmig, 3–4 cm lang, gestielt. Blüten rosa, weiß oder rosa und weiß gestreift, weit trichterförmig, einzeln auf langen Stielen in den Blattachseln. Blütezeit Juni–September.
STANDORT UND VERBREITUNG Felder, Wegränder, Weinberge. Europa.

Acker-Winde

WINDENKNÖTERICH, ACKER-

Fallopia convolvulus — Knöterichgewächse

SAMMELN UND ZUBEREITEN Die in den Monaten September und Oktober reifen Samen ergänzen getrocknet und gemahlen Getreidemehl zum Backen. In jungsteinzeitlichen Siedlungen fand man große Mengen dieser Samen. Das legt die Vermutung nahe, dass der Acker-Windenknöterich auch damals als Mehllieferant genutzt wurde. Der ähnliche Hecken-Windenknöterich *(Fallopia dumetorum)*, der an Wald- und Gebüschrändern, vor allem an Ufergebüschrändern wächst, wird in gleicher Weise verwendet.

Hecken-Windenknöterich

MERKMALE Einjährig. Stängel dünn, kantig, am Boden liegend, windend oder kletternd, 20–100 cm lang. Blätter spieß- oder pfeilförmig, 2–6 cm lang, mit 3-eckigen, zugespitzten Basallappen. Blüten grünlich weiß, zu 1–5 in den Blattachseln oder in lockeren Ähren am Stängelende. Blütezeit Juli–Oktober. Frucht 3-kantig, schwarzbraun, matt, fein punktiert.
STANDORT UND VERBREITUNG Bevorzugt nährstoff- und stickstoffreiche, lockere Böden und sonnige Lagen. Wächst als Wildkraut in Getreide- und Hackfruchtfeldern, auf Schuttplätzen, auch in Gärten. Geht im Unterschied zum Hecken-Windenknöterich nie in Hecken und Gebüsche. Europa.

WINDHALM, GEWÖHNLICHER

Apera spica-venti — Süßgräser

SAMMELN UND ZUBEREITEN Die im September reifen Samen sind als essbar beschrieben. Denkbar ist beispielsweise eine Verwendung als Kaffee-Ersatz oder als Keimsaat.

Gewöhnlicher Windhalm

MERKMALE 30–100 cm hoch, einjähriges Gras. Stängel aufrecht, am Grund büschelig verzweigt. Blätter flach, zugespitzt, bis zu 25 cm lang und etwa 3–9 mm breit, deutlich aufrecht stehend, oberseits deutlich rau, unterseits meist glatt. Rispe bis zu 40 cm lang, regelmäßig und dichtblütig, Rispenäste schief aufwärts gerichtet. Ährchen 1-blütig, meist gelblich, Deckspelze begrannt. Blütezeit Juni–Juli.
STANDORT UND VERBREITUNG Getreidefelder, Ruderalstellen. Fast ganz Europa.

WINTERGRÜN, GRÜNLICHES

Pyrola chlorantha Wintergrüngewächse

SAMMELN UND ZUBEREITEN Die Früchte werden von August bis September geerntet und entweder roh gegessen oder zu falschen Kapern verarbeitet.
MERKMALE 10–20 cm hoch, Staude. Stängel kantig, meist rot überlaufen. Blätter in grundständiger Rosette, rundlich, dunkelgrün, fast ganzrandig. Blüten glockig, grünlich weiß bis hellgrün, nickend, Kelchblätter anliegend, Griffel die Blütenkrone überragend. Blütezeit Mai–Juni.
STANDORT UND VERBREITUNG Nadelwälder, hier vor allem unter Kiefer und Fichte, seltener unter Tanne. Hauptsächlich in Mittel- und Nordeuropa.

WINTERGRÜN, KLEINES

Pyrola minor Wintergrüngewächse

SAMMELN UND ZUBEREITEN Vor der Blütezeit gepflückte Blätter werden roh und fein geschnitten in Salaten verarbeitet. Die Früchte isst man im Herbst roh oder genießt sie kapernähnlich eingelegt.
MERKMALE 10–20 cm hoch, Staude. Stängel kantig, bogig aufsteigend, meist mit nur 2 Schuppenblättern. Blätter in grundständiger Rosette, breit-eiförmig bis rundlich, ledrig-derb, mattglänzend, oberseits dunkelgrün, unterseits heller, fein gekerbt oder fast ganzrandig, bleiben auch im Winter grün (daher der Name). Weiße Blüten, 5 Blütenblätter, die sich kugelig zusammenneigen. Blütenstiele abwärtsgebogen, Blüten daher nickend. Kelchblätter der Krone angedrückt. Griffel überragt die Blütenkrone nicht. Blütezeit Juni–Juli. 5-fächrige Kapselfrucht.

Kleines Wintergrün

STANDORT UND VERBREITUNG Wächst sehr zerstreut und nur regional in hellen Kiefernwäldern und bodensauren Laubwäldern. Alle in Mitteleuropa heimischen Wintergrünarten kommen nur vereinzelt und weit verstreut vor. An ihren auch im Winter grünen Blättern und den rundlichen Blüten sind sie recht gut zu erkennen. Mittel- und Nordeuropa.

WINTERGRÜN, MITTLERES

Pyrola media Wintergrüngewächse

SAMMELN UND ZUBEREITEN Die Früchte werden von August bis September geerntet und entweder roh gegessen oder zu falschen Kapern verarbeitet.
MERKMALE 10–25 cm hoch, Staude. Stängel aufrecht, mit zahlreichen grünen Schuppenblättern. Blätter in grundständiger Rosette, breit-eiförmig bis rundlich, oberseits dunkelgrün, unterseits heller, am Rand kaum gekerbt. Weiße, seltener rötliche Blüten, 5 Blütenblätter, die sich kugelig zusammenneigen. Blütenstiele abwärtsgebogen, Blüten daher nickend. Kelchblätter abstehend. Griffel überragt die Blütenkrone. Blütezeit Juni–Juli. Kapselfrucht.
STANDORT UND VERBREITUNG Braucht humosen, locker-steinigen Boden. Besiedelt helle Kiefernwälder, seltener helle Eichenwälder. Ist in den Alpen bis in Höhen von 2000 m anzutreffen. Hauptvorkommen in Mittel- und Nordeuropa.

WINTERGRÜN, RUNDBLÄTTRIGES

Pyrola rotundifolia Wintergrüngewächse

SAMMELN UND ZUBEREITEN Die Früchte werden von August bis September geerntet und entweder roh gegessen oder zu falschen Kapern verarbeitet.
MERKMALE 10–40 cm hoch, Staude. Stängel unten stumpfkantig. Blätter in grundständiger Rosette, kreisrund, mattglänzend, fast ganzrandig oder schwach gekerbt, fein gewellt. Weiße, weitglockige Blüten, 5 Blütenblätter. Blütenstiel abwärtsgebogen, Blüten daher nickend. Blütezeit Juli–Oktober. Frucht eine kugelige Kapsel.
STANDORT UND VERBREITUNG Helle Wälder, Gebüsche, Birkenmoore. Mittel- und Nordeuropa.

WINTERLIEB, DOLDIGES

Chimaphila umbellata Wintergrüngewächse

Doldiges Winterlieb

SAMMELN UND ZUBEREITEN Die bitter schmeckenden Blätter, von Mai bis August gesammelt, nimmt man getrocknet zur Teegetränkbereitung und als Bierwürze.
MERKMALE 5–25 cm hoch, Staude. Stängel undeutlich kantig, an der Basis oft verholzt. Blätter im unteren Teil des Stängels gehäuft, immergrün, ledrig, spatelig-eiförmig, von der Mitte bis zur Spitze gesägt. Blüten zu 3–7 in einer endständigen Dolde, weiß bis hellrosa, nickend. Blütezeit Juni–August.
STANDORT UND VERBREITUNG Trockene Kiefernwälder. Mittel- und Nordeuropa.

WIRBELDOST

Clinopodium vulgare Lippenblütengewächse

SAMMELN UND ZUBEREITEN Der Wirbeldost verdankt seinen Namen der äußeren Ähnlichkeit mit dem Dost *(Origanum vulgare)* und seinen in »Wirbeln« um den Stängel angeordneten Blüten. Im Gegensatz zu seinem nahen Verwandten duftet er aber nur sehr schwach. Dennoch werden seine Blätter manchmal als Würzmittel verwendet. Auch als Beigabe zu Salaten isst man sie ab und zu.
MERKMALE 20–50 cm hoch, Staude. Stängel aufsteigend bis aufrecht, dicht abstehend behaart, weitgehend unverzweigt. Blätter gegenständig, eiförmig, 2–4 cm lang, sehr kurz gestielt bis fast sitzend, ganzrandig oder schwach gekerbt, dicht kurz behaart. Blüten rosaviolett, stehen zu 10–20 in dichten Quirlen in den Achseln der oberen 2–4 Blattpaare und am Ende des Stängels. Blütezeit Juli–Oktober.
STANDORT UND VERBREITUNG Grasreiche Wälder, Wald- und Wegränder, Hecken- und Gebüschsäume. In den Alpen bis zur Laubwaldgrenze anzutreffen. Häufig. Europa.

Wirbeldost

WITWENBLUME, WIESEN-

Knautia arvensis Kardengewächse

SAMMELN UND ZUBEREITEN Die Blätter der Wiesen-Witwenblume schmecken bitter-würzig, die Blüten dagegen mild. Vor der Blüte geerntete Blätter können in kleinen Mengen Salaten beigefügt werden, passen aber auch als herbe Zutat in Suppen und Gemüsegerichte und in Streifen geschnitten in Quark- und Frischkäsemischungen. Früher nutzte man sie getrocknet als Ersatz für Schwarztee. Die Blüten streut man als essbare Dekoration über Salate und Süßspeisen, auch kandiert. Die Wurzel ergibt einen angenehm schmeckenden Likör. Bei oberflächlicher Betrachtung könnte man die Wiesen-Witwenblume mit der giftigen, ebenfalls blau blühenden Kugelblume (*Globularia punctata*, S. 374) verwechseln. Der Unterschied: Die

Wiesen-Witwenblume

Kugelblume hat eiförmige Grundblätter in rosettenähnlicher Anordnung.
MERKMALE 30–80 cm hoch, Staude. Stängel aufrecht, vor allem im oberen Bereich dicht behaart. Untere Blätter meist ungeteilt, lanzettlich, ganzrandig, gestielt, obere Blätter meist fiederteilig, beiderseits mit meist 3–6 Abschnitten, sitzend. Blüten blau- bis rotviolett, selten weiß, in lang gestielten, flachen Köpfen, Blütenkrone 4-zipfelig, Randblüten größer als die inneren Blüten. Blütezeit Juli–August.
STANDORT UND VERBREITUNG Trockene Fettwiesen, Wald- sowie Wegränder, Felder. Fast ganz Europa.

WOLFSTRAPP, GEWÖHNLICHER

Lycopus europaeus — Lippenblütengewächse

SAMMELN UND ZUBEREITEN Die Wildkräuterküche nutzt die Wurzel des Gewöhnlichen Wolfstrapps. Sie wird von September bis in den Winter geerntet und roh, gekocht oder eingelegt verwendet. Roh schmeckt sie in Salaten, gekocht in den verschiedensten Gemüsegerichten und eingelegt in Essig. Der Hohe Wolfstrapp *(Lycopus exaltatus)*, eine Pflanze, deren Hauptareal im südlichen Osteuropa und in Südeuropa liegt, kann in gleicher Weise verwendet werden.
MERKMALE 20–80 cm hoch, Staude. Stängel aufrecht, 4-kantig, an den Kanten meist kurz behaart. Blätter gegenständig, länglich-eiförmig, zugespitzt, sitzend oder kurz gestielt, grob und tief gezähnt. Blüten weiß, sitzend, zu vielen quirlig in den Achseln der obersten 10–20 Blattpaare. Blütezeit Juni–August.
STANDORT UND VERBREITUNG Sumpfwiesen, Ufer, Gräben, helle Erlenbruchwälder. Europa.

WOLLGRAS, SCHEIDIGES

Eriophorum vaginatum — Sauergräser

SAMMELN UND ZUBEREITEN Die ab September reifen Samen können als Keimsaat genutzt werden. Geröstet eignen sie sich als Kaffee-Ersatz. Weitere Wollgrasarten der europäischen Flora wie beispielsweise das Breitblättrige Wollgras *(Eriophorum latifolium)* oder das Zierliche Wollgras *(Eriophorum gracile)* werden in gleicher Weise verwendet.
MERKMALE 20–60 cm hoch, mehrjähriges, dichte Rasen bildendes Gras. Wurzelstock ohne Ausläufer. Stängel aufrecht, rund, oben stumpf 3-kantig, glatt, graugrün. Blätter borstenförmig, etwa 1 mm breit, im Querschnitt rinnig bis 3-kantig, an den Rändern rau, graugrün. Blattscheiden aufgeblasen (namensgebend). Blütenstand nur 1 einzelnes, endständiges, dicht weißwolliges, ovales Ährchen. Blütezeit März–Mai. Frucht 3-kantig, dunkel rotbraun bis fast schwarz.
STANDORT UND VERBREITUNG Charakterpflanze der Hochmoore. Braucht nährstoffarme, saure Torfböden. Fast ganz Europa.

WOLLGRAS, SCHMALBLÄTTRIGES

Eriophorum angustifolium — Sauergräser

SAMMELN UND ZUBEREITEN Die ab September reifen Samen können als Keimsaat verwendet werden. Geröstet eignen sie sich als Kaffee-Ersatz. Von September bis in den Winter hat man früher auch die Wurzel als Kochgemüse gegessen.
MERKMALE 20–50 cm hoch, mehrjähriges Gras mit langen, unterirdischen Ausläufern. Stängel aufrecht, fast rund. Blätter linealisch, rinnig, in eine lange 3-kantige Spitze ausgezogen, oft rot überlaufen. Größere Bestände kann man schon von Weitem an den rötlichen Blättern erkennen. Blütenstand mit 3–5, etwa 1–2 cm langen, dick weißwolligen, überhängenden Ährchen. Blütezeit März–Mai.
STANDORT UND VERBREITUNG Moore, Ufer, auf nassen, nährstoffarmen Torfböden. Fast in ganz Europa.

Schmalblättriges Wollgras

WOLLMISPEL, JAPANISCHE LOQUAT

Eriobotrya japonica Rosengewächse

SAMMELN UND ZUBEREITEN Die vitamin- und mineralstoffreichen Früchte der Japanischen Wollmispel sind saftig, süßsauer und wohlschmeckend. Sie werden frisch oder gegart, mit oder ohne Schale gegessen. Man nutzt sie vor allem als Frischobst oder in Fruchtsalaten. Sehr aromatisch schmecken sie aber auch gedünstet, in Kuchen, als Marmelade oder Gelee verarbeitet. In Ostasien legt man die Früchte süßsauer ein. Die mandelartig schmeckenden Fruchtkerne werden gemahlen als Gewürz und als Backzutat verwendet. Geröstet kann man sie als Kaffee-Ersatz nutzen.
MERKMALE Bis zu 8 m hoch, immergrüner, kleiner Laubbaum. Blätter wechselständig, breit-lanzettlich, sehr kurz gestielt, gezähnt, ledrig, oberseits glänzend dunkelgrün, unterseits gelblich bis bräunlich behaart. Blüten gelblich weiß, duftend, in endständigen Rispen. Blütezeit Oktober–Februar. Früchte länglich-oval, pflaumengroß, goldgelb, mit wenigen etwa haselnussgroßen, steinkernartigen Samen, Fruchtschale leicht behaart (namensgebend). Fruchtreife Ende April–Juni.
STANDORT UND VERBREITUNG Herkunft China. Im Mittelmeergebiet vielfach kultiviert und verwildert. Auch in Südtirol und im südlichen Tessin verwildert anzutreffen.

WUCHERBLUME, GROSSBLÄTTRIGE

Tanacetum macrophyllum Korbblütengewächse

Großblättrige Wucherblume

SAMMELN UND ZUBEREITEN Überbrühte Blüten eignen sich als Beigabe zu Salaten und Suppen. Gleiches gilt für die Blüten der Straußblütigen Wucherblume *(Tanacetum corymbosum)*, die in hellen Laubwäldern, an Wald- und Gebüschrändern Mittel- und Südeuropas wächst.
MERKMALE 40–150 cm hoch, Staude. Stängel aufrecht, kurz behaart. Blätter wechselständig, 1- bis 2-fach fiederteilig, 7–15 Paare lanzettlicher Fiederblättchen, die ihrerseits fiederspaltig oder grob gezähnt sind. Blütenköpfe aus weißen Randblüten und schmutzig weißen mittigen Blüten in dichten, schirmartigen Blütenständen am Ende des Stängels. Blütezeit Juni–August.
STANDORT UND VERBREITUNG Wald- und Gebüschränder. Bevorzugt trockenen, lockeren, steinigen Lehmboden. Herkunft Südosteuropa. In Mitteleuropa Zierpflanze, gelegentlich verwildert.

WUNDKLEE, ECHTER

Anthyllis vulneraria Schmetterlingsblütengewächse

SAMMELN UND ZUBEREITEN Der Echte Wundklee ist eine anspruchslose Pionierpflanze, die brachliegende Böden schnell besiedeln kann. Diese alte Heilpflanze wird nur noch in der Volksmedizin bei Hautproblemen und zum Gurgeln bei Entzündungen im Mund- und Rachenraum eingesetzt. In der Wildkräuterküche nutzt man junge Triebe, junge Blätter und die Blüten. Junge, von März bis Juni gesammelte Triebe und Blätter können roh in Salaten und gekocht in Gemüsegerichten gegessen werden. Sehr junge Blüten, die man am besten frühmorgens sammelt, sind wohlschmeckende essbare Dekoration für Salate, Suppen und Desserts. Ältere Blüten sind zäh und eignen sich bestenfalls noch für Aufgüsse.
MERKMALE 10–40 cm hoch, Staude. Formenreiche Sammelart. Stängel liegend bis aufrecht, kurz anliegend behaart. Blätter beiderseits behaart, untere Blätter häufig einfach oder wenig gefiedert, stängelständige Blätter mit bis zu 7 Fiederpaaren, beide mit vergrößerter Endfieder. Blüten leuchtend gelb, in viel-

Echter Wundklee

blütigen Köpfchen in den Achseln kleiner gefiederter Hochblätter. Blütezeit Mai–August.
STANDORT UND VERBREITUNG Trockenwiesen, helle Wälder, Gebüsche, Wege, stets auf trockenen, kalkhaltigen Lehmböden. Fast ganz Europa.

YSOP

Hyssopus officinalis Lippenblütengewächse

SAMMELN UND ZUBEREITEN Ysop enthält ätherische Öle, Gerb- und Bitterstoffe. In der Küche wird er wegen seines intensiven Aromas nur fein dosiert verwendet. Ysopblätter riechen würzig, schwach süßlich und schmecken leicht bitter, kampferartig. Frisch würzen sie grüne und gemischte Salate, Kartoffelsuppen und Eintöpfe mit Hülsenfrüchten. Sie passen auch sehr gut zu Fleisch-, Fisch-, Wild- und Geflügelragouts, Soßen, Kräuterbutter und Mayonnaise. Und sie aromatisieren Essig, Öl, Aperitifweine und Spirituosen ganz vorzüglich. Die Blüten schmücken als delikate, essbare Dekoration Salate und Suppen. Den würzigsten Geschmack entwickeln die Blätter, wenn sie kurz vor der Blüte und während der ersten Blühtage gepflückt werden. Die Blüten sollten geerntet werden, sobald sie vollkommen geöffnet sind.

Ysop

MERKMALE 30–60 cm hoch, Halbstrauch. Stängel aufsteigend oder aufrecht, kurz und anliegend behaart, im unteren Drittel verholzt. Blätter gegenständig, schmal-lanzettlich, ganzrandig, an den Rändern oft nach unten umgerollt, fast kahl, sehr kurz gestielt bis fast sitzend. Blüten blau oder blauviolett, in Gruppen zu 3–7 in den Achseln der mittleren und oberen Blätter. Blütezeit Juli–September.
STANDORT UND VERBREITUNG Braucht kalkhaltigen, trockenen, steinigen Boden und sehr warmes Klima. Besiedelt felsige Hänge und Mauern. Herkunft Mittelmeergebiet, in Mitteleuropa als Gewürz- und Heilpflanze kultiviert und in sommerheißen Lagen verwildert.

Ysop verwendet man am besten frisch, bestenfalls noch gefrostet. Getrocknet verliert er schnell an Würzkraft. Im Garten sollte er häufig zurückgeschnitten werden, dann entwickelt er mehr würzige Inhaltsstoffe.

ZACKENSCHÖTCHEN, FLÜGEL-

Bunias erucago Kreuzblütengewächse

SAMMELN UND ZUBEREITEN Diese kaum bekannte Pflanze liefert eines der ersten Frühlingsgemüse. Blätter, Sprosse und Wurzel sind roh und gekocht essbar. Sie können in Salaten verwendet, wie Spinat zubereitet oder in Suppen und Wildkräutergemüse verarbeitet werden.
MERKMALE 20–70 cm hoch, ein- bis zweijährig. Erinnert ein wenig an Senf. Stängel aufrecht, verzweigt, mit zahlreichen Drüsenhaaren. Grundblätter bis 15 cm lang, fiederteilig, Abschnitte schmal 3-eckig gezähnt. Stängelblätter nach oben kleiner werdend, weniger geteilt, lanzettlich, gezähnt oder ganzrandig. Blüten gelb, in armblütigen, lockeren Trauben am Ende des Stängels. Blütezeit Mai–Juli.
STANDORT UND VERBREITUNG Felder, Wegränder, Schuttplätze. Hauptverbreitung in Südeuropa, selten und unbeständig nach Mitteleuropa eingeschleppt.

Flügel-Zackenschötchen

ZACKENSCHÖTCHEN, ORIENTALISCHES

Bunias orientalis Kreuzblütengewächse

SAMMELN UND ZUBEREITEN Junge, zarte Blätter und junge Triebe werden roh als Salat oder gegart wie Spinat zubereitet gegessen. Ihr Geschmack ist mild, leicht bitter.

MERKMALE 40–150 cm hoch, zwei- oder mehrjährig. Stängel aufrecht, oben reich verzweigt. Grundblätter bis zu 40 cm lang, tief fiederteilig, mit wenigen schmalen Abschnitten und großem, 3-eckigem Endabschnitt, Abschnitte gezähnt. Stängelblätter nach oben kleiner werdend, weniger geteilt, oben manchmal ganzrandig. Blüten gelb, bilden einen umfangreichen, rispenartigen Blütenstand. Blütezeit Mai–August.

STANDORT UND VERBREITUNG Bahndämme, Wegränder, Schuttplätze, Ödland aller Art. Ursprünglich Ost- und Südosteuropa, in Mitteleuropa eingeschleppt.

ZAHNWURZ, FINGER-

Cardamine pentaphyllos Kreuzblütengewächse

SAMMELN UND ZUBEREITEN Die ganze Pflanze ist als essbar überliefert. Ihre Blätter und Triebe könnten beispielsweise in Salaten oder Gemüsegerichten verarbeitet werden. Gleiches gilt für 2 weitere Zahnwurzarten, die Quirlblättrige Zahnwurz *(Cardamine enneaphyllos)* und die Siebenblättrige Zahnwurz *(Cardamine heptaphylla)*.

MERKMALE 20–50 cm hoch, Staude. Stängel aufrecht, unverzweigt. Meist 3–4 wechselständige Stängelblätter mit 5 radiär angeordneten, lanzettlichen, bis über 10 cm langen, gezähnten Teilblättern. Blüten rosa oder hellviolett. Blütezeit April–Mai.

STANDORT UND VERBREITUNG Krautreiche, feuchte Laubwälder, Schluchtwälder. Gebirge Mittel- und Südeuropas.

ZAHNWURZ, ZWIEBEL-

Cardamine bulbifera Kreuzblütengewächse

SAMMELN UND ZUBEREITEN Die in den Blattachseln sitzenden Brutknöllchen werden wie kleine Zwiebeln in Suppen, Pesti und eingelegtem Gemüse verarbeitet. Auch die Blätter sind vielseitig einsetzbare Speisenwürze.

Zwiebel-Zahnwurz

MERKMALE 30–60 cm hoch, Staude. Stängel aufrecht, unverzweigt, kahl. Untere Stängelblätter oft quirlig, mit 3–7 lanzettlichen, grob gezähnten Teilblättern. Obere Stängelblätter ungeteilt, in den Blattachseln dunkle Brutknöllchen. Blüten hellviolett, rosa oder weiß. Blütezeit April–Mai.

STANDORT UND VERBREITUNG Laubmischwälder, vor allem Buchenmischwälder. Hauptsächlich Gebirge Mitteleuropas.

ZAUNWINDE

Calystegia sepium Windengewächse

SAMMELN UND ZUBEREITEN Blätter, Blüten sowie Wurzel sind als essbar überliefert. Sie sollten aber nur sparsam dosiert verwendet werden, denn alle Teile der Pflanze enthalten ein Harzglykosid, das abführend wirkt.

MERKMALE Staude. Stängel kriechend oder windend, bis zu 3 m lang. Blätter wechselständig, herz- oder pfeilförmig, 8–15 cm lang. Blüten einzeln, blattachselständig, lang gestielt, Krone weiß, trichterförmig. Blütezeit Juni–September.

STANDORT UND VERBREITUNG Ufer, Weiden- und Erlengebüsch. Europa.

ZIEST, SUMPF-

Stachys palustris Lippenblütengewächse

SAMMELN UND ZUBEREITEN Die jungen Triebe, Blätter, Samen und die Wurzel der Pflanze sind kulinarisch nutzbar. Junge Triebe und Blätter, die am besten vor der Blüte gepflückt werden, ergeben ein feines, entfernt pilzartig schmeckendes Gemüse. Die jungen Triebe eignen sich auch frisch als Beigabe zu Salaten. Die im Herbst ausgegrabenen Wurzeln kann man wie Kartoffeln zubereiten, gekocht oder gebacken. Getrocknet ergeben sie ein Mehl, mit dem man

Sumpf-Ziest

Getreidemehl streckt. Die ab September reifen Samen streut man als Gewürz über Salate oder man gibt sie in Marinaden.

MERKMALE 30–100 cm hoch, Staude. Stängel kantig, kurz behaart. Blätter kreuzgegenständig, lanzettlich, fein gezähnt, mit herzförmigem Grund, sitzend oder sehr kurz gestielt. Blüten hell purpurviolett, Unterlippe mit dunkler Zeichnung. Blütezeit Juni–September.

STANDORT UND VERBREITUNG Feuchte Standorte wie nasse Wiesen, feuchte Felder, Gräben, Ufer. Fast ganz Europa, im Mittelmeergebiet selten.

> **Ein Gratin aus Ziestknollen** wird sehr delikat, wenn er mit Weißwein, etwas Rohrzucker, Salz und in Butter gerösteten Hirtentäschelsamen zubereitet wird. Ein Schuss Sahne rundet den Geschmack ab.

ZIEST, WALD-

Stachys sylvatica — Lippenblütengewächse

SAMMELN UND ZUBEREITEN Die im Frühling und Frühsommer gesammelten Blätter bereichern Salate, Suppen und Kräuterpürees, aber auch Frischkäse mit einem Aroma, das an Steinpilze erinnert. Fein gehackt kann man sie Würzkräutermischungen beifügen. Getrocknet und aromadicht aufbewahrt sind sie auch im Winter als Gewürz nutzbar. Von September bis Winterbeginn kann man die Wurzeln ausgraben und zu einem aromatischen Gemüse – ähnlich wie Schwarzwurzeln – verarbeiten. Getrocknet und gemahlen werden sie als Mehl für Breie und Backwaren genutzt. Der Knollen-Ziest *(Stachys sieboldii)* wird seit Jahrhunderten in China und Japan als Wurzelgemüse angebaut, seit dem 19. Jahrhundert auch in Europa.

MERKMALE 30–120 cm hoch, Staude. Stängel 4-kantig, lang behaart. Blätter kreuzweise gegenständig, herz- bis breit-eiförmig, zugespitzt, grob und spitz gezähnt, gestielt, dicht behaart, erinnern an Brennnesselblätter, brennen aber nicht. Dunkelrote Blüten mit heller Zeichnung, am Stängelende zu einer lockeren Ähre zusammengefasst. Blütezeit Juni–September.

STANDORT UND VERBREITUNG Feuchte Laubmischwälder, Gebüsche, Auwälder. Fast ganz Europa.

ZIMBELKRAUT

Cymbalaria muralis — Braunwurzgewächse

SAMMELN UND ZUBEREITEN Die kresseähnlich schmeckenden Blätter bereichern gemischte Salate und Suppen. Man erntet sie am besten noch vor der Blütezeit.

MERKMALE 30–60 cm hoch, Staude. Stängel liegend oder hängend, fadenförmig dünn. Blätter wechselständig, gestielt, nieren- oder breit-herzförmig, 5- bis 7-lappig, Blattrand oft rötlich. Blüten lang gestielt, einzeln in den Blattachseln, Blütenkrone hellviolett, Oberlippe 2-zipflig, Unterlippe 3-zipflig, Sporn kurz und stumpf. Blütezeit Juni–September.

STANDORT UND VERBREITUNG Schattige Felsen, Mauern. Heimat Südeuropa, heute in vielen Ländern Europas Zierpflanze, verwildert und eingebürgert.

Zimbelkraut

Zitronenmelisse

ZITRONENMELISSE

Melissa officinalis Lippenblütengewächse

SAMMELN UND ZUBEREITEN Die Blätter der Zitronenmelisse werden während des gesamten Sommers geerntet. Man kann sie frisch oder getrocknet verwenden, frisch schmecken sie aber deutlich intensiver und besser. Frische Blättchen sind eine angenehm aromatische Würze für grünen Salat und Obstsalat, für Süßspeisen, Liköre, Bowlen und andere Sommerdrinks, aber auch für Kräutersoßen, Kräuterbutter, Quark- und Eierspeisen. Ebenso gut passen sie zu gebratenem und gedünstetem Fisch, zu Lamm, Geflügel und Wild, Tomaten, Gurken, Kartoffeln und Pilzen. Aber sie dürfen nicht mitkochen, sonst gehen Aroma und Geschmack verloren. Ein Tee aus den Blättern wirkt beruhigend und krampflösend.
MERKMALE 30–90 cm hoch, Staude. Typischer Zitronengeruch. Stängel 4-kantig, abstehend behaart. Blätter gegenständig, lanzettlich bis schmal-eiförmig, kurz gestielt, grob gezähnt, duften zerrieben nach Zitrone. Blüten weiß, manchmal auch hellblau. Blütezeit Juni–August.
STANDORT UND VERBREITUNG Hecken, Gebüsche. Herkunft Süd- und Südosteuropa, in Mitteleuropa kultiviert, in klimagünstigen Gebieten verwildert.

Zitronenmelisse und Erdbeeren ergänzen sich geschmacklich ganz ausgezeichnet. Eine Erdbeerkaltschale aus Joghurt und frischen Früchten bekommt durch fein geschnittene Zitronenmelisseblättchen eine elegante, frische Note.

ZITTERGRAS, GEWÖHNLICHES

Briza media Süßgräser

SAMMELN UND ZUBEREITEN Die im September reifen Samen sind als essbar beschrieben. Denkbar ist eine Verwendung als Kaffee-Ersatz oder als Keimsaat.
MERKMALE Bis zu 40 cm hoch, mehrjähriges Gras. Blätter 2–5 mm breit, am Rand rau. Blütenstand eine ausladende Rispe, Rispenäste dünn und wellig, mit wenigen Ährchen. Ährchen ei- bis herzförmig, violett bis strohgelb, an dünnen Stielen hängend und bei jeder Luftbewegung zitternd (namensgebend), abgeflacht. Blütezeit Mai–Juni.

Gewöhnliches Zittergras

STANDORT UND VERBREITUNG Magere Wiesen und Weiden, Böschungen. Europa.

ZUCKERTANG

Laminaria saccharina Zuckertanggewächse

SAMMELN UND ZUBEREITEN Zuckertang enthält neben vielen lebenswichtigen Mineralien und Vitaminen auch 15 % Eiweiß und nur 0,5 % Fett. Die blattartigen Teile dieser Braunalge werden zwischen März und Mai geerntet und wie Gemüse zubereitet. Man verwendet sie in Streifen geschnitten in Suppen, Ein-

Zuckertang

töpfen und Aufläufen. Häufig wird damit auch Fleisch und Fisch umhüllt und anschließend in Wasserdampf gedünstet.
MERKMALE Mehrjährige Braunalge. Algenkörper ein dunkel- bis olivbraun gefärbtes, ungeteiltes, ledriges, dickliches Blatt, bis über 3 m lang und 30 cm breit. Kräftige, verzweigte Haftkralle.
STANDORT UND VERBREITUNG Gedeiht auf großen Steinen oder auf Felsen unterhalb der Niedrigwasserlinie bis in Tiefen von 3 m. Ostsee, Nordsee, Atlantik.

ZUCKERWURZEL

Sium sisarum Doldengewächse

SAMMELN UND ZUBEREITEN Zuckerwurzeln schmecken angenehm süß, würzig, gelegentlich etwas mehlig. Sie werden roh oder gekocht verwendet. Doch vor der Verarbeitung sollte man immer die holzige Wurzelmitte entfernen. Puristen werden die Zuckerwurzel in dünne Stifte schneiden und in etwas Butter dünsten. Sehr gut schmeckt sie aber auch roh und fein geraspelt als Salat. Besonders fein schmecken gekochte Zuckerwurzeln, wenn man sie in etwas Pfannkuchenteig taucht und dann in Butter brät.
MERKMALE 100–150 cm hoch, Staude. Büschelig angeordnete, knollig verdickte Wurzeln. Blätter unpaarig gefiedert, 3–11 schmal-ovale Fiederblättchen mit gesägtem Rand. Weiße, duftende Blüten in doldigen Blütenständen. Blütezeit Juli–Oktober.
STANDORT UND VERBREITUNG Pflanze stammt aus Südosteuropa. Im 16. Jahrhundert nach Mitteleuropa eingeführt und lange wegen der zuckerhaltigen Wurzeln angebaut. Über Gartenabfälle zum Teil verwildert.

Zuckerwurzel

Die Zuckerwurzel trägt, wie Karotten, Pastinaken, Kerbelrüben und Sellerie, ganz erheblich zum geschmacklichen Gelingen einer typischen Minestrone bei.

ZÜRGELBAUM, SÜDLICHER

Celtis australis Ulmengewächse

SAMMELN UND ZUBEREITEN Die süßen, wohlschmeckenden Früchte, in Südtirol als »Zürgeln« bekannt, isst man roh, als Kompott, auf Kuchen, in Quarkspeisen und anderen süßen Desserts.
MERKMALE Bis zu 25 m hoch, Laubbaum. Grauer, fast buchenartig glatter Stamm, wächst manchmal strauchartig. Blätter breit-lanzettlich, lang zugespitzt, scharf gezähnt, beiderseits behaart, gestielt, am Grund asymmetrisch. Blüten klein, grün. Blütezeit März–April. Eiförmige Steinfrüchte, ca. 1 cm groß, bei Reife braunrot bis fast schwarz. Fruchtreife August–Oktober.
STANDORT UND VERBREITUNG Trockenwarme, felsige Hänge, Hecken. Südeuropa, in wintermilden Gegenden Mitteleuropas als Zierbaum angepflanzt.

ZWEIZAHN, DREITEILIGER

Bidens tripartita Korbblütengewächse

SAMMELN UND ZUBEREITEN Von April bis Juni gesammelte junge Blätter eignen sich als Beigabe zu Kochgemüsegerichten. Aus den ab September reifen Samen kann man ein Speiseöl pressen.
MERKMALE 30–150 cm hoch, einjährig. Untere und mittlere Stängelblätter gegenständig, oberste wechselständig, meist 3- bis 7-teilig, Abschnitte lanzettlich, spitz, grob gezähnt, ungestielt. Gelbe, aufrechte Blütenköpfe, meist nur mit Röhrenblüten. Blütezeit Juli–Oktober. Frucht auf der Fläche glatt, am Rand von rückwärtsgerichteten Borsten rau, um 6 mm lang.
STANDORT UND VERBREITUNG Teichränder, Gräben, nasse Felder. Fast ganz Europa.

ZWENKE, FELSEN-

Brachypodium rupestre — Süßgräser

SAMMELN UND ZUBEREITEN Die im September reifen Samen sind als essbar beschrieben. Denkbar ist eine Verwendung als Kaffee-Ersatz oder als Keimsaat.
MERKMALE 50–100 cm hoch, mehrjähriges Gras. Ähnlich *Brachypodium pinnatum*, aber Blätter nur 3–5 mm breit, gegen die Spitze eingerollt, unterseits glänzend grün. Ährchen 3–5 cm lang, oft leicht gebogen, Granne höchstens 3 mm lang. Blütezeit Juni–Juli.
STANDORT UND VERBREITUNG Auf trockenen, kalkhaltigen Böden, an Wegrändern und Straßenböschungen. Mittel-, Süd- und Westeuropa.

ZWENKE, FIEDER-

Brachypodium pinnatum — Süßgräser

SAMMELN UND ZUBEREITEN Die ab September reifen Samen können als Keimsaat verwendet werden. Geröstet eignen sie sich als Kaffee-Ersatz. Früher hat man sie getrocknet und zu Mehl vermahlen.
MERKMALE 30–120 cm hoch, mehrjähriges Gras. Blätter bis zu 40 cm lang und 6–8 mm breit, flach, meist behaart. Blütenstand aufrecht, ährenartig, Ährchen wenig zusammengedrückt, bis 3,5 cm lang, 8- bis 20-blütig, 1–6 mm lange Grannen. Blütezeit Juni–Juli.
STANDORT UND VERBREITUNG Sonnige Hänge, magere Wiesen, helle Wälder. Europa.

ZWENKE, WALD-

Brachypodium sylvaticum — Süßgräser

SAMMELN UND ZUBEREITEN Die ab September reifen Samen können als Keimsaat verwendet werden. Geröstet eignen sie sich als Kaffee-Ersatz. Früher hat man sie getrocknet und zu Mehl vermahlen.
MERKMALE 60–100 cm hoch, mehrjähriges, dicht horstförmig wachsendes Waldgras. Blätter bis über 1 cm breit, schlaff, behaart. Blütenstand locker, schlaff überhängend. Ährchen mehr als 2 cm lang, fast parallel zur Achse des Blütenstands, lange Grannen. Blütezeit Juli–August.
STANDORT UND VERBREITUNG Braucht feuchten, kalk- und stickstoffhaltigen Lehmboden. Meidet volles Tageslicht. Gedeiht besonders gut in feuchten Laubmisch- und Auenwälder. Europa.

Wald-Zwenke

ZWERGGRAS, KLEINES

Mibora minima — Süßgräser

SAMMELN UND ZUBEREITEN Die im September reifen Samen sind als essbar beschrieben. Denkbar ist eine Verwendung als Kaffee-Ersatz oder als Keimsaat.
MERKMALE 2–15 cm hoch, einjähriges, büschelig wachsendes, kahles Gras. Stängel steif aufrecht, fadenförmig, am Grund beblättert. Blätter sehr schmal, nur etwa 0,5 mm breit, höchstens 2 cm lang, flach oder von den Rändern her eingerollt. Blütenstand ährenartig, aufrecht, sehr dünn, rötlich oder purpurn. Ährchen in 2 Reihen angeordnet, kurz gestielt, 1-blütig. Blütezeit Februar–Mai.
STANDORT UND VERBREITUNG Sandige Felder, Flugsanddünen, Sandwege, auch in hellen Kiefernforsten.

Kleines Zwerggras

ZWERGMISPEL, GEWÖHNLICHE

Cotoneaster integerrimus Rosengewächse

SAMMELN UND ZUBEREITEN Die im Herbst reifen Früchte eignen sich nur ohne die Samenkerne (!) und nur in kleinen Mengen gekocht als Beigabe zu Marmeladen. Dann würzen sie unvergleichlich. Unverarbeitet und in größeren Mengen gegessen können sie unbekömmlich wirken, denn sie enthalten Spuren von Blausäureglykosiden. Gleiches gilt für die Filzige Zwergmispel *(Cotoneaster tomentosus)*.
MERKMALE 1–2 m hoch, Strauch. Zweige anfangs gelbgrün und filzig, später braunrot und glatt. Blätter wechselständig, eiförmig, ganzrandig, oberseits kahl, unten dicht filzig behaart, grau bis weiß. Blüten sitzen in Gruppen zu 1–5 in den Blattachseln, sind weiß, rosa oder rotviolett gefärbt. Blütezeit April–Mai. Frucht kugelig, rot, 6–8 mm im Durchmesser, mit 2–5 Steinkernen.
STANDORT UND VERBREITUNG Sonnige Felshänge, trockene Wälder. Mittel- und Südeuropa.

Gewöhnliche Zwergmispel

ZWERGWASSERLINSE

Wolffia arrhiza Wasserlinsengewächse

SAMMELN UND ZUBEREITEN Die ganze Pflanze kann im Frühling gegart in Gemüsegerichten verarbeitet werden.
MERKMALE Schwimmende Wasserpflanze, völlig wurzellos. Blattartige Schwimmglieder, oben grasgrün und wenig gewölbt, unten weißlich grün und stärker gewölbt, kaum stecknadelkopfgroß, treiben einzeln oder zu zweit an der Wasseroberfläche. Blüten unscheinbar, bestehen lediglich aus 1 Staubblatt und 1 Fruchtknoten. Die Pflanze stammt aus warmen Regionen und wurde in Mitteleuropa noch nicht blühend beobachtet.

Zwergwasserlinse

STANDORT UND VERBREITUNG Windgeschützte Teiche, Altwässer, Gräben. Mittel- und Südeuropa.

ZYPERGRAS, BRAUNES

Cyperus fuscus Sauergräser

SAMMELN UND ZUBEREITEN Schon der lateinische Gattungsname verweist auf die kulinarische Nutzung der Pflanze. »Cyperus« leitet sich vom griechischen »kyperon« ab und bezeichnet eine Pflanze mit aromatischer Wurzel. Die Wurzel des Braunen Zypergrases wird im Herbst geerntet und entweder roh gegessen oder zu Kochgemüse verarbeitet oder getrocknet. Die ab September reifen Samen kann man als Keimsaat verwenden. Geröstet eignen sie sich auch als Kaffee-Ersatz. Gleiches gilt für 2 weitere Zypergräser, für das Lange Zypergras *(Cyperus longus)* und für das Zwerg-Zypergras *(Cyperus michelianus)*.

Braunes Zypergras

MERKMALE 3–20 cm hoch, einjähriges, dichte Rasen bildendes Gras. Wurzeln schwarzrot. Stängel aufrecht oder aufsteigend, scharf 3-kantig. Blätter 2–4 mm breit. 3–8 Ähren stehen in einem lockeren, kopfartigen Blütenstand, teils gibt es Nebenblütenstände, Blütenstand mit 2–3 Hochblättern. Ährchen schwarzbraun, bis zu 1 cm lang, dicht gedrängt, 3 Narben. Samen etwa 1 mm lang, mit 2–3 scharfen Kanten. Blütezeit Juli–Oktober.
STANDORT UND VERBREITUNG An lehmigfeuchten, zeitweise überschwemmten Standorten, Seeufer, Sumpfränder. Europa.

Giftige Wildpflanzen von A–Z

ACKER-GAUCHHEIL

Anagallis arvensis Primelgewächse

MERKMALE 10–25 cm hoch, einjährig. Giftig. Stängel kantig, am Boden liegend oder aufgerichtet. Blätter gegenständig, eiförmig, ganzrandig, ungestielt. Blüten rot, selten blau, einzeln in den Blattachseln, lang gestielt, 5 Blütenblätter. Blütezeit Juni–Oktober.
STANDORT UND VERBREITUNG Gärten, Felder, Weinberge. Weitverbreitet. Europa.
WISSENSWERTES Die Pflanze wird oft mit der Vogelmiere *(Stellaria media)* verwechselt, die an ähnlichen Standorten wächst. Diese hat im Unterschied zum Acker-Gauchheil einen runden Stängel und blüht weiß. Wegen des hohen Saponingehalts gilt Acker-Gauchheil als giftig. Vergiftungen hat man vor allem bei Haustieren beobachtet, sie sind aber auch beim Menschen nach Aufnahme größerer Mengen möglich. Hautkontakt mit den Blättern kann allergische Reaktionen hervorrufen.

ALPENVEILCHEN, WILDES

Cyclamen purpurascens Primelgewächse

MERKMALE 5–15 cm hoch, Staude. Giftig. Blätter grundständig, herz- bis nierenförmig, lang gestielt, oben hell gemustert. Blüten rosa bis purpurn, duftend. Blütezeit Juli–September.
STANDORT UND VERBREITUNG Wälder der Gebirge. Mittel- und Südeuropa. Geschützt.
WISSENSWERTES Saponine vor allem in der Wurzel machen das Alpenveilchen giftig. Sie führen zu Haut- und Schleimhautreizungen, Erbrechen und Durchfall. Die für Menschen giftige Dosis liegt bei 10 g der Wurzelknolle. Ob die Blätter, die getrocknet als Rauchtabak genutzt wurden, giftig sind, ist nicht bekannt. Zur Vorsicht sollte man sie aber nur sehr sparsam verwenden.

ACKER-HORNKRAUT

Cerastium arvense Nelkengewächse

MERKMALE 5–30 cm hoch, Staude. Ungenießbar. Stängel liegend oder aufgerichtet, dicht behaart. Blätter gegenständig, länglich, beidseitig ebenfalls dicht behaart. Blüten weiß, 5 Blütenblätter, etwa ein Viertel ihrer Länge eingeschnitten. Blütezeit April–August.
STANDORT UND VERBREITUNG Ackerränder, Wege, Dünen. Fast ganz Europa.
WISSENSWERTES Aus der Ferne sieht das Acker-Hornkraut wegen seiner dichten Behaarung wie mit Mehl bestäubt aus. Giftig ist es nicht, aber geschmacklich nichtssagend und wegen seiner feinen Behaarung in der Küche nicht zu gebrauchen. Die ähnliche Vogelmiere *(Stellaria media)* hat im Unterschied zum Acker-Hornkraut 5 Blütenblätter, die jeweils bis zum Ansatz eingeschnitten sind und den Eindruck erwecken, die Blüte bestünde aus 10 Blütenblättern.

ARNIKA

Arnica montana Korbblütengewächse

MERKMALE 20–60 cm hoch, Staude. Giftig. Stängel behaart. Grundblätter in Rosette, oval, Stängelblätter gegenständig, eiförmig. Gelbe Blütenköpfe. Blütezeit Juni–August.
STANDORT UND VERBREITUNG Hauptsächlich Gebirge Mitteleuropas. Geschützt.
WISSENSWERTES Getrocknete, pulverisierte Blätter der Pflanze wurden in Teilen Europas als Schnupftabak verwendet und auch geraucht. Namen wie »mountain tobacco« weisen auf diese Nutzung hin. Der deutsche Volksname »Wohlverleih« bezieht sich auf ihre heilende Wirkung. Vorsicht: Bei falscher Anwendung können Allergien und tödliche Vergiftungen auftreten.

ARONSTAB, GEFLECKTER

Arum maculatum Aronstabgewächse

MERKMALE 15–40 cm hoch, Staude. Giftig. Blätter gestielt, pfeilförmig, oft dunkel gefleckt. Brauner Blütenkolben, von tütenförmig eingerolltem Hochblatt umgeben. Blütezeit April–Juni. Rote Beerenfrüchte.
STANDORT UND VERBREITUNG Laubmischwälder, Auwälder. Mittel- und Südeuropa.
WISSENSWERTES Der Gefleckte Aronstab wird als sehr stark giftig eingestuft. Alle seine Teile enthalten das giftige Aroin, das auf das zentrale Nervensystem wirkt. Gefährlich ist vor allem die frische Pflanze. Trocknen reduziert die Giftwirkung deutlich. Vorsicht: Vor der Blüte ist eine Verwechslung der Blätter mit denen des Bärlauchs *(Allium ursinum)* denkbar.

BESENGINSTER

Cytisus scoparius Schmetterlingsblütengewächse

MERKMALE 1–2 m hoch, Strauch. Giftig. Zweige aufrecht, rutenförmig, 5-kantig, grün. Blätter 3-zählig, Teilblättchen oval. Blüten gelb, in den Achseln der Blätter. Blütezeit Mai–Juni. 3–5 cm lange Hülsenfrüchte, Hülse am Rand dicht behaart, schwarze Samen.
STANDORT UND VERBREITUNG Waldränder, Heiden. Mittel- und Südeuropa, Südskandinavien.
WISSENSWERTES Gemäß der überlieferten Verwendung wurde die Pflanze vielseitig genutzt: Die Samen ergaben geröstet Kaffee, die grünen Triebspitzen waren Bierwürze, die Blütenknospen nahm man als falsche Kapern oder aß sie in Salaten, die Blüten in Kräuterwein, die jungen Schoten gedünstet als Gemüse. Doch Vorsicht: Besenginster enthält in allen Teilen das Alkaloid Spartein und andere Alkaloide, die zunächst erregend, dann lähmend auf das zentrale Nervensystem wirken.

ARONSTAB, ITALIENISCHER

Arum italicum Aronstabgewächse

MERKMALE 20–70 cm hoch, Staude. Giftig. Blätter gestielt, pfeilförmig, oft weiß gesprenkelt, erscheinen im Spätherbst. Blütenkolben meist gelb, das tütenförmige Hochblatt hell grüngelb. Blütezeit April–Mai. Rote Beerenfrüchte.
STANDORT UND VERBREITUNG In Wäldern, Hecken, Gärten. Süd- und Westeuropa.
WISSENSWERTES Wie alle europäischen *Arum*-Arten enthält auch diese in allen Teilen giftige Substanzen. Hauptwirkstoff ist Aroin, daneben Oxalate sowie Spuren von Nikotin und Aminen. Auch glykosidische Saponine werden erwähnt. Erste Vergiftungszeichen sind Brennen im Mund sowie Anschwellen von Zunge und Lippen.

BINGELKRAUT, EINJÄHRIGES

Mercurialis annua Wolfsmilchgewächse

MERKMALE 10–40 cm hoch, einjährig. Schwach giftig. Stängel 4-kantig, verzweigt, in ganzer Länge beblättert. Blätter gegenständig, eiförmig, stumpf gezähnt, kurz gestielt. Blüten grün, männliche in ährenartigen Knäueln, weibliche in den Blattachseln. Blütezeit Mai–Oktober. Samen klein, kugelig.
STANDORT UND VERBREITUNG Wege, Felder, Weinberge, Ödland. Fast ganz Europa.
WISSENSWERTES Die Blätter dieser auch »Böser Heinrich« genannten Pflanze aß man in früherer Zeit als Beigabe zu Kochgemüse. Vergiftungserscheinungen wie Erbrechen und Durchfall waren nicht selten die Folge. Verantwortlich sind Saponine, die in der ganzen Pflanze enthalten sind. Ihr Gehalt ist zur Zeit der Fruchtreife am höchsten, aber doch so gering, dass beim Menschen ernsthafte Vergiftungen kaum zu erwarten sind.

BINGELKRAUT, WALD-

Mercurialis perennis Wolfsmilchgewächse

MERKMALE 15–30 cm hoch, Staude. Giftig. Riecht unangenehm. Stängel 4-kantig, unverzweigt, nur in der oberen Hälfte beblättert. Blätter gegenständig, lanzettlich, stumpf gezähnt, deutlich gestielt. Blüten grün, in Knäueln oder Rispen. Blütezeit April–Mai.
STANDORT UND VERBREITUNG Laubwälder, Nadelmischwälder. Mittel-, Südeuropa, Südskandinavien.
WISSENSWERTES Diese häufige Pflanze schattiger Wälder wurde früher wegen ihrer abführenden und harntreibenden Wirkung volksmedizinisch genutzt. Heute wird sie wegen möglicher Vergiftungen nicht mehr verwendet. Sie enthält neben Saponinen auch Methylamin und Trimethylamin, die für ihren fischähnlichen Geruch verantwortlich sind. Unerfahrene Sammler könnten diese Art mit essbaren Gänsefußgewächsen verwechseln, die aber wechselständige Blätter haben.

BUCHSBAUM, GEWÖHNLICHER

Buxus sempervirens Buchsbaumgewächse

MERKMALE 50–300 cm hoch, immergrüner Strauch. Giftig. Blätter gegenständig, oval, ledrig, ganzrandig. Blüten gelbgrün, in Knäueln in den Blattachseln. Blütezeit März–April.
STANDORT UND VERBREITUNG Wälder. Südeuropa. Mitteleuropa nur in milden Regionen. Geschützt.
WISSENSWERTES Der Buchsbaum ist in allen Teilen giftig. Er enthält etwa 70 Alkaloide, darunter Cyclobuxin D. Besonders große Mengen finden sich mit bis zu 3 % in Blättern und Rinde. Wie viele Pflanzengifte wirken sie erst zentral erregend, dann lähmend. Eine Verwendung der Blätter als Hopfenersatz bei der Bierherstellung, wie es früher geschah, schließt sich mit diesem Wissen heute aus.

BOCKSDORN, GEWÖHNLICHER

Lycium barbarum Nachtschattengewächse

MERKMALE 1–3 m hoch, Strauch. Giftig. Zweige dünn, überhängend, hellgrau, wenig bedornt. Blätter wechselständig, lanzettlich, ganzrandig, graugrün. Blüten violett, lang gestielt. Blütezeit Juni–September. Längliche rote Früchte.
STANDORT UND VERBREITUNG Wegränder, Steinbrüche, alte Mauern. Heimat Mittelmeerraum. In Mitteleuropa als Zierpflanze, zum Teil verwildert.
WISSENSWERTES Alle Pflanzenteile enthalten Hyoscyamin, das Gift vieler Nachtschattengewächse, und andere Alkaloide. Vergiftungen äußern sich in Sinnestäuschungen, Atemlähmung und Bewusstlosigkeit. Verwunderlicherweise wurden laut Überlieferung Blätter und Beeren früher in der Küche verwendet, die Blätter für Tees und als Würzmittel, die Beeren nach langem Kochen als Kompottbeigabe.

BUSCH-WINDRÖSCHEN

Anemone nemorosa Hahnenfußgewächse

MERKMALE 10–25 cm hoch, Staude. Giftig. Stängel hohl. Blätter 3-teilig, gestielt, ungleichmäßig und grob gezähnt. Pro Stängel eine Blüte, weiß, oft etwas rötlich überlaufen, 6–8 Blütenblätter. Blütezeit März–Mai.
STANDORT UND VERBREITUNG Laub- und Nadelwälder, Bergwiesen. Fast ganz Europa.
WISSENSWERTES Im Laubwald wachsen das giftige Busch-Windröschen und der essbare Wald-Sauerklee *(Oxalis acetosella)* oft in unmittelbarer Nachbarschaft. Bei oberflächlicher Betrachtung ist die Gefahr einer Verwechslung beider Pflanzen groß, denn beide blühen zur selben Zeit und ihre Blüten ähneln sich sehr. Erst ein Blick auf die Blätter ermöglicht die Unterscheidung.

CHRISTROSE

Helleborus niger — Hahnenfußgewächse

MERKMALE 10–30 cm hoch, Staude. Giftig. Stängel unverzweigt, rund, rötlich braun. Blätter grundständig, 5- bis 9-teilig, ledrig, wintergrün, gesägter Rand. Blüten weiß bis rötlich, 5zählig. Blütezeit Dezember–April.
STANDORT UND VERBREITUNG Laubmischwälder. Alpen und südosteuropäische Gebirge. Geschützt.
WISSENSWERTES »Schwarze Nieswurz« wird die Christrose auch genannt, weil das Pulver aus ihrem zerriebenen Wurzelstock früher als Niespulver verwendet wurde und auch Bestandteil von Schnupftabakmischungen war. Doch Vorsicht: Die Pflanze ist als sehr stark giftig eingestuft. Sie enthält in allen Teilen herzwirksame Glykoside.

DOLDEN-MILCHSTERN

Ornithogalum umbellatum — Liliengewächse

MERKMALE 10–30 cm hoch, mehrjährige Zwiebelpflanze. Giftig. Blätter grundständig, grasartig schmal, mit weißem Mittelstreifen. Blüten weiß, in traubigem Blütenstand, 6 Blütenblätter, unten mit grünem Streifen. Blütezeit April–Mai.
STANDORT UND VERBREITUNG Wegränder, Weinberge. Mittel- und Südeuropa.
WISSENSWERTES Vor allem die Zwiebel enthält herzwirksame Glykoside, deren wichtigstes das aus dem Maiglöckchen *(Convallaria majalis)* bekannte Convallatoxin ist. Konzentration und Wirkung dieser Glykoside sind zur Blütezeit am höchsten. Trotzdem wurden die Zwiebeln früher in kleinen Mengen gegessen.

EFEU

Hedera helix — Efeugewächse

MERKMALE 9–11 m hoch, immergrüner Kletterstrauch. Giftig. Blätter wechselständig, gestielt, an nicht blühenden Trieben 3- bis 5-lappig, an blühenden Trieben eiförmig, ganzrandig. Blüten grün, 5-zählig, in halbkugeligen Blütenständen, riechen unangenehm. Blütezeit September–Oktober. Blauschwarze Beerenfrucht.
STANDORT UND VERBREITUNG Auwälder, Laubwälder, Mauern, Felsen. Fast ganz Europa.
WISSENSWERTES Stängel, Blätter und Früchte der Pflanze enthalten Saponine, vor allem Hederin, und in geringen Mengen Alkaloide. Das bittere Fruchtfleisch der Beeren gilt als besonders toxisch, nach deren Genuss kann es zu schweren Vergiftungen kommen. Ähnliche, aber im gekochten Zustand essbare Früchte hat der Schwarze Holunder *(Sambucus nigra)*, kenntlich an seinen zusammengesetzten, am Rand gesägten Blättern.

EIBE, GEWÖHNLICHE

Taxus baccata — Eibengewächse

MERKMALE 6–18 m hoch, Nadelbaum. Giftig. Borke rötlich braun. Nadeln abgeflacht, weich, zugespitzt, 2-reihig. Blüten in den Achseln der Nadeln, männliche in gelblichen Zapfen, weibliche laubknospenähnlich. Blütezeit März–April. Samen erbsengroß, roter Samenmantel.
STANDORT UND VERBREITUNG Mischwälder. Südskandinavien, Mitteleuropa, Gebirge Südeuropas. Geschützt.
WISSENSWERTES Alle Pflanzenteile der Eibe mit Ausnahme des roten Samenmantels sind stark giftig. Sie enthalten neben anderen giftigen Substanzen vor allem das Alkaloid Taxin, das auch nach Kochen und Trocknen noch giftig ist. Erste Symptome einer Vergiftung zeigen sich etwa 1 Stunde nach Aufnahme. Verwechslungsgefahr besteht mit der Gewöhnlichen Fichte *(Picea abies)* und der Gewöhnlichen Douglasie *(Pseudotsuga menziesii)*.

EINBEERE, VIERBLÄTTRIGE

Paris quadrifolia Dreiblattgewächse

MERKMALE 10–40 cm hoch, Staude. Giftig. Stängel aufrecht, trägt nur im oberen Teil 4 charakteristisch angeordnete Blätter. Alle Blätter breit-eiförmig, zugespitzt, stehen zu 4 in einem Quirl. Lang gestielte Einzelblüte, erhebt sich über dem Blattquirl. Blütezeit Mai–Juni. Heidelbeerähnliche Frucht.
STANDORT UND VERBREITUNG Laubwälder, Auwälder, Nadelmischwälder. Europa.
WISSENSWERTES Die giftige Einbeerenfrucht ähnelt in Farbe, Form und Größe einer Heidelbeere *(Vaccinium myrtillus)* und reift auch zur selben Zeit. Vor allem bei Kindern kommt es nicht selten zu gefährlichen Verwechslungen. Alle Pflanzenteile enthalten giftige Saponine. Sie lösen Übelkeit, Durchfälle, Koliken und Schwindelanfälle aus. Der Genuss größerer Mengen kann das Zentralnervensystem schädigen.

EISENHUT, BUNTER

Aconitum variegatum Hahnenfußgewächse

MERKMALE 60–180 cm hoch, Staude. Giftig. Stängel aufrecht. Blätter wechselständig, 3- bis 7-teilig eingeschnitten, Einzelteile ebenfalls eingeschnitten. Blüten dunkelviolett, selten blau, weiß oder gefleckt, helmförmig, langer Blütenstand. Blütezeit Juni–August.
STANDORT UND VERBREITUNG Auwälder, Schluchtwälder. Mittel- und Südeuropa. Geschützt.
WISSENSWERTES Der Bunte Eisenhut enthält in allen Teilen Talatisamin, ein dem Aconitin ähnliches Alkaloid. Seine Wirksamkeit gleicht vermutlich der des Blauen Eisenhuts. Verwechslungen sind mit dem essbaren Gewöhnlichen Beifuß *(Artemisia vulgaris)* und Wermut *(Artemisia absinthium)* denkbar, allerdings nur bei nicht blühenden Pflanzen.

EISENHUT, BLAUER

Aconitum napellus Hahnenfußgewächse

MERKMALE 50–150 cm hoch, Staude. Giftig. Stängel kräftig. Blätter wechselständig, handförmig, einzelne Blattabschnitte in schmale Zipfel unterteilt. Blüten dunkelblau, helmförmig, in dichter Traube am Stängelende. Blütezeit Juni–August.
STANDORT UND VERBREITUNG Gebüsche, Auwälder in höheren Lagen der Mittelgebirge, in den Alpen bis über 2000 m. Südskandinavien, Mittel- und Westeuropa. Geschützt.
WISSENSWERTES Der Blaue Eisenhut gehört zu Europas giftigsten Pflanzen. Er enthält in allen Teilen das Alkaloid Aconitin, eines der stärksten Gifte des Pflanzenreichs. Bereits 3–6 mg reines Aconitin – das entspricht wenigen Gramm frischen Pflanzenmaterials – sind für Erwachsene tödlich. Essbarer Doppelgänger dieser hochgiftigen Pflanze ist der Gewöhnliche Beifuß *(Artemisia vulgaris)*.

EISENHUT, GELBER

Aconitum vulparia Hahnenfußgewächse

MERKMALE 50–150 cm hoch, Staude. Giftig. Blätter wechselständig, 5- bis 7-teilig, einzelne Blattabschnitte erneut eingeschnitten. Blüten gelb, helmförmig, in lockerer Traube am Stängelende. Blütezeit Juni–August.
STANDORT UND VERBREITUNG Schlucht- und Hangwälder. Gebirge Mittel- und Südeuropas. Geschützt.
WISSENSWERTES Die starke Giftwirkung auch dieser Eisenhutart basiert auf ihrem Gehalt an Alkaloiden, hier insbesondere dem Lyaconitin. Weil die Germanen den Gelben Eisenhut als Wolfsgift verwendeten, ist die Pflanze heute auch als Wolfs-Eisenhut bekannt. Verwechslungsmöglichkeit besteht mit dem essbaren Wiesen-Storchschnabel *(Geranium pratense)*, der ähnliche Blätter hat.

FAULBAUM

Frangula alnus Kreuzdorngewächse

MERKMALE 1–3 m hoch, Strauch oder Baum. Giftig. Rinde graubraun, helle Korkwarzen. Blätter wechselständig, eiförmig, ganzrandig, gestielt. Blüten weiß, 5-zählig, in Gruppen in den Blattachseln. Blütezeit Mai–Juni. Erbsengroße Steinfrüchte, bei Reife schwarzviolett.
STANDORT UND VERBREITUNG Auwälder, Moore. Fast ganz Europa.
WISSENSWERTES Die Rinde, Blätter und Früchte sind für Menschen giftig. Sie enthalten Anthraglykoside, die heftige Brechdurchfälle verursachen. Vergiftungen treten vor allem auf, wenn die Früchte mit den ähnlichen, aber essbaren Früchten der Gewöhnlichen Felsenbirne *(Amelanchier ovalis)* verwechselt werden.

FINGERHUT, GELBER

Digitalis lutea Braunwurzgewächse

MERKMALE 40–80 cm hoch, Staude. Giftig. Stängel aufrecht, kahl. Grundblätter in Rosette, Stängelblätter wechselständig, lanzettlich, am Rand gezähnt. Blüten gelb, röhren- bis glockenförmig, hängend, bilden einen langen, traubenförmigen Blütenstand am Stängelende. Blütezeit Juni–August.
STANDORT UND VERBREITUNG Waldränder, -lichtungen. Mittel-, Süd- und Westeuropa. Geschützt.
WISSENSWERTES Der Gelbe Fingerhut enthält in allen Teilen Glykoside, die man bei Herzschwäche in Form genau eingestellter Fertigarzneien einsetzt. Für Selbstmedikation ist die Pflanze wegen ihrer Giftigkeit absolut ungeeignet. Werden die stark bitteren Blätter nicht erbrochen, führen ihre Inhaltsstoffe nach starker Pulsverlangsamung zum Herzstillstand. Verwechslungsgefahr mit Beinwell *(Symphytum officinale)*.

FIEBERKLEE, BITTERKLEE

Menyanthes trifoliata Fieberkleegewächse

MERKMALE 15–30 cm hoch, Staude. Unverträglich. Blätter grundständig, lang gestielt, 3-zählig, erinnern an große Kleeblätter. Blüten weiß, 5-zählig, tragen bärtige Zipfel an den Kronblättern. Blütezeit Mai–August.
STANDORT UND VERBREITUNG Moore, sumpfige Wiesen, verlandete Teiche. Nord- und Mitteleuropa, Gebirge Südeuropas. Geschützt.
WISSENSWERTES Die Blätter des Fieberklees nahm man früher als Bierwürze, die Wurzel hat man von September bis in den Winter nach langem Wässern getrocknet und zu Mehl vermahlen. Vorsicht: Die ganze Pflanze enthält eine Reihe von Bitter- und Gerbstoffen, die in großen Dosen Übelkeit und Erbrechen auslösen können.

FINGERHUT, GROSSBLÜTIGER

Digitalis grandiflora Braunwurzgewächse

MERKMALE 30–100 cm, Staude. Giftig. Stängel an der Basis kahl, oben behaart. Grundblätter rosettig, Stängelblätter wechselständig, eiförmig, unregelmäßig gezähnt. Blüten gelb, glockenförmig, hängend, in langen Trauben am Stängelende. Blütezeit Juni–September.
STANDORT UND VERBREITUNG Laubwälder, Waldränder, Lichtungen, Geröllhalden. Mittel- und Südeuropa. Geschützt.
WISSENSWERTES Alle Pflanzenteile dieses Fingerhuts sind wie die seiner Verwandten durch ihren Gehalt an herzwirksamen Glykosiden stark giftig. Vor der Blüte besteht die Gefahr, die Blätter dieser hochgiftigen Pflanzen mit denen des essbaren Beinwells *(Symphytum officinale)* zu verwechseln. Einfachste Unterscheidungsmöglichkeit: Die Blätter des Beinwells fühlen sich rau, fast borstig an, die der Fingerhutarten weich und samtig.

FINGERHUT, ROTER

Digitalis purpurea Braunwurzgewächse

MERKMALE 50–150 cm hoch, zweijährig oder Staude. Giftig. Stängel kurz behaart. Grundblätter rosettig, lang gestielt, Stängelblätter wechselständig, eiförmig, gezähnt. Blüten rot, innen mit violetten, weiß umrandeten Flecken, glockenförmig. Blütezeit Juni–Juli. **STANDORT UND VERBREITUNG** Waldlichtungen, Waldwege. Westeuropa, westliches Mittel-, Nord- und Südeuropa.

WISSENSWERTES »Dead men's bell« (»Totenglocke«) nennen die Engländer den Roten Fingerhut. Das weist auf seine Giftigkeit hin. Die Pflanze enthält vorwiegend in den Blättern Digitalisglykoside. Falsch dosiert sind sie tödlich giftig, richtig dosiert sind sie als Medikamente eine große Hilfe für Herzkranke, denn sie regulieren die Arbeit des Herzmuskels. Verwechslungsgefahr mit Beinwell *(Symphytum officinale)*.

FINGERKRAUT, ERDBEER-

Potentilla sterilis Rosengewächse

MERKMALE 5–10 cm hoch, Staude. Ungenießbar. Stängel kriecht am Boden oder richtet sich bogig auf, behaart. Blätter 3-teilig, Teilblättchen eiförmig, oben dunkelgrün, unten heller grün und seidig behaart, Blattrand gezähnt. Blüten weiß, 5-zählig, Kronblätter berühren sich nicht. Blütezeit März–Mai. **STANDORT UND VERBREITUNG** Laubwälder, Waldränder. Südskandinavien, Mittel- und Südeuropa. **WISSENSWERTES** Das Erdbeer-Fingerkraut sieht der Wald-Erdbeere täuschend ähnlich. Aber seine Blätter sind in der Volksmedizin nicht in Gebrauch, denn sie haben keine heilkräftigen Inhaltsstoffe. Auch trägt die Pflanze keine essbaren Früchte, worauf der Artname *sterilis* hinweist.

FINGERHUT, WOLLIGER

Digitalis lanata Braunwurzgewächse

MERKMALE 40–90 cm hoch, zweijährig oder Staude. Giftig. Stängel meist kahl, oft rötlich. Blätter grund- und stängelständig, lanzettlich, ganzrandig, kahl. Blüten cremegelb, braunviolett geädert, behaart, in dichter Traube am Stängelende. Blütezeit Juni–Juli. **STANDORT UND VERBREITUNG** Verwildert an Waldrändern, in Trockenrasen. Heimat Südosteuropa, in Mitteleuropa kultiviert.

WISSENSWERTES Diese *Digitalis*-Art ist die bestuntersuchte der gesamten Gattung. Der Wollige Fingerhut gewinnt in der therapeutischen Verwendung zunehmend an Bedeutung, da er leichter anzubauen ist und 3- bis 5-mal mehr Wirkstoffe enthält als andere Fingerhutarten. Weiterer Vorteil: Die Wirkstoffe sind hier leichter zu isolieren. Verwechslungsgefahr mit Beinwell *(Symphytum officinale)*.

FROSCHLÖFFEL, GEWÖHNLICHER

Alisma plantago-aquatica Froschlöffelgewächse

MERKMALE 20–90 cm hoch, Staude. Wenig giftig. Blütenstängel unbeblättert. Luftblätter lang gestielt, löffelförmig, spitz, Unterwasserblätter bandförmig. Blüten in Quirlen, 6 Blütenhüllblätter, 3 weiße innere und 3 grüne äußere. Blütezeit Mai–Oktober. **STANDORT UND VERBREITUNG** Ufer, Sümpfe, Gräben. Europa. **WISSENSWERTES** Wurzel und Blätter nutzte man volksmedizinisch als Abführmittel. Die stärkereiche Blattbasis verarbeitete man zu Gemüse. Vorsicht: Die ganze Pflanze ist frisch giftig. Sie enthält einen hautirritierenden Milchsaft, die Wurzel einen Bitterstoff und ein scharfes ätherisches Öl. Beim Trocknen werden die Giftstoffe abgebaut.

GÄNSEFUSS, BASTARD-

Chenopodium hybridum Gänsefußgewächse

MERKMALE 3–100 cm hoch, einjährig. Ungenießbar. Riecht unangenehm. Stängel aufrecht, kantig. Blätter nicht mehlig, oben leicht glänzend, unten matt, zugespitzt, mit beiderseits 3–4 nach vorn gebogenen Zähnen. Blüten grün, in Knäueln. Blütezeit Mai–August.
STANDORT UND VERBREITUNG Wegränder, Felder, Gärten. Mittel- und Südeuropa.
WISSENSWERTES Im Unterschied zur großen Zahl der essbaren Gänsefußgewächse gibt es nur zwei wirklich ungenießbare: Bastard-Gänsefuß und Stinkender Gänsefuß. Beide riechen sehr unangenehm. Dennoch hat man früher die frischen Stängel und Blätter dieser Art als Spinat gegessen. Die Samen verarbeitete man zu Mehl.

GEISSBLATT, ECHTES, JELÄNGERJELIEBER

Lonicera caprifolium Geißblattgewächse

MERKMALE 1–5 m hoch, rechtswindender Strauch. Giftig. Blätter gegenständig, eiförmig, ganzrandig. Blüten gelblich weiß, sitzen in Quirlen in den Achseln des oberen Blattpaars. Blütezeit Mai–Juli. Kirschrote Beerenfrüchte, nicht verwachsen.
STANDORT UND VERBREITUNG Heimat Südosteuropa. In Mitteleuropa aus Kulturen verwildert.
WISSENSWERTES Angaben über die Giftigkeit dieser Art sind widersprüchlich. Dennoch ist die überlieferte Verwendung der Blüten und Beeren als Beigabe zu Obstsalaten oder als Aroma für Zucker und Essig kritisch. In der Pflanze sind neben Saponinen und cyanogenen Glykosiden auch Alkaloide nachgewiesen, die Übelkeit, Erbrechen, Herzrhythmusstörungen und eine Lähmung der Atmung verursachen können.

GÄNSEFUSS, STINKENDER

Chenopodium vulvaria Gänsefußgewächse

MERKMALE 10–40 cm hoch, einjährig. Ungenießbar. Dicht mehlig bestäubt. Riecht unangenehm. Stängel aufrecht, verzweigt. Blätter rhombenförmig, ganzrandig. Blüten grün, in Knäueln. Blütezeit Juli–September.
STANDORT UND VERBREITUNG Schuttplätze, Wegränder. Europa.
WISSENSWERTES Wer diese Pflanze mit essbaren Gänsefußgewächsen verwechselt und ihre Blätter zu Spinat verarbeitet genießen möchte, wird enttäuscht sein von ihrem unangenehmen Geruch und Geschmack. Beides liegt an dem Gehalt an Trimethylamin. Eine Giftwirkung sagt man ihm nicht nach, wohl aber eine gewisse Reizwirkung auf den Magen-Darm-Bereich.

GEISSBLATT, WALD-

Lonicera periclymenum Geißblattgewächse

MERKMALE Bis zu 5 m hoch, rechtswindender Strauch. Giftig. Zweige hohl. Blätter gegenständig, lanzettlich, zugespitzt, unterseits behaart. Blüten gelblich, röhrenförmig, duften intensiv, sitzen in kurz gestielten blattlosen Köpfen an den Zweigspitzen. Blütezeit Juni–August. Früchte dunkelrote, nicht verwachsene Beeren. Fruchtreife August– September.
STANDORT UND VERBREITUNG Wälder, Gebüsche. Mittel- und Westeuropa.
WISSENSWERTES Immer wieder verlocken die roten Beeren des Wald-Geißblatts kleine Kinder zum Naschen, oft mit unangenehmen Folgen. Die Früchte enthalten verschiedene Saponine und Alkaloide und sind giftig. Fieber, Schwindel, Übelkeit und Störungen des Verdauungstrakts können Zeichen einer Vergiftung sein. Schon der Genuss von 5 Beeren kann diese Symptome auslösen.

GERMER, WEISSER

Veratrum album Liliengewächse

MERKMALE 50–150 cm hoch, Staude. Giftig. Blätter wechselständig, breit-oval, mit deutlichen Längsstreifen. Blüten in 30–60 cm langer Rispe, 6 Blütenblätter, innen weiß oder gelb, außen grün, riechen unangenehm. Blütezeit Juni–August.
STANDORT UND VERBREITUNG Bergweiden, Moorwiesen. Gebirge Mittel- und Südeuropas.
WISSENSWERTES Eine der gefährlichsten Giftpflanzen Mitteleuropas. Verantwortlich ist ein Alkaloidgemisch, dessen Hauptalkaloide Protoveratrin A und B und Germerin sind, die blutdruck- und herzfrequenzsenkend wirken. Vor allem die Wurzel ist hochgiftig, 1–2 g sind für Menschen tödlich. Nicht blühend ist der Weiße Germer leicht mit dem Gelben Enzian *(Gentiana lutea)* zu verwechseln. Die Blattstellung schließt aber jeden Irrtum aus: Der Enzian hat gegenständige Blätter.

GINSTER, FÄRBER-

Genista tinctoria Schmetterlingsblütengewächse

MERKMALE 30–60 cm hoch, Strauch. Giftig. Zweige rutenförmig, kantig. Blätter wechselständig, elliptisch, schmal. Blüten goldgelb, in endständigen Trauben. Blütezeit Juni–August. Kahle Hülse, dunkle, rundliche Samen.
STANDORT UND VERBREITUNG Eichenwälder, Wald- und Wegränder. Mittel- und Südeuropa.
WISSENSWERTES Glaubt man der Literatur, so wurden die Blütenknospen früher als falsche Kapern eingelegt, die Samen geröstet und gemahlen als Beigabe zu Kaffee verwendet. Doch Vorsicht: Die Pflanze wird heute als stark giftig eingestuft. Sie enthält Alkaloide, die starke Übelkeit, Schwindel und Delirien auslösen können.

GIFTBEERE

Nicandra physalodes Nachtschattengewächse

MERKMALE 30–130 cm hoch, einjährig. Giftig. Stängel etwas kantig, verzweigt. Blätter wechselständig, eiförmig, buchtig gelappt. Blüten einzeln, blattachselständig, gestielt, glockig, hellblau, am Grund weiß. Kelch an der Basis mit 5 rückwärtsgerichteten Zipfeln. Blütezeit Juli–September. Frucht orange bis braun, saftlos, vom aufgeblasenen orangeroten Kelch umschlossen.
STANDORT UND VERBREITUNG Schuttplätze. Südamerika, in Europa aus Kulturen verwildert.
WISSENSWERTES In der ganzen Pflanze, vor allem aber in Wurzel und Früchten, sind verschiedene Alkaloide angereichert. Die Hauptalkaloide sind Hygrin und Tropinon. Die Wirkung ähnelt einer Tollkirschenvergiftung, tritt aber meist in schwächerer Form auf. Verwechslungsgefahr mit Blasenkirsche *(Physalis alkekengi)*.

GOLDLACK

Erysimum cheiri Kreuzblütengewächse

MERKMALE 20–60 cm hoch, Staude. Giftig. Veilchenduft. Stängel behaart. Blätter wechselständig, lanzettlich, ganzrandig. Blüten gelb, in dichter Traube am Stängelende. Blütezeit April–Juni. Aufrechte Schotenfrucht.
STANDORT UND VERBREITUNG Felsspalten. Heimat Südosteuropa, in Mitteleuropa aus Gärten verwildert und örtlich eingebürgert.
WISSENSWERTES Alle Teile der Pflanze, besonders die Samen, enthalten herzwirksame Glykoside, deren Wirkung denen des Roten Fingerhuts ähnelt. Um ihn nicht mit dem essbaren Acker-Senf *(Sinapis arvensis)* zu verwechseln, sollte man hier genauestens auf die Blattränder sehen: Goldlack ganzrandig, Acker-Senf gezähnt.

GOLDREGEN, GEWÖHNLICHER

Laburnum anagyroides

Schmetterlingsblütengewächse

MERKMALE Bis zu 7 m hoch, Strauch oder Baum. Giftig. Blätter 3-zählig. Blüten gelb, in langen hängenden Trauben. Blütezeit Mai–Juni. Längliche braune Hülsenfrucht. Samen schwarzbraun.

STANDORT UND VERBREITUNG In Eichen- und Kiefernwäldern. Süd- und Südosteuropa, in Mitteleuropa gepflanzt und verwildert.

WISSENSWERTES Der in allen Teilen hochgiftige Goldregen enthält Alkaloide, die zunächst erregend und dann lähmend wirken. Die recht ähnliche Robinie, deren Blüten in der Küche vielseitig genutzt werden, blüht weiß. Ihre Blätter bestehen aus 9–25 Teilblättchen.

GÖTTERBAUM

Ailanthus altissima

Bitterholzgewächse

MERKMALE 20–25 m hoch, Laubbaum. Giftig. Blätter bis zu 80 cm lang, unpaarig gefiedert, riechen unangenehm. Blüten gelbweiß, in aufrechten Rispen. Blütezeit Juni–Juli. Früchte geflügelt.

STANDORT UND VERBREITUNG Schuttplätze. Heimat China, in Mittel- und Südeuropa eingebürgert.

WISSENSWERTES In Notzeiten verarbeitete man die unangenehm riechenden Blätter des Baums in kleinen Mengen zu Kochgemüse. Ganz ungefährlich war das nicht, denn Inhaltsstoffe wie Indolalkaloide wirken störend auf den Magen-Darm-Trakt. Der Saft ist hautreizend, erzeugt möglicherweise Allergien. Rinde und Samen können in hohen Dosen zum Tod durch Atemlähmung führen.

GREISKRAUT, HAIN-

Senecio nemorensis

Korbblütengewächse

MERKMALE 60–150 cm hoch, Staude. Giftig. Stängel aufrecht, kantig. Blätter wechselständig, lanzettlich, am Rand knorpelig gezähnt. Gelbe Blütenköpfe in doldenartiger Rispe. Blütezeit Juli–September.

STANDORT UND VERBREITUNG Schlucht- und Bergwälder. Verbreitet in Mittel- und Südeuropa, in Deutschland nur in den Mittelgebirgen.

WISSENSWERTES Wie in allen Greiskräutern sind auch im Hain-Greiskraut Pyrrolizidinalkaloide in wechselnden Mengen enthalten. Man kennt diese chemischen Verbindungen als leberschädigende Stoffe. In Langzeitversuchen konnten diese Substanzen sogar Lebertumore auslösen. Mit diesem heutigen Wissen ist deshalb von der Verwendung junger Triebe als eingelegtes Gemüse, wie es in alten Kochbüchern oft angegeben wird, dringend abzuraten.

GREISKRAUT, JACOBS-

Senecio jacobaea

Korbblütengewächse

MERKMALE 30–120 cm hoch, Staude. Giftig. Stängel kantig. Blätter wechselständig, tief eingeschnitten bis gefiedert. Blütenköpfe gelb, gehäuft am Stängelende. Blütezeit Juli–Oktober.

STANDORT UND VERBREITUNG Wegränder, Wiesen. Fast ganz Europa.

WISSENSWERTES Greiskrautarten enthalten für Mensch und Tier gleichermaßen giftige Pyrrolizidinalkaloide. Diese Alkaloide schädigen die Leber und sind für das Entstehen von Tumoren verantwortlich. Auch in der getrockneten Pflanze bleiben sie wirksam. Wer im Frühling aromatische Margeritenblätter sammeln will, dem sei zur Vorsicht geraten. Gerade vor der Blütezeit kann es zu Verwechslungen mit dem giftigen Jacobs-Greiskraut kommen. Der Unterschied: Margeritenblätter sind kleiner und nur wenig eingeschnitten.

HAHNENFUSS, KRIECHENDER

Ranunculus repens Hahnenfußgewächse

MERKMALE 10–50 cm hoch, Staude. Giftig. Kriechende Ausläufer. Stängel liegend bis aufgerichtet. Grundblätter 3-teilig, Stängelblätter wechselständig, auch 3-teilig, alle grob gezähnt. Blüten gelb, glänzend, 5 Blütenblätter, Blütenstiele rund. Blütezeit Mai–August.

STANDORT UND VERBREITUNG Feuchte, verdichtete, nährstoffreiche Standorte, an Wegen und Ufern, in Feldern, auf Brachland. Europa.

WISSENSWERTES Enthält in allen Teilen die Gifte Protoanemonin und Anemonin, die Haut und Schleimhaut reizen und Übelkeit und Erbrechen auslösen. Nicht ganz ungefährlich ist eine Verwechslung mit dem ebenfalls gelb blühenden Gänse-Fingerkraut *(Potentilla anserina)*. Der Unterschied: Die Blätter des Kriechenden Hahnenfuß bestehen aus 3 Abschnitten, die des Gänse-Fingerkrauts aus 5–25 Teilblättchen.

HANF

Cannabis sativa Hanfgewächse

MERKMALE 30–200 cm hoch, einjährig. Giftig. Blätter lang gestielt, handförmig gefiedert, Fiederblättchen fingerförmig, zugespitzt, am Rand grob gesägt. Blüten zweihäusig, grünlich, männliche in Rispen, weibliche in Trauben. Blütezeit Mai–August.

STANDORT UND VERBREITUNG Verwildert auf Äckern, Ödland. Heimat Asien.

WISSENSWERTES Uralte Nutzpflanze, viele Sorten. Unter bestimmten Klimabedingungen enthält vor allem der Indische Hanf *(Cannabis sativa* ssp. *indica)* im Harz der weiblichen Pflanzen Tetrahydrocannabinole mit narkotischer Wirkung. *Cannabis sativa (non indica)* enthält in Mitteleuropa meist keine narkotischen Bestandteile.

HAHNENFUSS, SCHARFER

Ranunculus acer Hahnenfußgewächse

MERKMALE 10–80 cm hoch, Staude. Giftig. Stängel aufrecht. Grundblätter handförmig geteilt, Stängelblätter wechselständig, tief 3- bis 5-teilig, einzelne Abschnitte ebenfalls geteilt. Blüten gelb, glänzend, 5 Blütenblätter. Blütezeit Mai–Oktober.

STANDORT UND VERBREITUNG Wiesen, Weg- und Straßenränder. Europa.

WISSENSWERTES Diese in ganz Europa häufige Pflanze enthält in allen Teilen, vor allem aber in der Wurzel, die für Mensch und Tier giftigen Stoffe Ranunculin, Protoanemonin und Anemonin. Zu den Vergiftungssymptonen gehören Magenschmerzen, Durchfall und Krämpfe. Schädlich ist allerdings nur die frische Pflanze, beim Trocknen geht die Giftwirkung verloren. Somit könnte das getrocknete Kraut, wie in der Literatur angegeben, als Trockengewürz verwendet werden.

HASELWURZ

Asarum europaeum Osterluzeigewächse

MERKMALE 5–10 cm hoch, Staude. Giftig. Stängel kriechend oder aufsteigend. Blätter immergrün, herz- bis nierenförmig, ganzrandig, riechen zerrieben pfefferartig. Blüten braunrot, glockig. Blütezeit März–Mai.

STANDORT UND VERBREITUNG Laubwälder, Gebüsche. Hauptsächlich Mittel- und Osteuropa.

WISSENSWERTES Die auch Brech- oder Pfefferwurz genannte Pflanze enthält das ätherische Öl Asaron. Es schmeckt pfefferartig scharf. In größeren Mengen löst es Übelkeit und Erbrechen aus und kann im Extremfall zum Tod durch Atemlähmung führen. Verwechslungsgefahr besteht mit dem Wohlriechenden Veilchen *(Viola odorata)* und dem Scharbockskraut *(Ranunculus ficaria)*.

HECKENKIRSCHE, ALPEN-

Lonicera alpigena Geißblattgewächse

MERKMALE 50–150 cm hoch, Strauch. Giftig. Blätter gegenständig, elliptisch, ganzrandig. Blüten trübrot, paarweise auf einem Stiel in den Blattachseln. Blütezeit Mai–Juni. Früchte dunkelrot, glänzend, rund, paarweise verwachsen, erwecken optisch den Eindruck einer Frucht.

STANDORT UND VERBREITUNG Bergmischwälder. Gebirge Mittel- und Südeuropas.

WISSENSWERTES Die rot glänzenden Früchte der Alpen-Heckenkirsche reifen im August und sind giftig. Sie ähneln denen der Vogel-Kirsche *(Prunus avium)*. Wie die Früchte anderer *Lonicera*-Arten enthalten auch sie Alkaloide, Saponine und Glykoside, allerdings in geringen Mengen.

HECKENKIRSCHE, ROTE

Lonicera xylosteum Geißblattgewächse

MERKMALE 1–3 m hoch, Strauch. Giftig. Blätter gegenständig, eiförmig, ganzrandig, flaumig behaart. Blüten gelbweiß, paarweise auf einem Stiel. Blütezeit April–Juni. Rote, erbsengroße, glänzende Beerenfrüchte, oft paarweise angeordnet.

STANDORT UND VERBREITUNG In Laub- und Mischwäldern. Fast ganz Europa.

WISSENSWERTES Die Früchte gelten als giftig. Kinder sollte man vor ihnen warnen. Schon der Genuss geringer Mengen kann Erbrechen und Durchfälle auslösen. Schwere Vergiftungen treten aber erst nach dem Verzehr größerer Mengen auf. Da die Beeren jedoch ziemlich bitter schmecken, ist dies eher unwahrscheinlich. Verwechslungsgefahr mit Kornelkirsche *(Cornus mas)*, die auch gegenständige Blätter und gelbe Blüten hat, deren Steinfrüchte aber länglich-eiförmig und essbar sind.

HECKENKIRSCHE, BLAUE

Lonicera caerulea Geißblattgewächse

MERKMALE 1–2 m hoch, Strauch. Schwach giftig. Blätter gegenständig, schmal-eiförmig, ganzrandig. Blüten gelbweiß, sitzen paarweise auf einem gemeinsamen Stiel in den Blattachseln. Blütezeit Juni–Juli. Schwarze Beerenfrüchte, blau bereift, fast kugelig, paarweise verwachsen.

STANDORT UND VERBREITUNG Bergwälder. Nordeuropa, Alpen, Pyrenäen.

WISSENSWERTES Die Giftigkeit der bittersüßen Beerenfrüchte ist umstritten. Manche Quellen bezeichnen sie als schwach giftig, andere beschreiben ihre Verwendbarkeit in der Küche, etwa in Fruchtmarmeladen, Mus und Kompott. Vorsicht im Umgang ist geboten.

HECKENKIRSCHE, SCHWARZE

Lonicera nigra Geißblattgewächse

MERKMALE 1–2 m hoch, Strauch. Giftig. Blätter gegenständig, länglich-eiförmig, ganzrandig. Blüten cremeweiß, rötlich überlaufen, sitzen paarweise auf einem 2–4 cm langen Stiel. Blütezeit April–Mai. Schwarze, bläulich bereifte Beeren.

STANDORT UND VERBREITUNG Bergmischwälder. Gebirge Mittel- und Südeuropas.

WISSENSWERTES Die Beeren der Schwarzen Heckenkirsche werden als schwach giftig bis giftig eingestuft. Hauptwirkstoffe sind Xylostein, Saponine und geringe Mengen an Blausäureglykosiden. Nach Verzehr einiger weniger Beeren wurden Übelkeit, Erbrechen und Durchfall beobachtet, nach Genuss größerer Mengen Herz-Kreislauf-Störungen. Verwechslungsgefahr mit der Schlehe *(Prunus spinosa)*, deren Früchte eine gewisse Ähnlichkeit mit den Früchten der Schwarzen Heckenkirsche haben.

HECKENKIRSCHE, TATARISCHE

Lonicera tatarica Geißblattgewächse

MERKMALE 1–3 m hoch, Strauch. Schwach giftig. Zweige hohl. Blätter gegenständig, eiförmig, stumpf, ganzrandig. Blüten weiß bis rötlich, sitzen paarweise auf einem gemeinsamen Stiel, Blütenstiel so lang wie die Blüte. Blütezeit Mai–Juni. Früchte hellrot bis gelblich, kugelig, nur teilweise verwachsen.
STANDORT UND VERBREITUNG Heimat Zentralasien. In Mitteleuropa in vielen Sorten kultiviert, im Umfeld von Gärten und Parkanlagen verwildert anzutreffen.

WISSENSWERTES Die Früchte des Strauchs werden als schwach giftig eingestuft. Sie verursachen in größeren Mengen Übelkeit, Erbrechen und Schwindel. Die aromatischen Blüten kann man, ebenso wie die der anderen genannten *Lonicera*-Arten, in kleinen Mengen als kandierte Süßigkeit essen oder zum Aromatisieren von Essig verwenden.

HERKULESSTAUDE, RIESEN-BÄRENKLAU

Heracleum mantegazzianum Doldengewächse

MERKMALE 1–3 m hoch, einjährig oder Staude. Giftig. Stängel bis zu 10 cm Durchmesser, rot gefleckt. Blätter bis zu 2 m lang, tief fiedrig geteilt. Weiße Blütendolden, bis zu 50 cm groß. Blütezeit Juni–September.
STANDORT UND VERBREITUNG Flussufer, Auen, Waldränder. Heimat Kaukasus, in weiten Teilen Europas verwildert.
WISSENSWERTES Der Saft aus Stängeln und Blättern verursacht bei Berührung schwere, langsam heilende Blasen, vergleichbar Verbrennungen 3. Grades. Besonders stark ist die Wirkung in Kombination mit Sonnenlicht. Verwechslungsgefahr mit Wiesen-Bärenklau *(Heracleum sphondylium)*.

HERBSTZEITLOSE

Colchicum autumnale Liliengewächse

MERKMALE 5–10 cm hoch, Staude. Giftig. Herbstblüher. Blätter Bär-Lauch-ähnlich, bis zu 30 cm lang, 4 cm breit, parallele Adern, hellgrün, glänzend, erscheinen mit den Stängeln im Frühling. Krokusähnliche, blassviolette Blüten, 6 Blütenblätter, am Grund zu einer Röhre verwachsen. Blütezeit August–Oktober.
STANDORT UND VERBREITUNG Auwälder, feuchte Wiesen. Hauptsächlich Mitteleuropa.

WISSENSWERTES Die gesamte Pflanze, besonders aber Knolle und Samen enthalten Colchizin, ein starkes Gift, das auch nach Trocknen der Pflanze seine Giftwirkung behält. Vergiftungssymptome treten oft erst mehrere Stunden nach Einnahme auf. Sie äußern sich in Übelkeit, kolikartigen Magenschmerzen, Herzrhythmusstörungen und Lähmungen. Auch Todesfälle sind bekannt. Verwechslungsgefahr mit Bär-Lauch *(Allium ursinum)*.

HOLUNDER, ZWERG-

Sambucus ebulus Holundergewächse

MERKMALE 50–200 cm, Staude. Giftig. Riecht unangenehm. Stängel steif aufrecht, gefurcht. Blätter gegenständig, unpaarig gefiedert, Teilblättchen lanzettlich, gesägt. Blüten rötlich bis weiß, in schirmartigen Blütenständen. Blütezeit Juni–August. Frucht eine kugelige, schwarze Beere, 5–7 mm groß.
STANDORT UND VERBREITUNG Waldränder, Hecken. Mittel- und Südeuropa.
WISSENSWERTES Zwerg-Holunder ähnelt dem Schwarzen Holunder *(Sambucus nigra)*. Seine Früchte enthalten einen giftigen Bitterstoff sowie Spuren eines Blausäureglykosids. Sie verursachen Verdauungsstörungen und behalten ihre Wirksamkeit auch nach dem Kochen.

HUNDSPETERSILIE

Aethusa cynapium Doldengewächse

MERKMALE 10–100 cm hoch, einjährig. Giftig. Stängel fein gerillt, bläulich bereift. Blätter glänzend, fein zerteilt, riechen zerrieben nach Knoblauch. Weiße Blütendolden. Blütezeit Juni–Oktober. Kugelig bis eiförmige Frucht, hellbraun mit dunklen Streifen.
STANDORT UND VERBREITUNG Felder, Bahndämme, Weinberge. Fast ganz Europa.
WISSENSWERTES Die ganze Pflanze inklusive der Wurzel enthält Aethusin und andere Polyine sowie auch das Schierlingsgift Coniin. Sie wird als sehr stark giftig eingestuft. Vergiftungen treten vor allem durch Verwechslung mit essbaren Doldenblütlern wie Wiesen-Kümmel *(Carum carvi)*, verwildertem Garten-Kerbel *(Anthriscus cerefolium)* u. a. auf.

KALI-SALZKRAUT

Salsola kali Gänsefußgewächse

MERKMALE 25–60 cm hoch, einjährig. Giftig. Stängel graugrün, locker verzweigt. Blätter mit Ausnahme der unteren gegenständigen wechselständig, schmal, stachelig-spitz, fleischig. Blüten grünlich, meist einzeln in den Blattachseln. Blütezeit Juli–September.
STANDORT UND VERBREITUNG Salzwiesen, Dünen, Spülsäume der Küsten. Europa.
WISSENSWERTES Gemäß überlieferter Verwendung wurden die jungen, an Alkalisalzen reichen Triebe der Pflanze von April bis Juli gesammelt und roh in Salaten gegessen oder zu Spinat verarbeitet. Die Pflanzenasche nahm man als Soda zum Backen. Doch Vorsicht: Es wird auch berichtet, dass der Genuss der Pflanze in höheren Dosen zu Blutdrucksenkung und Herzrhythmusstörungen führen kann. Verantwortlich sind die in allen Teilen enthaltenen Alkaloide Salsolin und Salsolidin.

KÄLBERKROPF, HECKEN-

Chaerophyllum temulum Doldengewächse

MERKMALE 30–150 cm hoch, einjährig. Giftig. Stängel gerillt, rot gefleckt, borstig behaart, unter den Blattansätzen verdickt. Blätter 2-fach gefiedert, Fiederblättchen eiförmig, gekerbt. Weiße Blütendolden. Blütezeit Mai–Juli. Frucht mit gelblichen Rippen.
STANDORT UND VERBREITUNG Weg-, Wald- und Gebüschränder. Mittel- und Südeuropa.
WISSENSWERTES Die zerriebenen Blätter dieser Pflanze riechen unangenehm. Als Hauptwirkstoff enthält der Hecken-Kälberkropf das Alkaloid Chaerophyllin, das auf das Zentralnervensystem wirkt. Verwechslungsgefahr besteht mit Giersch *(Aegopodium podagraria)*, Wiesen-Kerbel *(Anthriscus sylvestris)* sowie anderen Doldengewächsen.

KALMUS

Acorus calamus Aronstabgewächse

MERKMALE 60–140 cm hoch, Staude. Giftig. Wurzelstock duftet aromatisch. Stängel 3-kantig, 2-zeilig beblättert. Blätter lineal, 1 m lang, 2 cm breit. Kolbenförmiger Blütenstand. Blütezeit Juni–Juli.
STANDORT UND VERBREITUNG Ufer, Gräben, stehende Gewässer. Fast ganz Europa.
WISSENSWERTES Der etwas bittere, nach Mandarinen duftende und nach Pfeffer schmeckende Wurzelstock wurde zum Aromatisieren von Bier und Spirituosen, als Beigabe zu Fruchtmarmeladen und als kandierte Süßigkeit verwendet. Pulverisiert nahm man ihn als Trockengewürz anstelle von Muskatnuss. Vorsicht: Das ätherische Öl der Wurzel enthält je nach Herkunft der Pflanze unterschiedliche Konzentrationen an Asaron. In Versuchen erwies sich Asaron als kanzerogen. Junge Blütenstände und Blätter sind unbedenklich.

KAMILLE, ACKER-HUNDS-

Anthemis arvensis Korbblütengewächse

MERKMALE 10–50 cm hoch, ein bis zweijährig. Ungenießbar. Stängel meist reich verzweigt. Blätter wechselständig, oval, tief eingeschnitten. Blütenköpfchen einzeln am Stängelende, bestehend aus weißen, flach ausgebreiteten Zungenblüten und gelben Röhrenblüten. Blütenboden halbkugelig bis kegelförmig, mit Mark gefüllt, mit lanzettlichen Spreublättchen besetzt. Blütezeit Juni–Oktober.

STANDORT UND VERBREITUNG Felder, Wegränder. Europa.
WISSENSWERTES Die häufige Kamillenart ist geruchlos. Das zeigt an, dass diese Pflanze weder arzneilich noch in der Küche verwendbar ist. Um sie nicht mit der Echten Kamille *(Matricaria recutita)* zu verwechseln, teile man das Blütenköpfchen der Länge nach: Bei der Echten Kamille ist der Blütenboden hohl, bei der Acker-Hundskamille mit Mark gefüllt.

KAMILLE, GERUCHLOSE

Tripleurospermum perforatum

Korbblütengewächse

MERKMALE 20–80 cm hoch, 1-jährig oder Staude. Ungenießbar. Stängel aufrecht, oben stark verzweigt. Blätter tief unterteilt in viele schmale Abschnitte. Blütenköpfchen aus weißen Zungenblüten und gelben Röhrenblüten. Blütenboden mit Mark gefüllt, ohne Spreublättchen. Blütezeit Juni–Oktober.
STANDORT UND VERBREITUNG Unkrautgesellschaften an Wegrändern, Feldern, Schuttplätzen. Europa.

WISSENSWERTES Kamillearten sind nur schwer zu unterscheiden. Bei dieser Art helfen 3 Merkmale bei der Identifikation: Die Pflanze duftet nicht wie die Echte Kamille, ihr Blütenboden ist kompakt und sie wird deutlich höher als die anderen. Zum Aromatisieren von Speisen und Getränken ist sie nicht verwendbar, ebenso wenig für Heilbehandlungen.

KARLSZEPTER

Pedicularis sceptrum-carolinum

Braunwurzgewächse

MERKMALE 30–100 cm hoch, Staude. Giftig. Grundblätter in Rosette, Stängelblätter wechselständig, beide fiedrig in breite Abschnitte geteilt. Blütenstand am Stängelende, Einzelblüte hellgelb, Unterlippe rot gerandet, Oberlippe helmförmig. Blütezeit Juni–August.
STANDORT UND VERBREITUNG Moorwiesen, Flachmoore. Mittel- und Nordeuropa. Geschützt.
WISSENSWERTES Halbschmarotzerpflanze. Enthält in allen Teilen, v. a. aber in den Samen, Aucubin, das Erbrechen, schwere Durchfälle und Krämpfe auslösen kann. Die Überlieferung, nach der die jungen Triebe als Gemüse gegessen wurden, ist deshalb kritisch zu betrachten.

KERMESBEERE, AMERIKANISCHE

Phytolacca americana Kermesbeerengewächse

MERKMALE 1–3 m hoch, Staude. Giftig. Stängel grün oder weinrot. Blätter wechselständig, schmal-eiförmig, ganzrandig. Blüten weiß, in Trauben am Stängelende. Blütezeit Juli–Oktober. Beerenartige Früchte, schwarzviolett.
STANDORT UND VERBREITUNG Heimat Nordamerika. In Europa Zierpflanze, auch verwildert anzutreffen.
WISSENSWERTES Der betacyanreiche Saft der Beeren dieser Pflanze wurde früher zum Nachfärben von Rotwein verwendet. Allerdings enthalten alle Teile der Pflanze Phytolaccatoxin, eine Saponinmischung, und sind nach heutigem Wissen giftig.

KIRSCHLORBEER

Prunus laurocerasus Rosengewächse

MERKMALE 2–5 m hoch, immergrüner Strauch. Giftig. Blätter wechselständig, elliptisch, ganzrandig. Blüten weiß, in aufrechten Trauben, Bittermandelduft. Blütezeit April–Mai. Erbsengroße Steinfrucht, bei Reife schwarz.

STANDORT UND VERBREITUNG Heimat Südosteuropa. In Mitteleuropa Ziergehölz. Verwildert im Bodenseegebiet und auf den Britischen Inseln.

WISSENSWERTES Der Kirschlorbeer ist eine Modepflanze in öffentlichen Grünanlagen, doch nicht ohne Risiko: Mit Ausnahme des Fruchtfleischs enthalten alle Pflanzenteile giftige Glykoside, die Blausäure freisetzen. Verwechslungsgefahr mit Trauben-Kirsche *(Prunus padus)*.

KREUZDORN, ECHTER

Rhamnus cathartica Kreuzdorngewächse

MERKMALE 3–5 m hoch, Strauch. Giftig. Zweige graubraun, feinrissig, Zweigspitzen meist dornig. Blätter gegenständig, oval, zugespitzt, gesägt. Blüten gelbgrün, in büscheligen Blütenständen in den Blattachseln. Blütezeit Mai–Juni. Erbsengroße, beerenartige, schwarze Steinfrucht, saftig-fleischig.

STANDORT UND VERBREITUNG Waldränder, Hecken. Südskandinavien, Mittel- und Südeuropa.

WISSENSWERTES In der Medizin des Mittelalters spielte der Echte Kreuzdorn eine Rolle als »Purgierdorn«: Man nahm seine Früchte als Abführmittel. Davon muss man heute dringend abraten, denn die Früchte enthalten Anthraglykoside, die Übelkeit, Erbrechen und starken Durchfall mit kolikartigen Schmerzen verursachen. Vor allem unreife Früchte sind gefährlich. Verwechslungsgefahr mit Trauben-Kirsche *(Prunus padus)*.

KORNRADE, GEWÖHNLICHE

Agrostemma githago Nelkengewächse

MERKMALE 30–100 cm hoch, einjährig. Giftig. Behaart. Blätter gegenständig, linealisch. Blüten purpurn bis violett, 5 Blütenblätter. Blütezeit Juni–Juli.

STANDORT UND VERBREITUNG Getreidefelder. Fast ganz Europa.

WISSENSWERTES Früher fand man die Kornrade oft in Getreidefeldern. Heute ist sie selten geworden. Die in allen Teilen als stark giftig eingeschätzte Pflanze soll früher zu Gemüse verarbeitet worden sein. Ihre Samen waren angeblich Grundlage für Branntwein. Doch diese Überlieferung ist als sehr kritisch zu betrachten, denn in allen Teilen wurde das Saponin Githagin nachgewiesen, das Benommenheit und Atemlähmung auslösen kann.

KRONWICKE, BUNTE

Coronilla varia Schmetterlingsblütengewächse

MERKMALE 30–80 cm lang, Staude. Giftig. Stängel liegend bis aufsteigend, kantig. Blätter wechselständig, unpaarig gefiedert, Teilblättchen oval. Blüten in Dolden, Einzelblüten mit rosa, lila und gelbweißen Farbtönen, aber Schiffchenspitze und Gesamteindruck immer rötlich. Blütezeit Mai–August.

STANDORT UND VERBREITUNG An Wald- und Wegrändern, Gebüschsäume. Mittel- und Südeuropa.

WISSENSWERTES Die in einigen Regionen auch »Giftwicke« genannte Art enthält in allen Teilen, besonders aber in Blättern und Samen, Glykoside, allen voran Cornillin, das in seiner Wirkung den Digitalisglykosiden der Fingerhutarten ähnlich ist. Vergiftungen beim Menschen zeigen sich durch Erbrechen, Krämpfe oder Durchfall an. Um sie nicht mit essbaren Wicken zu verwechseln, sollte man hier sehr gründlich bestimmen.

KUGELBLUME, GEWÖHNLICHE

Globularia punctata Kugelblumengewächse

MERKMALE 5–30 cm hoch, Staude. Giftig. Grundblätter in Rosette, eiförmig, lang gestielt. Stängelblätter, eiförmig, kleiner als grundständige Blätter, am Stängel sitzend. Halbkugeliges Blütenköpfchen am Stängelende, blauviolette Einzelblüten. Blütezeit April–Juli.

STANDORT UND VERBREITUNG Trockenwiesen, Gebüsche, steinige Hänge. Mittel- und Südeuropa. Geschützt.

WISSENSWERTES Bei oberflächlicher Betrachtung ähnelt die Kugelblume der essbaren Acker-Witwenblume *(Knautia arvensis)*. Allerdings hat diese im Unterschied zur Kugelblume im oberen Stängelbereich tief fiederteilige Blätter. Kugelblumen enthalten das Glykosid Globularin, das beim Menschen Durchfall, Koliken und sogar Kollaps auslösen kann. Über die kritischen Dosen gibt es keine genauen Angaben.

LEBERBLÜMCHEN, GEWÖHNLICHES

Hepatica nobilis Hahnenfußgewächse

MERKMALE 10–20 cm hoch, Staude. Giftig. Alle Blätter in grundständiger Rosette, wintergrün, lang gestielt, 3-lappig, Oberseite grün, hell gefleckt, Unterseite oft rotbraun. Blüten blau, selten rosa oder weiß. Blütezeit März–April.

STANDORT UND VERBREITUNG Buchen- und Eichenwälder, Nadelmischwälder. Fast ganz Europa. Geschützt.

WISSENSWERTES Die frische Pflanze enthält Protoanemonin, das Gift vieler Hahnenfußgewächse. Auf Haut und Schleimhäute wirkt es stark reizend und kann zu Rötung, Juckreiz und sogar Blasenbildung führen. Verwechslungsgefahr mit diversen Veilchenarten (*Viola* sp.).

LATTICH, GIFT-

Lactuca virosa Korbblütengewächse

MERKMALE 60–200 cm hoch, ein- bis zweijährig. Giftig. Pflanze mit Milchsaft. Riecht dumpf nach Mohn. Stängel im Blütenstandsbereich reich verzweigt. Grundblätter rosettig, Stängelblätter wechselständig, alle schmal-eiförmig, unten auf der Mittelrippe stachelig, gezähnt. Gelbe Blütenköpfchen, bestehen nur aus Zungenblüten. Blütezeit Juli–September.

STANDORT UND VERBREITUNG Weg- und Heckenränder, Feldraine. Fast ganz Europa.

WISSENSWERTES Die Inhaltsstoffe des Milchsafts führen zu Vergiftungserscheinungen, die sich in Herzrasen, Sehstörungen und Kopfschmerzen äußern. Da die Pflanze sehr selten geworden ist, besteht zwar nur geringe Gefahr, ihr zu begegnen. Dennoch sollte man Pflanzen, die beim Pflücken Milchsaft ausscheiden, immer kritisch prüfen.

LIGUSTER, GEWÖHNLICHER

Ligustrum vulgare Ölbaumgewächse

MERKMALE 2–7 m hoch, Strauch. Giftig. Blätter kreuzgegenständig, schmal-eiförmig, ganzrandig. Blüten weiß, in dichten Rispen an den Zweigenden, duften intensiv. Blütezeit Juni–Juli. Erbsengroße, schwarze Beerenfrüchte.

STANDORT UND VERBREITUNG Waldränder, Gebüsche. Fast ganz Europa.

WISSENSWERTES Die ganze Pflanze ist giftig. Beeren, Blätter und Rinde enthalten die Glykoside Ligustrosid und Oleuropein. Sie verursachen Übelkeit und Erbrechen. Blätter und Rinde können bei Berührung Hautreizungen hervorrufen, das sogenannte Ligusterekzem. Verwechslungsgefahr mit der Trauben-Kirsche *(Prunus padus)*.

LOLCH, TAUMEL-

Lolium temulentum Süßgräser

MERKMALE 30–80 cm hoch, einjährig. Giftig. Blätter schmal, oben rau, unten glatt. Ähre aufrecht, 10–30 cm lang. Hüllspelzen länger als Deckspelzen. Blütezeit Juni–August. Frucht länglich, braun.

STANDORT UND VERBREITUNG Getreidefelder. Europa.

WISSENSWERTES Dieses Gras wurde wegen der Giftigkeit seiner Körner stets als Unkraut bekämpft. Ursache ist ein Pilz, der in den Körnern wächst und dort ein giftiges Alkaloid, das Temulin freisetzt. Der Genuss von so vergiftetem Mehl kann sich in Schwindel und Ohnmacht äußern. Die Samen der ähnlichen, aber ungiftigen Art *Lolium perenne* kann man bedenkenlos verarbeiten.

LUPINE, SCHMALBLÄTTRIGE

Lupinus angustifolius

Schmetterlingsblütengewächse

MERKMALE 20–80 cm hoch, einjährig. Giftig. Blätter gefingert, Teilblättchen schmal-linealisch, unten behaart. Blüten blau, kurz gestielt, in 10–20 cm langer Traube am Stängelende. Blütezeit Juni–Juli. Behaarte, knotig eingeschnürte Hülse, enthält 3–5 Samen, rundlich bis nierenförmig, gefleckt.

STANDORT UND VERBREITUNG Böschungen, Felsen. Häufig auf sandigen Böden. Aus Kulturen verwildert. Mittel- und Südeuropa.

WISSENSWERTES Auch diese Lupinenart enthält vor allem in den Samen stark schwankende Mengen an Alkaloiden. Sie verursachen je nach Menge Erbrechen, Schluckbeschwerden, Herzrhythmusstörungen, auch Tod durch Atemlähmung. Die Aufnahme einzelner Samen blieb in einigen Fällen symptomlos.

LUPINE, GELBE

Lupinus luteus Schmetterlingsblütengewächse

MERKMALE 30–60 cm hoch, einjährig. Giftig. Blätter wechselständig, gefingert, Teilblättchen lanzettlich, beidseitig behaart. Blüten gelb, in aufrechter Traube am Stängelende. Blütezeit Juni–September. Hülse behaart, Samen marmoriert.

STANDORT UND VERBREITUNG Ödland, Feldränder. Aus Kulturen verwildert. Heimat Mittelmeergebiet.

WISSENSWERTES Lupinen waren in Notzeiten als Gemüse (grüne Teile) oder Kaffee-Ersatz (Samen) gebräuchlich. Allerdings musste man die verwendeten Pflanzenteile zuvor mehrmals in immer wieder frischem Wasser kochen. Geschah das nicht, waren Vergiftungen die Folge. Ausgelöst wurden sie durch enthaltene Alkaloide.

LUPINE, VIELBLÄTTRIGE

Lupinus polyphyllus

Schmetterlingsblütengewächse

MERKMALE 60–150 cm hoch, Staude. Giftig. Blätter wechselständig, gefingert, 10–15 Teilblättchen, lanzettlich. Blüten meist blau, in langer Traube am Stängelende. Blütezeit Juni-September. Hülse dicht behaart, bis 6 cm lang, Samen eiförmig.

STANDORT UND VERBREITUNG Waldränder, Kahlschläge. Heimat Nordamerika. In Europa angepflanzt und verwildert.

WISSENSWERTES Auch die Vielblättrige Lupine enthält in grünen Teilen und Samen ein Alkaloidgemisch, das Ursache für Vergiftungen sein kann. Auch sie wird als mäßig bis stark giftig eingestuft. Vergiftungen treten beim Menschen heute eher selten auf, könnten aber wieder zunehmen, da Lupinensamen vor allem in Asien vermehrt als Sojaersatz bei der Tofuherstellung Verwendung finden.

LUPINE, WEISSE

Lupinus albus Schmetterlingsblütengewächse

MERKMALE 15–100 cm hoch, einjährig. Giftig. Stängel aufrecht. Blätter wechselständig, lang gestielt, gefingert, 5–9 Teilblättchen, länglich-eiförmig. Blüten weiß, in bis zu 10 cm langer Traube am Stängelende. Blütezeit Juni–September. Hülse zottig behaart, Samen flach, gelblich weiß.

STANDORT UND VERBREITUNG Felder, Ödland. Aus Kulturen verwildert. Fast ganz Europa. Im Mittelmeergebiet eingebürgert.

WISSENSWERTES Anfang des 20. Jahrhunderts gelang es, bitterstoff- und alkaloidarme Süßlupinen zu züchten, die sich als eiweißreiches Tierfutter eignen und auch für den menschlichen Verzehr infrage kommen. Bei Tieren auftretende Vergiftungen mit diesen Süßlupinen, sogenannte Lupinosen, haben ihre Ursache häufig im Gift eines Schimmelpilzes, der in Lupinen lebt.

MAUERPFEFFER, SCHARFER

Sedum acre Dickblattgewächse

MERKMALE 3–15 cm hoch, Staude. Giftig. Teppichartig. Stängel kriechend oder aufsteigend. Blätter dick, fleischig, 3-eckig bis eiförmig. Gelbe Blüten, sternförmig ausgebreitet, 5-zählig. Blütezeit Juni–August.

STANDORT UND VERBREITUNG Felsbänder, Mauern. Europa.

WISSENSWERTES Nach der Überlieferung waren die brennend scharf schmeckenden Blätter des Scharfen Mauerpfeffers früher Würzmittel. Davon ist abzuraten: Die Pflanze enthält giftige Alkaloide und unerforschte Scharfstoffe. Bereits das Kauen der Blätter kann Erbrechen auslösen. Durch Trocknen verliert die Pflanze zwar ihren scharfen Geschmack, aber nicht ihre Giftwirkung.

MAIGLÖCKCHEN

Convallaria majalis Liliengewächse

MERKMALE 10–25 cm hoch, Staude. Giftig. Blütenstängel blattlos. 2 große, länglich-eiförmige Blätter, unten glänzend. Blüten weiß, glockenförmig, überhängend, duften intensiv. Blütezeit Mai–Juni. Frucht eine erbsengroße, rot glänzende Beere.

STANDORT UND VERBREITUNG Laubwälder, Gebüsche. Fast ganz Europa. Geschützt.

WISSENSWERTES Das Maiglöckchen enthält zahlreiche herzwirksame Glykoside, allen voran das Convallatoxin. Alle Pflanzenteile, besonders aber Blüten und Früchte gelten als sehr stark giftig. Vergiftungen treten vor allem nach Verwechslung der Blätter mit denen des Bär-Lauchs *(Allium ursinum)* auf. Sie äußern sich in Übelkeit, Durchfall, Herzrhythmusstörungen und Blutdruckanstieg. Im weiteren Verlauf kommt es zu Blutdruckabfall, verlangsamter Atmung und Herzstillstand.

MOHN, KALIFORNISCHER

Eschscholzia californica Mohngewächse

MERKMALE 20–60 cm hoch, einjährig oder Staude. Giftig. Enthält im Unterschied zu anderen Mohngewächsen statt Milchsaft eine farblose, wässrige Flüssigkeit. Blätter blaugrün, fein zerteilt, linealisch. Blüten gelb, lang gestielt. Bütezeit Juni–September. Gerippte Samenkapsel.

STANDORT UND VERBREITUNG Ödland. Heimat Nordamerika. In Europa Zierpflanze, verwildert.

WISSENSWERTES Die amerikanischen Ureinwohner verwendeten die Pflanze als Heil- und Rauschmittel. Sie enthält in allen Teilen Alkaloide mit schwach narkotischer Wirkung und ist giftig. Von der überlieferten Verwendung der Blätter als Kochgemüse ist deshalb abzuraten.

NACHTSCHATTEN, BITTERSÜSSER

Solanum dulcamara Nachtschattengewächse

MERKMALE 30–200 cm hoch, kletternder Halbstrauch. Giftig. Blätter wechselständig, eiförmig, ganzrandig. Blüten blauviolett, 5-zählig. Blütezeit Juni–August. Glänzend rote, länglich-ovale Beerenfrüchte.
STANDORT UND VERBREITUNG Waldränder, Auwälder. Fast ganz Europa.
WISSENSWERTES Die bei Reife roten Früchte schmecken anfangs bitter, später süß. Sie enthalten wie Stängel und Blätter Alkaloide und Saponine. Die Konzentration dieser Giftstoffe schwankt. Sie ist in den unreifen Beeren am höchsten, in den reifen am geringsten. In der Literatur gelten 10 Beeren als tödliche Dosis. Verwechslungsgefahr mit der Berberitze (*Berberis vulgaris*).

NACHTSCHATTEN, SCHWARZER

Solanum nigrum Nachtschattengewächse

MERKMALE 10–80 cm hoch, einjährig. Giftig. Blätter wechselständig, eiförmig oder 3-eckig. Blüten weiß, 5-zählig. Blütezeit Juni–Oktober. Frucht: schwarze Beere.
STANDORT UND VERBREITUNG Felder, Gärten, Ödland. Europa.
WISSENSWERTES Aufgrund des hohen Gehalts an Alkaloiden vor allem in den unreifen Beeren gilt die Pflanze als giftig. Zum Teil wird sie jedoch auch als Nahrungsmittel beschrieben. Dieser Widerspruch wird damit erklärt, dass die Giftkonzentration in Abhängigkeit von Klima, Boden und Alter der Pflanze schwankt. Wegen der nicht erkennbaren Giftigkeit sollte man die Pflanze aber besser nicht verwenden.

OSTERGLOCKE, GELBE

Narcissus pseudonarcissus Amaryllisgewächse

MERKMALE 15–40 cm hoch, ausdauernde Zwiebelpflanze. Giftig. Blütenstängel blattlos. Blätter grundständig, grasartig schmal. Blüten hellgelb, 6 Blütenblätter, unten zu einer Röhre verwachsen, freie Abschnitte abstehend. Blütezeit März–April.
STANDORT UND VERBREITUNG Kalkarme Bergwiesen. Ursprünglich Südwesteuropa, westliches Mitteleuropa. Als Wildpflanze geschützt.
WISSENSWERTES Volksmedizinisch wurde die Pflanze früher bei Entzündungen der Atemwege und als Brechmittel eingesetzt. In Notzeiten aß man angeblich die Zwiebel in kleinen Mengen in Kochgemüsen. Vorsicht: Diese Überlieferung ist sehr kritisch zu betrachten. Die Gelbe Narzisse enthält in allen Teilen, vor allem in der Zwiebel ein Alkaloidgemisch und ist giftig. Erbrechen, Durchfälle und Schock sind typische Symptome.

PESTWURZ, GEWÖHNLICHE

Petasites hybridus Korbblütengewächse

MERKMALE 10–40 cm hoch, Staude. Giftig. Stängel dick, rötlich angehaucht. Blätter herzförmig, oben grün, unten grau behaart, am Rand gezähnt, ausgewachsen bis zu 1 m lang und 60 cm breit. Blüten rötlich weiß bis schmutzig rot, in traubenförmigem Blütenstand am Stängelende. Blütezeit Februar–Mai.
STANDORT UND VERBREITUNG Nasswiesen, Ufer, Erlengebüsch. Nord- und Mitteleuropa, Gebirge Südeuropas.
WISSENSWERTES Die Pflanze enthält toxische Pyrrolizidinalkaloide in stark wechselnden Konzentrationen, vor allem in der Wurzel, aber auch in anderen Pflanzenteilen. Diese Substanzen schädigen in hoher Dosis die Leber und gelten als krebserregend. So ist die frühere Verwendung der Blätter in Gemüsen und Pasteten oder der Pflanzenasche als Würzmittel nicht zur Nachahmung zu empfehlen.

PFAFFENHÜTCHEN

Euonymus europaea Spindelstrauchgewächse

MERKMALE 2–5 m hoch, sommergrüner Strauch oder Baum. Giftig. Blätter gegenständig, eiförmig bis lanzettlich, fein gezähnt. Blüten grünlich weiß, in mehrblütigen Scheindolden. Blütezeit Mai–Juni. Rote Kapselfrucht, öffnet sich 4-kantig. Samenmantel orangerot, Samen weiß.
STANDORT UND VERBREITUNG Hecken, Waldränder, Laubwälder. Ziergehölz. Fast ganz Europa.

WISSENSWERTES Mit seiner beeindruckenden Laubfärbung im Herbst und der Form seiner Früchte fällt das Pfaffenhütchen auf und verlockt Kinder zum Pflücken. Vorsicht: Sämtliche Teile sind giftig. In Russland nutzt man die Pflanze dennoch für die Herstellung von Kaugummi. Dort verarbeitet man die aus der Wurzelrinde gewonnene Flüssigkeit durch ein spezielles chemisches Verfahren zu unschädlichem Kaugummi.

PLATTERBSE, SAAT-

Lathyrus sativus Schmetterlingsblütengewächse

MERKMALE 3–80 cm hoch, einjährig. Giftig. Stängel 4-kantig, niederliegend oder kletternd. Blätter mit nur 1 Paar lanzettlicher Nebenblätter und verzweigter Ranke. Blüten variabel, hellblau oder weiß, bläulich geädert. Blütezeit Mai–Juli. Flache Hülse, Samen braun gefleckt.
STANDORT UND VERBREITUNG Süd- und Südosteuropa. In Mitteleuropa selten angebaut, aus Kulturen verwildert.
WISSENSWERTES Seit dem 17. Jahrhundert wird von Vergiftungserscheinungen nach regelmäßigem Genuss von Platterbsensamen berichtet. Ursachen für diesen »Lathyrismus« sind in den Samen enthaltene stark giftige Derivate der Propionsäure.

PLATTERBSE, RANKEN-

Lathyrus aphaca Schmetterlingsblütengewächse

MERKMALE 30–100 cm hoch, einjährig. Giftig. Stängel 4-kantig, aufsteigend oder kletternd, ungeflügelt. Eigentliche Blätter fehlen, sind zu Ranken zurückgebildet. An der Rankenbasis 1 Paar blattähnlich ausgebildeter Nebenblätter, diese blaugrün, kahl, eiförmig. Blüten gelb, einzeln an langen Stielen. Blütezeit Mai–Juli. Kahle Hülse, enthält 4–8 Samen.
STANDORT UND VERBREITUNG Getreidefelder, Wegränder, Ruderalstellen. Mittel-, Süd- und Westeuropa.

WISSENSWERTES Die Samen einiger Platterbsenarten sind giftig, auch die der Ranken-Platterbse. Werden sie dennoch oft gegessen, kommt es zu einer schweren Erkrankung, dem sogenannten Lathyrismus, bei der Knochengerüst und Nervensystem betroffen sind. Die Erkrankten zeigen Lähmungserscheinungen in Armen und Beinen.

PLATTERBSE, WOHLRIECHENDE

Lathyrus odoratus Schmetterlingsblütengewächse

MERKMALE 80–160 cm hoch, einjährig. Giftig. Stängel kletternd. Blätter bestehen aus 2 Nebenblättern mit Ranke. Blüten in roten bis blauen Farbtönen, duftend. Blütezeit Juni–August. Behaarte Hülse, Samen braun, glatt.
STANDORT UND VERBREITUNG Heimat Süditalien. Als Zierpflanze weitverbreitet und verwildert.
WISSENSWERTES Auch die Samen dieser Art enthalten Propionsäurederivate. Regelmäßiger Genuss kann Vergiftungen auslösen. Bei einmaliger Aufnahme ist dies nicht zu befürchten. Der Lathyrismus, eine Nerven- und Knochenschädigung, tritt ernährungsbedingt vor allem in Notzeiten auf. In Europa ist er selten geworden.

POLEI-MINZE

Mentha pulegium Lippenblütengewächse

MERKMALE 10–30 cm hoch, Staude. Giftig. Stängel aufsteigend, selten aufrecht. Blätter gegenständig, eiförmig, riechen scharf-aromatisch. Blüten blauviolett, in Quirlen in den Blattachseln, nie am Stängelende. Blütezeit Mai–Juni.
STANDORT UND VERBREITUNG Ufer, nasses Grasland. Stromtäler Europas.
WISSENSWERTES Der Duft und Geschmack der Minzen basiert auf ihrem Gehalt an ätherischem Öl. Sein Hauptbestandteil ist bei der Polei-Minze das giftige Pulegon. Es kann Leber und Lunge schädigen und in größeren Mengen tödlich wirken. Verwechslungsgefahr mit der Wasser-Minze *(M. aquatica)* und der Acker-Minze *(M. arvensis)*.

RAUTE

Ruta graveolens Rautengewächse

MERKMALE 20–90 cm hoch, Staude. Giftig. Pflanze mit aromatischem Geruch. Stängel rund, steif aufrecht. Blätter wechselständig, blaugrün, 2- bis 3-fach gefiedert, Fiederblättchen schmal-eiförmig. Blüten gelb, 4- bis 5-zählig, in Scheindolden. Blütezeit Juni–August.
STANDORT UND VERBREITUNG Schuttunkrautgesellschaften. Heimat Süd- und Südosteuropa. In Mitteleuropa aus Kultur verwildert.
WISSENSWERTES Die Raute wird seit der Antike als Gewürzpflanze für Salate, Käse und Fleisch sowie als Aroma für Schnäpse genutzt. Allerdings sind auch Fälle dokumentiert, in denen der Genuss der frischen Pflanze die Schleimhäute stark reizte und zu Halluzinationen sowie einer Schädigung des Zentralnervensystems führte. Wegen ihrer abortiven Wirkung sollte man sie keinesfalls in der Schwangerschaft verwenden.

RAUSCHBEERE

Vaccinium uliginosum Heidekrautgewächse

MERKMALE 20–60 cm hoch, Strauch. Giftig. Zweige rund. Blätter eiförmig, ganzrandig. Blüten weiß oder rosa. Blütezeit Mai–Juni. Blau bereifte kugelige Beerenfrucht, Fruchtfleisch farblos.
STANDORT UND VERBREITUNG Kiefern-, Birkenmoore. Nordeuropa, Gebirge Mittel- und Südeuropas.
WISSENSWERTES Am gleichen Standort wächst eine verwandte Art mit ähnlichen Früchten, die Heidelbeere *(Vaccinium myrtillus)*. Man erkennt sie an ihren – im Unterschied zur Rauschbeere – kantigen Zweigen und gesägten Blättern. Nach dem Genuss von Rauschbeeren kann es zu Schwindel, Übelkeit und Erbrechen kommen. Grund ist eine Infektion der Beeren mit einem Pilz.

RITTERSPORN, ACKER-

Consolida regalis Hahnenfußgewächse

MERKMALE 20–40 cm hoch, einjährig. Giftig. Stängel kurz behaart. Blätter wechselständig, kurz gestielt, mehrfach geteilt, Teilblättchen zipfelartig, nur 1–2 mm breit. Blüten blau, in lockeren Trauben, 5 Blütenhüllblätter, das oberste mit 25 mm langem, geradem Sporn. Blütezeit Mai–August.
STANDORT UND VERBREITUNG Getreidefelder, Wegränder, Ödland. Mittel- und Südeuropa.
WISSENSWERTES Angeblich wurden die Blüten des Acker-Rittersporns früher als Beigabe zu Teemischungen verwendet. Man hielt sie für alkaloidfrei. Neuere Untersuchungen belegen, dass die gesamte Pflanze giftige Alkaloide enthält. In den Samen sind es bis zu 1,4 %, in den Blüten 0,4 % und in den Blättern 0,3 %. Vergiftungen äußern sich in Übelkeit, Herzrhythmusstörungen, Krämpfen und Atemlähmung.

RITTERSPORN, HOHER

Delphinium elatum Hahnenfußgewächse

MERKMALE 50–150 cm hoch, Staude. Giftig. Stängel aufrecht. Blätter wechselständig, lang gestielt, handförmig geteilt, Teilblättchen tief eingeschnitten bis gesägt. Blüten blau, in dichten, endständigen Trauben, mit Sporn. Blütezeit Juni–Juli.

STANDORT UND VERBREITUNG Gebirgswälder, Schuttfluren. Alpen, Karpaten, Pyrenäen. Stammform der Gartensorten. Geschützt.

WISSENSWERTES Der Hohe Rittersporn enthält in allen Teilen, besonders in den Samen, giftige Alkaloide, die denen der Eisenhutarten ähneln, aber eine schwächere Wirkung entfalten. Äußerlich verursachen sie eine starke Entzündung der Haut, eingenommen wirken sie zunächst zentral erregend, danach aber sehr schnell lähmend. Es kommt zu einem Abfall des Blutdrucks, zu Atemnot und Herzlähmung.

ROSMARINHEIDE, KAHLE

Andromeda polifolia Heidekrautgewächse

MERKMALE 10–30 cm hoch, immergrüner Zwergstrauch. Giftig. Blätter wechselständig, schmal, ganzrandig, Rand nach unten umgerollt. Blüten rosa, glockenförmig, in kleinen Büscheln. Blütezeit Mai–Juli. 5-fächrige, kugelige Kapselfrucht.

STANDORT UND VERBREITUNG Hochmoore, feuchte Heiden. Mittel-, Nord- und Osteuropa.

WISSENSWERTES Das in Blättern und Blüten enthaltene Andromedotoxin ähnelt in seiner Wirkung dem Gift der Eisenhutarten. Vergiftungen mit Rosmarinheide können somit auch tödlich sein. Sie treten vor allem durch Verwechslung der Blätter mit Rosmarinblättern oder der Früchte mit Preiselbeeren auf, aber auch nach Genuss von Honig, der von andromedotoxinhaltigen Pflanzen stammt. Da die Rosmarinheide heute relativ selten ist, gibt es kaum noch Vergiftungen.

SADEBAUM, STINK-WACHOLDER

Juniperus sabina Zypressengewächse

MERKMALE 50–400 cm hoch, immergrüner Strauch. Giftig. Zweige rotbraun. Jugendblätter nadelförmig und abstehend, Folgeblätter schuppenförmig und anliegend, riechen zerrieben unangenehm. Männliche Blüten gelb, weibliche grünlich. Blütezeit April–Mai. Kugelige, erbsengroße Beerenzapfen.

STANDORT UND VERBREITUNG Berghänge, Felsen. Heimat Südeuropa.

WISSENSWERTES Alle Teile, besonders die Jungtriebe, sind giftig. Ihr Öl führt bei Hautkontakt zu Entzündungen, eingenommen sind nur wenige Tropfen für den Menschen tödlich. Verwechslungsgefahr mit Wacholder (*Juniperus communis*), dessen Nadeln aber angenehm aromatisch riechen.

SAFRANREBENDOLDE, GIFTIGE REBENDOLDE

Oenanthe crocata Doldengewächse

MERKMALE 50–150 cm hoch, Staude. Giftig. Wurzelstock mit 5–6 rübenförmigen, gelblichen Wurzeln. Stängel hohl, gerieft. Blätter groß, glänzend, 3-fach gefiedert, einzelne Abschnitte breit-eiförmig. Blütenstand 12- bis 40-strahlig, weiße Einzelblüten. Blütezeit Juni–Juli. Frucht 4–6 mm lang, zylindrisch.

STANDORT UND VERBREITUNG Gräben, feuchte Wiesen. Westeuropa.

WISSENSWERTES Vergiftungen mit dieser Pflanze kamen früher vor allem deshalb vor, weil ihre Wurzel mit Pastinak, Möhre oder anderen essbaren Wurzeln verwechselt wurde. Ursache ist das im Wurzelstock enthaltene giftige Polyin Oenanthotoxin.

SALOMONSSIEGEL

Polygonatum odoratum Liliengewächse

MERKMALE 15–40 cm hoch, Staude. Giftig. Stängel kantig, bogenförmig überhängend. Blätter wechselständig, in 2 Zeilen, breit-eiförmig. Blüten weiß, mit grünem Saum, glockenförmig, einzeln oder zu zweit in den Blattachseln. Blütezeit Mai–Juni. Schwarzblau bereifte, kugelige Beerenfrüchte, 8–10 mm Durchmesser.
STANDORT UND VERBREITUNG Waldränder, Gebüsche, trockene Wälder. Europa.

WISSENSWERTES Alle Pflanzenteile der *Polygonatum*-Arten, vor allem die Beeren, enthalten Saponine und weitere Giftstoffe, die heftige Brechdurchfälle auslösen. Die überlieferte Verwendung der jungen Sprossen oder der Wurzel als Kochgemüse ist kritisch zu betrachten.

SCHACHTELHALM, TEICH-

Equisetum fluviatile Schachtelhalmgewächse

MERKMALE 30–120 cm hoch, mehrjährige Farnpflanze. Giftig. Fertile und sterile Sprosse gleich, erscheinen gleichzeitig. Sprosse meist unverzweigt, glatt oder mit feiner, kaum hervortretender Längsstreifung. Blattscheiden graugrün, 15- bis 20-zähnig, eng anliegend. 1–2 cm lange Sporenähre. Sporenreife Mai–Juni.
STANDORT UND VERBREITUNG Schlammpflanze in und an stehenden Gewässern, in Gräben, Teichen, Sümpfen. Europa.
WISSENSWERTES Auch dieser Schachtelhalm enthält in allen Teilen neben Kiesel- und Oxalsäure eine Reihe von Alkaloiden, allen voran das Palustrin. Vergiftungen sind bisher nur bei Tieren beschrieben, aber auch beim Menschen nach Genuss wahrscheinlich. Von der überlieferten Verwendung der jungen Frühlingstriebe oder der Wurzelknollen als Kochgemüse wird deshalb abgeraten.

SCHACHTELHALM, SUMPF-

Equisetum palustre Schachtelhalmgewächse

MERKMALE 10–50 cm hoch, mehrjährige Farnpflanze. Giftig. Sterile und fertile Sprosse gleich gestaltet, erscheinen gleichzeitig. Sprosse grün, gefurcht, 4–8 raue Rippen. Blattscheiden grün, mit 6–10 weiß berandeten Zähnen, locker anliegend. Von Juni–Oktober 1–3 cm lange zapfenartige Sporenähren.
STANDORT UND VERBREITUNG Nasse Wiesen, Flachmoore, Ufer. Europa.

WISSENSWERTES Giftstoffe sind ein Vitamin-B1-abbauendes Enzym sowie das Alkaloid Palustrin, das auch nach dem Trocknen wirksam bleibt. Verwechslungsgefahr mit Acker-Schachtelhalm *(Equisetum arvense)*, der jedoch nie an nassen Standorten vorkommt.

SCHACHTELHALM, WINTER-

Equisetum hyemale Schachtelhalmgewächse

MERKMALE 30–150 cm hoch, mehrjährige, wintergrüne Farnpflanze. Giftig. Fertile und sterile Sprosse gleich. Sprosse weitgehend unverzweigt, ausgeprägt dunkelgrün, rau. Blattscheiden eng anliegend, unten dunkel, oben hell. Etwa 12 mm lange Sporenähre, läuft in kleiner Spitze aus. Sporenreife Juni–August.
STANDORT UND VERBREITUNG Auwälder, feuchte Waldränder und Gebüsche. Europa.
WISSENSWERTES Diese in Mitteleuropa als Eiszeitrelikt betrachtete Art enthält neben reichlich Kieselsäure das Alkaloid Palustrin sowie weitere Begleitalkaloide und ist als giftig eingestuft. Die überlieferte Verwendung der jungen Triebe als Kochgemüse ist deshalb kritisch zu betrachten. Auch bei dieser Art sind Tiervergiftungen beschrieben. Diese äußern sich in Zuckungen im Gesicht, Schreckhaftigkeit und Taumeln.

SCHIERLING, GEFLECKTER

Conium maculatum Doldengewächse

MERKMALE 1–2 m hoch, ein- bis zweijährig. Giftig. Riecht nach Mäuseharn. Stängel rund, glänzend, fein gerillt, blau bereift, unten rotbraun gefleckt. Blätter weich, schlaff, fein zerteilt. Blüten trübweiß, in 10- bis 15-strahligen Dolden. Blütezeit Juni–September. 3 mm dicke, eiförmige, grünbraune Frucht.
STANDORT UND VERBREITUNG Ödland, Straßen- und Wegränder. Europa.

WISSENSWERTES Der Gefleckte Schierling gehört zu den giftigsten Pflanzen Europas. Sein Hauptgift, das Alkaloid Coniin, ist in allen Teilen enthalten, besonders in unreifen Samen. Es lähmt in kurzer Zeit das Atemzentrum. Als letale Dosis für den Menschen gelten 0,5–1 g. Verwechslungsgefahr mit Wiesen-Kerbel *(Anthriscus sylvestris)*, Süßdolde *(Myrrhis odorata)* und anderen essbaren Doldengewächsen. Stets auf Stängelfärbung achten!

SCHLAFMOHN

Papaver somniferum Mohngewächse

MERKMALE 30–100 cm hoch, einjährig. Giftig. Pflanze mit Milchsaft. Blätter länglich-eiförmig, unregelmäßig tief gezähnt. Blüten violett bis weiß, Blütenblätter am Grund mit dunklem Fleck. Blütezeit Juni–August. Kapseln kugelig bis eiförmig, kleine dunkle Samen.
STANDORT UND VERBREITUNG Brachen, Wege. Heimat Südeuropa. Kulturpflanze, auch verwildert.
WISSENSWERTES Vor allem die unreife Samenkapsel ist stark giftig. Sie enthält im Milchsaft ein Gemisch aus ca. 40 Opiumalkaloiden. Der Genuss der Samen ist dagegen gesundheitlich unbedenklich, da er nur sehr geringe Mengen (0,005 %) der narkotisierenden Substanzen enthält. Man nutzt sie für Backwaren und zur Ölgewinnung.

SCHIERLING, WASSER-

Cicuta virosa Doldengewächse

MERKMALE 50–150 cm hoch, Staude. Giftig. Dicker Wurzelstock. Stängel hohl, gerillt. Blätter wechselständig, 2- bis 3-fach gefiedert, Teilblättchen schmal, gesägt. Blüten weiß, in 10- bis 20-strahligen Dolden. Blütezeit Juni–August. Frucht gerippt, breit-eiförmig.
STANDORT UND VERBREITUNG Teichränder, Gräben. Europa.
WISSENSWERTES Die Gifte dieser Pflanze, Cicutoxin und Cicutol, sind in allen Teilen enthalten, besonders hoch konzentriert in Stängeln und im Wurzelstock. Sie wirken (auch nach Trocknen der Pflanze) meist bereits nach 20 Min. in Form von Brennen in Mund und Rachen, Übelkeit und heftigen Krämpfen. Verwechslungsgefahr mit Wiesen-Kümmel *(Carum carvi)*, Wiesen-Bärenklau *(Heracleum sphondylium)*, Wiesen-Kerbel *(Anthriscus sylvestris)* und anderen Doldengewächsen.

SCHLANGENKRAUT, DRACHENWURZ

Calla palustris Aronstabgewächse

MERKMALE 50 cm lange Grundachse, Staude. Giftig. Blätter grundständig, lang gestielt, herzförmig, zugespitzt. Blütenstand walzenförmiger Kolben, 1 einzelnes weißes Hochblatt. Blütezeit Mai–Juli. Rote Beeren.
STANDORT UND VERBREITUNG Moore, Bruchwälder. Mittel- und Nordeuropa.
WISSENSWERTES In Schweden und Russland hat man früher die Wurzelstöcke gemahlen und das Mehl zum Backen verwendet. Durch den Backprozess werden die Giftstoffe unwirksam. Frische Pflanzenteile können dagegen giftig wirken, in großen Mengen verursachen sie Herzanfälle und Lähmungen des Zentralnervensystems.

SCHLEIFENBLUME, BITTERE

Iberis amara Kreuzblütengewächse

MERKMALE 10–40 cm hoch, einjährig. Schwach giftig. Blätter wechselständig, keilförmig, beidseitig mit 2–4 stumpfen Zähnen. Blüten weiß, gestielt, in lockeren Trauben. Blütezeit Mai–August. Frucht ein rundliches Schötchen.

STANDORT UND VERBREITUNG Getreidefelder, Brachland. Mittel- und Westeuropa.

WISSENSWERTES Der Volksname »Bitterer Bauernsenf« und der Artname (*amarus* = bitter) verweisen auf den stark bitteren Geschmack. Die Pflanze enthält in allen Teilen, vor allem in den Samen, Senfölglykoside, Flavonolglykoside und Cucurbitacine. Ihre Samen gelten als leicht giftig. Früher wurden sie zu Senf verarbeitet.

SCHNEEBALL, GEWÖHNLICHER

Viburnum opulus Holundergewächse

MERKMALE 2–4 m hoch, Strauch. Ungenießbar. Blätter gegenständig, meist 3-lappig, gestielt, unregelmäßig gezähnt. Blüten weiß, in schirmartig ausgebreiteten Blütenständen, Randblüten vergrößert. Blütezeit April–Juni. Kugelige, rot glänzende Beeren.

STANDORT UND VERBREITUNG Bachufer, Auwälder, Waldränder. Fast ganz Europa.

WISSENSWERTES Die Früchte dieses Strauchs werden oft mit Vergiftungen in Verbindung gebracht. Es liegen jedoch keine konkreten Angaben zu Vergiftungsfällen vor. Neueren Angaben zufolge sind die reifen Früchte unbedenklich, vor allem in gekochter Form. Nur unreif und in großen Mengen roh gegessen können sie eine Entzündung der Verdauungsorgane bewirken und gelten als ungenießbar. In Osteuropa verarbeitet man die bitter-würzigen Beeren zu Marmelade, Gelee und Kompott.

SCHMERWURZ

Tamus communis Yamswurzgewächse

MERKMALE 150–300 cm hoch, Staude. Giftig. Stängel linkswindend. Blätter wechselständig, ei- bis herzförmig, zugespitzt, lang gestielt, glänzend, ganzrandig. Blüten gelbgrün, unscheinbar. Blütezeit Mai–Juni. Rote glänzende Beerenfrucht.

STANDORT UND VERBREITUNG Waldränder, Hecken. Süd- und Westeuropa, Südwestdeutschland.

WISSENSWERTES Alle Pflanzenteile, vor allem aber Wurzel und Früchte. enthalten Saponine, Kalziumoxalat und einen dem Histamin ähnlichen Reizstoff. Bei oraler Aufnahme kann es zu Brennen im Mund, Übelkeit und Erbrechen kommen. Trotzdem werden junge Triebe in einigen Regionen auch heute noch als Gemüse gegessen.

SCHNEEBALL, WOLLIGER

Viburnum lantana Holundergewächse

MERKMALE 1,5–5 m hoch, Strauch. Giftig. Blätter gegenständig, eiförmig, gestielt, unten wollig behaart, fein gezähnt. Blüten weiß, in schirmartigen Blütenständen, alle Blüten gleich groß. Blütezeit April–Juni. Beeren zunächst rot, bei Reife schwarz.

STANDORT UND VERBREITUNG Waldränder, Gebüsche. Mittel- und Südeuropa.

WISSENSWERTES Rinde und Blätter des Strauchs sind giftig. Sie enthalten mehrere giftige Glykoside. Nach Verzehr kann es zu Magen-Darm-Entzündungen kommen. Auch Bewusstseinsstörungen, Atemnot, Nierenschädigung und selbst Todesfälle sind beschrieben. Die Beeren werden für den Menschen als ungenießbar bis schwach giftig eingestuft. Vor allem unreife rote Beeren stellen für Kinder eine Gefahr dar. Verwechslungsgefahr mit Schwarzem Holunder *(Sambucus nigra)*.

SCHÖTERICH, ACKER-

Erysimum cheiranthoides Kreuzblütengewächse

MERKMALE 20–60 cm hoch, einjährig. Giftig. Stängel aufrecht, kantig, behaart. Blätter lanzettlich, behaart, gestielt, ganzrandig oder entfernt gezähnt. Blüten gelb, in lockeren Büscheln an der Stängelspitze, 4-zählig, gestielt. Blütezeit Mai–August. Frucht eine Schote, 4-kantig, anliegend behaart.
STANDORT UND VERBREITUNG Ödland, feuchte Äcker, Ufer, Wegränder. Fast ganz Europa.

WISSENSWERTES Auf den ersten Blick ähnelt der Acker-Schöterich stark anderen gelb blühenden Kreuzblütlern wie dem Acker-Senf *(Sinapis arvensis)* und dem Barbarakraut *(Barbarea vulgaris)*. Eine Verwechslung mit diesen essbaren Arten sollte ausgeschlossen werden, denn der Acker-Schöterich ist giftig. Untersuchungen haben gezeigt, dass er in allen Teilen, besonders in den Samen, herzwirksame Glykoside enthält.

SCHWERTLILIE, DEUTSCHE

Iris germanica Schwertliliengewächse

MERKMALE 30–80 cm hoch, Staude. Giftig. Dicker, kurzer Wurzelstock. Stängel kräftig. Blätter graugrün, 30–70 cm lang, schwertförmig, kürzer als der Stängel. Blüten blauviolett, äußere Blütenblätter am Grund hellgelblich, innere gleichfarbig. Blütezeit Mai–Juni.
STANDORT UND VERBREITUNG Verwildert an grasigen Böschungen. Heimat Südosteuropa. Geschützt.
WISSENSWERTES Früher nutzte man den Wurzelstock der Pflanze als Trockengewürz. Volksmedizinisch war er zur Behandlung von Atemwegserkrankungen in Gebrauch. Eine Heilwirkung ist aber nicht begründbar. Vorsicht: Der Saft von Blättern und Stängeln kann Erbrechen, Durchfall und Fieber auslösen.

SCHWARZNESSEL

Ballota nigra Lippenblütengewächse

MERKMALE 30–100 cm hoch, Staude. Ungenießbar. Riecht unangenehm. Stängel aufrecht, 4-kantig, meist vom Grund an verzweigt, trübgrün, oft dicht behaart. Blätter gegenständig, herzförmig, runzelig, oft dunkelrot überlaufen, am Rand grob gezähnt. Blüten tiefrosa bis hellpurpurn, zu 10–20 in quirlartigen Blütenständen in den Blattachseln. Blütezeit Juni–Juli.
STANDORT UND VERBREITUNG Ödland, Wegränder, Hecken und Gebüsche. Hauptsächlich Mittel- und Südeuropa.

WISSENSWERTES Die Schwarznessel ähnelt in Blatt- und Blütenform einer Taubnessel, hat aber ein wesentlich dunkleres Erscheinungsbild. Vor allem nach dem Verblühen sieht die Pflanze fast schwärzlich aus. Wegen ihres unangenehmen Aromas ist sie in der Küche nicht verwertbar. Volksnamen wie »Stinkandorn« oder »Gottvergess« deuten das an.

SCHWERTLILIE, SUMPF-

Iris pseudacorus Schwertliliengewächse

MERKMALE 50–150 cm hoch, Staude. Giftig. Dicker, stark verzweigter Wurzelstock. Stängel fast rund. Blätter schwertförmig, 50–90 cm lang. Blüten gelb, typischer Schwertlilienbau, 3 eiförmige äußere und 3 schmale innere Blütenblätter. Blütezeit Mai–Juli.
STANDORT UND VERBREITUNG Verlandungsgesellschaften. Fast ganz Europa. Geschützt.
WISSENSWERTES Die Überlieferung berichtet, dass man die Samen früher nach langem Rösten zu Kaffee verarbeitet hat. Vorsicht: Alle Teile der Pflanze enthalten scharf schmeckende Giftstoffe, die auch nach Trocknen ihre Giftwirkung nicht verlieren. Sie reizen Haut und Schleimhäute und können Erbrechen und Durchfall bewirken.

SCHWERTLILIE, WIESEN-

Iris sibirica — Schwertliliengewächse

MERKMALE 40–100 cm hoch, Staude. Giftig. Wurzelstock kurz, mäßig verzweigt. Blätter schwertförmig, 25–80 cm lang. Blüten blau bis violett, äußere Blütenblätter am Grund geädert, innere Blütenblätter dunkler als die äußeren. Blütezeit Mai–Juni.
STANDORT UND VERBREITUNG Sumpf- und Moorwiesen. Fast ganz Europa. Geschützt.
WISSENSWERTES Es gibt zwar keine genauen Angaben über die Giftigkeit dieser Schwertlilienart, dennoch sollte man damit rechnen, dass sie vergleichbare Giftstoffe enthält wie die Deutsche und Sumpf-Schwertlilie. Die überlieferte Verwendung ihrer unteren saftreichen Blattabschnitte als Speisewürze ist deshalb kritisch zu betrachten.

SEIDELBAST, GEWÖHNLICHER

Daphne mezereum — Seidelbastgewächse

MERKMALE 30–120 cm hoch, sommergrüner Strauch. Giftig. Zweige gelbbraun, mit Korkwarzen. Blätter wechselständig, lanzettlich, ganzrandig, büschelig angeordnet. Blüten rosa, 4-teilig, duftend, erscheinen vor den Blättern. Blütezeit März–April. Rote kugelige Steinfrucht.
STANDORT UND VERBREITUNG Bergwälder, Gebüsche, Felsschutt. Fast ganz Europa. Geschützt.
WISSENSWERTES Der Gewöhnliche Seidelbast sieht sehr kleinem Sanddorn ähnlich. Die stark giftige Pflanze hat aber anders als der Sanddorn mit dichten Korkwarzen besetzte Triebe ohne Dornen. Ihre Früchte sind korallenrot. Sie enthalten wie alle anderen Pflanzenteile hochwirksame Gifte, die für Erbrechen, Krämpfe und Lähmungen bis hin zum Tod verantwortlich sind. Trocknen der Pflanze verringert die Giftwirkung nicht.

SEEROSE, WEISSE

Nymphaea alba — Seerosengewächse

MERKMALE Staude. Blütenstiele je nach Wassertiefe bis zu 3 m lang. Giftig. Wasserpflanze mit dickem, wenig verzweigtem Wurzelstock. Schwimmblätter eirund, am Grund herzförmig. Blüten weiß, etwa 20 Blütenblätter, viele Staubblätter. Blütezeit Juli–September.
STANDORT UND VERBREITUNG Wächst in stehenden und langsam fließenden Gewässern. Fast ganz Europa. Geschützt.
WISSENSWERTES Früher erntete man in Notzeiten die Rhizome, stellte daraus Mehl her und verwendete es vermischt mit Getreidemehl zum Brotbacken. Vorsicht: Die Pflanze ist in allen Teilen schwach giftig. Sie enthält ein Alkaloid, das zunächst erregend, dann zentral lähmend wirkt.

SEIDELBAST, LORBEER-

Daphne laureola — Seidelbastgewächse

MERKMALE 40–120 cm hoch, immergrüner Strauch. Giftig. Blätter wechselständig, lanzettlich, ledrig, glänzend, gehäuft an den Zweigenden. Blüten gelbgrün, gestielt, duften honigartig. Blütezeit Februar–Mai. Beerenartige, bei Reife schwarze Frucht.
STANDORT UND VERBREITUNG Wälder, steinige Hügel. West- und Südeuropa. Geschützt.
WISSENSWERTES Die ganze Pflanze ist durch ihren Gehalt an Daphnetoxin stark giftig. Äußerlich bewirkt das Gift Reizungen der Haut mit Blasenbildung, oral aufgenommen verursacht es Erbrechen, Krämpfe und innere Blutungen, zuletzt Kreislaufkollaps. Verwechslungsgefahr: Der Lorbeer-Seidelbast, auch Waldlorbeer genannt, hat lorbeerähnlich geformte Blätter. Der Unterschied: Die Blätter des Echten Lorbeers *(Laurus nobilis)* sind am Rand gewellt, die des Lorbeer-Seidelbasts nicht.

SEIDELBAST, ROSMARIN-

Daphne cneorum Seidelbastgewächse

MERKMALE 10–40 cm hoch, immergrüner Strauch. Giftig. Zweige anliegend behaart. Blätter wechselständig, linealisch, ledrig, gleichmäßig an den Zweigen verteilt. Blüten tiefrosa, kurz gestielt, duften, in endständigen Büscheln. Blütezeit April–Juli. Rötlich gelbe beerenartige Frucht.

STANDORT UND VERBREITUNG Trockene Wälder, Felshänge. Mittel- und Südeuropa. Geschützt.

WISSENSWERTES Die Blätter dieses Strauchs machen eine Verwechslung mit den Blättern des Rosmarinstrauchs wahrscheinlich. Aber: Die Blüten des Rosmarin-Seidelbasts sind tiefrosa, nicht blauviolett. Zudem stehen sie in endständigen Büscheln und sind nicht über den ganzen Stängel verteilt wie beim Rosmarin. Der Rosmarin-Seidelbast ist in allen Teilen stark giftig. Hauptwirkstoffe sind Mezerein und Daphnetoxin.

SPRINGKRAUT, ECHTES

Impatiens noli-tangere Springkrautgewächse

MERKMALE 30–80 cm hoch, einjährig. Frische Pflanze schwach giftig. Stängel aufrecht, glasig durchscheinend. Blätter wechselständig, schmal-eiförmig, am Rand stumpf gezähnt. Blüten gelb, innen rot punktiert, abwärtsgebogener Sporn. Blütezeit Juni–September. Walzen- bis spindelförmige Kapselfrucht.

STANDORT UND VERBREITUNG Laubwälder, Gebüsche, Schluchtwälder. Fast ganz Europa.

WISSENSWERTES
Alle Arten der Gattung *Impatiens* sind im frischen Zustand schwach giftig. Sie enthalten Bitterstoffe, Glykoside, Tannine sowie organische Säuren. Diese können je nach Menge Übelkeit, Erbrechen, starken Durchfall und Schwindel verursachen.

SEIDENPFLANZE

Asclepias syriaca Schwalbenwurzgewächse

MERKMALE 1–2 m hoch, Staude. Giftig. Mit Milchsaft. Stängel aufrecht, behaart, selten verzweigt. Blätter elliptisch bis eiförmig, 15–30 cm lang, gestielt, unten behaart. Blüten rot, gestielt, in doldigen Blütenständen. Blütezeit Juni–August. Stachelige Balgfrüchte.

STANDORT UND VERBREITUNG Heimat Nordamerika. In Südosteuropa eingebürgert. In Mitteleuropa oft verwildert in Gartenunkrautgesellschaften.

WISSENSWERTES Diese Pflanze stammt nicht aus Syrien, wie ihr Name vermuten lässt, sondern aus dem Osten der USA. Wegen ihres Milchsafts wird sie dort »milkweed«, milchiges Unkraut genannt. Angeblich wurden ihre jungen Triebe, Blüten und Blütenknospen früher zu Gemüse verkocht. Diese Angaben sind kritisch zu betrachten, denn der Milchsaft enthält Stoffe mit Giftwirkung auf das Herz.

SPRINGKRAUT, INDISCHES

Impatiens glandulifera Springkrautgewächse

MERKMALE 50–200 cm hoch, einjährig. Frische Pflanze schwach giftig. Blätter gegenständig, schmallanzettlich, scharf gezähnt. Blüten rot, zu 5–20 in den Achseln der oberen Blätter, gebogener Sporn. Blütezeit Juni–Oktober. Keulenförmige Fruchtkapsel.

STANDORT UND VERBREITUNG Ufergebüsche, Auwälder. Heimat Himalaja. In Europa aus Gärten verwildert. Vielerorts eingebürgert.

WISSENSWERTES
Wer, wie in der Literatur als Nutzung angegeben, junge Blätter und Triebspitzen der Springkrautarten zu Kochgemüse verarbeiten will, sollte das Kochwasser mehrmals wechseln, um die oben beschriebenen Krankheitssymptome ausschließen zu können.

SPRINGKRAUT, KLEINBLÜTIGES

Impatiens parviflora Springkrautgewächse

MERKMALE 20–60 cm hoch, einjährig. Frische Pflanze schwach giftig. Blätter wechselständig, breit-lanzettlich, zugespitzt, scharf gezähnt. Blüten blassgelb, gerader Sporn. Blütezeit Juni–September. Keulenförmige Fruchtkapsel.

STANDORT UND VERBREITUNG Hecken, Wälder, Ödland. Heimat Asien. In Europa aus Kulturen verwildert und eingebürgert.

WISSENSWERTES Während die Blätter der diversen Springkrautarten sich nur nach mehrmaligem Wechsel des Kochwassers zum Verzehr eignen und geschmacklich wenig zu bieten haben, gelten die Blüten der Springkräuter in kleinen Mengen als unproblematisch und schmackhaft.

STECHPALME

Ilex aquifolium Stechpalmengewächse

MERKMALE 1–10 m hoch, immergrüner, dicht verzweigter Strauch. Giftig. Blätter wechselständig, eiförmig, ledrig-derb, dornig bezähnt, gestielt. Blüten weiß, duftend, 4-zählig, klein, in Büscheln in den Blattachseln. Blütezeit Mai–Juni. Rote, erbsengroße Steinfrucht.

STANDORT UND VERBREITUNG Laubwälder. Mittel- und Südeuropa. Geschützt.

WISSENSWERTES Die Stechpalme ist bei Giftnotrufzentralen sehr gut bekannt, da sie häufig Vergiftungen verursacht. Ihre Blätter und Früchte sind als stark giftig eingestuft. Für Erwachsene gelten 20–30 Beeren als tödliche Dosis, für Kinder entsprechend weniger. Erste Anzeichen einer Vergiftung sind Erbrechen, Durchfall und Fieber. Verwechslungsgefahr mit Mahonie *(Mahonia aquifolium)*, die aber weniger stark gebuchtete Blätter, gelbe Blüten und bei Reife schwarze Früchte besitzt.

STECHGINSTER

Ulex europaeus Schmetterlingsblütengewächse

MERKMALE 100–150 cm hoch, immergrüner, stark verzweigter, sehr dorniger Strauch. Giftig. Blätter 0,5–1 cm lang, dornenähnlich oder zu kleinen Schuppen verkümmert. Blüten gelb, duftend, einzeln in den Achseln von Dornen oder Schuppenblättern. Blütezeit April–Juli. Zottig behaarte Hülsenfrucht.

STANDORT UND VERBREITUNG Brachland, Waldränder, Heiden. Westeuropa. In Mitteleuropa nur in geschützten Klimalagen eingebürgert.

WISSENSWERTES Früchte und Zweige enthalten bis zu 1 % Cytisin, ein auch im Goldregen vorkommendes Alkaloid, und sind stark giftig. Die Blüten gelten als ungiftig und werden regional für die Herstellung von Kräuterwein genutzt.

SUMPFDOTTERBLUME

Caltha palustris Hahnenfußgewächse

MERKMALE 15–40 cm hoch, Staude. Giftig. Stängel hohl. Blätter wechselständig, herz- bis nierenförmig, unten lang gestielt, oben sitzend, Rand gekerbt. Blüten gelb, glänzend, 5-zählig, endständig. Blütezeit April–Mai.

STANDORT UND VERBREITUNG Auwälder, Feuchtwiesen, Ufer. Europa.

WISSENSWERTES Trotz bekannter Giftigkeit wurde die Sumpfdotterblume in der Vergangenheit als Nahrungsmittel, Färbepflanze für Milchprodukte sowie als Genussmittel verwendet. Als essbar galten gekochte Wurzeln, junge Blätter und Blütenknospen. Bekannt ist vor allem die Verarbeitung der Blütenknospen zu Kapern, sogenannten »Deutschen Kapern«. Nach dem Genuss kam es nicht selten zu Erbrechen, Durchfall und Hautausschlag. Mit heutigem Wissen sollte man auf den Verzehr der Sumpfdotterblume verzichten.

TEICHROSE, GELBE

Nuphar lutea Seerosengewächse

MERKMALE Ausdauernde Wasserpflanze, dickes, verzweigtes Rhizom. Blattstiele 50–300 cm lang. Giftig. Schwimmblätter oval bis rundlich, an der Basis herzförmig eingeschnitten, ganzrandig. Blüten gelb, 5-zählig, einzeln, duftend, überragen die Schwimmblätter. Blütezeit Juni–August. Flaschenförmige Frucht.
STANDORT UND VERBREITUNG Stehende oder langsam fließende Gewässer. Fast ganz Europa. Geschützt.

WISSENSWERTES Die Pflanze enthält in allen Teilen, besonders im Wurzelstock, die Alkaloide Nupharin und Nupharidin. Beide erwiesen sich im Tierversuch als blutdruckwirksam. Inwieweit sie Vergiftungen beim Menschen bewirken und wie schwer diese sind, ist nicht belegt. Die überlieferte Verwendung der Wurzelstöcke als Kochgemüse oder als Mehl ist dennoch kritisch zu bewerten.

TULPE, WILDE

Tulipa sylvestris Liliengewächse

MERKMALE 10–40 cm hoch, Zwiebelpflanze. Giftig. 2–3 Blätter in der unteren Stängelhälfte, schmal-lanzettlich, ganzrandig. Blüten gelb, glockenförmig, 6-zählig. Blütezeit April–Mai.
STANDORT UND VERBREITUNG Gebüsche, Grasland, Weinberge. Mittel-, Süd-, Westeuropa. Geschützt.
WISSENSWERTES Tulpenvergiftungen treten meist durch Verwechslung der Blumenzwiebel mit der Küchenzwiebel auf. Symptome sind Erbrechen, Magen-Darm-Beschwerden und Bauchkrämpfe. Bei starker Vergiftung ist auch Atemstillstand nicht ausgeschlossen. Äußerlich bewirkt das Gift die sogenannte Tulpendermatitis, eine Hautreizung.

TOLLKIRSCHE

Atropa belladonna Nachtschattengewächse

MERKMALE 50–150 cm hoch, Staude. Giftig. Blätter wechselständig, eiförmig, zugespitzt, ganzrandig. Blüten braunviolett, glockig, gestielt, einzeln in den oberen Blattachseln. Blütezeit Juni–August. Kugelige Frucht in einem 5-zipfeligen Kelch, kirschgroß, glänzend, bei Reife schwarz.
STANDORT UND VERBREITUNG Waldränder, Kahlschläge. Mittel- und Südeuropa.

WISSENSWERTES Wurzel, Stängel, Blätter und Früchte der Tollkirsche enthalten große Mengen Alkaloide. Mit 40–87 % ist das Hyoscyamin am stärksten vertreten. Vergiftungen treten meist nach Verzehr der Früchte auf, aber das Gift kann auch über die Haut aufgenommen werden. Verwechslungsgefahr: Blasenkirsche *(Physalis alkekengi)*, deren essbare Früchte aber in einem orangeroten, lampionähnlichen Fruchtkelch sitzen.

WALDREBE, ALPEN-

Clematis alpina Hahnenfußgewächse

MERKMALE 2–3 m hoch, Strauch. Giftig. Stängel verholzt, kriechend oder kletternd. Blätter gegenständig, lang gestielt, 3-zählig gefiedert, Teilblättchen grob gezähnt. Blüten blau, glockig, lang gestielt, einzeln in Blattachseln. Blütezeit Mai–Juli. Früchte mit behaarten Griffeln.
STANDORT UND VERBREITUNG Nadelwälder. Gebirge Mittel- und Südeuropas. Geschützt.
WISSENSWERTES Waldreben enthalten in allen Teilen die Giftstoffe Protoanemonin und Anemonin. Äußerlich bewirken sie Hautentzündungen, nach innerer Aufnahme frischen Pflanzenmaterials kommt es zu Störungen der Verdauungswege und des Nervensystems. In der getrockneten Pflanze sind sie wirkungslos.

WALDREBE, AUFRECHTE

Clematis recta Hahnenfußgewächse

MERKMALE 50–150 cm hoch, Staude. Giftig. Stängel aufrecht, krautig, nicht kletternd oder windend. Blätter gegenständig, blaugrün, gestielt, 7- bis 9-teilig gefiedert, Teilblättchen eiförmig, ganzrandig. Blüten weiß, in endständigen Rispen. Blütezeit Juni–Juli. Früchte mit behaarten Griffeln.
STANDORT UND VERBREITUNG Laubmischwälder, Waldränder. Europa.
WISSENSWERTES Literaturangaben belegen, dass junge Triebe der Waldreben früher als Kochgemüse oder gekocht und in Essig eingelegt gegessen wurden. Vorsicht: Es sind auch Vergiftungssymptome wie Bauchschmerzen und starker Durchfall nach dem Genuss überliefert.

WASSERDOST

Eupatorium cannabinum Korbblütengewächse

MERKMALE 50–150 cm hoch, Staude. Giftig. Stängel aufrecht, oft rötlich, reich beblättert. Blätter gegenständig, handförmig 3- bis 5-teilig, Teilblättchen lanzettlich, gezähnt. Blüten rosa, in dichten schirmförmigen Gesamtblütenständen. Blütezeit Juli–August.
STANDORT UND VERBREITUNG Auwälder, Gräben, Ufer. Europa.
WISSENSWERTES Die Bezeichnung »Wasserdost« erhielt die Pflanze wegen ihres Standorts und der Ähnlichkeit ihrer Blütenstände mit denen des Dosts (*Origanum vulgare*). Aber ein Blick auf die Blätter schließt Verwechslungen aus. Wasserdost enthält in allen Teilen Saponine und Pyrrolizidinalkaloide mit leberschädigenden und krebserregenden Eigenschaften und gilt bei hoch dosierter Einnahme als giftig. Wegen seiner abführenden und harntreibenden Wirkung war er früher Heilpflanze.

WALDREBE, GEWÖHNLICHE

Clematis vitalba Hahnenfußgewächse

MERKMALE 1–15 m hoch, Strauch. Giftig. Stängel verholzt, kantig, kletternd und windend. Blätter gegenständig, lang gestielt, 3- bis 5-teilig, Teilblättchen ei- bis herzförmig, ganzrandig bis grob gezähnt. Blüten weiß. Blütezeit Juni–September.
STANDORT UND VERBREITUNG Feuchte Gebüsche, Auwälder. Mittel-, Süd- und Westeuropa.
WISSENSWERTES Eine der wenigen heimischen Lianen, die, wie auch andere Hahnenfußgewächse, die Gifte Protoanemonin und Anemonin enthält. Deren entzündliche Wirkung auf die Haut war früher auch Bettlern bekannt. Sie rieben sich mit dem Pflanzensaft ein, um mit den Blasen auf Gesicht und Händen Mitleid zu erregen.

WASSERFENCHEL, GROSSER

Oenanthe aquatica Doldengewächse

MERKMALE 30–150 cm hoch, ein- bis mehrjährig. Giftig. Stängel rund, hohl, gefurcht, an der Basis verdickt. Blätter wechselständig, 2- bis 3-fach gefiedert, Unterwasserblätter fadenförmig. Blüten weiß, in 5- bis 12-strahligen Dolden. Blütezeit Juni–August. Früchte oval, 3–4 mm lang.
STANDORT UND VERBREITUNG Stehende und langsam fließende Gewässer. Fast ganz Europa.
WISSENSWERTES Der Große Wasserfenchel enthält wie der Wasser-Schierling Polyine als giftige Wirkstoffe, in hoher Konzentration vor allem in den Blättern. Die Symptome einer Wasserfenchelvergiftung ähneln somit denen einer Vergiftung durch Wasser-Schierling, treten hier aber in milderer Form auf. Verwechslungsgefahr mit der Wilden Möhre (*Daucus carota*) und dem Wiesen-Kerbel (*Anthriscus sylvestris*).

WEISSWURZ, QUIRLBLÄTTRIGE

Polygonatum verticillatum Liliengewächse

MERKMALE 30–70 cm hoch, Staude. Giftig. Stängel kantig, aufrecht. Blätter in Quirlen zu 3–7, schmallanzettlich, bis zu 15 cm lang und 1 cm breit. Blüten weiß, hängend, glockenförmig, in Gruppen zu 2–6 in den Blattachseln. Blütezeit Mai–Juni. Frucht eine erst rote, bei Reife schwarzblaue Beere.

STANDORT UND VERBREITUNG Bergwälder, Hochstaudenfluren. Gebirge Europas.

WISSENSWERTES Alle Teile der *Polygonatum*-Arten, vor allem die Früchte, enthalten Saponine und weitere Giftstoffe, die Übelkeit, Erbrechen und Durchfälle auslösen. Vermutete herzaktive Stoffe dagegen enthalten sie neueren Untersuchungen zufolge nicht. Die russische Volksmedizin nutzte die zerstampfte Wurzel als Brechmittel. Davon ist ebenso abzuraten wie von der überlieferten Verwendung von Sprossen und Wurzeln als Kochgemüse.

WICKE, SAAT-

Vicia sativa Schmetterlingsblütengewächse

MERKMALE 30–80 cm hoch, einjährig. Giftverdächtig. Blätter gefiedert, 4–7 Teilblättchenpaare, 1 verzweigte Ranke, Teilblättchen eiförmig. Blüten purpurn, gestielt, einzeln oder zu 2 in den Blattachseln. Blütezeit Mai–Juli. Braune, flache Hülse.

STANDORT UND VERBREITUNG Ödland, Wegränder. Europa.

WISSENSWERTES Früher bezeichnete man sie als Futterpflanze und »ungebräuchlich« für die Küche. Trockene Körner der Saat-Wicke enthalten Vicin und Convicin sowie 0,05 % Blausäure, die in größeren Mengen gesundheitsschädlich sein können. Dennoch wurde Wickenmehl in Notzeiten dem Brot zugesetzt. Davon ist heute abzuraten.

WEISSWURZ, VIELBLÜTIGE

Polygonatum multiflorum Liliengewächse

MERKMALE 30–70 cm hoch, Staude. Giftig. Stängel rund, bogenförmig überhängend. Blätter wechselständig, 2-zeilig angeordnet. Blüten weiß, hängend, vorne trichterförmig erweitert, in Gruppen zu 2–5. Blütezeit Mai–Juni. Dunkelblaue Beerenfrüchte.

STANDORT UND VERBREITUNG In Laub- und Nadelwäldern. Fast ganz Europa.

WISSENSWERTES Die ganze Pflanze ist giftig. Sie enthält, wie andere *Polygonatum*-Arten auch, Saponine. Symptome wie Erbrechen und Durchfälle treten nach Aufnahme größerer Mengen auf. Meist sind dies aber leichtere Vergiftungen. Dennoch sollte wegen der beschriebenen Störungen auf den überlieferten Genuss von Sprossen oder Wurzel als Kochgemüse verzichtet werden. Schwere Vergiftungen sind nur bei Kindern beschrieben, die Beeren aßen.

WOLFSMILCH, GARTEN-

Euphorbia peplus Wolfsmilchgewächse

MERKMALE 5–30 cm hoch, einjährig. Giftig. Enthält Milchsaft. Stängel oft rot überlaufen. Blätter wechselständig, breit verkehrt eiförmig bis rundlich, ganzrandig, sehr kurz gestielt. Blüten in 3-strahligen Blütenständen, jeder Strahl nochmals 2- bis 3-mal geteilt, Hüllblätter kahnförmig gewölbt. Blütezeit Juni–September.

STANDORT UND VERBREITUNG Auf Ödland sowie in Gärten. Europa.

WISSENSWERTES Diese Wolfsmilch verursacht dasselbe Krankheitsbild wie die Sonnwend-Wolfsmilch. Von der früher verbreiteten Praxis, mit ihrem Milchsaft Warzen zu behandeln, ist wegen der Diterpen-Ester dringend abzuraten. Verwechslungsgefahr mit Milzkraut (*Chrysosplenium* sp.).

WOLFSMILCH, SONNWEND-

Euphorbia helioscopia Wolfsmilchgewächse

MERKMALE 10–40 cm hoch, einjährig. Giftig. Enthält Milchsaft. Stängel aufrecht. Blätter wechselständig, verkehrt ei- bis keilförmig, kurz gestielt, vorne fein gezähnt. Blüten grüngelb, in 5-strahligem Blütenstand, der aus einem Quirl aus 5 eiförmigen Hüllblättern aufsteigt. Blütezeit April–Oktober.
STANDORT UND VERBREITUNG Weinberge, Äcker, Wegränder. Europa.

WISSENSWERTES Der Milchsaft enthält Diterpen-Ester, die Haut und Schleimhäute reizen und Erbrechen, Magenschmerzen sowie Durchfall auslösen. Im Auge kann der Milchsaft zur Erblindung führen. Verwechslungsgefahr mit Milzkraut (*Chrysosplenium* sp.).

WURMFARN

Dryopteris filix-mas Schildfarngewächse

MERKMALE 30–120 cm hoch, mehrjähriger, wintergrüner Farn. Giftig. Kurzes dickes Rhizom. Wedel in lockeren Büscheln, gefiedert, Fiederblätter mit abgerundeten, gezähnten Abschnitten. Sporenbehälter zu 3–10 an der Unterseite, beiderseits des Hauptnervs, groß und rund.
STANDORT UND VERBREITUNG Schattige Wälder. Europa.

WISSENSWERTES Der Wurzelstock gilt seit alter Zeit als Mittel gegen Bandwürmer, ist jedoch wegen seiner Inhaltsstoffe nicht ganz ungefährlich. Bei Überdosierung kann es zu Vergiftungen, auch mit tödlichem Ausgang, kommen. Verwechslungsgefahr mit Tüpfelfarn (*Polypodium vulgare*).

ZAUNRÜBE, ROTE

Bryonia cretica ssp. dioica Kürbisgewächse

MERKMALE 200–400 cm lang, rankende Staude. Giftig. Rübenförmige Wurzel. Stängel kantig, borstig. Ranke einfach, spiralfederartig. Blätter wechselständig, 5-lappig, kurz gestielt, rau. Blüten gelblich weiß, 2-häusig. Blütezeit Juni–Juli. Erbsengroße Beere, bei Reife rot.
STANDORT UND VERBREITUNG Waldränder, Hecken, Gebüsche. Fast ganz Europa.
WISSENSWERTES Alle Teile der Pflanze, besonders aber Wurzel und Beeren, enthalten giftige Bitterstoffe, die bei oraler Aufnahme Übelkeit, Erbrechen und Koliken auslösen, in hohen Dosen auch zum Tod durch Atemlähmung führen können. Schon der Genuss von 12 Beeren kann für Kinder tödlich sein. Erste Vergiftungserscheinungen treten bereits nach dem Verzehr von 6–8 Beeren auf. Die überlieferte Verwendung der jungen Triebe als Kochgemüse ist kritisch zu betrachten.

ZAUNRÜBE, WEISSE

Bryonia alba Kürbisgewächse

MERKMALE 200–400 cm lang, rankende Staude. Giftig. Rübenförmige Wurzel. Stängel kantig, borstig. Ranke einfach, spiralfederartig. Blätter wechselständig, 5-lappig, kurz gestielt. Blüten grünlich weiß, 1-häusig. Blütezeit Juni–Juli. Beeren schwarz, erbsengroß.
STANDORT UND VERBREITUNG Gebüschsäume, Zäune. Mittel- und Südeuropa.
WISSENSWERTES Die ganze Pflanze ist durch ihren Gehalt an Cucurbitacinen giftig. Hautkontakt besonders mit dem milchigen Saft der Wurzel kann entzündliche und allergische Veränderungen hervorrufen. Aufgenommen wirken die Inhaltsstoffe im schlimmsten Fall zentral lähmend. In Notzeiten hat man angeblich die jungen Triebe in kleinen Mengen zu Gemüsegerichten verarbeitet. Wegen der möglichen giftigen Nebenwirkungen wird davon abgeraten.

KRÄUTERGÄRTEN

DEUTSCHLAND

Apothekergarten im Botanischen Garten Augsburg
Dr.-Ziegenspeck-Weg 10, 86161 Augsburg

Heil- und Giftpflanzenabteilung im Botanischen Garten der Universität Ulm
Hans-Krebs-Weg, 89069 Ulm

re-natur KräuterPark
Am Pfeifenkopf 9, 24601 Stolpe (Kreis Plön)

Kräutergarten auf der Insel Reichenau
Am Münster St. Maria und Markus, 78479 Reichenau

Heilpflanzengarten in Celle
Wittinger Str. 76, 29223 Celle

Apothekergarten im Aukammtal
Aukammallee, 65191 Wiesbaden

Heilkräutergarten im Schlosspark
69469 Weinheim/Bergstr.

Apothekergarten im Oberdieckgarten
FH Weihenstephan
A, Hofgarten 4, 85354 Freising

ÖSTERREICH

Heilkräuter-, Schau- und Lehrgarten
A-4163 Klaffer am Hochficht

SCHWEIZ

Arzneipflanzengarten im Botanischen Garten Basel
(Brüglingen)
CH-4052 Basel

Alpengarten Schynige Platte
Schynige Platte
CH-3812 Wilderswil

GÄRTNEREIEN

WILDKRÄUTER- UND SAATGUTBEZUG

Essbare Landschaften GmbH
Gutshaus Boltenhagen, D-18516 Süderholz
www.essbare-landschaften.de

Wilde 7 – Wildkräuterversand
Sieben Linden 1, 38486 Poppau
www.wilde-7.de

Hof Berg-Garten
Lindenweg 17, 79737 Herrischried
www.hof-berggarten.de

Syringa Duft- und Würzkräuter
Bachstr. 7, 78247 Hilzingen-Binningen
www.syringa-pflanzen.de

Blauetikett Bornträger GmbH
In den Aspen, 67591 Offstein
www.blauetikett.de

Dreschflegel
Postfach 1213, 37202 Witzenhausen
www.dreschflegel-saatgut.de

SCHWEIZ

Stiftung Wildstaudengärtnerei Höfli
Im Berg 19, CH-6274 Nussbaumen
www.stift-hoefli.ch

Die Wildstaudengärtnerei Patricia Willi
Waldibrücke, CH-6274 Eschenbach
www.wildstauden.ch

INTERNETQUELLEN

www.heilkraeuter. net
www.wildpflanze.info
www.bfel.de
www.bfn.de
www.redlist.org

GIFTNOTRUFZENTRALEN

DEUTSCHLAND

Giftnotruf Berlin
Oranienburger Str. 285, 13437 Berlin
Tel. 030/19240

Giftnotruf München
Ismaninger Str. 22, 81675 München
Tel. 089/19240

Beratungsstelle bei Vergiftungen Mainz
Langenbeckstr. 1, 55131 Mainz
Tel. 06131/19240

Giftinformationszentrum Nord der Länder Bremen, Hamburg, Niedersachsen und Schleswig-Holstein,
Robert-Koch-Str. 40, 37075 Göttingen
Tel.: 0551/19240

ÖSTERREICH

Vergiftungsinformationszentrale
Währinger Gürtel 18-20, A-1090 Wien
Tel.: 01/406 43 43

SCHWEIZ

Schweizerisches Toxikologisches Informationszentrum
Freiestr. 16, CH-8028 Zürich
Tel.: 145 (Notruf) und 44 251 66 66
(allgemeine Anfragen)

Aichele, D. und Schwegler, H.-W.: Die Blütenpflanzen Mitteleuropas, 2004, Franckh-Kosmos Verlag, Stuttgart
Alberts, A. und Mullen, P.: Giftpflanzen in Natur und Garten, 2003, Franckh-Kosmos Verlag, Stuttgart
Becker, K. und John, S.: Farbatlas Nutzpflanzen Mitteleuropas, 2000, Eugen Ulmer Verlag, Stuttgart
Bradford, P. und Bradford, M.: Das makrobiotische Algen-Kochbuch, 2001, Mahajiva Verlag, Holthausen
Brown, D.: Die Neue Kräuter-Enzyklopädie, 2005, Dorling Kindersley Verlag, Starnberg
Brown, K.: Blüten-Kochbuch, 2003, Christian Verlag, München
Burnie, D.: Mediterrane Wildpflanzen, 2007, Dorling **Kindersley Verlag, München**
Coisel, E.: Genuss aus dem Meer: Algen, 2004, Walter Hädecke Verlag, Weil der Stadt
Denkow, Dr. W.: Gifte der Natur, 2001, Verlagsgruppe Weltbild, Augsburg
Dreyer, E.: Wildkräuter und ihre giftigen Doppelgänger, 2007, Franckh-Kosmos Verlag, Stuttgart
Dreyer, E. und Dreyer, W.: Bäume, 2000, Franckh-Kosmos Verlag, Stuttgart
Dreyer, E. und Dreyer, W.: Wildkräuter, Beeren und Pilze, 2005, Franckh-Kosmos Verlag, Stuttgart
Düll, R. und Düll, I.: Taschenlexikon der Mittelmeerflora, 2007, Quelle & Meyer Verlag, Wiebelsheim
Erlbeck, R., Haseder, I. und Stinglwagner, G.: Das Kosmos Wald- und Forstlexikon, 2002, Franckh-Kosmos Verlag, Stuttgart
Haeupler, H. und Muer, T.: Bildatlas der Farn- und Blütenpflanzen Deutschlands, 2000, Eugen Ulmer Verlag, Stuttgart
Heuveldop, C.: Heimische Beeren in Wald und Flur, 1996, Aschendorffsche Verlagsbuchhandlung, Münster
Hiller, K., Melzig, M.F.: Lexikon der Arzneipflanzen und Drogen, 2006, Directmedia Publishing, Berlin
Hollerbach, E. und Hollerbach, K.: Kraut und Unkraut zum Kochen und Heilen, 1984, Hugendubel Verlag, München
Korneck, D., Schnittler, M. und Vollmer, I.: Rote Liste der Farn- und Blütenpflanzen Deutschlands, 1996, Bundesamt für Naturschutz, Bonn-Bad Godesberg
Koschtschejew, A.K.: Wildwachsende Pflanzen in unserer Ernährung. Über 800 Rezepte, 1990, Fachbuchverlag, Leipzig
Kremer, B.P.: Exotische Früchte, 2006, Franckh-Kosmos Verlag, Stuttgart
Kreuter, M.-L.: Kräuter und Gewürze aus dem eigenen Garten, 2004, BLV Buchverlag, München
Lauber, K. und Wagner, G.: Flora Helvetica, 2001, Verlag Paul Haupt, Bern, Stuttgart, Wien
Loch, W.: Essbare und giftige Wildpflanzen in Mitteleuropa, 1993, Packpapier Verlag, Osnabrück
McVicar, J.: Der große Kräuterführer, 2008, Bassermann Verlag, München
Michel, P. und Michel, L.: Das BLV-Handbuch Heilpflanzen, 2007, BLV Buchverlag, München
More, D. und White, J.: Die Kosmos Enzyklopädie der Bäume, 2005, Franckh-Kosmos Verlag, Stuttgart
Müller-Urban, K.: Kochen mit Blüten und Essenzen, 1999, Falken Verlag, Niedernhausen
Psilakis, M. und Psilakis, M.: Heilkräuter in der Küche, Verlag Karmanor, Griechenland
Renaud, V.: Gemüse und Kräuter von A–Z, 2007, Eugen Ulmer Verlag, Stuttgart
Roth, L., Daunderer, M. und Kormann, K.: Giftpflanzen, Pflanzengifte, 1994, Nikol Verlagsgesellschaft, Hamburg
Schilcher, H. und Kammerer, S.: Leitfaden Phytotherapie, 2003, Urban und Fischer, München
Schönfelder, I. und Schönfelder, P.: Der neue Kosmos-Heilpflanzenführer, 2001, Franckh Verlag, Stuttgart
Schönfelder, P. und Schönfelder, I.: Was blüht am Mittelmeer?, 2005, Franckh-Kosmos Verlag, Stuttgart
Sebald, O., Seybold, S. und Philippi, G.: Die Farn- und Blütenpflanzen Baden-Württembergs, 1998, Eugen Ulmer Verlag, Stuttgart
Storl, W.-D. und Pfyl, P.: Bekannte und vergessene Gemüse, 2002, AT-Verlag, Aarau
Strehlow, W.: Das Hildegard-von-Bingen-Kochbuch, 1996, Heyne Verlag, München
Treml, F.X.: Kräuter aus dem Garten, 2007, Franckh-Kosmos Verlag, Stuttgart
Vermeulen, N.: Illustrierte Kräuter-Enzyklopädie, 2005, Edition Dörfler, Eggolsheim
Volz, H.: Überleben in Natur und Umwelt, 2001, Walhalla Verlag, Regensburg
Wichtl, M.: Teedrogen und Phytopharmaka, 2002, Wissenschaftliche Verlagsgesellschaft, Stuttgart
Zander, R., Erhardt, W., Götz, E. und Bödeker, N.: Handwörterbuch der Pflanzennamen, 2002, Eugen Ulmer Verlag, Stuttgart

Halbfett gesetzte Seitenzahlen verweisen auf Abbildungen.

Abkürzungen: r = rechts, l = links, o = oben, u = unten

Michael Albers: 30, 32r, 42l, 46l, 47r, 50l, 58l, 69r, 80r, 89r, 91o, 98, 108l, 109, 100ru, 110r, 131ru, 153, 156ru, 164l, 170u, 172, 180o, 180u, 183l, 187r, 189u, 193ro, 195o, 203l, 210ro, 219ru, 221r, 222l, 232r, 233, 238ru, 241l, 259l, 264l, 265lu, 269ru, 277l, 277r, 283r, 288, 294, 301u, 301o, 304l, 305, 314r, 319r, 322l, 329l, 335, 343, 344ro, 345, 348l, 364ro, 365ro, 366lo, 367ro, 369lu, 369ro, 370lo, 373ru, 374lo, 378lu, 380ro, 388ru, 389ru
Blickwinkel/J. Flohe: 366lu
Blickwinkel/Waldhäusl: 198r
Michael Hassler: 26l, 27l, 29l, 32l, 35ro, 35ru, 37o, 37u, 45l, 52r, 55o, 58r, 64l, 64ro, 64ru, 66u, 67l, 67ru, 68o, 68u, 69l, 72l, 81, 83l, 85l, 85ro, 86r, 87l, 92l, 93l, 94l, 94r, 96l, 99r, 100l, 100ro, 102r, 105, 107l, 111l, 114lu, 116, 117r, 121, 125r, 131l, 134ro, 138l, 142l, 145r, 147l, 147r, 148l, 149, 150lu, 150r, 157, 158r, 159r, 161l, 163o, 170o, 171lo, 171lu, 174r, 175o, 175u, 176l, 176r, 177l, 178ru, 184u, 185, 187lo, 187lu, 190r, 207lu, 208, 210ru, 214u, 219l, 222r, 225r, 226l, 230ru, 232l, 234l, 235lo, 235r, 239o, 239u, 240o, 240u, 241r, 242l, 243, 247l, 250, 251, 253o, 265lo, 266l, 266r, 267, 269ro, 272lo, 272lu, 272r, 273, 274, 276l, 276r, 278o, 278u, 279l, 280l, 280ro, 280ru, 282, 283l, 285r, 286r, 290r, 293l, 295r, 299r, 300l, 308l, 309r, 310, 311r, 313l, 315ro, 315ru, 317, 322r, 324l, 333l, 333r, 334, 336lo, 336lu, 340l, 341, 346ru, 347, 349r, 353, 354o, 354u, 355l, 360lu, 362ro, 362ru, 365lo, 365lu, 367lu, 369ru, 371lu, 372lo, 372lu, 374lu, 375lo, 376lo, 378ro, 378ru, 380ru, 383lo, 384lo, 386lu, 390ru, 391ru
Frank Hecker: 2, 4, ,7l, 7r, 9, 11, 12l, 12r, 24, 26r, 27r, 28l, 29r, 31, 33l, 33r, 34o, 35l, 36, 38r, 39r, 40l, 40u, 41l, 42r, 43, 44u, 47l, 48r, 49o, 50r, 51l, 51r, 53l, 53r, 54r, 55u, 56l, 56r, 57r, 59l, 59ru, 60, 61l, 62l, 62r, 63l, 63r, 65, 67ro, 70, 71, 73l, 74, 75l, 76r, 77l, 77r, 78, 79lo, 79, 79r, 80l, 82, 83r, 84, 85ru, 87r, 88l, 89l, 90l, 91u, 92r, 95l, 95r, 97l, 99l, 103, 104l, 107r, 110lo, 111r, 112l, 112r, 113r, 113r, 114lo, 114r, 115l, 115r, 117l, 118l, 118r, 119l, 119ru, 120, 122l, 123, 124l, 124r, 125l, 126l, 126r, 127, 128l, 129, 130o, 130u, 131ro, 132, 133, 134l, 135l, 135r, 136, 137l, 137r, 138r, 139r, 140l, 141, 142r, 144, 148r, 151, 152, 154l, 155l, 155r, 156l, 159l, 160r, 161r, 162, 163u, 164r, 165l, 165r, 166l, 166r, 168, 173l, 173r, 174l, 177r, 179l, 179r, 181, 183r, 186, 188l, 190l, 191, 192o, 192u, 193l, 194l, 194r, 195u, 196l, 197, 198l, 200, 201l, 201r, 202, 203r, 204l, 204r, 205, 206, 207lo, 210l, 211, 212, 213, 214o, 215l, 215r, 216, 217r, 218, 220, 223, 224o, 225l, 226r, 227r, 228l, 228r, 229, 230l, 231, 234r, 235lu, 236, 237l, 238l, 238ro, 244, 245, 246, 247ru, 248, 249, 252u, 253u, 255, 256, 257l, 257r, 258l, 259r, 260, 261l, 261r, 262, 263r, 264r, 265r, 268, 269l, 270, 271l, 271ro, 271ru, 275l, 275r, 279r, 284u, 287l, 287r, 289l, 289r, 290l, 291, 292, 295l, 296l, 296r, 297, 298, 299lo, 299lu, 300r, 303, 306, 307r, 308r, 309l, 311l, 312l, 313r, 314l, 315l, 316l, 316r, 318, 320l, 320r, 321l, 323l, 323r, 324r, 325, 326, 327, 328l, 328r, 329r, 330l, 330r, 331, 332l, 332r, 336r,337, 338, 339, 340r, 342l, 342r, 344l, 348r, 349l, 351l, 351r, 352l, 352ro, 352ru, 356, 358lo, 358lu, 358ro, 358ru, 359lo, 359lu, 359ro, 359ru, 360lo, 360ro, 360ru, 361lo, 361ro, 361ru, 362lo, 362lu, 363lo, 363lu, 363ro, 363ru, 364lo, 364lu, 365ru, 366ro, 366ru, 367lo, 367ru, 368lo, 368ro, 369lo, 370lu, 370ro, 370ru, 371lo, 371ro, 371ru, 372ro, 372ru, 373lo, 373ro, 374ru, 375lu, 375ro, 375ru, 376lu, 376ro, 376ru, 377lo, 377lu, 377ru, 378lo, 379lu, 379ro, 379ru, 380lo, 380lu, 381lo, 381lu, 381ro, 381ru, 382lo, 382ro, 382ru, 383ro, 383ru, 384ru, 385lo, 385lu, 385ro, 385ru, 386lo, 386ro, 386ru, 387lo, 387lu, 387ro, 387ru, 388lo, 388lu, 389lo, 389lu, 389ro, 390lo, 390lu, 391lo, 391lu, 391ro
Rudolf König: 45r, 57l, 158l, 171r, 217l, 227l, 230ro
Sauer/Hecker. 10, 28r, 34u, 38l, 40r, 41r, 44o, 46r, 48, 52l, 54l, 59ro, 61ro, 66o, 72r, 73r, 75r, 76l, 86l, 88r, 90r, 93r, 96r, 97r, 102l, 104r, 106, 108ro, 108ru, 110lu, 119ro, 122r, 128r, 134ru, 139l, 140r, 146l, 146r, 150lo, 154r, 160l, 167l, 167r, 178l, 178ro, 182l, 182r, 184o, 188r, 193ru, 196r, 199, 207r, 209l, 209r, 219ro, 221l, 224u, 237r, 242r, 247ro, 252o, 254, 258r, 281, 284o, 285l, 286l, 293r, 302, 304r, 307l, 312r, 319l, 321r, 344ru, 346l, 346ro, 350, 355ro, 355ru, 361lu, 364ru, 368lu, 368ru, 373lu, 374ro, 377ro, 379lo, 382lu, 383lu, 384lu, 384ro, 388ro, 390ro
Peter Schönfelder: 39l, 61ru, 189o
Roland Spohn: 143, 145l, 156ro, 263l

Mit 734 Farbfotos von Albers (73), Blickwinkel/J. Flohe (1), Blickwinkel/Waldhäusl (1), Hassler (172), Hecker (378), König (7), Sauer/Hecker (95), Schönfelder (3) und Spohn (4) sowie mit 1 farbigen Zeichnung von Marianne Golte-Bechtle/Kosmos (S. 8) und 5 Piktogrammen von Wolfgang Lang.

7. Auflage 2025

Genehmigte Lizenzausgabe 2020 für
Nikol Verlagsgesellschaft mbH & Co. KG,
Barkhausenweg 11, 22339 Hamburg

Umschlaggestaltung: Nele Schütz design unter Verwendung von
shutterstock/spline (Melisse), marineke thissen (Bärlauch),
Sergey Fedorkin (Blutklee), KRIACHKO OLEKSII (Thymian),
alicija neumiler (diverse Kräuter)
Projektleitung: Julia Grimm
Lektorat und Satz: Barbara Kiesewetter, München
Layout: solutioncube GmbH Reutlingen
Druck und Bindung: DZS Grafik d.o.o.
Printed in Slovenia

ISBN: 978-3-86820-577-0

@ info@nikol-verlag.de
www.nikol-verlag.de